U0289598

管理熵理论及应用丛书

国家自然科学基金雅砻江水电开发联合研究基金项目(批准号 50579101)
国家高技术研究发展计划(863 计划)重大项目(批准号 2008AA04A107)
国家自然科学基金重大国际合作项目(批准号 71020107027)
四川大学 985 工程支持项目

基于管理熵理论的水电流域开发战略和工程及信息管理

任佩瑜　王　苗　任竞斐　戈　鹏　著

科学出版社
北　京

内容简介

本书立足于大型水电集团企业的水电资源流域化开发战略、工程实施管理、环境管理和信息化管理，将自然系统与管理系统融合起来，应用管理熵理论开发出工程评价模型，便于对水电流域开发系统以及单个工程进行科学客观的评估；将流域化水电开发的宏观战略设计和管理与微观的施工管理以及信息技术结合起来，使水电工程能够与环境工程的设计和施工统一起来，实现绿色水电建设的目标；提出了水电集团混合企业制度和混合治理结构，解决流域开发战略实施的资金问题和管理效率问题；应用基于信息并行和协同的组织结构，解决多项目管理中的协同和并行工程的问题。

本书适用于工程管理、经济学、管理学等专业学者阅读，可为水电流域化开发、施工管理、环境管理和信息化管理等领域研究者、工作者提供理论与技术的支持。

图书在版编目(CIP)数据

基于管理熵理论的水电流域开发战略和工程及信息管理 / 任佩瑜等著. —北京：科学出版社，2016.2
（管理熵理论及应用丛书）
ISBN 978-7-03-047434-6

Ⅰ.①基… Ⅱ.①任… Ⅲ.①熵-应用-梯级水电站-工程管理-西南地区 Ⅳ. ①TV74

中国版本图书馆 CIP 数据核字（2016）第 040344 号

责任编辑：杨 岭 钟文希 / 责任校对：杨悦蕾
责任印制：余少力 / 封面设计：墨创文化

科学出版社出版
北京东黄城根北街16号
邮政编码：100717
http://www.sciencep.com

四川煤田地质制图印刷厂印刷
科学出版社发行 各地新华书店经销
*
2016年6月第 一 版 开本：787×1092 1/16
2016年6月第一次印刷 印张：34 1/4
字数：810 千字

定价：198.00 元

作 者 简 介

任佩瑜，重庆人，博士，四川大学二级教授。先后任四川大学商学院工业工程与工程管理博士生导师、企业管理博士生导师；四川大学工商管理学院副院长、四川大学CIMS研究中心副主任、四川大学信息及企业管理研究所所长、四川大学工商管理博士后流动站站长；四川省学术与技术带头人、中国工业经济学会副理事长、中国运筹学会企业运筹学分会副理事长、中国机械工程学会工业工程分会理事高级会员、四川省管理科学学会会长、四川省人民政府专家评议（审）委员会委员。

主要研究方向：复杂性科学、工业工程与工程管理、信息化管理、生产与运作、企业战略与组织管理、工业经济、景区信息化科学集成管理。

近年来主持10余项国家科研项目，其中国家863重大项目1项、国家自然科学基金重大国际合作项目1项、国家自然科学基金面上项目5项、国家社会科学基金项目1项、教育部科技发展中心博士点专项基金项目1项、教育部重大攻关项目子项目1项，教育部985工程项目1项、教育部211工程项目1项、其他省部级科研项目3项，另主持31项大中型企业项目。

原创性地提出“管理熵和管理耗散结构”“基于RFID技术的时空分流管理”“基于信息技术的低碳景区集成管理模式研究”“基于信息协同的直线职能-矩阵制组织结构”“具有中国特色的现代企业混合治理结构”等理论与技术，得到国内外专家认同，研究成果被四川省科学技术厅专家组鉴定为源头创新、国际领先、国际先进，填补了相关领域研究的空白，并被认为开创了管理科学研究的新领域，促进了管理科学的发展。

在SSCI/SCI/EI/CSSCI期刊上发表论文170余篇，在《管理世界》杂志上发表论文8篇，其中一篇被《管理世界》杂志评为创刊30年来(1985～2015)高被引文献；在《中国工业经济》杂志上发表论文7篇。论文被引用904次。出版著作17部。

获省科技进步二等奖3项（2项排名第一）、省科技进步三等奖3项（排名第一）、省社科优秀成果三等奖5项（排名第一）、成都市科技进步一等奖1项（排名第一）。

与华盛顿等大学开展了国际合作研究。主持4次国际学术会议并作主题报告，并在联合国人居与环境研究中心召开的国际会议上做主题报告，产生了较大的影响。

王苗，北京人，四川大学管理学博士，北京大学博士后。博士期间研究的主要方向为企业战略管理、组织科学。在 SCI/EI/CSSCI 期刊上发表论文 7 篇。参与多项国家 863 计划重大项目、国家自然科学基金重大国际合作项目、国家自然科学基金面上项目及企业横向项目研究。

任竞斐，四川成都人，四川大学管理学博士，西南财经大学工商管理博士后，成都信息工程大学管理学院讲师。主要研究方向为企业战略管理、组织科学、景区管理等。在 SCI/EI/CSSCI 期刊上发表论文 14 篇。参与多项国家 863 计划重大项目、国家自然科学基金重大国际合作项目、国家社会科学重大招标项目和国家自然科学基金面上项目及企业横向项目研究。获四川省科技进步二等奖 1 项、中国企业管理优秀创新成果二等奖 1 项。

戈鹏，山西运城人，工学博士，四川大学商学院副教授，四川大学信息与企业管理研究所副所长、四川大学 985 工程经济发展与管理创新基地学术骨干。主要研究方向为工业工程与工程管理、信息系统集成、ERP/CIMS、景区信息化管理等。主持国家自然科学基金面上项目 1 项，作为课题组副组长参加国家 863 计划重大项目和国家自然科学基金重大国际合作项目研究，主持了博士后一等特别资助研究项目 1 项，主持多项宝钢国际、成都飞机工业（集团）有限责任公司等大型国有企业横向课题研究，主持完成的成飞厚铝板下料项目降低了 20%以上的军机制造材料成本。

获四川省优秀教学成果一等奖 1 项、四川省科技进步二等奖 1 项、成都市科技进步一等奖 1 项、阿坝州科技进步二等奖 1 项。近 5 年来，以第一作者或通信作者身份发表学术论文 12 篇（B 级 4 篇，C 级 8 篇），其中 SSCI 收录 1 篇、SCI 收录 4 篇、EI 收录 4 篇、CSSCI 收录 6 篇。

前　言

本书来源于国家自然科学基金雅砻江水电开发联合研究基金项目：《水电企业流域化、集团化战略管理及上网价格机制与模型研究》(批准号 50579101)、国家自然科学基金项目：《管理效率中的熵函数及其在决策中的应用研究》(79770054)、国家自然科学基金重大国际合作项目：《面向西部旅游经济与生态环境可持续发展的低碳景区集成管理模式研究》(71020107027)、国家高技术研究发展计划(863 计划)重大项目：《基于时空分流管理模式的 RFID 技术在自然生态保护区和地震遗址的应用研究》(2008AA04A107)、四川大学 985 工程项目等项目中的研究内容，也是在我的博士研究生王苗和任竞斐的博士论文的基础上，经过大量的研究和重新撰写，并邀请若干专家进行讨论后形成的一本专著，是一部从宏观到微观、从理论到实践的多学科综合集成的专著。

项目的研究和实践受到了雅砻江流域水电开发公司(原二滩水电开发有限责任公司，以下简称为雅砻江公司或公司)的大力支持。公司董事长陈云华博士(教授级高工)和副总经理吴世勇博士(教授级高工)，作为国家自然科学基金雅砻江水电开发联合研究基金项目的副组长，参与了项目的研究和指导，并为项目研究和实践提供多方面的支持，使研究工作得以顺利完成。

电能已成为工业、农业、国防、交通等国民经济各部门不可缺少的基本动力，成为改善和提高人们物质、文化生活的主要能源支撑。一方面，近年我国国民经济持续稳定发展，对能源的需求也持续增长，导致电力供应紧张。另一方面，由于我国电力生产和消费中的结构极不合理，煤电占 75.2%，水电占 22.4%，油气发电占 2.4%[1]，水能资源开发利用不到 23%，导致我国碳排量很大，自然生态环境和大气环境严重污染；同时，我国占世界第一的水能资源未能得到有效的利用。根据国家能源战略的调整，优先发展水电是我国能源发展的重要战略目标，因此，水电站特别是江河流域梯级电站将有快速的发展。

本书主要以雅砻江公司为主要对象，系统研究了雅砻江公司的发展战略，并根据雅砻江公司的实际，形成了战略目标分解和战略完成的梯级、滚动开发、建设、生产经营各阶段发展策略。通过对雅砻江公司在雅砻江全流域的水电开发与建设所形成的资源的全面考察，最终形成了公司在雅砻江流域开发中的，以水电开发建设和生产经营为主，以其他相关业务发展为辅的相关多元化发展战略。

为了实施对战略发展的有效管理，解决大规模建设资金筹措问题，以及打破国有资本垄断，使公司进一步与市场接轨，实现灵活经营，同时按照战略发展的需要，实现公司组织的集团化、管理的科学化，本书创新性地研究和提出了集团公司混合组织制度理论体系，包括混合产权制度、混合组织结构、混合治理结构和混合管理体系四大企业管理系统，同时指出集团公司下属公司由于投资主体的不同，将包含分公司和子公司两种形态，这两种形态同总公司之间，由于资本结构的不同构成了总分公司和母子公司的关系，在此基础上又决定了总公司与分公司以及子公司的法律地位和管控模式。由于集团公司混合组织制度理论的提出，为大型集团公司，特别是流域化开发的大型水电集团公司的经营、管理和发展提供了新的理论与方法，更重要的是，通过混合组织制度的建设，又打破了国有资本的垄断，解决了决策理性和流域化大型梯级电站建设资金不足和融资困难的问题，同时还提出了企业混合制度所要求的混合管理体制和组织结构。

为了完成国家重大任务，有效实施集团公司的流域化梯级电站的建设和电力生产经营发展战略，本书还研究了流域梯级电站开发建设中的施工进度管理、施工质量管理和施工成本管理以及环境工程管理等问题。在施工管理研究中，应用管理熵管理耗散结构理论作为指导思想，研究了多项目并行工程和协同管理等问题，通过多项目并行工程和协同管理，大大节约建设周期和建设成本，提高资源利用效率。同时根据现代新兴的信息技术，提出了基于 RFID/3S/CPS 等流域化水电系统远程和智能化控制与管理的理论与方法。

为了保护流域水电开发中的自然生态环境，实现流域水电开发与建设的可持续发展，本书研究了基于管理熵理论的流域化水电开发环境保护管理与 ISO14000 环境质量评价。

由于流域水电的梯级开发是一条江河流域中的大系统工程，是一个涉及较大的区域的开放性复杂巨系统，在系统内部中，熵的矛盾运动必然存在。在这个开放性复杂的管理巨系统中，流域水电的梯级开发是又一个管理巨系统，因此在系统内部管理熵增的矛盾运动必然存在，并深刻地影响这个系统的有序性和可持续发展性，因而本书将管理熵管理耗散结构理论体系作为一个重要理论基础。在管理熵理论的研究中，本书第一次创新性地分析了自然系统与管理系统的共性与特殊性，区分了自然系统熵与管理(社会)系统熵的共性与本质的区别，在薛定谔和普利高津等诺贝尔物理学奖获得者提出的开放的自然系统熵流公式的基础上，提出了新的管理熵流模型，提出并论证了管理系统内部熵增不恒大于零的结论，并应用管理熵理论构建了流域化的水电梯级开发系统和单一工程项目的新的非线性多维度多尺度综合集成评价体系，第一次使工程项目能够使用管理熵综合集成评价模型，改变了传统的多维度相分离的、用不同专业对工程进行评价的方法，从而使工程评价更科学、更全面、更能反映客观实际情况。也使系统科学和熵理论在管理(社会)科学中得到了发展和应用。

本书的研究得出了以下结论：

(1)电力生产是我国工业化进程的战略性先导产业，加速发展电力和电力结构性调整是未来国家发展的重要战略性举措。随着我国工业化进程的加速发展，作为国民经济的极为重要的不可或缺的战略性先导产业，电力生产必然会加速发展，以适应并支持国家工业化和国民经济又快又好发展的要求，因而，电力产业将迎来加速发展的机遇和发展空间。然而，随着我国大气与环境污染日益严重，以及对世界作出的减少碳排量的庄严承诺，我国电力生产的投入将以可再生的绿色能源水电为主，进行结构性的大调整。这样一方面可以加大对我国，特别是西南地区丰富的水能资源的利用，另一方面可以大大降低能源生产和消费的碳排量，保护环境，使国民经济又快又好地可持续发展，按照

2020年非化石能源占一次能源消费比重15%的目标，“十二五”期间水电新开工规模应达到1亿千瓦以上[2]。此外，利用水电开发和建设，发展西部经济，利国利民。因此水电开发在一个相当长的时期内，将得到大大的发展。

(2)独立企业流域水电站梯级开发中，必然向着集团公司发展。由一个企业承担的江河流域水电站梯级开发，由于资金的大规模筹措、资源的综合利用和利润增长模式的开发，必然促使企业向着以水电建设和电力生产为主的多元化生产经营方向发展，因而就必然促使这类企业向着大型多种经营的集团公司发展。在集团公司的发展中，必然要求进行企业的资本结构、组织制度、管理体系和管理技术的创新，以适应企业的发展。

(3)企业混合组织制度是流域梯级水电开发将要采用的创新的企业组织形式和管理模式。由于流域化梯级电站和多元化经营的发展，集团公司的筹资规模十分巨大，单一的国有资本的投入不能解决巨大的资金需求，因而必然形成投资主体多元化的发展格局，使产权结构多元化，形成企业的混合经济体制，由此又决定了企业的混合治理结构和混合组织结构与管理模式。这是一种全新的企业组织和运行方式，它的研究和应用，将使企业的组织和管理形态发生重要改变，以适应新的企业运行环境。

(4)流域水电开发建设系统运动具有管理熵规律。流域梯级水电的开发，既有工程系统又有自然生态系统，还有社会系统、经济系统等，构成了一个十分复杂的开放性巨系统，这个复杂性开放巨系统具有管理熵的特质和规律，因此在流域水电开发和多种经营过程中，应遵循管理熵规律，对企业的流域开发战略、组织制度和管理系统进行设计、实施和管理，使流域系统的发展有序化、高效低耗、可持续。

(5)流域水电梯级开发应遵循管理熵规律，实施环境管理战略。流域水电梯级开发容易造成环境污染和环境破坏，进而又影响水电建设和区域社会经济的可持续发展。本书用管理熵理论对流域水电开发系统有序化发展进行了阐述，并在此基础上，分析和研究了水电开发的环境工程、技术和管理，使水电开发和利用同环境保护结合起来，实现水电生产的可持续发展。

(6)流域水电梯级开发和应用，必须提高信息化智能化管理水平。①由于流域水电梯级开发和应用的地域面积广阔，一般的管理手段难以发挥作用，对各种问题不能及时预测、响应和处理。②流域梯级电站很多都地处偏远山区，交通和信息传递不便，人工成本较高，管理效率低下，而且较长时期的值守，使电站职工可能会有较多的思想波动。③流域化的梯级电站系统为了有效地综合利用资源，必须实现水资源和电力生产的联合调度，这又必须通过现代信息技术才能实现。④对水电站的生产过程和水库的环境监控和决策，都需要现代信息技术。因此流域梯级电站生产经营管理的发展趋势一定会是无人值守或少人值守，联合调度和环境保护，这就需要流域梯级电站建设实现高度信息化和智能化，为今后的应用和发展奠定基础。

(7)提出了基于信息技术的多项目协同并行工程与直一矩集成组织结构，提升了多项目工程实施和管理效率，缩短了工程建设周期，降低了资金占用和工程成本，极大地提高了经济效益。

(8)提出了基于管理熵理论的大型工程系统多维度、多尺度非线性综合集成评价理论与技术，改变了传统评价多维度相分离的简单线性评价方法，使大型工程评价更科学，更符合客观实际。

本书的研究还存在一些不足之处，虽然在研究过程中，做了大量的田野调查，梳理了大量的文献并且进行了理论和技术分析，但是由于在研究中数据获取较为困难和可供参考的案例较少，使研究存在着一些不足。例如，企业的混合组织制度尚未经过企业验证，工程多项目并行与协同管理也尚未进行大规模的应用等。在今后的研究中，笔者会注重多同企业结合，在多方收集案例和数据的基础上，进一步深化研究，特别是将创新的企业组织制度和管理体系以及技术创新模式推广应用于其他流域水电开发与建设，为我国水电事业的发展而努力。

任佩瑜于四川大学信息及企业管理研究所
2015.9.10

目 录

第1章 绪　论

1.1 研究选题的背景和意义

1.1.1 研究背景

能源是社会生产力的重要基础，随着科学技术和社会生产力的发展，19世纪70年代开始电动机逐步取代蒸汽机，使人类从由煤支撑的蒸汽时代进入电气化时代，生产力得到空前发展。

如今，电能已成为工业、农业、国防、交通等国民经济各部门不可缺少的基本动力，成为改善和提高人们物质、文化生活的主要因素，并且一个国家电力工业的发展水平已是反映其国民经济发达程度的重要标志之一。由于近年我国经济持续稳定发展导致了能源需求持续增长，电力供应较为紧张，大力发展电力产业是我国未来重大的战略举措。然而在我国的电能结构中，煤电占75.2%，水电占22.4%，油气发电占2.4%[1]；可见水电能源开发利用不到23%，因此我国未来电力发展的重要战略方向是优先发展水电。国家发展和改革委员会副主任张国宝在2004年举行的“联合国水电与可持续发展国际研讨会”上指出：目前我国能源供应的结构是以煤为主；石油、天然气资源短缺，人均资源量约为世界平均水平的10%；资源在很大程度上约束了能源发展，环境污染问题日益严重；在公众环保意识增强、全民致力于发展循环经济的背景下，调整电力结构、减少煤电的比重、利用好丰富的可再生和清洁能源水电资源，是我国未来能源政策的必然选择。

我国已探明的水能资源理论蕴藏量为6.8亿千瓦，居世界首位，但分布不均匀，大部分集中在西南地区，约占67.8%。占全国10%以上比重的省区有四川(26.8%)、云南(20.9%)和西藏(17.2%)。

本书是以国家自然科学基金雅砻江联合研究基金项目为背景，结合其他项目研究成果而形成的专著。雅砻江流域地处的雅砻江是金沙江最大的一级支流，发源于青海省称多县巴颜喀拉山南麓，自西北向东南流经尼达坎多后进入四川省，至两河口以下大抵由北向南流，于攀枝花市倮果大桥下注入金沙江，是典型的高山峡谷型河流。流域地势北、西、东三面高，向南倾斜，河源地区隔巴颜喀拉山脉与黄河流域为界，其余周边夹于金沙江与大渡河流域之间，呈狭长形，流域面积13.6万平方千米。

雅砻江干流全长1571千米，天然落差3870米，平均比降2.46‰。干流尼拖以上为上游，尼拖至理塘河口为中游，理塘河口以下为下游。上游呈高山及高原景观，河谷多为草原宽谷和少量浅丘峡谷，径流补给以冰雪为主；中下游为高原、高山峡谷河流，河宽100～150米，在支流中有宽谷和盆地出现。支流呈树枝状均匀分布于干流两岸，流域面积在10000平方千米以上的有鲜水河、理塘河和安宁河。

全流域水能理论蕴藏量3840万千瓦，占长江流域总量的13.8%，技术可开发量达3466万千瓦。流域涉及青海、四川、云南三省的25个县(市)，91.5%的流域面积属四川省。在1570千米长的干流河段内技术可开发量约3000万千瓦，占四川全省的24.93%，干流有4420米的天然落差，年径流量约600亿立方米。在全国规划的十二大水电基地中，雅砻江流域名列第三。流域江河水能资源富集，开发淹没耕地和迁移人口极少，具有很好的调节补偿性能和十分优越的技术经济指标，开发成本指标远远低于其他流域，是全国不可多得的优质水电能源基地。

为了减小雅砻江流域水电开发对流域的生态环境、经济和社会产生的影响，提高流域整体水能的利用水平，2003年10月20日，中华人民共和国国家发展与改革委员会(以下简称发改委)在《国家发展改革委办公厅关于雅砻江水能资源滚动开发主体的复函》(发改办能源(2003)1052号)中明确指出："为实现雅砻江流域梯级开发，同意二滩水电开发有限责任公司负责实施雅砻江水能资源的开发，并适时将二滩水电开发有限责任公司更名为雅砻江流域水电开发公司，全面负责雅砻江流域梯级水电站的建设和管理，……，按照国家批准的河流梯级开发规划，统筹安排，加大前期工作投入，加快雅砻江流域梯级电站的开发步伐。"为取得更好的社会效益和经济效益，避免流域内多个水电公司恶性竞争和过度开发，国家授权二滩水电开发有限责任公司综合开发整个流域的水电资源。经中华人民共和国国家工商行政管理总局核准，四川省工商行政管理局变更登记，二滩水电开发有限责任公司于2012年11月8日正式更名为"雅砻江流域水电开发有限公司"，英文名称由"Ertan Hydropower Development Company，LTD."变更为"Yalong River Hydropower Development Company，LTD."。

根据国家授权，雅砻江流域水电开发有限公司(以下简称"雅砻江公司"或"公司")统一负责雅砻江干流水能资源的开发，梯级电站开发范围为呷依寺以下四川境内干流河段。

然而，雅砻江公司在实施流域化水电开发和集团化管理方式发展过程中面临一些问题。一方面，公司作为拥有雅砻江流域水电开发权的水电独立发电企业，将在全流域规划建设21座梯级电站，流域内每一级电站都有自己相对独立的生产经营权。如何建设、管理和经营好这些电站，公司由单体公司发展成一流域梯级水电站开发建设和水电生产经营为主，同心多元化和相关多元化为辅的大型水电集团公司，并实现管理的科学化和现代化，对公司来说是严峻的挑战。另一方面，雅砻江全流域的梯级电站开发与建设中，有的已建成经营(如二滩水电站、锦屏一级水电站、锦屏二级水电站等)，有的还处于建设期和规划期(如雅砻江上游的各梯级水电站)，不同阶段的电站各有不同的运作目标和管理要求，流域化管理的复杂度和难度大大超过单体电站的管理。为了更好地实现对这些梯级电站的和谐的多项目建设和管理，有效完成国家任务和实现公司发展战略，采取集团化企业组织和采用科学管理模式来进行生产运作与经营管理，是企业发展的必然选择。然而，集团管理有许多类型且各有特点，公司在国家赋予的雅砻江流域水电开发职能和建设与生产运作经营管理中设计和运营混合集团组织结构和管控模式，才能广泛吸纳民间资本，与国有资本和非国有资本共同组成以国有资本为主、非国有资本为辅的混合产权制度，解决流域开发建设中对大量资金的需求，同时将国有企业和民营企业的优势集成起来，高效率地完成流域开发任务。

怎样科学设计流域化集团化建设和科学的生产经营管理方式，这不仅会对雅砻江公司的战略发展产生持久而深远的影响，而且将对我国所有承担流域水电梯级开发的大型水电集团产生重大影响，将会直接影响其未来的利润结构，以及重大工程项目建设与自然生态环境保护的和谐统一。

1.1.2　研究意义

雅砻江沿江规划开发 21 座级电站，其中两河口、锦屏、二滩等三大水库是雅砻江流域中下游的控制性水库，总库容 256 亿立方米，调节库容 158 亿立方米。锦屏电站(包括锦屏一级、二级水电站)，总装机 840 万千瓦。锦屏电站混凝土双曲拱坝坝高 305 米，为世界同类坝型中第一高坝。水库正常蓄水位 1880 米，死水位 1800 米，总库容 77.6 亿立方米，调节库容 49.1 亿立方米，具有年调节性能，装机容量 3600 兆瓦，是雅砻江下游河段的龙头电站，多年平均发电量 174.1 亿千瓦每小时，计入增加二滩水电站正常运行年份的发电量后为 184.22 亿千瓦每小时。电站以发电为主，兼具蓄能、蓄洪和拦沙作用，是川电外送的主要电源点之一。这些电站的建成具有巨大的调节作用和补偿功能与经济效益，建成后可实现各梯级电站全年调节和联合调度，大大改善电网的电力质量，为西电东送和促进国家经济建设提供重要的保障。

然而，我国于 2002 年进行电力体制改革后，电力行业已经实行“厂网分开，竞价上网”的管理方式。在这种环境下，雅砻江公司面临激烈的竞争。首先，根据发电所需能源的不同，存在水电、火电、风能、核能以及地热能等类型的发电企业。这些企业均作为发电商，相互间是竞争对手。在当前和未来数十年里，火电企业和水电企业依然是发电行业的两大主要类型的发电商，是电力市场上一对最主要的直接竞争对手。其次，就雅砻江公司所在的四川省西部地区而言，除了雅砻江外，还存在金沙江、大渡河等多条水能丰沛的流域，是水能发电富集地区。按国家发改委的规定，金沙江流域由三峡公司独立负责水电开发，而大渡河流域则由国电公司独立负责水电开发。因地域临近，雅砻江公司将同这些企业展开最直接的、激烈的电力市场竞争。

本书在国家 863 计划重大研究项目和国家自然科学基金重大国际合作项目以及国家自然科学基金雅砻江联合重大项目等国家重大项目和面上项目的支持下，以雅砻江流域水电开发有限责任公司为研究对象，在雅砻江公司和雅砻江水电建设工地实地调查的基础上(图 1-1，图 1-2)，通过文献、理论的分析，探索流域水电开发企业如何实现流域化、集团化、科学化管理的理论和方法。

雅砻江流域是少数民族集中的地方，也是我国主要的贫困山区，通过雅砻江公司对雅砻江全流域的水电梯级开发建设和发电的生产，可以有效地带动贫困山区和少数民族地区的区域经济发展，解决贫困问题，实现小康经济和社会安定的发展目标。因此通过公司战略的实施、水电工程建设和管理创新，加速雅砻江流域水电梯级开发，不仅是对公司的发展，更重要的是对于西部经济发展，实现国家西电东送的战略具有十分重要的意义。

图 1-1 作者带领课题组在锦屏一级左坝施工现场考察

图 1-2 工程一部副主任郭盛勇在地下厂房向课题组介绍工程情况

在遵循“流域、梯级、滚动、综合”开发雅砻江流域水电资源的原则的指导下，本书以承担全流域水电开发的公司发展战略研究为主线，集成水电企业公司制度系统研究，包含公司组织制度、管理模式、集团公司治理控制结构，多项目管理理论和方法研究以及环境保护和管理等主要内容展开研究。本书的研究成果将为全国承担全流域水电开发的大型水电集团的战略发展提供理论和技术的借鉴，对提高我国大型水电企业管理水平和经营绩效、提高我国流域水电整体开发效益具有非常重要的意义。

1.2 研究目标内容及关键问题和创新

1.2.1 研究目标

在系统科学、复杂性科学的管理熵理论研究的基础上，通过对雅砻江流域水电的流域化开发、建设和生产运作经营管理的宏观环境研究，建立雅砻江公司的发展战略，系统地探索具有中国特色的水电独立发电企业的流域化、集团化、科学化管理的理论和方法，探索和设计公司基于发展战略的混合产权制度条件下集团的经济组织制度、管理组织架构、管控模式、治理结构，研究流域梯级电站开发建设中的多项目管理、环境管理的工程技术方法，培育和提高公司的竞争优势和管理能力，提高公司在中国电力行业管制下的市场化经营绩效。

1.2.2 研究内容

本书以雅砻江水电开发有限责任公司为主要的研究对象，探索我国流域化水电独立发电企业的发展战略和集团管控模式，进而探索如何提高水电流域化开发企业集团的内部管理水平、梯级水电工程开发建设、流域水电开发中的自然生态环境保护等问题，以实现流域化、集团化、科学化管理的理论和方法。本书的具体内容和各章节的安排如下。

第 1 章，绪论。本章主要阐述本书的背景、意义，研究的主要内容、关键问题和创新点，本书的研究方法和技术路线等。

第 2 章，国内外文献综述。本章主要是根据本书组织和研究的内容和逻辑关系，在跨学科研究的要求下，介绍了国内外电力企业发展战略的研究现状及分析，企业集团治理及组织结构理论，水电企业管控的相关研究，水电企业信息管理理论与方法等内容。

第 3 章，管理熵理论及其在流域开发战略中的应用。本章主要研究复杂性管理科学的管理熵理论，研究了自然系统熵理论及其发展和演化，管理熵、管理耗散结构和由管理熵决定的管理规律，以及管理熵在流域梯级水电站开发建设中的关系和应用。

第 4 章，基于管理熵的流域开发企业战略设计。本章主要是对大型水电企业的流域化梯级电站开发和发电生产的宏观环境，包括我国工业化进程、工业化对电力的需求、我国电力供应的现状结构以及竞争情况的研究，在此基础上，根据管理熵理论对雅砻江公司的总体发展战略目标设计和执行计划进行研究和阐述，在总目标的指导下，提出在流域水电开发和建设中的环境保护与低碳化建设目标。

第 5 章，流域水电开发集团公司战略管控模式设计。本章研究的主要内容是，为了有效完成国家重大的流域梯级水电站开发任务和实施企业发展战略，在任务和发展战略的要求下，研究我国流域水电梯级开发的模式、流域化水电建设集团发展理论、基于管理熵的集团管控理论，创新性地研究和提出流域化水电开发集团的基于混合经济的组织制度顶层设计，特别是研究和提出了企业集团混合组织制度的概念和理论、混合组织的产权结构、混合组织制度的管理体系，以及一元产权结构和多元混合产权结构下的管控关系和战略管理模式。

第 6 章，基于流域开发战略的雅砻江公司集团治理结构设计。本章研究的主要内容是，以雅砻江公司的流域化发展战略为主要线索，研究雅砻江公司的混合组织制度设计，现代企业治理结构，集团化后公司内部基于管理熵的管控模式、实现管控模式的技术手段，以及相关利益者的利益保护问题。

第 7 章，雅砻江公司流域化水电开发人力资源管理研究。本章主要研究了在流域化水电开发战略实施过程中，怎样对公司以及各工程管理局和建成并运营的水电站的人力资源实施战略性配置和管理。

第 8 章，流域化梯级电站开发战略的工程总承包管理。流域化水电开发是一个巨大的工程建设体系，其具有投资规模大、建设周期长、涉及专业和部门多、跨地域建设等特点，因此在建设过程中必然是多个建设企业共同完成。这就必然使业主对全部建设工程进行时间和空间的设计和安排，并承包出去，选择多个适合的建设企业来共同建设。本章主要阐述了流域化梯级电站开发战略的工程总承包原则，施工总包模式，采购—施工总包模式，设计—施工总包模式，设计—施工总包管理模式，设计—采购—施工总包管理模式，交钥匙工程总包管理模式，项目管理总包模式，建设—转让总包模式，建设—运营—移交总包模式等内容。

第 9 章，流域化梯级电站工程项目的计划管理。本章主要阐述了工程计划管理的意义和作用，计划编制的主要内容，编制的方法，WBS 设计和案例等内容。

第 10 章，流域化梯级电站工程项目的施工管理。为了加强施工的科学管理，本章主要阐述了施工现场管理的组织结构与职责，施工的准备工作，施工的串行工程、并行工程和串-并行工程的工序组织与工序施工周期计算，施工进度计划的编制与管理，施工进度管理和工程施工管理的案例。

第 11 章，基于管理熵的水电工程质量管理与控制。本章主要阐述了水电工程质量管理的主要问题和解决思路，质量管理的基本理论，全面质量管理，水电工程的质量管理，水电工程质量控制的统计分析，ISO 9000 质量管理体系，基于管理熵的水电工程质量控制等问题。

第 12 章，流域化梯级电站工程建设项目成本控制与管理。本章主要阐述了现代成本理论，水电工程成本项目的构成，水电工程成本管理的内容、分析方法和全过程的控制。

第 13 章，水电工程项目施工成本管理与控制。本章主要阐述了施工成本的预测、决策，成本计划制定，成本过程控制，施工成本核算，单位成本和施工成本的分析，施工成本考核等内容。

第 14 章，基于信息的流域水电开发的多项目协同并行工程管理。本章主要研究内容是，在管理熵理论基础上，为了节约建设工期和建设成本，高效率地实现流域梯级水电站开发战略目标，实施建设工程的多级电站协同并行工程的多项目管理。具体内容包括流域梯级电站多项目管理，流域梯级电站建设的并行工程管理，流域梯级电站建设的多项目协同管理，基于信息技术的项目协同与并行工程组织，基于信息协同与并行的直-矩组织结构效率模型等。

第 15 章，基于信息技术的流域化水电开发环境工程管理。本章主要阐述了在管理熵和管理耗散结构理论上的水电工程与环境工程的关系，以及怎样实现在信息技术条件下的开发环境监控。具体包括流域系统环保和绿色水电开发，流域水电开发工程与环境保护，流域梯级电站环境管理，基于信息技术的流域化水电开发环境监控系统。

第 16 章，流域水电的智能信息管理系统及联合调度。本章研究了基于信息技术的流域梯级电站联合调度，基于信息的梯级电站联合调度网络平台，我国水电企业信息化管理现状，RFID/3S/物联网在我国水电企业管理中的应用，基于 CPS 网络的智能联合调度技术，智能联合调度集控中心信息化管理。

第 17 章，基于管理熵的流域水电开发管理系统综合集成评价。为了客观地、科学地、简单实用地对水电开发管理系统进行综合集成评价，并用于不同的工程系统的综合比较，本章的主要内容包括基于管理熵理论的水电流域化开发系统评价的意义、基于管理熵的水电流域开发管理系统评价体系、基于管理熵理论的水电流域系统评价的算例。

1.2.3　本书研究中的创新工作

(1)提出了管理熵流模型，得出了管理系统内部熵增并不恒大于零的结论。本书在研究熵理论在管理系统中的作用发现，管理系统与自然系统既具有共性又具有其特殊性。共性在于它们都是系统，都存在着能量的运动，也都遵循熵规律。不同之处在于，管理系统是人工系统与自然系统相结合的系统，是自组织与他组织相结合的系统，是在人干预的条件下进行运动；而自然系统是完全的自然运动，不存在人的干预。因此管理系统的管理熵增具有人干预的因素，并非单一的自然过程中产生的熵增，而自然系统的熵增是在自然过程中实现的熵增，没有人的干预，这两种熵增的系统不同，增加的方式和作用的方式均不同，因此，在薛定谔和普利高津数学表达的关系式上，进行了进一步创新的研究，提出了管理熵流数学模型，充分表达了管理系统的管理熵增的方式和特点，其表达如下：

$$\mathrm{d}Ms = \mathrm{d}_i S + \mathrm{d}_{im} S + \mathrm{d}_e S$$

$$\mathrm{d}_i S > 0, \quad \mathrm{d}_{im} S \begin{cases} > 0 \\ = 0, \\ < 0 \end{cases} \quad \mathrm{d}_e S \begin{cases} > 0 \\ = 0 \\ < 0 \end{cases}$$

管理熵理论的提出，并不违反热力学第一和第二定律，且扩展了熵理论的研究和应用领域，这些研究为熵理论在管理科学中的应用提供了理论基础，促进了熵理论和复杂性科学的发展，同时也为本书的研究提供了重要的理论基础和指导思想(详见第 3 章)。

(2)第一次将管理熵理论和评价技术应用于流域化梯级大型水电开发与建设中，为水电工程和水电流域开发及大型水电工程建设的系统性后评价和可持续发展提供了理论基础(详见第 17 章)。

(3)提出了大型集团公司的新型企业混合组织制度，为大型集团公司组织方式的发展和我国企业实现混合经济体制提供了新的理论和方法。在研究中发现，江河流域大型水电站梯级开发所需资金量极大，单一的国有资本不能满足需求，因而需要通过投资主体多元化来解决资金需求问题，同时，通过国有资本和非国有资本的有机结合，可克服国有企业的一些固有弊病，避免企业管理体制和经营机制的僵化，有利于企业进入市场经营和开展灵活的市场竞争。企业投资主体的多元化决定了产权结构多元化，从而形成企业的混合经济组织形式，产生了混合产权结构，由此又决定了企业的混合组织结构和混合管理体制，进而产生了企业的混合治理结构。新型企业混合组织制度理论的提出，为企业打破国有产权一元结构，打破国有垄断，建立新型的混合经济企业制度和管理模式，适应独立企业实施江河流域水电梯级开发，以及适应市场竞争提供了新的理论和方法(详见第 5、6 章)。

(4)提出了流域化梯级电站开发的信息化协同并行工程的多项目管理，以及相应的组织理论、方法和基本模型。并行工程是制造领域的一种新的生产与管理技术，而多项目管理则是工程管理的先进技术与方法，虽然它们产生和应用的领域有所不同，但是并行工程和多项目管理本质上都是一种系统工程管理，遵循系统工程的原理，在工程技术上和管理上具有若干共性特点，因而可以通过系统工程理论与技术将这两种先进的工程技术和管理方式有机整合起来，形成一种能够集成两种技术优势的综合集成的工程技术管理方法。本书在研究中发现，在流域梯级电站开发建设中，往往会出现宏观流域开发中的串行工程建设和微观河段的并行工程建设相结合的水电梯级电站工程建设方式，这样将大大地缩短全流域建设周期，同时可使资源得到有效利用，大大提高建设效率。在并行开发建设的工程中，将并行工程方法与多项目管理方法集成起来，用并行工程多项目管理的理论与方法来进行微观河段并行多工程的统一的综合管理，可以大大地提高工程建设效率、降低成本和缩短建设周期，实现低碳化工程建设和生产运营管理(详见第 10 章、第 14 章)。

(5)提出了 CPS 系统在水电生产中的智能管理应用。CPS 系统是在新的产业革命的基础上提出的全新的智能网络系统。所谓 CPS 是指计算机、网络和物理环境高度融合和相互协调的多维复杂智能系统，是通过3C技术——计算(computation)、通信(communication)和控制(control)的有机融合与深度协同，实现大型工程系统和管理系统的实时感知、动态控制和信息服务的系统。智能管理的核心技术主要表现在CPS网络技术、智能管理专家系统和智能调度与控制系统三大方面。本书将工业4.0的智能生产与智能工厂的思想和理论应用于水电工程与生产经营管理，提出CPS/RFID/3S等现代新兴信息技术综合集成地应用于流域梯级电站水电生产与环境监控，形成了远程智能管理思想和理论，为现代信息技术、智能控制技术和智能管理的应用提供了理论前沿研究(详见第15章)。

(6)理论与实践相结合。本书在研究和撰写中，始终将理熵、管理耗散结构理论同企业集团管理、水电工程管理、环境工程管理和大型工程评价等实践工作相结合，使水电流域开发建设在系统科学、复杂性科学理论的指导下展开研究和实践。

(7)宏观与微观相结合。本书将水电流域梯级开发建设的宏观战略规划与具体的微观工程建设结合起来，使水电流域开发建设中梯级电站建设始终处于战略规划的指导下，避免梯级电站建设中出现各自为政、无序竞争和资源非优化配置等问题。

第 2 章　国内外文献综述

本章主要对相关的国内外研究现状和文献资料进行学习、整理和分析，为以后的研究与撰写奠定坚实的理论与技术基础。由于本书涉及战略管理、企业组织理论、现代企业治理结构理论、企业管理理论、工程管理和信息技术等多学科领域，所涉及各领域学科内容较多，属于交叉学科研究，这些学科内容都是后续研究的理论或技术基础，因此在本章进行多学科的文献综述。

2.1　电力企业发展战略研究现状及分析

电力工业市场化改革始于 20 世纪 90 年代初。这些年来研究电力体制改革的文献较多，但是在我国 2002 年电力体制改革实施“厂网分开，竞价上网”的行业管理方式后，系统地研究体制改革后独立发电企业的内部经营管理的文献比较少。加之由于水电发电企业流域化管理也是我国当前水电开发出现的新问题，因此，关于水电独立发电企业流域化、集团化管理的文献更为稀少。

2.1.1　企业战略发展

2.1.1.1　战略管理的兴起

小阿尔福莱德·D. 钱德勒(Alfred D. Chandler Jr.)详细、全面地分析了环境、战略和组织结构之间的互动关联，得出结论：企业战略应当适应环境变化(满足市场需求)，而组织结构又必须适应企业战略的要求。研究环境—战略—结构之间的相互关系[3]时，通过对一百多家企业的研究，特别是对杜邦、通用汽车、标准石油和西尔斯百货这 4 家企业的研究，他发现当外部环境发生变化时，企业的战略也会做出相应反应，制定新的战略，然后与战略相适应的组织形式必然发生改变，从而得出结论：战略决定结构，结构跟随战略。

2.1.1.2　安德鲁斯的设计学派和目标战略理论

设计学派创始人、美国哈佛大学商学院的安德鲁斯(K. R. Andrews)教授在 1971 年出版的经典著作《公司战略思想》中认为：“战略是目标、意图或目的，以及为达到这些目的而制定的主要方针和计划的一种模式。这种模式界定着企业所属的或应该属于的经营类型。”[4]因此企业战略管理的核心内容是决定企业的长期目的和目标，并通过分配资源和经营活动来实现目的。

安德鲁斯将战略定义为公司“可以做的”(might do)与公司“能够做的”(can do)之间的匹配。所谓“可以做的”是指环境提供的机会和威胁；“能够做的”是指公司自身的强项和弱项。这样就形成了著名的 SWOT 矩阵分析框架，并明确提出公司发展战略应该根据机会、威胁、强项和弱项的匹配来设计，实现抓住机会，避免风险，扬长避短，争取竞争优势，促进公司不断发展，从而提出了 SWOT 分析和配置矩阵。

安德鲁斯还修正了钱德勒关于战略与结构的基本思想，针对先战略后结构的观点，提出：战略追随结构、环境服务组织的思想、运用系统方法研究战略管理等思想和理论。

2.1.1.3　安索夫的资源配置和战略计划学派理论

战略管理计划学派创始人、美国著名战略管理学家安索夫(H. I. Ansoff)在 1965 年出版的《公司战略》一书中，以环境—战略—组织三者为支柱，建立起资源配置战略管理的基本框架，简称 ESO 理论。他认为战略行动就是组织通过改变内部的资源配置和行为方式，使之与环境相互作用的过程。安索夫按三个支柱要素将战略划分为 5 种类型：稳定型、反应型、占先型、探索型、创造型。他认为只有当三个支柱要素协调一致、相互适应时，企业的经营总目标才会成功地实现。在稳定型的环境中不应采用探索型战略，以免打破稳定。相反，在创造型的环境中，创造型的组织只有采用创造型战略才能成功[5]。

安索夫在《公司战略》这本书中提出了计划学派的思想，并区分了企业总体战略与经营战略：①战略构造应是一个有控制、有意识的正式计划过程；②组织中的高层管理者负责计划的全部过程；③企业战略一旦形成，要能通过目标、项目、预算的逐级分解使之得以实施。这些管理思想同德鲁克的目标管理理论和方法是一致的。

在 1979 年出版的《战略管理》一书中，安索夫又系统地提出了战略管理的八大要素模式：外部环境、战略预算、战略动力、管理能力、权力、权力结构、战略领导、战略行为。他明确地指出，战略管理的本质是把“公司战略”当作对象和功能来进行系统的管理[6]。如果说《公司战略》一书主要是对公司战略的概念、操作方法等进行系统的阐述，那么《战略管理》则是在 14 年后，在发展环境高度动荡条件下对企业战略管理进行的系统研究。

安德鲁斯在《企业战略概念》一书中所提出的战略理论及其分析构架(也称为“道斯矩阵”)，一直被人们视为企业竞争战略的理论基础。在安德鲁斯的 SWOT 分析构架中，S 是指企业的强项(strength)，W 是指企业的弱项(weakness)，O 是指环境对企业提供的机遇(opportunity)，T 是指环境对企业造成的威胁(threats)。

2.1.1.4　迈克尔・波特市场结构学派

美国哈佛大学商学院迈克尔・波特(M. E. Porter)教授在产业经济的结构—行为—绩效分析框架(即 SCP 框架)的理论基础上，总结了企业竞争战略与环境的关系，提出了企业竞争战略理论。在这个理论中，认为决定企业绩效和发展的关键因素是产业结构[7]。由此，他提出“企业战略就是选准你自己的跑道”。他认为战略的失误将导致企业的全面失败。企业的绩效是从哪里来的呢？主要是由环境或者产业提供的。因此企业的战略选择就是企业进入什么产业去发展。好的产业环境可让企业得到发展，而夕阳产业使企业得不到好的绩效。同时，他从产业经济的角度提出了企业的“五力竞争模型”，对企业竞争战略进行分析，如图 2-1 所示。

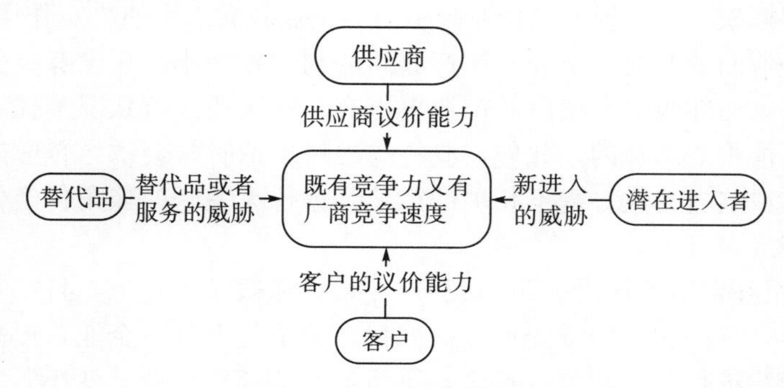

图 2-1　五力竞争模型

在五力竞争模型的基础上，他又提出了三种竞争战略，即总成本领先竞争战略、差异化战略和专一化战略。

为了更进一步说明竞争战略的优势来源，波特又提出了价值链理论，用以分析企业价值产生的关系。他认为，企业的价值链，是指由 5 种基本活动和 4 种辅助活动构成的为企业创造价值的整体，如图 2-2 所示。

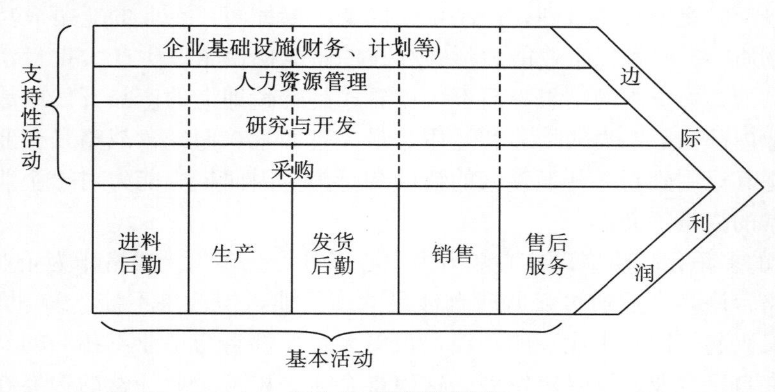

图 2-2　波特价值链

企业活动并非是这 9 种活动的简单集合，而是由价值链的内部联系形成的系统，这种联系可以通过整体优化和协调一致带来竞争优势。

2.1.1.5　核心竞争能力学派的兴起

核心能力学派是 1990 年由美国学者普拉哈拉德(C. K. Prahalad)和英国学者哈默尔(G. Hamel)首次提出的[8]，他们在《哈佛商业评论》所发表的“公司的核心能力”（*The*

Core Competence of the Corporation）一文已成为战略管理最经典的文章之一。此后，核心能力理论成为被广为关注的管理理论界前沿问题之一。

普拉哈拉德和哈默尔把核心竞争力界定为“使得商业个体能够迅速适应变化环境的技术和生产技能”，是“组织中的累积性学识，特别是运用企业资源的独特能力”。

核心能力学派是在特定的背景下提出的：

(1)不认同波特产业结构分析理论。尽管波特的产业结构分析理论提供了对企业进行战略分析的完整框架，并且说明了产业吸引力对企业利润水平的决定作用。但事实表明，同一产业内，企业间的利润差距并不比产业间的利润差距小。在没有吸引力的产业里有些企业利润很高，而在吸引力很高的产业里也有一些企业经营状况不佳。这些现象都是波特战略理论不能很好解释的。此外，波特的战略理论时常会诱导企业进入一些利润很高、但缺乏经验或与自身优势毫不相关的产业，进行无关联的多角化经营，这些实际问题也在质疑波特战略理论。

(2)企业重组和再造的挫折。20 世纪 80 年代，在很多产业上，日本企业的竞争力都超过了美国企业，美国企业的领先地位被取代。为了赶上日本企业，提高竞争力，美国的很多大企业纷纷进行重组和流程再造。重组虽然能够使企业“变小”，改善短期绩效，但这仅仅是在纠正过去的错误，而不能创立未来的市场。当意识到这个问题时，一些企业转向再造工程。再造尽管能够使企业“变好”，但只不过是在模仿其他企业。因而如何重建企业的竞争战略，使企业不仅在现有产业内领先，而且能够在未来产业继续领先，就成为一个急需解决的问题。

核心能力理论研究的意义在于：

(1)它首次提出核心能力是企业长期竞争优势之源。在迅猛发展的信息技术和全球化经济的大背景下，竞争日益激烈，产品生命周期不断缩短。企业的竞争成功被看作是企业深层次的物质——一种以企业能力形式存在的、能促使企业生产大批量消费者难以想象的、新产品的智力资本的结果，而不再被看作是转瞬即逝的产品开发或战略经营的结果。可见企业内部核心能力的培养和运用是最关键因素，而经营战略是企业充分发挥核心能力，并把其运用到新的开发领域的活动和行为。因而核心能力对于企业的长远发展具有超乎寻常的战略意义。

(2)企业的多角化战略应以核心能力为中心来进行。多角化战略作为企业寻求快速扩张的一种战略，许多企业通过兼并联合涉足众多行业，但效果不佳。20 世纪 80 年代以来，企业界又兴起“回归主业”的潮流，很多大企业都将与主业不相关的其他业务剥离出去，而只在自己主业领域寻求发展。这使得企业去思考企业经营的边界在哪里？企业多角化经营的范围该如何决定？核心能力理论或许可以解释上述问题。

(3)企业之间的竞争主要是核心能力的竞争。核心能力理论不仅涉及是企业之间具体的产品和服务，还涉及企业内部所有的战略单元，企业间的竞争也转为企业整体实力之间的对抗，因此核心能力的寿命比任何产品和服务都长，并且关注核心能力能更准确地反映企业长远发展的客观需要，而不是局限于具体产品和业务单元的发展战略。

2.1.1.6　资源学派

资源学派的某些理论观点在20世纪80年代中期就出现，经过80年代末90年代初的长足发展，目前已基本成为企业竞争战略研究领域中占主导地位的理论流派。如前所述，资源学派试图“将公司的内部分析(即20世纪80年代中期管理学界权威们所关注的研究取向)与产业和竞争环境的外部分析(即更早期战略研究所关注的中心主题)结合起来”，从而在上述两种迥然不同的研究方法之间架起一座桥梁，以巩固安德鲁斯早年所建立的SWOT经典分析范式。显而易见，从结构学派到能力学派再到资源学派，企业竞争战略理论经历了一个“否定之否定”的“正反合”发展过程。从这种意义上说，资源学派初步实现了对竞争战略理论的一次集大成。

从战略管理发展的历史来看，国际学术界对企业战略的认识经历了三个阶段[9]，即20世纪60年代理性主义阶段，20世纪80年代非理性主义阶段，20世纪90年代至今的整合阶段。尽管明茨伯格(Henry Mintzberg)[10]在综合理性主义和非理性主义对战略的认识的基础上所提出的整合概念是迄今为止对企业战略最全面和深刻的理解，但在学术界和企业实践中，以安德鲁斯、安索夫等为代表的理性主义认识仍然占据了主导地位，他们认为环境变化是可以预测的，战略应由企业高层管理者制定并通过自上而下的正式计划来实施，因而企业战略是设计，是计划，是定位，是符合规范的。

也就是说，企业战略是企业在市场经济体制下，根据企业外部环境及内部资源和能力状况，为求得生存和长期稳定的发展，为不断地获得新的竞争优势，对企业发展目标、达到目标的途径和手段的总体谋划[11]，是企业经营思想、经营方针、经营目标和经营重点的集中体现[12]；而战略管理则是对企业战略的制定、实施、控制和修正。企业战略能使企业更主动地塑造自己的未来，提高企业的经济效益和综合素质。

2.1.2　电力企业发展战略

电力是国民经济的基础性产业，长期以来，因其固有的生产、消费特点，电力工业一直是政府管制的垄断性行业。电力生产的发电、输电、系统控制、配电、供电各功能单位均处于垂直一体化运营的模式。在这种运营模式下，电力工业的生产潜力得不到很好发挥，电力部门垄断利润过高，消费者利益受到侵害。因此，自20世纪70年代开始，美国、英国、法国、澳大利亚、阿根廷等国纷纷进行了市场改革，为中国的电力体制改革提供了丰富的经验。

国内外不少企业正是通过强化和贯彻战略管理而产生了高绩效。然而，国内关于发电企业战略研究还十分稀少和零散，缺乏深入的系统研究，具体归纳如下。

史琰斐[13]于1995年探索了发电企业适应市场经济要求的管理变革，认为发电企业应该解放思想、转变观念，转换机制、内涵挖潜、苦练内功、提高素质，调整产业结构、外延发展。张阳和汪群[14]只是概略性地论述了大型企业应该重视战略管理。姚一平[15]分析了发电企业子公司——虚拟检修公司的战略目标的实施。

朱浩东[16]具体阐述了如何以CI战略来推动建立电力现代企业制度。马勤[17]以广西柳州发电有限责任公司为例阐述了企业文化如何支持企业发展战略。刘会堂、吕秋发[18]介绍了西柏坡发电公司培育竞争力的一些方式。

赵大同[19]关注发电企业的营销，探索了独立发电企业的市场营销中的一些基本问题，而且还只是一种构想。

在发电企业十分关注的成本方面：有文献从战略角度研究发电企业成本形成和控制[20]，还有研究从低成本战略的角度发电企业应该加强全员成本意识、理顺财务管理体系、推行成本预算、提高设备健康、人员分流[21]，注重市场条件下发电企业的战略成本控制方法[22]。这些研究成果对发电企业实施成本领先战略具有参考价值。

一些研究在发电企业竞价上网的策略方面[23]、发电侧低成本和高成本发电企业的竞争产量和市场长期均衡模型[24]进行了一些探索。

在关于发电企业的战略管理研究方面：李海瑜[25]论证了发电企业实施战略管理的必要性，并介绍了山西漳山发电有限责任公司的战略管理方式。陈陶锴[26]运用波特的竞争五力分析和EFE矩阵粗略地研究了火电企业战略创新的环境。叶文申、谷长建与王树江[27]共同撰文认为，发电企业的发展战略的实施需要建立现代企业制度，破解“恋权”情结，注重内部革新挖潜，强化人才战略、市场战略和全局观。孟磊和李雪松[28]指出水电开发存在枯汛期基荷电量均价、开发资金筹集困难、投资于综合效益的成本无人分摊、地域偏僻等不利因素，应该积极争取战略性政策资源、加大力度引入战略投资伙伴、积极寻找流域的战略性开发空间。王燕[29]认为在缺电背景下电力企业在收入、成本、利润、安全、项目建设、政策方面存在诸多经营风险。张娟、刘威[30]进一步研究了市场条件下发电企业的风险管理组织形式、步骤、战略中的风险评估，认为发电企业风险管理应该从整个企业的层面上对持续面对的各方面风险和机遇进行全方位管理，并且还要充分发掘企业的内在潜力，使风险管理成为发电企业经济增长的亮点。唐婧等[31]从博弈论中的合作博弈与非合作博弈角度认为电力企业在单阶段博弈中会采取合作方式，而在重复博弈时是否合作要受到贴现因子的影响。另外，还有文献[32]研究民营独立发电商的经营环境后认为民营独立发电商应该重视人力资源战略、低调企划和加大新能源的规划比例。

研究表明，输电、系统控制、配电具有自然垄断性，而发电和供电则可引入竞争机制，向市场开放[33]。国外电力市场的模式主要有4种：特许权投标、发电侧竞争、趸售或零售转供、强制或自愿型电力库[34]。我国比较适合的是“发电侧竞争”，经过一定时期后，将逐步过渡到“强制或自愿型电力库”的模式。

随着我国市场经济发展的深入，电力工业垂直一体化垄断运营的弊端越来越凸现，国民要求电力工业改革的呼声越来越高。经过众多学者论证和行业讨论，我国从2002年开始实施电力体制改革。国务院《关于印发〈电力体制改革方案〉的通知》(国发［2002］5号)是我国电力改革发展的标志性文件。根据国发［2002］5号文件的精神，我国采取了一系列深化改革的措施，主要是进行了“厂网分开”，在发电侧形成了全方位竞争格局，竞争态势愈演愈烈，竞争理念已渗透到发电企业建设、运营、管理的全过程。2003年3月，国家电力监管委员会正式组建成立，按照国务院授权，依法履行全国电力监管职能。

通过在发电生产领域引入竞争，我国的电力行业形成了众多的独立发电企业。其中，华能集团、大唐集团、华电集团、国电集团、中电投集团五大发电集团公司的成立，表明我国发电市场的寡头竞争格局已经形成。

对我国独立发电企业来说，外部的政策环境和市场环境都发生了质的变化。随着改革的不断推进和管理模式与管理体制的逐步完善，独立发电企业内部也遇到了很多新的问题和困难。面对新的政策形势和市场自身的变化趋势，发电领域即将进行新一轮的调整以及更深层次的改革，这已经成为无法回避的事实。面临这种非常严峻的形势，我国独立发电企业如何赢得竞争？建立竞争优势，已经成为一个崭新的课题。

近年来，关于我国电力工业发展的文献，依然主要集中在电力产业改革和电力市场的发展上[35~40]，而从发电企业角度深入研究竞争的成果还很少。在发电企业的竞争研究成果中，关于竞价策略的研究较多[41~44]，关于发电企业竞争战略的其他方面的研究很少。

叶泽在 2004 年出版的《电力竞争》[45]一书是关于电力市场竞争的较系统的成果。但他探讨的主要是电力从垄断走向竞争的原因，电力市场机构要素和行为特征，电力企业市场竞争模式以及可能产生的一些特殊问题。其中，关于发电企业的竞争优势，从规制经济学的角度给出了建立市场势力的建议。

关于发电企业的竞争策略，陈晓林[46]认为主要是两层：一是战略性的策略，包括增强市场服务意识、改进组织结构和管理模式、多元化发展等；二是战术性的策略，包括进行全新的投资分析、厂址和电源规划、构造管理信息系统、加强人员培训、提高自动化程度、注重价格策略等。吕强等[47]主张应通过科技创新、良好的企业制度保障、高素质的人才、良好的企业文化、正确的竞争策略来建立竞争优势。罗信芝[48]提到，加强精益化管理和增收节支工作、加强水情测报和水库优化调度工作、积极参与竞争规则的制定是发电企业建立竞争优势的方法。张同建[49]强调，信息化建设和组织学习都是现代企业核心能力形成的重要因素，但是他经过实证分析发现目前组织学习与信息化建设对中国电力企业核心市场能力的形成都没有产生明显的促进作用，说明中国电力企业在机制转轨时期市场营销能力的培育是一个亟待解决的问题，中国电力企业应继续进行管理创新与技术创新。李全业[50]认为，要培育和提升发电企业核心竞争力，应该抓好 6 个方面的工作：①抓好领导班子建设，提高领导力；②打造高效机制，提高执行力；③创建学习型组织，提高学习力；④坚持不断创新，提高创新力；⑤强化市场营销，增强市场力；⑥突出企业文化建设，提升文化力。刘悦春[51]在分析国有电力企业时认为，营造企业核心能力的方法主要是树立竞争观念，加大技术投入和管理创新，建立鲜明的企业文化，推行全员营销，发展电力多种经营。王芳楼[52]在分析青海电力市场竞争时，谈到了最佳成本战略和差异化战略。胥德武[53]等研究了流域水电公司在电力期货交易下的竞争策略。

还有学者分析了发电企业竞争的影响因素，如黄伟建[54]分析了发电企业的盈利能力因素，认为机组的可靠性和可用性、综合单位变动成本的预算精确性、负荷调节能力是影响发电企业盈利能力的主要因素；王蕊、姜生斌等[55]论证到，水电参与竞争电量的比例分析是水电市场化运营的关键。

一些学者建议发电企业开发 CDM 项目[56]、建立竞争情报系统[57]来增加竞争优势。

有学者探讨了小水电代理竞争[58]、民营发电企业竞争[59]、电力市场营销策略[60,61]等问题。

以上成果主要针对一般的发电企业的竞争，而关于流域水电独立发电企业如何参与市场竞争、建立竞争战略的研究基本没有。雅砻江公司开发和经营雅砻江流域的水电，难以从上述研究中得到直接帮助。本书针对雅砻江公司所面临的具体环境，系统分析其经营过程中的优劣势，提供流域化、集团化条件下的竞争战略建议。

2.1.3 电力企业经营战略管理

在人力资源战略方面，李艳[62]论述了电力企业并购中的人力资源整合问题，王宏图[63]从文化整合、知识整合、激励约束机制、团队学习方面研究了发电企业如何构建学习型组织体系，这对发电企业的战略发展有一定参考价值。

另外，还有一些发电厂战略的案例研究，如韶关发电厂发展战略研究[64]等。

电力为各行各业以及家庭提供电能，是一个非常特殊的能源产业，它显著地不同于生产和提供普通消费品的工业和服务业。该产业主要由发电企业、电网经营企业(包括输电网经营企业、配电网经营企业)、电力用户构成。电力产业价值链具有“产供销用”一次性、顺时完成的特点，没有中间储存环节，发电商要时时刻刻地发出用户随机变化的需求电力，电网经营企业需保质保量地将电能输送给电力用户。电力具有资金与技术的高度密集性，电力企业最担心的是不能满负荷地发电、输电，从而带来电力设备、人员的严重闲置浪费，同时机组出力的加大与减小甚至启停对机组的寿命影响很大。各独立发电企业所提供的产品——电能，从物质形态上看，无论所使用的一次能源是什么，它对于电网经营企业和电力用户而言是高度同质的，这十分类似于工业的标准化消费品。但是，它与工业消费品在销售渠道上又根本不同：工业消费品可以在没有经销商网络的支持下自建渠道；独立发电企业在电力体制“厂网分离”管制的框架下是不能建立针对电力用户的属于自己的电网的。在用户观念差异方面：工业消费品的研发要盯准终端顾客的需求，终端顾客在消费使用产品时能感知生产企业的品牌形象；对于独立发电企业而言，因产品的高度同质化，其市场顾客(电网经营企业)和电力用户是分离的，电力用户从电网经营企业获得电能，除了关心价格外，一般不会知道而且也不关心使用的是哪一家发电企业生产的电能，因而发电企业的品牌形象在电力消费者心中是不敏感的。从以上分析可以看出，面向流域开发的水电独立发电企业集团的公司战略与一般企业的公司战略存在很大的差异。

然而，从以上文献分析可以看出，目前国内暂无系统地研究水电独立发电企业发展战略的研究成果，只存在一些从部分管理职能或者业务单位角度认识发电企业的战略的文献，但也比较零散。而且关于企业战略的极其重要的环境分析、内部价值链和能力分析，战略业务组合，战略实施和控制、评价，以及为了实施战略所涉及制度设计、组织设计、业务流程分析整合、职能战略分解等方面都缺乏或者没有专门研究。本书认为这种研究状况与我国电力体制改革较晚有关。在电力体制改革前，发电企业只是电力行业的一个生产车间，投资和电力分配都由国家直接控制，发电企业没有市场压力，缺乏竞争观念和战略意识，甚或内部管理体制都不甚合理。在电力生产产业引入竞争机制后，战略作为企业未来的规划对于水电独立发电企业而言尤其重要，这不仅仅是企业产能指标的简单设计，而且是要从企业内外挖掘更多潜力来构建企业市场竞争力，是涉及企业能否在市场上立足和良性发展的根本性问题，因而急需深入系统地研究。

2.2　企业集团治理及组织结构的相关研究

2.2.1　企业集团研究

“企业集团”一词，首先在 20 世纪 50 年代的日本开始使用，特指三菱、三井、住友、三和、第一劝业银行和富士六大集团，后扩展至日立、丰田、松下等大型、新型工业集团。我国在 20 世纪 80 年代中期引入企业集团这一概念。

根据我国《公司法》和《企业集团登记管理暂行办法》的有关规定：企业集团是指以资本为主要联结纽带，以集团章程为共同行为规范的母公司、子公司、参股公司及其他成员企业或机构共同组成的，具有一定规模的企业法人联合体。

企业集团内部各成员企业之间的联结方式主要包括股份持有、高级管理者的派遣与兼任、内部交易和准市场关系、内部金融、资源共享、长期合作关系等。

股份持有分为单方向的控股和双方的相互持股两种基本形式。理论上，控股公司必须拥有子公司的股份超过 50%，才能控制另一家公司的经营管理权。实际上，由于股权的分散甚至高度分散，获得低于 50%的股份便有可能取得控制权。

2.2.2　关于公司治理的相关研究

在公司治理的研究方面，理论界关于公司治理结构的定义繁多。Berle 和 Means[65] 以及 Jensen[66] 提出了公司治理的目的应该是解决所有者和经营者之间的关系，使所有者和经营者利益一致。Cochran 和 Wartick[67] 则认为公司治理来解决特定的问题是很多高级管理人员，公司股东，董事会和公司的交互作用所产生的其他利益相关者。Blair[68] 指出公司治理是一套对本公司法定控制权或剩余索取权、文化和体制安排。Shleifer 和 Vishny[69] 则认为公司治理研究如何确保他们的资金提供者可以是一个方法质疑的投资回报，公司治理的核心问题是要确保资本提供者(包括股东和债权人)的利益。

我国理论界结合我国企业改革的实践，对公司治理结构提出了不同的见解。如吴敬琏[70] 认为，所谓公司治理结构，是指由所有者、董事会和高级执行人员即高级经理人员组成的一种组织结构。燕玉铎[71] 从制度的角度来说明公司治理结构，认为公司治理结构是指董事幂函数、结构、股东和公司的控制权的推广手段等方面对公司董事会的制度安排和分配剩余索取权一套法律、文化和制度安排。而王峻岩[72] 提出，公司治理结构本质上是一种现代商业组织的管理体系，是科学管理的典范。任佩瑜[73] 认为，公司治理结构本质上是企业管理的内部和外部的企业契约制，通过这个契约制度安排不仅实现了企业的控制和剩余索取权，激励和约束机制以及权利制衡的合理配置，同时也合理安排了组织结构和管理体制，实现了利益相关者的权利和利益。郑志刚[74] 对公司治理内涵进行了重新认识，从两个层次的划分和逻辑关系的合理构建完整体现了 Coase 提出的治理作为“权威的分配和实施”的原意。因此，要完善公司治理结构，考虑到外部和内部阻碍，前者的核心是处理委托－代理关系等，而后者关注的股东大会、董事会的管理、总经理、监事会对如何实现相同的平衡责任和权利的董事会也必须有效地在各级组织的内部管理和控制制度以及相关的有机系统的设计。总体而言，大多数理论家将注意力集中在如何提高国有企业的改制上，想通过产权的内部治理关系和管理结构的设计来提高公司运行的效率。

实践表明，国有企业以改善治理，提高运作效率的产权制度改革是有效的，但国有企业在改善治理的产权改革是有条件的[75]。不仅如此，产权主要功能的实质在于引导各种激励机制，使外部性在更大程度上得以内部化[76]。也就是说，产权结构与公司效率之间的关系不是唯一的和直接的，一定的产权结构可能不一定导致高效率，产权和公司的控制权也不是一对一关系的所有制结构。与企业所有权结构和性能效率的关系从逻辑上讲，应该是产权通过控制企业，企业通过生产技术运行的操作组织中的作用，管理产生投入产出效率，并最终通过市场产生经济绩效。因此，为了提高公司的效率，主要是通过产权和激励机制共同作用之下，促进经营、管理、生产、技术和市场的融合。

关于公司治理结构的理想模式，杨瑞龙[77]指出，一个有效率的企业治理结构要能够体现“共同治理”原则；且通过治理结构的相机性来提高企业决策效率。国际理论界普遍认为，较好的公司治理结构应具备某些共同的要素[78]：①问责机制和责任(Accountability & Responsibility)；②公平性原则(Fairness)；③透明度原则(Transparency)。

从公司治理结构理论的现实出发，在国内外的研究中总结出两类治理结构：英美模式和德日模式。前者是市场竞争的一个典型模式，是一种“股东－公司型”的公司治理模式。其特点是：个人拥有公司股权的绝大多数，股权高度分散，所有权和经营管理(控制)权分离，因此，在公司治理结构上更多地表现为母子公司制。后者也被称为所有权模式，相对集中持股，管理(控制)权比较集中的模式，其所有权结构的基本特征是“股东-机构投资者-公司类型”，该模型力主在公司治理，特别是投资基金引进机构投资者，以形成一个相对集中的所有权结构[79]，因此在公司治理结构上更多地表现为总分公司制。可见，无论是英美模式还是德日模式，产权结构、公司控制权结构、公司治理模式之间存在着如下的逻辑关系，如图 2-3 所示。

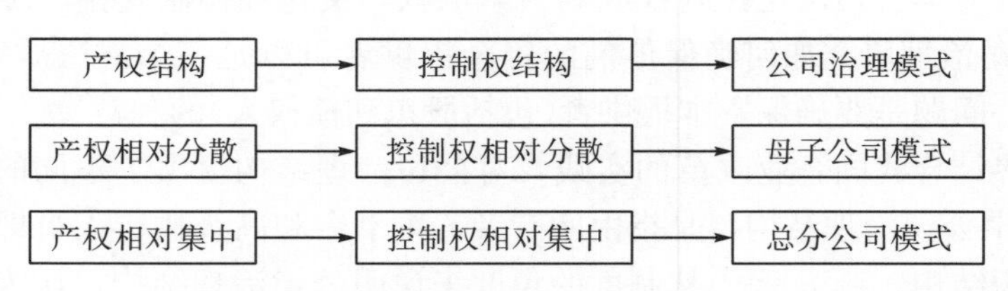

图 2-3 产权结构、公司控制权结构、公司治理模式之间的逻辑关系

2.2.3 企业组织结构研究

从 20 世纪初到 70 年代后期，古典组织结构理论一直占据着组织结构理论领域的支配性地位。它认为，所有组织都通过一种层级制的高度正式安排，且由统一规定的计划和制度来支配组织生活，拥有一种最好的结构模式。20 世纪 30～40 年代出现的人际关系理论，主张以沟通和共同影响的方式来促进普通员工参与组织的管理。其中具有影响力

的是伊尔顿·梅奥和切斯特·巴纳德(Chester I. Barnard)等人。非正式组织的概念是由巴纳德提出来的，该理论强调员工参与管理受到领导方式的影响。他认为，权力是取决于下级是否接受，而不是来自由上而下的行政授予，只有当行政命令为下级所理解，并且相信它符合组织目标和个人利益时，行政命令才会被接受，这时的权力才能成立。20世纪 60 年代后期到 70 年代中期，结构权变理论成为主流的组织结构理论。结构权变理论学派的重要代表人物有钱德勒(Chandler)、卡斯特(Fremont E. Kast)与罗森茨韦克(James E. Rosenzwig)等人。结构权变理论的理论基础是把整个组织系统看成是一个开放的、动态的系统，因此管理者必须根据情况的变化不断对组织结构进行调整，不存在一个一成不变的、普遍适用的、“最好的”的组织结构设计，系统方法和权变方法是权变结构理论的基本方法。其中，在管理者进行组织结构设计时，要综合考虑和分析权变要素——发展战略，发展战略是管理者在组织结构设计中对各种权变要素进行综合分析和考虑时的最重要权变要素，因为发展战略从一定程度上能够综合反映其他权变要素的要求。

20 世纪 70 年代中期以来，管理学家提出了 4 个与结构权变理论有所不同的新范式：迈耶尔(Meyer)和罗万(Rowan)以及祖克尔(Zucker)的制度理论，帕弗尔(Pfeffer)和沙兰西克(Salancik)的资源依赖理论，汉南(Hannan)和弗瑞曼(Freeman)的总体生态理论以及科斯(Coase)、威廉姆森(Williamson)的交易费用理论。前三个理论范式的共同观点是认为，组织环境是组织结构的主要决定力量，不是管理者主导了组织结构的变革，而是组织环境主导了组织结构的变革。制度理论认为，组织结构主要是迎合更大社会范围的团体关于组织形式的合法性、有效性和理性的看法的产物。因此，任何组织的组织结构都有表面结构和实质结构之分。资源依赖理论认为，组织有维持独立的倾向，但组织对外部资源有依赖性，需要依靠很多方法手段去控制这些资源。总体生态理论认为，组织变革的主要机制是一个达尔文式的自然选择过程，当一个组织在总体水平上不能适应环境的变化，那么新的适应性强的组织将会取代它。

20 世纪 70～90 年代，组织理论的经济学影响不断发展。巴尼(Barney)和大内(Ouchi)在《组织经济学：理解和研究组织的一种新的范式》一书中明确提出了组织经济学的概念。詹森(Jensen)和麦克林(Meckling)的代理理论及威廉姆森(Williamson)的交易费用理论是组织经济学的突出贡献。委托代理理论研究了组织中所有权与经营权分离的事实，呈现委托人如何以最小的成本使代理人的经营者愿为委托人的目标和利益辛勤工作的问题；并提出了一些数学模式和实证论述。委托代理理论对于现代企业组织内部激励机制的设计具有非常重要的意义。交易费用理论认为所有的组织协调和管理费用都是交易成本，并指出企业组织内部的协调机制可以替代市场来配置资源是现代企业组织存在的原因之一，如此可以降低交易费用和提高效率。威廉姆森的“企业的效率边界”是指企业规模的界限应该定在其运行范围扩展到企业内部组织附加交易的费用等于通过市场或在其企业中进行同样交易的费用的那一点。组织内部沟通控制等交易费用超过了组织能够降低的市场费用时，就达到了理论上的“企业的效率边界”。这样，组织就必须解散或改组。

按照威廉姆森[80]的分类法，现代企业的组织结构可分为三大类：U 型结构、M 型结构和 H 型结构。U 形结构是“单元结构”(unitary form)的简称，是指按职能划分组织单位、并由最高经营者直接指挥各职能部门的体制，亦称“职能部制结构”。Alfred D.

Chandler，Jr.[81]认为，这种结构的一个重要缺陷是高层经理们陷于日常经营活动，无法做好长期性的资源分配工作。同时，由于高层经理们通常都各自负责一个部门的工作，所以他们几乎总是从他们的专业和他们各自的立场来评价公司的政策。结果，政策的制定和计划的编制，通常是有利害关系的各方协商的结果，而不是根据公司全盘需要而做出的反应。M 型结构是“多事业部结构”（multidivisional form）的简称，亦称“事业部制结构”。这种企业由若干个按产品或地区组建的事业部构成，而每个事业部内部又建立了自己的 U 型结构，因而 M 型组织实际上是 U 型组织的复合体，在多个事业部之上，是一个由高级经理人员组成的总部，负责整个公司的资源分配和对下级单位的监督、协调。这样，就使政策制定和行政管理两项职能实现了分离，完善了决策劳动的分工形式。高层经理因此得以摆脱日常经营工作，集中精力于战略性经营决策。M 型结构是当代大企业中最常见的组织形式，也是复杂程度最高的组织形式。H 型结构是对控股公司（holding company）体制的简称，是一种相对松散、扁平的组织形式。在公司内部，被收购来的小公司依然保持着独立法人地位，控股总公司只对它们进行原则性的指导，其缺点是内部组织过分松散。威廉姆森[82]指出，美国企业只有在共同使用的和相互依赖的物质资源有限的条件下，才会来取 H 型结构而不用 M 型结构。

国内对企业集团组织的研究始于 20 世纪 80 年代中期，90 年代后，组织网络理论、产权理论和企业兼并理论成为国内研究企业集团组织的主要理论，研究主要集中在国内外企业集团的发展类型、企业集团的组建与运作、国内企业集团发展中的问题。郭丹[83]指出现代企业集团中内部资本市场的形成和越来越彰显的重要地位，使内部治理问题更加复杂，也构造了公司治理的新体系。胡忠良[84]认为，在设计企业集团内部资本市场的运行机制时，集团总部应根据企业组织结构的特点来管控内部资本市场，同时要针对内部资本市场资金再投资的特点，设计科学合理的投资评价方式。总体而言，国内相关研究处于起步阶段，缺少有关企业集团发展理论的专著。在为数不多的研究著作中，有徐金发的《企业集团成因论》、李非的《企业集团理论：日本企业集团》、毛蕴诗的《企业集团——扩展动因、模式与案例》等专著和吴敬琏《关于企业组织的“多级法人制”》等文章。

就目前的研究来看，国内研究存在一些不足之处。例如对企业集团的特征未能正确把握，许多研究未能区分企业集团与普通企业的区别；研究深度和系统性不够，对企业集团发展动因研究视野过于狭窄等问题。

2.3 水电企业管理控制的相关研究

2.3.1 管理控制理论与方法

池国华[85]指出从组织内部的控制主体角度分类，可将管理控制分为董事会控制、管理者控制、员工控制三个层级的内部控制，分别是战略规划控制、战略实施控制、任务控制。张智光和达庆利[86]将企业管理理论和自动控制理论相结合，用战略管理、战术管理和执行管理三个层次的控制反馈程序结构形成管理控制系统，同时把管理控制问题归纳成4个维度、5种机制来研究我国企业管理控制所存在的实际问题，探讨解决这些问题的管理控制系统的结构模型及其控制机理。

管理控制是管理者确保获得资源和高效利用效率以实现组织战略目标的一种组织系统，其理论经历了4个发展阶段，分别是封闭—理性阶段(the closed rational perspective)、封闭—自然阶段(the closed natural perspective)、开放—理性阶段(the open rational perspective)和开放—自然阶段(the open natural perspective)[87]。

在封闭—理性阶段(20世纪60年代以前)，大部分企业拥有静态、单一、简单和安全的外部环境是。此时，众多学者纷纷来寻找如何设计最好的管理控制系统，并且认为存在能够适应于所有企业的“最好的管理控制模式”，如Drucker[88]。因此这一阶段以普遍应用为导向，以理性思维为方法来研究管理控制理论，且提出正式的管理控制模式，主张以预算控制为主导的诊断控制模式。

封闭—自然阶段(20世纪60年代末至70年代)，这时企业外部环境处于“渐变”阶段。管理控制模式运行的行为性结果开始被许多学者注意到，他们关注企业的内部环境，特别是人的因素对管理控制模式的影响。他们对行为结果的预算控制方面的研究结果表明：随着人类倾向有限理性和机会主义，如果设置预算控制目标时，不考虑管理人员和工人的特性、态度、能力和其他因素的影响，会导致难以实现管理控制的目标。Hopwood等[89]界定了不同管理控制模式的内涵，并且比较了不同模式对个体行为和组织业绩的影响。Todd等[90]通过对比一个公司的两个部门，认为清晰的目标以绩效与报酬的关系为导向、员工控制的自主性是建立一个有效的管理控制系统的重要因素。

20世纪80年代以后属于开放—理性阶段。此时企业的外部环境趋于动态、多样、困难和危险。这一阶段主要研究如何创新管理控制模式，使管理控制适应企业外部环境的变化，权变管理理论得到广泛应用[91]。多数研究认为管理控制系统的有效作用必须反映企业特定的组织背景，外部环境变量决定管理控制模式。管理控制是实现企业战略的必要途径，因此学者们在这一阶段关注能够感应外部环境的控制变量——战略。研究认为，不同的公司战略意味着不同程度的不确定性，需要不同类型的管理控制模式与匹配；管理控制模式的设计与公司的战略执行应该是一致的，特别是在业务部门层面，即使在同一公司，由于在经营策略内部分歧也需要不同层次的管理和控制模式的应用[92]。

20世纪90年代开始为开放—自然阶段，企业内外部环境都发生了巨大的变化，对业务目标和管理实践的实现都产生了深远的影响。人们开始寻求灵活性，以适应不断变化的内外部环境的管理控制模式。外部环境变量不再被认为控制度决定控制系统的唯一因素，一方面是因为一些外界环境变量还可以受到人为操纵和管理；另一方面是因为管理控制模式的设计和运行也受到了技术、文化、结构等因素的影响。许多研究检验了价值观或文化对决定控制系统的影响，同时也有学者对经营方式和组织结构对企业管理控制系统设计和运行的影响进行了研究[93]。

2.3.2　流域梯级电站开发的项目管理研究

国内外关于企业对项目的管理已有较完整的理论，如国外的事业部制管理和国内采用较多的直线职能制或矩阵制等，但其共同的特点是适用于对单一工程的管理或多个同时实施的独立不相关项目的管理，而未能突出流域开发多个不同类型且相互产生众多密切相关因素的管理。包括美国PMI2004年出版的《项目管理知识体系指南》所指导的也是单项目管理，尽管包括“项目整体管理”一章，仍属于上述情况，缺乏“大项目”的概念。

在实施项目的管理和组织形式中，国外目前较先进的理论包括CM方式承包、Partnering模式等。由于我国目前处于市场经济的初期阶段，承包企业的社会信誉监督、评价体系尚未形成，因而实施这种管理模式的保障制度还未建立，而且项目实施的某些环节与现行的工程管理法规要求有部分抵触，故暂不适应我国的现状。国内目前正在探讨的工程代建制，对于雅砻江梯级开发的多个组合大型工程项目也不适用，一是代建制的理论尚不成熟，处于探索试用阶段，只在部分较小工程中应用，如南水北调的部分建筑物管理施工管理；二是雅砻江的工程均为大型水电工程项目，技术复杂、难度大，目前还没有一家管理公司可以承担整体管理任务；三是二滩水电开发公司在建设雅砻江一期项目二滩水电站的过程中积累了丰富的水电工程项目管理经验，应充分发挥他们的管理和技术优势。由此可见，雅砻江流域梯级开发作为一个整体项目，不能简单套用国内外的管理模式，应结合项目本身的特点，采用创新的管理理念和科学的管理方法。

2.4 电力企业信息资源管理理论与方法

信息、信息技术、信息系统、信息人才等构成对企业至关重要的信息资源，有效管理这些资源，进行有效的开发应用，成为现代企业新的利润源泉(一方面创造新的市场，另一方面使运营成本进一步节约)，也成为现代企业竞争的必要手段。

在过去的二十多年中，信息技术的发展极大地改变了人类技术、经济、社会的格局和状态，特别是改变了企业生产组织、管理的方式，这些影响诸如：信息技术支撑了先进的制造技术，如柔性制造技术等先进制造技术(AMT)，使JIT、满足顾客的个性化需求成为可能，企业生产技术及组织方式发生重大变化；信息技术使直接地、更快地获得信息支持管理和决策成为可能，管理决策可获得充分的信息和DSS的强有力支持，决策的科学性、实时性、有效性得以大大提高，组织结构呈现扁平化趋势，企业管理方式也发生重大变化；传统的以职能为核心的管理模式暴露出种种弊端，以信息技术支撑的BPR、ERP、SCM等新管理技术被广泛地探索和应用；中国电力行业的信息化(在本书中从广义的信息资源管理的角度来认识此问题)从20世纪60年代起步，最初主要集中在发电厂和变电站自动监测/监制方面，20世纪80～90年代开始进入电力系统专项业务应用，涉及电网调度自动化、电力负荷控制、计算机辅助设计、计算机仿真系统等的使用。20世纪末，电力信息技术进一步发展到综合应用，由操作层向管理层延伸，各级电力企业建立管理信息系统，实现管理信息化。办公自动化(OA)、MIS系统、电力市场和营销系统、电力调动系统(EMS)、配电管理系统(DMS)、呼叫中心(Call Center)及电力自动化管理系统已经应用到很多的电力企业中。多年来，电力行业广域网的建设已日趋成熟，电力专用通信网、调度系统数据网络以及国家电力信息网等几大网络形成了微波、卫星、光纤、无线移动通信等通信手段，通信范围覆盖全国，连接国家电力公司系统内所有单位计算机信息网络，成为生产控制系统、电网调度自动化系统以及网络信息传输和交换的重要基础设施。随着电力改革的不断推进，电力行业信息技术的应用也在有条不紊地规划和实施当中。以电力行业为例，在智能电网的推动下，2012 年电网侧的信息化需求依然强劲，国家电网和南方电网“十二五”期间都在进行更大规模的信息化投资，国家电网“SG-ERP”项目已完成试点工作，进入全面推广阶段；发电侧的五大发电集团在重构其信息系统以建立新的管理与运营模式，IT 投资将迅猛增长，信息化重点是对已有系统进行集成整合、深化应用、对数据的挖掘和利用及 IT 系统的效益进行提升[94]。但目前的电力企业信息资源管理仍存在许多问题。

2.4.1　信息资源管理能力问题

信息资源管理能力和现状不能适应电力企业日益增长的业务需求，集中体现在信息系统的不足上：①缺乏分析功能；②系统规模比较小，功能相对单一；③系统集成性比较差；④深入了解电力企业业务的信息人才缺乏，致使相关系统开发不能很好地支持业务应用；⑤大量企业信息化管理失败的局面对流域化水电企业信息化进程的影响。

电力行业改革进入正轨，市场开始启动，管理提升对信息化建设提出了更高的要求，电力企业对信息资源的有效管理势在必行。然而，问题的另一面却是国内外一些权威机构对信息化建设失败的统计数字(例如中国 20 世纪 80 年代 MRPII 投入 80 亿，成功率不到 10%)[95]，使得本来“激进不足、保守有余”的电力行业信息化建设蒙上了一层阴影。

2.4.2　信息化理论技术和方法的认识

对企业信息化中各种思想、理念整合应用不足，缺乏对信息资源管理理论和方法的深入研究。这既体现在对理论本身的认识不足，也体现在应用环节不能很好地结合企业实际进行有效运用。从企业信息化的发展历史可以看出，信息化的范围越来越广，管理的触角越来越深，集成度越来越高，企业决策支撑能力越来越强。企业信息化进程中产生了大量的概念：KM、ERP、CRM、EMS、DMS、SCADA 等。如何理解和评价这些概念，并将它们与像雅砻江公司这样的独立水电企业相结合，使其产生实际的效益，是一个十分值得研究的课题。企业的信息资源管理正是在这些理念或理论的指导下才得以实施的，只有科学的理论，才能指导科学的实践。

2.4.3　信息技术应用的现状

目前电力企业进行信息化建设是在旧的管理模式基础薄弱、管理不到位、生产和管理不规范的条件下进行的，缺乏正确的思想方法，对信息化的作用和目标不明确。这直接导致了对信息技术的应用，更对信息资源管理缺乏统一规划，系统实施东一块、西一块，整体集成和沟通程度不高，难以形成系统集成优势，甚至由于缺乏统一标准而形成掣肘。

第3章　管理熵理论及其在流域开发战略中的应用研究

本书的研究对象是大型水电集团对江河流域水电梯级开发、建设和电力生产运营中的战略设计问题和实施战略的管理问题。由于流域水电开发和管理本质上是一个开放性复杂的管理巨系统，在这个系统中客观上存在着管理熵的矛盾运动，这个矛盾运动决定着流域开发系统的有序性和可持续性，也决定着开发建设的管理效率，因此，研究管理熵理论，将其作为本书的基础理论，可以指导在流域开发战略设计和企业管控模式以及工程管理系统的研究。

3.1　自然系统熵理论及其演化[96]

熵(entropy)是始于物理学中热力学的一个概念，至今它被物理、化学、系统科学等自然科学领域广泛使用。20 世纪 30 年代，熵理论开始向社会科学扩展。熵理论的美妙让社会科学领域中很多研究者为之“倾倒”[97]。

熵是由德国物理学家鲁道夫·克劳修斯(Rudolf Clausius)提出的理论，他用它来表示任何一种能量在空间中分布的均匀程度。能量分布得越均匀，熵就越大，而熵越大则系统的混乱程度就越大，系统可以做功的能量就越少，当熵达到极大值时，系统就衰亡。如果对于我们所考虑的那个系统来说，能量完全均匀地分布，那么，这个系统的熵就达到最大值。

在克劳修斯看来，在一个系统中，如果听任它自然发展，那么，能量差总是倾向于消除的。让一个热物体同一个冷物体相接触，热就会以下面所说的方式流动：热物体将冷却，冷物体将变热，直到两个物体达到相同的温度为止。如果把两个水库连接起来，并且其中一个水库的水平面高于另一个水库，那么，万有引力就会使一个水库的水面降低，而使另一个水面升高，直到两个水库的水面均等，而势能也取平为止。

因此，克劳修斯说，自然界中的一个普遍规律是：能量密度的差异倾向于变成均等。换句话说，“熵将随着时间而增大”。

熵理论的发展，大致可以划分成三个阶段：①19 世纪 50 年代到 20 世纪 30 年代，是孤立系统的热力学熵理论产生的阶段；②20 世纪 30 年代到 80 年代，是开放系统的熵流和耗散结构理论阶段；③20 世纪 80 年代至今，是企业系统的管理熵理论阶段。从 20 世纪 50～60 年代开始，熵理论开始初步应用于企业市场营销等，但到了 20 世纪 90 年代，管理领域才正式出现了管理熵和管理耗散结构定义和理论[98]。从发展的阶段可以看出，熵从自然科学到社会科学的演化趋势，把自然科学的研究方法和基本规律同社会科学研究结合起来，使自然科学同社会科学研究的某些具有共同性质的内容(如系统性)统一起来，特别是在自然科学与社会科学的交叉学科中，如企业管理学等，形成新的企业管理复杂性科学系统。

3.1.1　自然孤立系统熵理论及拓展矛盾

热力学熵研究的是孤立系能量运动的方向问题，得出了从有序到无序的不可逆运动的结论，揭示了热力学第二定律和系统运动的基本规律，这个伟大的理论却遭遇了与进化论的矛盾。

3.1.1.1　热力学熵理论的产生

1. 热力学第二定律

热力学第一定律 $Q=E_2-E_1+A$ 说明了能量在相互转化过程中具有满足数量守恒的规律，但是并未对能量在转化过程中的方向及其质量加以说明。实际上，热与其他形式的能量在转化时，都具有方向性和质量衰变性。

热力学第二定律补充了第一定律的不足，且内容更加宽广而深刻，但含意比较隐晦，因此有许多种叙述方法[99]。其中，克劳修斯和开尔文(Kelvin)在研究卡诺热机理论时，分别提出了热力学第二定律的表述。

1850 年克劳修斯提出表述：不可能把热从低温物体传到高温物体而不产生其他影响。1851 年开尔文提出另一种表述：不可能从单一热源取热，使之完全变为有用的功而不产生其他影响。普朗克(Planck)简述为：不可能从单一热源取热使它全部变成功而不引起其他变化。

他们都指出不可逆过程的共同规律：在一切与热相联系的现象中，自发地实现的过程都是不可逆的。这就是第二定律的实质。这两种表述是完全等价的[99]。

2. 克劳修斯熵

不可逆过程进行的唯一动因在于系统的初态与末态的差别，因此，不可逆过程的方向决定于过程的初态和末态，也就是说，必然存在一个仅与初、末态有关，而与过程无关的态函数 S，$S=Q/T$(式中，S 为熵，Q 为热能，T 为温度)，S 这个态函数就是克劳修斯于 1865 年定义的“熵”。

大量实验证明，一切不可逆绝热过程中的熵总是增加的；而在可逆绝热过程中的熵是不变的。由此得到结论：热力学系统在从一平衡态绝热地到达另一个平衡态的过程中，它的熵永不减少。若过程是可逆的，则熵不变；若过程是不可逆的，则熵增加。这就是熵增原理。根据熵增原理可知：一个热孤立系中的熵永不减少，在孤立系内部自发进行的涉及与热相联系的过程必然向熵增方向演化。由于孤立系不受外界任何影响、系统最终将达到平衡态，故在平衡态时的熵取最大值。由此说明，熵增原理就是热力学第二定律[100]。

对于任一初、末态 a、b 均为平衡态的不可逆过程，可在末态、初态间再连接一可逆过程，使系统从末态回到初态，这样就组成一个循环。此过程可写为

$$S_b - S_a \geqslant \int_a^b \frac{dQ}{T}$$

式中，等号对应可逆过程，大于号对应不可逆过程。S_a，S_b 分别为始末两个状态的熵，dQ 为系统吸收的热量，T 为热源的温度，当系统经历热过程或系统是孤立的时候，$dQ=0$，此时有 $S_b - S_a \geqslant 0$。由此定义的熵称为克劳修斯熵或热力学熵。这表示任一不可逆过程中的$\frac{dQ}{T}$的积分总小于末、初态之间的熵之差；但是在可逆过程中两者却是相等的。

3. 玻尔兹曼熵

1877 年，玻尔兹曼从热力学概率角度引入熵，得到了熵公式：$S \propto \ln W$。1900 年经普朗克引进比例系数 k，得到了玻尔兹曼公式*：$S = k\ln W$，其中，k 表示玻尔兹曼常数；W 表示热力学概率。这个公式定义了同一宏观态 S 对应的微观态数或配容数 W。由此定义的熵称为玻尔兹曼熵或统计熵。玻尔兹曼熵公式把宏观状态函数 S 同微观状态函数 W 联系起来，揭示了熵的统计意义。玻尔兹曼熵的意义在于：①对于系统的某一宏观态，总有一个热力学概率值与之对应，因而有一个熵值与之对应，因此熵是系统状态的函数；②熵的微观本质是系统内分子热运动无序程度的定量量度，在绝对零度条件下，分子无序运动停止，系统熵值为零；③和内能一样，熵的变化有重要的实际意义。

3.1.1.2 熵理论与进化论的矛盾

克劳修斯根据热力学第二定律得到“宇宙热寂说”结论，也就是说，系统必然是从有序向无序不可逆地发展，最后走向衰亡，因而认为宇宙会进入死寂。但在同一时代，达尔文提出的进化论则指出，生物界中由低级向高级、由简单向复杂的进化，由无序向有序的转化时刻在进行着，生物随时间演化，生命进化总是越来越有序化。这样就产生了克劳修斯和达尔文的矛盾，即退化与进化的矛盾。正如普利高津指出的：“19 世纪是带着一种矛盾的情况——作为自然的世界和作为历史的世界——离开我们的。”[101]要解决这一矛盾，从平衡态结构中是无法得到正确答案的，只能从非平衡态中去寻求解决方案[102]。

3.1.2 自然开放系统熵理论的形成

负熵和耗散结构理论研究开放系统熵，弥补了孤立系统熵的不足，通过负熵流和耗散结构的形成条件以及运动规律的研究，得出了开放性复杂系统一方面遵循热力学第二定律，另一方面在同环境交换补偿负熵后，可以通过自组织实现从无序向有序发展的结论，从而解决了熵理论同进化论的矛盾。

---

* 这个对数表达式指出，熵是一个相加的量（$S_{1+2} = S_1 + S_2$），而配容数是一个相乘的量（$W_{1+2} = W_1 W_2$）。可参考伊·普利高津（比）、伊·斯唐热（法）著，曾庆宏、沈小峰翻译著作：《从混沌到有序》。

3.1.2.1 负熵理论

齐拉德(Leo Szilard)于 1929 年第一次提出负熵的概念，认为熵减一定以系统的某种物理量作为补偿，这一物理量的补偿实际上就是增加信息，即“负熵”。齐拉德还提出了一个计算信息量的公式：$I=k(W_1\ln W_1+W_2\ln W_2)$，式中，$W$ 为热力学几率。

1943 年，著名物理学家、量子力学奠基人之一、两次诺贝尔物理奖获得者埃尔温·薛定谔(Erwin Schrdinger)在《生命是什么》一书中指出，生命的特征在于它还在运动，在新陈代谢。因此，生命不仅仅表现为它最终将死亡，使熵达到极大，也就是最终要从有序走向无序，更在于它要努力避免很快地衰退为惰性的平衡态，因而要不断地进行新陈代谢。薛定谔认为，自然界正在进行的每一种自发事件，都意味着它在其中的那部分世界(它与它周围的环境)的熵的增加。一个生命体要活着，其唯一办法是不断地从环境中吸取负熵。这就是“生命赖负熵而存在”。

自然系统的总熵增 dS 是由系统内部产生的熵 d_iS 和外部流入的熵 d_eS 的和所构成，即：

$$dS = d_iS + d_eS$$

其中，d_iS 恒大于零，d_eS 可为正也可为负。当 d_eS 为负且绝对值大于 d_iS，则系统的总熵增为负；反之则为正。

根据玻尔兹曼熵公式，薛定谔认为，W 为无序度的量度，那么“它的倒数 $1/W$ 可以作为有序度的一个直接量度，因为 $1/W$ 的对数正好是 W 的对数的负值，因此，玻尔兹曼方程可以写成 $-S=k\ln(1/W)$。“取负号的熵，它本身是有序的一个量度”。正熵是无序度的量度，其增加意味着事物向着混乱无序的方向发展、是退化的标志；而负熵的增加却意味着事物向着有序的方向发展、是进化的标志[103]。

3.1.2.2 系统的复杂性和耗散结构理论的产生

复杂性系统其特点表现为复杂的动力学特征以及开放性、多样性、多层次性和交互关系的复杂性。热力学孤立系统的熵理论不能有效地解释开放的复杂系统的发展演化规律。其根本原因是热力学熵研究的是孤立系统的演化规律，而进化论研究的是生物系统，即开放的复杂系统的演化规律，显然二者是不一样的。能不能将二者在理论上统一起来，使熵理论成为一种更为普适性的规律，从而研究不同系统的发展演化规律呢?

1969 年，普利高津[104]提出了耗散结构理论。这一理论指出：一个远离平衡的开放系统(力学的、物理的、化学的、生物的，乃至社会的、经济的系统)，通过不断地与外界交换物质和能量而获得负熵，在外界条件的变化达到一定的阈值时，可能从原有的混沌无序的混乱状态，转变为一种在时间上、空间上或功能上的有序状态，这种在远离平衡下通过环境补偿系统的能量耗散所形成的新的有序结构，就称为“耗散结构”。

耗散结构理论提出了非平衡是有序之源的规律。这一理论的提出使人类从研究有序到无序的历史阶段进入了研究无序到有序的新阶段，也使自然科学的理论向着社会科学发展。

3.1.3 耗散结构形成的条件

(1)远离平衡态。远离平衡态是指系统内可测的物理性质极不均匀的状态。只有远离平衡态条件下，才能使系统内部各子系统具有势能，并在此基础上出现涨落，从而使系统通过混沌、自组织而走向新的宏观有序的状态。

(2)非线性。系统产生耗散结构的内部动力学机制，正是子系统间的非线性相互作用，在临界点处，非线性机制放大微涨落为巨涨落，使热力学分支失稳，在控制参数越过临界点时，非线性机制对涨落产生抑制作用，使系统稳定到新的耗散结构分支上。

(3)开放系统。一个孤立系的熵一定会随时间增大，熵达到极大值，系统达到最无序的平衡态，所以孤立系绝不会出现耗散结构。在开放的条件下，系统的熵增量 $\mathrm{d}S$ 是由系统与外界的熵交换 d_eS 和系统内的熵产生 d_iS 两部分组成的，即

$$\mathrm{d}S = \mathrm{d}_eS + \mathrm{d}_iS, \quad \mathrm{d}_i > 0$$

或者

$$\frac{\mathrm{d}S}{\mathrm{d}t} = \frac{\mathrm{d}_eS}{\mathrm{d}t} + \frac{\mathrm{d}_iS}{\mathrm{d}t}$$

普利高津通过严格的数学推理，证明了如下的关系：

$$\frac{\mathrm{d}_iS}{\mathrm{d}t} = \sum\int \mathrm{d}V\sigma = \sum\int \mathrm{d}VJ_iX_i \geqslant 0$$

式中，σ 为单位时间和单位体积的熵产生，而 J_i 和 X_i 分别为不可逆过程的流(或速度)和相应的广义力[101]。热力学第二定律定义了系统内产生的熵非负，即 $\mathrm{d}_iS \geqslant 0$，然而外界给系统注入的熵 d_eS 可为正、零或负，要视系统与其外界的相互作用而定。在 $\mathrm{d}_eS < 0$ 的情况下，只要这个负熵流足够强，它就除了抵消掉系统内部产生的熵 d_iS 外，还能使系统的总熵增量 $\mathrm{d}S$ 为负，总熵 S 减小，从而使系统进入相对有序的状态。

(4)涨落。一个由大量子系统组成的系统，其可测的宏观量是众多子系统的统计平均效应的反映。但系统在每一时刻的实际测度并不都精确地处于这些平均值上，而是或多或少有些偏差，这些偏差就叫涨落。涨落是偶然的、杂乱无章的、随机的。由于涨落对实现某种序所起决定作用，可以认为系统“通过涨落达到有序”[104]。

(5)突变。临界值对系统性质的变化有着根本的意义。在控制参数越过临界值时，原来的热力学分支失去了稳定性，同时产生了新的稳定的耗散结构分支，在这一过程中系统从热力学混沌状态转变为有序的耗散结构状态，其间微小的涨落起到了关键的作用。这种在临界点附近控制参数的微小改变导致系统状态明显的大幅度变化的现象，叫作突变。耗散结构的出现都是以这种临界点附近的突变方式实现的。

在不违反热力学第二定律的条件下，非平衡系统可以通过负熵流来减少总熵，达到一种新的有序状态，即耗散结构状态。“非平衡态是有序之源”这样一个充满辩证法的命题，就是普利高津研究负熵流在形成有序结构中所起作用之后得出的结论。

3.2 管理熵、管理耗散结构和管理规律[98]

在热力学第二定律、负熵流和耗散结构理论的基础上，熵的研究逐步从自然科学领域走向了社会科学领域，特别是在交叉学科的企业管理科学中。管理科学的基础研究发现，在不违反热力学第二定律和耗散结构理论的基础上，管理系统存在着不同于自然系统熵的熵运动和作用，从而揭示了管理系统熵运动规律、管理效率规律和企业生命周期规律等，形成了企业管理科学的基础研究领域。

3.2.1 管理系统的熵运动

企业是一个具有他组织和自组织特征的大系统[105]。根据系统科学理论可知，企业系统必然具备自然系统的基本特性，同时还具备自然系统不具备的由人组合而成的社会特性。企业系统不仅具有社会特性，还具有某些生命特性和智慧特性。因此，自然规律、社会规律和某些生命规律共同作用于企业系统，使企业系统具有自然属性、生命属性和社会属性统一的特点。企业系统的发展和演化是在环境的作用下，由内部的矛盾运动决定的，这个矛盾就是发展和衰落。本质上讲，发展和衰落是由企业运动内部的有序和无序、有效和无效所决定的，也就是说，是由企业系统内在的熵的矛盾运动(熵增与负熵增)所决定的。由熵流和耗散结构理论可知，企业系统的生命决定于企业的负熵增。企业的管理作为一个自组织和他组织有机结合的系统，具有管理的二重性和结构[106]。

企业及其管理系统不是自然系统，因此并不能简单地应用热力学第二定律以及耗散结构定律对其序度进行分析。管理系统所具有的二重性形成自然系统和社会系统的桥梁，将熵的自然系统特性和社会系统特性统一起来，由此产生了区别于自然系统熵的管理熵。

3.2.2 管理熵和管理效率递减规律

所谓管理熵是指管理系统在一定时空中表示能量状态和有序程度的综合集成的非线性效能比值状态。任何管理系统内部都存在着管理熵的矛盾运动，并决定着管理系统的发展。企业管理熵公式：$MS=k\ln W$，式中，管理熵 MS 为反应企业系统序度的宏观状态；W 为与宏观状态相对应的的微观状态数；k 为行业系数，这是为了消除行业差异对管理效率、效益的影响而设定的，使不同行业的企业能在同一尺度上进行比较。微观状态数指企业在其运动过程中，诸能量要素(如流动资产 X_1、非流动资产 X_2、流动负债 X_3……筹资活动产生的现金流量 X_n 等)在管理的作用下所表现出的一种系统微观状态，它集成起来可以综合反映企业系统运动的混乱或者无序状态程度以及发展趋势。其计算公式为

$$MS=-k\sum_{i=1}^{n}\sum_{x_i\in X_i}P(x_1,x_2,\cdots,x_n)\log_2 P(x_1,x_2,\cdots,x_n)$$

$$\sum_{i=1}^{n}\sum_{x_i \in X_i} P(x_1, x_2, \cdots, x_n) = 1$$

式中，MS 为管理熵；$P(x_1, x_2, \cdots, x_n)$为企业系统的状态$(X_1, X_2, \cdots, X_n)$出现微观状态$(x_1, x_2, \cdots, x_n)$出现的联合概率，满足 $0 \leqslant P(x_1, x_2, \cdots, x_n) \leqslant 1$。

管理熵越大，表明企业内部管理越混乱；反之，则表明企业内部管理越有序，管理效率越高。

在孤立的企业系统运动中，由于缺少与环境进行必要的生产资料和产品等要素的交换，管理熵增是必然的，不可逆的。即任何一种企业系统的组织、制度、政策、方法、文化、理论、技术等管理的能量和生产经营要素，在孤立的组织系统运动过程中总呈现出做功的有效能量递减，而无效能量递增的不可逆过程；也决定了管理效率不断减少的过程，孤立的企业组织系统必然从有序向无序状态发展，最终趋于衰亡。这就是管理效率递减规律[98]。

3.2.3　管理耗散结构和管理效率递增规律[95]

3.2.3.1　管理熵流与自然系统熵流的本质区别

正像克劳修斯提出的“热寂说”一样，若仅仅研究管理熵增就可能得出企业系统只能走向衰亡的结论，显然这与企业发展演化的事实不符。一定有一个机制制约着或者抵消着企业的管理熵增，使企业在有效管理条件下得以发展。

前面我们已经论证了企业系统在运动中必然受到人的干预作用，人的决策能力和组织协同能力或者是有效的资源配置能力，对企业系统发展具有决定性的影响。因此，企业管理系统内部产生的熵值应分为两个部分，即自然过程产生的恒大于零的熵增 $\mathrm{d}_i S$，和人的干预产生的管理熵增 $\mathrm{d}_{im} S$。由此，企业系统总管理熵增 $\mathrm{d}MS$ 的公式为

$$\mathrm{d}MS = \mathrm{d}_i S + \mathrm{d}_{im} S + \mathrm{d}_e S$$

$$\mathrm{d}_i S > 0,\quad \mathrm{d}_{im} S \begin{cases} > 0 \\ = 0, \\ < 0 \end{cases} \quad \mathrm{d}_e S \begin{cases} > 0 \\ = 0 \\ < 0 \end{cases}$$

或者

$$\frac{\mathrm{d}MS}{\mathrm{d}t} = \frac{\mathrm{d}_i S}{\mathrm{d}t} + \frac{\mathrm{d}_{im} S}{\mathrm{d}t} + \frac{\mathrm{d}_e S}{\mathrm{d}t}$$

可以证明

$$\frac{\mathrm{d}_i S}{\mathrm{d}t} = \sum \int \sigma_1 \mathrm{d}t = \sum \int (c_1 + c_2, \cdots, + c_n) \mathrm{d}t > 0$$

$$\frac{\mathrm{d}_{im} S}{\mathrm{d}t} = \sum \int \sigma_2 \mathrm{d}t = \sum \int (VA/ES) \mathrm{d}t \begin{cases} > 0 \\ = 0 \\ < 0 \end{cases}$$

$$\frac{\mathrm{d}_e S}{\mathrm{d}t} = \sum \int \sigma_3 \mathrm{d}t = \sum \int (CI - CO) \mathrm{d}t \begin{cases} > 0 \\ = 0 \\ < 0 \end{cases}$$

式中，σ_1 为企业系统内部自然运动过程中产生的熵因素，由企业消耗的各种成本构成，因此 $\mathrm{d}_i S>0$；σ_2 为企业系统内部在一定时空运动中，由人的干预(管理)而产生的管理熵因素，它由企业的劳动生产率来反映，而劳动生产率是以企业增加值比上平均人数得来的，增加值可能为负，因此，$\mathrm{d}_{im} S$ 可能为正、负和零；σ_3 为由外部流入企业的熵因素，它由企业的现金流量反映，由于现金流量等于流入量减去流出量，所以在一定时间里，它表现为正、负或零，因此，$\mathrm{d}_e S$ 也就出现了这三种状态。

根据热力学第二定律，$\mathrm{d}_i S$ 恒大于零，又由耗散结构定律可知，$\mathrm{d}_e S$ 可为正或负，加上 $\mathrm{d}_i S$ 和 $\mathrm{d}_{im} S$ 都由企业系统内部产生，且 $\mathrm{d}_{im} S$ 可能为正也可能为负；则若 $\mathrm{d}_{im} S$ 为负且绝对值大于 $\mathrm{d}_i S$，那么，企业系统内部产生的熵增之和并不一定恒大于零，这一点同自然系统关于系统内部产生的熵增恒大于零的结论完全不同，即

$$\mathrm{d}_i S+\mathrm{d}_{im} S=\begin{cases}>0\\=0\\<0\end{cases}$$

式中，$\mathrm{d}_{im} S$ 不是自然过程中产生的，而是在人的干预下的一种组织协同和资源配置产生的管理熵，如决策的高效、资源配置的优化、组织效率的提升等等，因此它并不服从一切自然过程都是不可逆的定律，即不服从热力学第二定律。这就是企业系统的管理熵和自然系统熵运动的根本区别。由于企业系统是开放的复杂系统，一方面，$\mathrm{d}_e S$ 可能为负，且 $\mathrm{d}_{im} S$ 也可能为负，并且 $\mathrm{d}_{im} S$ 可通过人的干预而作用于 $\mathrm{d}_e S$，由此 $\mathrm{d}MS=\mathrm{d}_i S+\mathrm{d}_{im} S+\mathrm{d}_e S$ 的计算可使系统的 $\mathrm{d}MS$ 为负，于是，企业系统出现可逆的演化趋势。当然，也可能由于条件不具备，使系统发展中出现相反的趋势，即 $\mathrm{d}MS$ 为正，系统出现不可逆的趋势。可见，由于管理熵的确立，企业系统的发展演化规律得以揭示，企业系统的发展在很大程度上取决于内部管理熵的性质、数量和矛盾运动。

3.2.3.2　管理耗散结构与管理效率递增规律

所谓管理耗散是指当一个远离平衡态的开放的复杂管理系统，在自身消耗物资、能量和信息的同时，又不断地与外部环境进行物质、能量和信息的交换并得到补偿，在管理系统内部各单元的相互作用下，系统的负熵增加大于正熵增加，使组织有序度的增加大于自身无序度的增加，形成效能的有序结构和产生新的能量的过程。管理耗散结构就是管理耗散过程中形成的自组织和自适应管理系统。管理耗散结构一旦形成，必然通过企业与环境不断地进行生产要素和产品交换，在交换过程中，实现管理的负熵增，使企业运行有序，进而促进管理效率增长；管理耗散结构的形成，必然导致管理效率不断增长，这就是管理效率递增规律[98]。

管理耗散的数学表达：

$$-MS=k\sum_{i=1}^{n}\sum_{x_i\in X_i}P(x_1,x_2,\cdots,x_n)\log_2 P(x_1,x_2,\cdots,x_n)$$

$$\sum_{i=1}^{n}\sum_{x_i\in X_i}P(x_1,x_2,\cdots,x_n)=1$$

形成管理耗散和管理耗散结构的前提条件：

(1)管理系统是远离平衡态的开放复杂系统，同环境有常态化的物质、能量和信息的交换，如资金、原材料、产品、技术和市场及政策信息等交换。

(2)外部环境条件变化达到一定的阈值且引起内部各子系统的非线性相对运动和协同，如行业技术、市场、产业政策等变化，必然引起企业内部调整。

(3)通过内部多个子系统相对关系的涨落和突变，涌现出新的有序的系统特性。一个由大量子系统组成的企业系统，其可测的宏观量(如利润、发展趋势等)是众多子系统的微观量(如成本、劳动生产率、产销率等)统计平均效应的反映。但系统在每一时刻的实际测度并不都精确地处于这些平均值上，而是或多或少有些偏差，这些偏差就叫企业系统的涨落。涨落决定了企业的新特性。

根据管理熵流公式可知，管理系统内部自然过程产生的熵值不可能为负值，即 $d_iS>0$。在开放系统条件下，系统外部流入的熵值 d_eS 既可能为负，也可能为正。外部流入的熵值为负，且绝对值大于内部产生的正熵的绝对值时，即 $d_eS<0$，且 $|d_eS|>|d_iS|$，同时 $d_{im}S=0$，便使得 $dMS=d_iS+d_{im}S+d_eS<0$；另一种情况，若 $d_{im}S<0$，且 $|d_{im}S|>|d_iS|$，同时 $d_eS=0$，便使得 $dMS=d_iS+d_{im}S+d_eS<0$。

那么企业系统在管理的作用下即演化为有序的管理耗散结构系统，反之则为管理熵增的无序的孤立结构系统。显然，管理熵流交互影响的状况将决定企业系统的耗散结构状态。

3.2.4 企业组织生命周期演化规律

企业作为一个具有生物特性、自然特性和社会特性的开放的复杂巨系统，其发展在各种因素交互影响下，表现为一个从孕育、创立、成长到成熟、变异的动态演化的复杂过程，这过程使企业发展充满了不确定性和混沌。企业的熵运动表现为三种情况，因而决定了企业发展的三种趋势：

(1)企业从外界环境引进的负熵流或者内部产生的管理负熵，在同熵增交互作用下，能持久抵消企业的熵增，使企业系统呈现出总熵为负，此时企业系统处于有序的发展状态，企业的管理效率较高。

(2)当引进熵流或内部产生的管理负熵流之和，持久等于企业系统内部自然过程中新增加的熵时，系统的总熵不再变化，企业进入了较为稳定的成熟期。

(3)当企业引进的负熵流以及内部产生的管理负熵不足以抵消企业内部的自然过程产生的熵增时，企业系统的总熵值增大，企业运动从有序走向无序，使企业系统原先的有序结构遭到破坏，系统功能恶化，抗干扰能力下降；企业在与外界环境相互作用引进负熵流的同时，也引进了正熵流，这些问题又进一步导致了系统熵值的增加，加剧了系统各要素运动的无序性，使企业系统的整体状况进一步变坏，企业进入了衰退期。最后，随着企业系统总熵值的不断增大，企业内部各要素运动的无序度不断加剧，当这种无序度趋近于整个混沌经济系统的无序度时，其结果是存在于企业系统各要素间的有效能量消失殆尽，系统丧失其维生机制，各要素分崩离析，系统崩溃，企业解体[107,108]。

由此可见，企业系统是一个他组织和自组织有机结合的类生命系统，管理负熵和管理熵的矛盾运动的发展趋势决定了企业系统是孤立系统的管理熵增结构还是开放系统的管理耗散结构，从而就决定了企业生命发展的趋势。这就是企业生命周期的演化规律。

3.2.5　结论

1)熵定律是一切能量系统运动的基本规律

熵是一切能量系统运动的基本规律，凡是同能量相关的系统必然遵循熵规律。热力学孤立系统和开放的耗散系统以及社会或企业巨系统都依赖热能反应获得演化和发展的动力，因此在运动中都必然遵循熵规律。

2)管理熵是企业运动的规律

管理熵的研究使管理研究向着更深刻的基础科学研究发展，并逐步形成了管理科学研究的新领域，探索管理科学的基本规律，将极大地促进管理科学发展。

企业系统的矛盾运动是管理熵增和管理负熵增、系统内部产生的管理熵同热力学熵增以及外部流入的熵之间相互依存、相互斗争的辩证统一关系，这就是由管理熵所决定的企业系统的效率规律和发展演化规律，显然这个规律决定着企业系统的发展演化方向和速度[98,109]。

3)管理熵是联系自然系统与社会系统的桥梁

管理科学研究的对象是开放的复杂社会以及企业巨系统的管理与发展的规律性，管理科学既包含自然科学也包含社会科学，是一个交叉性边缘学科，是自然与社会的桥梁和纽带。管理熵规律作为管理科学的基本规律体现了自然系统和社会系统的运动联系。

管理熵将自然科学和管理科学统一起来，运用“从定性到定量的综合集成方法”和“从定性到定量的综合集成研讨厅体系”[110]方法论和具体的方法*，来研究复杂的社会及企业系统的管理系统，可以更好地揭示管理系统运动的客观规律，更好地利用管理熵规律来有效地衔接和组织自然系统与社会系统的相互运动，从而造福人类。

3.3　管理熵与流域水电梯级开发系统

3.3.1　流域水电梯级开发系统

所谓河流的梯级电站是指在河流中利用落差所提供的势能，建立像楼梯似的多级电站，以便充分利用水能的水电工程建设方式。

当一条河流的全长(从河源到河口)超过一个开发段所能达到的最大长度时，就必须将全河段分成若干个河段来开发利用。在一条河流上，自上而下建造一个接一个的水利枢纽，成为一系列的梯级枢纽，这种开发方式称为河流的梯级开发。梯级开发中的一系

---

* 20 世纪 80 年代末 90 年代初，钱学森先生在复杂性科学研究中，提出了“从定性到定量的综合集成方法”和“从定性到定量的综合集成研讨厅体系”来研究和解决复杂巨系统和复杂问题的具有重要学术价值和时间价值的科学方法论。参见余景元、涂元季文章：《从定性到定量的综合集成方法——案例讨论》，载于《系统工程理论与实践》2002 年第 5 期。

列水电站，称为梯级电站，如图 3-1 所示。

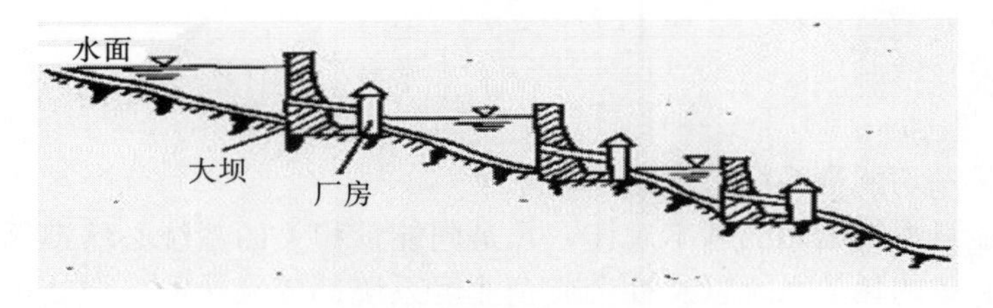

图 3-1　江河流域梯级水电站示意图

河流梯级电站开发的原则是：①在地形、地质和淹没等限制条件许可时，尽可能使各电站枢纽首尾衔接，以充分利用落差；②不允许淹没的河段，尽可能采用低坝河床或引水式开发，以最大限度地提高落差；③最上游一般要有较大的水库，以提高其调节控制性能，最好能实现现代智能信息化条件下的河流梯级电站的联合调度，实现平稳发电；④优先建设比较关键且开发条件较优的水电工程，如河流中上游具有修建较大水库的条件时，最好首先建设，这样对下游工程的施工和运行管理有利。

流域河流梯级开发是一种多维度多梯级的水电开发形式，也就是说，一条较大的河流的流域是由一条干流和一系列支流所组成，只要条件允许，在干流和支流上都可以并行地多维度地建设装机容量不同的大小水电站。这些水电站就可能构成了一维的水电站系统或多维的水电开发系统。

有效的河流流域水电梯级开发系统会对整个流域的社会经济发展产生持久的影响作用：一方面，它往往成为水力资源丰富地区区域规划发展的一个主要内容，全面促进区域内社会和经济的发展；但另一方面，由于科学论证不足，或者是规划以及施工欠科学，有可能造成无法弥补的生态环境损失。世界经济发达国家在工业化初期及中期，都很重视本国大河流域的水电梯级开发工作，如 20 世纪 30 年代美国田纳西河流域、50 年代苏联伏尔加河流域的梯级开发等。

3.3.2　流域水电开发工程与企业发展的复杂性

河流流域水电梯级开发是一个复杂的巨系统，是河流流域(包括干流与支流)的充分利用水电资源而开发的、表现为多维多级水电站按梯度进行开发的系列电站系统以及环境系统。河流流域水电梯级开发可以根据流域的干支流河流的各段不同落差，多维度地逐级修建水坝，以集中落差，调节流量，达到河流流域水电资源合理开发和综合利用的目的。

河流(特别是大河)流域水电梯级开发是一项复杂的开放性系统工程，在开发中涉及水电工程、生态环境工程、工程经济效应、工程社会效应，工程技术组织、工程资金组织、工程人员组织，工程内以及两个工程以上的多项目决策、工程联合调度、协同并行工程生产等等各个子系统之间的交互影响和综合集成统一管理的十分复杂的关系，形成了开放性复杂巨系统。按照开放性复杂巨系统的要求，庞大的流域化梯级电站的开发，必然要遵循科学论证、全面规划、统筹兼顾、综合平衡的原则，协调好干支流、上中下游、工程建设、库容和装机容量与淹没损失，生态环境破坏与修复，发电与防洪、灌溉、航运、供水，旅游资源与旅游等多方面的复杂关系，最大限度地满足国民经济各部门以及社会和原住民对河流水电资源开发的要求。

为了提高大河流域水电开发的效率，国家发改委规定由某大型水电企业独立承担一条大河流域的全部水电开发，例如由三峡公司负责金沙江流域开发、雅砻江公司负责雅砻江流域开发、国电公司负责大渡河流域的开发等等。这必然对这些水电开发企业的战略发展提出更高的要求。例如，企业在流域水电梯级开发中将会处理移民问题，自然生态环境问题，大型梯级电站工程立项、设计、施工、成本、材料、装备、人工，发电市场竞争，各种社会问题以及与当地政府协同问题等。由此可见，无论是工程建设还是工程建设的承担者，都将面临十分复杂的关系，共同构成发展中的开放性复杂巨系统。

3.3.3　管理熵在流域水电开发开放性复杂巨系统中的作用

由于河流流域的多维度、系列梯级水电开发管理和企业本身的发展构成了一种管理的开放性复杂巨系统，就必然要求该管理系统运动遵循管理熵规律，具体表现如下。

(1)企业发展战略的管理熵性质。企业的发展战略(enterprise development strategy/corporate development strategy)是企业为了获得持续竞争优势和长期生存与发展，而在分析外部环境和内部资源及能力的基础上设计的关于企业的长期发展目标、实现目标的途径和手段的总体纲领和方案。由于企业发展战略是一项十分复杂的管理系统，涉及企业各种资源的有效配置，企业同环境的动态平衡，企业组织架构，企业生产经营的各种技术构成和企业人员的积极性、主动性、创造性的有效发挥，因此形成了环境与系统、系统与子系统、子系统与子系统之间复杂的交互影响与互动机制，这些运动遵循管理熵规律，从宏观上表现为战略实施后企业系统熵增和有序程度变化，因而需要从宏观上利用管理熵理论指导战略设计，利用管理熵评价理论与方法对其进行评估和控制，使进行流域水电开发的大型企业的发展战略得到科学的设计，且在实施过程中得到管理与控制。

(2)流域化梯级水电工程设计中的管理熵性质。管理熵规律在工程设计中表现为遵循管理熵规律的工程设计指导思想。工程设计必须遵循系统科学和管理熵增规律，遵循人类活动、经济发展、社会进步、自然生态环境的系统规律，使环境和工程保持一定的和谐共生，使工程建设和应用得到可持续发展。应用系统工程管理和管理熵的理论与技术进行设计和施工，使工程和工程环境保持一定的和谐性，使整个流域水电及环境系统的发展呈现出低熵化和高有序化。

(3)流域化梯级水电工程施工中的管理熵性质。在工程施工管理中，按照管理熵规律的要求，严格按照计划科学施工，应用协同和并行工程的理论与技术以及现代信息技术，构建科学的施工管理组织系统，从而发扬员工的团结协作精神，形成施工管理系统的耗散结构，提高管理效率，形成良性的、充满活力的管理组织系统，不断降低施工成本，提高施工效率，按时、保质保量地完成工程任务。

(4)流域化梯级电站系统工程评价的管理熵性质。在工程设计、建设和竣工的各个重大阶段都必须有严格的工程评价和控制，避免出现浪费和失误，给国家、企业和生态带来重大的损失。由于流域化梯级电站系统工程是一个巨大的开放性复杂巨系统，系统本身的运动必然遵循管理熵规律，因而应运用管理熵综合集成评价理论与方法，对流域化梯级电站系统工程的工程、经济、环境和社会进行统一的综合集成的评价，客观地反映大系统的熵增状况和有序程度以及可持续发展的趋势。

从以上的论述可以看出，管理熵理论在大型水电企业流域化梯级电站开发中的理论指导和方法应用的重要意义。

3.4 基于管理熵理论的集团化管控模型

3.4.1 管理熵基本理论

1. 管理熵的含义

所谓管理熵是指管理系统在一定时空中表示能量状态和有序程度的综合集成的非线性效能比值状态。任何管理系统内部都存在着管理熵的矛盾运动，并决定着管理系统的发展。在具体运动过程中，管理熵表现为任何一种管理系统中的组织、制度、政策、方法等，在相对封闭的组织运动过程中，总呈现出有效能量逐渐减少而无效能量不断增加的一个不可逆的过程。这也就是管理组织结构中的管理效率递减规律。这个规律之所以会存在，主要原因在于复杂组织运动和管理过程受若干具有不确定性又相互影响的变量要素控制，从而产生管理熵增，稳定地表现效率递减的趋势，并服从一定的数学规律。

2. 影响管理熵的主要因素

(1)制度因素。企业内部的产权制度以及经营管理制度等制度因素是影响管理熵的重要因素之一，它有着明显的熵值增加效应。在相对封闭的企业内部，新出台的各种企业制度和经营管理制度，在初始时是最有效的，而随着时间的推移和环境的变化，许多管理制度变得不再适合，并又制约其他因素的有效性的发挥。在这个从有效到无效的过程中，企业内部的管理熵将逐渐增加。

(2)组织结构。企业组织就其本身来说，具有多层级结构与多功能结构，各层以及各单元具有不同的性质，在耦合状态下交互影响，又与整体交互影响，在演化中有一个裂变、复制、成长、放大、膨胀、老化的过程，这正是企业内在生存能力与外部环境之间非线性相互作用的结果。在这一过程中，管理熵会逐渐增加，管理效率会递减。因为组织是管理的载体，组织的膨胀、老化必然会使组织内部结构性摩擦系数加大，从而产生内耗、能量衰退、反应能力减弱。

(3)信息渠道。信息渠道的存在是以组织存在为基本条件的。由于组织自身的放大膨胀和复杂化会使信息渠道相应延长、节点增多，使信息在传递过程中耗损、扭曲，最后使信息的有效性、及时性下降，对决策和执行产生重大影响，因此管理熵会增加，管理效率递减。

(4)环境变化。企业外部环境的变化会使原有的政策和策略过时而无效，使组织结构不能适应环境，从而导致管理熵增加。

(5)政策因素。管理政策是激励企业内部职工积极性的关键因素。政策缺乏科学性，企业内就会出现排斥和抵触现象，内耗会增加，从而引起管理熵的增加。或者原来有效的政策时过境迁，不再适应发展的需要，也会引起管理熵增加。

(6)人的因素。企业组织是由人构成的，由人的社会性和目的性所决定。人群心智的复杂性决定了企业复杂巨系统的复杂性，人群的文化心理特征往往表现出比资本、技术等要素更强大的作用。因此，企业组织运动的效率在很大程度上取决于管理者与执行者的素质和对组织本身及对工作的态度。若人的素质和态度的发展与组织发展、环境发展的要求不同步，最终也会导致管理熵增加。因此人的因素也是影响管理熵的主要因素。

(7)文化因素。良性企业文化通过企业正确的价值观、伦理道德观和企业的习俗、文化氛围等，对全体职工的凝聚力、主动性和创造性都具有十分重要的作用，会使管理效率提高。但是随着环境等各种条件的变化，在相对封闭的企业系统里文化逐渐不适应变化，开始僵化、变质、故步自封，出现“文化熵”增，使企业管理效率下降。以上这些因素在运动的复杂企业系统内部不断运动并相互作用，相互影响，产生更复杂的综合现象，在一定条件下又进一步加速了管理熵在企业组织中的增长。总之，管理熵理论说明了组织运动过程中存在着管理效率递减的规律。

3.4.2　管理系统的“序”

1. 管理序的概念

任何一个管理系统都存在一种序状态，在管理熵规律的作用下，管理系统“序”决定着系统的结构、功能、运行效率和发展方向，管理熵规律决定了管理效率是通过管理序态所决定的管理系统结构(孤立结构或耗散结构)来实现的。

所谓管理序(management order)是指，任一管理系统在一定时空运动中的内部结构的秩态和系统的发展状态。管理系统序的秩不是一成不变的，因为系统内部要素的多元性、复杂性，内部要素组分的多层次性，外界环境的不确定性、多变性以及系统内外部因素强耦合和强大的内外的非线性影响等多种原因，在管理熵规律的作用下，决定了管理系统内部混沌、涨落、突变和自组织过程，管理系统的秩态也处于不断变化中，也决定着管理序的变化。管理系统的发展状态是指在内外环境的交互作用下，管理系统运动变化的方向选择和朝某种方向运动变化的趋势快慢程度。其中，管理系统运动变化的方向选择具有重要意义，它反映了管理系统的根本性质。

管理系统“有序”是指管理系统内各组分或各元素之间关系具有“科学合理性”，具有管理能量，并在管理能量做工的条件下，能促使管理系统有效发展的一种系统状态。管理系统的“无序”则指管理系统各组分或各元素之间关系混乱，管理能量低下，管理能量不能做工，使管理系统发展停滞或负发展的一种系统状态。

2. 管理系统的“序”对效率的影响

根据昂萨格的“熵致有序”的科学结论可以知道，当管理系统 $ds = d_i s + d_e s > 0$ 时，管理熵增加，管理系统的无序性增加，管理效率下降；当管理系统处于 $ds = d_i s + d_e s < 0$ 时，形成管理耗散结构，管理系统的有序性增加，管理效率增加。

管理熵、管理序、管理效率关系的内在作用机理是：在管理熵作用下，管理系统内部组分或要素的耦合关系发生改变，管理系统内部组分或要素耦合关系的改变和相互作用关系的改变导致管理系统序态的改变，而序态的改变又决定着管理系统的功能和效率的变化。当管理系统处于孤立状态时，系统不与外界进行资源交换，管理熵增加，系统内部要素和要素之间的组合关系形成了超稳定的结构状态，系统缺乏活力和应变能力，内部运行混乱，发展方向不明确，运行效率越来越低。当管理系统处于开放的环境中时，系统内部结构的“超稳定”状态被打破，系统通过不断与外部环境进行资源交换，改变系统内部要素和要素之间的组合关系，当内外部达到一定的阈值时，在要素之间的非线性相互作用下，管理负熵不断增加，系统有序性逐渐增大，从初始的相对混沌无序的混乱状态，依靠其自组织特性通过协同作用达到一种新的相对有序，改变了系统在孤立环境下的“结构性”状态和系统的变化趋势，形成管理耗散过程，建立起耗散结构，使管理系统内部组织向有序化方向发展，系统内部管理科学，发展方向明确，运行效率越来越高。

管理熵和由管理熵规律决定的管理系统的“序”的规律说明了，在一个管理系统内部，如果不进行合理的创新和变革，那么系统将会不可逆转地向着熵值增大的方向发展，最终达到崩溃的边缘。管理系统的长期健康存在和发展依赖于管理系统熵值的降低，而降低熵值需要对管理系统内部的组织结构、管理方式、控制手段等诸多方面进行合理的结构性调整和增加管理能量，当管理系统内部结构达到开放、合理的要求时，外部流入的熵值将会抵消内部熵值增加，使整个管理系统的熵值降低。

3.4.3 基于管理熵理论的集团管控理论[73,111]

管理熵和由管理熵规律决定的管理系统的“序”，决定了要改变管理系统的熵值，必须对系统内部结构和相应的功能进行调整，在内部结构达到科学合理的条件下，管理系统的熵值将会出现降低。管理熵理论认为，管理的重要目标就是降低管理系统的管理熵值，而管理熵值的降低将会使系统更加有序，系统的运行将会更加合理和高效，从而顺利实现系统追求的目标。在集团化企业管理领域，管理熵理论认为，作为一个追求经济效益最大化的系统，在集团形成之后，集团公司本身不仅仅是一个战略决策中心，同时也应该是一个综合计划中心、综合管理和协调中心，否则，整个集团就难以成为一个真正的系统。当集团不能够成为一个真正的系统的时候，集团公司就难以对集团内部众多的分子公司进行管理控制，无法达到集团内部序参量最大化的目标(集团公司内部合理的序参量最大化目标是集团作为一个整体的经济效益最大化)。

3.4.3.1 基于管理熵理论的集团管控权变因素

从管理熵理论出发，在集团管理模式的选择上，要重点考虑以下 4 个权变因素：

(1)母子公司体制形成的渊源。如果子公司是由母公司派生出来的，母公司在子公司中往往具有天然的权威性，选取控制程度较高的运营管理模式、平台管理模式的可能性会大些；如果是先有子公司，后为产业重组的需要而归集在一起组建集团，设立一个共同的母公司，母公司往往控制的资源不多，主要负责股权管理、资本运营，采用控制程度相对较低的财务管理模式、战略管理模式的可能性相对大些。如果子公司是由多方共同投资所形成的，母公司只占其中部分资本(股份)，这时母子公司的关系则按公司法的规定，形成相互独立各具法人地位的形式，其管理的方式则根据控股规模来确定。

(2)母公司的资源调控能力。母公司控制的资源较多，资源配置能力强，对子公司的支配能力大，母公司采用对子公司控制程度相对较高的管理模式的可能性大些；反之，倾向选择财务管理模式，给子公司较大放权。

(3)母公司对子公司的定位。在母公司的业务组合中，子公司如果是母公司的战略核心业务单位，子公司的经营状况对母公司的业绩影响程度越高，母公司必然对其关注度越高，控制程度相应越高，因此，采用财务管理模式的可能性较小；如果子公司是母公司的非战略核心区的财务单位，主要功能是生产现金流，为核心业务和种子业务提供资金支持，母公司一般对其采用财务或战略管理模式；如果子公司定位为种子业务单位，母公司因对该业务较为陌生，放权管理的可能性较大；子公司运作成熟后，母公司对它的控制程度可能会提高，管理模式会相应调整。

(4)子公司的组织类型。子公司如果是根据母公司的产品流程职能设立的，如生产子公司、物流子公司，属于职能型子公司，因对母公司生产运营的流畅性影响很大，母公司对其采用财务管理的模式的可能性较小。如专门生产核心部件的子公司，母公司往往会对它集权控制，采用运营管理模式的可能性比较大。子公司如果是根据不同的产品类型设立的，各子公司生产工艺区别大，销售渠道和网络不能共享，母公司对之集权化运营管理的可能性较小，采用财务或战略管理模式可能性较大些。如果子公司是按地理区域设立的，各子公司负责相应地理区域的销售工作，母公司一般对它采用平台管理模式。当然，母子公司管理模式的选择还受母公司的战略取向、主要领导者的管理风格、竞争对手的做法等其他权变因素的影响，在母子公司管理模式的实际选择中这些因素也需要适当考虑。总的来说，母子公司管理模式的选择是灵活的，已选用的管理模式也不是一成不变的。母子公司管理模式的选择一般是一种主导管理模式下的多模式选择，对不同业务性质、战略功能的子公司应当权变地采取相适应的管理模式。

3.4.3.2　基于管理熵的集团管理控制主要内容

集团管控无论实施哪种管理模式，最终都要落实到母公司对子公司的管理控制上。这主要应从业绩、权、限、财务、人事、信息5个方面着手建立各种行之有效的管理制度。

1. 业绩控制

业绩控制是母公司对子公司实施管理监控的重要手段，对促进母公司更好地行使出资人权利，正确引导子公司经营行为有重要意义。业绩控制通常以指标的形式来考核，可以分为定性指标和定量指标两种。

(1)定性指标。定性指标主要对那些不便于衡量的工作进行控制，用于评价子公司生产经营和管理状况的多方面非计量因素。主要指标有：领导班子基本素质、产品市场占有能力、企业战略目标、创新能力、员工素质状况、技术装备更新水平、企业文化建设、长期发展能力评价等。

(2)定量指标。定量指标是易衡量比较，能定量表示的指标。主要指标有：考核子公司的盈利能力，如销售收入、利润总额、净利润、资产收益率、总资产报酬率、成本费用利润率；考核子公司的偿债能力，如贷款偿还率、资产负债率、流动比率；考核子公司运营的效率，如全员劳动生产率、资产周转率。

2. 权限控制

权限控制规定了子公司享有何种权限，即规定了子公司可以在多大程度和范围内做什么。权限控制主要是针对子公司经营活动中的重大决策行为进行控制。应该控制的权限有：对外投资权，重大资本性支出权，重大资产处置权，开设孙公司权，重大合同、担保的签署，年度预算，重大技术改造和基建等。

权限控制的大小可以表现为一定的授权额度。最严重的控制可以是不授予这项权限，例如子公司没有开设孙公司的权限；较松的控制可以是授予的权限额度较大，例如给予子公司100万元以下的对外投资权限，即子公司的投资项目(含基本建设)投资资金在100万元以上的，须报集团母公司审批，100万元以下的，由全资子公司自行决定，报母公司备案。上述这些权限设置将企业经营活动中最为常见的一些活动都做了相应的规定，这样，子公司重大活动均能做到受控。应注意的是：①权限控制尽管是管理控制中必不可少的工具，但它也是一把双刃剑，在对子公司可以做到严格控制的同时，又极易挫伤其经营积极性，所以权限控制的应用和松紧度设计必须审时度势；②集团内部权限的划分也应防止一刀切，对于已成熟经营的主业子公司权限可宽松一些，而目前尚待发展的辅业子公司从规避风险角度考虑，权限应严格控制。

3. 财务控制

在母公司对子公司的管理控制中，财务控制居于核心地位，其他各方面的管理控制最终都可以在财务控制中得到体现。纵观国内外企业集团经营的经验和教训，如今各个企业集团十分强调母公司应通过制度统一的财务管理办法来实现对子公司财务的集权管理。这有利于提高企业集团资金使用效益，降低集团运行中的财务风险。

(1)对子公司财务部门的集中监控。对于全资和控股子公司可通过委派实现控制，即子公司的财务负责人可由母公司直接委派，列为母公司财务部门的编制人员，负责子公司的财务管理工作，参与子公司的经营决策，严格执行母公司财务制度并接受母公司的考评。母公司也可以向子公司派出财务总监或财务监事负责监督子公司的财务活动。对于参股公司可通过监督制实现控制，即参股公司的财务负责人可以由该公司总经理提名，由公司董事会聘任或解聘，母公司只能通过参股公司股东会、董事会影响财务负责人的产生，参股公司在决定自身财务部门的设置上有很大的自主权，母公司基本不干预，但母公司应向参股公司派出财务监事，负责监督参股公司的财务活动。

(2)统一财务会计制度。为了分析各子公司的经营情况，比较其经营成果，从而保证集团整体的有序运行，母公司还应根据子公司的实际情况和经营特点，在国家统一会计制度的基础上，制定统一的、操作性强的集团财务会计制度实施细则，规范子公司重要财务决策的审批程序和账务处理程序，提高各子公司财务报表的可靠性与可比性。

(3)统一银行账户管理。针对目前我国企业集团出现的子公司私自在银行开户截留资金的问题，母公司应加强对子公司开户的控制，子公司在银行开户须经母公司审批并备案。

(4)加强在资金管理、筹资管理、预算管理、审计管理方面的集权管理。资金管理是财务管理的中心，如何加强对子公司资金使用的监管，把母子公司分散的资金集中起来，增强集团的资金实力，保证重点项目的资金需要，是集团财务管理面临的重要问题。在我国企业集团实践中，有的集团实行“结算中心制”，它以母公司名义在银行开立基本结算户，再分别以各子公司的名义在该总户头上设立分户，由总户控制各子公司分户。这种加强资金管理的做法值得肯定。筹资管理也是财务管理的重要内容。母公司在资金使用预测基础上，研究整个集团资金来源的构成方式，选择最佳的筹资方式。资金的筹集应与使用相结合，并与集团的综合偿债能力相适应，不盲目举债而增加筹资风险。因此，可以规定子公司所需资金不得擅自向外筹集，必须在集团内部筹集，由母公司统一对外筹资。母公司对子公司财务的集权管理还体现在预算管理方面。母公司根据集团发展规划确定的目标，将各项指标分解下达给各子公司。子公司根据母公司下达的各项指标和本单位具体情况编制年度预算，上报母公司审批，母公司对各子公司的预算拥有最终决定权。母公司可以成立专门的预算管理委员会来审查和平衡各子公司的预算并汇总编制集团预算，经批准后的预算下达给各子公司，据以指导其经营活动。此外，母公司还应建立审计机构对子公司进行内部审计管理，对其财务收支、经理离任、国有资产保值增值进行直接的审计监督，定期或不定期地向母公司经营者报告审计情况，提出优化内部控制环境、改进工作方法、提高经营效率的意见和建议。

4. 人事控制

在现代企业制度下，对子公司的人事控制更多的是从激励、考核、奖惩等现代人力资源管理的角度出发，去设计控制方式。母子公司的人事控制表现在对两类人的控制。一类是派驻子公司的董事监事，董事监事是依照法人治理结构派驻子公司股东大会的代表，负有重大的运营监督职责。母公司首先应做好对董事监事的选派工作，派出真正懂得企业经营和管理的董事监事。其次，母公司应该考虑对外派董事监事的激励、考核和奖惩。对外派董事监事的责、权、利可以通过子公司章程或章程细则的形式，加以法律化的规定和界定。再者，要防止外派董事监事过于集中于母公司的几位总经理和副总经理，一人身兼数职，导致董事、监事形同虚设的情况。另一类人事控制是对子公司总经理和财务负责人的控制。这两个人的控制方式主要通过下达年度或任期考核指标和定期述职来完成。

5. 信息控制

信息控制的主要内容是要保证子公司的运营信息能够及时准确地传递到母公司。这些信息包括市场开发、回款情况、重大合同执行情况等市场信息；资产负债表、财务损益表、现金流量表等财务报表；生产计划、实际生产状况等生产经营信息。掌握这些信息并不是为了插手子公司的实际运营，而是为了及早发现问题，防范风险。信息控制的技术手段应创造条件实现现代化，即利用网络技术建立集团公司内部信息平台，将各子公司的市场、生产、财务、运营等信息放在内部局域网上，实现集团内信息的高效传输和控制。

上述母公司对子公司管理控制的5种手段在实际运用时，松紧度的把握上应该根据各企业集团实际情况进行适当的调整、侧重和选择，目的是使管理控制既比较全面、扎实，又留有缓冲余地，达到松紧适中的管理目标。同时，5种手段之间并不是互相割裂的，要有机地对待，综合地应用，这样才能有效地发挥统分结合的母子公司管理模式的作用。

3.4.4 基于管理熵的全资子公司的管控理论模型

管理熵理论在研究集团内部对全资子公司的企业的管控时，认为产权结构和治理结构将会对集团的管控产生决定性的影响，三种要素之间的关系如图3-2所示。

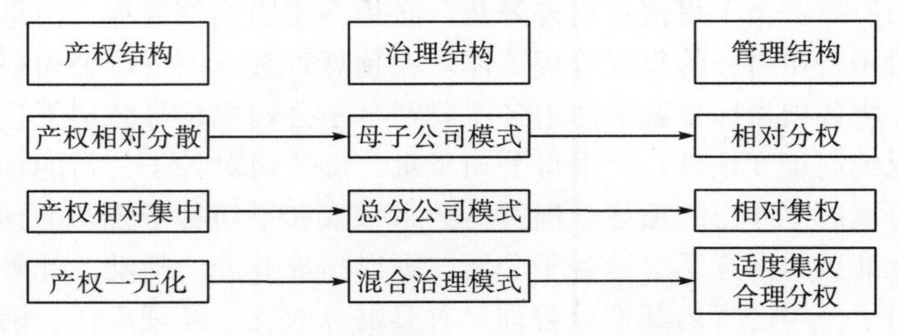

图3-2 产权结构、治理结构、管理结构三者关系示意图

从图3-2可以看出，对于在能源领域内，二滩公司组建的全资子公司属于产权一元化(二滩公司拥有全部产权)子公司，这类公司的治理符合混合公司治理模式，相应的集团内部管控需要进行适度集权，合理分权。

3.4.5 基于管理熵的控股子公司管控理论模型

管理熵理论在研究集团内部对控股子公司的管理控制时，认为集团战略是决定性因素，战略通过影响产权和管理要求，进而影响治理结构和组织结构以及对控股子公司的管理参与，最终实现整个集团的战略目标。控股子公司管理中涉及的各种要素之间的关系如图3-3所示。

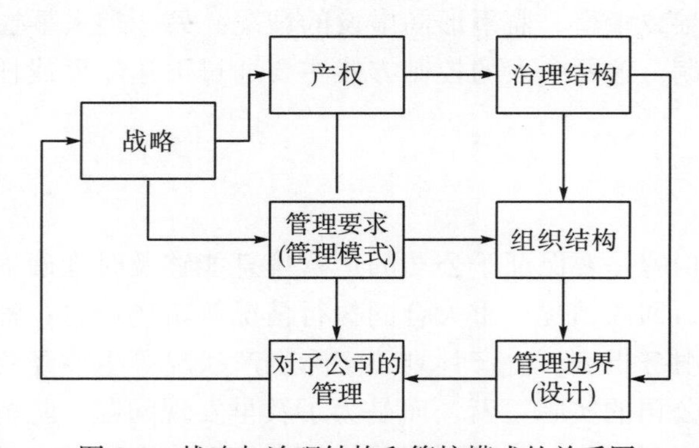

图3-3 战略与治理结构和管控模式的关系图

对于集团内部的管控来说，战略是决定性因素，当集团的战略确定之后，实现战略就需要相应的产权结构、资产规模和组织管理模式，管理模式的实现必须在集团内部建立相应的组织，从而实现战略决定结构的过程；同时，从公司治理的角度来看，当现实的公司产权结构、资产规模和治理结构难以满足集团的战略实施时，战略就必然要求对其进行改变，而对公司治理结构的改变首先应该通过改变公司内部的产权结构开始；当公司治理结构和组织结构根据战略实现的要求进行变革之后，通过拆开子公司公司治理的这面“管理隔离墙”，集团公司对子公司的经营管理进行一定程度的干预和引导，通过子公司的经营管理最终实现整个集团的战略目标。

从以上理论模型可以看出，集团公司需要拆开子公司公司治理的这面管理的“管理隔离墙”，将子公司作为一个独立法人树立为集团公司降低自身风险的“风险隔离墙”。也即，实现集团公司序参量的最优，需要集团公司对所属的分子公司进行实质性的管理控制。

基于管理熵的集团管控理论认为，需要针对子公司的性质差别进行具体的系统有序的管控模式设计，对于全资子公司来说，需要进行适度集权，合理分权；对于控股子公司来说，需要根据实现集团战略的要求，在调整治理结构和组织结构的基础上，打破子公司公司治理的障碍，对子公司根据出资人权益，在公司法的基础上进行适当的管理参与，保证集团战略目标的实现。

第4章　基于管理熵的流域开发企业战略设计

本章研究的主要内容是在管理熵理论基础上的雅砻江公司的战略设计和制定。根据我国工业化进程、电力弹性系数和国民经济发展的客观要求，从宏观上分析我国电力发展的基本趋势，同时根据我国能源资源状况和低碳环保发展国民经济的要求，分析得出改变我国能源结构，电能生产和消费向水电发展的战略指向，从而从宏观层面上得出我国能源战略的结论，并在此基础上，设计雅砻江公司的雅砻江全流域水电开发战略，同时根据该战略的发展和公司的内外部资源状况，提出公司的以流域水电开发为主、以多种经济为辅的多元化发展战略。

4.1　我国的工业化进程与电力需求

4.1.1　我国工业化进程

随着我国经济的快速发展，用电的需求也不断增长，其中我国用电量需求最大的行业是工业。数据显示，2011年我国工业用电量为34716.6亿kW·h，全社会用电量为46928亿kW·h，工业用电占比高达73.98%[112]。电力是支持国民经济发展的基础性能源，虽然服务业和生活消费用电量在逐年增长，但我国工业化的高速发展，将使工业用电需求在未来我国全部用电量中保持较大的比例。

通过“霍夫曼定理”和H·钱纳里的“一般标准工业化模型”进行分析，可以分析和判断我国工业化的发展速度和达到的水平，进而可相关性地论证我国电力消费量需求的发展[113]。

德国经济学家霍夫曼(Walther Hoffmann)在1931年通过对英国、美国、法国、德国等20个国家的工业内部结构演变规律进行经验研究后，在出版的《工业化的阶段和类型》一书中提出了工业化进程中工业结构演变的规律，即在工业化进程中霍夫曼比例不断下降的规律，称为“霍夫曼定理”。这个定理表述为两个部分：

(1)霍夫曼系数(比例)，这是指制造业中，资本资料工业净产值与消费资料工业净产值的比例关系，即

$$\text{霍夫曼系数(比例)}=\frac{\text{消费资料工业净产值}}{\text{资本资料工业净产值}}$$

(2)霍夫曼定理，是指在工业化进程中，霍夫曼系数(比例)是不断下降的。也就是

说，在工业化前期，消费资料工业净产值显著大于资本资料工业净产值；在工业化后期，资本资料工业净产值在国民经济中的比重会显著上升，并大于消费资料工业净产值。霍夫曼定理的作用是，通过国民经济发展的霍夫曼系数(比例)变化，可分析和判断一国的工业化进程和达到的水平。

霍夫曼根据这个比例的变化趋势，把工业化分为四个阶段：第一阶段，霍夫曼系数(比例)为 3.5～6；第二阶段，霍夫曼系数(比例)为 1.5～3.5；第三阶段，霍夫曼系数(比例)为 0.5～1.5；第四阶段，霍夫曼系数(比例)小于 0.5，见表 4-1。

表 4-1　霍夫曼系数(比例)与工业化阶段对应表

霍夫曼系数(比例)	工业化阶段
3.5～6	第一阶段
1.5～3.5	第二阶段
0.5～1.5	第三阶段
小于 0.5	第四阶段

按照上述理论，霍夫曼对英国、法国和美国等 20 多个国家在 1880～1929 年消费品工业和资本品工业比重的数据进行分析和总结得出结论：在工业化过程中，存在资本品工业产值的比重持续上升的必然趋势；到了 20 世纪 20 年代末，英国、美国、法国和德国处于工业化末期，资本品工业产值和消费品工业产值的比值已基本齐平。

霍夫曼还预测，进入工业化后期阶段后，资本品工业产值的比重将继续上升，成为主导的工业部门。虽然当时的国民经济只包含两个主要的部门，即工业和农业部门，还没有包括服务行业，但根据当时的分析框架，这意味着资本品工业在整个国民经济的工业化后期将成为主要的工业部门。虽然现代国民经济不仅包括工业和农业，还包括服务业等产业，但是根据世界经济发展的状况来看，这个结论在当今的社会技术经济条件下仍有现实意义。

美国著名经济学家 H. 钱纳里(Hollis B. Chenery)以霍夫曼系数(比例)为依据，提出了“一般标准工业化模型”理论[113]，该模型把工业化的发展过程分为四个阶段：工业化第一阶段，即工业化的初期，消费品工业占绝对优势地位，霍夫曼系数(比例)约为 5(±1.5)；工业化第二阶段，劳动力和机械需求不断增加，资本品工业的扩张速度相对加快，霍夫曼系数(比例)下降为 2.5(±1)；发展到第三阶段，资本品工业继续增长，规模迅速扩大，与消费品工业的生产处于平衡状态，霍夫曼系数(比例)达到 1(±0.5)；工业化第四阶段，资本品工业生产占主导地位，基本上实现了工业化，霍夫曼系数(比例)<1。

霍夫曼定理指出，随着工业化过程不断发展，霍夫曼系数(比例)不断减少，即呈消费品工业份额不断减少而资本品工业份额不断增长的“重化工业化”趋势。H. 钱纳里的“一般标准工业化模型”是以人均 GDP 为参照指标，将经济发展的全过程分为三大阶段：初级产品生产阶段、工业化阶段和发达阶段。而工业化阶段又进一步细分为初级阶段、中级阶段和高级阶段(成熟期和发达期)。其工业化各阶段中的中、高级阶段就是重化工业大发展时期，见表 4-2。

表 4-2　H. 钱纳里工业化进程阶段划分

<table>
<tr><th>时期</th><th>人均 GDP/美元</th><th colspan="2">经济发展阶段</th></tr>
<tr><td>1</td><td>300～600</td><td>准工业化阶段</td><td>初级产品生产阶段</td></tr>
<tr><td>2</td><td>600～1200</td><td rowspan="3">工业化实现阶段</td><td>工业化初级阶段</td></tr>
<tr><td>3</td><td>1200～2400</td><td>工业化中级阶段</td></tr>
<tr><td>4</td><td>2400～4500</td><td>工业化高级阶段</td></tr>
<tr><td>5</td><td>4500～7200</td><td rowspan="2">后工业化阶段</td><td>发达经济初级阶段</td></tr>
<tr><td>6</td><td>7200～10800</td><td>发达经济高级阶段</td></tr>
</table>

我们用《中国统计年鉴》(2003—2013)数据进行整理、计算和汇编后得到我国 2002～2012 年的霍夫曼系数(比例)以及人均 GDP，同时分析我国工业化发展概况，见表 4-3。数据表明我国工业化程度不高，还处于工业化发展的中级阶段。未来一段时间国内经济发展的主流趋势，是通过重化工业的发展，带动国民经济的持续进步，以及产业结构的调整和优化。

表 4-3　2002～2012 年我国工业化发展概况

时间	霍夫曼系数(比例)	人均 GDP/美元	产业结构/%		
			第一产业	第二产业	第三产业
2002	0.93	1529.622	13.7	44.8	41.5
2003	0.90	1715.82	12.8	46	41.2
2004	0.87	2007.813	13.4	46.2	40.4
2005	0.85	2308.757	12.1	47.4	40.5
2006	0.85	2685.547	11.1	47.9	40.9
2007	0.89	3282.715	10.8	47.3	41.9
2008	0.88	3858.724	10.7	47.4	41.8
2009	0.94	4167.969	10.3	46.2	43.4
2010	0.93	4885.254	10.1	46.7	43.2
2011	0.93	5728.841	10	46.6	43.4
2012	0.98	6253.255	10.1	45.3	44.6

资料来源：根据《中国统计年鉴》(2003—2013)数据计算、整理、汇编。

从表 4-3 中可看出，2002 年至今，我国已进入工业化的第三阶段，并向着第四阶段发展。根据霍夫曼系数(比例)分析，我国的工业化已经进入重化工业时期。

一般而言，重化工业泛指生产生产资料的产业，包括能源、机械制造、电子、化学、冶金及建筑材料等工业。现代意义上的重化工业是指资金和知识含量都较高的基础原材料产业，同时还包括电力、石化、冶炼、重型机械、汽车、修造船等。

由于电力生产是工业化特别是重化工业化的必不可少的基础性能源，在重化工业时期，经济的高速发展需要大量的资金投入和能源消耗。因此，在这个阶段，社会发展对电力的需求将会大大地增加。

4.1.2　电力弹性系数

所谓电力弹性系数，是指电力消费增长速度与国民经济增长速度的比值。它是反映电力消费的年平均增长率和国民经济的年平均增长率之间的关系的宏观指标。电力弹性系数可以用下面的公式来表示：

$$b = A_Y / A_X$$

式中，b 为电力弹性系数，A_Y 为电力消费年平均增长率；A_X 为国民经济年平均增长率。也就是说，电力弹性系数是电能消费增长速度与国民经济增长速度的比值。

如前所述，电力产业是重化工业的主要产业之一，是为工业化提供基本能源的产业。从理论上讲，在重化工业大发展时期，电力产业将对一国的工业化进程和国民经济的发展起至关重要的支撑和带动作用。由表 4-4 的电力弹性系数的相关数据，可以大致得出以下规律。

重化工业时期，电力弹性系数≥1，即电力工业发展增速快于 GDP 增速；重化工业后期，电力弹性系数<1，并呈现递减的趋势，即电力工业发展增速慢于 GDP 增速。

电力弹性系数大于 1 是处于重化工业阶段世界各国的普遍规律。这说明在以重化工业为核心的工业化发展时期，由于产业结构和消费结构的影响，电力需求的增长速度要高于区域 GDP 的增长速度。但在后工业化时期，电力工业增加值在 GDP 中所占比重逐年降低，即电力工业对区域 GDP 的贡献逐渐降低。

结合 GDP 在不同时期的增速不同，可知在重化工业发展时期，GDP 年增速一般维持在 8%～10%；而在后工业化时期，美国、德国、日本、加拿大、意大利等发达资本主义国家经验表明，其年 GDP 增速基本上维持在 5%以下(甚至近年来维持在 3%以下)。这说明，在重化工业时期，电力工业增长速度一般不低于 10%；而在后工业化时期，其增速却远远低于 5%。

如表 4-5 所示，在我国重化工业时期，GDP 保持高速的增长势头，而作为重化工业的主要产业——电力工业的电力弹性系数也基本上保持在 1 以上，对国内经济的高速发展起了巨大的基础支持作用。这与发达国家重化工业发展阶段电力工业市场需求特征基本一致。

通过考察 20 世纪已经完成和开始重化工业发展阶段的世界主要国家的发展历史经验，发现其电力弹性系数呈现一定的变化规律，这就是随着一国的工业化进程的发展，电力弹性系数保持在 1 左右的趋势，这说明电力消费增长速度同国民经济增长速度大体上是一致的，见表 4-4 所示。

表 4-4　1950～1988 年世界主要国家电力弹性系数[114]

国家	1950～1960 年	1961～1970 年	1971～1980 年	1981～1988 年
美国	2.31	1.87	1.16	0.73
苏联	1.26	1.36	1.10	1.03
日本	1.57	1.13	1.04	0.87
加拿大	—	—	1.54	1.30

续表

国家	1950～1960年	1961～1970年	1971～1980年	1981～1988年
联邦德国	1.25	1.58	1.54	1.00
法国	1.77	1.21	1.64	2.11
英国	2.45	2.29	0.74	0.54
巴西	—	—	1.38	2.28
意大利	—	—	1.52	1.14

通过对我国的电力弹性系数进行分析，可以考察我国经济发展对电能的需求状况，见表4-5。

表4-5　1981～2012年我国GDP增长率及电力弹性系数

年份	GDP增长率/%	电力弹性系数
1981～1985	10.70	0.60
1986～1990	7.87	1.12
1991～1995	12.0	0.84
1996～2000	8.18	0.72
2001	8.3	1.15
2002	9.1	1.30
2003	10	1.56
2004	10.1	1.53
2005	11.3	1.19
2006	12.7	1.15
2007	14.2	1.01
2008	9.6	0.58
2009	9.2	0.78
2010	10.4	1.27
2011	9.3	1.27
2012	7.7	—

资料来源：根据Wind资讯统计资料和《中国统计年鉴》(2002—2013)数据计算、整理、汇编。

根据4-5列出的数据，可知1982～2012年的30年间，我国电力弹性系数在1左右，这说明我国的电力消费增长速度同国民经济增长速度大体上是一致的。

应用SPSS17.0软件中的时间序列预测模型中的ARIMA模型对表4-5中的数据进行预测，可知在未来的十多年内，我国电力弹性系数应保持在1以上，GDP增速应保持在9%左右①，见图4-1、图4-2。

① 由于我国实施稳定的经济发展政策，政府将经济发展速度调整为7%～8%。

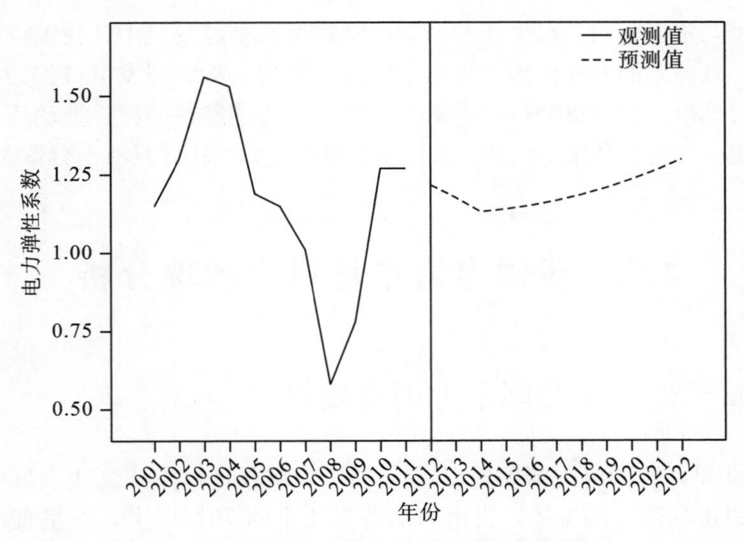

图 4-1　电力弹性系数未来十年的预测趋势图

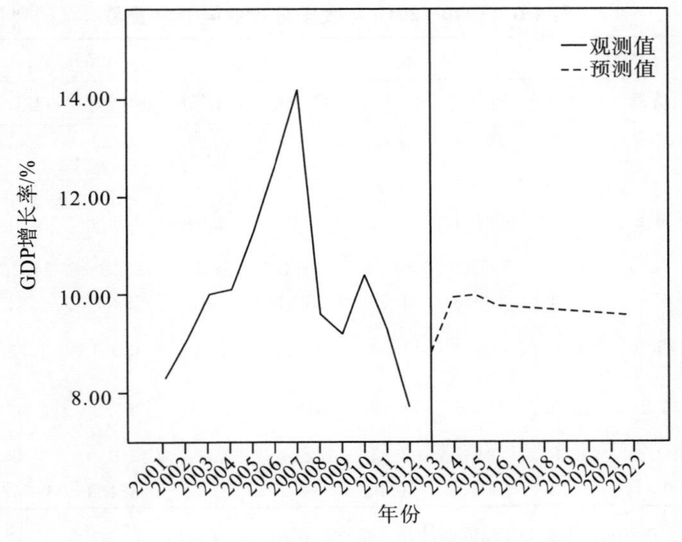

图 4-2　GDP 增长率未来十年的预测趋势模型

根据以上分析可知，发达国家经济发展的经验是，重化工业时期，国民经济的高速发展需要大量的资金投入和能源消耗，一般会持续 15～20 年的时间。在重化工业发展前期，电力需求的增长速度要高于区域 GDP 的增长速度；但在重化工业发展后期，电力工业增加值在 GDP 中所占比重逐年降低。在重化工业发展前期，电力产业发展主要是解决容量问题，而到重化工业发展后期，电力工业会步入平稳发展时期，电力市场竞争将非常激烈，电力产业也会进入结构调整期，无竞争力的电力企业将被产业淘汰出局。

然而，上述分析并没有考虑电力生产结构同环境污染的关系。以煤为主的矿物能源的电力生产，对自然生态环境的破坏和对大气的污染的严重性日趋剧烈，全世界都强烈呼吁降低碳排量，因此发展可再生的清洁绿色能源已成为世界经济发展的趋势。

随着我国大气环境污染越来越严重，在能源生产和消费过程中，国家将日益重视改变我国的能源生产与消费结构。在生产和消费的结构性调整与发展中，我国将关闭和减少污染大、效率低、效益差的发电机构，进一步促进环保型、集约型发电机构的发展；提高电力利用效率，降低电力传输损耗；引进新型环保、可持续发展能源，推动经济又快又好地稳步发展。可见，大力发展水电，改变我国不合理的电力结构，具有十分重大的战略意义。

4.2　我国电力市场供求状况分析

4.2.1　2002～2012年我国电力消费现状

2002～2012年，我国电力消费量以21%的年均增长速度突飞猛进。其中，工业用电一直是我国电力市场需求的主体，占电力消费量比重的70%以上，并呈现出缓慢加大的趋势，其次是生活消费及第一次产业的消费也有加快发展的趋势。见表4-6、图4-3。

表4-6　1990～2010年我国分行业电力消费量　（消费量单位：亿kW·h）

行业	1990年		1995年		2000年		2005年		2010年	
	消费量	占比/%	消费量	占比/%	消费量	占比/%	消费量	占比/%	消费量	占比/%
消费量	426.8	6.85	582.4	5.81	533	3.96	776.3	3.11	976.5	2.33
在消费量中										
农、林、牧、渔、水利业	426.8	6.85	582.4	5.81	533	3.96	776.3	3.11	976.5	2.33
工业	4873.3	78.22	7659.8	76.42	10004.6	74.26	18521.7	74.26	30871.8	73.62
建筑业	65	1.04	159.6	1.59	159.8	1.19	233.9	0.94	483.2	1.15
交通运输、仓储、邮政业	105.9	1.70	182.3	1.82	281.2	2.09	430.3	1.73	734.5	1.75
批发、零售业、住宿餐饮业	76.2	1.22	199.5	1.99	418.7	3.11	752.3	3.02	1292	3.08
其他行业	202.4	3.25	234.2	2.34	623.2	4.63	1340.9	5.38	2451.8	5.85
生活消费	480.4	7.72	1005.6	10.03	1452	10.78	2884.8	11.57	5124.6	12.22

资料来源：根据《中国统计年鉴2012》数据计算、整理、汇编。

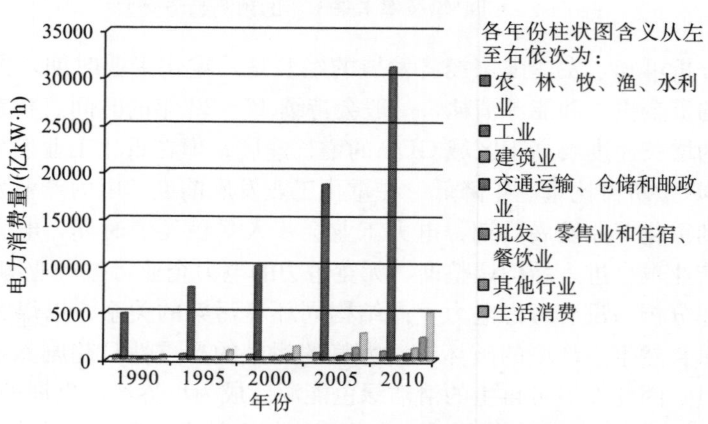

图4-3　1990～2010年我国分行业电力消费量

根据图 4-3，1990～2010 年我国电力消费量平均增长速度如下：

(1)平均发展速度：

$$\bar{x}=\sqrt[10]{\frac{41934.5}{6230.4}}=1.21$$

(2)平均增长速度：

$$v=\bar{x}-1=1.21-1=0.21$$

1990～2010 年的 10 年间我国电力消费平均增长 21%，大大超过了国民经济增长的速度。这也说明电力产业是国民经济的先导产业，电力产业的发展速度要超过国民经济的发展速度，这样才能在工业化进程中为国民经济的发展提供电能保障。

4.2.2　2002～2011 年我国电力市场供需状况

2002～2011 年，我国的电力供需平衡状况见表 4-7。

表 4-7　2002～2011 年电力供需平衡表

年份	电力可供量/(亿 kW·h)	电力生产量/(亿 kW·h)	电力消费量/(亿 kW·h)	人均电力生产量/(kW·h)	人均电力消费量/(kW·h)	电力平衡差额/(亿 kW·h)
2002	16466	16540	16465.5	1292	1286	0.51
2003	19032.2	19105.8	19031.6	1483	1477.15	0.56
2004	21972.34	22033.1	21971.4	1700	1695.224	0.962885
2005	24940.8	25002.6	24940.3	1918	1913	0.450242
2006	28588.44	28657.3	28588	2186	2181	0.468286
2007	32712.4	32815.53	32711.81	2490.024	2482.153	0.574752
2008	34540.8	34668.8	34541.4	2617	2608	−0.55
2009	37032.7	37146.5	37032.2	2790	2782	0.55
2010	41936.5	42071.6	41934.5	3145	3135	1.97
2011	47002.7	47130.2	47000.9	3506	3497	1.86

资料来源：根据《中国统计年鉴》(2003—2012)数据计算、整理、汇编。

从表 4-7 中可以看出，2002～2011 年的近 10 年间，我国电力生产量不断加大，电力供应量也在不断加大，和电力消费量大体持平略有多余。

4.3　我国电力供应结构现状分析

4.3.1　我国电力供应结构

从表 4-8 中可看出，2002～2012 年，我国电力生产结构中，火电占有极大的比重，为 78%～82%，而水电仅占 14%～18.22%，可见我国的电力生产结构极不合理。一方面，我国大量的水电资源未能得到开发和利用，另一方面，大量的火电造成碳排量的急剧增加，大气和环境受到严重破坏。表 4-9 反映出，2002～2012 年，应国民经济发展所需，我国的发电总量和电力装机容量一直呈高速增长的态势。

表 4-8 2002～2012 年我国电力生产结构

年份	发电总量		水电发电量			火电发电量		
	总电量/(亿 kW·h)	同比增长/%	水电电量/(亿 kW·h)	同比增长/%	占总电量的比重/%	火电电量/(亿 kW·h)	同比增长/%	占总电量的比重/%
2002	16540	—	2879.74	—	17.41	13522.04	—	81.75
2003	19105.75	15.51	2836.81	−1.49	14.85	15804	16.88	82.72
2004	22033.09	15.32	3535.44	24.63	16.05	18104	14.55	82.17
2005	25002.6	13.48	3970.17	12.30	15.88	20473.4	13.09	81.89
2006	28657.26	14.62	4357.86	9.77	15.21	23742	15.97	82.85
2007	32815.53	14.51	4852.64	11.35	14.79	27229.33	14.69	82.98
2008	34957.61	6.53	6369.6	31.26	18.22	27072.3	−0.58	77.44
2009	37146.51	6.26	6156.44	−3.35	16.57	30117	11.25	81.08
2010	42071.6	13.26	7221.72	17.30	17.17	33319.28	10.63	79.20
2011	47130.19	12.02	6989.45	−3.22	14.83	38337.02	15.06	81.34
2012	49875.53	5.83	8721.07	24.77	17.49	38928.14	1.54	78.05

资料来源：根据《中国统计年鉴》(2003—2012)数据计算、整理、汇编。

表 4-9 2002～2010 年我国装机容量及增长率

年份	总装机容量/万 kW	增长率/%	水电装机容量/万 kW	增长率/%	火电装机容量/万 kW	增长率/%
2002	35614		9059		26555	
2003	38918.09	9.28	9941	9.74	28977.09	9.12
2004	43923	12.86	10975	10.40	32948	13.70
2005	51328	16.86	12190	11.07	39138	18.79
2006	61862.4	20.52	13480.4	10.59	48382	23.62
2007	70882.62	14.58	15275.2	13.31	55607.42	14.93
2008	78000.4	10.04	17714.4	15.97	60286	8.41
2009	85288	9.34	20083	13.37	65205	8.16
2010	93026.91	9.07	22059.7	9.84	70967.21	8.84

资料来源：根据《中国统计年鉴》(2003—2012)数据计算、整理、汇编。

从电力生产结构来看，水电这种清洁能源的发展相比火电而言显得极其落后，水电占总发电量的比重远不到 20%，而且在发电总量高速增长的背景下，水电所占比重还呈现出缓慢减退的迹象，水电装机容量跟不上总装机容量的增长速度。

水电供给跟不上电力需求的发展这一事实，客观上与水电项目建设周期长、投入大有关。但是，水电作为一种可再生的清洁能源，从国家节能减排的目标看，我们应该给予水电更大的发展空间，至少应该使水电发电量的增长速度不低于发电总量的增长速度，水电项目自身也应该尽可能加快建设速度。

依据表 4-8 数据，运用一元线性回归分析，可以得到 2013～2017 年我国发电总量、水电发电量和火电发电量的预测值，见表 4-10。这可以作为水电发电企业对确定未来市场份额的参考。

表 4-10　2013～2017 年我国年发电总量预测表

年份	发电总量/（亿 kW·h）	水电发电量/（亿 kW·h）	比例/%	火电发电量/（亿 kW·h）	比例/%
2013	52456.6487	41627.642	79.36	8713.37618	16.61
2014	55815.5497	44222.4231	79.23	9288.47009	16.64
2015	59174.4507	46817.2042	79.12	9863.564	16.67
2016	62533.3517	49411.9853	79.02	10438.6579	16.69
2017	65892.2527	52006.7664	78.93	11013.7518	16.71

从以上分析中可以看出，我国水电发展迅速，其发电总量将远远大于火电发电总量。

4.3.2　我国电力工业行业现状与竞争分析

电力系统由发电、输电、供电和用电等多个环节组成，不同环节之间存在并网发电、供电服务、电力趸售、大用户直购等多种市场交易行为。通过自 2003 年以来实施的电力体制改革，我国电力市场结构正由传统的垂直一体化垄断结构向竞争性市场结构转变，目前已经基本实现了“厂网分开”，正研究实行“竞价上网”的电力营销竞争模式，见图 4-4[①]。

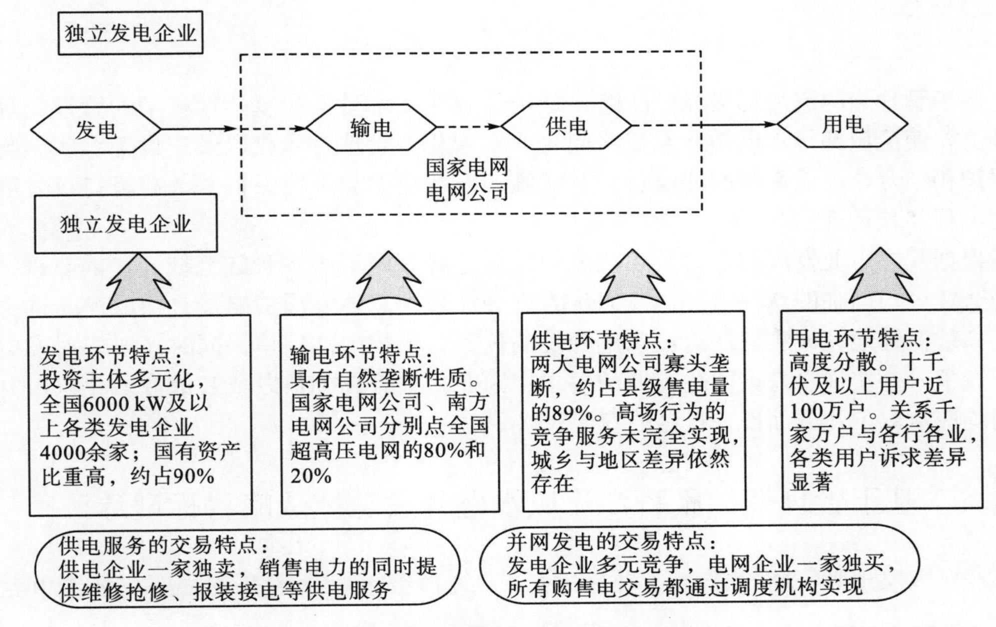

图 4-4　我国现阶段电力工业结构及交易特点

① 资料来源：国家电力监管委员会《电力监管年度报告(2006)》，第 2 页。

从图4-4中上可以看出，我国电力体制改革后，发电环节已经基本实现市场主体多元化，形成了竞争格局。

根据中国国家电力监管委员会《电力监管年度报告(2007)》显示，至2007年年底，国有及国有控股企业占全国6000kW及以上各类发电企业(4000余家)的约90%。其中，五大中央直属发电集团约占装机总量的41.98%，较上年增加3.46个百分点；其他中央发电企业约占装机总量的10.97%；地方发电企业占总装机容量的41.00%；民营及外资企业占总装机容量的6.05%[①]。

由此可见我国电力体制改革形成了厂网分离、多点竞争的局面，不仅大的水电企业之间相互进行竞争，而且众多的中小水电企业也参与竞争，可见竞争的激烈程度是过去无法想象的。

从以上全面的宏观环境分析中可知，我国正处于工业化发展加速的第三阶段，国民经济发展对电力生产的需求在不断增长，未来对电力的需求使电力生产消费市场潜力仍然巨大。但是我们也要看到，一方面，我国电力生产和消费结构极为不合理，为使我国巨大的、总理论蕴藏量居世界第一位[②]的水能资源得到很好利用，另一方面，大量的火电生产，使得我国的碳排量急剧增加，大气环境和自然生态环境受到极大的破坏，因此在未来的电力生产和消费结构中，必须大幅度加大对水电等可再生的清洁能源生产的投入，大力发展水电，使我国水能资源得到有效利用，这是国家发展战略对电力生产结构提出的要求。

4.4 雅砻江公司发展战略的设计

基于管理熵的流域梯级开发战略，是指建立在系统科学和复杂性科学的管理熵理论基础上，使流域梯级水电站开发战略同企业集团化、管理科学化以及建设工程实施与环境保护相结合，形成系统的战略设计、实施、电站建设与环境保护并举和可持续发展的系统工程和长远规划。

根据我国工业发展和电力供求状况的发展趋势和国家对雅砻江流域开发的要求，以及雅砻江公司面临的竞争情况，我们认为雅砻江公司总体发展战略设计应既满足国家要求，高效低耗地完成雅砻江流域水电开发的任务，保护生态环境，同时还要应对发电上网的竞争，并实现自身集团化发展的要求。因此，雅砻江公司以及其他流域化水电开发公司均应从以下几方面设计自己的发展战略。

4.4.1 基于管理熵的雅砻江流域水电开发总体战略目标设计

按照国家规划，将在雅砻江沿江进行21级梯级水电站的开发，部分梯级电站如

① 国家自然科学基金项目报告：《水电企业流域化、集团化战略管理及上网价格机制与模型研究》(50579101)。

② 资料来源：百度百科·水资源：我国总理论蕴藏量为5.7万亿kW·h/a；加上部分较小河流后，合计为5.92万亿kW·h/a(未统计台湾省水能资源)，理论总蕴藏量居世界第一。

图 4-5所示。

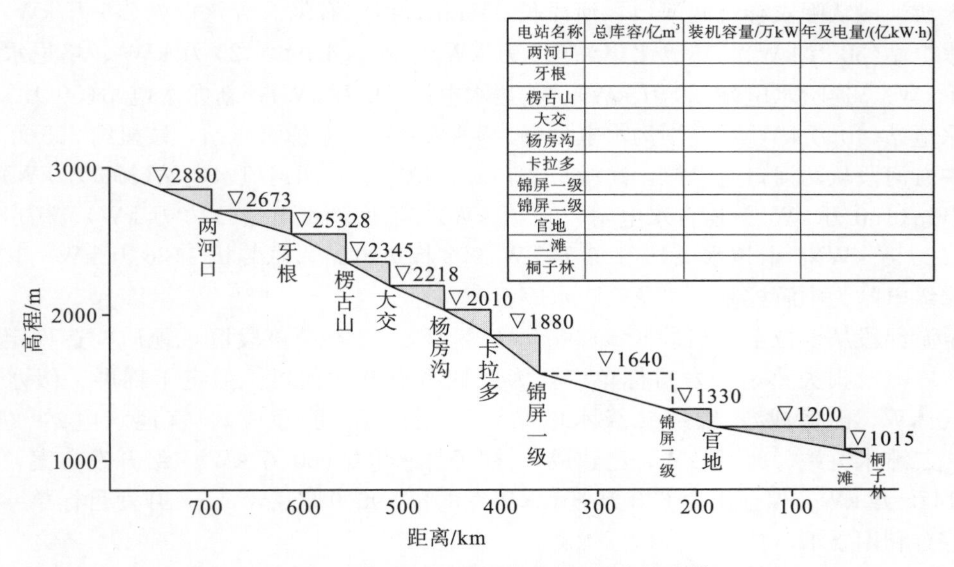

图 4-5　雅砻江干流梯级水电站开发剖面图①

在图 4-5 中，两河口、锦屏一级和二滩三大水库是雅砻江中下游的控制性水库，总库容达 256 亿 m³，调节库容达 158 亿 m³，具有巨大的调节作用和补偿效益。21 座梯级电站建成后可实现各梯级电站完全年调节，可以大大提高电网的电力质量。根据管理熵理论，雅砻江流域水电开发是一个开放性的十分巨大的复杂系统，这个系统包含了工程技术子系统、流域经济子系统、流域社会子系统和流域自然生态子系统。这些子系统之间、子系统与大系统之间、系统与环境之间构成了十分复杂的交互关系，其系统动力学的特点就是其复杂性[115]。因此设计雅砻江流域水电开发的总体目标和实施方案，应以系统科学和管理熵理论为基础，研究流域系统水电开发建设的系统内外部交互关系、系统运动有序性和可持续发展性。

雅砻江公司的总任务和流域化梯级电站建设的总战略目标就是要按时、保质、保量地完成国家规划任务，并实现公司的集团化发展。其总体战略是：2025 年全面完成雅砻江流域 21 座大型特大型梯级电站开发的国家重大任务，实现雅砻江流域梯级电站建设和电力生产运营；在雅砻江流域梯级电站建设中，实施流域环境保护，建设绿色水电；实现产业结构调整，形成以水电为主导的同心或相关多元化发展结构；建设健全流域化集团化公司，实现科学的管控模式。

具体的雅砻干流梯级水电站规划是，雅砻干流规划可开发 21 个大中型相结合、水库调节性能良好的梯级水电站，可装机 3000 万 kW。流域内水量丰沛、落差集中、水库淹没损失小，开发条件得天独厚。雅砻江两河口、锦屏一级、二滩为控制性水库工程，总调节库容 158 亿 m³，不计算其他水电站的调节能力，单单这三个水库的调节容量已经占雅砻江多年平均来水量 590 亿 m³ 的 27%，具备非常优良的多年调节能力。届时，将极

① 图片资料来源：雅砻江流域水电开发高级论坛，2003-11-03。

大促进四川电网电源结构的改善。雅砻江干流分三个河段进行规划：

上游河段从呷衣寺至两河口，河段长688km，拟定有温波寺水电站(15万kW)、仁青岭水电站(30万kW)、热巴水电站(25万kW)、阿达水电站(25万kW)、格尼水电站(20万kW)、通哈水电站(20万kW)、英达水电站(50万kW)、新龙水电站(50万kW)、共科水电站(40万kW)、龚坝沟水电站(50万kW)共10个梯级电站，装机约325万kW。

中游河段从两河口至卡拉，河段长268km，拟定有：两河口水电站(300万kW)、牙根水电站(150万kW)、楞古水电站(230万kW)、孟底沟水电站(170万kW)、杨房沟水电站(220万kW)、卡拉水电站(106万kW)6个梯级电站，总装机1126万kW。其中两河口梯级电站为中游控制性“龙头”水库。

下游河段从卡拉至江口段长412km，天然落差930m，该段区域地质构造稳定性较好，水库淹没损失小，开发目标单一，为近期重点开发河段。拟定了锦屏一级水电站(360万kW，已建成)、锦屏二级水电站(480万kW，已建成)、官地水电站(240万kW)、二滩水电站(330万kW，已建成)、桐子林水电站(60万kW)5级开发方案，装机容量1470万kW，保证出力678万kW，年发电量696.9亿kW·h，开发目标单一，无其他综合利用要求，技术经济指标优越。

为了有效实现以上总体战略目标和具体目标，还必须完成目标分解及实施、产业结构调整、建立集团创新管理模式、工程建设与环境保护等四大战略步骤，并通过四大战略步骤和分目标的完成最终实现总目标。

4.4.2 雅砻江流域梯级电站开发的策略和阶段目标分解

雅砻江流域梯级电站开发的策略和目标分解，是根据管理熵理论和系统科学的观点，使总体目标和分解的子目标具有较强的系统关系，及在总目标的约束下进行目标分解和分阶段完成，使战略方案在实施过程中能够有序进行，达到工程建设的高效低耗，最终实现管理熵值最小化，使工程和环境和谐统一并可持续发展。

1. 雅砻江流域梯级电站开发的策略

战略目标的实施是通过目标分解并分阶段完成的。由于雅砻江流域水电开发要建成21座大型和特大型梯级水电站，时间跨度较长，动用的人力财力、物质资源都是十分巨大的，因此必须进行长期规划，滚动开发，分阶段完成。雅砻江公司提出完成战略的策略是“流域化、集团化、科学化”发展。

所谓“流域化”，是指根据国家规划所赋予的责任和任务，由雅砻江公司独立负责，应用逐级滚动的开发建设方式，在规定的时间内完成雅砻江全流域大型梯级水电站的开发建设，并在电力生产经营中落实西电东送任务，实现国家规划的能源战略目标。

所谓“集团化”，是指在完成雅砻江全流域大型梯级水电站的开发建设和电力生产经营以及西电东送任务的同时，根据公司要完成的国家任务和自身发展的需要，雅砻江公司将由单体公司向着综合性的集团公司的企业生产经营管理模式发展。

所谓“科学化”，是指完成雅砻江全流域大型梯级水电站的开发建设和电力生产经营以及西电东送任务过程中，公司将在系统科学、复杂性科学和管理熵理论的指导下，实现全流域梯级电站的科学规划、开发和建设，并将水电开发与环境工程结合起来，实现绿色低碳水电战略目标，在公司生产运营管理中，采用科学的、创新的管理理论与方法和信息技术，对公司的全流域的战略发展、工程建设、发电生产运营、流域环境管理等实施科学的、精细化的管理。

2. 雅砻江流域梯级电站开发的阶段目标分解

雅砻江的装机规划大概是3000万kW，是两个三峡的规模，发电量1500亿kW·h。雅砻江上、中、下游三个河段，规划了21个梯级电站。目前上游有10个项目，主要在四川省甘孜州境内，总规模325万kW。雅砻江中游规划了两河口等6个项目，总规模1155万kW，都在百万计千瓦以上。龙头水库是一座最大蓄水量达100多亿m^3的大水库，可用以调节雅砻江水资源的分配。下游河段规划了1470万kW的5个梯级电站，包括锦屏、官地、二滩、桐子林等，其中锦屏水库是一座有70多亿m^3蓄水的控制下游的控制性水库，二滩是一座最大水量达18亿m^3的水库。按照国家授权，雅砻江公司将雅砻江流域水电开发的战略任务分为四个阶段来实施：

第一阶段，开发二滩水电站。二滩水电站20世纪末就已经完成了开发，建成为20世纪我国投产量最大的水电站。

第二阶段，2015年前完成下游其他4个项目的开发。2015年公司装机规模达到1140万kW。在西电东送战略中，华中和华东的地区将变成公司非常重要的电力市场，具有重大的发展商机。届时公司的资产达到1千亿元以上，销售收入接近200亿元。

第三阶段，2020年前，完成中游两河口等项目的开发，总装机供电规模达到2300万kW以上。届时将进入国际一流的独立发电企业行列。

第四阶段，2025年完成雅砻江其他项目的开发。实现装机规模3000万kW，资产达到2000多亿元，年收入达到300多亿元①。

综上，雅砻江流域梯级电站分阶段分级滚动开发，将在今后10年内完成国家规定的流域21座大型特大型梯级电站的建设和发电任务，同时将完成自身集团公司发展和科学的管控模式。

从国内外电力需求来看，在后工业化时期，电力需求量将略慢于GDP的增长率，整个国家电力市场需求量将进入一个稳定的发展阶段，电力市场结构调整将成为主流。因此，雅砻江公司在2015～2020年应重新考虑自己的业务发展定位，将业务发展方向由开发雅砻江流域水电工程建设滚动式地转变成水电生产，甚至同心多元化或者相关多元化经营，形成以水电开发生产为主的大型水电集团。

4.4.3　实施混合企业制度的产业结构调整

在未来的10年中，雅砻江公司在完成国家规划的战略目标的同时，还将实现以水电开发和生产营运为主体的相关产业结构的调整和建设，为今后的多元化竞争奠定坚实

① 二滩水电开发有限责任公司副总经理吴世勇2008年12月19日，“2008年清华大学与企业合作委员会年会暨中国资源战略论坛”的讲演内容。

基础。

(1)坚持和发展水电主业。继续完成雅砻江流域水电开发和生产营运，建成国家重大水电能源基地。这是雅砻江公司最为主要的产业和经营业务，是公司的主要利润来源，因此公司始终要围绕水电的开发和生产营运。

(2)建立统一设备供应和维修公司。雅砻江流域水电开发和生产运营，涉及的大型水电站有 21 座，在工程建设中需要大量的设备、材料、原料的供应，同时在电能生产中，发电、变电和输电设备、材料、低值易耗品等容易损坏，需要及时地维修或更换。如果 21 座电站都建立自己的设备供应和维修部门，则会形成大量的资金占用和积压，造成巨大的浪费。

为了改变这种不合理的状况，将梯级电站的开发和经营的原辅材料设备经营管理工作集中起来，为保证水电流域开发和梯级电站生产经营的正常进行，统筹安排原料、辅料、材料、设备等的采购、库存管理和使用，以及设备计划检修、中修、大修和设备更换等工作。这样可有效避免分散经营管理而带来的工作重复、组织结构庞大、材料设备经营管理人员众多、经营管理效率低下、生产经营管理成本较大的弊病。还可根据地域、需求、经济性和市场性建立统一设备供应和维修公司，不仅为雅砻江公司的雅砻江流域水电工程建设和电厂生产经营服务，同时也可为流域的支流中小水电建设服务，也可实现跨流域服务，这样不仅可以打大地节约流动资金，还可形成新的利润增长点。

(3)因地制宜，利用资源，发展旅游产业和养殖产业。西南水能往往分布于山区谷深林茂、风光优美、人迹较少之处。由于大型水电站的建成，一般都会形成巨大的人工湖泊，在库区形成湖光山色、令人心旷神怡的健康养生、探幽揽胜的旅游胜地，因此可因地制宜发展旅游产业。同时，宽阔的湖面、纵深的水域又是养殖水产品的绝佳之地，可以发展水产品以及特种水产品养殖产业。水产品养殖和旅游并举，互为补充、相得益彰，这样又将形成新的利润增长点。图 4-6 所示为二滩国家森林公园游客中心[①]。

图 4-6 二滩国家森林公园游客中心

4.4.4 建设流域化集团公司，创新集团管控模式

雅砻江公司作为拥有雅砻江流域水电开发权的水电独立发电企业，将在全流域规划建设 21 级大型梯级水电站，流域内每一级电站都有自己相对独立的生产经营权。同时，根据发展战略，公司还将实施多元化产业结构的调整和建设。如何管理和经营好这些巨大的建设工程、电站以及其他产业的生产运营，对雅砻江公司而言将是严峻的挑战。这

① 二滩国家森林公园游客中心的前身是二滩水电站展览中心，现在已按国家《旅游景区质量等级划分与评定》的要求建设成为二滩国家森林公园游客中心。设有电脑触摸屏和影视厅；布设有功能齐备的游客接待大厅，提供二滩国家森林公园景区导览宣传资料；提供景区游程线路图、导游(讲解)服务、饮料及纪念品服务和游客休息服务等。设有二滩水电站模型实物展厅和图片展厅，用实物、图片和模型给游客展示电站建设历史。

些梯级电站有的已建成并进行水电的生产经营，有的尚在建，有的还处于规划建设期；一些其他产业也开始陆续建成，如水电工程建设咨询公司等。多产业和不同阶段的电站各有不同的运作目标和管理要求，流域化管理的复杂度和难度大大超过单体电站的管理。实现对这些梯级电站和多产业的和谐管理，采取集团化管理的方式是必然的选择。然而，集团管理有许多类型，各有特点。集团化管理方式的设计对雅砻江流域水电发电企业的经营管理效果将产生持久而深远的影响，会直接影响未来的利润结构。雅砻江公司选择什么类型的集团管理方式才适合水电企业流域化管理的客观要求，这是一个需要深入研究且十分紧迫的重要任务。同时，在选择好集团模式的同时，还必须进行管理体制的顶层设计，处理好各种组织结构、权力结构和利益结构的关系，处理好集团公司与相关利益者的关系，处理好职工职业生涯发展关系，建立健全科学的规章制度，完善经营机制，加强竞争的敏捷相应性，构建核心竞争能力。因此必须研究和建立科学的基于现代遥测遥感和信息技术网络技术的远程化智能化可追溯化的管理模式。

4.4.5　基于管理熵的电力开发工程建设和环境保护

传统的大型水电工程的开发和利用，难免对库区的自然生态环境造成某种程度的损伤和破坏，对可持续发展带来阻碍。在雅砻江流域进行全流域的梯级水电开发，必须突破传统的开发思想和建设方式，进行理论创新和技术创新，运用现代低碳和绿色以及信息化建设和生产的理论与技术，创立低碳和绿色水电，建立工程技术与生态技术相统一的、开发性复杂巨系统的水电工程，保护和修复自然生态环境，工程设计和建设中保证较大的生态流量，保证河流连续性，这样使流域工程和流域环境之间的交换得以持续，使流域系统管理熵增下降和系统有序发展，实现人和自然的和谐统一。

电站建成之后，将为全国经济发展提供大量的水电能源，并且该能源是可再生的。这样的洁净能源可以大量地替代煤炭火电，每年减少二氧化碳排放量 2.6 亿吨。这对中国的能源结构调整、缓解释放能源的运输压力、应对全球的气候变暖、促进科学发展有非常重要的作用*。

---

* 2008 年 12 月 19 日，二滩水电开发有限责任公司副总经理吴世勇于“2008 年清华大学与企业合作委员会年会暨中国资源战略论坛”的讲演内容。

第5章　流域水电开发集团公司战略管控模式设计

我国社会主义市场经济日益发展，电力体制改革趋向深入，原属国家电力部的国有发电企业改组成五大独立发电企业集团，以雅砻江公司为代表的投资主体多元化的水电发电企业也大量出现。大型企业不但资产规模庞大，而且业务结构一般而言较为复杂，如何利用管理熵原理，综合集成地合理管理这些资产和业务，形成管理系统具有较高效率的管理模式十分重要。

本章研究我国流域水电开发企业的一般模式，同时也研究雅砻江公司的管理模式，在管理熵理论基础上，创新性地提出水电集团公司的混合组织制度理论和企业制度的顶层设计。

5.1　流域化梯级水电开发

5.1.1　流域化梯级水电开发的概述

所谓江河流域化梯级水电开发，是指在一条江或河流的以干流为主体的、系统设计并实施工程开发的、呈阶梯状分布的水电开发方式。阶梯状分布的水电开发所形成的一系列水电站，称为梯级水电站系统。

梯级水电站系统开发始于20世纪初。1933年，美国在田纳西河流开发方案中首次提出多目标梯级开发的思想，并开始设计和工程实施。此后，康伯兰河、密苏里河、哥伦比亚河、科罗拉多河、阿肯色河等相继按照田纳西河的开发方式进行多目标梯级开发。同期，苏联在1931～1934年完成了伏尔加河的梯级开发规划并实施。到20世纪80年代，发达国家水电建设进入平稳发展时期。目前，世界上梯级水电站开发建设最完善的有美国和加拿大境内的哥伦比亚河，干支流共建42座梯级、总装机达3335万kW的水电站，是世界上梯级数最多的河流。俄罗斯的叶尼塞河，干支流共建梯级9座，总库容达4679亿m^3，是世界上水库库容最大的河流；俄罗斯的伏尔加河，法国的罗纳河，加拿大的拉格朗德河，美国的密西西比河，欧洲的莱茵河、多瑙河等梯级水电站的开发建设都很有特点，不仅获得了巨大的水电能源，而且获得了综合的社会经济效益。

我国水力发电起步虽然较晚，但梯级开发的尝试却并不比国外落后多久。1912年，在云南昆明滇池的出口上建造了我国第一座水电站——石龙坝水电站，安装了两台240kW的水轮发电机。1936年，开始对四川长寿境内的龙溪河进行梯级开发的规划设计。但因处于战争动乱中，到新中国建立时仅完成了很少部分工程。新中国建立后，河流水能资源的梯级开发迅速发展。1959 年建成龙溪河梯级水电站，1973 年建成古田溪梯级水电站，1972 年建成以礼河梯级水电站，1980 年建成猫跳河梯级水电站，1986 年建成田洱河梯级水电站。但是，由于经济和技术条件的限制以及体制、政策方面的原因，新中国建立后的前 30 年，水力发电事业总的来说发展规模并不大。已开发建成梯级电站的都是中小型河流，迄今为止尚无一条大型河流完全实现梯级开发。改革开放以来，特别是最近 10 年，水电开发日益引起各方面重视，梯级电站建设出现新的势头。黄河上游梯级经过 50 年的开发建设，已建成 5 座大中型电站，形成 312 亿 m^3 的库容和拥有 300 万 kW 的装机。红水河梯级、大渡河梯级、岷江梯级正在开发建设之中。金沙江主要支流，雅砻江梯级开发和南向水系澜沧江梯级开发也拉开了序幕。金沙江干流、乌江干流的开发也在计划之中。如果水电开发的政策和体制能够不断完善，中国的水能资源的梯级开发将会以前所未有的速度发展，国民经济将得到充足的、廉价的、卫生的、可靠的能源供应[117]。

改革开放后，特别是近 10 年来，由于碳排量加大导致全球温室效应增加，水电的开发越来越受到重视，我国水电站，特别是大型江河流域的梯级建设更是加快速度进行建设，到目前，国家规划了金沙江、雅砻江、大渡河、澜沧江、乌江、长江上游、南盘江红水河、黄河上游、湘西、闽浙赣、东北、黄河北干流、怒江等 13 个流域化水电开发基地，装机容量达 2.7 亿 kW，约占全国技术可开发量的 51%。目前，已建工程规模为 0.81 亿 kW，在建规模为 0.70 亿 kW，分别占规划容量的 29.2%和 24.9%，装机容量 6525 万 kW，占水电投产总装机容量的 36%，年发电量 2302 亿 kW·h，占水电投产年发电总量的 40%[118]。可见，我国水电流域化梯级开发已经得到迅速的发展。

5.1.2　流域化梯级水电开发的影响

虽然我国江河流域的水电梯级开发得到迅速发展，但是，我们也要看到流域化开发水电的有利和不利的影响，使我们在流域开发和应用中，能够科学管理，扬长避短，既能发挥有利的影响，又能尽可能地降低或者避免不利影响。

1. 流域化梯级水电开发的有利影响

河流梯级开发是国家对缓解资源危机做出的一项重大决定。河流梯级开发是一种有利有弊的开发和循环利用的形式，其有利的方面表现为：①我国经济发展十分迅速，能源需求缺口较大，特别是对电能的需求量日益扩大，水电的流域化梯级开发可以促进水能资源的合理使用，大大地提高其应用效率，缓解我国缺电的矛盾；②我国是世界上人均水资源占有较低的国家之一，水资源缺口大，特别是水资源南北分布极不均衡，梯级开发所形成的水资源联合调度，甚至跨区域调度，可提高我国水资源的利用能力，缓解水资源的矛盾；③流域化梯级电站的建设，还可以增强防洪能力，改善航运条件，发展养殖业和旅游业，改善农业生产条件。我国是世界上河流资源较发达的国家之一，河流梯级开发当中利用水资源发电、灌溉，可促进技术和资源的利用。河流梯级开发带来的不仅仅是资金方面的便利，而且可很好地利用地理的优势进行一些环境的开发和利用，可见流域化梯级水电站的建设，可以带来极大的经济效益。

2. 流域化梯级水电开发的不利影响

流域化梯级水电开发也会对流域或区域生态环境产生一些不利影响。水电开发进入运行期后，连续河道变成了分段型河道，使天然河流的流量、流速、水位、水文、泥沙情势发生明显变化，引起水生态环境发生显著变化。具体表现在三方面。①导致河道水温发生变化。流域梯级电站建库后，水文情势变化和电站运行将引起库区及下游水体温度的变化：坝前垂直方向水温呈现出明显分层现象，水温分层将使水库下层的水体水温常年维持在较稳定的低温状态；河道水温结构的改变，将对下游农作物和鱼类繁殖等产生一系列不利影响。②导致河流水质发生变化。水库蓄水后，因水流变缓，水体稀释扩散能力降低，水体重金属沉降加速，导致水体中污染物浓度增加，使得水库水体自净能力比河流弱，库尾与一些库湾易发生富营养化。③对该区域的气候及地质产生影响。水库建成后会形成广阔的水域，导致蒸发量将比水库建成前明显增大，对库周的气候可能产生影响，引起风速、湿度、降水、气温等气象要素的变化。大的水域能改变附近地区的小气候，导致该区域的降水增多、雾天增多、气温变幅减小等。同时，水库在蓄水后有可能引起库岸崩坍，诱发地震等地质灾害。据资料统计，目前世界上已有一百余个水库诱发地震的例子，仅我国就有二十余例。尤其是坝高100m以上、库容超过10亿m^3的大水库发生诱发地震的概率较高。水库地震的震源浅，震中烈度高，破坏性大，对大坝和发电设施威胁大。中强以上的水库诱发地震不仅会毁坏这些水工设施，而且可以引起严重的次生灾害危及下游安全。

另外，大型水电站的建设往往会改变河流的基本形态和水文地质情况，给流域的生态系统、生物多样性和下游的社会、经济、人文、环境、生态等多方面带来影响，并可能产生负面影响。这些影响如果超出流域或区域的承载能力，就会危害生态系统的健康，进而造成无法估量的损失，这将严重地影响流域的长期发展，甚至形成一些不可逆的衰退趋势。

所以，在流域化梯级水电站，特别是大型水电站的设计和建设中，必须做出系统的、全面的、长远的生态平衡考虑，保障流域化梯级水电开发的永续利用和可持续发展。

5.2 我国流域水电开发的一般模式

5.2.1 我国水电企业的大江大河开发

在水电能源开发中，为了统一科学规划和对环境进行合理保护，目前我国水电资源的开发都采用了由独立水电集团公司实施江河流域梯级开发的模式，即由一家大型水电开发集团公司承担整个江河流域的水电梯级开发、建设和电力生产经营工作。在此基础上，为了保护开发流域的环境，同时也由于受到开发能力和资金的限制，我国水电开发公司基本上都采用了“流域、滚动、梯级”的水电开发模式。即在流域内，通过滚动的方式进行梯级电站的开发。水电开发完成之后，在公司的统一管理下，各个电厂进行电力生产和电力销售，并且在厂网分离的条件下，电力生产单位分别向各电力销售单位进行电力营销工作。这种滚动式的开发模式有利于节约企业的资金成本，有利于充分利用劳动力资源，同时减轻企业的财务压力和管理压力。

5.2.2　我国水电开发中企业的组织结构

从组织结构的角度来看，国内的水电开发企业以单体公司为主，在公司内部实行的是直线职能式的组织方式和管理。我国一般水电开发企业的现行组织结构见图5-1。

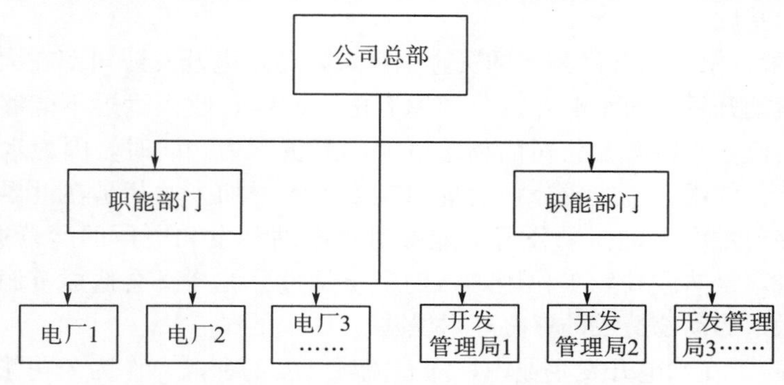

图5-1　我国水电开发企业现行管理组织结构

图5-1中，电厂和水电开发工程管理局是非法人机构，是水电开发公司派出的建设和生产经营机构，电厂和开发工程建设管理局直接在公司总部的领导之下分别运行。在企业规模比较小的时候，水电开发公司能够对下属的电厂和管理局进行直接有效的管控。

5.2.3　我国水电开发公司承担的风险

随着我国水电能源开发的跨越式发展，水电开发企业的规模空前扩大，水电开发公司的规模急剧膨胀，加大了水电开发企业的管理难度。目前我国大多数大型水电开发公司的企业形态主要属于单体企业，投资和筹资主体较为单一，属于典型的国有大型企业。在这些企业中，公司总部的工作重点是负责各个电站开发中的资金筹集，控制资金的投入，同时负责电站开发工作的协调和电力销售的协调工作。随着下属经营单位数量的增多，公司的管理负荷可能超过其能力，就可能会影响到整个公司的协调发展[119]。因此，在现行管理模式下，我国水电开发企业面临着巨大风险。具体包括如下4点。

(1)水电建设企业的规模之所以能够不断扩大，其中的基础和前提条件之一是公司本身具有较大的“管理能力剩余”，如果这种管理能力剩余不存在或者不足够强大，那么公司的规模扩张就会遇到极大的因管理能力不足而造成的风险[120]。随着开发进程的加快，水电开发公司下属的电厂和开发建设工程管理局越来越多，为了增强电厂和工程管理局的自主性，公司常常给予较大程度的授权。又因为电厂和管理局都地处偏远山区，交通和信息化手段不畅通，公司对派出的非法人机构常常存在管理不到位的现象，从而造成电厂和工程管理局在一些重要问题上各行其是。在这种情况下，水电开发公司本身更多地承担了战略筹资和投资决策者的角色，对电厂和管理局的管理功能弱化，从而造成控制不到位的管理风险。水电开发公司内部各个开发管理局的工作开展各自为政，公司分别与各个电站建设单位建立管理联系，但是管理局之间缺乏统一的部署和科学的衔接。公司主要充当电厂和各个开发管理局之间的协调者角色，弱化了管理者角色。这就在资源的利用、对外公共关系的处理和科学管理方面存在较大的缺陷，会导致总体效率的下降和成本的提高，并且也不利于在公司内部优化资源配置。另一方面，水电开发公司目前的管理，对未来水电开发企业集团化管理并没有很好的借鉴价值。随着流域开发的进行，梯级电站逐渐建设成功，未来水电企业将会逐渐过渡到以水电生产销售为主的多元化经营方面，集团化的发展不可避免，但是目前的单体企业管理方式难以提供合适的集团化管理经验和基础。

(2)资金风险。水电站开发需要的资金量巨大，各水电开发公司都在大规模同时进行多个水电站的滚动开发，而水电开发公司原有电厂的销售收入远远不能够满足新水电站的开发需要。因此，水电开发公司面临着巨大的筹资压力。同时，因为水电开发的投资大、周期长，巨大的现金流造成公司的理财难度大大增加。尤其是在世界金融危机的影响下，公司的理财难度大，如果公司不能够对水电站开发和电厂的运营进行有效控制，极可能因资金量不足造成开发工作困难，而资金量过分充裕又会造成资源浪费，另外也会存在因为金融形势动荡造成的资金理财风险。

(3)经营风险。在水电开发企业中，随着流域开发的深入，作为公司派出机构的开发管理局和电厂数量将会越来越多，但是这些结构都不是独立法人，而开发管理局和电厂又地处偏远山区，而且信息化手段不够，这就会造成经营实体(电厂和工程管理局)和水电开发公司之间的管理障碍，如果公司对电厂和开发管理局之间的控制不到位，电厂和水电开发单位的经营管理失误、公司管理的失控都会给水电开发公司带来直接的损失和危害，从而影响到公司流域开发战略目标的实施。

(4)人力资源风险。由于水电开发和电站的生产经营往往是在人烟罕见的山区和河流峡谷地带，交通十分不发达，信息沟通较难，经济发展滞后，生活条件较为艰苦，因此员工思想浮动较大，容易造成人才的流失。这种状况也危及水电开发的有效实施，形成人力资源风险。

通过对目前我国水电公司内部控制模式产生的风险进行分析，可以知道，当前公司面临着多种风险，这些风险都将直接影响到整个公司的经营和战略目标的实施。这些风险产生的根本原因在于水电开发企业规模急剧扩张，内部交易成本、委托代理成本、信息技术等生产管理要素的需求大大增加，而由于公司内部的组织变革和管理模式变革滞后，公司仍然沿用过去单体企业的组织模式和管理方式，落后的组织和管理造成公司对经营实体的“失控”现象，从而增大了公司的风险。因此，水电开发企业急需要对大规模扩张情况下的集团化组织模式和管理方式进行变革，公司通过改善内部的控制状况，有效降低在规模扩张中因为失控造成的风险。

5.3 基于战略的水电集团公司管控模式

基于战略的流域梯级水电开发建设集团公司的管控模式发展，是指按照战略发展的要求，流域化水电开发集团公司在工程建设、水电生产、电力销售和第三产业有机融合、相互支持和发展的基础上，在专业化分工协作的基础上，以业务为主，组建若干事业部和多家专业性的子公司，在保证集团总部对下属企业合理控制条件下，形成创新的、适应发展需要的内部分工协作的事业部制集团组织结构和管理体系。

5.3.1 流域化水电开发集团公司发展思路

根据国家对国有企业的集团化发展思路，结合古典企业理论中关于分工与协作的思想，我国水电开发企业未来的集团化发展的基本趋势是：实施混合经济制度，由此形成混合所有制集团公司。在组织结构上建立事业部制集团公司，并实施总分公司和母子公司的公司混合体制。

按照专业化分工协作的原则，流域化水电开发集团公司的结构应涉及几大方面的生产经营内容，并由此形成若干事业部的组织架构，它们主要由以下几大部分构成。

(1)工程建设事业部(包括项目立项、项目规划、技术管理、合同管理、工程施工、工程监理等单位)。

(2)电力生产事业部(包括水电站生产计划、一般设备维修、电站后勤等管理单位)。

(3)电力销售事业部(包括集团电力生产的营销、上网价格策略、竞争策略等单位)。

(4)机电物资供应及维修事业部(包括机电设备、物资采购、仓储、调配、供应等单位)。

(5)第三产业事业部(包括工程咨询、旅游、种植养殖等单位)等。

在以上事业部架构的设计中，按照专业化分工的理论，在组织设计中还应按以下原则实施：

(1)工程建设联合管理，电力生产联合运行管理。在电站建设中，应根据电站在流域所处的位置和电站之间的技术联系成立地区性的电站建设管理公司(法人公司)，专门负责区内的电站建设管理，管理公司综合考虑各个电站之间的联系，做到对外事务处理统一、电站之间的管理综合统一。

(2)梯级电站生产联合管理。在电站建设完成之后，在一定的地区之内，根据水电生产管理工作的需要设立电厂的生产管理公司(法人公司)，对辖区内电厂的电力生产进行统一的联合管理，以便实施联合调度，最大限度、最有效地利用资源。

(3)产销分离，形成更加高效的集团内部专业化分工。在流域开发主体基本完成之后，成立专门的销售公司(法人公司)，全面负责水电开发公司所有电站电力的对外销售任务。

(4)根据流域化经营思路，展开多元化业务发展。在水电开发公司完成流域梯级水电站开发建设任务之后，依据水电开发公司在流域范围内的影响和优势，充分利用能源优势和现金流优势开展多元化业务。

(5)投资主体多元化发展，引进外部投资者。为了解决资金需求矛盾和充分融入市场经济，集团公司在多元化发展中，一方面要形成混合经济制度，改变国有资本垄断的格局，使公司实现市场化建设和经营；另一方面，在企业组织结构上，公司在水电能源领域内的建设、生产和销售采用全资子公司的方式，但是在与能源相关的领域和流域化发展的其他产业内，水电开发公司应该采用与外部战略投资者合作的方式进行。这样就可引入民营资本，形成国有资本和非国有资本的混合产权制度、混合组织与管理制度。

总的来看，我国水电开发公司的集团化发展战略思路为：内部进行建设和生产的业务整合，形成专业的法人子公司，对外实行产销分离，成立专门的销售公司负责全部电力销售工作，同时，从多元化发展考虑，借助流域内的资源优势，引进战略投资者进行多元化业务的发展。在这种集团化发展战略思路下，未来将会在公司内部存在多重公司治理结构和多重委托代理关系，更加需要对集团内部的二级法人子公司进行合理控制，否则可能会给集团公司的管理带来困难甚至失控。

5.3.2 雅砻江公司的内部管理分析

雅砻江公司成立以来，通过二滩电站的开发和运营，不断扩大自身的社会影响，目前已经取得了较好的经济效益和社会效益。同时，雅砻江公司逐步完善了合理的内部管理制度和规范，取得了较好的内部科学管理的执行效果。从管理对象分类，雅砻江公司目前主要进行的内部管理情况如下。

(1)职能部门。雅砻江公司的职能部门包括设计部、工程部、经营部、发展部、财务部、人力资源部、办公室等。这些职能部门是雅砻江公司发电厂、水电建设施工管理局、子公司的业务指导和业务辅助部门，处于总经理和经营层的直接领导之下。总的来说，经营层对职能部门的管理科学有效，职能部门对发电厂、管理局和子公司的业务开展指导到位，协调有力，整体运行效率较高，是目前二滩水电开发有限责任公司管理控制最为有效的部门。

(2)发电厂。目前建成并投入发电生产运营的电站主要有二滩发电厂、官地发电厂、锦屏一级和二级发电厂，这些电厂是在经营层的直接领导下开展工作，人力资源管理和财务管理都受到公司总部的直接控制，电厂在工作开展上具有较大的自主权，总的来说总部对电厂的管理控制到位。

(3)工程管理局。工程管理局作为公司总部的派出机构和负责电站建设的非法人机构，总公司与工程管理局的管控关系类似总分公司，在人力资源、财务管理、宏观工程进度、工程质量要求、安全、环保、大笔资金使用和总体成本控制等方面都受到总部的直接管理控制。但是管理局在总公司授权范围内，也具有一定资金份额内的较大的自主决定权。目前的这种集分权管理模式能够满足二滩公司对雅砻江流域梯级水电开发的需要。

(4)其他子公司。目前雅砻江公司有多家子公司，分别负责雅砻江公司的后勤保障和对外咨询、监理等服务工作。这些子公司成立的主要目的是对业务进行专业化分工，提高公司运作效率，但是与雅砻江公司的集团化发展没有紧密联系。因为子公司规模相对较小，还承担着对雅砻江公司的后勤服务功能，因此雅砻江公司对子公司的管理比较粗放。

综合分析，雅砻江公司目前的内部管理科学有效，各个单位在总部的统一管理下开展工作，总部根据不同单位的特点采取了合适的集分权模式，目前的管理模式基本能够满足雅砻江公司现阶段的工作开展。

5.3.3　基于战略的雅砻江公司集团化业务组织发展

根据雅砻江公司的雅砻江流域水电开发四阶段发展战略，公司在 2015 年前将开发电站 5 座，发电能力达到 1470 万 kW，预计销售收入约 200 亿元。在此基础上完成后续开发，到 2020 年全流域主体工程开发完工之后，发电能力将达到 2300 万 kW 以上，预计二滩水力发电收入预计能够达到 400 亿～500 亿元。2025 年完成雅砻江其他项目的开发，实现装机规模达到 3000 万 kW，资产要达到 2000 多亿元，年收入达到 300 多亿元。

从目前雅砻江公司的水电开发情况来看，雅砻江公司规划的在 2015 年之前的水电站开发估计需要的资金量超过 300 亿元。因此，一方面雅砻江公司需要为未来庞大的现金流入寻找到合适的投资方向，另外一方面，雅砻江公司在集团化发展的过程中也需要加大外来资金的引入。在此背景下，从水电开发和产业经营的角度来看，雅砻江公司未来的集团化的业务组织发展应该从以下几个方面着手进行建设。

1. 建立专业的联合工程建设和电力生产公司

在 2015 年之前，雅砻江公司的主要工作任务为电站建设。根据集中管理、专业化协同的原则，在多项目电站工程建设中，应该根据建设工程在流域所处的位置和工程之间的技术经济联系，成立流域地段电站建设工程公司(二级法人公司)，专门负责区内的电站工程建设和管理。这种区域性的工程公司的构建，应综合考虑区内各个电站之间的技术经济联系，将区域内多项目电站工程建设之间的管理综合集成和统一管理，打破目前在流域中相近的各个工程管理局在建设中的各自为政的格局、资源占用和浪费的局面，形成统一高效的管理系统，达到资源有效利用、降低生产建设成本和管理成本、提高建设效率的目的。

在电力生产方面，放弃过去传统的每个电厂建立一套管理班子和组建员工的做法，按照集中统一的原则，根据梯级水电站在流域的位置，按照生产管理工作的需要设立集中统一的电厂群生产管理公司(二级法人)，对辖区内电厂群的电力生产进行统一管理、统一资源调配、统一联合调度，这样在电站群的统一协同管理的基础上，就可以极大地综合利用水力资源，可以避免人员冗余和浪费，同时电力生产管理可以达到在公司内部统一部署、统一计划安排和有效实现联合调度的效果，降低各个电站在电力生产过程中的生产和协调成本。

2. 成立专业营销公司

按照专业化分工协作的社会化大生产原则，二滩集团的电力生产经营过程中，应建立电力产品销售的具有二级法人地位的专业营销公司，形成更加高效的集团内部专业化分工与运作，加强电力产品的定价、上网、西电东送的营销战略能力。

在2015年之后，雅砻江公司的工作重点逐渐由电站建设转向电力生产和电力营销，为了提高效率，达到生产营销专业化分工的目的，成立专门的电力营销公司(二级法人)，全面负责二滩集团公司所有流域梯级电站的电力对外营销任务，这样就可以达到整个集团公司的电力产品的统一定价、统一上网和统一营销，避免内部无序竞争，提高电力产品在销售中议价上网能力的目的。

3. 建立多元化业务发展的集团组织

在二滩集团公司完成第二阶段(2015年)和第三阶段(2020年)的开发任务之后，集团公司的工作重点将由水电资源开发和电力生产为主，转变为以能源产业为主的多元化产业发展，完成流域化的大型水电集团公司的建设和发展。此时，二滩集团公司在流域范围内可根据自身能力，充分利用水电能源优势，由大型水电站开发和建设所形成的资源优势(如大型人工湖、山水风景名胜区、水生动植物、生态环境、清新大气等)、技术优势、现金流优势、社会资源优势等，结合攀西地区的资源优势进行同心多元化产业的发展，达到资源的整合和综合利用，提高公司的社会、经济效益和促进流域开发中的环境保护。

同时，二滩集团公司内部可以建立具有二级法人地位的设备采购和生产维修子公司，将所有梯级电站的大宗机电设备、物资采购、仓储、配送等业务和全流域梯级电站的生产维修任务进行集中管理，这样在专业化分工协作的基础上，可提高机电物资设备的经营和管理质量，大幅度地降低资金占用和成本，实现内部资源优化配置。

4. 建立混合产权制度

引进外部投资者进行混合多元化产权制度设计，解决资金需求矛盾，完善市场运行机制。在多元化发展中，投资主体的多元化和业务的多元化，决定了二滩集团公司的组织结构管理模式将形成较为复杂的混合体制。水电能源领域内的建设、生产和营销采用全资子公司(二级法人)的方式，但是在与能源相关的领域和流域化发展的其他产业内，雅砻江公司应该采用与外部战略投资者合作的方式，从而构成混合产权制度条件下的组织方式。

雅砻江公司在与外部资本合作成立混合产权组织和多元化业务发展的子公司(法人组织)时，应该掌握对子公司充分的控股权，这样一方面可以保证雅砻江公司在水电开发领域内的收益，同时也可以解决在国内能源出现激烈竞争的时候，有进行合理的产业链向上和向下延伸，保证电力资源的充分利用的管理能力。显然，在混合产权结构的制度安排和相关多元化和非相关多元化产业的发展中，可以解决雅砻江公司在一段时期内的资金紧张的矛盾，也可极为有效地引入市场机制，提升集团公司的市场竞争能力和管理效率。

5.4　基于管理熵理论的集团管控理论

5.4.1　管理熵理论在集团公司管理中的应用

企业是一个开放性复杂巨系统，在本质上，企业的运动度存在着能量的运动，即企业能量在环境中的形成、消耗和补充的循环，也就是说企业作为一个开放性复杂巨系统，必然存在与环境的经常的物质、能量与信息的交换，这种交换或者能量的循环一旦中断，系统就由开放性走向孤立，最后使系统发展无序而死亡。由于任何与热能相关的系统都必然遵循熵运动规律*，企业系统也是由能量推动发展的开放性复杂巨系统，因此企业系统也存在着熵的运动。企业是在管理中运动的，而且企业系统不是自然系统，它是由他组织与自组织相结合，共同作用的复杂系统，它的运动和发展过程受到人的干预，使它可能呈现出可逆的过程。而自然系统是由自然的力量决定系统的运动和发展，并呈现出自发的自然的过程，是一种不可逆的过程。由此决定了企业系统的熵的运动形式及特点与自然系统有很大的区别。因此企业的熵运动在很大程度上由管理系统所决定，由此而产生了企业的管理熵运动，这就是企业管理熵增的规律，这个规律决定着企业管理系统的序度，进而决定着企业发展的趋势。

在管理熵增中，企业系统的混乱或无序程度决定了其管理效率不断减少；由于企业系统不断同环境进行物质能量和信息的交换，不断引入负熵，使系统负熵增的绝对值大于系统的熵增，克服了熵增带来的不利因素，使企业的管理不断有序化和高效化，从而形成企业及管理的耗散结构。

管理耗散结构一旦形成，企业组织中远离平衡状态的非线性区内，处于一种动态平衡中，组织内的一个微观随机小扰动就会通过相关作用放大，发展成一个整体、宏观的巨大涨落，使组织进入不稳定状态，达到一定阈值后又通过自组织再上升到一个新的稳定的有序状态，形成一种充满活力的有序结构。

以上管理耗散和管理耗散结构的分析，为我们建立科学的流域化水电开发集团实施战略的组织构架，进行组织的再造和有效的管理等提供了理论依据。在管理熵增的趋势里，复杂的集团公司组织可通过完全开放、自我改造，不断地与环境进行物质、能量、信息的交换，在耗散结构各要素的相互作用下逐渐克服混乱，通过协同和突变，使组织整体实现负熵值来促使企业组织有序地发展和管理效率的提高。

5.4.2　集团公司系统有序度的形成

任何一个管理系统在管理熵动力学特征的作用下都存在一种序状态，并决定着管理系统的功能和做功的效率。管理熵增定律决定了管理效率是通过管理序态来实现的。所

---

* 详见本书第 3 章的研究内容与结论。

谓管理序态，是指由管理熵增规律所决定的，企业或管理系统运动过程中呈现出的系统有序状态或是无序状态的全部运动形态。管理熵增导致了系统无序度的增加，使系统能量做功趋于减少甚至消亡，管理效率递减，直至系统死亡；而管理负熵增导致了系统有序度的增加，使管理效率不断增加，企业得到不断的发展。由此可见企业管理的有序化是企业发展的基本条件，其逻辑关系见图 5-2。

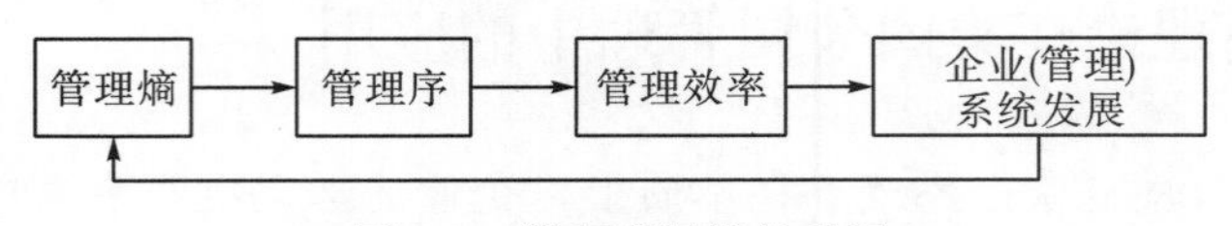

图 5-2 管理序逻辑关系图

管理系统的秩态是管理系统内部要素和要素之间按相应的管理熵动力学特征有机排列组合，并发挥系统整体功能的特性。管理系统的秩不是一成不变的，因为系统内部要素的多元性、复杂性，内部要素组合的多层次性，外界环境的多变性以及系统内外部因素强耦合等多种原因，在管理熵增的作用下，决定了管理系统的秩态处于不断变化中，也决定着管理序的变化。

管理系统的发展状态，是指在内外环境的交互作用下，管理系统运动变化的方向选择和朝某种方向运动变化的趋势快慢程度。其中，管理系统运动变化的方向选择具有重要意义，它反映了管理系统的根本性质，管理系统有朝着有序低熵和无序高熵以及熵增为零的停滞发展的三个方向发展变化的可能性。

当管理系统处于开放的环境中时，在远离平衡点的非线性区域，管理系统通过不断与外界进行物质、能量和信息交换，改变系统内部要素和要素之间的组合关系及要素之间的非线性相互作用，当外界条件达到一定的阈值时，管理系统从初始的混沌无序的混乱状态，依靠其自组织特性通过协调作用达到一种新的相对有序结构，改变了管理系统在孤立环境下的秩态和秩的变化趋势，使管理系统内部组织向有序化方向发展的运动占据优势，形成管理耗散过程，建立起管理系统的耗散结构，管理负熵不断增加，系统有序性逐渐增大。在开放条件下管理系统序与管理耗散的关系见图 5-3。

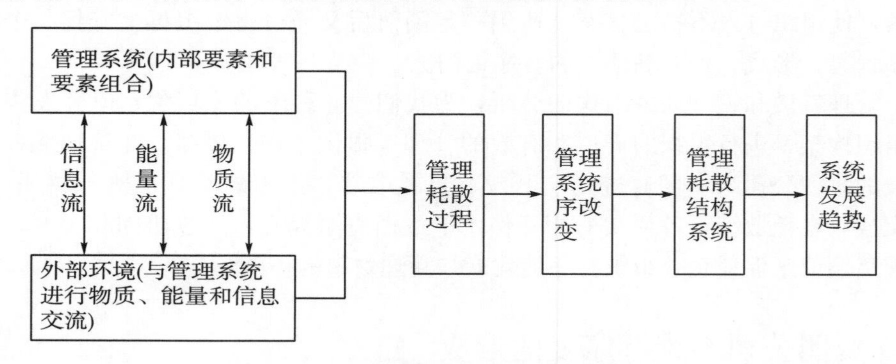

图 5-3 管理序与管理耗散关系图

管理效率，是指在一个特定的时空内，管理系统对管理对象做功的有效程度。管理系统中的序必须与管理系统的效率联系起来讨论才有实际意义，否则我们无法判断某一管理系统的序的“合理性”。在管理系统中，管理系统的相对有序是和管理系统的相对高效及系统的低熵值联系在一起的，管理系统的相对无序是和管理系统的相对低效及系统的高熵值联系在一起的，管理系统序与管理效率的关系遵循管理效率递减规律和管理效率递增规律。

管理系统序是一个管理系统的本质属性，它包含一个管理系统内部因素及因素之间的结构状况，管理系统宏观运动变化的方向和速度，揭示了系统运动变化的机理，但是因为其高度的抽象性和系统内部结构和矛盾运动的复杂性，使其难以直接用来描述管理系统的运动过程。既然管理熵作为管理系统序状态的决定性因素和基本矛盾运动，就能够准确反映出管理系统序的动因和数量特征，所以管理熵既是决定管理系统序的基本矛盾运动的动力，又作为管理系统序的度量要素，那么，用管理熵增来对管理序态进行数量描述有助于对管理系统序的精确把握。管理系统序、管理耗散结构以及管理效率和起决定性作用的管理熵增之间的动力特征和运动机理关系模型见图 5-4。

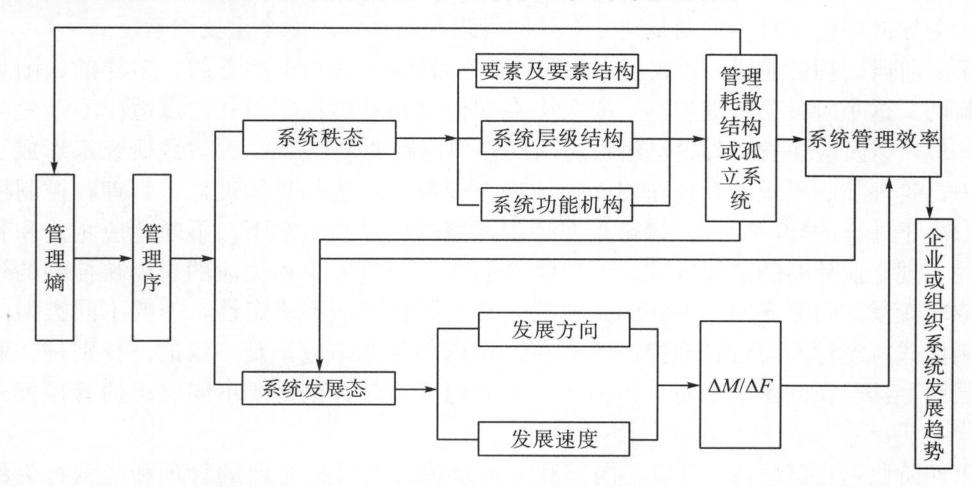

图 5-4　管理熵、管理序与企业或组织系统发展的内在动力与运动机理模型

系统管理效率产生和决定企业发展趋势的主要因素和路径在图 5-3 中已表现清楚，可以看出，流域化水电集团公司的发展，从管理熵理论中可得到启示，即在设计其战略管控模式时，要充分考虑组织和管理的有序性，从而获得企业管理熵的递减和管理效率的不断增加，促使企业战略的有效完成和企业的发展。

为了使管理有序化和提高管理的效率使集团战略得到有效的实施，必须加强对战略管理的科学设计和严格监管。流域化水电集团公司的战略管控模式的设计，应从企业组织制度、企业管理模式和企业信息化这三个方面综合考虑。

5.4.3　以合理集权与分权为对象的管控体系[121]

管理控制是为获得资源的管理人员利用效率最大化来完成组织战略目标的管理组织控制系统。它经历了四个理论基础阶段：理性阶段－封闭、自然阶段－封闭、理性阶段－开放、自然阶段－开放。

第一阶段，理性阶段－封闭。这一阶段，外部环境一般是静态的、单一的、简单的、安全的。在这方面，许多学者都试图找出最好的方法设计管理控制系统。一般来说，一种最好的管理控制模式可普遍适用于所有企业。德鲁克提出管理控制理论的基础是以这一阶段为导向，以理性思维为方法。管控在这个阶段还有一个研究的共同特点，就是让一个正式的管理模式取代典型的官僚控制模式。

第二阶段，自然观点－封闭。这一阶段，外部的环境处于“渐变”阶段。实际上，20世纪70年代，美国的一些公司，如富兰克林国民银行和杜邦沃尔斯顿等的故障也导致了管理者对传统管理控制模式缺陷的反思。许多学者开始注意到管理控制模式运行的行为性结果，开始注重企业的内部环境和人为因素。人们研究预算控制和行为，结果表明：随着人类倾向有限理性和机会主义，如果不考虑管理者和工人的能力，受预算控制目标的设计特征和态度等因素的影响，管理控制目标将难以实现。霍普伍德[89]的管理控制模式定义了不同的内涵，比较了不同的个体行为与组织绩效模式的影响基础。托德[90]通过实地研究的方法来比较不同的公司使用相同的策略，清楚了目标之间的关系性能和以奖励为导向的员工自主控制是建立有效的管理控制系统的一个重要因素。

第三阶段，理性阶段－开放。这一阶段，外部环境是趋于动态的、多样的、困难的和危险的。这个阶段的管理控制主要集中在如何创新管理控制模式，以适应不断变化的外部环境，以及应急管理理论已经被应用到管理控制的领域[91]。大多数研究都形成了一个共识，管理控制系统的有效作用必须体现企业组织环境的具体设计，管理和控制模型主要取决于外部的环境变量。策略是在特定环境的性质和要求下，不断适应企业和管理控制的实现企业战略的必要方式，所以学者们在这个阶段主要关注的是反映控制的外部环境战略变量。研究表明，不同的企业战略有不同程度的不确定性，需要不同类型的管理控制模式；设计和运行管理控制模式在公司内部的战略应该是一致的，特别是在业务部门层面，甚至在同一家公司，因为经营策略内部分歧，也需要不同层次的管控模式的应用[92]。

第四阶段，自然阶段－开放，内部和外部环境都对目标企业的管理和经营行为的巨大变化产生了深远的影响。人们开始寻求灵活性以适应不断变化的外部环境的管理控制模式。外部环境不再被认为是决定控制系统设计的唯一因素，因为部分外环境变量不只是被动适应，一方面还可以接收外部环境的操作和管理；另一方面，如技术、规模、文化、结构等因素也对管理的设计和运行控制模式产生深远的影响。内部环境管理与控制系统的作用已经引起了更多的关注，也有许多研究探讨文学或文化价值控制系统的有效性作用。另外还有对企业的管理和控制系统的设计和运行管理方法和组织结构的文献[93]。

从组织内部管理控制的角度，集团控制的主体可以分为董事会的控制、经理层的控制、员工的控制，从而形成三个层次的内部控制系统：一是战略规划和控制，即由董事会制定企业发展战略并控制战略的实施与发展；第二是由经理层实施的战略执行过程中的控制；第三是具体任务控制，即由操作人员执行任务的控制。

从现阶段的研究来看，研究者们从管理控制角度、集分权角度、管控权利来源等角度提出了国内集团公司的内部管理控制的多样化模式。

1. 以集分权为基础的模式

1)集权管理模式

集权管理模式在集团公司的组织结构中，一般表现为总分公司形态。总公司是企业法人，并对企业的经营行为统一承担民事法律责任，而分公司不具有企业法人地位，它是总公司的分支结构，在总公司授权的基础上进行生产经营，它必须接受总公司的统一管理。在具体的管理中，集团的业务活动集中于总公司，分公司在集团统一核算、统一指挥下进行生产、销售。分公司的人力、财力、物力统一由总公司管理，分公司经济不独立，在企业生产经营管理中没有自主权，只是执行总公司下达的生产经营计划，由总公司实施全公司统一的管理职能，并协助各分公司的业务和管理工作。

2)分权管理模式

分权管理模式在集团公司的组织结构中，一般表现为母子公司形态。母公司是企业法人，子公司也具有法人地位，母子公司分别对自己企业的经营行为承担民事法律责任。集团公司实行分级管理、分级核算，母公司与子公司各自独立经营、独立核算，独自承担经营风险并自负盈亏。在对子公司的管理中，集团公司无权干预子公司的决策和具体的管理，而只是利用参股的股份数额，在子公司董事会的决策上产生作用。在集团公司的战略管理上，子公司服从母公司的战略规划，完成战略任务。

2. 统分结合管理模式

这是一个将总分公司与母子公司相结合、科学合理的集权与分权相结合而形成的集团公司管理模式。在这个管理模式中，母公司对集团的业务质量、利润和损失负全部责任；母公司与分公司、子公司有不同层次的分工。比如，对于重要的电力生产管理，电力市场营销和人力、财力、物力的计划管理权力集中在母公司，具体的业务权限则下放给下属公司，下属公司具有一定的自主权力，自主生产和销售。这是一种半集中式的管理模式，其侧重于集权与分权的优势组合，特点是相对集中、适度分散。

统分结合管理模式的优点是：有利于将集团公司的全部资源进行统一分配和调度，能够更好地确保每个下属公司执行集团的生产经营计划和政策，增加集团公司的整体竞争力；有利于提高集团的决策能力和决策速度；有利于调动其他附属公司生产经营的积极性和主动性，有利于集团的管理。

3. 以管控方式为基础的集团组织模式

(1)资本控制型。资本控制模式，是指母公司以参股的形式投资于子公司，成为子公司的股东，或者收购子公司的控股权，母、子公司的法律关系是投资者与投资者之间的关系。在这种模式下，集团的母公司和子公司的资本作为建立联系的纽带，母公司获得对子公司的管理控制权利，母公司以子公司的股息收入作为公司盈利。

(2)行政控制型。行政控制模式，是指集团的母公司对下属子公司进行全额投资，或通过并购投资形成全资子公司，使母公司取得对子公司的绝对控制权，在内部实行行政管理方式的母子公司模式。在这种模式下，集团母公司对子公司直接实施管理和控制，子公司所有的经营收入均并入母公司收入。

(3)参与控制型。参与控制型模式是近几年新兴的管理模式，是集团的母公司和子公司的管理人员作为自然人投资于母公司的管理控制模式。在这种模式下，本集团的附属公司及母公司的管理人员拥有附属公司股份，并成为子公司股东，管理人员及其附属公司为股东的决策机构和附属公司的董事。母公司和子公司的管理相互协商，为附属公司共同决策提供了有效的机制并负责执行附属公司的重大经营决策，为子公司董事会及其附属公司的股份比例获得更多的收益。

5.4.4 以主要业务为对象的管控模式

以主要业务为对象的管理熵基本管控模式中，一般包括五种业务管控模式：战略管控、财务管控、人力资源管控、生产运营管控和营销平台管控。这5种管控模式的特点分别是：

(1)战略管控。集团公司负责战略的制定、执行、监督和战略实施的评估，子公司享有较大的经营管理自主权。战略管控型管理属于高度分权型管理模式。

(2)财务管控。集团公司负责战略的制定、执行、监督和战略实施的评估，同时集团公司掌握子公司的财务管理权力，通过控制子公司的财务达到对子公司进行深度管控的目的，子公司在战略和财务之外享有较大的经营管理自主权。财务管控型管理属于适度集权模式。

(3)人力资源管控。流域化水电开发集团公司为了有效地实施滚动的流域水电梯级开发战略，在不同的发展阶段需要不同的人力配置，以使人力资源得到充分利用。例如二滩集团在战略实施中，涉及水电工程建设，水电站修建完成后又涉及电厂的生产经营，因此在战略滚动发展中，在不同的阶段或在相同的阶段需要配置不同的专业人员，另外为了稳定职工队伍，提高职工生产经营和管理水平，需要不断地进行人力培训和职业生涯设计。总之，集团公司根据自身的战略发展，必须科学地建立人力资源管控体制，以稳定队伍，提高不同专业和工种员工的专业化生产经营和管理水平。

(4)生产运营管控。集团公司从战略、财务、经营决策以至日常管理的重大方面都对子公司进行直接干预，子公司的经营管理自主权较小。生产运营管控型管理属于高度集权管理模式。

(5)营销平台管控。母公司是决策中心、投资中心、利润中心，子公司是执行中心、成本中心。子公司按照母公司的总体安排，配合母公司各事业部在其区域“作业平台”上开展销售活动。

理论上看，以上关于集团管控的方法都从不同的角度提出了合理的见解，并给出了一些具体的管理控制方式。但是目前的理论研究还存在一定缺陷：集分权角度的集团管控研究主要是从宏观层面进行研究，提出了在不同外部环境(竞争环境)和内部条件(企业所处产业及产品等方面的特点)下的集分权关系，但是没有给出有利于实施的具体方法和思路；以管控方式为基础的管理模式研究提出了与母子公司资本联系相适应的多种管控方式，但是忽略了企业外部环境和内部条件对企业管控模式的影响，仅仅从权力的配置角度进行研究，这就可能造成企业在具体实践中难以根据实际情况的变化进行合理的管控模式的调整；以管控方法为基础的管理模式的研究较为完善，但是其管控模式的提出忽视了母子公司最本质的资本联系对管控模式的影响，纯粹从方法的合理性进行探讨，因此，可能造成和母子公司之间资本联系相背离的管理方法，从而在企业的管理实践中难以推行。

总的来看，学者们已有的研究取得了明显的成果，提出了很多合理的见解，但是也存在一些明显的缺陷。从根本上讲，这些缺陷表现在三个方面：一是目前的研究还主要是从线性思维的方式出发，将单体企业管控的思想和方法移植到集团管控中，造成了一定程度的不合适；二是没有从系统的角度出发来考虑集团管控，对集团管控的研究割离为母公司层面、子公司层面、母子公司相互关系层面来研究，这种研究难以还原集团作为一个复杂系统的本质特点，因此研究成果存在一定的局限性；三是没有从复杂性科学的角度出发进行分析，主要从控制效率、经济效益等角度来思考，忽视了集团这个系统本身的复杂性，忽视了集团内部母子公司之间、子公司之间、多重目标之间、复杂的利益相关者之间的竞争合作博弈，忽视了集团系统内部的“序参量”对集团管控的决定性影响，因此复杂问题简单化的研究可能会使提出的管理模式失效。

因此，合理的管理模式应该在充分研究企业所处的内外环境的基础上，应用管理熵理论，通过开放性复杂系统的非线性动态管控模式来进行研究。基于管理熵管控模式主要是从管理熵流模型中得出来的一种管控模式研究思想，即按照管理熵流公式 $dmS=diS+diM+deS$ 的思想，通过对业务的现金流管理或绩效管理所产生的管理熵流(以价值流作为熵增反应)进行管理熵增评价和反馈，来实现对企业发展的控制。

这样，以系统科学和复杂性科学以及管理熵理论为基础，以非线性动态研究方法为出发点，针对集团所处的行业特点，集团内部母、子公司联系的不同特点，集团战略、集团内部的管理能力和管理水平等多方面因素，进行针对性的管控模式设计，使集团在实施战略的过程中，将外部环境和内部能力以及资源有效配置起来，实现企业有序化和高效化运行。

5.5　流域化水电开发集团企业组织制度顶层设计

5.5.1　集团公司混合组织制度的概念和理论

所谓集团公司的混合组织制度，是指在国有资本和非国有资本相结合的条件下，形成企业的混合经济体制，并在此基础上综合集成不同的企业技术经济和生产经营管理的组织方式，形成创新的适合大型企业集团的多种形式相结合的生产经营管理、发展模式和企业组织以及管理的制度系统，通过这样的系统来实现复杂的管理熵流和管理熵增的控制，以达到企业可持续发展的目的。

一般企业的组织制度的核心内容是由产权结构、组织结构、治理结构和管理结构所构成，由此可以断定，企业的混合组织制度也应具有这四大方面的内容。例如，如果在一个大型流域化水电开发企业中，将国有资本与民间私有资本集合起来，形成一种混合产权制度，在此基础上又形成混合的治理结构，同时由于资产的扩张，企业的经营范围也迅速扩大，企业组织结构产生多种形式的结合，因此将企业的事业部制组织同矩阵制组织以及直线职能制组织有机结合起来，形成综合集成的混合型组织结构，另外，企业的扩张又必然形成多种生产经营管理方式，最终又形成一种混合的多维的管理结构。因此集团公司混合组织制度的主要内容包括：①企业混合产权制度；②企业混合组织结构；③企业混合治理结构；④企业混合管理模式。

形成集团公司混合组织的原因是：

(1)由于流域水电开发涉及大量的资金筹措，单凭国家投资不能完全满足资金需求，因此必须解决投资主体多元化的问题，将国有资本和民间私人资本结合起来，满足流域开发的极大的资金需求。

(2)传统的国有资本垄断经营的方式，使企业经营管理较为僵化，创新能力不足，生产经营和管理效率较为低下，不能有效地适应发展迅速、灵活多变的市场需求。引入民营资本，可打破国有垄断，提高竞争意识，强化创新能力，提高决策和管理效率，使进行流域开发建设的大型水电集团转换企业制度和管理体制，转换其经营机制，适应我国市场经济发展的需要。

(3)传统的各种单一的企业组织结构不能满足大型水电集团企业流域化水电开发的组织要求。在流域开发和建设中，企业不仅涉及多个大型水电站工程设计和建设，同时在流域化开发的滚动发展中，对建成的发电厂的电力生产和上网销售进行管理，还要实现多种产业经营的相关多元化发展，这样，就使传统的单一的组织形式不能承担多元化的产业任务，因此，需要设计一种创新的综合集成的组织结构，来满足大型水电集团实现流域化水电开发和建设的需要。

(4)传统的各种单一的企业组织结构不能满足大型水电集团企业在流域开发中的工程建设、电力生产、电力销售和多种生产经营的管理要求。因为，这些工作任务的专业技术性极强，且产业跨度较大，虽然各产业之间存在着较强的内在的技术经济联系，但不同产业间专业的区别，必然形成不同的生产经营和管理方式，因此，大型水电集团在流域化水电开发和建设中，必然要求在企业中融合多种经营管理方式，形成混合的集团管理模式。

(5)大型水电开发建设发电集团的工作性质和系统的复杂性，要求将集团的各种要素、各个子系统有机地集成起来，通过科学的组织，减少系统熵增，形成耗散结构组织，使系统有序、高效和低耗地实现发展战略。

从以上分析中可知，大型水电集团要能够有效地完成大江大河流域化水电开发和建设经营的总目标，就必须创新企业制度和管理体系，集多种企业组织方式之长，形成一种满足多种生产经营和管理要求的高效率、低成本的混合企业体制。

5.5.2 企业集团混合组织的产权结构

所谓企业集团混合组织的产权结构，是指在实施流域化梯级水电站的建设和电力生产的大型水电集团中，将国有资本和非国有资本结合起来，形成多元投资主体的、具有混合经济性质的产权组织形式。

十八届三中全会《中共中央关于全面深化改革若干重大问题的决定》提出，要积极发展混合所有制经济，这预示着有一系列支持发展混合所有制经济的政策和法规即将陆续出台，同时也预示着我国的基本经济制度的立法也将调整。现代市场经济的发展表明，一元化的产权结构越来越不适应现代市场经济的多元化发展要求，而混合所有制经济则是满足这一发展要求的一种理想的经济形式，其既非公有制也非私有制，但它却以联合的形式兼容了不同的所有制，实现了公有资本与非公有资本的优势互补、相互促进、共同发展。在大型水电集团的大江大河流域化开发建设中，存在着大量建设和运营资金的需求，一元化的国有资本投入不能满足对建设资金的需要，同时一元化的国有资本对多种经营的市场化发展也在一定程度上起着阻碍作用。因此，急需改变单一的投资主体，形成多元投资主体结构，将国有资本和非国有资本集合起来，形成我国市场经济和流域化开发建设所需要的大型水电企业集团的产权组织形式。

5.5.3　企业集团混合组织结构

所谓企业集团混合组织结构，是指在流域化水电开发与建设中，响应多种产业发展和多元产权结构的要求，将多种传统的单一的企业组织结构综合集成起来，形成创新的满足多种需要的一种企业集团的组织方式。其混合组织结构如图 5-5 所示。

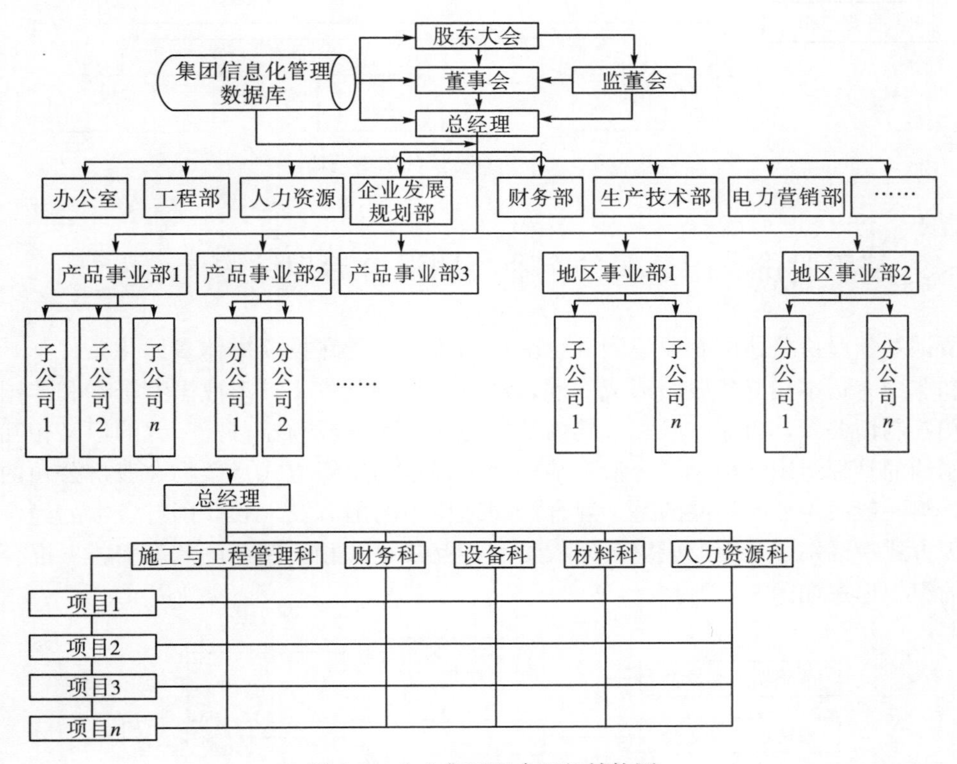

图 5-5　企业集团混合组织结构图

在图 5-5 中，明显地将事业部企业组织结构同矩阵制组织结构有机地统一起来，在集团的业务管理中按照事业部组织运行，而在某个业务中又可以灵活地应用矩阵制或其他形式的组织制度，来形成混合的综合集成的企业组织体系。

在企业集团混合组织结构中，信息协同管理是非常重要的，它在技术层面决定着管理的效率，因此必须形成与企业集团混合组织结构相融合的信息协同的网络组织。基于信息协同的网络组织，是指在先进的信息技术支持下，将集团公司的职能部门与各事业部以及分公司、子公司，直线职能组织结构与矩阵组织结构有机结合起来，形成管理信息流畅通的解决管理过程中复杂分工的纵横向关系和协同问题，提高效率、减少消耗的综合集成的网状管理组织结构，其结构如图 5-6 所示。

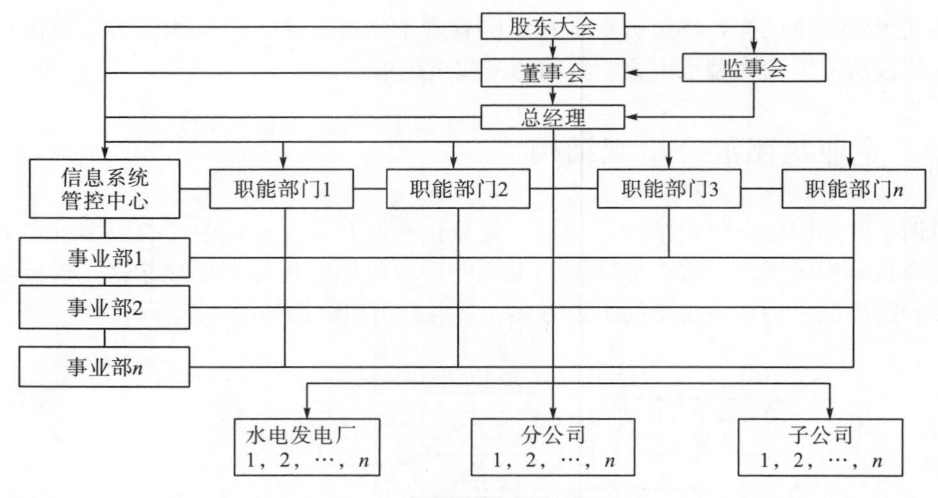

图 5-6　基于信息技术的网络结构

5.5.4　基于股份有限公司的企业集团混合治理结构

所谓基于股份公司的企业集团混合治理结构，是指在投资主体多元化条件下，国有资本和非国有资本相互参股而形成的混合产权结构的条件下，形成国有资本和非国有资本的相互制衡关系，避免一股独大的内部人控制，而形成利益目标一致的但又相互依赖相互制约的管理组织结构。混合治理结构的最根本的组织方式是架构在股份公司的基础上的，与一般股份公司不同的是，混合治理结构中的国有资本和非国有资本的经营目标和管理方式有区别，从而形成混合的权责利相互依存和相互制衡的制度安排。混合治理结构的组织形态如图 5-7 所示。

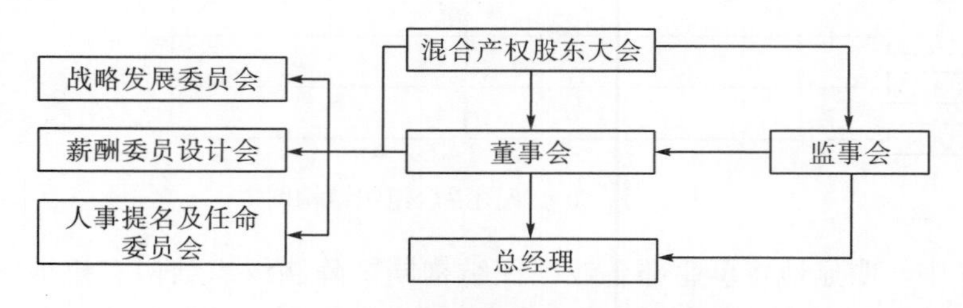

图 5-7　混合治理结构的组织形态

5.5.5　集团公司组建混合治理结构的意义

集团公司组建混合治理结构的意义体现在以下 5 个方面：

(1)产权明晰，有利于管理效率的提高。国有资本和民营资本相混合，可以将民营企业机制引入国有企业机制中，通过股权的形式，财产权利清晰，实践中可以灵活兼并、出卖、破产，利益关系明确，有利于搞活国有资本，提高国有企业的控制能力。同时，又保留国有企业的科学与规范的经营管理，可以有效克服国有企业一枝独大、内部人控制和决策非理性等问题，以解决国有企业效率较低的弊病。

(2)权责利相互依赖又相互制衡。股东大会对于董事会有管理和制约的作用，同时对企业重要的战略、利益分配和人事任免的决策有管理和制约作用；而监事会对董事会和经理阶层有监督管理的作用。

(3)有利于市场经济的平等公平竞争和市场经济体制的完善。国有企业可以收购、兼并民营企业，民营企业、外资企业也可以兼并、收购国有企业，在投资核准、融资服务、财税政策、土地使用、对外贸易和经济技术合作等方面，一视同仁，实行同等待遇，既解决了民营资本的出路问题，又解决了国有资本和民营资本的公平待遇问题，形成成熟的市场经济体制。

(4)实现了优化资源配置。运用混合产权所有制的形式来改革国有企业可以成功地实现资本的社会化，国有资本通过混合所有制的企业形式，不仅有效地利用了自有资源，而且通过参股、控股、兼并、重组等方式，放大了国有资本控制规模，可在更大范围内实现资源的有效配置。

(5)有利于企业在实施战略管理过程中的系统有序化、高效化。由于实现了混合组织制度，使企业从国有大型企业的传统的较为封闭的状态转化为同市场接轨的开放性组织，能够有效地通过环境和市场的作用，减少负熵，克服混乱，高效低耗地实现战略目标。

5.6 企业混合组织制度的管理模式顶层设计

所谓企业集团混合组织制度的管理模式，指在集团内部，由于投资方式的不同而形成的具有针对性的集权和分权的管理方式，在集团统一的战略目标和共同利益的指导和驱动下，用不同的权力结构和管理方式综合集成而形成的一种集团管理模式。

在大型水电企业集团的江河全流域水电开发和建设中，由于建设资金的来源不同、性质不同(国有与非国有)和组合不同，使其在集团内部形成了既有集团投资形成的全资子公司，即一元产权结构的子公司，同时又有不同投资主体所形成的混合的多元产权结构的子公司，不同的子公司需要有不同的符合客观实际的管理模式，在这个集团公司实施科学的集权和分权，同时又综合集成的管理模式，只有这样才能满足巨大的复杂的集团系统运行的需要。

5.6.1 一元产权结构下的混合公司管理关系[73]

一元产权条件下的混合公司，是指集团公司和其下属子公司均为同一主体而形成的母公司和全资子公司，母公司和子公司均具有独立法人地位，但在运营过程中又实施总分公司的管理方式，从而形成的一种总分公司和母子公司相混合的公司组织模式。

一元产权条件下混合公司管理使公司的管理统一性和经营灵活性相结合，形成了混合的管理结构，该结构可以有效地实现公司统一的战略管理，各二级子公司在完成集团公司的战略目标的条件下，又能实施各自独立核算，自主经营的功能。这样的管理结构，一方面保留了母公司和子公司的法律地位，既有母公司系统的多层次性，又能完全满足子公司独立灵活经营的要求，在另一方面又采用集中管理的总分公司模式直接控制和管理子公司重要管理业务，通过统一战略目标的实施和控制，以实现对下属子公司的有效监控，以满足投资者保障利益和资产增值的要求，保证资产所有者的权益。这个管理结构既不是母子公司的组织方式，也不是总分公司的组织方式，而是在统一的集团战略管理和治理结构和管理体制相匹配的基础上，将总分公司的优点和母子公司的优点进行综合集成而形成的管理系统，这是一种新型企业制度。混合公司制度具有以下特点：

(1)产权关系方面，母公司对子公司进行全额投资，子公司虽然具有独立法人资格，但其生产经营仍属母公司授权的范围。

(2)民事责任关系方面，企业集团和各子公司都是独立的法人实体，母公司承担自己的民事责任，各子公司也承担自己的民事责任。

(3)经营管理关系方面，重要的人、财、物的管理和资源配置，由母公司统一管理，以优化统一和有效的战略，对子公司直接控制，通过资源整合，提高内部协调，提高公司的核心竞争力，以达到最大的整体效益。子公司在母公司统一管理下，实现自我管理、独立经营和独立核算，以确保自身的发展。

(4)企业权利结构方面，企业往往实行分权与集权相统一的管理制度，内部经济实行分级核算、统一管理的财务管理体制。

(5)运行机制方面，该系统的突出特点是混合管理结构强调对下属全资子公司的重大经营决策权控制，但也保留了母子公司各自相对独立的经营特点，并发挥子公司足够的经营自主权和灵活性。同时，统一战略管理的前提下，使子公司和集团公司之间形成合理有序竞争的运行机制。

混合公司治理结构及其内部管理关系与传统公司制的比较如图 5-8 所示。

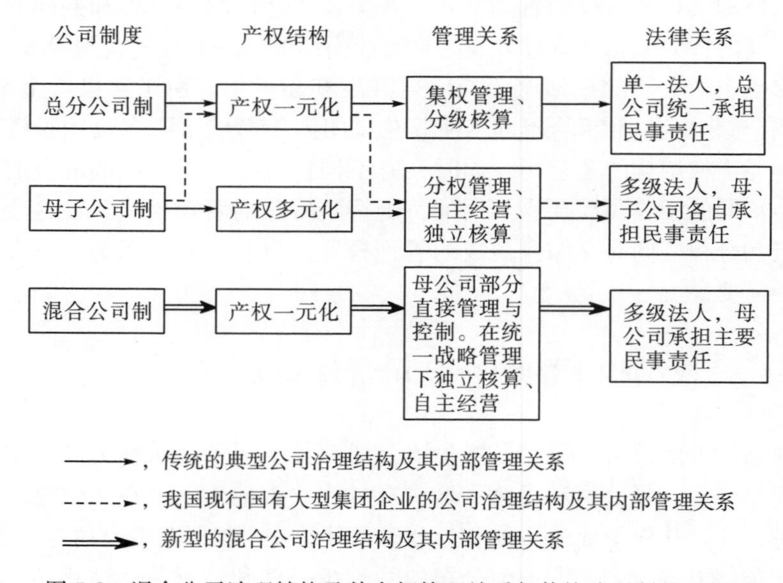

图 5-8 混合公司治理结构及其内部管理关系与传统公司制的比较图

5.6.2　一元产权结构下混合公司制的战略管理模式及其内涵

混合公司制的实施关键便是与之相匹配的统一战略管理模式的运行。统一战略管理模式是公司投入资源，从战略的高度、按计划管理的原则实行的集权和分权相结合的管理方式，并通过所有权决定的经营管理权对公司内部(含分公司和全额投资所形成的子公司)实施统一计划权、财务监管权、重大投融资权、重要人事任免权等的控制，以实现企业的发展战略目标。统一战略管理模式具有以下内涵。

(1)全公司统一进行战略资源分配，对企业的人、财、物、信息、技术和市场统一部署战略资源，集中和利用的原则下，采用科学的方法最大限度地提高效率，优化资源分配，子公司自主经营、独立核算，母公司通过合并财务报表加强对子公司的金融监管。

(2)在合理设计、集中化，以及公司的治理结构和规范的管理权力下放的基础上使战略管理权集中，分散经营的权利，全公司在受控条件下良性运行。

(3)全公司推行统一的战略目标，通过一体化管理确保统一的战略目标。战略目标转化为各子公司的年度计划，落实年度计划的统一控制和管理。

(4)母公司全面实施战略财务规划和管理，包括重大融资、重大资金调配等。

(5)全公司的重大人事决策权由母公司掌握，对子公司进行综合经济绩效评价和考核，其中以经济效益和社会效益为主要考核内容，考核将会影响子公司经营管理者的相关利益。

(6)构建积极向上的优秀的企业文化，如企业价值观、企业诚信观等，以提高企业员工的各方面素质，调动企业人员的积极性，提高竞争力。

5.6.3　多元产权结构条件下的混合管理关系

所谓多元产权结构下的混合管理模式，是指国有产权和非国有产权在相对平衡的比例条件下组建成立的集团公司，按照以市场经济为主体的国有资产管理方式与民营资产管理方式相结合的管理体制。

企业国有资产管理方式，是指按国家对国有资产管理的政策和法规而建立起来的企业管理体制。在这样的管理体制中，为了国有资产的保值增值，避免国有资产的流失，国家相应机构对企业进行资产评估和管理。根据国务院国有资产监督管理委员会令第12号《企业国有资产评估管理暂行办法》* 的规定，经各级人民政府批准经济行为的事项涉及的资产评估项目，分别由其国有资产监督管理机构负责核准。

经国务院国有资产监督管理机构批准经济行为的事项涉及的资产评估项目，由国务院国有资产监督管理机构负责备案；经国务院国有资产监督管理机构所出资企业(以下简称中央企业)及其各级子企业批准经济行为的事项涉及的资产评估项目，由中央企业负责备案。

地方国有资产监督管理机构及其所出资企业的资产评估项目备案管理工作的职责分

* 《企业国有资产评估管理暂行办法》，2005年9月1日国务院国资委令第12号。

工，由地方国有资产监督管理机构根据各地实际情况自行规定。

而对于民营资本部分，则主要由市场机制和目标任务完成的程度来进行评估和管理。

多元产权结构下的混合管理模式就是将这两种对资产管理的方式结合起来，保证企业利益相关者的经济利益。

5.6.4 多元产权结构下的混合公司制的战略管理模式及其内涵

由于在一个企业内部有多重产权结构和多种对产权的管理方法，为了提高管理效率、降低管理成本，必须将各种管理模式有效地结合起来，形成既有混合成分又能统一的管理体制。

长期以来，计划经济体制束缚着国有资本，使企业机构臃肿、机制不健全、管理层次多、信息传递慢、运行效率低，导致了企业的市场竞争力弱，市场反应慢。所以必须对企业组织结构和经营管理体制以及分配结构等多方面进行改革，实现组织扁平化，以适应市场竞争和市场反应的需要。

多元产权结构下混合公司制战略管理模式的内涵还在于，集团内部包括了两种公司的组织形式，即母子公司和总分公司的组织形式，因此在集团内部就形成了对这两种公司具有较强针对性的较为复杂的管理模式。

为了简化管理、提高效率，多元产权结构下的混合公司制的战略管理模式应做到以下几个方面。

(1)基本生产分公司应实行“模拟市场、独立核算、自计盈亏、盈利分成、亏损挂钩”的经营模式，并以此计算损益，按月核算、兑现。分公司盈利按比例提成，亏损按比例与员工工资挂钩。

(2)对国有资本和非国有资本形成的合资和控股子公司，授予独立的法人地位，使其享有经营责任和权利的独立权，“独立核算，自负盈亏”，集团公司评估其投资收益，利润上缴，以确保资产的保值增值。

(3)对无独立经营权但有部分经营职能的由集团全额投资而形成的单位，如运输公司、设备工程公司、动力公司等实行独立核算、风险抵押承包经营模式。

(4)由于实施流域化水电开发和经营的大型集团企业的下属子公司或分公司大多在山区水电富集地区，其生活、教育、交通和通信不便，因此需要建立企业的后勤单位，以解决职工的后顾之忧。对集团公司兴办的生活后勤单位、中学、小学等应实行费用定额补贴包干模式。

(5)对部分闲置设备、厂房、场地实行租赁制，以盘活存量。

(6)在分配上，多元产权结构下的混合公司制的战略管理模式，坚持按劳分配为主体、多种分配方式并存、充分体现按劳分配与按劳动要素分配相结合的基本方针，实行多种分配模式，如在生产分厂推行“基础工资+技术项目工资”的模式；在处室管理技术人员中推行岗位(职务)等级工资制；在销售、外贸公司推行“万元销售收入工资含量”模式等。

经过创新的企业混合组织制度的设计和改革，可以使流域化梯级水电开发建设集团公司的组织有序度和管理效率提高，改善企业现金流状况，大大降低企业管理熵增现象，促进企业更好地完成战略任务。

第 6 章　基于战略的雅砻江公司集团治理结构设计

本章在第 5 章基于战略的水电集团管控模式和顶层制度设计的基础上，比较研究当前雅砻江公司的治理结构，根据混合自治制度的原理，对雅砻江公司的治理结构进行重新设计，并在管理熵理论的支持下提出雅砻江公司的新的集团化管控模型和管控内容，为我国实施江河流域水电开发建设的大型水电集团公司治理结构的探索，提供可供参考的研究成果。

6.1　当前雅砻江公司治理结构

6.1.1　雅砻江公司的组织结构

当前，雅砻江公司的组织结构如图 6-1 所示。

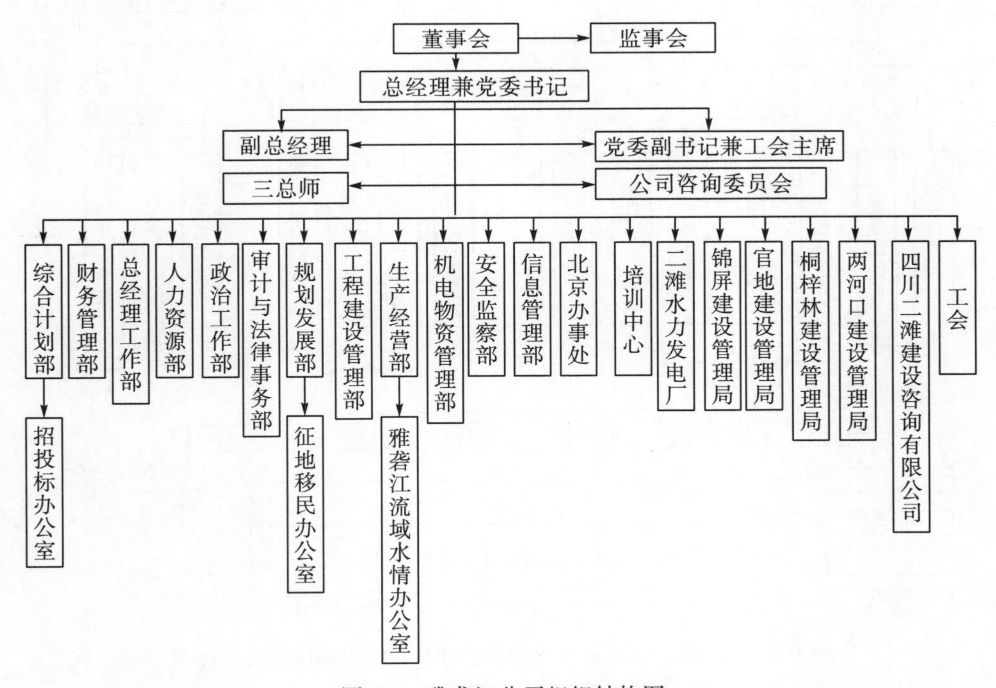

图 6-1　雅砻江公司组织结构图

从图 6-1 中可以看出，雅砻江公司是一个以直线职能制为基础的管理组织结构。由于公司实施了对雅砻江全流域的水电站梯级开发，同时还将实施以水电开发建设和电力生产运营为主，以其他多种经营为辅的相关多元化战略，因此简单的直线职能制组织结构将不能满足其发展的要求，公司组织必须在创新中求发展。

6.1.2 雅砻江公司集团化的混合组织制度设计

根据雅砻江公司集团化发展的战略思路和混合产权制度、混合组织制度以及混合管理制度的理论，从产业角度来讲，雅砻江公司将建立以水电开发和电力生产为主导的产业，同时建立与电力能源相关的多元化产业和基于流域化开发的非相关多元化产业。

从集团内部公司的性质来看，雅砻江公司会建立电站建设、电力生产和电力销售领域内的全资子公司，也会建立和以水电能源建设与生产为主的产业结构同心多元化的控股子公司以及与流域开发相关的多元化控股子公司，甚至还会建立分公司。

因此，根据雅砻江公司的集团化发展思路，基于混合制度集团化的雅砻江公司组织制度结构设计图如图 6-2 所示。

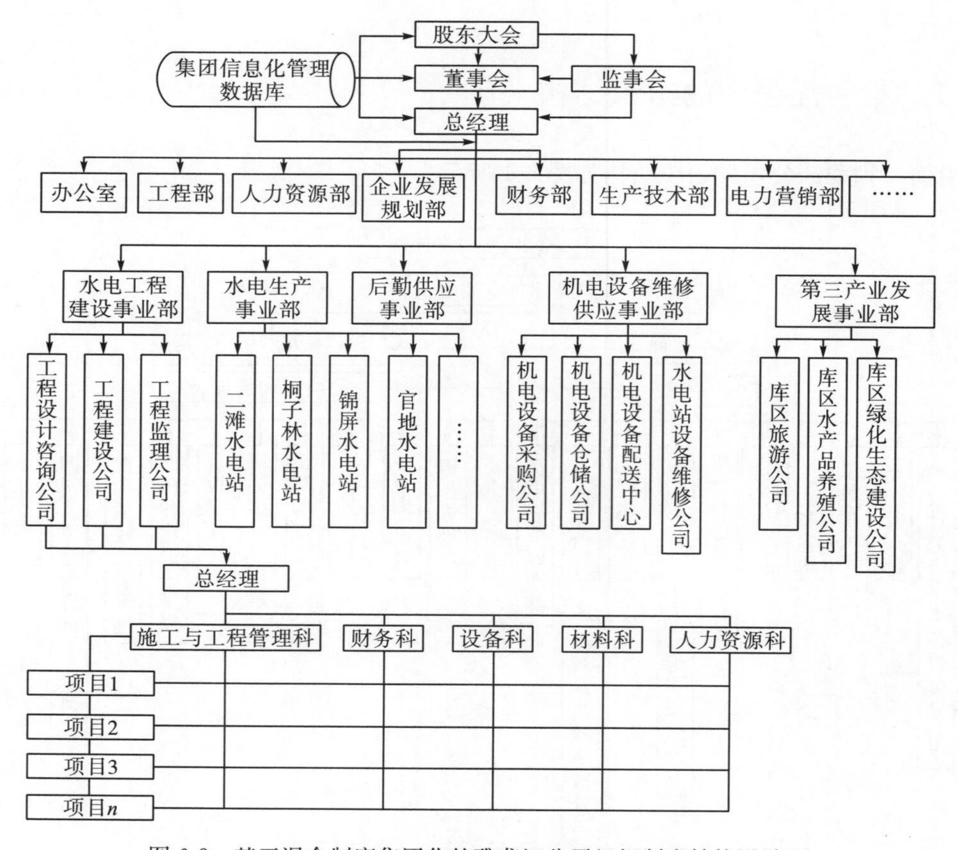

图 6-2 基于混合制度集团化的雅砻江公司组织制度结构设计图

图6-2所示的组织制度结构的关系如下：

(1)在产权结构上，按照混合组织制度理论，雅砻江公司将以多种产权制度和多种公司制的形式组建，形成以国有资本为主的多元产权结构和混合经营管理模式，实现集团资源的优化配置。集团公司内部既有国有的全资子公司，又有企业分公司，还有国有资本和非国有资本相互参股共同形成的子公司。

(2)按照企业制度理论，产权的初始界定是非常重要的，但更重要的是属性的实现，即通过对财产权利的落实，以影响资源的分配。在现代市场经济中，由于生产、经营规模的扩大，资本所有者以完全独立的方式来控制商业活动日益受到能力和专业知识、社会的发展的限制。当所有者不能以冒险的决策成功地从事组织、协调和管理生产经营活动时，可以委托上述功能，这就造成了委托代理关系的资产管理专业人士代理的实现。在现代企业中，代理关系实现这种平衡是通过公司治理结构来实现的。公司一般在企业管理的治理结构中具有不同的性质，但不同的监管制度的责任和权利是根据该机构的企业资产的权利作出安排的。任佩瑜等[73]提出，公司治理实质上是一套企业管理的契约制度，通过这套契约制度安排不仅要实现对企业的控制权和剩余索取权的合理配置，形成激励约束机制和相互制衡机制，而且还要以科学的组织和管理实现企业的高效率运营。沿着这种思路，有必要综合企业资源能力理论和公司治理理论，研究公司治理如何通过公司管理活动影响绩效，并在此基础上考虑什么样的公司治理结构才更有利于组织和管理企业资源、节约交易成本、提升企业的核心竞争力和企业的整体绩效。

现代公司治理结构一般由股东大会、监事和监事会、董事会、执行机构组成。雅砻江集团的治理结构属于混合组织体系，股东大会是企业的最高权力机构，股东作为公司的所有者，应承担相应的责任和义务，也拥有一定的权利。股东的责任是有限的(即承担有限责任、有限的金额)。股东权利以自我利益和行使自己的利益为宗旨，以自己的利益和行使公共权力的利益为权利。自益权包括：股利分配权、剩余财产分配权、股份认购权、股份转让权。福利权利包括：出席股东大会的权利、投票权、请求召开临时股东大会的权利。

董事会是公司的最高决策机构，代表公司实施管理，拥有广泛的权利，是企业的法定代表人。其权利包括：根据公司章程和内部的原则、公司的经营目标、战略和管理战略，任免高级管理人员，并决定其报酬和奖励。董事会行使权利也受到一定的限制，主要是：不从事业务活动范围以外的事项，不得超过股东大会授权，解决冲突时由股东大会和董事会决议，一般后者占主导地位。

执行机构由高级行政人员(包括总经理、副总经理等)，即高级管理人员组成。他们是公司的员工，由董事会委任，已被告知授权范围内的公司和机构的管理事务。高级管理人员，尤其是总经理的职责是：执行理事会决议，主持公司的日常经营活动；授权外国的董事会签订合同或处理业务；定期向董事会报告本公司经营状况，特别是公司的年度报告。

监事会是公司的常设机构，主要负责检查公司财产状况和执行公司的业务。监事会的职责包括：业务检查监督、召开股东大会等。

股东大会、董事会、监事会和执行机构的权力关系是在分权基础上的一种相互依赖又相互制衡的关系，以及激励约束关系。

特别需要指出的是，根据企业资源能力理论，公司治理还在以下两个方面对企业绩效产生重要影响。

一方面，公司治理的主体是股东，除了为公司的生产经营提供必要的资金外，对企业所有权结构也会产生一定的影响，但也可能提供的资源是企业发展的关键所在。

股东能够提供的资源种类和数量多少，与股东性质有很大关系。一般而言，各级国资委下属的国有控股公司，由于与政府存在天然的联系，比较容易获得国有股东在产业政策、财税政策、银行信贷等方面的支持，而普通的私营控股企业在这些方面能够获得的支持相对较少；公开上市的个人股东只能为公司提供资金支持，然而他们投资的目的不管是通过纵向一体化节约交易成本，还是通过相关多元化来降低经营风险，都可以为企业提供诸如关键性的生产资料、专业的生产技术和经验、品牌和专利的权利、下游销售渠道的各种形式的资源，如社交网络、金融和信息资源。

股东影响企业资源结构中，除了依靠自身的资源，也受到股东结构之间的影响。股东除了有额外的控制权以控制私利的收入，还有动力去提供更多的资源和帮助；而小股东的控制权往往表现出倾向和机会主义的“搭便车”行为。因此，公司治理通过股东性质和控制权分配，影响企业的资源结构。

另一方面，在董事和经理层等企业高管的努力下，通过战略规划、战略决策和战略实施，对外进行准确的市场选择并利用进入壁垒、一体化等手段，在市场中占据有利竞争地位，对内通过从企业全部的资源中识别出战略资源并加以优化配置，注重核心能力的利用和培育，可以使企业获得经济租金，从而产生绩效差异。其中，企业的经济租金主要包括由于资源禀赋差异而产生的李嘉图租金，由于处于市场垄断地位而产生的垄断租金，以及由于有效的创新活动而产生的熊彼特租金。这些经济租金，正是企业的超额利润和赢得竞争优势的源泉。

在上面影响企业绩效的诸多因素中，健全的公司治理机构、良好的公司治理机制和以股东为首的公司治理主体，是取得良好绩效的前提；核心竞争力是获取经济租金的直接原因，是产生良好绩效的关键；产权明晰是基础，脱离企业产权制度谈治理是不可取的；市场竞争是动力，是取得良好绩效的外部驱动因素。

(3)在产业或业务结构上，根据流域梯级水电站开发的总体目标和混合组织制度理论的要求，雅砻江公司在发展集团化过程中，将会发展以水电建设、生产经营为主，以多元化和紧密相关产业为辅的事业部制产业结构。例如，公司内部既有大型梯级水电站建设，又有水力发电厂的电力生产经营，同时还有工程咨询业务、电力设备物资供应和经营业务、水力发电设备维修业务、库区绿化生态建设业务、旅游经营业务和水产品养殖业务等，随着集团公司和管理水平的进一步发展，公司的产业或业务结构将得到进一步优化和发展。

(4)在管理模式上，从上面的组织结构中可以看出，公司内部既有由集团全额投资形成的全资子公司，又有由国有资本和非国有资本相互参股共同形成的控股子公司，还有由集团授权的分公司。因此在管理模式上，针对不同的公司，集团将实施不同的管控方式，使集权与分权科学合理地进行配置，充分发挥各类公司的生产经营积极性和主动性，充分发挥各公司对市场的敏捷响应性，最终达到集团系统整体最优和利益最大化。

6.1.3　雅砻江公司现代企业治理结构模式研究

6.1.3.1　雅砻江公司集团化的产权结构和组织结构发展趋势

随着雅砻江流域开发进程的推进，资金来源多元化和业务结构多样化，管理难度和跨度加大，雅砻江公司将呈现出产权多元化和组织集团化的特征。届时不仅雅砻江公司的产权结构会通过增资扩股而发生改变，而且电力建设、电力生产和电力销售业务领域可能出现全资子公司，也可能建立起沿水电能源建设与生产产业链纵向一体化的控股子公司和与流域开发相关的多元化控股或参股子公司。

6.1.3.2　雅砻江公司集团化现代企业治理结构模式

现代企业的治理结构模式必须适应产权结构与组织结构的多元化变化并与之相匹配。雅砻江公司现代企业治理结构模式内涵是，为了实现统一的发展战略重组，集团公司通过公司内部的管理决策(包括其附属公司投资成立形成全面的合资投资控股附属公司)实行统一规划权、财务控制保管权、所有权、主要投资及融资权，及其他重要人事任免权，并从战略的高度，根据集团内子公司监管集中与分散相结合的方式实行战略目标的统一管理。

6.1.3.3　集团公司对全资子公司以混合治理模式进行治理和管控

混合治理结构是一种在产权一元结构条件下，各二级法人子公司在集团公司统一战略管理下为有效实现集团公司的战略目标而分别进行独立核算、自主运营的一种治理制度安排。这种制度表现为产权安排上体现母子公司制度的特点，而公司治理和控制方式上表现出总分公司管控的特征，因此称为混合治理结构。其优点是，母公司在保持对子公司有力控制的同时，还能满足子公司对经营自主性、灵活性的要求。

6.1.3.4　集团公司对控股和参股子公司的公司治理模式

对于控股子公司，集团母公司将按照《公司法》及相关制度的规定，通过派出董事、监事到子公司董事会、监事会任职，按所占子公司股权份额大小行使投票权和享受投资收益，实现母公司对下级子公司的有效监管，满足出资人控制、保证资产所有者权益的要求。对雅砻江公司集团化股东大会、董事会、监事会建设的建议如下。

1. 股东选择

雅砻江公司为募集流域开发资金而进行增资扩股以及成立控股子公司时，将面临新股东选择的问题。而公司新股东的选择，根据综合契约理论和战略理论的公司治理影响绩效分析框架，是一个比较控制权的让渡付出交易成本与委托成本，以及新增资源(含资金和非资金资源)获取的租金收益孰大孰小，最终以实现企业价值最大化为目标的权衡过程。

股权结构决定了出资各方投入资金的相对比例大小，但各方投入除资金以外的其他资源的比例并不必然与其股权比例相对应。根据拉詹和津盖尔斯的进入权理论，企业控制权的配置要跟企业对关键资源的依赖相匹配。一般认为，作为公司实际控制人的股东(可能会包含几个一致行动人)，为了锁定企业对其依赖，保持控制权私有收益，而乐意给公司提供除资金外的其他较多资源协助；而且非公司实际控制人的一方，由于没有额外的收益，将倾向于采取“搭便车”行为，向公司提供资金以外的其他资源较少，甚至是尽量不提供这种协助。

不同身份的投资者，对公司控制权的要求也存在差异。在股票市场上众多分散的投资者具有集合资金量大、个体非资金资源少的特点，投资公司时也更多地体现出“搭便车”的特点，他们能够在满足雅砻江公司流域开发的资金需求的同时，不危及现有国有大股东的控制权；而如果向特定法人募集，如果股份比例较低，不处于控制地位的新股东不会愿意向公司提供很多协助，如果股份比例高到一定程度，也存在潜在的争夺控制权、影响公司既定战略执行的风险。而类似股票市场上的基金公司这样的机构投资者，其投资目的更多的是为了获取公司股利以及证券价格波动带来的资本利得，而不是为了控制公司，对其投资的公司，除了体现出资者和公司治理的监督作用，能够提供的其他资源较少，但正因为如此，这类投资者一般对公司实际控制人的地位不会造成太大威胁。

综合考虑这三方面因素——由于身份不同而导致的股东所蕴含的资源种类和数量的差异，股权比例和控制权配置影响下的股东愿意提供的非资金资源数量的多少，不同股权性质的投资者对控制权的要求差异——的影响，就目前情况看来，首先，国家政策需要保持国有资本在电力电网行业中的主导地位；其次，雅砻江公司三大股东自身所具有的政策优势、政府关系等资源都比较丰富，能够对雅砻江公司的良性发展提供很有用的帮助；再次，雅砻江公司流域开发所短缺的主要还是资金，而不是其他目前三大股东不能提供的其他资源。引进新的法人股东，将无可避免地面临重新签订长期契约、重新分配控制权等股东之间的谈判活动，增加公司在交易成本和代理成本方面的代价，而获得的资源支持方面的收益不多。因此，在选择新股东时，应在保持现有大股东控股的前提下，尽量利用证券市场而不采用向特定几个法人定向募集的方式融资。如果实在需要增加法人股东，可以结合公司对不同资源需求的紧迫程度来进行选择：如果公司仅仅是需要资金，可以采取吸纳多个无一致行动关系的新股东，并将每个新股东的股权比例控制在较低范围(比如3%以下)的策略；如果公司除了资金，还需要其他一些现有的股东不能提供但又对公司发展至关重要的资源，那么，只能考虑在保持控股的前提下让渡一部分控制权。

2. 董事会构成

从董事会与企业资源的关系来看，董事会的设置就是为了使公司努力减少与环境相关的不确定性，以获取所需要的关键性资源。公司治理理论认为，董事会中较多的外部董事可以降低“内部人控制”的风险，但另一方面，由公司内部人员出任的内部董事，具有信息上的优势，可以在董事会决策时提供更加丰富的企业信息，有助于提高企业决策的效率[122]。因为公司的内部高级管理人员熟悉公司的内部事务，而且具有在本行业和本公司经营管理、技术、营销等方面的经验和知识，是公司内部难以替代的战略资源，所以，总体而言，本书倾向于认为，为了使董事会的信息更加完备，提高决策质量和效率，获取竞争优势，董事会成员中应该包含内部董事，但其数量应该加以限制，以避免出现“内部人控制”的情况。总经理全面负责企业经营管理，熟悉整个企业的情况，是这名内部董事的最佳人选。

雅砻江公司的《公司章程》中虽然留有一个职工董事的代表名额，但目前所有的董事都是外部董事，没有内部董事。因此，本书建议，应该吸纳总经理加入董事会，以进一步提高决策质量和执行质量。

3. 独立董事制度建设

雅砻江公司的独立董事制度建设过程中，针对目前我国独立董事制度存在的独立董事既不“独立”又不“董事”的弊端，建议在独立董事选聘、独立董事职责和独立董事薪酬三个环节加强考虑。

1)独立董事选聘

首先根据公司发展战略，拟定独立董事人才知识结构和经验结构的需求矩阵，并确定所需独立董事的数量与资格要求；其次，结合独立董事人才市场情况，通过各种渠道广泛寻找可能的董事候选人；第三，根据预先拟定的标准和资格要求，委托第三方对董事候选人进行资格评估；第四，与符合条件的董事候选人初步接触，征求其意见，确定提名候选人名单；第五，将初选合格的董事会候选人名单提交至董事会，董事会作出最终决议并对外公示，若无异议，确定为最终独立董事人选。

2)强化独立董事职责，落实独立董事的以下监督和决策权力

(1)重大问题的决策。包括主要投资公司、并购、对外担保，须经独立董事批准。

(2)独立监察和财政奖励。需要独立董事对内部董事及高级管理人员薪酬计划进行监督，以防止他们制定计划提高工资，还要协调内部和外部审计机构，监督本公司的财务状况。

(3)关联交易的审核和签署权。独立董事有权对利益关联交易及其他的冲突进行独立判断，或者由独立董事签字生效，甚至独立董事可一票否决。

(4)外部中介机构的聘请权。独立董事在必要时有权聘请外部审计师、律师、财务顾问等中介机构，调查公司的管理，评估由公司承担的成本。

(5)公司董事、经理等高管的提名、撤销权。公司管理层及董事的经营业绩是由独立董事评估，如果经营状况不佳继续发生，独立董事有要求更换董事经理的权利，并可提名新的候选人。

(6)公司重要信息的知情权。要求董事、经理如实、全面、及时提交重要的公司信息，并接受独立董事提问咨询的权利。

(7)征集委托代理权和投票权。

3)为解决独立董事薪酬过低不利于激励独立董事，过高薪酬又不利于保持独立董事“独立性”的问题，建议对独立董事使用现金、股票与股票期权相结合的混合报酬组合形式。

对独立董事，以现金形式支付50%的酬金，其中包括基本工资和会议费(固定底薪，根据出席会议独立董事的人数调整会务费)和以递延奖金形式支付25%的酬金，该部分薪酬将以现金补偿价格换取股票，延期支付至独立董事的存款帐户，当独立董事退休或离职时，没有与该事件相关联的独立董事责任，以普通股形式支付股票期权，在公司盈利比上年同期增长率至少为某一定比例(如5%~10%)时，独立董事将能得到其余25%的薪酬。补偿在上市公司中各种组合形式的比重可根据具体情况灵活调整。这种组合，既减少了公司的现金支出，为公司创造了更多的投资机会，也允许独立董事从股票期权中获得回报，更能激发他们的积极性，同时，在一定程度上，也可以避免独立董事的短期行为而忽视股东的长远利益。

6.1.3.5 董事会专门委员会建设

随着公司集团化程度和管理复杂程度的提高，为进一步健全公司治理机构、提高决策效率、增强决策科学性、改善激励约束、降低公司风险，建议雅砻江公司逐步建立和完善董事会下属的专门委员会制度，按照有关规定，逐步建立战略、审计、提名、薪酬与考核等专门委员会。各专门委员会的主要职责如下：

提名委员会的主要职责为：选择并提经理和其他高级管理人员的人选，评价现任董事的工作绩效以决定其是否有资格继续留任；

战略委员会的主要职责为：对事关公司长远发展的事务进行战略分析、战略决策、战略实施和战略的控制与评价；

薪酬委员会的主要职责为：对公司高层经营管理团队进行业绩评价，制订并管理董事及高级管理人员的薪酬计划，参与董事及高级管理人员的聘用、留任和离任决策。

审计委员会的职责是：财务报告，评价公司内部财务控制和风险管理制度，内部审计有效性的评估，监督外部审计师，专注于公司内部报警信号的服务质量监控。

这些专门委员会作为董事会下设的次一级组织，直接对董事会负责，其讨论决定的议案须提交董事会审议。委员会成员可控制在3~7名，并由董事会选举产生。

6.1.3.6 董事和经理层的有效激励约束机制

从委托代理理论和现代企业也治理结构理论的角度看，作为国有企业，雅砻江公司的委托代理关系比较复杂，必须通过一套机制来避免短期机会主义行为给公司的稳健发展造成损害。而科学的激励约束机制可以将短期利益与长期利益、局部利益与整体利益紧密挂钩，使雅砻江公司的经营管理活动更加理性，实现又快又好地发展。

从企业资源能力理论的角度看，人是生产力中最活跃的因素，关键人才所具有的知识是企业最重要的战略资源。通过健全和完善的激励约束机制，充分发挥高层经营管理人员的主动性和创新精神，可以为雅砻江公司科学发展提供强大的动力。

在健全和完善对董事和总经理的高管层激励约束机制方面，首先要完善董事会、监事会和高管层之间制约与平衡的治理机制，按照现代企业制度和法律法规的要求，完善包括分工、协商等在内的治理机制，为有效实施激励约束提供制度保障；其次，要以股东价值和发展战略为导向，健全对高管层的业绩评价机制；再次，要完善对高管层的长期激励机制，明确其个人回报与企业经营未来收益挂钩的预期；最后，加强监事会的职能，形成对高管人员的问责机制。

6.1.3.7　监事会作用的强化

我国《公司法》对监事会职权的规定过于宽泛，不利于发挥监事会的监督、制衡作用。建议雅砻江公司从以下方面强化监事会的作用：

(1)强化监事会的财务检查权。财务检查权是监事会的核心职权，但现行《公司法》的规定缺乏可操作性。本书认为，雅砻江公司可以通过以下措施加以强化：允许监事不定期检查公司财务会计资料并享有相关的调查、质询权；对于中期、年度会计报告及重大交易、投资项目等的会计报告，须经监事会审查并签署同意意见，否则认为有瑕疵；允许监事会聘请独立会计师协助行使会计检查权，费用由公司承担。

(2)强化临时董事会召集权。《公司章程》规定监事会可以提议召开临时董事会，但如果董事会不同意召开，监事会将无计可施，因此，本书认为应当强化监事会临时董事会召集权，规定当监事会在已经提请董事会召集、超出一定期限而董事会无正当理由未召集时可以行使临时董事会召集权，且临时股东大会费用由公司承担。

(3)引进内部监事。落实《公司章程》有关条款的规定，引进内部监事，强调监事对公司的责任，强调监事的注意义务、亲自履行义务和举报义务。

6.2　雅砻江公司集团化后内部管控设计

根据雅砻江公司未来集团化发展的思路，普遍意义上的三种管控模式都不能简单地应用于雅砻江公司的集团管控。其主要原因是：因为管理控制的来源是股权的拥有，以上三种模式都忽视了股权在管控中的基础性作用，仅仅从业务的角度出发来研究管控，所以存在较大的局限性。而雅砻江公司未来的集团化发展比较复杂，有全资子公司，有控股子公司，同时产业也比较复杂，有水电建设、电力生产、电力销售能源产业内的三大领域，也会涉足与电力能源紧密相关的生产、加工或制造业和与雅砻江流域开发紧密联系的其他产业(如绿色水电，科技旅游、工业旅游与景观旅游相结合的水电旅游，生态种植和养殖等)。因此，需要根据战略决定治理结构，战略决定管理和组织结构的理论，结合雅砻江公司的发展战略和经营管理实际情况，探索适合雅砻江公司未来集团化之后的集团内部的管控模式问题。

6.2.1　基于管理熵理论的集团化管控模型

通过分析可以知道，雅砻江公司未来集团化将出现两类子公司。第一类：基于内部管理效率提高和管理成本降低的全资子公司。这类子公司集中在水电行业内，主要是指水电站开发时成立的地区性全资子公司、电力生产时成立的地区性生产全资子公司、电力销售时成立的全流域性销售全资子公司。第二类：基于流域化开发和未来产业同心多元化发展的控股子公司。当两类子公司成立之后，雅砻江公司的集团化形成，如何对这两类子公司进行管理和控制是需要重点考虑的前瞻性问题。

由前面的论述可知，管理熵和由管理熵规律决定的管理系统的“序”，要改变管理系统的熵值，必须对管理系统内部的结构和相应的功能进行调整，在管理系统内部结构达到科学合理的条件下，管理系统的熵值将会出现降低。管理熵理论认为，管理的重要目标就是降低管理系统的管理熵值，而管理熵值的降低将会使系统更加有序，系统的运行将会更加合理和高效，从而顺利实现系统追求的目标。在集团化企业管理领域，管理熵理论认为，作为一个追求经济效益最大化的系统，在集团形成之后，集团公司本身不仅仅是一个战略决策中心，同时也应该是一个综合计划中心、综合管理和协调中心，否则，整个集团就难以成为一个真正的系统。如果集团不能够成为一个真正的系统，集团公司就难以对集团内部众多的分子公司进行管理控制，也就达不到集团内部序参量最大化的目标(集团公司内部合理的序参量最大化目标是集团作为一个整体的经济效益最大化)。

6.2.2 基于管理熵理论的集团管控内容

管理模式最终是通过子公司，由母公司的管理和控制来实现。在主要的战略和计划、业绩、权限、财务、人事、信息 6 个方面建立各种有效的管理信息系统并加以实施，以减少管理熵增加，从而有序地完成战略任务。

1. 战略与计划管理

集团公司的战略与计划管理，是指集团公司发展战略以及战略目标分解、按计划进行战略实施控制的全过程的管理活动。它包括战略环境的研究、战略目标的设计、战略方案的选择、战略阶段计划的制定、计划实施与控制以及评价等内容。可见战略与计划管理是集团公司经营管理的核心，它决定了企业战略的完成和企业发展的趋势。

2. 业绩管理

业绩管理是母公司监控、控制、管理子公司的重要手段。对下属经营公司进行正确的引导是非常重要的。管理控制通常是通过考核形式的计划指标来实现，这种指标可分为定性和定量两种指标。

定性指标。定性指标用来衡量工作控制程度，用于评估子公司各种非生产因素的经营和管理。主要指标是：领导的基本素质、市场份额、企业的战略目标、员工不断创新的质量状况、技术装备更新水平、企业文化、长期生存能力。

定量指标。定量指标是比较容易测量的。其主要包括施工进度的盈利能力、项目成本、销售收入、利润总额、净利润、资产收益率、总资产、成本费用、利润率。

3. 权限管理

权限管理规定公司享有何种权限，它定义在多大程度和范围内可以做什么。它主要是针对子公司的重大决策进行管理。权限包括：有外商投资的权利、重大的资本开支权、重大资产处置；开设子公司的权利，包括签订重大合同、担保、年度预算、重大转型和基础设施建设等。

4. 财务管理

母公司对子公司的管理控制权中，财务管理具有核心地位，管理控制的所有其他方面都可以体现在最终的财务控制上。如今，企业集团都非常重视通过统一的财务管理，以实现对子公司财务系统的集中管理和控制。利用对财务的管控，将有助于提高整个企业集团的效率，降低该集团运行的财务风险。

(1)对子公司财务部门集中监控。控制可以通过委托来实现。母公司向下属公司委派的财务总监，作为母公司的财务部门人员，负责对子公司的财务监督管理，参与决策，严格执行母公司的财务制度，并接受母公司评价。

(2)统一财务会计制度。为了分析各子公司的业务，以确保本集团整体的有序运行，母公司应根据实际情况和子公司的经营特色，在国家统一的会计制度基础上，制定统一的、可操作性强的集团财务会计制度实施细则，规范审批程序和会计流程的管理程序，提高各子公司的财务报表的可靠性和可比性。

(3)统一银行账户管理。对于企业集团的子公司可能出现的，在银行账户的资金截取等问题上，母公司应加强对下属公司的银行账户监督和管理，下属公司进行银行贷款等业务，必须置于母公司监管之下，实行项目公司的报批和备案的管理制度。

(4)加强在资金管理、筹资管理、预算管理、审计管理方面的集中管理。资金管理是财务管理的中心，如何加强资金的使用以及对子公司的监督，是面向集团的一个重要财务管理问题。在中国企业集团中，有的组织“结算所”制度的做法，也就是说，母公司在银行开立基本结算账户，然后分别设置各下属公司的账户，对其进行管理。子公司按照母公司和单位的年度预算，向母公司申报并由母公司进行结算。母公司可以成立专门的预算委员会来平衡预算、审查子公司预算，以及本集团的预算汇总编制。分配到各子公司的预算，根据指导其业务活动的批准后实施。除了母公司应建立内部审计机构对下属公司的财政收入和支出进行审计管理外，即将离任的经理，都必须进行资产监管和审计。母公司对于子公司要提出定期或不定期的审计报告，提出要优化内部控制环境，改进工作方法，提出意见和建议，以提高经营效率。

5. 人事管理

在现代企业制度中，子公司的人员的控制是从更多的激励、考核、奖惩等现代人力资源管理的角度来设计和控制的。母公司对子公司人员的控制，主要集中在对两类人的控制上。一是对子公司的董事、监事的控制。子公司董事和监事的选任，都是按照母公司参股的控制额度来实现的，由此构成了子公司的股东大会、董事会、监事会和法人治理结构。首先，母公司应该做好对子公司的指导和管理工作，委派监事、董事。其次，总公司应考虑加强对外部董事、监事的评估和奖励工作。二是对子公司的总经理进行管理和控制，以及对负责子公司的财务人员进行管理和控制。人事控制的两个主要方面，都是通过年度或任期考核指标和定期述职来完成。

6. 信息管理

信息管理的主要内容是确保子公司的运营信息能够及时准确地传递到母公司。这些信息包括市场开发、回款、主要的合同，如市场信息的执行情况；实际生产状态信息的生产计划、生产和经营；资产负债表、财务损失、现金流量等财务报表。这些信息可以用来了解下属公司的经营状况，及早发现问题，防范风险。

信息控制技术，应该利用遥测遥感，如 RFID、3S 等技术和网络技术，在集团内建立自动检测手段、内部局域网和信息平台，各子公司的营销、生产、财务、运营状况的信息和内部局域网上的其他信息，均可供母公司管理参考。同时应实现高效传输和控制。母公司在实际使用管理控制子公司的六种手段时，应根据各业务集团的实际情况重点选择和调整。

6.3 雅砻江公司集团管控模式

6.3.1 集团公司的管控模式

雅砻江公司未来的子公司包括全资子公司(水电建设子公司、电力生产子公司和电力销售公司)、控股子公司(能源、资源领域内的控股子公司，雅砻江公司流域开发相关的其他多元化控股子公司)等企业形式，根据管理熵的全资子公司和控股子公司管控理论和模型，雅砻江公司对子公司的管理如下：

(1)集团内部资源实行统一配置和管理，实行集团的人、财、物、信息、技术和战略资源、市场资源的全集团成员共享，实行统一部署和有偿供给，通过优化资源配置的科学方法，以最大限度地发挥其资源效能。

(2)在合理集权和分权的基础上做到战略与计划管理权集中，生产经营管理权充分授予，实现管而不死，活而不乱，全公司在可控条件下有序运行。

(3)内部集团执行统一的战略目标和业务计划，并确保通过综合管理，实现统一的战略目标。战略目标分解成战略阶段和年度计划，并形成下属各子公司的工程建设、电力生产经营和业绩目标，为集团公司年度计划的全面实施和有效完成，形成一个统一的计划体系。

(4)雅砻江公司集团内部的财务战略规划和管理，包括对投资、融资、运营和其他资本流入实施集中管理，独立经营的下属子公司在此基础上，进行自主经营、独立核算；母公司强化对全资子公司财务和金融的管控。

(5)雅砻江公司集团掌握全公司的重大人事决策权，母公司按出资人意志聘任全资子公司经营管理者，并对全资子公司实行全面管理和考核；对于控股子公司则实施以经济效益和重要的社会效益为主的综合经济绩效评价和考核管理，所有的下属子公司的评价考核结果，都要和子公司经营管理者的收入分配、奖惩以及任免、晋升挂钩。

(6)构建积极向上的具有强大凝聚力的统一的企业文化。在建设雅砻江公司集团化管控模式时，应加强企业文化的建设，如企业愿景、企业精神、企业价值观、企业诚信观、企业英雄榜样等，充分调动人力资源的积极性和主动性，消除企业阻力，提高竞争活力。

6.3.2　集团对子公司的管控

雅砻江公司未来的子公司包括全资和控股两类，根据管理熵的子公司管控模式，集团公司对子公司的管控如下。

1. 战略与计划管理

公司对集团发展的外部环境、集团内部全资子公司和控股子公司的内部资源进行调研和分析，确定集团和集团内各子公司的发展思路、战略愿景、总体战略目标，并将战略目标向各子公司分解，形成集团公司和子公司的年度经营计划。子公司在明确各自战略任务基础上，按照集团的统一计划要求执行战略和各自的年度经营计划。集团公司统一对战略和年度经营计划的执行进行监督控制，并对战略和计划执行的结果进行评价考核。

2. 人力资源管理

雅砻江公司负责集团内部重大的人力资源管理工作。全资子公司总经理、副总经理、三总师、重要职能部门的负责人可由集团公司直接任命，或者可由全资子公司推荐，由集团公司董事会对其任职资格进行审查和聘任。全资子公司的其他管理岗位和技术岗位的人员招聘需要纳入集团公司统一的人力资源招聘计划，全资子公司在录用相应人员之前需要报集团公司审批。

控股子公司将在《公司法》规定的基础上，按产权结构形成控股子公司董事会，由控股子公司董事会对控股子公司的总经理、副总经理、三总师、重要职能部门负责人进行聘任，但需经过二滩集团公司董事会对其任职资格进行审查和备案，审查合格方能聘任并进入集团人事管理档案。控股子公司的其他管理岗位和技术岗位的人员招聘由控股子公司董事会和经理层统一管理。

子公司经营层人员的考核、薪酬报雅砻江公司备案。子公司一般员工的考核由雅砻江公司针对具体情况出具统一的考核标准，在雅砻江公司的指导下，子公司按照统一的考核标准对员工进行考核，执行雅砻江公司制定的相应薪酬标准。

3. 投融资管理

集团公司掌握集团内部全资子公司的投融资实际权力，全资子公司提出投融资计划之后需要经过集团公司的统一核准，具体的融资工作由集团公司统一组织实施，全资子公司不具有对外的融资资格。在投资方面，子公司按照集团公司的统一规划和要求进行投资活动，当子公司的投资活动发生重大变化时，需要通过集团公司的认可。全资子公司的投融资活动需要经过集团公司统一的财务中心平台进行结算。

控股子公司提出投融资计划之后需要经过集团公司统一核准，具体的融资工作由集团公司统一组织实施，控股子公司的对外融资资格弱化，在集团公司的统一管理下，控股子公司在融资方面主要职责是履行必要的法律手续。在投资方面，控股子公司按照雅砻江公司的统一规划和要求进行投资活动，当子公司的投资活动发生重大变化时，需要通过子公司自己的董事会上报集团公司，在得到集团公司的认可之后，控股子公司的投资计划可以进行适当变更。

不论是全资子公司还是控股子公司的投融资活动需要经过集团公司统一的财务中心平台进行结算。

4. 财务、资金、预算管理

集团公司建立集团的资金结算中心，统一管理全资子公司的银行账户，调剂全资子公司之间的资金余缺，核定付款定额；审核预算外付款申请，审核全资子公司内部贷款申请；主持全资子公司内部往来结算和流动资金管理；公司统一进行集团内公司的对外税务、社会保障等工作；公司制定预算编制规程，指导各全资子公司编制年度财务预算，检查和监控预算执行情况；审核子公司提出的预算目标调整申请。

控股子公司董事会授权于集团公司进行相应管理的前提下(反向委托)，集团公司可建立资金结算中心，统一管理控股子公司的银行账户，调剂控股子公司之间的资金余缺；办理预算外付款申请，审核控股子公司内部贷款申请；主持控股子公司内部往来结算和流动资金管理；集团公司统一进行集团内公司的对外税务、社会保障等工作；集团公司制定预算编制规程，指导各控股子公司编制年度财务预算，检查和监控预算执行过程情况；对控股子公司提出的预算目标调整申请提出建议修改和备案。

5. 审计监督管理

集团公司董事会设置审计监督委员会，其成员构成由集团公司董事会决定。审计监督委员会对集团公司和下属各子公司的财务、重大运营方面的工作进行定期和不定期审计、监督和内控。并将审计监督报告报送集团公司董事会。

6.3.3 集团管控模式下利益相关者的利益保护问题

在集团公司对下属的子公司进行管控时，需要注意保护子公司其他股东的利益，保护其他股东利益的同时应该注意以下几个方面的问题。

(1)要建立信息公开制度。子公司的重大经营管理、重大的投融资决策都需要征求其他股东方的意见，包括控股子公司，并将讨论出的决策结果告知子公司的其他股东。

(2)采用外部董事管理和监督。通过外部董事的独立性和利益非相关性，利用外部董事的专家优势，充分保证子公司的重大决策科学合理，同时保证子公司的中小股东的利益不被大股东损害。

(3)完善监事会功能。在子公司层面，监事会由股东会产生，并对股东会负责，这样董事会就能够对董事会起到监督的制约，同时监视会的作用与功能可以延伸到经理层。这样就能够保证子公司的董事会和经理层按照公司股东的最大利益化进行经营和管理。

6.3.4　集团管控模式的信息化建设

雅砻江流域面积达到 13.6 万平方公里，雅砻江干流长达 1571 公里。在如此大的空间内要实现集团的统一管理，除了要建立科学合理的集团管控模式之外，必须采用信息化手段为集团统一管理奠定技术基础。

针对目前雅砻江公司信息化发展的问题，在实现集团化管控中，公司应该基于物联网技术、遥测遥感技术(RFID、3S 等)、无人(或少人)值守技术和远程控制技术等，形成现代信息技术网络，全面建立现代智能化信息技术管理平台，通过现代智能化信息集控中心实现集团内部生产经营、联合调度、并行工程和多项目的统一管理，因此雅砻江公司必须建设符合自身生产经营管理特点和满足集团智能化管控需要的信息系统。通过智能信息化手段，真正实现雅砻江公司的集团化管控模式，保证在集团内部达到资源配置优化、管理统一的目标。

第 7 章　雅砻江公司流域化水电开发人力资源管理研究*

本章是根据雅砻江公司的总体战略目标和"四阶段"发展策略，在公司发展历史数据的基础上设计的 2007～2020 年雅砻江公司人力资源规划。

本章主要是在对雅砻江公司流域化梯级电站建设和公司集团化科学化管理发展战略进行研究的基础上，明确公司人力资源管理的角色定位及发展目标。本章同时还将分析支撑公司"流域化、集团化、科学化"发展的人力资源管理策略，包括公司 2007～2020 年所需的人力资源供需情况，人力资源的"循环、滚动"配置策略，以及人力资源职能管理的整合和优化方向。

需要指出的是，对公司未来几年中人力资源的供需状况分析的相关内容，建立在公司 2008 年前(课题研究期)的历史数据基础之上，随着预测时间的延长，预测数据所产生的偏差将逐渐加大。本章的预测数据仅供雅砻江公司人力资源部在人员数量和结构配置时参考。

此外，公司人员的"循环、滚动"配置的相关内容，主要参考了二滩电站、雅砻江公司各个管理局人员变动趋势数据，在总体上对人员的变动状况进行了定性化描述，并不表示绝对数量和比例的变化趋势。

两河口、锦屏和官地等水电站是雅砻江流域水电建设开发过程中最具挑战性、技术要求最高、开发规模最大的水电站，这几座巨型水电站建成后，将有力地推进水电建设人才的培养，为二滩公司发展战略的顺利实现奠定坚实的基础。

7.1　雅砻江公司人力资源规划

人力资源规划是连接公司发展战略和业绩的必由之路，是雅砻江公司"流域化、集团化、科学化"发展与管理的最重要的支撑环节之一。其包含的内容，既有员工队伍规划，也有人力资源管理规划。

人力资源规划主要从以下三个方面影响雅砻江公司既定战略目标的实现：①人力资源对公司发展战略的一致性和支撑性，将影响到公司既定战略实施的效果；②分析未来

---

* 本部分内容是根据任佩主持的国家自然科学基金项目"水电企业流域化、集团化战略管理与上网价格机制研究(50579101)"内容，由课题组中的研究生杜宇在项目基础上形成自己的硕士论文，撰写本书时任佩瑜对其进行了整理。本部分的数据均是 2008 年根据项目研究需要采集的数据，现在发生了较大的变化。

水电行业、电力行业的变化，明确公司在不同发展阶段的发展定位、业务定位和管理定位，同时制定相应的人力资源管理举措，将极大地促进公司在不同阶段的人员数量、素质和结构的优化，为公司发展奠定良好的人力资源管理基础；③结合公司的发展战略，促进人力资源“滚动、循环”配置和利用，提高人力资源的使用效率和经济性。

1. 雅砻江公司人力资源规划的目标

为配合公司“流域化、集团化、科学化”发展与管理，公司人力资源管理的发展目标为：在雅砻江公司总体发展目标及发展战略的指导下，结合公司的现状，最大限度地开发和利用公司的人力资源，合理配置公司员工数量和结构，实现公司人力资源存量的“循环、滚动”配置，提高人员使用的效率和经济性；并通过注重制定具有激励性和引导性的人力资源管理制度，提高公司员工的组织忠诚度，提升员工队伍的综合素质，不断增强公司的智力资本竞争优势。

2. 雅砻江公司人力资源规划的宗旨和模型

人力资源发展策略的制定，要结合公司人力资源战略和公司对雅砻江“流域化、集团化、科学化”水电梯级开发建设发展与水电生产经营管理的战略来研究和制定。

(1)雅砻江公司人力资源规划的宗旨。吸引、保留、发展优秀人才，为公司实现“集团化、流域化、科学化”发展与管理战略提供充足的人力资源保障。

(2)公司人力资源规划的模式。在公司“流域化、集团化、科学化”的发展与管理战略思想指导下，提出雅砻江公司基于“流域化”开发的人力资源规划模式，如图 7-1 所示，以及基于“流域化、集团化、科学化”发展与管理战略的人力资源规划模型，如图 7-2所示。

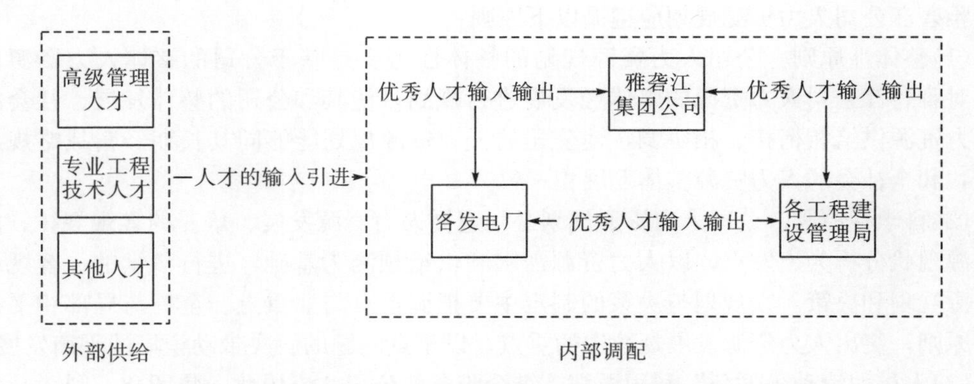

图 7-1　雅砻江公司基于“流域化”开发的人力资源规划模式

图 7-2 所示模型充分实现了“流域化、集团化、科学化”发展与管理的战略思想，既保证了现有各项目对人才的需求，又可为后续梯级电站的开发、管理培养和输送大量合格的人才，为公司培养和造就一大批一专多能、专业协作明确的人才。

由于本模型更多关注的是公司项目发展的核心岗位和核心人才，而对非核心岗位和非核心人才则采取比较宽松的管理模式，因此能够有效降低公司人力资源开发的成本。

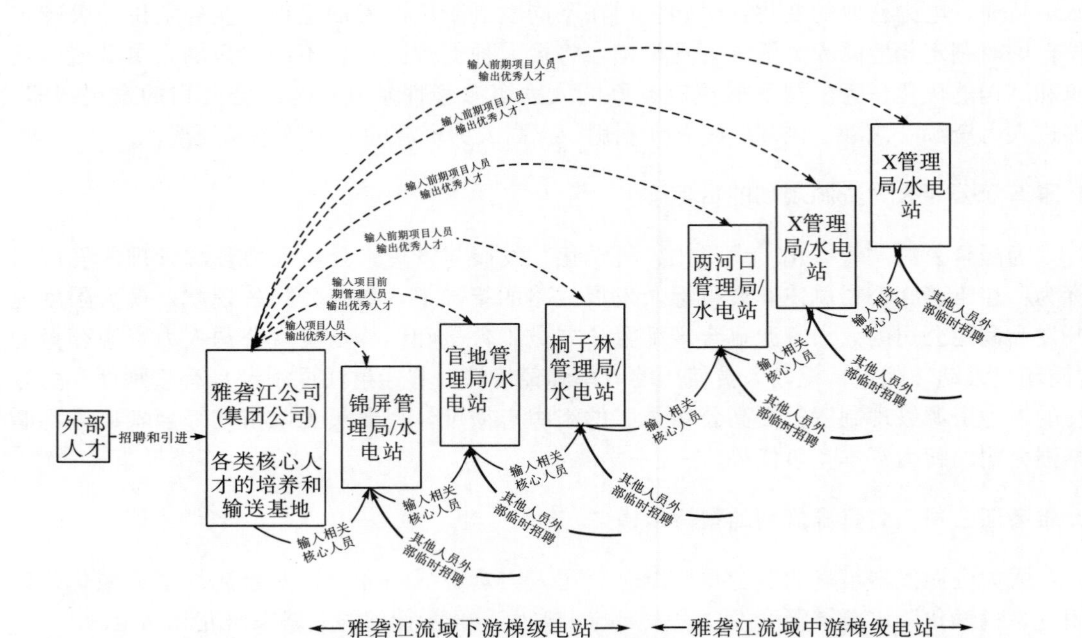

图 7-2 基于“流域化、集团化、科学化”发展与管理战略的人力资源规划模型

本模型也考虑到在流域开发过程中，将不断地培养和提拔优秀的管理人才，这些人才可以通过内部的调动升迁等来强化雅砻江公司未来发展的能力。

3. 雅砻江公司人力资源规划的原则

雅砻江公司人力资源规划应遵循以下原则：

(1)整体性原则。公司人力资源规划的整体性需要是基于公司的整体人力资源概念的。对雅砻江公司人力资源的整体性发展进行规划，使其和公司的整体发展、社会的整体人力资源供给相衔接、相协调，使公司的人力资源规划能够同其长期经营战略规划相一致，和全社会的人力资源整体发展相一致。

(2)科学性原则。公司人力资源规划必须遵循人力资源发展、培养的客观规律，以人力资源现状分析为出发点，以人力资源需求和供给预测为基础，进行科学的、客观的人力资源规划和决策。在规划与决策的制定中要把握重点与非重点、全局与局部相平衡的科学原则，突出人力资源发展规律中的重点，以重点问题的解决带动全局的平衡发展。

(3)人员“滚动、循环”利用原则。结合雅砻江公司“流域化、集团化、科学化”发展与管理战略及公司人力资源存量现状，实现员工队伍“滚动、循环”配置和利用，加强员工队伍的内部调配，提高员工队伍的使用效率和经济性。

(4)适度流动性原则。雅砻江公司长远发展需要员工适度的流动，这样才能建设一支具有活力的人力资源队伍。但公司员工的流动率过低或过高，都是不正常的现象。在规划中需要注意员工的适度流动，以便充分挖掘员工的潜力，使公司人力资源的价值得到充分利用。

(5)共同发展原则。公司的人力资源规划不仅为公司的发展战略服务，而且为促进公司员工自身职业生涯的发展服务。将公司的发展目标同员工的个人职业生涯发展目标相协调、相结合，二者相互支持、相互促进、共同发展。

7.1.1　雅砻江公司人力资源需求分析

人力资源的需求预测，主要解决各部门人员需求总量和结构的问题。雅砻江公司2007～2020 年人力资源需求总量预测的基本思路是：以定量和定性相结合，定量为主，定性为辅的方式进行预测。定量分析采用数理统计方法，基于历史数据，预测人力资源的需求总量，然后根据公司内人员流动状况对预测结果做出调整。

通过采集历史数据建立模型对雅砻江公司 2007～2020 年所需人员进行预测，主要基于以下假设前提：

假设一：雅砻江公司未来所需人员配置与其发展战略目标紧密相关。

合理的人员配置，是实现既定的公司发展战略目标的支撑和基础。公司在不同阶段的发展目标，决定了其所需人员数量和结构。因此，可以将人力资源的配置计划同公司的发展战略目标进行衔接，通过建立二者之间的关系模型来有效地预测未来一段时间内公司人员配置的结构和总量。

假设二：公司的未来发展同其发展历程紧密相关。

公司的发展，是一个循序渐进的过程。通过收集公司的历史发展数据，建立相关预测模型，可以预测其未来的发展趋势。因此，历史数据同未来的发展趋势之间必须具有较强的关联性。

假设三：不可预期的重要影响因素不会对公司的发展趋势产生影响。

由于不可预期的影响因素对公司的发展所带来的影响难以衡量，且缺乏相关可以量化的预测数据，因此在预测中，没有包含这些重大的影响因素所带来的冲击。所以，公司需要适时地对模型进行优化调整，使预测模型能够更好地适应公司的实际情况。

一般而言，可能会对雅砻江公司发展产生重要影响的因素包括：技术革新、组织及管控模式的调整、自然因素、政策法律等。

7.1.1.1　雅砻江公司总部人员需求预测

根据雅砻江公司总部 2003～2006 年度人员配置情况，建立人员需求预测模型，见图 7-3。

$$y = 49.299\ln x - 63.756$$

式中，y 为公司总部所需人数(人)；x 为年度在建固定资产总投资(亿元)。

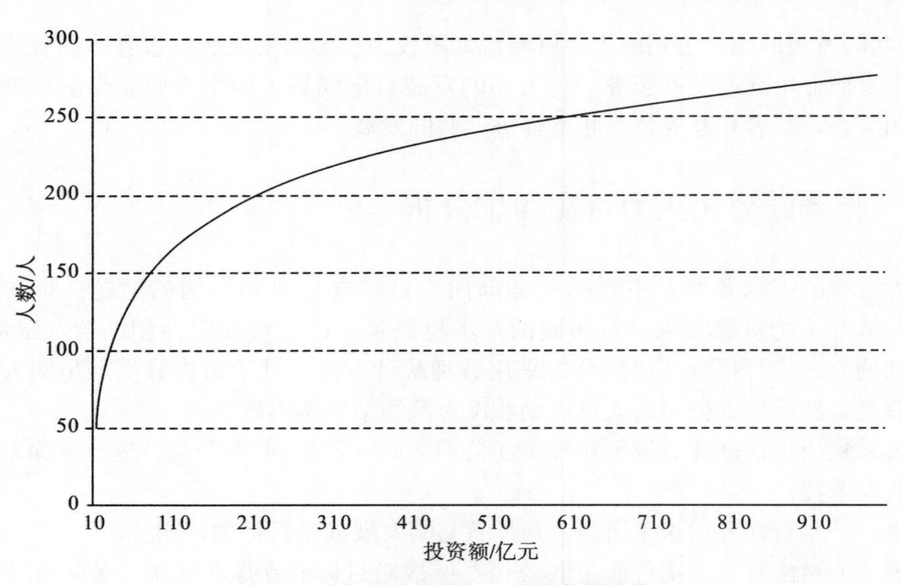

图 7-3 雅砻江公司总部人员需求预测模型

该模型相关参数如表 7-1～表 7-3 所示。

表 7-1 回归统计

线性回归系数	0.994151
拟合系数	0.988337
调整后的拟合系数	0.982505
标准误差	4.467151
观测值	4

表 7-2 方差分析

	df	SS	MS	F	F 显著性
回归分析	1	3382.089	3382.089	169.4821	0.005849
残差	2	39.91088	19.95544		
总计	3	3422			

表 7-3 参数置信区间及假设检验

	系数	标准误差	t 统计量	P 值	下限 95%	上限 95%	下限 95.0%	上限 95.0%
截距	−63.76	13.31	−4.79	0.04	−121.00	−6.51	−121.00	−6.51
自变量	49.30	3.79	13.02	0.01	33.01	65.59	33.01	65.59

基于雅砻江公司人员需求预测模型，结合其在建固定资产投资额，对公司总部2007～2015 年人员需求进行预测，见表 7-4。

表 7-4　雅砻江公司总部 2007～2015 年各年度人员需求预测表

年份	在建设固定资产投资/亿元	人数/人
2007	60.2	141
2008	91.6	159
2009	146.1	182
2010	179	192
2011	185	194
2012	192	195
2013	181.7	193
2014	166	188
2015	158	186

根据预测的数据，绘制雅砻江公司总部 2007～2015 年人员变动趋势图，见图 7-4。

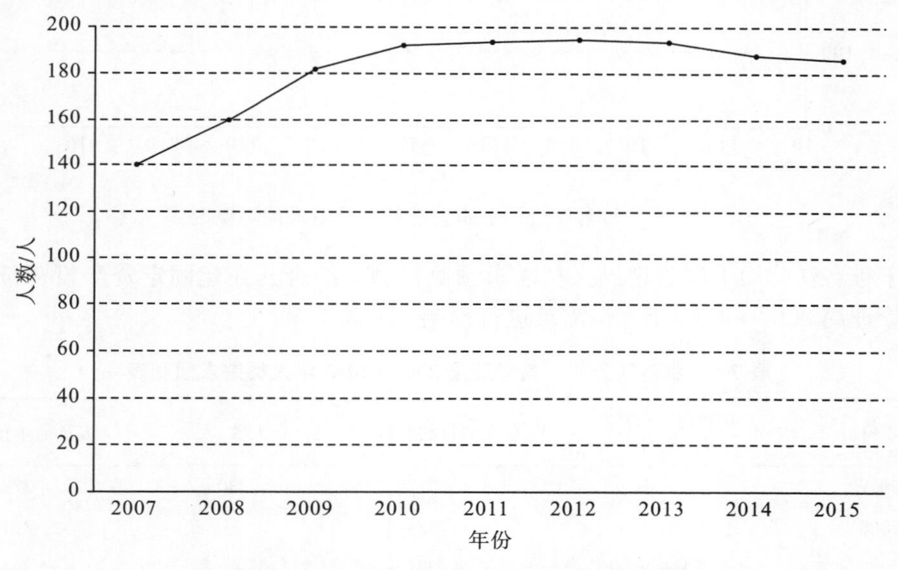

图 7-4　雅砻江公司总部 2007～2015 年人员需求预测趋势图

7.1.1.2　雅砻江公司下属管理局人员需求预测

从前期调研情况来看，目前雅砻江公司各下属管理局对其人员配置数量和结构相对满意。因此，本预测模型的建立主要依据 2003～2006 年公司下属管理局的人力资源配置历史数据，结合不同的预测需求，建立不同的预测模型，包括下属管理局人员需求总量预测模型、单个项目各阶段人员需求模型等。

1. 公司下属管理局人员需求总量预测

根据雅砻江公司在建固定资产投资与下属管理局人员变化趋势，从宏观层面建立一个趋势变化及人员需求预测模型*，见图 7-5。

$$y = 99.97\ln x - 137.71$$

式中，y 为公司下属管理局所需人员总数(人)；x 为公司各年度在建固定资产投资总额(亿元)。

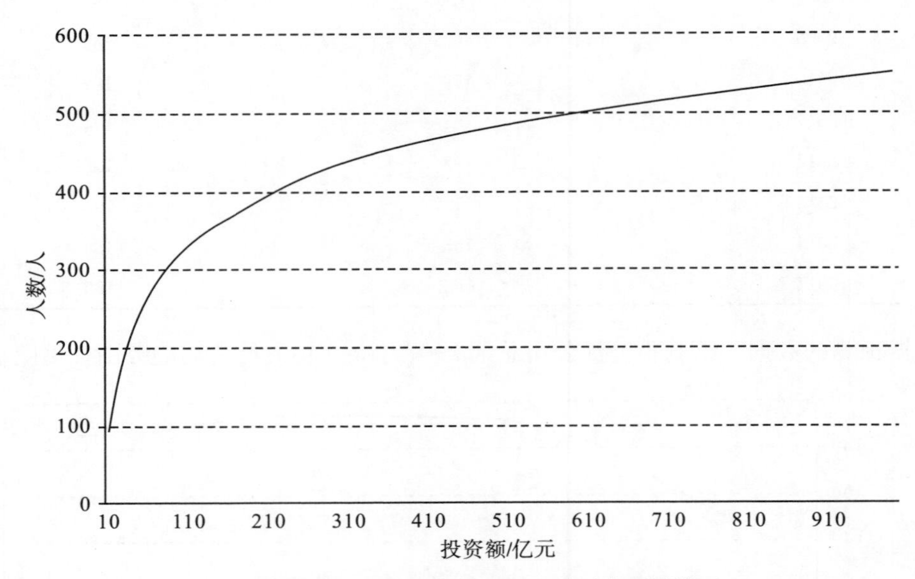

图 7-5　雅砻江公司下属管理局人员需求预测模型

基于雅砻江公司下属管理局人员需求预测模型，结合其在建固定资产投资额，对公司下属管理局 2007～2015 年人员需求进行预测，见表 7-5。

表 7-5　雅砻江公司下属管理局 2007～2015 年人员需求预测表

年份	在建固定资产投资总额/亿元	总额的自然对数	人数/人	人员需求预测/人
2007	60.2	4.097672	230	272
2008	91.6	4.517431		314
2009	146.1	4.984291		361
2010	179.0	5.187386		381
2011	185.0	5.220356		384
2012	192.0	5.257495		388
2013	181.7	5.202357		382
2014	166.0	5.111988		373
2015	158.0	5.062595		368

根据预测的数据，绘制公司下属管理局 2007～2015 年人员变动趋势图，见图 7-6。

---

* 需要强调的是，牙根、杨房沟、卡拉、楞古、孟底沟等项目在 2007 年度已经开始了投资，但并未组建相应的管理机构。针对是否将相关数据代入核算，可以构建不同的模型。但对数据的计算结果比较来看，各种计算方式的结果相差不大。

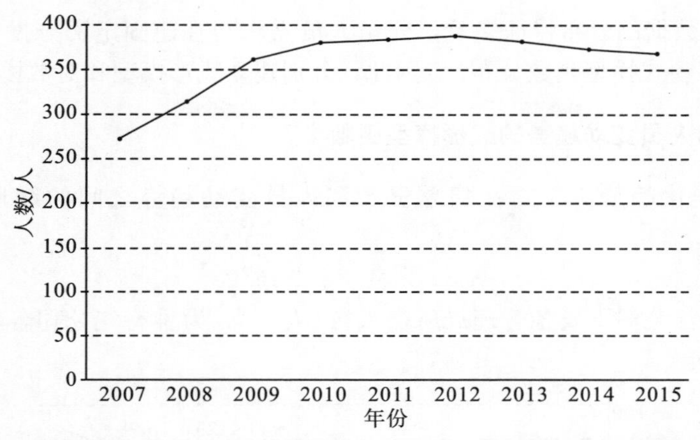

图 7-6　雅砻江公司下属管理局 2007～2015 年人员需求预测趋势图

在雅砻江公司下属管理局 2007～2015 年人员需求总量预测的基础上，根据各下属管理局建设投资额占公司电站建设总投资额的比例，分别计算出公司下属各管理局在 2007～2015 年所需的人数，见表 7-6。

表 7-6　公司下属各管理局 2007～2015 年各年度人员需求预测表　（单位：人）

年份	人员需求预测	锦屏一级	锦屏二级	锦屏	官地	桐子林	两河口	牙根	杨房沟	卡拉	楞古	孟底沟
2007	230			128	66	10	26					
2008	314	80	117	197	52	4	29	12	7	12	1	1
2009	361	61	109	170	79	30	49	12	10	10	1	0
2010	381	64	102	166	74	28	53	19	13	17	6	4
2011	384	71	95	166	52	19	58	31	21	19	10	8
2012	388	57	91	148	24	8	65	44	28	22	30	20
2013	382	37	59	96	17		74	53	34	25	53	32
2014	373	18	27	45			74	63	40	29	81	40
2015	368		11	11			72	65	47	35	93	47

2. 公司下属管理局各阶段人员需求预测：整体拟合函数

要根据历史数据对各个项目进行总体预测，就不能按照项目的单个特征分别建立预测模型，否则对尚未开展的项目难以进行人数配置规划，见图 7-7。

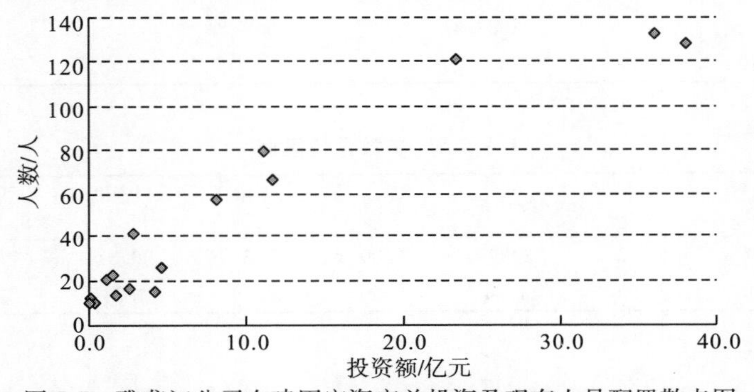

图 7-7　雅砻江公司在建固定资产总投资及现有人员配置散点图

从图7-7中数据的分布特征来看，公司人员需求与在建固定资产投资额之间主要服从线形模型和多项式模型函数分布*。因此，分别建立线形模型和对数模型函数。

3. 在建总资产和人员变动趋势的线形模型函数

根据总的变化趋势，建立在建总资产和人员变动趋势之间的线形函数模型，见图7-8。

$$y = 3.4123x + 16.98$$

式中，y 为雅砻江公司下属各管理局所需人数(人)；x 为雅砻江公司各项目在建固定资产投资总额(亿元)。

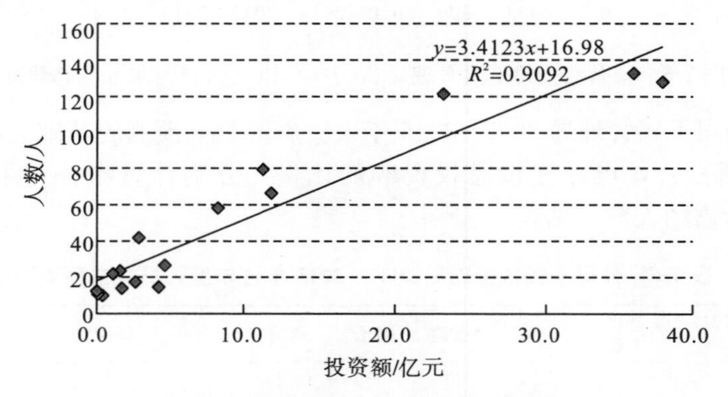

图7-8　下属管理局人员年需求预测模型

模型相关参数如表7-7～表7-9所示。

表7-7　回归统计

线性回归系数	0.953526
拟合系数	0.909211
调整后的拟合系数	0.902726
标准误差	13.85471
观测值	16

表7-8　方差分析

	df	SS	MS	F	F显著性
回归分析	1	26912.6	26912.6	140.2041	1.11E−08
残差	14	2687.342	191.953		
总计	15	29599.94			

表7-9　参数置信区间

	系数	标准误差	t统计量	P值	下限95%	上限95%	下限95.0%	上限95.0%
截距	16.98	4.37	3.89	0.00	7.62	26.34	7.62	26.34
自变量	3.41	0.29	11.84	0.00	2.79	4.03	2.79	4.03

* 其他模型(包括对数模型、指数模型等)拟合效果欠佳，故不再对其进行计算。

基于雅砻江公司下属管理局人员需求预测模型，结合其在建固定资产投资额，利用直线预测模型，对公司下属管理局 2007～2015 年人员需求进行预测，见表 7-10。

表 7-10　雅砻江公司下属管理局 2007～2015 年人员需求预测表（直线预测模型）

年份	在建设固定资产投资/亿元	人数/人
2007	60.2	334
2008	91.6	466
2009	146.1	652
2010	179	762
2011	185	785
2012	192	811
2013	181.7	755
2014	166	685
2015	158	660

根据预测的数据，绘制 2007～2015 年雅砻江公司下属管理局人员需求预测图，见图 7-9。

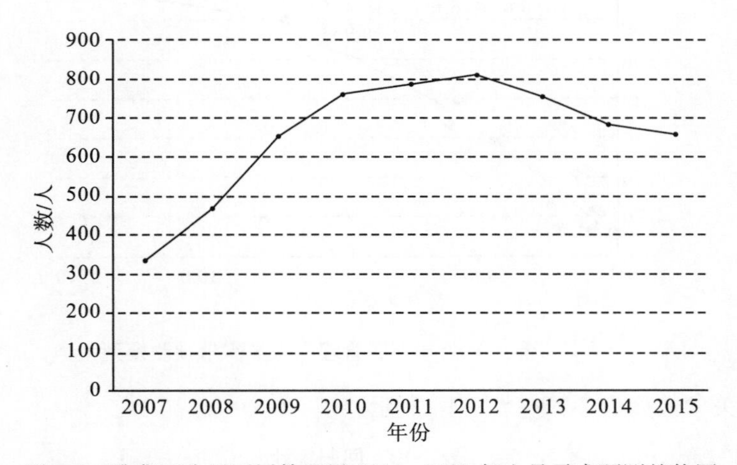

图 7-9　雅砻江公司下属管理局 2007～2015 年人员需求预测趋势图

在雅砻江公司下属管理局 2007～2015 年人员需求总量预测的基础上，根据各下属管理局建设投资额占公司电站建设总投资额的比例，利用直线预测模型，分别计算出各下属管理局 2007～2015 年所需的人数，见表 7-11。

表 7-11　公司下属各管理局 2007～2015 年各年度人员需求预测表（直线预测模型）　（单位：人）

年份	锦屏	官地	桐子林	两河口	牙根	杨房沟	卡拉	楞古	孟底沟	总数
2007	128	66	10	26	24	20	24	18	18	334
2008	212	69	21	46	29	24	29	18	18	466
2009	251	126	58	85	34	31	31	18	18	652

续表

年份	锦屏	官地	桐子林	两河口	牙根	杨房沟	卡拉	楞古	孟底沟	总数
2010	283	136	61	102	48	37	44	27	24	762
2011	290	102	48	113	68	51	48	34	31	785
2012	266	58	30	126	92	65	55	68	51	811
2013	172	45		136	102	72	58	102	68	755
2014	85			130	113	78	61	140	78	685
2015	33			123	113	85	68	153	85	660

4. 雅砻江公司下属各管理局所需人数的多项式模型函数

根据历史数据，建立雅砻江公司下属各管理局所需人数的多项式预测模型，见图 7-10。

$$y = -0.09x^2 + 6.6863x + 7.4452$$

式中，y 为雅砻江公司下属各管理局所需人数(人)；x 为雅砻江公司各项目在建固定资产投资总额(亿元)。

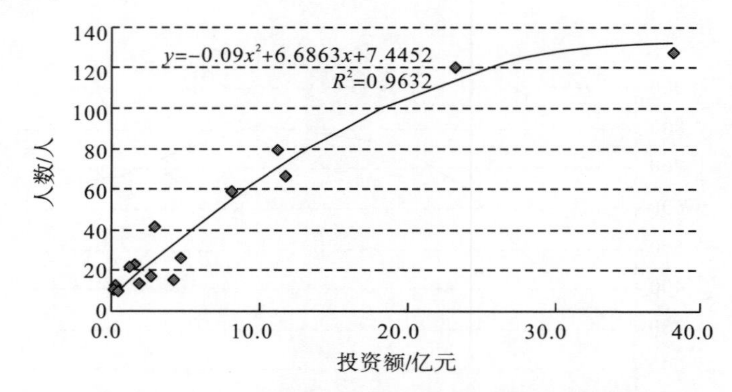

图 7-10　雅砻江公司下属管理局人员需求预测模型

该模型相关参数如表 7-12～表 7-14 所示。

表 7-12　回归统计

线性回归系数	0.981412
拟合系数	0.96317
调整后的拟合系数	0.957504
标准误差	9.157484
观测值	16

表 7-13　方差分析

	d*f*	SS	MS	F	F 显著性
回归分析	2	28509.76	14254.88	169.9853	4.79E−10
残差	13	1090.174	83.85952		
总计	15	29599.94			

表 7-14　系数置信区间

	系数	标准误差	t 统计量	P 值	下限 95%	上限 95%	下限 95.0%	上限 95.0%
截距	7.45	3.62	2.06	0.06	−0.37	15.26	−0.37	15.26
自变量 1	−0.09	0.02	−4.36	0.00	−0.13	−0.05	−0.13	−0.05
自变量 2	6.69	0.77	8.64	0.00	5.01	8.36	5.01	8.36

在 95%的置信度下，常数项取值与 0 无显著性差异。考虑到常数项的数值不大，故暂时不将其值取为 0。

基于雅砻江公司下属管理局人员需求预测模型，结合其在建固定资产投资额，利用多项式预测模型，对雅砻江公司下属管理局 2007～2015 年人员需求进行预测，见表 7-15。

表 7-15　雅砻江公司下属管理局 2007～2015 年人员需求预测表(多项式预测模型)

年份	在建设固定资产投资/亿元	人数/人
2007	60.2	323
2008	91.6	356
2009	146.1	477
2010	179	516
2011	185	554
2012	192	669
2013	181.7	803
2014	166	768
2015	158	717

根据预测的数据，绘制雅砻江公司 2007～2015 年人员需求变化趋势图，见图 7-11。

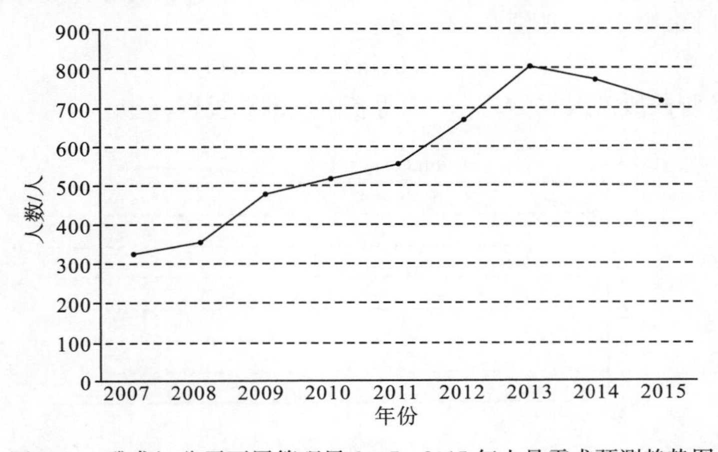

图 7-11　雅砻江公司下属管理局 2007～2015 年人员需求预测趋势图

在公司下属管理局 2007～2015 年人员需求总量预测的基础上，根据各管理局建设投资额占公司电站建设总投资额的比例，利用多项式预测模型，分别计算出各管理局 2007～

2015 年所需的人数，见表 7-16。

表 7-16 雅砻江公司下属各管理局 2007～2015 年各年度人员需求预测表 （多项式预测模型）

（单位：人）

年份	锦屏官地	桐子林	两河口	牙根	杨房沟	卡拉	楞古	孟底沟	总数
2007	205	10	36	20	14	20	9	9	323
2008	184	16	58	30	20	30	9	9	356
2009	173	75	105	39	33	33	10	9	477
2010	113	79	118	60	44	55	27	20	516
2011	85	60	124	88	65	60	39	33	554
2012	91	32	129	111	83	70	88	65	669
2013	182		131	118	91	75	118	88	803
2014	105		130	124	99	79	132	99	768
2015	36		128	124	105	88	131	105	717

5. 雅砻江公司下属管理局各阶段人员需求预测：分段函数分析

不分阶段进行人员需求预测，可能引起预测效果不佳、与实际情况出入过大等情况。结合对历史数据的进一步分析，发现了以下规律：

管理局筹建阶段(第一年)的人员需求配置与项目建设阶段的人员需求配置有所差异。年总投资额在 5 亿元以下的水电建设项目，其人员配置与 5 亿元以上的项目人员配置有所差异。

基于此，建立筹备阶段人员需求预测模型、年总投资额 5 亿元以下项目的人员配置模型、年投资额 5 亿元以上的人员配置模型。

1)筹备阶段人员需求预测模型

根据锦屏、两河口、官地、桐子林等项目在首年总投资额和人员配置数量，建立筹备阶段人员需求预测模型，如图 7-12 所示。

$$y = 1.06\ln x + 13.434$$

式中，y 为筹备阶段所需人数(人)；x 为筹备阶段的总投资(亿元)。

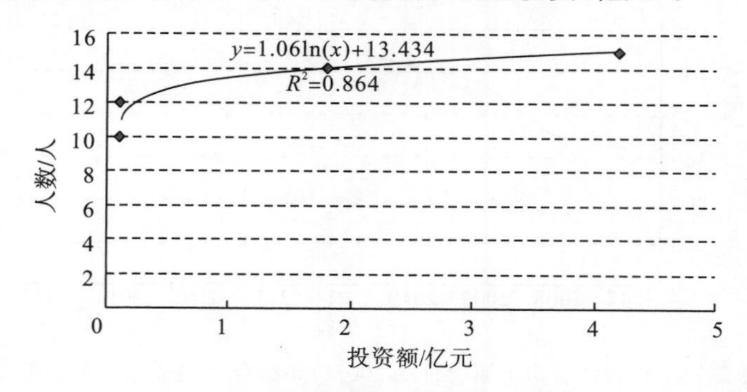

图 7-12 筹备阶段人员需求预测模型

该模型相关参数如表 7-17～表 7-19 表示。

表 7-17　回归统计

线性回归系数	0.92954
拟合系数	0.864044
调整后的拟合系数	0.796066
标准误差	1.001337
观测值	4

表 7-18　方差分析

	df	SS	MS	F	F 显著性
回归分析	1	12.74465	12.74465	12.71062	0.07046
残差	2	2.005354	1.002677		
总计	3	14.75			

表 7-19　系数置信区间

	系数	标准误差	t 统计量	P 值	下限 95%	上限 95%	下限 95.0%	上限 95.0%
截距	13.43	0.54	25.05	0.00	11.13	15.74	11.13	15.74
自变量	1.06	0.30	3.57	0.07	−0.22	2.34	−0.22	2.34

在 95%的置信度下，自变量的系数取值有可能为零。主要原因是在筹备阶段的人员变动较为稳定，基本上维持在 10～15 人，因此，该模型的常数项基本上能很好地预测这个阶段的人员变动趋势。

2)年总投资额小于 5 亿元的项目人员需求预测

在对首年的人员需求情况进行预测以后，绘制年度在建固定资产总投资小于 5 亿元的项目人员配置情况图，见图 7-13。

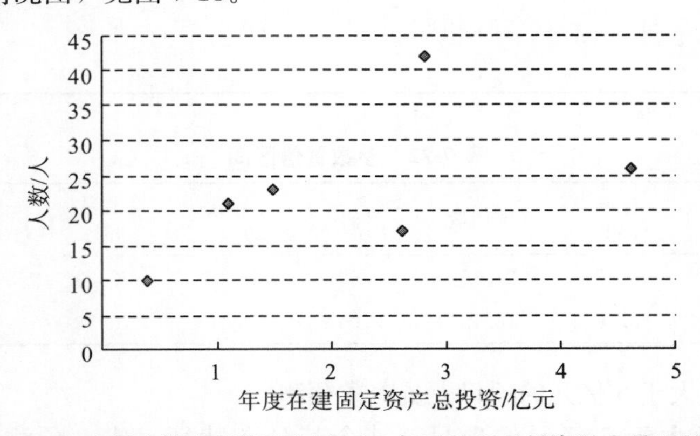

图 7-13　年度固定资产投资总额小于 5 亿元的项目投资及人员配置情况

从图 7-13 中可见，表中有两个离异数据(官地管理局 2005 年人员配置与两河口管理局 2006 年人员配置)。如果暂时摒弃这两个数据后，不难发现，项目人员配置情况与其年度在建固定资产总投资的自然对数呈线性关系。

对于年总投资额小于 5 亿元的管理局人员配置情况，其预测模型如图 7-14 所示。

$$y = 7.58946\ln x + 18.579$$

式中，y 为小于 5 亿元的项目所需人数(人)；x 为小于 5 亿元的项目的年度总投资(亿元)。

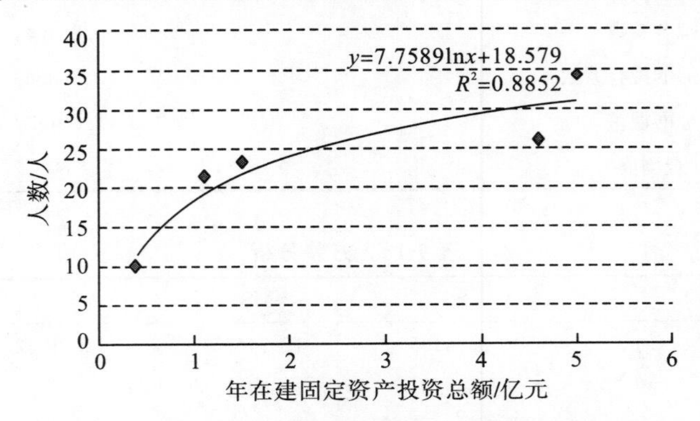

图 7-14 年投资额小于 5 亿元的项目人员需求预测模型

该模型相关参数如表 7-20～表 7-22 所示。

表 7-20 回归统计

线性回归系数	0.94087
拟合系数	0.885236
调整后的拟合系数	0.846981
标准误差	3.403459
观测值	5

表 7-21 方差分析

	df	SS	MS	F	F 显著性
回归分析	1	268.0494	268.0494	23.14055	0.017106
残差	3	34.75061	11.58354		
总计	4	302.8			

表 7-22 参数置信区间

	系数	标准误差	t 统计量	P 值	下限 95%	上限 95%	下限 95.0%	上限 95.0%
截距	19.03	0.78	24.33	0.00	15.66	22.39	15.66	22.39
自变量	12.27	0.76	16.19	0.00	9.01	15.53	9.01	15.53

3)年总投资额大于 5 亿元的项目人员需求预测

对于年投资额大于 5 亿元的项目，结合其分布特征，建立预测模型，如图 7-15 所示。

$$y = 49.751\ln x - 46.229$$

式中，y 为小于 5 亿元的项目所需人数(人)；x 为小于 5 亿元的项目的年度总投资(亿元)。

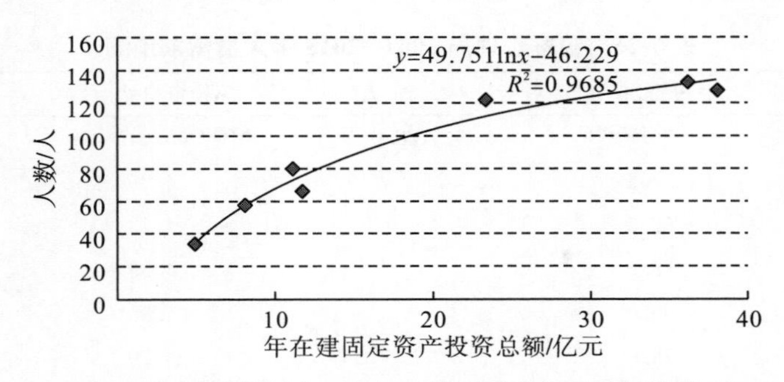

图 7-15　年投资额大于 5 亿元的项目人员需求预测模型

该模型相关参数如表 7-23～表 7-25 所示。

表 7-23　回归统计

线性回归系数	0.984109
拟合系数	0.968471
调整后的拟合系数	0.962165
标准误差	7.572524
观测值	7

表 7-24　方差分析

	df	SS	MS	F	F 显著性
回归分析	1	8806.999	8806.999	153.5842	6.06E−05
残差	5	286.7156	57.34311		
总计	6	9093.714			

表 7-25　参数置信区间

	系数	标准误差	t 统计量	P 值	下限 95%	上限 95%	下限 95.0%	上限 95.0%
截距	−9.67	11.29	−0.86	0.44	−41.02	21.69	−41.02	21.69
自变量	29.26	4.65	6.30	0.00	16.35	42.16	16.35	42.16

7.1.2　雅砻江公司各管理局各阶段人员需求预测

1. 锦屏管理局 2007～2015 年人员需求预测

基于雅砻江公司锦屏管理局人员需求预测模型，结合其在建固定资产投资额，对雅砻江公司锦屏管理局 2007～2015 年人员需求进行预测，见表 7-26。

表 7-26 锦屏管理局 2007～2015 年人员需求预测

年份	总投资/亿元	人数/人	总投资自然对数	预测需求人数/人
2007	38.0	128.0	3.64	135
2008	57.2		4.05	155
2009	68.5		4.23	164
2010	78.0		4.36	171
2011	80.0		4.38	172
2012	73.0		4.29	167
2013	45.5		3.82	144
2014	20.0		3.00	103
2015	4.6		1.53	30

根据预测数据，绘制锦屏管理局 2007～2015 年人员变动趋势图，见图 7-16。

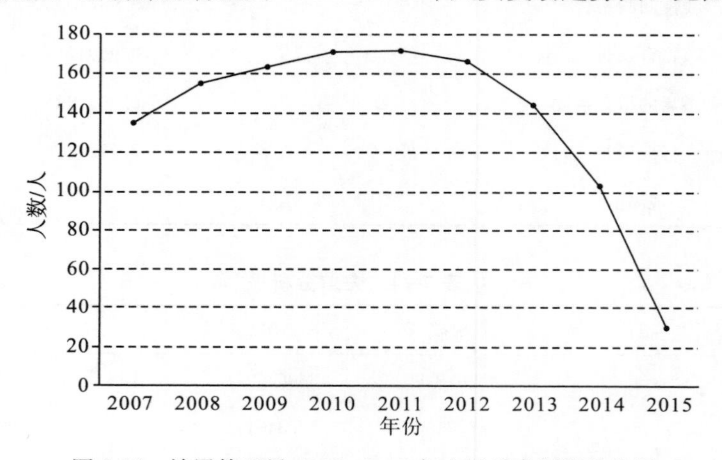

图 7-16 锦屏管理局 2007～2015 年人员需求预测趋势图

2. 官地管理局 2007～2015 年人员需求预测

基于雅砻江公司锦屏管理局人员需求预测模型，结合其在建固定资产投资额，对雅砻江公司官地管理局 2007～2015 年人员需求进行预测，见表 7-27。

表 7-27 官地管理局 2007～2015 年人员需求预测

年份	总投资/亿元	人数/人	总投资自然对数	预测需求人数/人
2007	11.7	66.0	2.459589	76
2008	15.2		2.721295	89
2009	32.0		3.465736	126
2010	35.0		3.555348	131
2011	25.0		3.218876	114
2012	12.0		2.484907	77
2013	8.2		2.104134	58
2014	0			0
2015	0			0

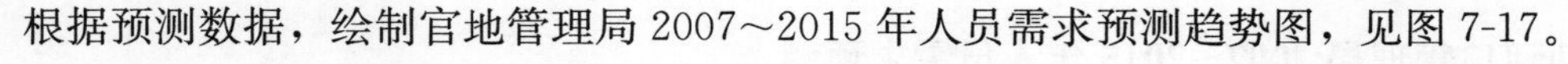

根据预测数据，绘制官地管理局 2007～2015 年人员需求预测趋势图，见图 7-17。

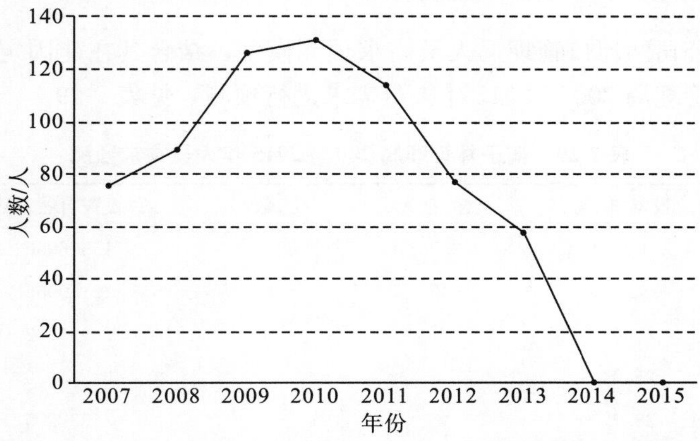

图 7-17 官地管理局 2007～2015 年人员需求预测趋势图

3. 桐子林管理局 2007～2015 年人员需求预测

基于雅砻江公司桐子林管理局人员需求预测模型，结合其在建固定资产投资额，对雅砻江公司官地管理局 2007～2015 年人员需求进行预测，见表 7-28。

表 7-28 桐子林管理局 2007～2015 年人员需求预测

年份	总投资/亿元	土建/亿元	人数/人	总投资自然对数	预测需求人数/人
2007	0.4	0.1	10.0	−0.91629	11
2008	1.3	0.7		0.262364	21
2009	12.0			2.484907	77
2010	13.0			2.564949	81
2011	9.0			2.197225	63
2012	3.8			1.335001	29
2013	0	0			0
2014	0	0			0
2015	0	0			0

根据预测数据，绘制桐子林管理局 2007～2015 年人员需求预测模型图，见图 7-18。

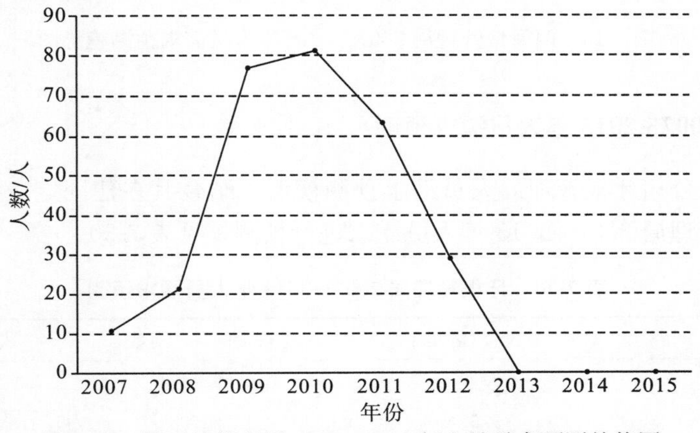

图 7-18 桐子林管理局 2007～2015 年人员需求预测趋势图

4. 两河口管理局 2007～2015 年人员需求预测

基于雅砻江公司两河口管理局人员需求预测模型，结合其在建固定资产投资额，对雅砻江公司官地管理局 2007～2015 年人员需求进行预测，见表 7-29。

表 7-29 桐子林管理局 2007～2015 年人员需求预测

年份	总投资/亿元	土建/亿元	人数/人	总投资自然对数	预测需求人数/人
2007	4.6	3.0	26	1.526056	30
2008	8.5	6.2		2.140066	60
2009	20.0			2.995732	103
2010	25.0			3.218876	114
2011	28.0			3.332205	120
2012	32.0			3.465736	126
2013	35.0			3.555348	131
2014	33.0			3.496508	128
2015	31.0			3.433987	125

根据预测数据，绘制两河口管理局 2007～2015 年人员需求预测模型图，见图 7-19。

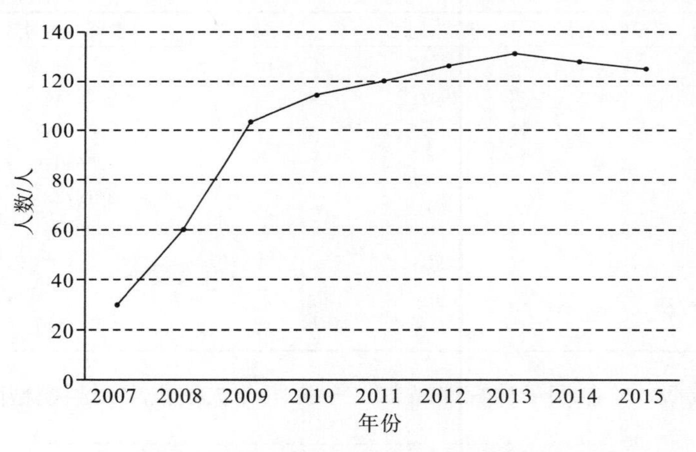

图 7-19 两河口管理局 2007～2015 年人员需求预测趋势图

5. 牙根管理局 2007～2015 年人员需求预测

基于雅砻江公司牙根管理局人员需求预测模型，结合其在建固定资产投资额，对雅砻江公司牙根管理局 2007～2015 年人员需求进行预测，见表 7-30。

表 7-30 牙根管理局 2007～2015 年人员需求预测

年份	总投资/亿元	总投资的自然对数	人数需求预测/人
2007	2.0	0.693147	14
2008	3.5	1.252763	28

续表

年份	总投资/亿元	总投资的自然对数	人数需求预测/人
2009	5.0	1.609438	34
2010	9.0	2.197225	63
2011	15.0	2.70805	88
2012	22.0	3.091042	108
2013	25.0	3.218876	114
2014	28.0	3.332205	120
2015	28.0	3.332205	120

根据预测数据，绘制牙根管理局 2007～2015 年人员需求预测图，见图 7-20。

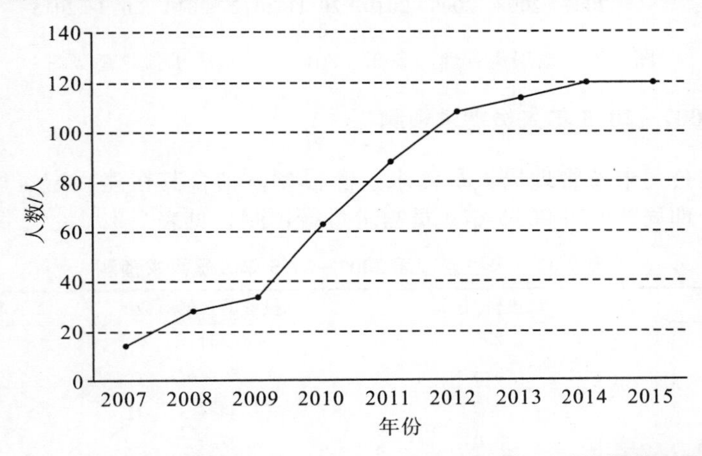

图 7-20　牙根管理局 2007～2015 年人员需求预测趋势图

6. 杨房沟管理局 2007～2015 年人员需求预测

基于雅砻江公司杨房沟管理局人员需求预测模型，结合其在建固定资产投资额，对雅砻江公司杨房沟管理局 2007～2015 年人员需求进行预测，见表 7-31。

表 7-31　杨房沟管理局 2007～2015 年人员需求预测

年份	总投资/亿元	总投资的自然对数	人数需求预测/人
2007	1.0	0	13
2008	2.0	0.693147	24
2009	4.0	1.386294	29
2010	6.0	1.791759	43
2011	10.0	2.302585	68
2012	14.0	2.639057	85
2013	16.0	2.772589	92
2014	18.0	2.890372	98
2015	20.0	2.995732	103

根据预测数据，绘制杨房沟管理局 2007～2015 年人员需求预测图，见图 7-21。

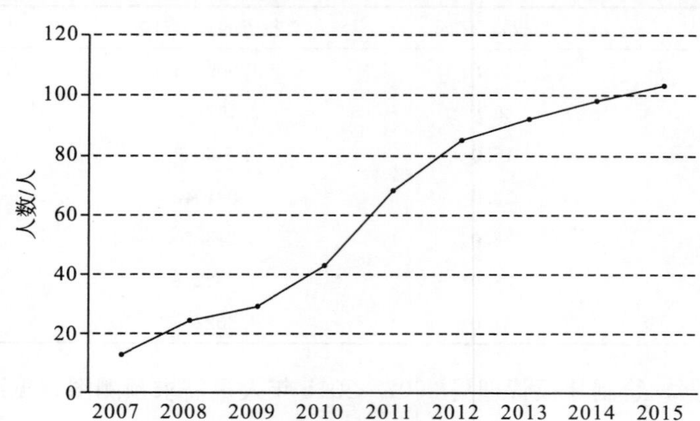

图 7-21 杨房沟管理局 2007～2015 年人员需求预测趋势图

7. 卡拉管理局 2007～2015 年人员需求预测

基于雅砻江公司卡拉管理局人员需求预测模型，结合其在建固定资产投资额，对雅砻江公司卡拉管理局 2007～2015 年人员需求进行预测，见表 7-32。

表 7-32 卡拉管理局 2007～2015 年人员需求预测

年份	总投资/亿元	总投资的自然对数	人数需求预测/人
2007	2.0	0.693147	14
2008	3.5	1.252763	28
2009	4.0	1.386294	29
2010	8.0	2.079442	57
2011	9.0	2.197225	63
2012	11.0	2.397895	73
2013	12.0	2.484907	77
2014	13.0	2.564949	81
2015	15.0	2.70805	88

根据预测数据，绘制卡拉管理局 2007～2015 年人员需求预测图，见图 7-22。

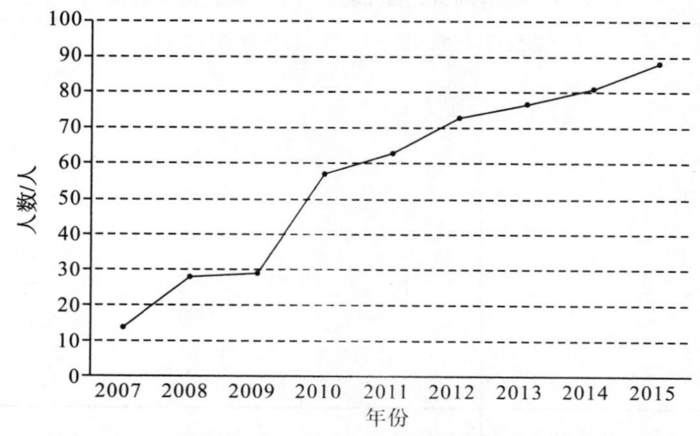

图 7-22 卡拉管理局 2007～2015 年人员需求预测趋势图

8. 楞古管理局 2007～2015 年人员需求预测

基于雅砻江公司楞古管理局人员需求预测模型，结合其在建固定资产投资额，对雅砻江公司楞古管理局 2007～2015 年人员需求进行预测，见表 7-33。

表 7-33　楞古管理局 2007～2015 年人员需求预测

年份	总投资/亿元	总投资的自然对数	人数需求预测/人
2007	0.3	−1.20397	12
2008	0.3	−1.20397	9
2009	0.4	−0.91629	11
2010	3.0	1.098612	27
2011	5.0	1.609438	34
2012	15.0	2.70805	88
2013	25.0	3.218876	114
2014	36.0	3.583519	132
2015	40.0	3.688879	137

根据预测数据，绘制楞古管理局 2007～2015 年人员需求预测模型图，见图 7-23。

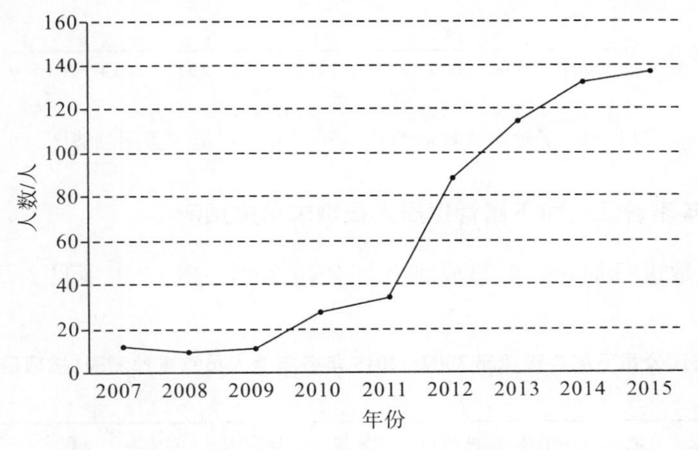

图 7-23　楞古管理局 2007～2015 年人员需求预测趋势图

9. 孟地沟管理局 2007～2015 年人员需求预测

基于雅砻江公司孟地沟管理局人员需求预测模型，结合其在建固定资产投资额，对雅砻江公司孟地沟管理局 2007～2015 年人员需求进行预测，见表 7-34。

表 7-34　孟地沟管理局 2007～2015 年人员需求预测

年份	总投资/亿元	总投资的自然对数	人数需求预测/人
2007	0.2	−1.60944	12
2008	0.2	−1.60944	6
2009	0.2	−1.60944	6

续表

年份	总投资/亿元	总投资的自然对数	人数需求预测/人
2010	2.0	0.693147	24
2011	4.0	1.386294	29
2012	10.0	2.302585	68
2013	15.0	2.70805	88
2014	18.0	2.890372	98
2015	20.0	2.995732	103

根据预测数据，绘制孟地沟管理局 2007～2015 年人员需求预测模型图，见图 7-24。

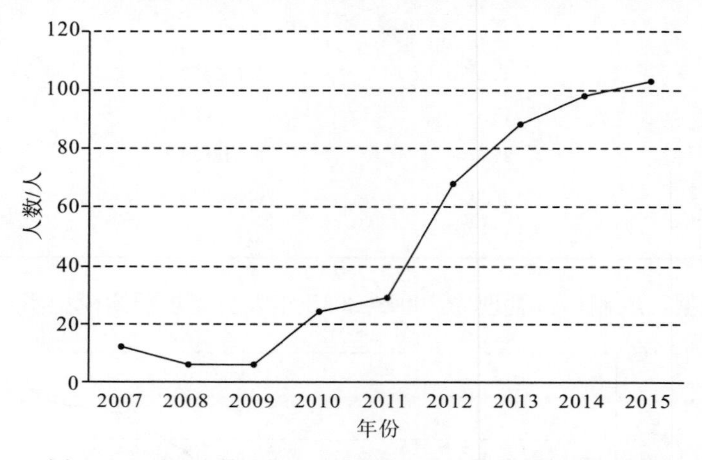

图 7-24　孟地沟管理局 2007～2015 年人员需求预测趋势图

10. 2007～2015 年雅砻江公司下属管理局人员需求总量预测

按照项目人数进行加和，汇总成雅砻江公司 2007～2015 年项目人员需求总量统计表，见表 7-35。

表 7-35　雅砻江公司下属各管理局 2007～2015 年各年度人员需求预测表(按项目及阶段划分)

(单位：人)

年份	锦屏	官地	桐子林	两河口	牙根	杨房沟	孟地沟	楞古	孟地沟	总数
2007	128	66	10	26	14	13	14	12	12	295
2008	126	89	21	60	28	24	28	9	6	391
2009	131	126	77	103	34	29	29	11	6	546
2010	114	131	81	114	63	43	57	27	24	654
2011	77	114	63	120	88	68	63	34	29	656
2012	58	77	29	126	810	85	73	88	68	712
2013		58		131	114	92	77	114	88	674
2014				128	120	98	81	132	98	657
2015				125	120	103	88	137	103	676

从数据未拆分的各类预测模型的预测效果来看，人数总体预测数据和单个项目分别预测数据的总和二者存在比较大的差异。从雅砻江公司的历史数据来看，所有项目年在建固定资产总投资超过 10 亿元的项目，其人数配置的主要参考是锦屏管理局的人员配置。而锦屏管理局是锦屏一级和锦屏二级两个电站建设的汇总数据，其人数配置是按照两个项目的加总进行配置的策略。这将为预测方法提供思路。

7.1.3　雅砻江公司下属管理局人员需求预测：数据拆分

数据拆分的方法众多，各种拆分方法所考虑的方面皆有所侧重。结合水电站建设的实际，考虑到项目进度和工程艰巨性*是人员配置的主要影响因素，对管理局人员数量进行拆分。计算公式如下：

$$\begin{aligned}\text{项目所需人数} &= \text{总人数} \times \text{项目进度系数} \times \text{工程艰巨性系数} \times \text{修正系数} \\ &= \text{总人数} \times x_i \times y_i \times z_i\end{aligned}$$

$$\text{项目进度系数}(x_i) = \frac{\text{该项目年度投资额}}{\text{项目年度总投资额}}$$

其中，

$$\text{工程艰巨性系数}(y_i) = \frac{\text{该项目预期投资总额(亿元)}}{\text{另一项目预期投资总额(亿元)}} \times \frac{\text{该项目预期建设时间(年)}}{\text{另一项目预期建设时间(年)}}$$

$$\text{修正系数}(z_i) = \frac{1}{\sum_{i=1}^{2} x_i y_i}$$

表 7-36　锦屏一级、锦屏二级工程进度系数及修正系数情况表

时间	总人数/人	工程进度系数	工程艰巨性系数	修正系数	锦屏一级		锦屏二级	
					投资额	人数/人	投资额	人数/人
2003	15	0.79	0.77	1.133012	3.3	10	0.9	5
2004	79	0.70	0.77	1.073972	7.8	45	3.4	34
2005	121	0.79	0.77	1.132799	18.3	82	5.0	39
2006	133	0.74	0.77	1.101262	26.6	83	9.4	50

根据 2003～2006 年各管理局人员配置的历史数据，以及拆分后的锦屏一级和二级人员配置情况（表 7-36），绘制总投资和人数变化趋势图，见图 7-25。

从图形整体变化趋势上来看，其主要服从对数分布。但是，大量数据集中在固定资产投资 5 亿元以下，且首年人员配置与该年后人员配置有所差异。结合这些可观察的特征，建立分段函数，试图建立更为精确的人员配置预测模型。

---

* 工程进度影响因素主要通过工程进度系数来衡量，即通过该工程年度投资额占年度总投资额的比重计算，工程艰巨性系数主要通过工程的预计建设时间和总投资来衡量，而修正系数主要在于确保两个项目拆分后的数据加和值与实际值相吻合。

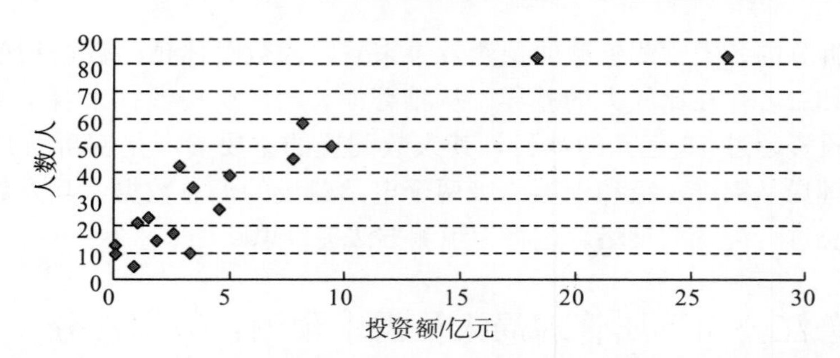

图 7-25 二滩公司下属管理局 2003～2006 年总投资及人员配置散点图

1. 筹建阶段人员需求预测模型[①]

结合各管理局人员配置的历史数据以及锦屏管理局的人员拆分数据，建立了筹建阶段(首年)的人员配置预测模型。

$$y = 1.06\ln x + 13.434$$

式中，y 为筹备阶段所需人数(人)；x 为筹备阶段的总投资(亿元)。

2. 年总投资额小于 5 亿元的项目人员需求预测

根据雅砻江公司在建固定资产金额与所需人员数量的历史数据，绘制如下散点图，见图 7-26。

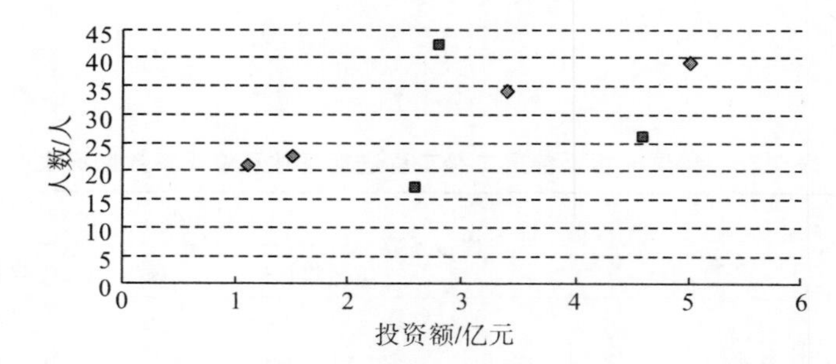

图 7-26 年固定资产投资总额小于 5 亿元的项目总投资及人员配置情况

图 7-26 中的点基本服从直线或对数分布。但有三个数据离散性较大(官地和两河口管理局第二年人员配置及官地管理局第三年人员配置)。如果暂时剔除这三个数据，那么可以建立预测模型[②]，见图 7-27。

$$y = 12.266\ln x + 19.026$$

式中，y 为小于 5 亿元的项目所需人数(人)；x 为小于 5 亿元的项目的年度总投资(亿元)。

---

① 筹建阶段的人员预测模型并未引用拆分数据，而是直接按照加和的数据进行测算。

② 从模型的拟合效果来看，对数模型比直线模型效果更好，因此，不再建立直线预测模型。

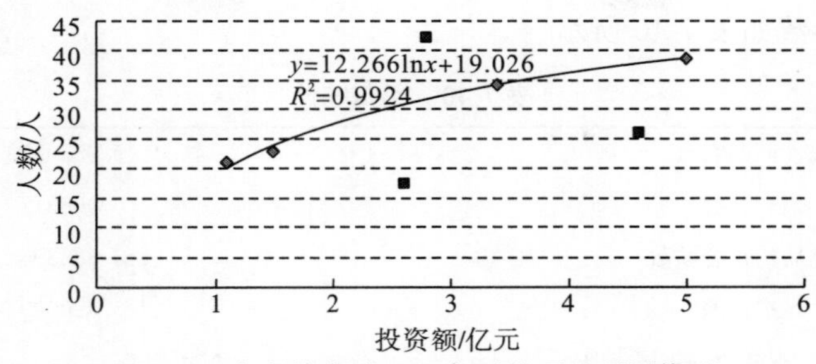

图 7-27　年投资额小于 5 亿元的项目预测模型

该模型的相关参数如表 7-37～表 7-39 所示。

表 7-37　回归统计

线性回归系数	0.996206
拟合系数	0.992426
调整后的拟合系数	0.988639
标准误差	0.922564
观测值	4

表 7-38　方差分析

	df	SS	MS	F	F 显著性
回归分析	1	223.0478	223.0478	262.0623	0.003794
残差	2	1.70225	0.851125		
总计	3	224.75			

表 7-39　参数置信区间

	系数	标准误差	t 统计量	P 值	下限 95%	上限 95%	下限 95.0%	上限 95.0%
截距	19.03	0.78	24.33	0.00	15.66	22.39	15.66	22.39
自变量	12.27	0.76	16.19	0.00	9.01	15.53	9.01	15.53

3. 年投资额大于 5 亿元的项目人员需求预测

对于年投资额大于 5 亿元的项目，结合拆分数据及历史数据绘制变动趋势图，在此基础上结合变动趋势，建立了预测模型，如图 7-28 所示。

$$y = 29.26\ln x - 9.6693$$

式中，y 为大于 5 亿元的项目所需人数(人)；x 为大于 5 亿元的项目的年度总投资(亿元)。

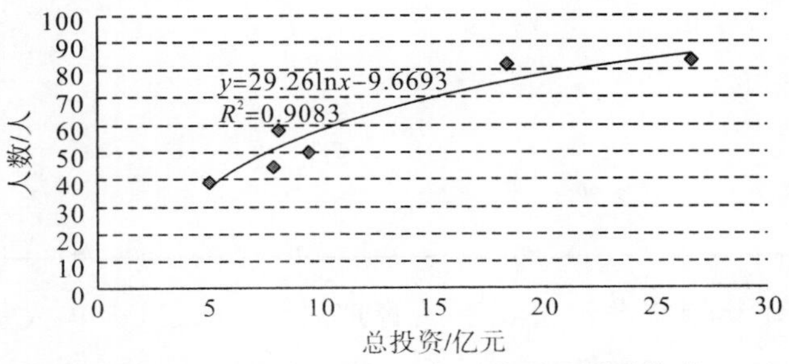

图 7-28　年投资额大于 5 亿元的项目预测模型

该模型相关参数如表 7-40 所示。

表 7-40 回归统计

线性回归系数	0.953057
拟合系数	0.908317
调整后的拟合系数	0.885396
标准误差	6.390093
观测值	6

表 7-41 方差分析

	df	SS	MS	F	F 显著性
回归分析	1	1618.167	1618.167	39.62862	0.003254
残差	4	163.3332	40.83329		
总计	5	1781.5			

表 7-42 参数置信区间

	系数	标准误差	t 统计量	P 值	下限 95%	上限 95%	下限 95.0%	上限 95.0%
截距	−9.67	11.29	−0.86	0.44	−41.02	21.69	−41.02	21.6
自变量	29.26	4.65	6.30	0.00	16.35	42.16	16.35	42.1

从参数置信区间来看，在 95%的置信区间下，常数项与 0 的差异性不显著。鉴于分段函数预测模型更多注重各区间函数的拟合性，以及在模型使用中更关注模型的适用性，故不硬性要求该模型的相关统计参数。

基于雅砻江公司下属管理局人员需求预测模型，结合其在建固定资产投资额，对公司下属管理局 2007～2015 年人员需求进行预测，见表 7-43。

表 7-43 下属管理局 2007～2015 年人员需求预测

年份	在建设固定资产投资/亿元	人数需求预测/人
2007	60.2	325
2008	91.6	422
2009	146.1	535
2010	179	646
2011	185	678
2012	192	716
2013	181.7	681
2014	166	605
2015	158	540

根据预测数据，绘制雅砻江公司下属管理局 2007～2015 年人员需求预测图，见图 7-29。

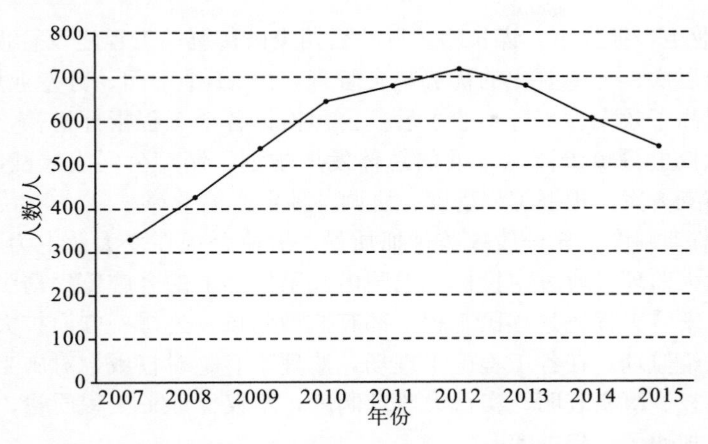

图 7-29 雅砻江公司下属管理局 2007～2015 年人员需求预测趋势图

4. 雅砻江公司各管理局各阶段人员需求预测

根据所建立的分段函数模型，对下属管理局 2007～2015 年人员配置进行预测，见表 7-44。

表 7-44 雅砻江公司下属各管理局 2007～2015 年各年度人员需求预测表 （单位：人）

年份	锦屏一级	锦屏二级	官地	桐子林	两河口	牙根	杨房沟	孟地沟	楞古	孟底沟	总数
2007	82	69	62	8	38	14	13	14	12	12	325
2008	82	94	70	22	53	34	28	34	4		422
2009	84	101	92	63	78	37	36	36	8		535
2010	90	104	94	65	85	55	43	51	33	28	646
2011	94	102	85	55	88	70	58	55	37	36	678
2012	88	102	63	35	92	81	68	60	70	58	716
2013	74	88	52		94	85	71	63	85	70	681
2014	51	63			93	88	75	65	95	75	605
2015		38			91	88	78	70	98	78	540

7.1.4 雅砻江公司下属管理局人员优化调整建议

通过预测，发现雅砻江公司下属管理局的人数从 2007 年到 2012 年将呈逐年上升趋势。为了使管理局人数在维持合理水平的基础上仍能实现电站建设安全、准时完工，建议除了在公司总部、下属电厂、管理局之间实现部分人员的“滚动、共享”外，还可以借鉴国内同行业先进企业的一些做法，从优化管理局的项目管理模式着手，着力打造一支精干的项目管理团队，从而达到减少项目管理人员、提高项目管理效率的目的。

目前国内诸多流域水电开发企业在水电站建设过程中做得比较好的是湖南五凌水电开发有限责任公司(以下简称“五凌公司”)。

1999 年，五凌公司在湘江流域近尾洲水电厂建设过程中，实行了“小业主、大监理、招投标、总价承包、建管结合”的水电工程建设管理模式，人数大幅度减少。

(1)实行小业主，抓大事，谋长略。五凌公司突破传统的工程建设管理模式，变单个项目的管理为分层次、分专业化的优势整合管理，由11个部门、分专业履行业主职能，精简了机构，提高了效率。实行小业主后，公司撤掉各个工程指挥机构，从杂事中腾出手来，在管理职权上只负责流域开发的总体发展规划、制订公司发展战略、筹集资金、策划大的设计施工方案、把握工程进度、协调各种生产关系等。

(2)实行大监理制度，充分放权监理抓质量。五凌公司在变大业主为小业主的同时，还将小监理变为大监理。通过招投标，把国内甚至世界上的名牌监理请到工地。无论是土建工程、机电安装工程还是移民工程，都有监理到场。公司一方面扩大监理队伍，另一方面充分放权给监理。在各工程施工现场，监理享有绝对权威，对施工质量、安全生产拥有绝对否决权。事实表明，实行大监理制度，不仅保证了工程质量，还缩短了质量故障处理时间，加快了工程进度。

(3)实行总价承包，责任与利益共担。为了克服过去合同管理和履行中存在的种种弊端，五凌公司采取公开招投标，以总价承包的方式与施工方签订合同，从而使双方各自承担风险，各自履行自己的职责。对于超出合同的施工项目，必须经业主、监理、设计、施工几方共同商议、讨论，获得通过后，再由公司的计划、财务、审计等部门按照严格的程序审核合同的各项标价金额。总价承包改变了以往工程建设中概算调整、预算突破、决策追加的被动局面，有效地保证了工程质量，加快了工程进度。

(4)实行建管结合，超前筹措，一步到位。过去建管分离时，一般是工程建好后移交运行生产单位，在这种情况下，工程在设计、施工、设备安装等方面存在一系列问题，生产单位总是要花费大量人力与物力去整改。针对这种情况实行建管结合后，电站的生产运行人员提前介入工程的设计、施工、安装的全过程，从运行角度对施工的各个方面加以优化。建管结合的最大优势，就是在建设阶段能兼顾电厂今后运行的安全、稳定、方便，使土建施工、设备选型、电厂规划进一步到位，可大大节约工程成本。

这些措施的实施，不但减少了五凌公司在水电站建设过程中的项目管理人员，而且提高了电站的建设效率，为五凌公司创造了极高的经济效益。

因此，借鉴五凌公司的水电站项目建设管理模式，同时结合雅砻江公司的实际情况，建议雅砻江公司可以考虑在以后的流域梯级电站的建设中采取如下措施，以达到精简管理局人员、提高管理效率的目的。

(1)在管理体制上创新，进一步完善目前的“小业主，大监理”的管理模式，加强以专业化集中管理为主的分层管理模式。

(2)推行辅助工程(如交通项目)外包制。即对一些辅助工程由工程总承包公司接受雅砻江公司的委托或投标中标，对项目的可行性研究、勘测设计、设备选购、材料订货、工程施工，直到竣工投产实行全过程的总承包。这一模式把工程建设的总责任主要集中于一个总承包责任公司，由雅砻江公司下属管理局全过程监督工程实施。辅助工程外包模式要求必须有一个完善和周密的合同，同时要求雅砻江公司公正、公平地处理业主与总承包商的争议。外包制简化了业主和各承包商的关系，既降低了工程成本，又减少了业主风险。

(3)实现在建水电项目之间人员的滚动。由于在同一年份，不同水电项目可能处于不同的建设时期，因此对各类型人员的需求也不一样。这时，可以根据各个工程的建设进度，统筹安排各个项目所需人员的数量和类型。

(4)在“小业主、大监理”的管理模式下，管理局的人员可能部分减少。为了应对突发的工程建设事件需要增加人手，公司管理局可以考虑通过人员临聘或从监理方、设计方借调人员的方式来解决。

(5)在坚持“以水电开发、营运为主业”的前提下，公司可以考虑在水电建设高峰期过后，进行多元化发展，以优化人员结构。

除此外，公司还需要通过在建项目全过程管理、严格的制度管理等方式来实现将管理局人员维持在合理的水平。具体来说，公司还需做好以下几方面工作：

(1)建立多层次的管理信息系统，实现全过程管理。作为一个完整的系统，水电工程的管理应该贯穿于从立项、审批、竣工、运行到其寿命周期结束的整个过程，这就需要一个多层次的管理信息系统。因此，建议公司逐步建立多层次的管理信息系统，以避免信息在传输过程中的失真、遗漏和混乱，同时使管理结构扁平化，这样公司可以直接、及时地与各级管理者联系，而咨询公司、施工单位、材料和设备供应商也可在管理需要时及时介入，以弥补他们各自信息的专业局限性。这样建立一个多层次的水电工程的档案管理信息系统，为公司水电工程全过程管理提供一个现代化的平台。

(2)建立参建各方团结协同的工作机制。通过制度来协调参建各方在水电建设过程中出现的各种问题，从而减少人为因素的影响。

(3)选择优秀的设计单位，深入细致地做好地勘工作，同时签订明确严谨的承包合同，严格按合同条件进行施工管理。这样可以保证水电建设过程紧凑、有序。

7.1.5　雅砻江公司下属电厂人员需求结构分析

在对雅砻江公司下属电厂人员需求进行预测前，必须准确界定其电力生产管理模式，明确电力生产主体之间的关系，以及雅砻江公司总部、集控中心、电厂和电力营销部门之间的定位及主要职责。鉴于公司总部目前主要工作集中在水电站建设项目规划及统筹管理；二滩电厂除了担负电力生产职能外，还要承担电站运营人才的培养工作；鉴于雅砻江公司集控中心尚未完全建立，组织机构设置及岗位职责尚不明确等现状，有必要在对人员需求进行预测前，深入研究不同电力生产主体(尤其是集控中心与电站)之间的功能定位、协作关系、组织机构设置、权责分工及其管理效益，为雅砻江公司电力生产体系的架构设计及人员配置决策提供参考。

1. 流域电力集中调度管理的特征

流域电力集中调度管理中心成立后，电力生产将会形成“电力生产决策层—集控中心—电厂”的电力生产管理模式，这也使得流域水电开发公司在电力生产管理方面将会发生以下几个方面的转变。

1)电力生产流域化

流域内多个梯级电站建成后，为了实现电力生产、水利调度效益最大化，必须依据国家及地方政府的相关法规，结合流域水利特征及电力市场需求特征，逐步转变电力生产管理模式。由单一电站的电力生产管理转变为流域梯级电站群的集中统筹管理和基于信息技术的水资源利用与发电生产的联合调度，着眼于公司利益最大化而非单一电站发电量最优化，最终实现电力生产的流域化管理。

2)电力生产调度统一化

未建立集控中心时，一般是由电力生产决策层直接将电力生产指标下达至各电站。为保障电力生产的顺利实施及电厂的安全运行，各电站需要配备一定的值班人员。集控中心建成后，流域电力生产实行统一的联合调度。电力生产决策层制定电力生产指标，由集控中心将指标输入系统，经模型测算后将总体指标统一分解成各电站*的电力生产和水情调度指标。通过设置基于现代信息技术的集控中心，可实现梯级电站的集中监控，对梯级水库的水资源进行集中联合调度，有效利用水能，提高发电效率，提供安全可靠的运行水平。

3)电站运行无人(或少人)化

集控中心建成后，电力生产主要由集控中心值班人员进行统一的控制和监测，各电站将可实现“无人值班(少人值守)”的运营管理模式。各电站的主要任务，将由以前的电力生产向电力生产设备维护和监测方向转变。

2. 集控中心的主要功能和任务

水力发电的特性决定了水电流域梯级集控中心的主要任务，包括电调自动化系统和水调自动化系统。另一方面，水电站建设的主要目的决定了集控中心的核心能力有所差异。比如三峡集控中心，遥控发电机组只是其功能的一小部分，它的主要任务是优化调度长江水利枢纽的水资源、航运、防洪等。结合雅砻江公司的实际情况，重点讨论其集控中心电调自动化和水调自动化的管理，以及由此引起的组织管理和人员配置的变动。

作为流域化梯级水电站远程集中控制管理的技术平台，大致可以将其整个系统的建设内容分为：

(1)电调自动化系统。主要实现流域所属梯级水电站的数据采集、监视及控制、经济调度、梯级自动发电控制、自动电压控制等。

(2)水调自动化系统。主要基于对历史数据的收集、整理，通过对实时水文、气象和水库运行信息的自动采集，建立数据库。并利用数据库管理技术，通过计算模型，进行水务综合管理、水情预报、优化调度等。按设计要求提供满足防洪、发电及其他综合利用要求的水库调度决策系统，同时支持水电站和梯级水电站的经济调度。

(3)调度通信网络系统。远程集控管理的通信手段和媒介，主要是通过专用广域网进行信息交换。通过集控中心和各梯级电站之间建立的通信传输结构，组成一点对多点的通信方式。此外，水调自动化系统往往需要集控中心和各水电站的水情监测点之间，通过卫星通道形成水情系统的卫星广域网络，并与水文、气象管理部门采用计算机网络的方式进行数据交换和传递。

(4)调度生产管理系统。主要包括调度运行日志、生产调度报表、发电计划目标分解与跟踪、设备信息查询、购售电合同/并网协议、机组状态跟踪等。

(5)电力市场的支持系统。包括水电站电能量计量系统、电力市场分析预测系统、发

* 电力生产的统一调度的效益与效果，往往和集控中心信息化管理平台先进性、电力设备先进性、信息安全管理的水平等因素紧密相关。从国内外的流域水电集中调度管理的实践来看，先进的集控中心管理系统，甚至可以将相关电力生产指标直接分解成各电站各电机的生产指标，实现由中央集控对全流域统一管理及最大化水力发电效益。

电报价及结算考核系统等。

3. 国内流域化水电公司集控中心的组织管理及其人员配置

为了进一步明确国内同行在流域化梯级水电站集中控制管理和人员配置中的做法，为雅砻江公司集控中心的管理和人员配置提供参考，以长江电力股份有限公司的三峡梯级调度通信中心(简称“三峡集控”)、黄河上游水电开发有限责任公司的梯级调度中心(简称“黄河上游集控”)和清江水电开发有限责任公司的流域梯级电站集控中心(简称“清江集控”)的组织管理情况为例，分别对它们的管理特点进行分析和总结。

1)三峡集控

三峡集控现负责调度电站 2 座，装机容量为 2515 万 kW，集控中心现有员工共计 117 人(未计临聘人员)，其组织结构如图 7-30 所示。

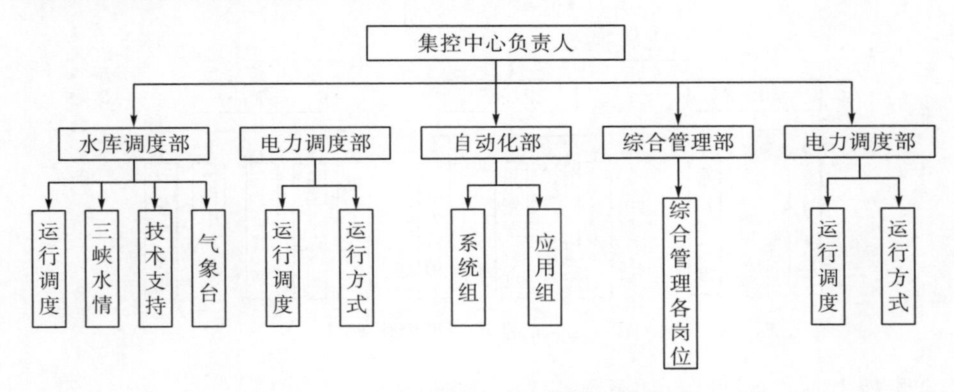

图 7-30 三峡集控中心组织管理结构图

三峡集控中心不包括市场业务部。集控中心专门负责电力调度、水情调度、自动化机械监测和综合管理。

2)黄河上游集控

黄河上游集控现负责调度电站数为 7 座，装机容量为 532 万 kW，现有员工 13 名(拟定编制 90 人)，其组织结构如图 7-31 所示。

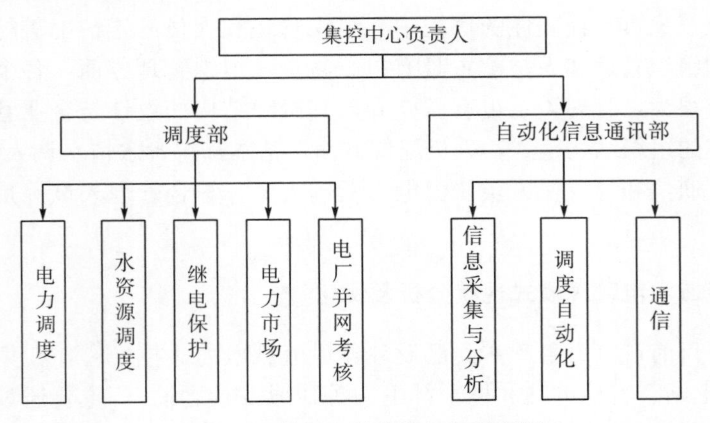

图 7-31 黄河上游集控组织管理图

黄河上游集控中心的管理特点如下：

(1)调度关系复杂。其水调由设在郑州的黄河水利委和设在兰州的黄河上游水调中心管理，而电调又由西北电网公司，以及宁夏、甘肃和青海电力公司管理，因此，黄河上游集控中心仅对青海的水电有部分调度权。

(2)调度中心隶属于生产部。调度中心负责人由生产部的正副主任兼任，且不在编制内。

(3)调度中心的运行值班人员属运行公司，而不在调度中心编制中。

3)清江集控

清江集控现负责调度电站数为三座，装机容量为 332 万 kW，现有员工 60 名，其组织结构如图 7-32 所示。

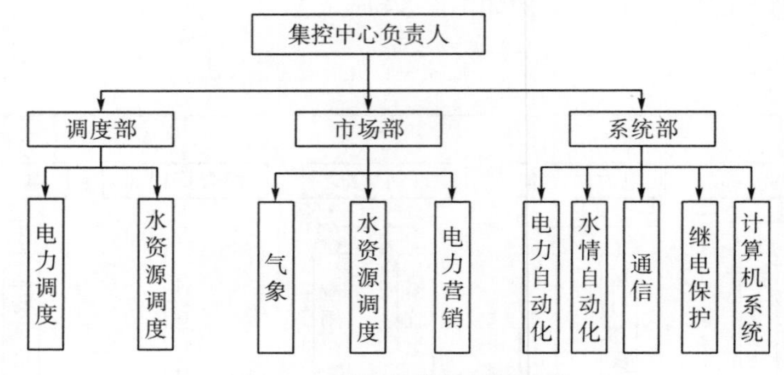

图 7-32　清江集控组织管理图

清江集控中心的管理特点如下：

(1)中心负责人分为综合、系统、调度、市场、防汛各一人，总工一人，总经济师暂缺。

(2)水情、水调部并在市场部，强调了市场竞争的目的和功能。

(3)系统管理部包含电器、网络、计算机和通信，有利于技术人才、硬件和软件系统的整合，但对人员业务素质的要求较高。

(4)重视技术人才，鼓励为企业创造财务效益。

通过对以上三家具有代表性的集控中心组织管理和人员配置情况进行分析，不难发现，集控中心的组织管理和人员配置具有以下特点：组织管理方面，各个集控中心的组织管理结构相差很大，管理关系也有所差异，其组织结构的设计与企业管理方式和环境相关，没有一定的组织结构范式；人员配置方面，基本都包含水情水调人员、电调人员、继电保护人员、通信和计算机人员，但电力营销人员、综合管理人员等是否包含视公司管理方式而定。

4. 雅砻江公司流域水电管理模式现状分析及优化

雅砻江公司目前在电力生产方面已设计建设流域电力集控中心，在集控中心大规模应用之前(锦屏电站、官地电站、桐子林电站等建成发点之前)，主要通过公司总部的生产管理部、电力营销部和二滩电厂三个电力生产和营销主体实现对电力生产的运营管理。三者关系如图 7-33 所示。

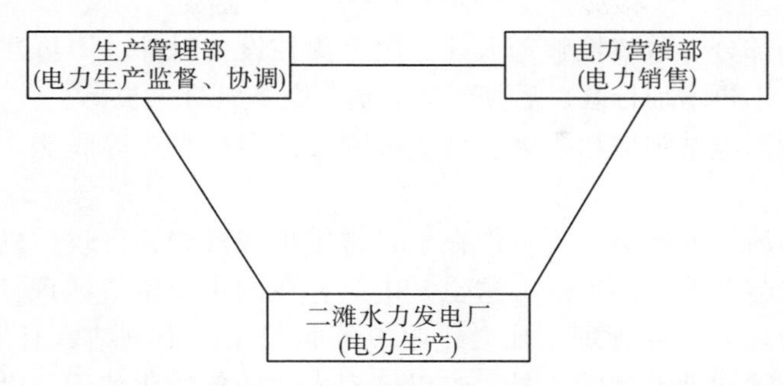

图7-33　雅砻江公司电力生产和营销主体关系图

从目前三者的定位及功能界定来看，各自主要的职责如下：

(1)生产管理部：该部门功能定位于雅砻江公司电力生产和水利调度管理中心。因此，其主要任务集中为电调管理和水调管理两个核心职能；同时承担集控中心筹建、流域防洪和水汛管理、电力安全生产管理等相关辅助职能。

(2)二滩水力发电厂：该部门的主要功能定位于电力生产的执行、电力设备的维护和检修、水工建筑物的观测和维护、防洪防汛及水电站安全保卫工作，以及与此相关的行政管理、资产管理、人才培养、后勤服务等相关辅助职能。

(3)电力营销部：主要负责电力营销、电力市场分析、电费回收等工作，是公司销售收入实现的主要承担部门。

公司结合自身的实际情况，规划设立流域水电集中控制中心，并理顺生产管理部、集控中心、下属电厂、电力营销部之间的关系，做到分工明确、协作有序、统筹管理。根据调研了解，公司在集控中心设立及理顺各电力生产主体之间的关系时，重点做了以下工作。

第一，明确界定各电力生产主体的功能定位及权责。

公司目标的实现，是外部政策法规、市场需求等约束条件与公司各内部权力配置、人员素质等因素的制衡结果。公司必须准确界定总部和下属各电力生产单位之间的定位、主要工作内容，把握好集权和分权的度，做到集权、分权、监督、效益与效果相对最优化。

在条件允许的情况下，公司进行适当集权，总部进行统一的电力生产管理、财务统一管理、规划发展管理、经营计划管理、人力资源管理、设备采购及招投标管理，其余权利可视情况适当分权。

第二，电力生产集中统筹管理做到逐步规范、分步实施。

从理论上讲，电力集中控制中心可以直接实现对各电站统一调度管理。然而，考虑到目前电网远程信息管理的技术、安全性、稳定性有待加强，二滩缺乏成熟的电力集控管理人才，电力设备的可能性故障等因素，建议除了在公司总部设立中央集控中心以外，在各个电厂所在地设置区域集控中心。当意外事故发生时，由区域集控中心执行中央集控中心的命令，直接对电力生产各机组进行管理，确保电力生产万无一失，最小化因事故出现导致的公司损失。待集控中心统一管理较为规范并步入正轨后，可撤销区域集控中心。

区域集控中心直接归属中央集控中心管理，与各电厂属协作关系，主要负责电力生产管理。除了增加部分区域集控管理人才、电力集控设备以外，不再建设区域集控大楼或其他附属设施，不再增加行政、后勤保障人员、财务管理人员等。

第三，逐步剥离电站维护和检修、设备采购及社会化服务等职能，做到人才的集约化使用。

建立集控中心后，电站的主要工作在于日常维护和检修、行政后勤、社会服务等职能。电站日常维护与监测必不可少，这也是电站存在的主要价值体现。但是，电力设备检修、备品备件管理、财务管理、社会化服务等职能在各个电站具有周期性和间歇性，如果每个电站都配置同种类型的人员，难以体现人才的集约化使用原则。因此，逐步剥离各个电站的这部分职能，建立专门机构对所有电站进行统一管理。

对于电站维护及监测人员，主要有以下管理策略：

(1)各个电厂必须配置相关的人员，确定适当的人才类别和结构。人才配置的主要参考数据可以利用人均管理装机容量(万 kW/人)进行测算。

(2)对于设备检修人员的管理，主要有以下几个方面的管理策略。继续维持现状；各个电站都配置检修人员，但在人员值守时间上可以灵活处理，实行双班倒或双休制的管理策略，强制一部分人员在一定时期内休假，并适时安排人员轮休。

(3)公司总部成立设备检修部进行人员统一管理。该机构人员可挂靠在生产管理部、集控中心或者单独作为职能部门存在，主要承接雅砻江公司电力设备的检修和维护工作。

(4)雅砻江公司成立电力设备检修子公司(或分公司)。公司可单独，或与其他电力生产企业联合成立电力设备检修子公司，承接各电力公司发电厂的检修任务。按照市场化运作机制进行管理，自负盈亏、自主经营。

(5)公司将电力设备检修任务外包。公司内部不再成立相关电力检修部门，若出现电力设备检修任务，可聘请外部机构按照招投标方式确定合适机构，并接受相关服务。

采取哪种人员管理策略，主要根据雅砻江公司电力检修的频次、成本，人员供给与培训成本，社会交易成本等因素综合权衡。

对于备品备件相关物资管理人员，可采取以下管理策略：

确定总部和电厂备品备件的权责边界。对小宗及琐碎的日常物资采购，直接给予电站采购的权利；对于大宗物资采购、大量的常规物资采购，由公司总部统一规划，统一采购。因此，电站仅配备少量的备品备件管理人员即可。

对于财务人员的管理，可结合公司管理策略进行人才配置。具体如下：

各个电站都是雅砻江公司的分支机构，非独立法人。由公司总部进行统一的财务管理、投融资管理、税务管理、现金流量管理。对各下属电厂实行全面的预算管理，超额预算范围由总部统一决策，各电站具体负责执行。因此，电站财务人员主要负责日常出纳、报销、工资发放等事务。对于社会化服务职能，公司总部将按以下思路开展工作。

(1)在各个电站设置专门的社会服务人员，承担行政、后勤、档案、接待等任务。

(2)在总部和各个电站设立分级社会服务人员。由总部对社会服务进行统一规划、统一协调，各下属电厂进行协调配合。

总体而言，雅砻江公司未来电力生产管理的模式可归纳为图 7-34。

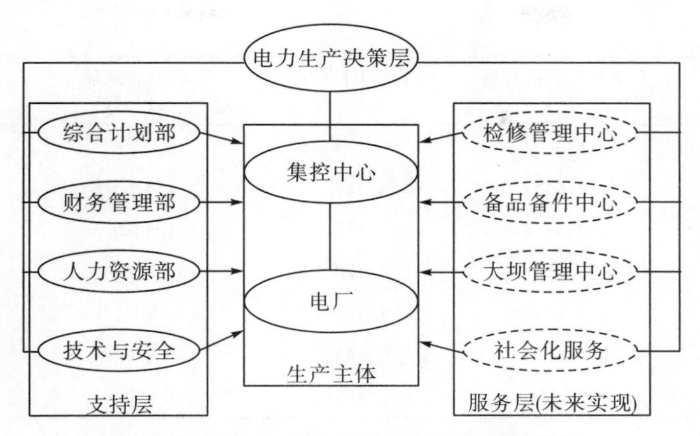

图 7-34　雅砻江公司电力生产管理模式设计图

集控中心是电力生产决策层和下属电厂之间信息传递和沟通的中间环节，起着桥梁的作用，具体来说，集控中心的工作任务主要有：

第一，制订流域各水库调度计划，协调用水，合理蓄放，争取水库调度效益最大化；

第二，制订梯级电站参与联合运行计划，实现成组控制及实时经济运行，争取发电调度效益最大化；

第三，承担流域梯级电站主辅设备远程操作等日常运行值班管理。

下属电厂作为“电力生产决策层—集控中心—电厂”电力生产管理模式的最终环节，是具体完成工作任务、实现工作效益的部门，对整个公司起着举足轻重的作用，具体来说，下属电厂承担的工作任务包括日常运行值守、设备设施日常维护、防洪渡汛及安全保卫、资产管理、行政事务。

7.1.6　雅砻江公司下属电厂人员需求预测

鉴于雅砻江公司下属电厂主要承担发电及电站维护、监测和检修、人才培养等职责，暂不考虑管理模式变化对人才需求的影响，而是以现行模式为主，推测雅砻江公司2008～2015 年下属电厂的人员需求。

利用时间序列分析，建立下属电厂人均管理装机容量的趋势预测模型如下：

$$y = f(x_1) = 1.55 + 0.0755x_2$$

式中，y 为二滩公司人均管理装机容量(万 kW/人)；x_2 为时间(用序号表示)。

下属电厂除了对电厂运营进行直接管辖以外，还需要对流域电站进行统筹运营管理。从目前国内主要的流域水电人员配置情况来看，所需人数同其装机容量呈正向相关关系。结合这两个主要因素，建立雅砻江公司下属电厂人员配置模型。

表 7-45　雅砻江公司下属电厂人员配置历史数据

序号	年份	人均管理装机容量预测值(万 kW/人)	下属电厂实际人数/人	装机容量的自然对数	按装机容量计算下属电厂所需人数/人
1	1998	1.627821	193	4.882802	202.725
2	1999	1.703357	194	5.805135	193.7351

续表

序号	年份	人均管理装机容量预测值(万 kW/人)	下属电厂实际人数/人	装机容量的自然对数	按装机容量计算下属电厂所需人数/人
3	2000	1.778893	188	6.276643	185.5086
4	2001	1.854429	185	7.830028	177.9524
5	2002	1.929964	176	4.882802	170.9876
6	2003	2.0055	170	6.276643	164.5475
7	2004	2.081036	149	5.805135	158.5749
8	2005	2.156574	163	7.830028	153.0205
9	2006	2.23211	169	4.882802	147.8422

利用原始数据(表 7-45)，建立以下预测模型：

$$z = -99.6837 + 0.675076 \times \frac{x_2}{1.15 + 0.0755x_1} + 37.23197\ln x_2$$

式中，z 为下属电厂所需人数(人)；x_1 为下属电厂人均管理装机容量(万 kW/人)；x_2 为下属集控中心所管理的装机容量(万 kW)。

该模型相关参数如表 7-46～表 7-48 所示。

表 7-46 回归统计

线性回归系数	0.959021
拟合系数	0.919722
调整后的拟合系数	0.896785
标准误差	14.31122
观测值	10

表 7-47 方差分析

	df	SS	MS	F	F 显著性
回归分析	2	16425.22	8212.612	40.0985	0.000147
残差	7	1433.677	204.8109		
总计	9	17858.9			

表 7-48 参数假设检验及置信区间

	系数	标准误差	t 统计量	P 值	下限 95%	上限 95%	下限 95.0%	上限 95.0%
截距	−99.68	57.95	−1.72	0.13	−236.71	37.34	−236.71	37.34
自变量 1	37.23	4.17	8.94	4.46	27.38	47.08	27.38	47.08
自变量 2	0.68	0.25	2.65	0.03	0.07	1.28	0.07	1.28

根据所建立的模型，对雅砻江公司下属电厂2007～2015年所需人数进行预测，见表7-49。

表7-49　雅砻江公司下属电厂2007～2015年所需人数预测

年份	人均管理装机容量预测值/(万kW/人)	装机容量自然对数	下属电厂人数/人
2007	2.307646	5.799093	190
2008	2.307646	5.799093	204
2009	2.307646	5.799093	207
2010	2.307646	5.799093	211
2011	2.60979	5.843544	215
2012	2.685326	6.345636	280
2013	2.758	6.620073	330
2014	2.8335	6.956545	409
2015	2.909	7.293018	513

注：在2011年之前，装机容量没有变化，2007～2011年，人数增加的原因是需要为2011年之后因为装机快速增长培养相应的电厂管理人员。

根据预测数据，绘制雅砻江公司下属电厂2007～2015年人员需求预测图，见图7-35。

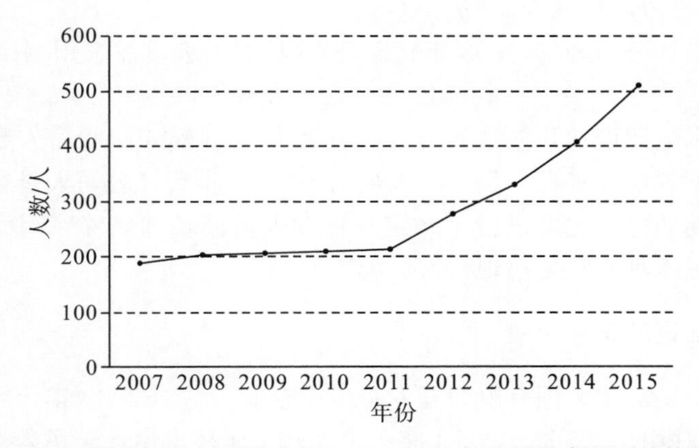

图7-35　雅砻江公司下属电厂2007～2015年人员需求预测趋势图

7.1.7　国内外流域水电开发企业人员配置横向比较

雅砻江公司属于流域化梯级水电开发企业，通过与国内外先进的流域水电开发企业进行基建工程、电力生产方面的人力资源配置进行比较，能够为雅砻江公司在未来工程建设和电力生产中的人力资源配置提供良好的借鉴。

1. 基建工程建设人员配置的国内比较

以三峡总公司的重点项目——溪洛渡水电站建设项目为例，与雅砻江公司水电建设项目的人员配置情况进行横向比较。

金沙江溪洛渡水电站坝址位于四川省雷波县和云南省永善县金沙江干流的界河上，水库大坝为双曲拱坝，最大坝高278m，装机容量1260万kW。电站静态投资445.7亿元（以2001年3季度价格水平），总工期14年。建成后将成为世界第三、中国第二大装机容量的水电站。

三峡公司对溪洛渡工程建设部内部机构设置11个部门，其中综合管理部门6个、项目管理部门5个。建设部在总公司授权范围内，负责溪洛渡水电站的建设管理。建设部内部职责定位为：建设部为决策层，综合管理部门为管理层，项目部为执行层。

由于三峡公司对溪洛渡工程建设部"三定"方案尚未出台，溪洛渡工程建设部组织内部各部门编制了《内部管理手册》，建设部职责范围、岗位编制和业务流程暂按手册确定的体制运行。岗位大致分为管理类、专业技术类和技能类。截至2007年年底，建设部共有员工146人，其中正式员工62人，有两年工作经验的学生20人(溪洛渡不计算正式员工，认为经验尚不能完全胜任工作)，解聘6人，辅助用工60人。此外，在营地建设期间，业主从营地设计单位云南建筑设计院借用3~4人，营地完工后结束借用。溪洛渡电站已经成功实现大江截流进入主体工程建设阶段，到岗人数满足编制要求。

早在2005年，溪洛渡水电站在建固定资产投资总额已达33.37亿元；而在2006年度，仅雷波县的在建固定资产投资已达20.44亿元[①]。考虑到溪洛渡电站已经截流，并进入主体工程施工的关键时期，其在建固定资产投资额会呈现递增的趋势。因此，暂且将其2007年度实际投资额估算为45亿元左右。

结合根据雅砻江公司现行(2008年)管理模式核算的人员需求预测模型：

$$y = 29.26\ln x - 9.6693$$

计算可得溪洛渡水电建设项目按照雅砻江公司现行管理模式，所需人数为102人，从溪洛渡的人员实际配置情况来看，其员工人数为82人。雅砻江公司人员数量较多的主要原因是，公司为后期的电站建设进行了一定数量的人员储备和培养，因此单纯从数字上难以说明三峡公司优于雅砻江公司现行人员配置[②]。

2. 电力生产人员配置的国外比较

魁北克水电局是加拿大国有电力开发及生产企业。截至2000年，魁北克水电局一共拥有57个电站，其中52座水电站、4座火电站和1座核电站，装机容量为32660MW(其中97%为水电)，年发电量维持在1920亿kW·h。魁北克水电局年营业额达80亿美元，其中非主营业务年销售额达28亿美元。

魁北克水电局现为450万客户提供电力支持，配电线路达106830km(9%为地下)；现有输电线路32314km，共505个输变电路、15个电网连接点。

从La Grande区的水电人员配置来看，La Grande 1—La Grande 2—La Grande 2A共

① 溪洛渡电站的人员数据资料由雅砻江公司提供，2005年在建固定资产投资数据来自于三峡总公司主页统计资料，2006年数据来自于雷波县统计局统计公报。

② 不同电站建设项目之间，因为工程进度、工程难度、管理模式、政策体制等因素的影响，导致人员配置往往并非投资额单因素的影响。在对人员进行估算的时候，仅从年度投资额的角度考虑这个问题未免有失偏颇。相关计算数据仅供雅砻江公司在人员配置决策时参考。

装机 34 台，装机容量为 915.8 万 kW；现有经营员工 199 人。其中，中层与普通员工比例为 1∶14.2，详见图 7-39。

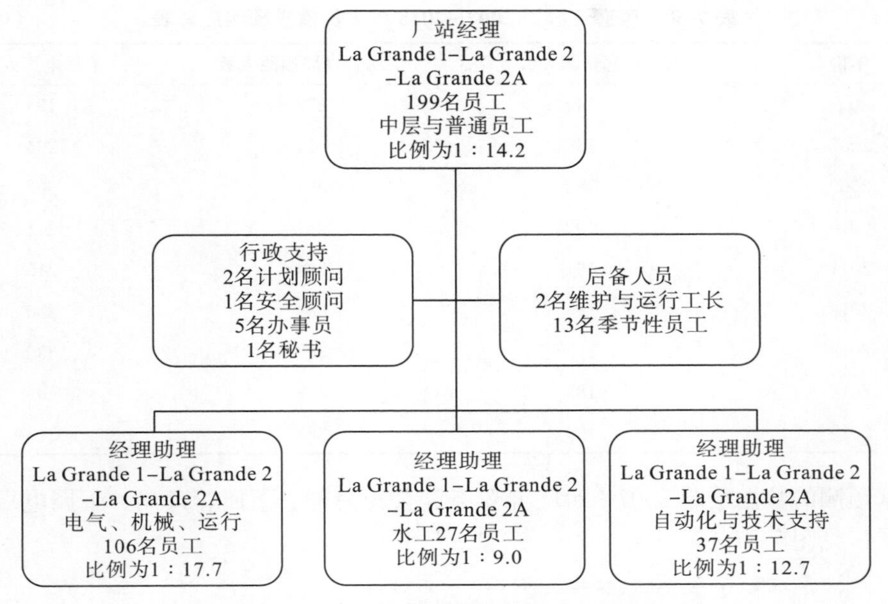

图 7-36　La Grande 区水电管理组织结构设计及人员配置

对于 La Grande 1－La Grande 2－La Grande 2A 电厂，采用特定的工作时间：8-6 工作制。即在 8 个工作日内，A 队在现场，工作 8 天后，A 队休息 6 天；B 队于第 8 天被派到现场工作，在 A 队休息期间替换 A 队。

因此，从 La Grande 区的水电人均管理装机容量来看，其值达 4.6 万 kW/人，远远超过国内目前水电人均管理装机容量的水平。雅砻江电厂的人均管理装机容量在 2004 年达历史最佳水平，为 2.215 万 kW/人；三峡电站现在人均管理装机容量水平为 3.294 万 kW/人；据三峡电站总经理预测，待国内在电网安全、技术稳定性等因素提高后，最佳人均管理装机容量可达 5 万 kW/人。

7.1.8　雅砻江公司人力资源预测需求结论

通过比较各种预测方法和预测结果，其中下属管理局人员需求总量预测相对更加合理。因为，①雅砻江公司的人力资源在总部、各个管理局、各个电厂、集控中心之间存在着多向流动的现象，如果以某单个预测对象为基础进行预测并进行加和，难以整体上反映公司循环、滚动利用人力资源的特点。②公司各个电站建设之间存在着时间上的交叉，各电站建设人员可以在建设周期的不同时点滚动到下一个电站建设中去，因此单纯的以电站建设阶段为依据进行人力资源预测也难以真正反映公司人力资源的实际利用情况。③单纯的以历史数据为依据，以时间为自变量对人数的预测难以反映公司在技术和人力资源管理方面的进步，将会造成预测人数比实际人数多的现象。综上所述，雅砻江公司未来人力资源管理需要以公司下属管理局人员需求预测总量模型为重要参考依据。

通过对各种预测方式和结果的比较，选取最优预测结果，得到雅砻江公司总部、下属管理局、下属电厂 2007～2015 年人员需求，见表 7-50。

表 7-50 雅砻江公司 2007～2015 年人员需求预测汇总表 （单位：人）

年份	总部预测人数	下属管理局预测人数	下属电厂人数
2007	141	272	190
2008	159	314	204
2009	182	361	207
2010	192	381	211
2011	194	384	215
2012	195	388	280
2013	193	382	330
2014	188	373	409
2015	186	368	513

根据预测的数据绘制 2007～2015 年雅砻江公司总部、下属管理局、下属电厂人员变动趋势图，见图 7-37。

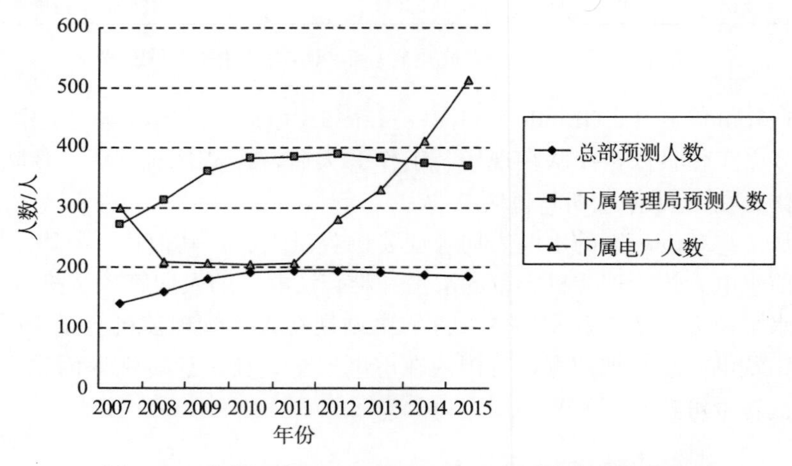

图 7-37 雅砻江公司 2007～2015 年人员需求预测趋势图

7.2 雅砻江公司人力资源供给分析

在制定雅砻江公司人力资源规划时，除了要对其进行人力资源需求预测外，还需要对公司人力资源的供给进行预测。只有在正确进行了公司人力资源需求和供给预测的基础上，才能对公司所需的人力资源数量和结构，以及能供给的人力资源数量和结构情况进行正确评价。

众所周知，企业人力资源供给预测与人力资源需求预测有很大的差别，需求预测一般情况下只对企业内部的人力资源需求进行预测，而供给预测则需要从组织的内外部两个方面预测企业人力资源的供给情况。

在明确雅砻江公司在特定阶段的人员需求数量和质量的基础上，结合公司的用人策略及内部员工现状，考虑到各类人才的分布规律、活动范围、组织的位置、劳动力市场状况以及招聘时间和成本等因素，确定各类人才的供给渠道。一般而言，可以将供给渠道分为内部供给和外部供给。近年来，出现了“人才租赁”或者“项目协作”等方式。严格意义上讲，这并不属于人才供给渠道方面的内容，但其可以在一定程度上缓解人才供给不足的问题。

7.2.1　外部供给分析

参考雅砻江公司的发展规划，考虑到公司目前的人力资源数量和质量，不难推断，在今后一段时间中，外部人力资源供给是公司人才供给的主要来源。由于目前我国水电开发建设尚处于高峰期，存在全行业人才供给紧张的问题。因此建议：雅砻江公司在进行外部人才招聘时，应在全国范围内招聘高级管理人才或专家教授；在跨地区的人才市场上招聘中级管理人员、专业技术人员并进行人才储备(包括专业技术人才储备、管理人才储备等)；在公司及各二级单位所在区域招聘一般工作人员和临聘人员等。

7.2.1.1　外部人力资源供给渠道分析

外部招聘的方式众多，但各种招聘渠道各有利弊。结合水电开发建设的实际，公司可以采用以下外部招聘渠道进行人才招聘。

(1)互联网招聘。随着互联网的普及，越来越多的人选择上网找工作，而上网招聘工作人员会面临一个日益庞大的网上人才资源库。公司应根据不同人才的类别，在公司主页、行业招聘网站、综合人才招聘网站上发布相关招聘信息进行人才招聘，并注重不断充实和完善公司的人才数据库。

(2)广告招聘。结合所需人才特征，公司可以有针对性地选择合适的媒体(专业性或者综合性的报纸、刊物等)发布招聘信息。在招聘广告的设计上，必须足以吸引求职者的注意及激发其对该工作的兴趣。

(3)招聘会。包括社会招聘会和校园招聘会。招聘会可以在短时间内收到大量的简历，并且能够通过初次的“面对面”交流和沟通，使双方有一定的了解。考虑到招聘会的利弊，以及各类中高层人才的求职活动规律，建议公司在进行一般专业技术人员招聘、人才储备和学生科研实习时，采用该种招聘方式。

(4)中介机构、猎头招聘。普通中介机构主要通过向雇主提供各类人才的基础信息，为双方搭建求职的媒介和桥梁，并收取双方的费用。该方式主要适用于较低职位的人才招聘；而猎头招聘是进行高级管理和技术人才招聘的有效途径。

(4)雇员推荐。对于一般的中层管理和技术人才招聘，公司人力资源部可以选择某些职位向员工公布，推荐成功者将获得奖励。这不但能够降低招聘成本，还可以间接吸引到更高质量的员工。但是内部招聘也存在一定的弊端，建议公司适当考虑和利用。

7.2.2.2 外部可供人力资源状况分析

企业外部人力资源供给预测是预计企业外部未来可能提供的人力资源供给数量和结构，以确定企业在今后一段时间内能够获取的人力资源供给量。

当企业某个部门的职位发生空缺时，首先需要对企业员工的技能发挥率和时间利用率进行分析，如果技能发挥率和时间利用率较低，就应该从提高生产率入手，来解决企业人员的短缺。或者可以通过企业内部各部门人员的调整，即通过内部人力资源的供给来填补这些空缺。但是随着企业的发展，企业生产率会达到一个极限，内部人力资源会趋于紧张。此时，企业内部的人员短缺就必须通过企业外部的人力资源来解决。

企业外部人力资源供给预测主要是预测未来几年外部劳动力市场的供给情况。它不但要调查整个国家和企业所在地区的人力资源供给状况，而且还要调查同行业或同地区其他企业对人力资源的需求情况。外部供给预测是相当复杂的，但它对企业制定人力资源补充计划有相当重要的作用。

通过理论分析并结合雅砻江公司的实际状况，在对公司人力资源外部供给进行预测时，考虑的影响预测的因素有：地域性因素、全国性因素、人口发展趋势因素、科学技术的发展因素、政府的政策法规因素、劳动力市场发育程度及劳动力就业意识和择业心理偏好。

1. 我国水利人才供需状况

由于统计资料的限制，主要集中讨论水利人才的供需状况。

在“十一五”期间，水利面临着新的形势和任务。贯彻落实科学发展观，全面建设小康社会、构建社会主义和谐社会和建设社会主义新农村，对水利工作提出了新的、更高的要求。全面实现“十一五”水利发展目标，为经济社会全面发展提供有力支撑和保障，关键在于建设一支高素质的水利人才队伍。虽然“十五”期间水利人才工作取得了显著成绩，但与新时期水利发展要求仍有一定差距。主要表现在：水利系统人才总量不足和高层次人才缺乏的问题仍未根本解决；高技能、创新型、复合型人才紧缺，基层单位人才短缺问题尤为突出；人才队伍整体素质有待进一步提高；人才结构和分布不合理的问题依然存在；人才工作机制还不健全；人才工作经费投入不足等。

1995 年年底，全国水利系统在职人数 1542901 人，人才总量为 605299 人，人才比例约为 39.23%，其中中专以上学历人数约为 18%。1999 年，全国水利系统在职人数 1489200 人，人才总量达到 699635 人，人才比例为 46.7%。2001 年，全国水利系统在职人数 1316711 人，其中部直属系统共有 63666 人，地方水利系统共有 1253045 人。全国水利系统中，具有博士学历的人员有 231 人，硕士研究生学历 2615 人，大学本科 79301 人，大学专科 179727 人，中专 269745 人，中专以下的有 785092 人，占 59.6%。

行业职工队伍在职人数大幅减少，从 1995 年的 154 万(号称 160 万大军)减少为 1999 年的 149 万(大数 150 万)，到 2001 年的 132 万。7 年累计减少 22 万人，年均减少 3 万多人*，

---

* 数据来源：中国水利人才网(http：//rencai.chinawater.net.cn/)。

原因是多方面的，主要是机构改革引起的；行业职工队伍文化素质明显提高，中专以上文化程度的职工从18%提高到41%，这是了不起的成绩。这两点可以归结为一句话，队伍更加精干了。但与需要差距依然很大，表现在：总体文化素质偏低，高素质人才严重不足，表现为41%的中专以上学历人员中，研究生只占0.22%，本科生6%；专业结构不合理，在专业技术人员中，水利类、工程类专业占据80%以上的比例，而经济、管理、法律等专业人员比例过低；单位分布不均衡，大多数集中于教育、科研、机关管理部门或单位，基层单位中学历人员统计为零的单位仍然存在；地区分布同需要成反比，东部地区比西部地区集中。

我国水利人才供需的现状为地处我国西部地区的雅砻江公司敲响了警钟，未来如何吸引、留住人才，保障公司战略的顺利实施，是公司亟待解决的问题。

2. 地域差异性分析

(1)雅砻江公司坐落在西南的中心城市成都市，有着充足的人力资源来源。四川省历来是全国的人口大省，人力资源十分丰富，自1992年以来，全省人力资源数量有了较大的增长，从1982年的3467.51万人增长到2000年的4435.75万人，其质量有了明显提高(用人均受教育年限表示人力资源的质量，见表7-51)。

表7-51　四川省三次人口普查从业人员基本情况汇总表

年份	项目	文盲半文盲	小学	初中	高中及中专	大专以上	人均受教育年限/年
1982	人数/万人	1057.04	1346.85	752.97	200.20	20.43	4.18
	比例/%	30.48	41.44	21.72	5.77	0.59	
	人/10万人口	14479	19682	10314	2742	280	
1990	人数/万人	725.34	2074.52	1177.37	278.89	48.17	6.32
	比例/%	16.85	48.20	27.35	6.48	1.12	
	人/10万人口	9190	26285	14918	3534	610	
2000	人数/万人	485.85	1982.81	1472.27	355.68	139.13	7.14
	比例/%	10.96	44.70	33.19	8.02	3.13	
	人/10万人口	5779	23584	17511	4231	1655	

数据来源：四川省重点软科学研究项目《四川人才供需若干问题研究》，课题计划编号：02ZR025-020。

(2)与西部同行业，乃至全国范围内同行业企业相比，雅砻江公司薪资水平处于中上水平，有较强的吸引力。公司目前实行的主要是岗位技能工资制，通过客观评价各个岗位对公司的价值大小确定其收入的多寡。问卷调研结果发现，员工薪酬总体满意度、员工福利总体满意度、员工感知的工作付出与薪酬匹配度、员工感知的薪酬内部公平性、员工感知的薪酬外部公平性、员工对企业激励力度满意度、均值分别为3.08、3.24、3.15、3.10、3.07、2.57(评分从低到高1～5分)，都接近3。其中值得注意的是标准差都偏大，分别为0.842、0.877、0.940、0.932、0.626、0.823，标准差偏大意味着员工评价不一致性较强，具有一定离散性，但外部公平性评价标准差较小，仅为0.626。总的来说，雅砻江公司员工对于薪酬的满意度及评价较高。

(3)四川省人力资源总量巨大，但质量偏低，人力资源结构性矛盾突出，影响雅砻江公司人力资源的获取。中国劳动力供给人数占世界的22.8%，而四川占全国的6.56%。在劳动力资源中，实际从业人员的比例持续保持在80%以上，显示出劳动力市场的供给过度特性。

2000年四川省从业人员平均受教育年限为7.14年，低于全国的7.99年，平均受教育仅相当于初中一年级水平(与美国100年前的水平相仿，比韩国低近5年)。其差距主要表现为接受高等教育人口比例过低(大专以上比例为3.13%)和初中以下学历人口比例过大(初中及以下比例为88.85%)。

与发达国家相比，四川的从业人员受教育水平明显偏低，这是导致四川省整体人力资源质量低下的主要原因。

长期以来，四川人才的学历结构偏低。比如1995年，全省203万人才队伍中具备大专以上学历的比重远低于全国水平，四川专业技术人员的学历结构中，初中专生比例最高；全省工程技术人员比例偏低(全国为28.6%，四川为21.5%)，严重地制约了技术创新、产品创新、新产品开发、技术改造等经济技术活动；四川技术人员的能级结构很低，高级人才太少。目前，国际上高、中、初级职称的最佳比例为1∶2∶6，四川却为1∶6∶17，高级人才数量不足，严重影响了人才队伍整体水平。2000年，四川拥有各类专业技术人员增加到234万人，但是学历层次偏低、专业结构不合理、工程技术人员偏少、高层人才不足等缺陷仍然普遍存在，比如：具有大专学历以上人员占45.3%，研究生层次人才1.75万人，仅占0.7%，高级专业人才仅占4.4%，在教育卫生系统的技术人员达138.7万人，占全省专业技术人员的59.4%，信息产业、水电、机械冶金、医药化工、食品饮料、旅游六大支柱产业的专业技术人员仅占14.5%，信息产业专业技术人员仅占1.5%等。

全省确定的支柱产业人才数总量偏低，1995年和2000年的人才数占全省的比例分别为11.9%和14.3%(表7-52)。

表7-52 四川省六大支柱产业人才数及占全省人才数的比例表

年份	项目	水电	电子信息	机械冶金	医药化工	饮料食品	旅游	六大产业
1995	人数/万人	3	3.5	12.2	2.8	1.8	0.8	24.1
	比例/%	1.5	1.70	6.00	1.40	0.90	0.40	11.90
2000	人数/万人	6.4	3.4	14.8	5.7	2.3	0.9	33.5
	比例/%	2.70	1.50	6.30	2.40	1.00	0.40	14.30

(4)四川省大中专毕业生的分配情况分析。学校是最重要的人才培养基地，也是判断一个地区人才培养能力的最主要方面。人才或人力资源，具有初级人力资源、中级人力资源和高级人力资源等层次的区别，因此学校的人才培养能力体系与之匹配，分别由初等教育、中等教育和高等教育承担。根据雅砻江公司人力资源需求的特点和雅砻江公司人力资源规划的目标，我们着重对四川省高等教育，尤其是普通全日制高等教育的人才培养能力进行分析。

到2003年年底，我省高等教育拥有普通高校49所，其中本科院校24所，专科学校25所；拥有成人高校39所(全国686所)，其中高等职业学校7所(全国45所)，中等职业技术学校474所(全国11062所)。普通高校在校生51.27万人，其中本科生32.51万人，研究生 3.22 万人；成人高校在校生 34.17 万人，其中本科生 7.65 万人，中等职业技术学校在校生 50.49 万人，其中普通中专 18.50 万人；全省普通高中在校生 113.08 万人。

2003 年，全国普通高校本专科招生 382.17 万人，研究生招生 26.89 万人，四川普通高校本专科招生 18.03 万人，其中本科招生 8.47 万人，研究生招生 1.36 万人；全国成人高校招生 222.32 万人，其中本科生 49.8 万人，四川成人高校招生 12.45 万人，其中本科生 3.09 万人；四川省中等职业技术学校招生 21.26 万人，其中普通中专生 6.77 万人。到 2003 年年底，我省各类高等教育在校生规模已达到 105.22 万人，占全国的 5.54%，达到了相当的规模，为国家和四川社会经济发展培养了大批人才。

按照人才的定义，普通高等教育、中等教育的人才培养方式仍然是我省人才资源总量增长的主要来源。根据资料，四川每年的人才供给情况预测详见表 7-53 和表 7-54。

表 7-53　四川人才供给能力预测　（单位：万人）

年份	总数	研究生	本科生	专科生
2001	16.90	0.23	2.45	6.46
2002	18.88	0.29	2.90	7.05
2003	22.31	0.36	3.83	10.81
2004	24.09	0.43	4.44	11.76
2005	26.01	0.51	5.14	12.77
2006	28.09	0.60	5.94	13.84
2007	30.33	0.72	6.58	15.14
2008	32.75	0.85	7.49	16.41
2009	35.36	0.99	8.52	17.75
2010	38.18	1.17	9.67	19.17
2020	52.32	2.37	16.98	24.32

表 7-54　2003 年四川高等学校教育培养结构

分类	层次	总量/人	理科/%	工科/%	农科/%	医科/%	经管/%	人文/%	其他/%
在校生	专科	182910	4.44	40.52	1.62	4.05	20.72	21.83	6.82
	本科	329753	8.29	40.45	2.64	8.12	10.33	19.24	4.34
	研究生	31123	9.53	40.01	3.22	11.13	20.11	5.95	10.05
招生	专科	90880	4.53	39.61	1.79	4.77	21.60	18.79	8.92
	本科	89428	8.73	38.43	2.52	8.75	16.23	19.88	5.46
	研究生	13214	9.55	39.40	3.45	10.66	19.42	6.94	10.59

四川虽然是教育和人才大省，但和全国相比，尤其是和发展的需要相比，仍然存在规模过小和结构重心偏低的矛盾，导致每万人高等学校在校生仅 91 人，全国平均值是 149 人；每万人普通高校在校生，四川省和全国平均值分别是 49 人和 71 人，仅为全国平均值的 2/3，在各省市自治区排名中为第 24 位，是一个真正的教育和人才弱省。根据相关课题研究报告表明，在未来我省仍然存在较为巨大的人才缺口，具体表现如下。

(1)总量缺口。四川未来人才总量缺口如表 7-55 所示。

表 7-55　四川未来人才总量缺口　　(单位：万人)

年份	当年人才拥有量	当年人才需求量	总缺口
2005	347.15	349.47	2.32
2010	481.73	491.75	10.02
2020	888.66	908.12	19.46

(2)层次缺口。根据预测，到 2010 年，研究生层次人才缺口 5.99 万人，本科生层次人才缺口 37.61 万人；到 2020 年，研究生层次人才缺口 14.73 万人，本科生层次人才缺口 51.92 万人。如何提高现有人才的学历层次是今后一段时间内高等教育面临的最大挑战。

(3)结构缺口。人才需求方面，国家和区域社会经济的高速发展，对人才的数量、结构和层次提出了新的需求；经济知识化、竞争全球化以及实施“科教兴国”和“可持续发展”战略，国家和区域经济结构高层次调整、演变等导致对人才尤其是高层次人才的数量、结构和层次产生特殊的需要；社会的发展、人们生活水平的提高、个人自身价值实现的需求，导致对人才的创新能力、学习能力和个性特色等产生的特殊要求。人才供给方面，由于多种原因，我国教育系统，尤其是高等教育在人才培养的数量、结构和层次方面均不能满足国家与区域社会经济发展对人才的需要。

根据前面的分析，解决雅砻江公司发展的人才问题，一方面应当在人才培养系统和人才培养的规模、层次、结构以及加大人才引进的力度等方面着力，增加供给的数量和质量；另一方面，可以在人才配置、人才激励等方面着力，充分发挥人才存量(包括通过激励机制和建立人力资源转化为人力资本的转化机制，发挥现有人才的潜能)的作用，提高人力资源的配置效率和使用效率，使现有人力资源的能力和潜能得到充分发挥；同时还应当从家庭、企业、社会等多种角度来寻求对策，从而为问题的解决提供更为宽广的平台。

7.2.2　内部供给

内部供给的主要方式是内部招聘，内部招聘是指当组织出现某些职位空缺时，从组织内部选择合适的人员来填补相关职位空缺。它一方面可以解决企业岗位人才补缺的问题，另一方面也可以使员工有一个公平合理、公开竞争的平等感，激励员工更加努力工作，为自我的职业发展增添积极因素。

7.2.2.1　内部供给方式

具体而言，雅砻江公司可以考虑采用如下的内部人才供给方式解决相关岗位人才配置问题。

1. 提拔晋升

结合各岗位的职业发展规划，以及公司人才内部竞聘管理办法，对相应的岗位实行内部竞聘管理。不但可以提升员工的工作积极性，并且竞聘成功者可以很快适应岗位工作，降低内部协调和沟通成本。但考虑到内部竞聘本身存在的缺陷，建议公司在重要岗位进行岗位竞聘时，同时采用组织内外部人才竞争管理，寻找合适的人选。

2. 工作调换/轮换

这二者有一些相似，其区别主要在于时间和计划性方面。通过工作调换/轮换，不但可以解决职位空缺的问题，还可以加强公司员工对其他部门工作的了解，增强员工的团队协作能力，使上级对下级的了解更为深刻，并为今后员工的提拔奠定基础。公司在促进人员内部流动方面建立一整套管理办法，有利于增强内部人才的交流和促进多项目管理的实施，提高项目的管理效益和人员的利用效率。

3. 人员重聘、转正

因为种种原因，公司可能会出现一批不在岗的人员(如长期休假人员、停薪留职人员、退休人员等)或临聘人员，其中部分人员素质较高，完全能胜任公司某些空缺职位的要求。因此，对这部分人员的重聘或转正可以提高员工的使用效率，降低培训成本等，部分解决人才供给不足的问题。

雅砻江公司在人员内部供给管理方面，需要与其他管理职能相互配合，才能提高人才内部供给的效益。包括需要进一步优化公司人力资源职能管理中的绩效考评管理、内部竞聘管理、内部流动管理、职业生涯管理等。

4. 人才租赁

人才租赁是我国近年来出现的一种新的人才使用策略。公司可以根据岗位的实际需要，向人才租赁单位提出用人标准及薪资福利政策，由人才租赁市场提供符合要求的人员。按照形式可分为长期租赁、短期租赁和项目租赁。

一般而言，人才租赁是企业探索用人形式的一种方式。目前，这种方式主要适用于部分对人员素质要求不高的岗位。

5. 项目协作

严格地讲，项目协作并非一种人才供给的渠道策略，但是由于水电工程建设的实际情况，这种方式如果被很好地利用，可以缓解人员供给不足的问题。

所谓项目协作，从字面意义上讲，主要是指通过各方沟通、交流、配合，共同完成某一件事情或任务。这里站在公司业主方的立场，主要是指在水电开发建设项目管理中，公司可以采用以下两种方式解决工程项目相关问题。

(1)任务外包。作为业主方，公司如果存在某类专业人才缺口，难以处理水电工程建设相关方面的个别实际问题，而监理方、设计方、施工方或其他相关单位却有足够的实力解决这方面的难题，则通过签订合同明确各方的权利、责任和义务，将相关业务进行外包，由合同乙方履行相关职责。这样可以部分解决人才供给不足的问题。

(2)人员借调。通过与监理方、施工方等进行协商，暂时借调对方的部分专业技术人员，使业主方能够暂时解决人才短缺的问题。

与公司人才供给最相关的，其实是人员借调。目前，公司在锦屏、官地等项目建设中就采用了该方式，并取得了很好的效果。

7.2.2.2 内部可供给人力资源结构分析

雅砻江公司共有员工 522 人，其年龄构成见图 7-38。

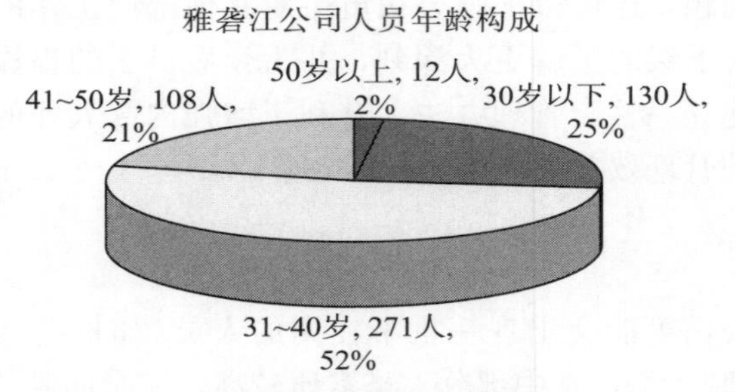

图 7-38 雅砻江公司人员年龄构成(2008 年)

从图 7-38 中可看出，31～40 岁这一阶段的员工占总人数的一半以上；然后是 30 岁以下的员工群体和 41～50 岁的员工群体，分别占 25％和 21％；而 50 岁以上的员工比例很低，仅 2％。从中可以发现，雅砻江公司的员工队伍总体比较年轻，具有较强的发展潜力，多数员工具有较为丰富的工作经验，员工素质在业内处于较高的水平。

通过对公司调研结果的分析，得到如下结论：

(1)公司员工年龄构成非常年轻，具有很强的发展潜力，有利于公司未来的发展。但是，如何对新员工进行培养使其能够尽快满足项目建设的需求，是公司需要重点思考的问题。

(2)公司总部与管理局、电厂员工比例适当，有利于提高管理效率；员工学历和职称结构合理，员工队伍素质较高，在今后的工作和招聘中应注意保持上述比例。

(3)公司与国内同行相比劳动生产率较高，但与国外同类企业相比仍有差距，未来的人均生产率应呈上升趋势，还有较大的提升空间。

(4)公司员工流动性较低，员工对公司具有较强的忠诚度，但是无效淘汰机制会对员工士气产生负面影响。未来五年内，退休人数几乎可以忽略不计。

通过调查，公司员工的辞职率几乎为零，企业薪酬水平较高，内部凝聚力好，能够留住人才；公司在未来 5 年之内，内部员工不会有较大的流动，可视为稳定，只需在需求预测的基础上核算出需要增加的人数进行外部招聘，即可保障未来人力资源数量的要求。

7.2.3　雅砻江公司人力资源“循环、滚动”配置策略

作为流域化梯级开发的大型水电企业，按照发展战略规划，雅砻江公司将于 2025 年前在雅砻江流域建设 21 座梯级水电站，达到总装机容量 3000 万 kW 的目标。这是一项巨大的多项目综合管理工程，需要充分利用雅砻江公司的人力资源存量，对项目人员进行综合、循环配置和使用，提高人员利用的效率。

与此同时，在研究中发现，雅砻江公司在水电站建设中的人才配置具有一定的规律性，这就为人才的“循环、滚动”配置奠定了基础。为了进一步明确水电建设中雅砻江公司人力资源的配置策略，对水电站建设各个阶段人才配置特征进行分析，并按照其特征进行人力资源配资策略的研究。

7.2.3.1　水电站开发各阶段管理局人力资源配置策略

1. 水电站开发建设阶段及其特征

尽管水电站开发建设工程巨大，但其开发流程也并非无迹可寻。概言之，水电站开发建设工程大致可以分为五个阶段，各个阶段具有相互承接、相互交错的特点。即前一阶段工作是后一阶段的基础，但也并非前一阶段所有任务完结后才可进行下一阶段的任务开展，也就是说，为了提高建设效率和降低成本，水电站开发建设工程也按照串行、并行和串并行相结合的工作逻辑进行。归纳出各个阶段的任务及特征，是为了给雅砻江公司在水电工程建设中的人员配置决策提供参考。各个阶段的任务及其所需人员类别和结构有所差异，这就为雅砻江公司按照不同阶段进行人员的“循环、滚动”配置奠定了实践基础。下面从水电站开发建设工程项目建设的逻辑阶段进行分析。

第一阶段，水电站开发建设筹备期(简称“筹备期”)。本阶段的主要任务是为水电站工程的开工建设奠定基础。包括进行预可行性研究、可行性研究，并上报相关部门；制定征地、移民报告，报相关部门批复；与当地政府协作，开展征地、移民工作；与电网、通信部门协商，拟进行施工电路铺设、施工通信的开通；进行部分道路交通、营地建设的招投标等工作，为工程建设项目推进奠定基础。本阶段开始筹备管理局，并派驻较少的人员进入施工现场开展征地、移民、林地占用、水土保持、环境保护等基础工作。当雅砻江公司准备正式启动水电站建设项目时，标志着本阶段的结束。

第二阶段，水电站施工建设准备期(简称“施工准备期”)。本阶段的主要任务是为施工、设计单位入驻并施工奠定基础。包括进行道路、桥梁、隧道、营地建设；施工用电、施工通信的建设；沟水处理；临时砂石系统、临时混凝土系统等的建设；总部进行大规模的项目开工建设的招投标工作；与相关部门进行施工建设的设计优化和试验测试工作等。本阶段管理局(筹)的人数开始增加，管理局主要为监理方、施工方和设计方的入驻进行准备工作。当设计、施工、监理方开始大规模入驻，标志着本阶段的结束。

第三阶段，水电站工程建设截流准备期(简称“截流期”)。本阶段的主要任务，是为水电站的工程建设截流进行基础建设准备。主要工作包括继续完成大量剩余施工准备工作的同时，进行导流洞、辅助洞的开挖；准备进行主体工程高部位开挖、左右岸的基础处理等施工项目；总部同时进行项目建设的招投标工作、项目机电物资采购工作、计划合同调整和修正等工作。在本阶段，管理局人数开始逐渐上升，各部门工作量大、工作任务紧，开始出现人员的部分短缺。当大江截流实现时，标志着本阶段的结束。

第四阶段，水电站大坝建设期(简称“大坝建设期”)。本阶段的主要任务，除了进一步完善前期的项目建设工程以外，还将进行围堰工程、大坝建设开挖、大坝基固等工作，为截流后的大坝浇注、地下厂房及辅助洞室建设奠定基础；与交通运输部门协作，为对外交通及机电物资运输奠定基础；总部进行大坝浇注的招投标、地下厂房建设、机电安装招投标工作等。在本阶段，管理局人数达到顶峰，并持续稳定在某一水平，而到本阶段后期，人数开始逐渐回落，部分部门出现富余人员。当开始进行水电机组安装时，标志着本阶段的结束。

第五阶段，水电站机电安装及运行准备期(简称运行准备期)。本阶段的主要任务，除了继续进行大坝浇注、蓄水以外，最重要的是进行机电安装和测试，电力运行系统安装、测试及运行，厂房建设，电网建设等工作；总部进行水轮机、发电机、计算机监控系统等招、投标；组织进行机电安装和测试的验收；电厂运行管理人员开始入驻。在本阶段，管理局人数持续减少，大部分专业技术人才可抽调至其他水电站建设项目，仅少部分专业技术人员待水电站建设完工后撤离。当所有机组通过验收并开始发电，设计方、监理方、施工方撤离，即标志着本阶段的结束。

严格地说，水电站建设时的人才配置曲线是一个阶段函数，它并不呈现连续函数的分布的特征。这与水电站建设人才配置的跳跃性密切相关。而且伴随着工程进度，其所呈现的函数曲线类型也有所不同。为了更为全面地展示在水电建设工程中人员数量和结构的变化特征，分别对雅砻江公司人员总量、各专业人才总量变化特征绘制人才变动趋势图。

2. 水电站开发各阶段管理局人力资源总量配置策略

在分析雅砻江水电站建设人员变动情况，以及目前在建的各项目管理局人员变动趋势的基础上，结合三峡公司的《三峡电站建设年鉴》等资料，绘制在水电站建设项目中管理局的人员变动趋势图，详见图 7-39。

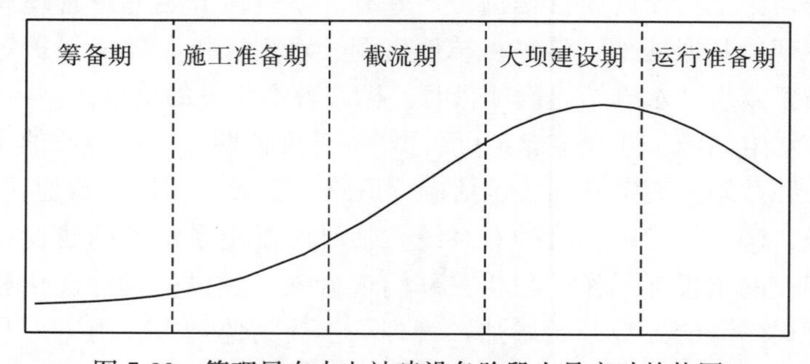

图 7-39　管理局在水电站建设各阶段人员变动趋势图

从图 7-39 中不难发现，水电站建设的人员变动趋势呈现偏态分布。在水电站建设筹备期的中后期，才开始配置适当数量的人员；在施工准备期，人员需求量增加，并且这种增长趋势在截流期非常迅猛；到了大坝建设期，人员达到顶峰，并转而出现人员递减的发展趋势；在运行准备期，管理局人员数量迅速递减，直至水电站管理和运营人员接受相关工作后，管理局人员全部撤出。

需要说明的是，在大坝建设期，在人数达到顶峰之前，其人员在相当长一段时间内保持平稳态势，直至后期逐渐降低。总的来说，在截流后期和大坝建设期，人员数量保持相对稳定，绝对数量变化不大。因此可以认为，在管理局人员配置方面，需求最旺盛的是施工准备期和截流期，而在运行准备期，人员需求量锐减，可以开始陆续抽调人员进行其他项目的运作。

3. 水电站开发各阶段管理局财务人员配置策略

在各个管理局，财务人员的数量往往与岗位设置和编制呈紧密相关。在分析财务人员在各个阶段的变动趋势后发现，其所需数量与工程建设过程中计划合同变更核算工作量的关系最为紧密。因此，绘制财务人员的变动趋势图，见图 7-40。

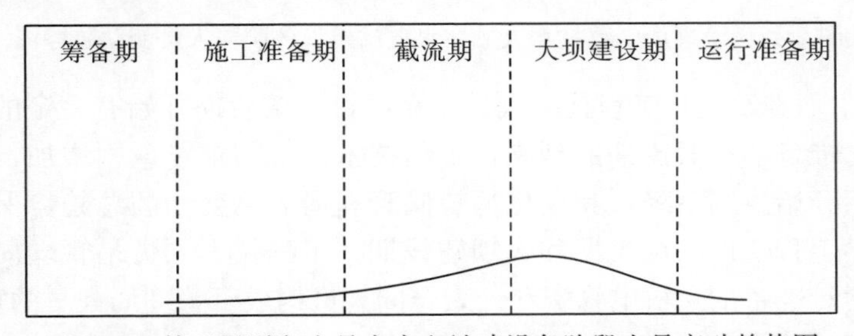

图 7-40　管理局财务人员在水电站建设各阶段人员变动趋势图

总体来说，财务人员的波动幅度不大。其需求在筹备后期才开始体现，在施工准备期有所增加，在截流期和大坝建设期达到顶峰，随后开始下降。与管理局人员变动的总趋势不同，在运行准备的中后期，财务人员开始撤离，这标志着财务人员可以在此阶段实现滚动配置和循环使用。

4. 水电站开发各阶段管理局项目管理人员配置策略

所谓项目管理人员，主要是指机电物资人员和计划合同人员。由于相关历史数据的获取存在一定的缺陷，因此将这两类人员进行汇总，共同表明在项目建设管理中的人员变动趋势，见图 7-41。

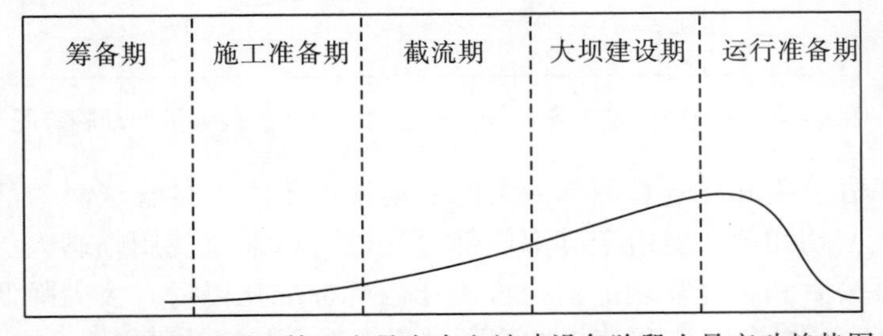

图 7-41　管理局项目管理人员在水电站建设各阶段人员变动趋势图

值得注意的是，项目合同人员与机电物资人员在人员变动方面趋势有所不同。前者在大坝建设期达到顶峰，而后者在运行准备前期达到顶峰。因此，二者的联合变动趋势显得比较平缓。在大坝建设后期达到顶峰，然后在运行准备中后期开始急剧衰减。

5. 水电站开发各阶段管理局工程技术人员配置策略

所谓工程技术人员，主要是指工程部和技术部的专业技术人才。这部分人员是水电站建设的主要构成部分，其变化趋势直接左右着水电站人员变化的总的趋势和人员结构，详见图 7-42。

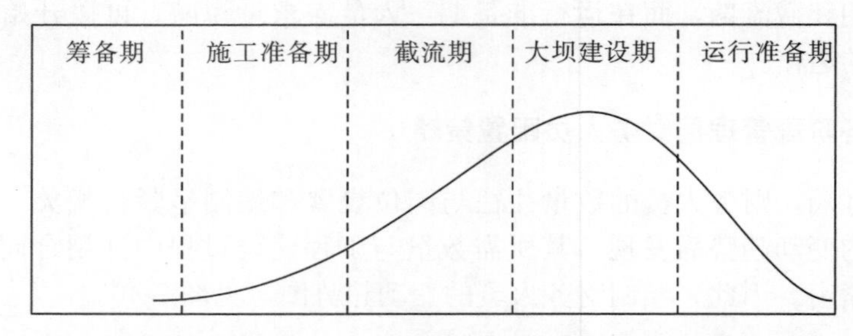

图 7-42 管理局工程技术人员在水电站建设各阶段人员变动趋势图

从图 7-42 中不难发现，工程技术人员是在项目筹备后期开始有一定的需求，但总量不大，随着施工准备期和截流期的到来，工程技术人员需求量急剧增加，在大坝建设期达到顶峰，随后开始急剧下降，其变化趋势同管理局人员变动的总趋势保持一致。主要原因是在水电站工程建设的截流期和大坝建设期，工程技术人员是管理局人员的主要组成部分，而在运行准备期，机电物资和计划合同人员构成了管理局人员的重要组成部分。

6. 水电站开发各阶段管理局行政服务人员配置策略

所谓行政服务人员，主要是指管理局的办公室和综合管理部的人员。在水电站管理局筹备的前期，这部分人员是管理局人员的主要组成部分。而在中后期，由于电站运营人员的介入，这部分人员的相关职务开始移交转移，由电站相关人员接手相关工作，其人员变动趋势见图 7-43。

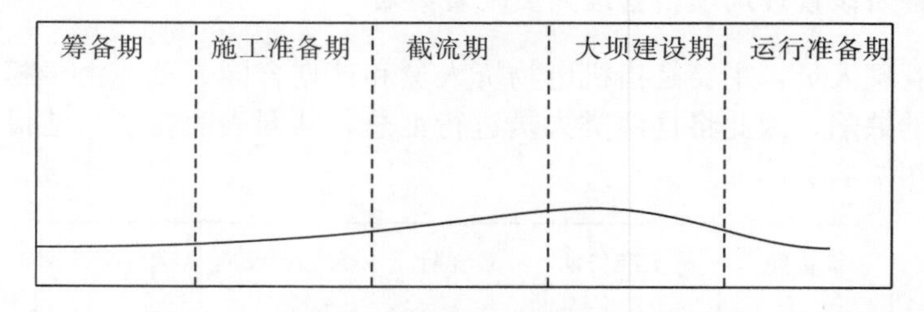

图 7-43 管理局行政服务人员在水电站建设各阶段人员变动趋势图

总的来说，办公室和综合管理部人员的变动幅度不大。尽管这两个部门的工作量与工程建设的进度密切相关，但由于其部门部分岗位可以通过使用临聘人员得以解决，且雅砻江公司在办公室和综合管理部的岗位工作内容标准化以后，大大降低了这两个部门人员的进入门槛，因此，从工程建设的整个过程来看，其波动不大。

7. 水电站开发各阶段管理局人员结构配置策略

在分析水电站建设项目过程中各类人员数量变化趋势基础上，结合水电站建设的实际进行汇总，作为雅砻江公司人力资源部在管理局人员结构配置方面的参考，详见图 7-44。

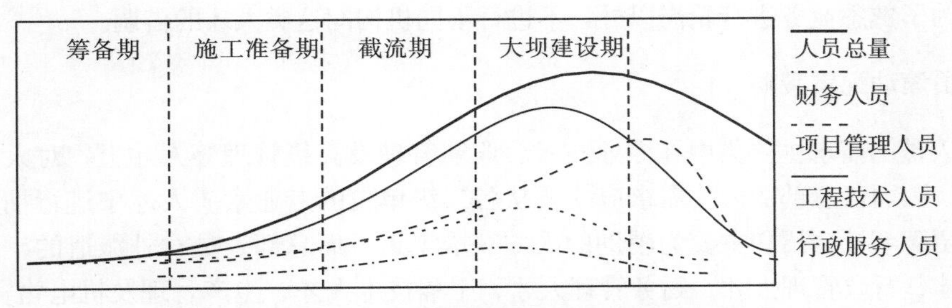

图 7-44　水电建设各阶段管理局人员结构变动趋势图

图 4-44 表示在水电站建设各个阶段，需要配置不同数量和结构的人员，以保证水电站建设的顺利开展和实施。从另一方面，也反映了在水电站建设的不同阶段，由于人员需求的数量和结构差异，可以对水电建设各类人才进行内部调动，实现人才的集约化使用。

7.2.3.2　雅砻江公司总部、管理局、下属电厂之间的人员滚动配置策略

人员滚动配置的前提，是必须明确公司总部各部门的核心职能，同时要明确针对下属各单位，总部对哪些权利进行集中，对哪些权利进行分权。权利的集中表示人才的集中，权利的分散代表人才的多部门的分散。因此，假定雅砻江公司在未来一段时间内，依旧保持现行的管理模式和权利配置体系，从而建立不同类型的人员在各部门之间的循环滚动配置模式。

为了实现公司各类人才的合理流动和人才共享，促进公司人才的集约化使用，认为有必要在公司总部、下属电厂、管理局、集控中心之间建立合理的人才流动机制，尤其是合理共享公司总部、下属电厂、管理局、集控中心都急需的人才。

结合公司目前人员的职业特征，对人员进行分类。并在此基础上，探索各类人才在不同机构中的共享及循环配置模式。分类如下：

(1)高级管理人才，包括高级战略管理、财务管理、组织管理、规划发展、工程技术等类人才；

(2)经营管理人才，包括综合计划、规划发展、人力资源等类人才；

(3)行政管理人才，包括行政、后勤、文秘、档案、法律事务等类人才；

(4)财务管理人才，包括会计、税务、出纳、投融资等类人才；

(5)计划合同人才，包括招投标、工程造价等类人才；

(6)工程技术人才，包括工程设计、工程建设、大坝监测等类人才；

(7)生产管理人才，包括电力生产、继电保护、电气、机械、自动化、电力调度等类人才；

(8)机电物资人才，包括机电安装、检修、物资采购等类人才；

(9)信息管理人才，包括计算机、通信等类人才；

(10)水情管理人才，包括气象、水工、水情监测、水调等人才；

(11)营销管理人才，主要是指电力营销人才。

在人才类别中，结合公司的现行管理模式，对公司运营规划及电力营销和对下属各单位的重要管理职能和责权主要集中在总部。因此，经营管理和营销管理人才主要集中在总部，除了为了熟悉业务进行轮岗以外，不进行不同机构间这类人才的借调。

1. 总部人员滚动配置策略

总部人员的需求主要集中在专业技术、职能管理及高级管理等人才上，对人员素质的要求较高。因而，总部的人才需求应主要从各二级单位的专业素质人才中进行抽调，而外部的校园招聘与社会招聘主要为辅助的人才获取渠道。而总部人员对外派遣的，主要是高级管理人才、行政管理人才、财务管理人才、工程技术人才、生产管理及机电物资人才等。总部人员滚动配置模型详见图 7-45。

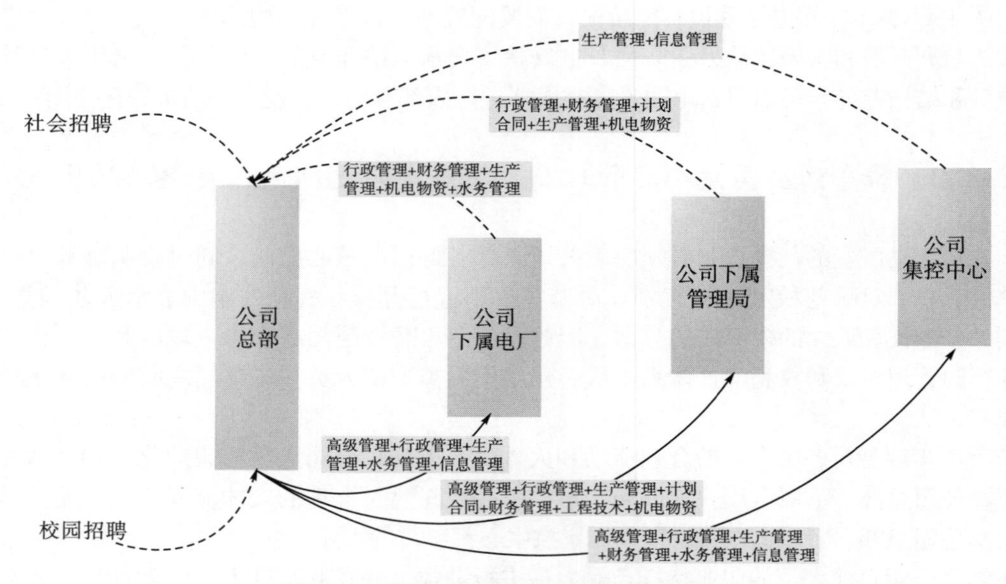

图 7-45 雅砻江公司总部人员滚动配置模型

2. 公司下属电厂滚动配置策略

下属电厂的主要职能，在于发电生产及电力生产设备的维护和检修，以及大坝观测、水情观测、电站行政管理及外事接待等事务。因此，对电厂人员配置的需求，主要来自于公司集控中心、下属管理局的相关专业人才及电站之间的人才借调。公司下属电厂人才滚动配置模型详见图 7-46。

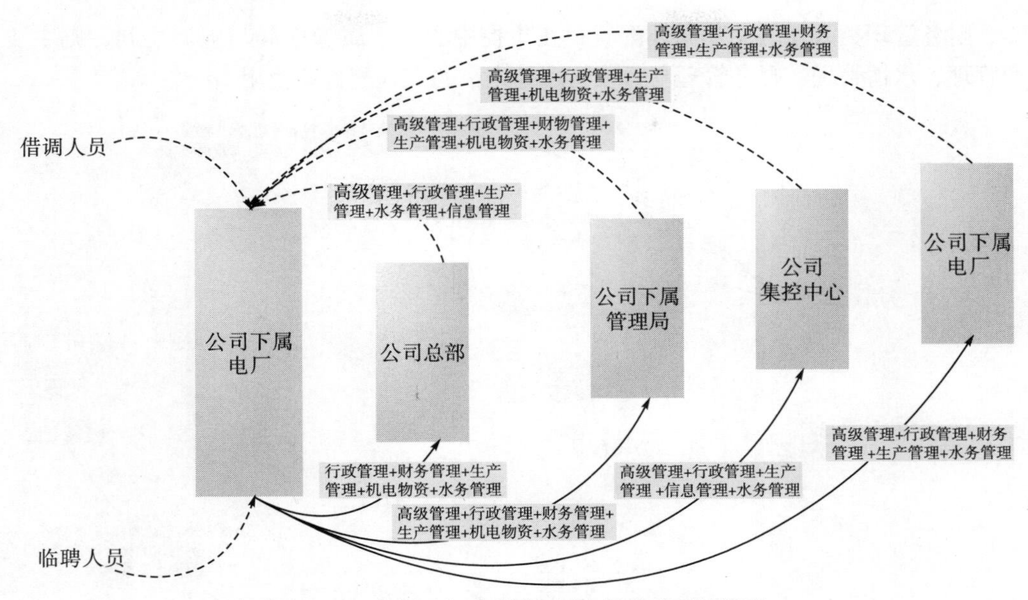

图 7-46　雅砻江公司下属电厂人员滚动配置模型

3. 雅砻江公司下属工程建设管理局人员滚动配置策略

下属工程建设管理局之间的人员流动，是管理局人员的主要来源。结合研究中所做的水电建设项目的人员梯度配置，以及雅砻江公司的水电建设项目实际情况，在下属各工程建设管理局之间的人才合理流动和滚动配置，是目前雅砻江公司人才配置的核心内容。

同时由于工程建设管理局人员滚动配置与工程项目投资进度高度相关，因此管理局人员配置也根据不同阶段的投资进度来配置，见图 7-47 所示。

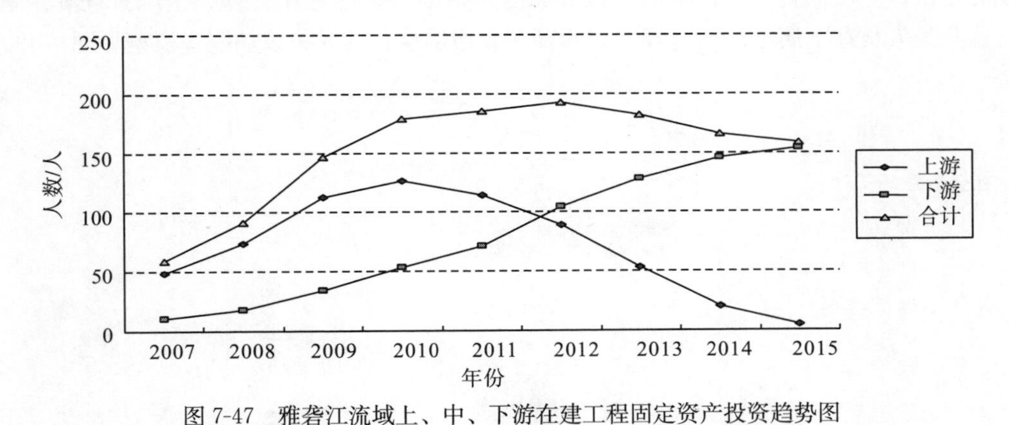

图 7-47　雅砻江流域上、中、下游在建工程固定资产投资趋势图

从图 7-50 来看，雅砻江公司在各个年度，存在投资额之间的波动。这与公司工程进度紧密相关。这种建设规划同公司人才配置之间存在着紧密的联系，为水电建设人才在项目之间的滚动配置提供了现实基础，见图 7-48。

在公司总部与下属管理局之间，主要进行高级管理人才与专业技术人才的循环配置；而管理局与电厂之间，主要在于二者相关岗位都可以兼任的机电物资、水情管理、行政管理类、财务管理类人才的交互循环配置；在集控中心和下属管理局与电厂之间，则主要是生产管理、水情管理、财务管理与行政管理等人员的交互配置和使用。

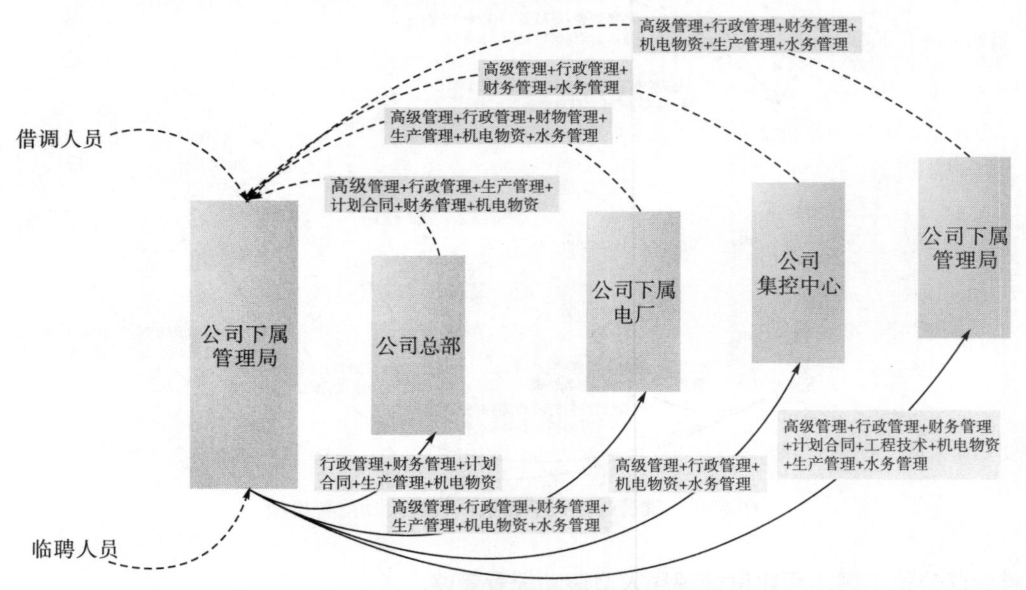

图 7-48 雅砻江公司下属管理局人员滚动配置模型

4. 雅砻江公司集控中心人员滚动配置策略

集控中心的人员配置与其主要职责紧密相关。目前，我国流域水电开发企业在集控中心的职能定位方面各有其特征。因此，在人员滚动配置方面，需要结合雅砻江公司对集控的职能定位。一般而言，集控中心的核心职能包括通信、信息化管理、生产管理和水情管理。这几类人员在下属电厂、管理局之间存在着通用性，其人员滚动配置模型见图 7-49。

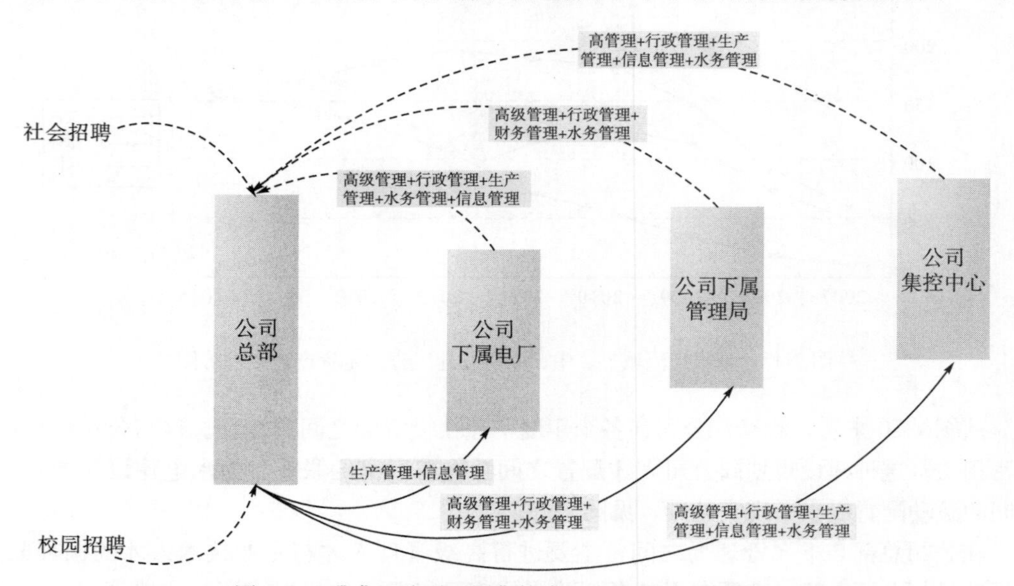

图 7-49 雅砻江公司下属集控中心人员滚动配置模型

7.3　雅砻江公司 2007～2015 年人才储备计划

正如外部宏观环境分析中所指出的，目前水电建设行业处于高峰期，前期主要是水电建设人才会出现供不应求的局面，而在后期，则会出现水电站电力生产运营维护、集中控制人员供不应求的状况。

结合雅砻江公司目前的用人策略，在水电站建设人才方面主要以社会招聘和学校招聘相结合的方法；在电厂和集控中心运营管理方面以校园招聘为主，并且以锦屏管理局和二滩电厂为基地，对相关人员进行培训。因此，结合雅砻江公司的现状，制定公司 2007～2015 年的人力资源储备计划。

由于相关数据不足，因此在分析公司总部、下属管理局、下属电厂和集控中心的人才储备计划前，需要对相关问题进行假设。后续的分析和计算基本上建立在此基础上。

假设一：公司在社会招聘和校园招聘的员工比例为 5∶5。

这是考虑到在今后几年，水电建设将进入高峰期，社会招聘将更加激烈，而校园培养的人才将逐年递增，所以将雅砻江公司在社会招聘和校园招聘的员工比例定为 4∶6。社会招聘员工在上岗后稍微进行培训即可上岗，而校园招聘员工则难以满足此要求。因此，需要再次对校园招聘员工的培训上岗时间进行假定。

假设二：校园招聘员工在培训 2 年后即可上岗，满足岗位需求。

准确地说，不同类别的员工，其培训上岗时间有所差异。我们假定 2 年时间为限，是作为一种平均值进行分析。在实践中，综合管理人员、办公室人员往往只需要培训 3～6 个月即可满足岗位需求；计划合同人员、机电物资人员、工程技术人员往往需要培训 1～3 年的时间方可满足岗位需求。

假设三：每年需要社会招聘的员工在当年即可实现，而每年的校园招聘有一定的人数限制，初步定为 100 人。

根据人员需求预测，得出公司总部 2007～2015 年的人才储备计划，见表 7-56。表 7-56 中的“年初已有人数”，是指年初可以上岗工作的人员数量，处于储备状态的人员不可上岗工作；“当年人员需求总量”是指为满足当年的生产需要公司应配备的人员总数，当“当年人员需求总量”大于“年初已有人数”时需要对外招聘；“满足当年需求人数”是指当“当年人员需求总量”大于“年初已有人数”时这两者的差额，当前者小于或等于后者时“满足当年需求人数”栏的数值为 0，满足当年需求的人员来源于在社会中招聘的经验人士，聘入后可直接上岗工作；“储备人数”是指当年为以后储备的人员数量，人员储备期为 2 年，即第 n 年储备的人员在第 $n+2$ 年年初可上岗工作，储备人员来源于校园招聘；“年末人员总量”是指“年初已有人数”与“年内招聘人数”的加和。

表 7-56 中各指标的计算方法为：

(1)满足当年需求人数＝当年人员需求总量－年初已有人数；

(2)年内招聘人数＝满足当年需求人数＋储备人数。

“年末人员总量”的计算方法：

(1)2007 年：年末人员总量=年初已有人数+年内招聘人数；

(2)2008～2012 年：年末人员总量=上一年的当年人员需求总量+年内招聘人数；

(3)2013～2015 年：年末人员总量=上一年的当年人员需求总量。因为从 2013 年开始，公司不再对外招聘人员，因此每年的年末人员总量等于上一年的“当年人员需求总量”。

“年初已有人数”的计算方法：

(1)2008 年：年初已有人数=上一年的当年人员需求总量。因为 2008 年没有可用的储备人员投入(人员储备期为两年)。

(2)2009～2010 年：年初已有人数=上一年的年末人员总量－上一年的储备人数。人员储备期为 2 年，当年年初时上一年的储备人员不可以上岗工作，因此“年初已有人数”等于“上一年的年末人员总量”减去“上一年的储备人数”。

(3)2011～2015 年：年初已有人数=上一年的年末人员总量。因为从 2011 年开始，其“上一年的储备人数”为 0，因此年初已有人数=上一年的年末人员总量－0=上一年的年末人员总量。

7.3.1 雅砻江公司总部的人才储备计划

根据前面对雅砻江公司人力资源需求结论部分的分析，针对公司总部未来对人力资源的需求制定相应的人才储备计划，见表 7-56。

表 7-56 雅砻江公司总部人才储备计划 (单位：人)

年份	年初已有人数	当年人员需求总量	年内招聘人数		年末人员总量
			满足当年需求人数	储备人数	
2007	122	141	19	11	152
2008	141	159	18	5	175
2009	170	182	12	1	188
2010	187	192	5	0	193
2011	193	194	1	0	194
2012	194	195	1	0	195
2013	195	193	0	0	193
2014	193	188	0	0	188
2015	188	186	0	0	186

7.3.2 下属管理局的人才储备计划

需要说明的是，在制定下属管理局的人才储备计划时，使用的是 2006 年年末时的管理局总人数作为 2007 年年初满足管理局岗位需求的人数，2007 年年末人员需求总量已经开始采用预测数据，见表 7-57。

表 7-57　雅砻江公司下属管理局人才储备计划　（单位：人）

年份	年初已有人数	当年人员需求总量	年内招聘人数		年末人员总量
			满足当年需求人数	储备人数	
2007	229	272	43	23	295
2008	272	314	42	10	347
2009	337	361	24	1	372
2010	371	381	10	2	384
2011	382	384	2	0	386
2012	386	388	2	0	388
2013	388	382	0	0	382
2014	382	373	0	0	373
2015	373	368	0	0	368

注：2012 年后下属管理局人员需求总量逐年减少，因此公司需要采取措施安置富余人员。

7.3.3　雅砻江公司下属电厂的人才储备计划

根据雅砻江公司人力资源需求结论部分的分析，针对公司下属电厂未来对人力资源的需求制定相应的人才储备计划，见表 7-58。

表 7-58　雅砻江公司下属电厂人才储备计划　（单位：人）

年份	年初已有人数	当年人员需求总量	年内招聘人数		年末人员总量
			满足当年需求人数	储备人数	
2007	183	190	7	0	190
2008	190	204	14	0	204
2009	204	207	3	0	207
2010	207	211	4	30	241
2011	211	215	4	25	270
2012	245	280	35	39	344
2013	305	330	25	52	421
2014	369	409	40	0	461
2015	461	513	52	0	513

7.3.4　雅砻江公司人才储备计划结论

根据表 7-56、表 7-57、表 7-58 汇总得到雅砻江公司 2007～2015 年的人才储备计划，见

表 7-33。

表 7-59 雅砻江公司 2007～2015 年人才储备计划 (单位：人)

年份	年初已有人数	当年人员需求总量	年内招聘人数		年末人员总量
			满足当年需求人数	储备人数	
2007	534	603	69	34	637
2008	603	677	74	15	726
2009	711	750	39	2	767
2010	765	784	19	32	818
2011	786	793	7	25	850
2012	825	863	38	39	927
2013	888	905	25	52	996
2014	944	970	40	0	1022
2015	1022	1067	52	0	1067

根据表 7～59 中的数据，绘制出 2007～2015 年雅砻江公司总的人才储备变动趋势图，见图 7-50。

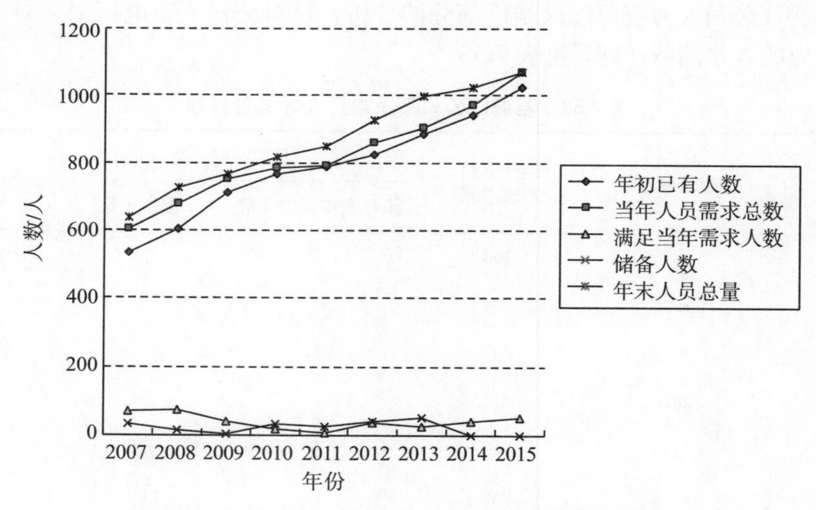

图 7-50 雅砻江公司 2007～2015 年总的人才储备变动趋势

7.4 雅砻江公司人力资源管理优化

雅砻江公司人力资源管理优化是根据公司发展战略及目标，结合外部环境的现状及发展趋势，以及公司的人力资源管理现状，制定支撑公司发展战略顺利实施的人力资源供需规划。为了保证这一任务的顺利实施，需要进一步对现行的人力资源管理组合进行调整和优化，以最终实现吸引、保留、发展和激励公司员工，推动公司的事业不断前进的目标。

7.4.1　公司人力资源管理的角色定位和发展目标

在当今社会，人力资源已经逐渐成为企业核心竞争力的主要源泉之一。以往静态的、后台式、控制型、滞后于实践、被动反应、同企业的战略结合松散的人力资源管理模式，已经难以适应当前市场竞争和企业发展的需求。

人力资源管理的主要目的，是通过最大限度地发挥人的主观能动性，获得最大的使用价值，使企业人力成本最优化；通过提高员工能力，激发活力，培养全面发展的职业化员工，使员工获得人力资本的持续增值，最终达成个人目标与企业目标的一致和平衡，使人力资源逐渐成为企业核心竞争力的源泉。

7.4.1.1　雅砻江公司人力资源管理的角色定位

一般而言，对人力资源管理的定位主要分为以下三种模式，详见表 7-60。

表 7-60　人力资源管理的三种定位

行政管理	职业化服务	经营者伙伴
基本事务的执行和处理	项目设计和开发	管理者经营计划的一员
服从导向	被动应对	预测需求，及时应对
数据记录	确保操作的适当性	前瞻性，主动采取措施改进公司绩效
技术支持	教师/专家	经营领导者
重心在于技能	重心在于项目设计	重心在于未来

从人力资源管理的历史演变和现实来看，不同公司，甚至是同一公司的不同阶段，人力资源管理可能扮演不同的角色。当然，不同的角色定位对公司的增值起着不同的作用。

要实现雅砻江公司“流域化、集团化、科学化”发展与管理，公司人力资源管理的角色必须立足于“经营者的伙伴”的角色，从传统的行政事务性管理者转变成为公司经营计划的执行者和管理者，对公司的未来发展方向及人力资源管理需求具有前瞻性，确保未来公司“持续、高效、稳定”发展。

7.4.1.2　雅砻江公司人力资源管理的发展目标

公司人力资源管理未来的发展目标，应紧密结合公司的发展目标及战略，致力于创建国内一流人力资源管理。通过持续不断的努力，构建公司智力资本优势并保持这种优势的独特性，通过专业化的人力资源服务，满足公司发展需要和员工需求，成为公司变革的推动者和内部客户的战略伙伴。

要实现公司的未来发展目标，必须对现有的人力资管理体系进行整合。根据公司内部客户的需求，围绕“选人、育人、用人、留人”4 个方面，实现人力资源数量和质量的合理化，推动公司人力资源职能管理制度的优化，并组织公司员工学习相关制度，推动相关制度执行、监控和评价。

7.4.1.3 雅砻江公司人力资源管理的主要任务

在公司前期的现状分析基础上发现，公司人力资源管理在当前需要重点关注的工作内容包括以下几点。

(1)建立能力素质模型。能力素质模型是人力资源管理的基础之一，员工培训、绩效考评、薪资福利、职业发展都要以此为基础进行有针对性的设计。因此，在今后的工作中公司需要更加完善以能力素质模型为基础的人力资源管理体系。

(2)优化绩效考评管理制度。目前，公司岗位考评的KPI及其标准值量化、考评手段方面存在一定的不足。因此，需要充分发挥考评的功能，对考评管理制度进行优化，并注意将考评结果同员工培训、薪资福利、职业发展等挂钩。

(3)优化薪酬管理体系。尽管公司薪资福利水平处于行业的中上游，但还需要在岗位、技能评价的基础上，制定“岗位技能工资”管理制度，提高薪资水平的激励效果。

7.4.2 建立以能力素质模型为核心的人力资源管理体系

能力素质模型方法是从组织战略发展的需要出发，以强化竞争力，提高实际业绩为目标的一种独特的人力资源管理的思维方式、工作方法和操作流程。1973年，麦可利兰博士在《美国心理学家》杂志上发表了一篇文章 *Testing for Competency Rather than Intelligence*。在文章中他引用了大量的研究结果，说明滥用智力测验来判断个人能力的不合理性，并通过事例说明人们主观上认为能够决定工作业绩的一些人格、智力、价值观等方面的因素，在现实中并没有表现出预期的效果。他强调指出：离开被实践证明无法成立的理论假设和主观臆断，回归现实，直接从第一手资料入手，发掘那些能真正影响绩效的个人条件和行为特征，以提高组织绩效及个人成功。他把这种直接影响工作业绩的个人条件和行为特征称为Competency，翻译为能力素质。后来，随着进一步研究，麦可里兰将Competency明确界定为：能明确区分在特定工作岗位和组织环境中杰出绩效水平和一般绩效水平的个人特征。能力素质被定义为担任某一特定的任务角色，所需要具备的能力素质的总和。

麦可利兰把能力素质划分为5个层次：①知识(knowledge)；②技能(skill)；③自我概念(self-concept)，包括态度、价值观和自我形象等；④特质(traits)；⑤动机(motives)。麦可利兰认为，不同层次的能力素质在个体身上的表现形式不同。我们可以把人的能力素质形象地描述为漂浮在海面上的冰山(冰山理论)，知识和技能属于海平面以上的浅层次的部分，而自我概念、特质、动机属于潜伏在海平面以下的深层次的部分，而研究表明，真正能够把优秀人员与一般人员区分开的是深层次的部分。因此，麦可利兰把不能区分优秀者与一般者的知识与技能部分，称为基准性素质(threshold competencies)，也就是从事某项工作起码应该具备的素质；而把能够区分优秀者与一般者的自我概念、特质、动机称为鉴别性素质(differentiation competencies)。

能力素质模型是整个人力资源管理框架中的关键环节，它将企业战略与整个人力资源管理业务紧密连接，避免脱节。能力素质模型作为人力资源管理的一种有效的工具，被广泛应用于人力资源管理的各个模块中，如员工招聘、员工培训、员工发展、绩效评估等。

7.4.2.1　雅砻江公司建设能力素质模型为核心的人力资源管理体系的目的

雅砻江公司建设能力素质模型为核心的人力资源管理体系的目的是建立和发展公司内部员工的核心能力体系，支持公司的经营目标和发展战略，帮助公司在适当的阶段找到合适的人员来完成其经营目标，与此同时，公司员工也得到个人相关的能力发展和培养。

1. 能力素质模型的含义

能力素质模型(competence model)就是用行为方式来定义和描述员工完成工作需要具备的知识、技巧、品质和工作能力，通过对不同层次的定义和相应层次的具体行为的描述，确定核心能力的组合和完成特定工作所要求的熟练程度。这些行为和方式必须是可衡量、可观察、可指导的，并对员工的个人绩效以及企业的成功产生关键影响。

雅砻江公司的员工能力素质模型应该包括三类能力：通用能力、可转移的能力、独特的能力。通用能力是指适用于公司全体员工的工作胜任能力，它是公司企业文化的表现，是公司对员工行为的要求，体现公司公认的行为方式；可转移的能力是指在雅砻江公司内多个角色都需要的技巧和能力，但重要程度和精通程度有所不同；独特的能力指某个特定角色和工作所需要的特殊的技能，通常情况下，独特的能力大多是针对岗位来设定的。

2. 建立以能力素质模型为核心的人力资源管理体系的目的

公司的核心竞争力是公司获得持续发展、竞争优势的来源和基础。而雅砻江公司核心竞争力是靠拥有相应核心能力的员工来实现的。建立和发展以能力素质模型为核心的人力资源管理体系对于建立和培养公司员工的核心能力具有很大的帮助。这样一来，雅砻江公司就能依据能力素质模型的帮助找到合适的员工来完成公司的经营目标，与此同时，公司内部员工的个人相关能力也得到发展和培养。最终，在雅砻江公司内部将会形成员工能力支持公司发展，公司的发展要求员工不断成长，员工成长进一步促进公司发展的良性循环。

7.4.2.2　能力素质模型为核心的人力资源管理体系的作用和意义

以能力素质模型为核心的人力资源管理体系的建立和实施，将会给公司以及员工带来很多益处。

从雅砻江公司的角度来看，能力素质模型是推进公司核心能力的构建和进行组织变革、建立高绩效文化的有效推进器；有利于公司进行人力资源盘点，明晰目前的能力储备与未来要求之间的差距；建立一套标杆参照体系，帮助公司更好地选拔、培养、激励那些能为公司核心竞争优势构建做出贡献的员工；可以更加有效地组合人才，以实现公司的发展目标；便于公司集中优势资源用于最急需或对发展影响重大的能力培训和发展；建立能力发展阶梯；便于公司内部人员的横向调动和发展，可以更有效地进行员工职业发展路径的规划。

从公司员工的角度来看，能力素质模型为他们指明了努力的方向，使他们明白做事方法与做事内容同样重要；鼓励针对个人技能的增长进行激励，可以帮助员工更好地提高个人绩效；了解并实践与公司发展战略相一致的人力资源管理体系。

能力素质模型将在公司人力资源管理过程中起重要作用。它在公司的工作分析、人员招聘、人员考核、人员培训以及人员激励等人力资源管理职能方面将会起到的具体作用分析如下。

(1)对工作分析的作用。基于能力素质模型的工作分析，注重研究优秀的员工工作绩效，突出与优异表现相关联的特征及行为，结合这些员工的特征和行为定义这一工作岗位的职责内容，它具有更强的工作绩效预测性，能够更有效地为选拔、培训员工以及为员工的职业生涯规划、奖励、薪酬设计提供参考标准。

(2)对员工招聘、选拔的作用。能力素质模型在公司员工招聘、选拔中的最大作用就是帮助公司找到员工胜任岗位应具备的核心动机和特质等内部深层次的招聘、选拔标准，而不是仅仅考察员工的知识、技能等外显特征来招聘和选拔人才。

(3)对绩效考核的作用。能力素质模型的前提就是找到区分优秀与普通的指标，以它为基础而确立的绩效考核指标，是经过科学论证并且系统化的考核体系，体现了绩效考核的精髓，能够真实地反映员工的综合工作表现。让工作表现好的员工及时得到回报，提高员工的工作积极性。对于工作绩效不够理想的员工，根据考核标准以及能力素质模型通过培训或其他方式帮助员工改善工作绩效，达到公司对员工的期望。

(4)对员工培训的作用。培训的目的与要求就是帮助员工弥补不足，从而达到岗位的要求。而培训所遵循的原则就是投入最小化、收益最大化。基于员工能力素质分析，针对岗位要求结合现有人员的素质状况，为员工量身定做培训计划，帮助员工弥补自身“短板”，有的放矢，突出培训的重点，省去分析培训需求的繁琐步骤，杜绝不合理的培训开支，将提高培训的效用，取得更好的培训效果，进一步开发员工的潜力，为公司创造更多的效益。

(5)对员工激励的作用。通过建立员工素质模型能够帮助公司全面掌握员工的需求，有针对性地采取员工激励措施。从公司管理者的角度来说，能力素质模型能够为公司的管理者提供管理并激励员工努力工作的依据；管理者能够依据能力素质模型可以找到激励管理层员工的有效途径与方法，提升公司的整体竞争实力。

雅砻江公司在建立和实施能力素质模型时一定要从自身的需求、财力、物力等各方面因素综合考虑。因为能力素质模型的构建总的来说还是较为费时、费力的，所以在选择分析目标时应有所侧重，建议公司选择公司生产经营活动价值链中的重要岗位进行胜任特征分析，从而降低因关键岗位用人不当而给公司带来的巨大损失和危险。通过能力素质模型的建立、实施、应用，雅砻江公司的人力资源管理的新模式将会使得整个公司实现人尽其才，才尽其用，最终达到增强公司的核心竞争能力，实现更多的经济收益的目的。

7.5　雅砻江公司人力资源绩效考评管理的优化

7.5.1　工作目标

针对公司内的不同岗位分别制定绩效考评制度，目的在于考核科学、结果公正，能有效评价员工绩效，并利于进行激励。

在流程梳理的基础上，明确各岗位的权责，制定岗位的 KPI 指标，并将考评结果尽量量化；加强对考评的培训、指导和监督，提高考评结果的公平性和透明度；将考评结果同员工的职业发展、培训、薪资福利等挂钩。

7.5.2　雅砻江公司绩效考核管理的目的

所谓绩效，是组织期望的结果，是组织为实现其目标而展现在不同层面上的有效输出，它包括个人绩效和组织绩效两个方面。如果组织的绩效按一定的逻辑关系被层层分解到每一个工作岗位以及每一个人，只要每一个人达成了组织的要求，组织的绩效就实现了。人力资源管理绩效考核管理针对的是员工的个人绩效。另外，员工个人绩效既应该包括工作的结果，也应该包括达成结果的过程中的关键行为。

雅砻江公司绩效考核管理主要有以下几个目的：

(1)找出差距。所谓找出差距是指要通过公司的绩效考核管理以及后续的奖惩措施，让公司的员工认识到自己的工作与标准要求相比的优劣，找到问题的所在。

(2)改善业绩。在找出差距的基础上，要通过绩效考核管理的过程让公司的员工弥补其在知识结构、情绪态度或者价值观方面的不足，改善其技能和态度，最终实现工作业绩的提升。

(3)获取竞争优势。获取竞争优势是公司进行绩效考核管理的最终目的。只有在这样的目的的引导下，公司的绩效考核管理效果才能从员工、各级主管、各个部门逐级延伸到整个企业。

7.5.3　雅砻江公司绩效考核管理的内容

绩效考核是人力资源管理的一项重要活动，是指公司以既定标准为依据，对其人员在工作岗位上的工作行为表现和工作结果方面的情况，进行收集、分析、评价和反馈，以形成客观公正的人力资源管理决策的过程。

公司绩效考核管理的内容可以归结为两个方面，一是绩效的内容，即公司在结果和过程上都希望达到什么样的状态，比如安全生产、发电量、电费回收率、利润总额等；二是绩效的承担者，即公司的绩效应当由谁来承担完成，比如电费回收率由谁负责、发电量由谁负责、利润总额由谁负责等。如果不能确定好这两个问题，公司的绩效考核将无从谈起。

7.5.4 绩效考核管理在雅砻江公司中的重要作用

绩效考核是雅砻江公司保证其战略目标实现的手段之一，通过有效的目标分解和逐步逐层的落实帮助公司实现预定的战略。在此基础上，理顺公司的管理流程，规范管理手段，提升管理者的管理水平，提高员工的自我管理能力。

具体来说，雅砻江公司绩效考核的作用主要体现在以下几个方面：

(1)有助于实现公司整体绩效的提升。绩效考核为公司人力资源部管理人员提供了一个阐明绩效目标与标准以及提高未来个人工作绩效的重要手段。通过绩效考核这种正常的工作渠道，能够使上下级之间不断地进行工作交流，在上级履行绩效考核职责的同时，有助于使员工加深对自身职责与目标的了解，有助于员工从公司整体发展战略的角度看待自己的工作，将公司的整体目标与员工自己的个人目标相统一。在员工个人绩效实现、提高的基础上带来的必然是整个公司绩效的提升。

(2)帮助上下级之间建立伙伴关系。通过绩效考核，公司上级能够让下级员工了解其工作职责与目标，同时下级也可以反过来对上级产生触动；于是，上级和下级之间基于交流会产生一种互动的、伙伴性质的关系。这种良好关系的形成，有助于员工的工作到位，从而使主管完成自己的业务。

(3)绩效考核被用于激励和指导员工进行目的性更强的个人技能和能力的开发活动。基于能力素质模型基础的绩效考核，其绩效考核指标能够更好地反映优秀员工与一般员工在技能、能力方面的区别，能够更真实地反映员工的工作表现，从而使公司员工不仅会注重开发承担当前工作的能力，而且会开发胜任未来工作和职责的能力。这对于公司和员工双方都是有益的。

(4)绩效考核可以生成支持行政管理决策的信息。绩效考核为公司人力资源决策和行动提供可靠的依据。晋升、调动与调整、降级以及停职都是根据或至少部分根据绩效采取的行动。同样，薪酬方面的变化，无论工资还是工资率的调整还是根据绩效发放的奖金，也是依据至少部分依据绩效。

(5)绩效考核能为修改绩效计划，包括行为目标和标准提供依据。

7.5.5 绩效考核在二滩公司人力资源管理中的作用

绩效考核是人力资源开发与管理中非常重要的范畴，是在管理工作中大量使用的手段，它构成人力资源开发与管理操作系统五大体系之中的一个部分。绩效考核为人力资源管理的其他环节提供确切的基础信息，考核的结果可以为其他职能部门的决策提供参考依据。没有考核就没有科学有效的人力资源管理。

具体来说，绩效考核在公司人力资源管理过程中的作用是：

(1)绩效考核是员工任用的依据。由于实行了科学的评价体系，对员工的工作、学习、培训、发展等进行全方位的定量和定性的考核，按照岗位工作说明书的标准要求，决定员工的任用与否。

(2)绩效考核是员工职务升降的依据。考核的基本依据是岗位工作说明书，如工作的绩效是否符合该职务的要求，是否具有升职条件，或不符合职务要求应该予以降免。

(3)绩效考核是员工培训的依据。通过绩效考核，可以准确地把握工作的薄弱环节，并可具体掌握员工本人的培训需要，从而制订切实可行和行之有效的培训计划。

(4)绩效考核是确定劳动报酬的依据。根据岗位工作说明书的要求，对应制订的薪酬制度要求按岗位取得薪酬，岗位目标的实现是依靠绩效考核来实现的。因此根据绩效确定薪酬，或者依据薪酬衡量绩效，使得薪酬设计不断完善，更加符合企业运营的需要。

(5)绩效考核是人员激励的手段。通过绩效考核，把员工聘用、职务升降、培训发展和薪酬相结合，使得企业激励机制得到充分运用，有利于企业的健康发展；同时对员工本人，也便于建立不断自我激励的心理模式。

(6)将绩效考核与员工未来发展相联系。对于员工来说，绩效考核可以对现实工作做出适时和全面的评价，便于查找工作中的薄弱环节，便于发现与现实要求的差距，有助于员工正确地制定自己未来发展计划，以保证员工不断进步。

7.6 雅砻江公司人力资源薪酬管理体系的优化

7.6.1 工作目标

本着“对内体现公平性，对外具有竞争力”的原则，结合岗位能力素质模型，以及员工职业发展规划，推动员工技能测评；对于公司部分关键岗位和关键员工，采用多样化的激励手段，提高这些员工工作的积极性和主动性；并注重逐步推动灵活的福利政策实施，进一步完善激励制度。

7.6.2 雅砻江公司薪酬管理体系优化的作用和意义

公司薪酬管理体系的合理与否关系到能否招聘到合适的员工，关系到能否调动员工的工作态度和工作行为，因此，必须重视和做好员工薪酬管理体系的优化工作。

具体来说，薪酬管理体系优化工作对公司的意义体现在以下三个方面：

(1)稳定员工队伍，减少员工流失率。雅砻江公司发展目标的实现有赖于员工队伍的稳定，而员工队伍稳定的重要因素就在于公司给员工的报酬是否合理，薪酬管理就是对员工劳动付出给予公平合理的补偿和回报。因此，公司通过进一步优化公平合理的薪酬管理制度，会大大提高员工对公司的信赖程度，减少公司的员工流失率。

(2)节约人工成本，提高员工工作绩效，保证公司的竞争优势。公司薪酬水平的高低，不仅关系到公司的成本控制，而且会间接影响到公司的效益，进而影响到公司的竞争优势。虽然薪酬本身不能直接带来效益，但是它会通过影响公司的人工成本、员工的工作态度和工作行为进而影响到公司整体的绩效。公司可以调节和控制公司对人力资源的要求和使用，使公司实现对已有员工的充分有效的利用，既达到吸引和留住人才的目的，又能够有效控制人工成本增加。

(3)激发员工的劳动积极性，提高工作绩效。公司薪酬公平与否，将直接影响到公司员工的工作积极性。公平合理的报酬分配，有助于调动员工的积极性；反之，则势必影响到员工积极性的发挥，薪酬的激励作用也将丧失。合理公平的薪酬体系是与员工的工作绩效密切结合在一起的，因此，雅砻江公司可通过进一步优化薪酬管理体系，使公司的薪酬更加合理、公平，从而使员工体验到自我的价值，增加对公司的情感依恋，激发他们的工作积极性，使他们自觉地与公司同甘共苦，为自身的发展与公司目标的实现而不断地努力工作、提高业绩。

7.6.3　雅砻江公司薪酬管理体系优化中的注意事项

根据公司人力资源现状诊断的结果，公司薪酬管理体系优化过程中应特别注意以下事项：

(1)公平性原则在公司薪酬管理体系优化过程中的重要作用。公平性原则是薪酬管理体系建立和完善的基本要求和核心，合理的薪酬体系首先必须是公平的，只有公平的薪酬才是有激励作用的薪酬。

公司的薪酬管理体系的优化将致力于解决三个“公平”问题，即外部公平性、内部公平性和自我公平性。外部公平，即公司员工的薪酬水平，应该跟整个水电行业或是跟同一地区、同等规模的水电公司中类似工作或人员的薪酬水平基本相同。重视外部公平，是雅砻江公司吸引和留住自己所需要的人才的重要保证；内部公平，是指“多劳多得，少劳少得”，即在公司中，不同工作岗位上的员工所获得的薪酬应与各自的贡献成正比；个人公平，是指“同工同效，则应同酬”，即同种职位、同等绩效下，公司员工所获得的薪酬应基本一致。

重视外部公平、内部公平和个人公平，是公司激发员工劳动积极性、开发员工潜能的根本推动力量。为更好地理解和贯彻公平原则，对三种公平形式和薪酬管理的关系做如下总结，见表7-61。

表7-61　三种公平形式和薪酬管理的关系

项目	外部公平	内部公平	个人公平
内涵	与外部同类公司类似职位的薪酬相比，是大体一致的	与雅砻江公司内部其他职位的薪酬水平相比，是大体一致的	与雅砻江公司中从事相同工作的其他员工的薪酬相比，是大体一致的
决策依据	市场薪酬调查	工作分析和工作评价	工作绩效评价
薪酬制度	薪酬水平	薪酬结构	个人薪酬水平
作用	员工招聘与选择，员工保留，人工成本，工作绩效	内部流动，职业发展，员工保留，工作绩效	员工保留，工作绩效

员工本人的薪酬与公司外部劳动力市场薪酬状况的对比，更容易得到显化，而公司内部不同职位之间的相对公平性，不容易得到显化，而且这种内部的不公平性，对公司员工的影响更大，所以雅砻江公司只有在优化薪酬管理体系时将这种差别体现出来，才能对员工形成有效的激励。

(2)薪酬管理体系是以能激励员工、留住人才为支点的。要充分体现按劳取酬、按责献取酬的公平原则，必须结合公司的经营目标和要求，进一步完善科学的岗位设置、技能测评工具，对各岗位、各技能的贡献给予量化评价，作为薪酬实施的基础。

(3)优化薪资管理体系的目的是规范管理、提高士气。因此薪酬管理中既要考虑个案特殊性，更要注意全面考虑整体影响，以免因个案而影响全局士气。

(4)进一步合理确定固定工资和浮动工资比例，以达到最佳的激励效果。对于不同岗位，明确其固定工资和浮动工资的比重，提高各类员工的工作积极性。

(5)争取董事会和高层管理者的支持，加大新的工资制度实施推进力度。

7.7　雅砻江公司关键员工管理研究

7.7.1　公司关键员工识别需求及结构分析

雅砻江公司关键员工是指那些能够帮助公司实现战略目标、提高公司竞争优势、降低公司经营风险、掌握核心业务和关键资源，对公司的长远发展产生深远影响的员工。

1. 识别公司关键员工的标准

这个标准有两个维度。①职位重要性，包括该职位对实现公司的战略目标起重要作用，这意味着该职位的业绩好坏对公司的目标和效益影响很大；该职位在公司政策控制、程序运行中起关键作用。②关键员工任职难度，包括要求该职位的上岗者知识面宽，经验丰富；该职位上岗者的培养周期较长。

2. 雅砻江公司关键员工识别背景

公司关键员工的识别依据主要有4个方面：一是公司的发展战略和远景规划，二是由公司战略决定的公司的核心业务，三是公司核心业务的人力资源现状，四是公司现在面临的竞争和风险。下面分别说明。

第一阶段：公司发展战略和公司远景规划。宗旨：开发雅砻江流域水能资源，逐步成为拥有装机3000万kW以上优质绿色电源的国际一流大型独立水电发电企业。公司发展战略：实施雅砻江流域水能资源开发四阶段发展战略，具体为，第一阶段：2000年以前，开发建设二滩水电站，实现投运装机规模330万kW。第二阶段：2015年以前，建设锦屏水电站、官地水电站、桐子林水电站，全面完成雅砻江下游梯级水电开发。公司拥有的发电能力提升至1470万kW，规模效益和梯级补偿效益初步显现。公司将成为区域电力市场中举足轻重的独立发电企业，基本形成现代化流域梯级电站群管理的雏形。第三阶段：2020年以前，继续深入推进雅砻江流域水电开发，建设包括两河口水电站在内的3～4个雅砻江中游主要梯级电站，实现新增装机800万kW左右，公司拥有的发电能力达到2300万kW以上。公司将迈入国际一流大型独立发电企业行列。第四阶段：2025年以前，全流域项目开发填平补齐，雅砻江流域开发全面完成。公司发电能力达到3000万kW左右。

3. 根据公司战略决定的核心业务对关键员工需求分析判断

通过对雅砻江公司战略、定位以及核心业务的分析，分析和判断公司对关键员工的需求和配置情况。公司发展战略所形成的核心业务主要分为三个部分：电站工程建设、电站生产运营、电力产品营销，而公司综合管理是核心业务快速稳定发展的重要保障。

(1)电站工程建设。在流域化梯级电站开发和建设过程中，雅砻江公司主要负责重大投资和变更、财务管理、运营管理等事务，保证建设进度、建设质量、建设安全和环境保护，并进行成本控制。

(2)电站生产运营。在电站建成投入运营后，保障电站安全稳定高效地发电运营是电厂管理的重要指标。

(3)电力产品营销。电力产品营销工作的质量关系到公司的生存和发展，它不仅决定公司的市场竞争力，还将影响公司的经济效益。一方面，公司的电力产品营销应适应市场经济的要求，因为电力体制改革的深入对搞好电力营销提出了更新、更高的要求。另一方面，搞好电力营销是公司自身发展的需要，电力营销工作作为雅砻江公司未来的主营业务，将是公司工作的重中之重。只有有效地增供扩销，做大做强，才能使公司长期立于不败之地。

(4)公司综合管理。雅砻江公司利用其强大的人力资源、资金资源、技术支持及其对于下属工程建设管理局和电厂生产经营的统筹领导作用，保证投资效率和回报率。

从上面的分析中可以看出，由于公司核心业务的不同，必然要求具有相关专业知识和技术技能的、一定数量的关键员工来满足公司发展的结构性需求。

4. 公司核心业务的人力资源现状

目前公司人力资源状况，特别是核心业务的人力资源状况存在的问题主要表现在：

(1)人力资源结构不合理，主要表现在“两头大，中间小”，新员工和即将退休的人员较多，而年轻力壮并富有经验的中年骨干较少；

(2)由于行业处于快速发展期，行业中人才的竞争非常激烈，骨干人员是行业中各个企业竞相争夺的对象。

5. 公司主要面临的风险

公司主要面临的风险，包括建设过程的安全风险、建设物资的价格风险和未来电网上网的竞争。

通过对雅砻江公司战略目标、核心业务、人力资源现状和公司面临的风险的理解，我们认为公司的工作重点主要在公司总部的战略决策、财务控制(包括物资成本、人力成本和产出之间的关系)、各个管理局的工作质量和工程进度以及电厂的高效运营等方面，基于此，公司的关键人员主要有以下类别，见表 7-62。

表 7-62　雅砻江公司关键人员分类

总体战略	分解战略	战略核心	关键人员
雅砻江的 21 个梯级电站，装机容量 3000 万 kW，公司完成集团化发展	雅砻江公司总体管理目标	核心业务的稳定增长 提高电力上网的竞争能力 改善资本的运营质量 提高电力供应的市场份额	战略决策人员 集控管理人员 高级财务人员 专业电力营销人员 物资采购人员 各类技术专家
	各电站管理局发展目标	保证工程进度 保证工程质量 保证工程安全 保证工程成本	项目管理人员 技术管理人员
	电厂管理目标	电厂的高效运行 电厂运行的安全	电站运营人员 检修人员

7.7.2　雅砻江公司关键员工管理存在的问题分析

对雅砻江公司关键员工的需求和结构进行分析后，再对关键员工管理存在的问题进行分析，以便找出解决问题的措施。存在的问题主要表现在以下几方面。

1. 岗位配置机制不尽合理

目前，公司的员工调配和招聘基本上是由人力资源部统一管理，某些专业性强的岗位在招聘时，部门或相关专业技术人员会有所参与。招聘的需求带有一定经验色彩，但部分专业人员的参与能更好地保证招聘人员满足岗位的需求。但应特别注意技术类的员工，如果没有分配到合适的岗位，不仅影响个人能力的发挥，更影响他们从普通员工成长为关键员工，从而最终影响整个公司的效率和发展。

2. 薪酬制度还不够科学

薪酬是关键员工考虑和关心的重要因素之一。虽然公司对不同的岗位在薪酬方面采取了不同的激励措施，但是薪酬体系的最关键问题是要体现公平、公正和透明，否则会成为影响关键员工心态的根本原因。

目前公司的薪酬基本原则是以岗位和技能为基础，以绩效为导向。工资主要构成包括：岗位工资、技能工资、绩效工资三大部分。其中，岗位工资标准根据员工所在岗位价值进行确定，技能工资标准根据员工专业技术能力水平确定，绩效工资根据员工及其所在部门年度业绩表现确定。技能工资标准的确定将受到技能评价的影响，目前技能评价仅在初始技能、通用技能两方面开展，专业技能方面暂未进行，有待进一步对专业技能进行评价。

3. 绩效考核机制不够科学

对于企业的激励机制而言，从某种意义上来讲，拥有一个科学合理的绩效考评体系就成功了一半。公司在绩效考评方面，存在着有些部门领导不够重视现象，把考核当成一次性的管理行为，没有积极利用绩效考核推动员工和部门整体工作水平的提高，也就不能谈及考核前的沟通、考核时的交流和考核后的积极总结。同时，在绩效考评后应建立完善的数据库，以便保存考评的方法和结果，作为晋级、提薪的客观依据，同时也是保存人力资源管理历史资料，为今后的管理发展提供文献资料和客观依据。

4. 关键员工职业生涯发展体系不完善

职业生涯发展体系是帮助员工在职业生涯中达到自我实现的重要手段。有效的职业生涯发展机会不仅能确保公司拥有必要的人才，还可以使员工获得成长和发展的机会。更重要的是，完善的职业生涯发展规划可以吸引和留住关键员工。在当今企业组织结构越来越扁平化的趋势下，并不是企业中表现卓越的关键员工都能得到担任一定领导职务的晋升机会。而且，对于雅砻江公司这种知识、资金密集型企业，并不是每一个关键员工承担领导责任就能发挥更大的作用。一些经验丰富的优秀技术人员、项目管理人员，也许担任某些行政职务对他们是“扬短避长”，会造成人力资源的浪费。

5. 针对关键员工的培训针对性不足

目前，雅砻江公司虽然制定了较为完善的培训计划，但这些培训更多的是一种普适性的培训，缺乏专门针对公司关键员工的相关培训。

7.7.3 雅砻江公司关键员工管理的对策

为了有效地实施关键员工的管理，我们根据问题的分析，提出了一些管理对策，分别在下面进行阐述。

7.7.3.1 提高关键员工的职业生涯管理水平

从前面的分析中可以看出，关键员工更重视他们的职业发展前景。职业生涯管理是帮助关键员工发展的工具，也是激励和留住关键员工的关键要素之一。

雅砻江公司作为一家知识、资金密集型的企业，同样要大力重视关键员工的职业生涯管理，才能激励人才和留住人才。

现代企业职业生涯管理涉及聘用关系与职业生涯管理责任、职业生涯管理具体形式(如工作设计、职业发展轨道、培训与开发)等诸多方面。关键员工人力资本的特点是其职业生涯管理的基础。

对于雅砻江公司来说，关键员工拥有为公司赢得竞争优势的专用性技能，这些技能难以在劳动力市场上公开获得，他们给公司所带来的战略性利益远远超出聘用和开发他们的管理成本。所以雅砻江公司要提高关键员工的职业生涯管理水平，要建立以公司为家的聘用关系，实施内部开发和长期聘用。

雅砻江公司在提高关键员工的职业生涯管理水平时，要充分考虑以下几点。

1. 确定需求

公司在进行关键员工的职业生涯管理时要有的放矢，要与关键员工进行沟通，了解关键员工真正需要的是什么，并尽力帮助解决和满足关键员工的需求。离职面谈分析和员工调查问卷可以帮助确定关键员工的需求。

2. 从内部选拔

在目前的电力行业竞争环境下，关键员工是各个电力企业争夺的资源，所以，要做好职业生涯管理工作，稳定关键员工的心理情绪，培育其对企业的感情。一般来讲，从企业内部选拔出来的关键员工对企业的感情很深，有高度的忠诚感，并且内部选拔的关键员工熟悉公司情况，不但工作容易上手，而且能极大地提高关键员工工作的积极性。当然，内部选拔必须建立在充分培训和有合适人选的基础上。

3. 与各级领导协调策划

公司关键员工的职业生涯管理体系应该由各级经理负责选拔和管理，而不应由人力资源部门管理，让各级经理从一开始就帮助规划设计关键员工的职业生涯管理体系，这样做才可能取得成功。

4. 将职业管理与绩效评估相对分开

将职业管理与绩效评估分开，一方面，职业管理同绩效评估相结合，为职业晋升奠定客观依据和晋级基础；另一方面，两者相对分离，是为了让关键员工知道实施这种管理方法的目的是帮助他们设计和管理自己的职业生涯，使其能力得到提高。

5. 提高经理人的职业管理技能

各个部门的主管是员工职业生涯管理的主要执行者，对其进行相关培训是绝对必要的。要让部门主管学习到如何选拔和帮助关键员工熟悉职业评估和规划的方法，熟悉职业指导的技巧，准备针对不同关键员工特点的各种职业生涯讨论，给关键员工真实的反馈。

6. 评估结果

定期地召开职业生涯管理讨论会，收集相关人员的意见，并将这些汇总的意见分发给其他参会人员，这将有助于关键员工职业生涯管理项目的顺利实施。

关键员工的职业生涯管理过程中，应该掌握以下原则：

(1)长期性原则。关键员工的职业生涯发展规划要贯穿员工职业生涯的始终，并应长期坚持，才能取得良好的效果。

(2)动态性原则。根据公司发展战略、组织结构的变化、公司所处的竞争环境与员工不同时期的发展需求进行相应调整。

(3)公平性原则。公司员工的职业生涯管理要遵循个人发展、企业发展和社会发展相结合的原则，公平、公正、公开地开展职业生涯开发活动，给员工均等的机会。

(4)共同参与原则。公司职业生涯开发战略的制定和实施过程应该由组织该项工作的管理者和实施对象共同参与。

(5)创新原则。职业生涯开发中应该提倡用新方法、新思路发现和解决问题。要让员工发现、发挥和发展自己的潜能，获得创造性的成果。

雅砻江公司在对关键员工进行职业生涯管理时，可以按照以下的步骤来进行：

(1)了解关键员工深层次的心理需要。在帮助关键员工进行职业生涯规划之前，人力资源部门应该对公司的关键员工做一个全面的了解。建议借助心理测评工具和职业兴趣测量表，了解关键员工的职业兴趣，帮助他们认识自己在工作上的动力，明确员工的优劣势，全面了解员工的生活。把能力测评的结果反馈给员工本人，与员工就能力优劣势达成一致，并共同探讨导致能力优劣势的深层原因。通过与员工的持续交流，了解员工各方面的情况。

(2)了解员工的发展意愿。与关键员工交流发展意愿是职业生涯规划中最为关键的一步。首先帮助关键员工明确自己的职业生涯发展目标；其次，为了帮助关键员工实现职业生涯目标，主管上级应与员工一起探讨实现这些目标所需的资源需求，帮助员工在实现目标的过程中合理利用资源并不断发展自己。

(3)建立职业生涯管理反馈制度。员工职业生涯目标的设计应有完善的跟踪管理制度。职业生涯目标并不是一成不变的，由于每个人学习能力和适应能力的差异，在不同的职业生涯过程中，将对预先制定的职业生涯目标产生的缺陷进行一定程度的修正。为此，公司需要定期或不定期地对关键员工的工作进行反馈和点评，勉励和肯定好的一面，帮助其克服存在的不足，同时，将跟踪调查的结果记入部门的年度绩效考核结果中。

(4)为关键员工提供多通道晋升途径。雅砻江公司的关键员工状况大致可以分为三类：技术类、管理类和营销类(营销人员现在数目较少，但是随着其他电厂的建成以及竞价上网的普遍化，营销人员的比例将逐步提高，发挥的作用也将逐步增大)。公司需要针对各类人才的不同特征、不同需求，为他们提供多样化的发展通道。通过建立和实施多通道晋升机制为关键员工提供多样化的发展空间，见图 7-51。

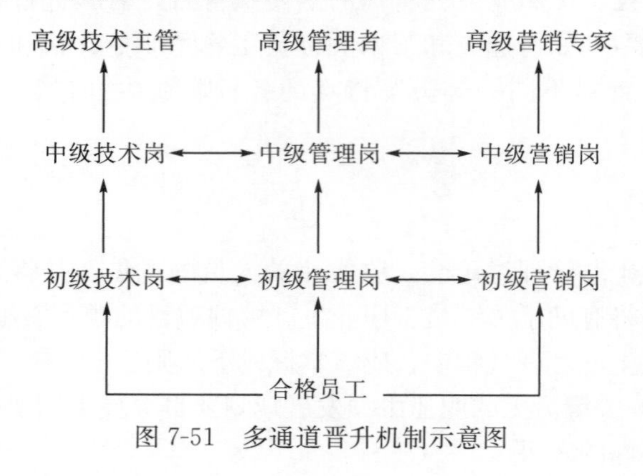

图 7-51　多通道晋升机制示意图

7.7.3.2　关键员工的针对性培训

关键员工是公司不断适应环境变化、增强公司竞争力的核心力量。针对关键员工进行系统的训练，提高其思想素质和创新能力，是雅砻江公司保持其竞争优势的重要途径。

(1)构建有效的培训体系。构建培训体系的原则：①理论联系实际；②重点突出；③因材施教；④讲求实效；⑤反馈和强化。

(2)设置培训计划。培训计划包括培训目的、培训对象、培训时间、课程内容、师资来源、实施进度和培训经费等项目。

(3)实施培训活动。做好培训计划后，就要有组织、有计划地实施。培训活动的实施需要组织者、培训者和受训方三方的密切配合。实施过程中要注意过程控制，要能够及时、灵活地调整，保证培训项目的有效完成。

(4)培训的评估与反馈。培训的成效评估既是对学习效果的评价，又是对培训工作的总结。要根据培训目的的不同采取不同的评估方式。

(5)让员工感受培训。培训是发现人才、培养人才、开发人才资源的重要途径，是实现“人事和谐”的重要手段。因此，公司要为关键员工提供学习和积累经验的机会以及创造性的工作，给予他们广阔的发展空间，努力营造一种奋发向上的氛围，从而使他们有能力在将来承担更多的责任。公司关键员工应该有两个方面的培训：一方面是把普通员工培养成为关键员工，另一方面是现有关键人员的培训。

(6)把培训作为一种重要的激励手段。关键员工都非常看重个人的长期发展，对公司提供的培训也非常重视，所以公司要把培训作为一种奖励和激励手段，只有在工作中积极努力，不断提高自己的绩效水平，才能得到接受培训的机会。这样培训本身也可以促进关键员工积极提高绩效水平，完成组织目标。

7.7.3.3　优化现有的薪酬管理和绩效管理体系

目前，雅砻江公司所制定的员工薪酬和绩效考核体系的思想比较完善和科学，只是在实行过程中存在一些具体的问题(参见7.7.2小节)。

根据存在的问题，建议雅砻江公司从以下几个方面对薪酬管理和绩效考核体系进行优化：

(1)薪酬水平不仅仅与岗位有关，更应该表现出员工的业绩水平，应该真正做到“同岗、同绩、同酬”。

(2)将绩效考核的结果与薪酬挂钩，并且要提高绩效工资在员工薪酬中所占的比例，用绩效薪酬来激励员工不断提高绩效水平。

(3)把绩效管理作为一种积极的管理手段、一种提高公司综合管理的方法，通过提高员工的业绩水平保证企业战略目标的完成。

7.7.3.4　关键员工梯队建设与建立关键员工人才储备库

在当前雅砻江公司所处的行业中，人员流动和人才竞争非常激烈。为了保证公司储备适量的关键员工，必须做好关键员工的梯队建设，建立关键员工人才储备库。

首先，明确每个关键员工的职业生涯路径，为每个关键员工描绘出可能的发展路线和空间，并明确每个岗位的职责和权限。然后，对处于核心岗位的员工，公司要建立相应的“传、帮、带”制度，也就是核心岗位的员工必须能够找到一个自己的下属或者同事，把自己掌握的知识技能在一定的时间按计划进行教导。这项工作可纳入关键员工的绩效考核，以保证关键员工知识的“备份”，以免他的突然离职而造成职位空白。

关键员工梯队建设与建立关键员工人才储备库，不仅要作为一种制度加以制定和完善，更要在公司内部形成一种知识传递和共享的学习氛围，形成一种学习型的企业文化。

7.7.3.5 重视关键员工的离职面谈

由于雅砻江公司所在的行业正处于快速发展期，人才的竞争非常激烈，骨干人员更是各个电力企业竞相争夺的对象。所以，不管公司的人力资源工作如何完善，都可能面临关键员工离职的现象。这时候，公司管理者应该重视离职面谈。通过离职面谈不但可以了解关键员工离职的原因，而且它本身就是一种员工调查，可以有效地收集人力资源管理中存在的各方面问题，便于分析问题产生的原因和提出整改措施。所以公司应该把离职面谈作为一种制度。为使离职面谈更加有效，首先公司在面谈人员的选择上一定要慎重考虑。其次，在面谈的内容方面，不但要了解他们对公司的哪些地方满意、哪些地方不满意、究竟是因为什么原因离开公司的，更要了解他们将来的计划，包括下一步去哪里工作、为什么选择去那里等方面的问题。另外，给予离职关键员工一个美好的祝愿也是必须的。离职面谈后，及时把离职关键员工的意见整理反馈并决定是否要采取纠正措施也是非常重要的，这是离职面谈是否有效果的关键。

第8章 流域化梯级电站开发战略的工程总承包管理

在流域化梯级电站开发和建设中推行工程总承包模式，是我国水电建设集团生产经营方式转型及大型项目实施和管理改革的必然趋势。本章介绍国际通行的工程总承包运行和管理模式，并在此基础上研究我国流域化水电开发建设项目的工程总承包及管控模式。特别的，本章介绍的工程项目总承包的建设－运营－移交(BOT)模式，十分适合本书第5章所研究的企业混合组织制度。

8.1 流域化梯级电站开发战略的工程总承包原则

工程总承包是指建设工程任务的总承包，即发包人将建设工程的勘察、设计、施工等工程建设的全部任务一并发包给一个具备相应的总承包资质的承包人，由该承包人对工程建设的全过程向发包人负责，直至工程竣工，向发包人交付经验收合格符合发包人要求的建设工程的发承包方式。

工程总承包在建设工程运行过程的管理中具有十分明显的优点，表现为：

(1)有利于优化资源配置。国内外经验证明，实行工程总承包减少了资源占用，降低了管理成本。在我国，其优点体现在三方面：业主方摆脱了工程建设过程中的杂乱事务，避免了人员与资金的浪费；主包方减少了变更、争议、纠纷和索赔的耗费，使资金、技术、管理各个环节衔接更加紧密；分包方的社会分工专业化程度由此得以提高。

(2)有利于优化组织结构并形成规模经济。一方面，能够重构工程总承包、施工承包、分包三大梯度塔式结构形态；另一方面，可以在组织形式上实现从单一型向综合型、现代开放型的转变，最终整合成资金、技术、管理密集型的大型企业集团；其次，便于扩大市场份额，增强参与BOT的能力。

(3)有利于行业集中度的提高。因为只有综合实力强的大公司才能够获得保证担保，才能实现总包，这样就可促使建筑行业从分散向集中发展。

(4)有利于控制工程造价，提升招标层次。在强化设计责任的前提下，通过概念设计与价格的双重竞标，把投资无序化消灭在工程发包之中。同时，由于实行整体性发包，招标成本可以大幅度降低。

(5)有利于提高全面履约能力，并确保质量和工期。实践证明，工程总承包最便于充分发挥大承包商所具有的较强技术力量、管理能力和丰富经验的优势。同时，由于各建设环节均置于总承包商的高度专业的指挥下，各环节的综合协调工作大大增强，这将确保工程质量和进度按照目标要求顺利地完成。

(6)有利于推动管理现代化。工程总承包模式作为管理协调中枢，必须建立起计算机系统，从而使各项工作实现电子化、信息化、自动化和规范化，提高了管理水平和效率，大力增强了我国企业的国际承包竞争力。

在流域梯级电站建设工程总承包管理中，必须强调以下原则，按原则进行运行和管理。这些原则分别是：

(1)经济效益原则。工程总承包管理中必须突出经济效益的原则，这就是说，在工程的承包和建设中，一方面，必须严格遵守和执行目标成本管理，节约资源，降低成本，为雅砻江公司和项目承包方带来经济效益；另一方面，工程建设必须满足投产后的经济收益，使生产维修成本最低化，经济收益最大化。

(2)工程质量原则。在总承包中必须贯彻工程质量原则，即在承包和施工中，必须坚持“百年大计，质量第一”的原则，保证完成工程质量目标。因为水电工程，特别是大型水电工程，一旦出现工程质量问题，不仅将导致建设成本的极大增加，更重要的是，质量对于工程竣工后的生产、环境和区域经济发展都有十分重大的影响，而且竣工后要消除质量问题是非常困难的，因此必须在承包和工程建设中严格遵守工程质量原则。

(3)工程进度原则。遵守工程进度原则是指，工程总承包管理中必须遵守工程进度计划要求，在施工中，必须应用先进的工艺方法和技术，科学管理，科学组织施工和有效配置资源，不产生或有预见性地消除影响施工和阻碍施工进度的因素，以保证施工按计划完成。如果工程施工不能按计划进度完成，不仅会阻碍工程建成之后产生经济和社会效益，还将会使工程建设成本极大地上升，为雅砻江公司单位和承包单位带来极大的经济损失。

(4)流域水电开发的协同并行原则。由于流域水电开发周期长、资金使用大，而且流域开发必然都是梯级水电站的开发方式，因此，为了节约流域水电开发建设时间，最佳利用资源，就必须创新和采用先进的生产组织方式。为了极大地提高效率，缩短建设周期和极大地减少建设成本，必须借鉴工业工程中十分有效的并行工程与协同工程的组织技术和管理方式，创新流域水电工程建设和组织管理的技术和模式，根据自身的特点，在流域梯级电站建设中，采用并行和协同的工程技术组织与管理方式，极大地提高建设效率和节约建设成本。

(5)流域水电开发的系统性原则。流域水电开发是一个巨大的开放性复杂系统，它不仅是水电建设系统，而且是涉及整个流域的包括水电梯级系统、区域经济、社会、环境等多个子系统的相互依赖和制约的流域整体发展宏观系统，在这里，任何一个子系统的发展都将引起其他子系统的变化，而其他子系统的变化又会作用于先期变化的子系统。也就是说，在流域水电开发建设大系统中，任何一个子系统的不良变化都会影响整个大系统的有序性和可持续发展。因此，在流域水电开发与建设的勘察、设计和立项时必须对流域水电开发作全面系统的规划，充分考虑水电建设子系统对其他子系统的影响，保证流域的全面良性发展。在工程建设总包中，也必须坚持全面完成系统规划的原则，保证流域建设的系统性和完整性，为建设后果负责。为了完成流域水电开发的系统性目标，就必须应用复杂性科学、系统科学和系统工程的原理，应用管理熵管理耗散结构等理论来指导流域水电开发和建设，应用管理熵综合评价模式以及其他有效的评价模式，对系统的管理效率以及系统运行的有序度和可持续发展状态进行评价，以便对系统运行进行科学有效的控制。

8.2　工程总承包的历史沿革和我国水电建设中的应用

工程总承包是指从事工程总承包的企业受业主委托，按照合同约定对工程项目的勘定、设计、采购、施工、试运行等实施全过程或若干阶段的承包[123]。总承包企业负责对工程项目进行费用、施工、质量、安全和管理控制，并按合同规定工期完成工程建设。在总承包模式下，一般由总承包企业完成工程的主体设计，允许总承包企业将局部工程或部分设计任务分包出去，也允许总承包企业把建筑安装施工任务全部分包出去。但是，所有的设计、施工分包工作都必须由总承包企业向业主负责，设计、施工等分包企业并不同业主直接签订合同，而是与总承包企业签订合同。总承包主要有以下 6 种形式，见表 8-1。

表 8-1　工程总承包分类表

工程总承包类别	承担工程项目建设内容与程序						
	项目决策	初步设计	技术设计	施工图纸设计	材料设备采购	施工	试运行
施工总承包 (general contractor)						━━	
采购-施工总承包 (procurement construction)					━━	━━	
设计-采购总承包 (engineering procurement)		━━	━━	━━	━━		
设计-施工总承包 (design construction)		━━	━━	━━		━━	
设计-采购-施工总承包 (engineering procurement construction)		━━	━━	━━	━━	━━	━━
交钥匙总承包 (turnkey)	━━	━━	━━	━━	━━	━━	━━

将设计、采购、施工等工程项目集中起来进行总体承包已有悠久的历史。早在公元前 1800 年的古代西南亚地区的美索不达美亚律典里就有对工程的设计与建设总承包方式的法律规定，在律典中规定了进行工程项目设计与建造的总承包人对建筑工程的全部责任。在古代，由于建设项目较为单一，施工技术较为简单，工程管理并不太复杂，因此工程项目基本上是由业主雇佣工匠队伍承担所有的设计和施工，这就是原始的简单的工程总承包的雏形[124]。

随着科学技术的不断进步和社会生产力的不断发展，建筑机械不断出现和更新，建筑领域的专业化协作生产方式不断演化，世界工程设计和施工管理也不断进步，从而使建筑工程向着大型化、超大型化以及复杂化发展，简单的业主雇佣工匠队伍进行工程设计和建造已经不能适应发展的需要，因此，在17～19世纪，第一次产业革命期间，出现了建筑工程承包企业。在工程设计、施工及竣工过程中，为了规范业主与承包企业的行为，保障双方的权益，在逐渐演变的过程中，形成了承包契约的法律约束方式。在契约的规定下，业主为工程的发包者，通过建设合同与施工承包的企业相联系，建筑师负责工程的规划、设计和施工管理。直到20世纪60年代，在英国才出现了真正意义上的工程总承包模式——设计施工总承包(design build)。20世纪70年代，在美国又出现了工程项目管理模式(construction management)。由于有了前期的经验和人才储备，这时，业主可以派出具有丰富的项目管理经验、能够熟练运用各项管理技术的人员来担当项目经理，并授予其权利，承包商在设计阶段即介入，业主、设计单位和承包商共同参与工程设计与施工，形成类似于机械制造中的并行工程技术与管理方式，这就大大地缩短了工程建设周期，这种管理模式得到了国际认可。1980年以后，一种全新的工程总承包模式出现了，即设计-采购-施工总承包模式，这种模式具有提高管理效率、保障施工质量、缩短施工周期、提高经济效益等功能和优势，因此成为当前建设施工总承包模式的主要形式。

我国对项目管理研究和实践起步较晚，真正称得上项目管理开始的是1982年利用世界银行贷款建设鲁布革水电站，其先进的管理经验引发了我国施工管理体制的改革。1984年采用项目国际招标，既缩短了工期，又降低了造价，取得了明显的经济效益。

近年来，我国大力提倡应用工程总承包模式，并成立了中国勘察设计协会建设项目管理和工程总承包分会，对工程总承包模式进行研究、推广和指导。建设部于2005年颁布了《建设项目工程总承包管理规范》，并且在修改《建筑法》时，增加了有关工程总承包实施条款，明确了工程总承包的法律地位和关系。总承包模式中业主、总承包商和分包商的关系如图8-1所示。

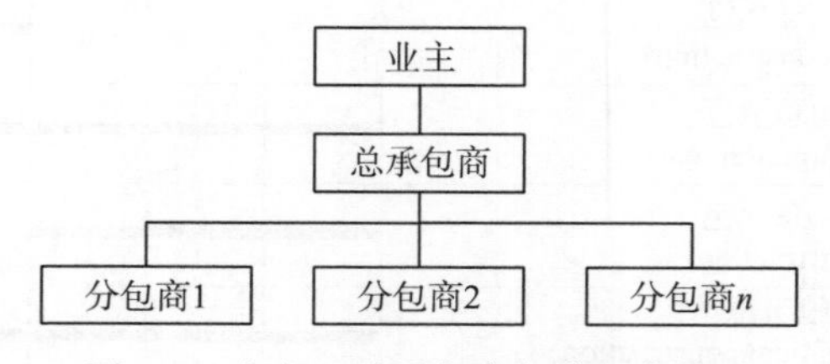

图8-1 业主、总承包商与分包商关系

工程总承包模式在我国水电工程建设中得到了有效的应用和发展。1987年，云南鲁布革水电站的建设第一次采用项目总承包模式，第一次聘用外国专家采用国际标准和应用现代项目管理理念和方法建设水电工程，取得了极大的成功。这种管理模式，大大提高了工程建设和管理效率，缩短了建设周期，大大地降低了建设成本，同时也极大地冲击了我国的工程项目管理模式，从而促进了总承包模式在我国的应用和发展。随后，中国水电顾问集团昆明勘测设计研究院先后承包了雷打滩水电站、大盈江水电站、凤凰谷水电站等工程的总承包项目；中国水电顾问集团成都勘测设计研究院在四川白水江流域和美姑河流域上的黑河塘水电站、双河水电站、青龙水电站、多诺水电站都采用了设计-采购-施工总承包模式；中国水电顾问集团中南勘测设计研究院总承包了西酬水电站项目[125]；等等。以上通过总承包模式建设的项目都取得了成功。

8.3　水电工程施工总承包模式

所谓水电工程施工总承包，是指将水电工程建设项目的施工任务全部承包给一个承包商来完成，业主只与该施工总承包商签订合同的一种项目承包方式。该方式可以大大地减轻业主的管理工作量，同时由于施工总承包商的经验十分丰富，对施工分包商以及施工过程的管理更精细，管理效率更高。水电工程施工总承包模式已经广泛地在全世界应用，管理方法也十分成熟，各参与方对于管理和施工的各个环节都十分熟悉，并且形成了一些通用的标准合同文本，供参与各方执行。规范的法律形式使得水电工程施工总承包模式有利于合同管理、风险管理和减少投资。

施工总承包模式的承包关系如图 8-2 所示。

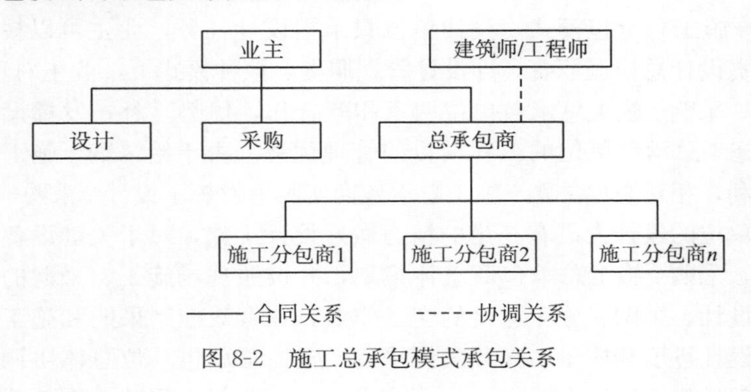

图 8-2　施工总承包模式承包关系

8.4　采购－施工总承包

采购－施工总承包是工程总承包方式的一种。采用这种模式主要是因为设计－采购－施工总承包模式中设计相对独立，或业主因未知风险大而自己承担大部分管理风险，对设计－采购－施工工程进行直接拆分，把设计环节单独拿出来分包，另外把采购和施工合并分包。

在这种模式下，有关设备选型、采购、工程施工均由总承包单位负责，其施工、设备到货、安装调试等方面所出现的问题由总承包单位协调解决。该模式对提高管理水平、缩短建设周期、提高工程质量、降低工程造价具有重要作用。采购－施工总承包模式的优点表现在以下几方面。

1. 避免项目投资的失控

由于一些项目在设计前期就已初步确定了工程建设模式，因此，总包单位在概算编制过程中会不可避免地尽量提高合理概算的额度，以争取自身最大利益，这样就会造成项目总投资难以控制。而采用采购－施工模式，采购、施工由业主单独发包，在一定程度上可以对项目总投资实施有效控制，保障业主的利益。

2. 能够提高工作效率，弥补一些工程公司在总承包方面能力的不足

目前，我国多数设计单位尚未按功能性改革的总体要求建立与工程项目管理和工程总承包相对应的组织机构，除少数设计单位已改造为国际型工程公司外，多数单位虽然已经开展了项目管理和工程总承包业务，但没有设立项目控制部、采购部、施工管理部、试运行部等组织机构，只是设立一个二级机构负责管理工程总承包，甚至有的是临时拼凑起来的项目班子。

我国目前设计单位(或已改造成工程公司)与国际工程公司相比，普遍缺乏高素质的，具有组织大型工程项目管理经验，能按照国际通行项目管理模式、程序、方法、标准进行管理，熟悉项目管理软件，能进行进度、质量、费用、安全四大控制的复合型高级项目管理人才。

采用采购－施工总承包模式，设计单位只承担设计任务，业主可以授权采购－施工总承包单位负责设计总协调职责，即设计管理职责，该种模式下，业主对项目易于控制，同时形成设计、采购－施工总承包单位两家相互合作，优势互补；发挥设计单位的设计优势及采购－施工总承包单位的工程项目的管理优势。由于给采购－施工总承包商设计管理和协调权利，相对来说采购－施工总承包商实际上发挥了设计－采购－施工总承包商的作用，设计单位的设计人员有充足的精力做好设计工作，对于关键设备及材料的采购提供技术支持，采购－施工总承包商总体策划，并按照现场施工、采购的需求，协调设计进度，形成设计、采购、施工进度的交叉作业，在有效控制采购和施工的情况下，也能有效地控制设计进度和质量，充分发挥采购－施工总承包单位总体协调能力、采购的优势和项目管理优势。这种方式在一定程度上弥补了设计－采购－施工总承包单位的采购、施工管理上的能力不足，同时也可以大大提高工作效率。

3. 使工程建设中的设备、材料采购质量更加有保障

在采购－施工总承包模式下，设备材料的采购由总承包方负责，承包方一般多为大型安装建设单位，他们对于复杂设备材料的技术要求、使用经验等的了解不如设计方及业主方。因此对于一些重要设备、材料在采购过程中的技术管理很大程度上需要业主专业技术人员及设计人员的配合和认可，这样就使得采购技术管理必须在业主的协调下，由业主、设计、总承包方共同参与完成，最终使采购来的物资同时满足设计的条件、业主的期望以及安装的要求。这种方式避免了设计－采购－施工总承包模式下施工单位及业主不参与或较少参与造成的后期在设备安装、投用过程中可能出现的问题。

从节约采购成本方面来看，对于经验丰富的综合能力较强的总承包商，在采购上往往拥有更大的优势。一方面，他们已经拥有了非常成熟的供应商网络体系，与关键设备、长周期设备供应商有着良好的关系，能够以更具竞争力的价格完成采购任务，并确保设备符合设计的要求。在一些长周期设备和进口物资上，他们凭借与供应商的长期合作关系，能够获得优先供应和确保交货期，这对于业主来说，有利于确保工程进度，不至于因为关键设备不到位而影响项目工期。另一方面，对于重要的关键和长周期设备，好的采购－施工总承包商能派出经验丰富的监造工程师，进行驻厂监造及催交，既监督和确保设备的高质量交付，又监督和确保设备的及时交付，包括有些在国外订货的设备也可实施驻外监造。因此，由以上各方面优势比较强的承包商完成采购工作，能够大大降低采购难度和采购成本。

4. 采购人员实行现场管理，服务更加到位

对于设计－采购－施工总承包模式，由于多数以设计为主的工程公司从事采购管理的人员力量有限，大多是远程操作，无法到项目施工现场实施采购服务，造成采购过程中以及物资到货后的管理不到位，对项目建设造成不利影响。而采购－施工总承包方式的采购人员多数为总承包单位的项目管理部人员，加上训练有素的物流检验工程师，及时进行到货物资检验入库、发货和仓储管理，可以随时在施工现场协调采购相关事宜，大大提高了工作效率。

8.5　设计－施工总承包管理模式

水电工程的设计－施工总承包模式，是指承包商对某水电工程全部工程项目中的设计和施工部分工程任务进行总承包的一种工程承包的模式，在这里，总承包商负责该水电工程建设项目的设计和施工，对工程质量、进度、费用、安全等全面负责。即水电工程业主通过招标将工程项目的施工图设计和施工委托给具有相应资质的设计－施工总承包商，设计－施工总承包商按照合同约定，对施工图设计、工程实施实行全过程承包，对工程的质量、安全、工期、投资、环保负责。这种总承包方式在投标和签订合同时是以总价合同为基础的。水电工程的设计－施工总承包模式的承包关系如图 8-3 所示。

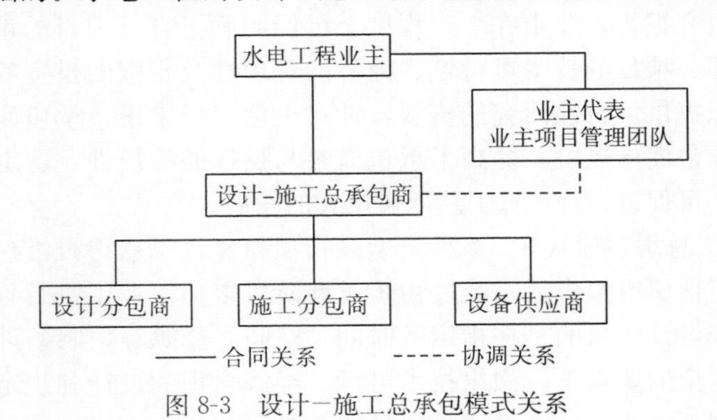

图 8-3　设计－施工总承包模式关系

水电工程的设计－施工总承包模式根据合同规定承担的工作任务，又可以分为 4 种类型，这 4 种类型总承包的工作类型如图 8-4 所示。

从图 8-3 中可看出，业主在发展设计－施工总承包市场过程中，处于主导和主动地位。因此应考虑业主从哪个阶段开始招标，以使业主和承包方双方合理分担风险，发挥该种模式的优势。一般来讲，该模式可按照项目所处的建设阶段划分：设计－施工总承包模式下的总承包类型可以从可行性研究阶段开始；也可以从初步设计阶段开始；还可以从技术设计及施工图设计开始。但是，当施工图设计完成以后再进行工程总承包，这种模式就变成了施工总承包。这样就可以将设计－施工总承包模式总承包划分为4种类型。

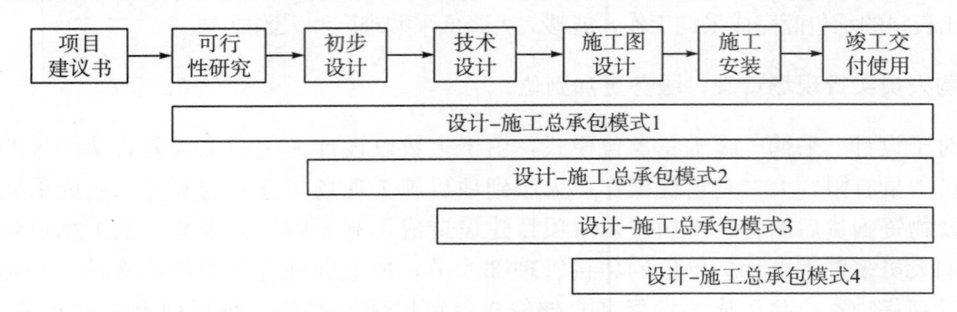

图8-4　设计－施工总承包模式的4种类型

(1)设计－施工总承包模式1。该种类型是在业主的项目建议书获得批准后，业主进行设计－施工总承包商招标工作。对于大型建设项目而言，采用这种模式对双方的风险都很大。对业主来讲，在这个阶段对投资的项目还不甚明确，也不能确定项目投资额和项目的建设方案；对承包商来讲，每个承包商都要进行地质勘察、方案设计评估，并做进一步的设计方能确定工程造价以进行投标，这样承包商在投标前期需要投入很多精力和资金，也可能投标失败，一旦中标，承包商承担的风险也太大，故承包商也就不会有积极性进行投标。所以往往大型的建设项目不鼓励采用这种类型的总承包。但这对一些简单的、工程造价较低且容易确定出工程的投资、工期短、隐蔽工程很少、地质条件不复杂的项目，还是适用的。

(2)设计－施工总承包模式2。该种类型是指业主在项目建议书获得批准后，继而业主邀请咨询机构编制可行性研究报告，当可行性研究报告完成后，业主再进行设计－施工总承包商招标工作。科学的建设程序应当坚持“先勘察、后设计、再施工”的原则。通过编制可行性研究报告，业主在一定程度上已经明确了自己项目的市场前景、项目选址环境、投资目标、项目的技术可行性、经济的合理性及相应的投资效益等。对于承包商来讲，业主可以提供可行性研究的资料，针对土建工程来说，承包商不需要再进行地质勘察，降低了承包商的风险，提高了承包商参与投标的积极性，这也就在一定程度上促进了有效竞争，可促进设计－施工总承包模式的发展。

(3)设计－施工总承包模式3。该种类型是指项目建议书获得批准后，继而业主邀请咨询机构编制可行性研究报告后，经过初步设计阶段以后，业主进行设计－施工总承包商招标工作。初步设计的目的是在指定的时间、空间、资源等限制条件和总投资控制的额度内以及质量安全的要求下，做出技术可行、经济合理的设计和规定，并编制工程总概算。在该种类型下，业主已经很清楚项目的总投资和建设方案，承包商只是在初步设计的基础上进行下一步的设计和施工工作。这种模式，承包商的风险进一步降低。这种模式下，业主还是需要花费很大的实践和精力准备初步设计，在方案确定以后，承包商只是被动地完成业主尚未完成的工作，不利于提高承包商的积极性，另外，风险降低，相应承包商的收益也可能减少，也就不利于有实力的承包商发挥自己的技术和管理实力。

(4)设计－施工总承包模式4。技术设计阶段是为了进一步解决初步设计的重大问题，如工艺流程、设备选型等，根据初步设计和进一步的调查研究进行技术设计，这样可以使建设项目更具体、更完善，技术指标更合理。这种类型是在业主完成设计方案、解决了重大技术问题的情况下，承包商只是在此基础上进行施工图设计和施工。这种类型虽然大大减轻了承包商在设计上的技术风险，但也降低了承包商在这方面的收益，限制了承包商的技术发挥，业主要花很长时间准备初步设计和技术设计，进而可能影响建设总工期。由此可见，该种类型比较适合技术非常复杂的工程项目。

8.6　设计－采购－施工总承包管理模式

水电工程设计－采购－施工总承包，是指水电工程总承包商受业主委托，按照合同规定，对水电工程项目的勘察、设计、采购、施工和竣工试运行等进行全部工程过程的承包[126]。工程总承包商按照合同规定，对水电工程项目建设的质量、工期、造价等向业主全面负责，同时，也可依法将总承包的工程中的部分勘察、设计、采购、施工等工程分包给具有相应资质的分包商，分包商按照合同规定对总承包商负责。

在设计－采购－施工总承包模式中，厘清项目、业主与总承包商的关系十分重要，首先是要明确工程项目的性质、规模和复杂性等内容；同时要明确业主的类型、规模，工程项目要达到的目标，以及业主自身具备的能力和要求等；同时要明确总承包商的经验和信誉、能力和内部组织状况、团队精神、合作协同精神等。在工程项目设计－采购－施工模式的发包和承包过程中，业主和总承包商将会根据以上内容和条件，认真地相互选择，以实现资源的最优配置、最优合作和各方利益最大化。

项目、业主与总承包商的关系如图 8-5 所示。

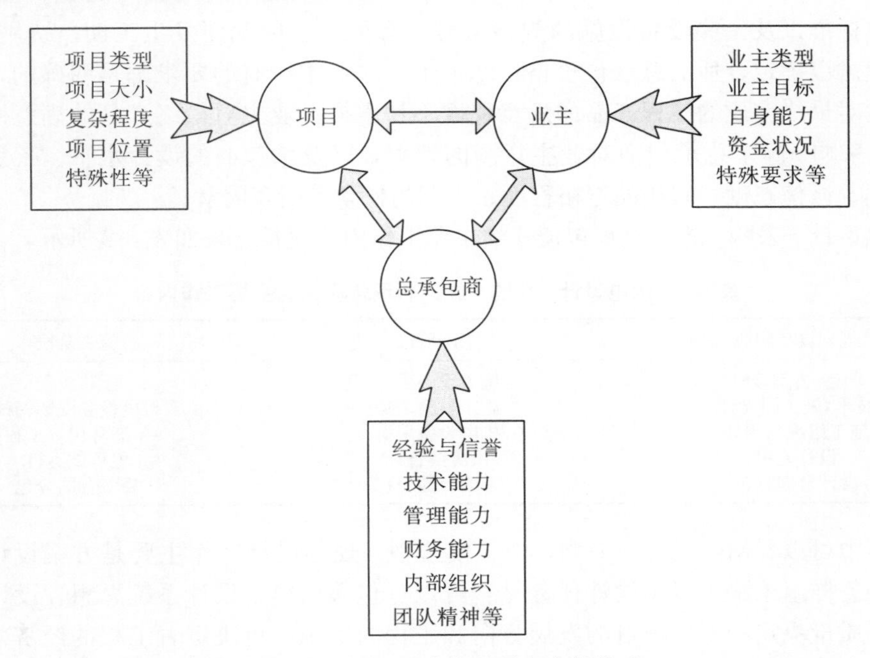

图 8-5　项目、业主与总承包商的关系

水电设计－采购－施工总承包是一种以向水电工程项目业主交付最终产品和服务为目的，对整个工程项目实施整体设计、全面安排、协调运行、前后衔接的工程项目承包模式，它的特点主要表现为：

(1)设计－采购－施工总承包商的工作范围包括设计、工程材料和设备采购以及工程施工直至最后竣工试运行的全过程。这种建设模式，可使业主在工程项目实施阶段的工作大大简化，节约大量的人力、物力。

(2)由于在设计－采购－施工合同中已将工程建设的大部分风险，特别是外部自然条件(现场数据)变化和不可预见困难的风险转移给了总承包商，并且在合同范围不发生变化的情况下，合同价格是固定不变的。因此，业主可有效地将工程建设费用控制在项目预算以内。

(3)设计－采购－施工总承包方式可以较好地解决设计、采购、施工等环节中存在的矛盾。设计与施工的紧密结合，可以使施工中方案的实用性、技术性、安全性三者之间的矛盾得到更加迅速和顺利地解决，从而有效地控制成本、缩短工期；业主可以要求设计－采购－施工总承包商缩短项目建设周期，进而给业主带来项目提前投产的效益。

(4)因上述风险的存在或转移且设计－采购－施工合同的索赔是困难的，故设计－采购－施工合同条件不适用于那些地下隐蔽工程过多且在投标前(或签订合同前)地质勘探不明确以及无法进行勘察的区域过多的项目。

(5)在设计－采购－施工合同条件中，业主基本不干涉承包商的工作，也没有“工程师”对工程实施进行监管，而是委派业主代表从宏观角度重点监管工程阶段目标及合同工期目标的实现。

(6)设计－采购－施工合同的难点。由于没有详细的设计成果，EPC合同在签订阶段存在以下难以明确的问题，表现为几个方面：①难以明确所有的技术要求、使用要求、装饰装修标准以及一些设备设施的规格型号，有可能会因此而发生工期、费用的变化，从而导致难以确定合适的总承包价格；②由于并非业主所有的要求都是明确的，因此而导致业主对最终完成的工程产品的满意程度不易掌握。业主对最终产品的满意度将取决于设计－采购－施工总承包商对业主意图的理解，以及承包商的设计水平、工程经验和管理力度、诚信态度、费用的宽裕程度、工期的松紧等诸多因素。

水电设计－采购－施工总承包模式的主要工作内容概括起来如表8-2所示。

表8-2　水电设计－采购－施工总承包模式的主要工作内容

规划设计阶段	采购阶段	施工阶段
勘察/方案设计	施工设备采购	土建工程
技术/施工图设计	施工材料采购	机电设备安装调试
施工组织与规划	机电设备采购	生态环保等工程
设计变更	供应链管理	电厂试运行
设计合同分包	采购合同分包	施工合同分包

从表中可以看出，设计－采购－施工模式中，规划设计工作主要是方案设计、施工图设计和怎样组织施工以及设计任务是否可以分包等内容，设计系统思想、设计的科学性和设计质量决定着工程项目的发展方向和工程的实施，也决定着工程的经济效益、社会效益、环境效益，以及工程的生命周期和环境可持续发展。例如都江堰水利工程，充

分表现了古人的智慧，在巧夺天工的工程设计与施工的条件下，巨大的水利工程完全与自然环境相融合，历经两千多年到今天，都发挥着其水利功能，具有十分强大的生命力。

采购阶段主要的工作就是将施工的设备、材料和机电设备等有效地进行采购和组织供应，确定采购合同是否分包等内容。一般来讲，设备材料等采购费用占到设计－采购－施工合同总金额的 50%～70%，因此，采购成本直接影响到总承包商的利润，也影响到整个工程的进度和工程质量。同时该阶段物资的供应链管理十分重要，需要的物资在需要的时间中送到需要的地方，这样既可保证施工的连续性，同时也可使施工的物资成本得到极大的节约，提高采购供应的效率。

施工阶段主要的任务是高效高质量地完成大坝工程和其他土建工程、环保工程、机电设备安装和电厂试运行以及竣工验收的工作，同时考虑施工合同的分包。施工过程的工程技术和管理决定着这个工程项目的质量和技术水平，决定着施工安全和工程的生命周期，也决定着工程的技术、经济和社会效益。同时施工组织与管理也决定着总承包商的工程成本和盈利水平。

由此可见，水电设计－采购－施工总承包工程的各个阶段的工作任务，对于业主的水电工程项目建设和竣工后运行的技术、经济和社会效益的影响极大，因此，业主必须加强对工程项目建设和进展的监督和协调工作，控制风险；而总承包商必须严格地对业主负责，对承包的任务负责，承担总承包的法律责任，保证工程项目圆满地完成。水电设计－采购－施工总承包模式的关系如图 8-6 所示。

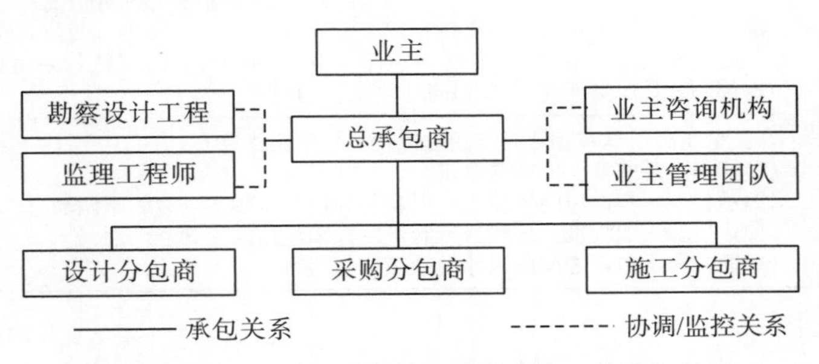

图 8-6　水电工程项目设计－采购－施工总承包关系

8.7　交钥匙工程总承包管理模式

交钥匙总承包管理模式，是指总承包商负责工程项目的设计、采购、施工安装和试运行服务的全过程，最终向业主交付具备运行条件的完整工程。成功应用这种模式能达到缩短工期、降低投资、优化资源配置、充分发挥大承包商所具有的较强技术力量、管理能力和丰富经验的优势，为确保工程质量和进度提供有利的保障。设计工作在整个项目中起着龙头的作用，直接影响项目的质量、HSE(健康、安全、环保)、进度和成本。精心制定设计策略、组织项目设计、实施设计方案将是保证项目整体顺利实施的关键。

由以上概念可知，交钥匙总承包与设计－采购－施工总承包是有区别的，如表 8-3 所示。

表 8-3　交钥匙总承包与设计－采购－施工总承包的比较

总承包模式	交钥匙总承包	设计－采购－施工总承包
说明	(1)交钥匙总承包是设计－采购－施工总承包业务和责任的延伸 (2)交钥匙总承包与设计－采购－施工的主要不同点在于其承包的范围更大，工期更确定，合同总价更固定，承包商风险更大，合同价相对较高	(1)总承包商对工程设计、设备材料采购、施工、试运行服务全面负责，并可根据需要将部分工作分包给分承包商，分承包商对总承包商负责 (2)业主体表可以是设计公司、咨询公司、项目管理公司或不是承包本工程公司的另一家公司，其性质是项目管理服务而不是承包
适用范围	(1)业主更加关注工程按期交付使用 (2)业主只关心交付的成果，不想过多介入项目实施过程的项目 (3)业主希望承包商承担更多风险，而同时愿意支付更多风险费用(合同价较高)的项目 (4)业主希望收到一个完整配套的工程，转动钥匙即可使用的项目	(1)设计、采购、施工、试运行交叉关系密切的项目 (2)采购工作量大，周期长的项目 (3)承包商拥有专利、专有技术或丰富经验的项目 (4)业主缺乏项目管理经验，项目管理能力不足的项目 (5)大多数工业项目
业主主要责任	(1)提出业主要求 (2)选择交钥匙工程承包商 (3)按时给总承包商付款 (4)检查验收	(1)选择优秀的业主代表或项目管理承包商 (2)编制业主要求 (3)招标选择总承包商 (4)审查批准分承包商 (5)向总承包商支付工程款 (6)监督和验收
总承包商主要责任	(1)按合同约定完成工程总承包项目的可行性研究、项目立项、设计、采购、施工和试运行 (2)按合同工期和固定的价格交付工程 (3)对业主人员进行培训 (4)承包商的其他责任与 EPC 相同	(1)按合同完成设计、采购、施工、试运行服务全部工作 (2)招标选择分包商 (3)对工程进行四控三管一协调 (4)对合同实施效果负责，承担风险和经济责任
比较优点	与其他工程总承包相比，交钥匙工程承包的优越性有： (1)能满足某些业主的特殊要求 (2)承包商承担的风险比较大，但获利的机会也较多，有利于调动总承包商的积极性 (3)业主介入的程度比较浅，有利于发挥承包商的主观能动性 (4)业主与承包商之间的法律关系简单	

8.8　项目管理总承包管理模式

项目管理总承包是近几年来在国际上发展起来的一种特殊的项目管理服务方式，并从 20 世纪 90 年代中期以来，逐渐在国际上取代了设计－采购－施工模式在大型复杂工程项目上的统治地位。

项目管理总承包模式，是指项目管理承包商代表业主对工程项目进行全过程、全方位的项目管理，包括进行工程的整体规划、项目定义、工程招标、选择设计、采购、施工承包商，并对设计、采购、施工过程进行全面管理的承包模式。这种承包模式主要是对工程项目的全部管理工作进行承包，一般并不直接参与项目的设计、采购、施工和试运行等阶段的具体技术工作。项目管理总承包的费用一般按“工时费用＋利润＋奖励”的方式计取。

项目管理总承包模式实质上是业主机构对工程项目的管理监控的延伸，是从定义阶段到投产全过程的总体规划和计划的执行和管理对业主负责，与业主的目标和利益保持一致。

对大型项目而言，由于项目组织比较复杂，技术、管理难度比较大，需要整体协调的工作比较多，业主往往都选择项目管理承包商进行项目管理承包。项目管理承包商一般更注重根据自身经验，以系统与组织运作的手段，对项目进行多方面的计划管理。比如，有效地完成项目前期阶段的准备工作；协助业主获得项目融资；对技术来源方进行管理，对各装置间的技术进行统一和整合；对参与项目的众多承包商和供应商进行管理(尤其是界面协调和管理)，确保各工程包之间的一致性和互动性，力求项目整个生命周期内的总成本最低。

项目管理总承包可分为三种类型：

(1)代表业主管理项目，同时还承担一些界外及公用设施的设计、采购、施工工作，这种工作方式对项目管理总承包商来说，风险高，相应的利润、回报也较高。

(2)代表业主管理项目，同时完成项目定义阶段的所有工作，包括基础工程设计、±10%的费用估算、进行工程招标选择设计－采购－施工承包商和主要设备供应商等。项目管理总承包商只负责管理设计－采购－施工承包商，而不承担任何设计，采购，施工承包商的工作。这种项目管理模式相应的风险和回报都较第(1)类低。

(3)作为业主管理队伍的延伸，负责管理设计、采购、施工承包商而不承担任何设计、采购、施工工作，这种方式的风险和回报都比较小。项目管理承包商作为业主的顾问，对项目进行监督、检查，并将未完工作及时向业主汇报。这种项目管理模式风险最低，接近于零，但回报也低。

一般在国际上，项目管理总承包模式的运行按以下方式进行：

首先，业主委托一家有相当实力的国际工程公司对项目进行全面的管理承包。

其次，工程项目管理被分成两个阶段来进行，即前期阶段(又称定义阶段)和实施阶段(即设计、采购、施工阶段)。

第一阶段，即前期阶段。这是指详细设计开始之前的阶段，这个阶段包含了详细设计开始前所有的工程活动。该阶段工作量虽仅占全部工程设计工作量的 20%～25%，但该阶段对整个项目投资的影响却高达 70%～90%，因此该阶段对整个项目十分重要。

在项目前期阶段，项目管理总承包商的任务是代表业主对项目进行管理。主要负责以下工作：项目建设方案的优化；对项目风险进行优化管理，分散或减少项目风险；提供融资方案，并协助业主完成融资工作；审查专利商提供的工艺包设计文件，提出项目统一遵循的标准、规范，负责组织或完成基础设计、初步设计和总体设计；协助业主完成政府部门对项目各个环节的相关审批工作；提出设备、材料供货厂商的名单，提出进口设备、材料清单；提出项目实施方案，完成项目投资估算；编制设计、采购、施工招标文件，对设计、采购、施工投标商进行资格预审，完成招标、评标；等等。

第二阶段，即项目实施阶段。由中标的总承包商负责执行详细设计、采购和建设工作。项目管理总承包商在这个阶段里代表业主负责全部项目的管理协调和监理作用，直到项目完成，主要负责以下工作：编制并发布工程统一规定；设计管理、协调技术条件，负责项目总体中某些部分的详细设计；采购管理并为业主的国内采购提供采购服务；同业主配合进行生产准备、组织装置考核、验收；向业主移交项目全部资料；等等。

在各个阶段，项目管理总承包商应及时向业主报告工作，业主则派出少量人员对项目管理总承包商的工作进行监督和检查。在定义阶段，项目管理总承包商负责编制初步设计及取得国家有关部门批准，并为业主融资提供支持；在执行阶段，不管采用设计－采购＋施工方案，还是设计－采购－施工方案，项目管理总承包商都要直接参与从试车至投料以及协助业主开车和做性能考核。

项目管理总承包管理方式对于国内工程建设领域而言是一种新的形式，但国际大型工程公司实施项目管理总承包已经成为惯例，对项目管理总承包在设计、采购、建设、进度控制、质量保证、资料控制、财务管理、合同管理、人力资源管理、IT 管理、HSE 管理、政府关系管理、行政管理等方面，都已形成相应的管理程序、管理目标、管理任务和管理方法，尤其是在项目费用和奖励机制、项目费用估算、项目文档管理体系方面都有一些独特做法。

在国际上，从 20 世纪 90 年代中期开始，项目建设便更多地采用了项目管理总承包的管理模式，就大型复杂项目而言，国外已经完成了从设计－采购－施工总承包为主要形式向项目管理总承包形式的转化。

项目管理总承包作为一种新的国际工程项目管理模式，就是要让具有相应资质、人才和经验的项目管理承包商，受业主委托，作为业主的代表或业主的延伸，帮助业主在项目前期策划、可行性研究、项目定义、计划、融资方案，以及设计、采购、施工、试运行等整个实施过程中有效地控制工程质量、进度和费用，保证项目的成功实施。

项目管理总承包模式的合同关系如图 8-7 所示。

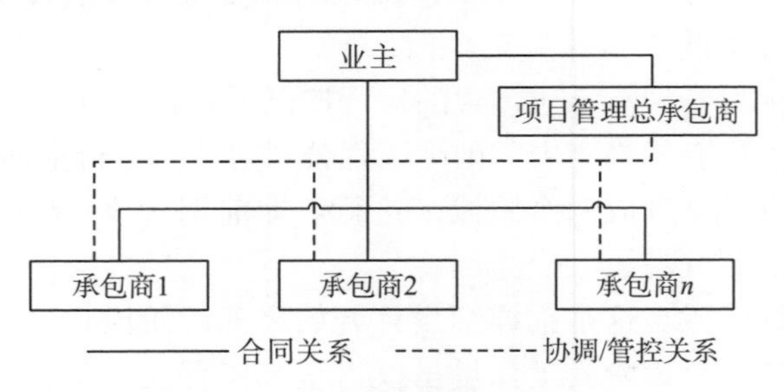

图 8-7 项目管理合同与管理关系

项目管理总承包模式同其他模式相比，具有较大的优势，主要表现为：

(1)通过项目设计优化，实现项目寿命期成本最低。PMC 模式会根据项目所在地的实际条件，运用自身的技术优势，对整个项目进行全方位的技术经济分析与比较，本着功能完善、技术先进、经济合理的原则对整个设计进行优化。

(2)在完成基础设计之后通过一定的合同策略，选用合适的合同方式进行招标。首先需要把项目分解成若干个工作包，分包时应遵循如下原则：由地域来划分(布置较接近的装置放在一个包内)；减少及简化接口；每个包限定一定的投资，以化解或减少设计、采购、施工带来的风险。主要考虑的合同形式为设计－采购－施工、设计－采购＋施工、设计＋采购－施工三种，此外其他还有固定单价合同(包括服务合同)、租赁合同等合同形式。项目管理总承包模式会根据不同工作包设计深度、技术复杂程度、工期长短、工程量大小等因素综合考虑采取哪种合同形式，从而从整体上为业主节约投资。

(3)通过项目管理总承包模式的多项目采购协议及统一的项目采购策略，降低投资。多项目采购协议是业主就一种商品(设备、材料)与制造商签订的供货协议。与业主签订该协议的制造商在该项目中是这种商品(设备、材料)的唯一供应商。业主通过此协议获得价格、日常运行维护等方面的优惠。各个设计、采购、施工承包商必须按照业主所提供的协议去采购相应的设备。多项目采购协议是项目管理总承包项目采购策略中的一个重要部分。在项目中，要适量选择商品的类别，以免对设计、采购、施工承包商限制过多，影响其积极性。项目管理总承包模式还应负责促进承包商之间的合作，以符合业主降低项目总投资的目标，包括获得合理出口信贷数量和全面符合计划的要求。

(4)项目管理总承包模式可使现金管理及现金流量优化。项目管理总承包模式可通过项目中小企业融资和财务管理经验，并结合工程实际情况，对整个项目的现金流进行优化。而且，业主同项目管理总承包承包商之间的合同形式基本是一种成本加奖励的形式，如果通过项目管理总承包模式的有效管理使投资节约，项目管理总承包承包商将会得到节约部分的一定比例作为奖励。

当然国内工程公司承担项目管理总承包项目目前还存在几方面不足，其弊端表现为：

(1)项目管理总承包项目方面的工作经验较少，对项目的执行缺乏整体规划的超前性和主动性。服务对象是具有不同文化背景的中、外方业主，在贯彻业主意图、满足合同要求的同时，要想得到中、外方业主肯定尚需要付出额外的努力。作为项目管理总承包内部的中国公司一般容易得到合资公司中中方的理解和认可，但因为工作理念和交流上的原因，较难得到外方业主的认可。项目管理总承包联合体内部也存在着文化差异和不同的企业文化，而中国公司由于刚刚踏入市场经济环境，对于这些差异一时还难以适应。

(2)在国际上承担项目管理总承包项目时，国内工程公司尚不适应标准化管理的新变化。由于项目管理总承包内部要做到统一程序、统一方法、统一规定和标准，严格要求对工作的计划性和预见性，而许多中国工程公司人员却固守自己传统的工作方法，较难适应这种新的转变。中方投入项目组的人员要克服语言交流、管理模式、工作环境和习惯等方面的困难。需要把传统的经验和方法与先进的管理模式有机地结合在一起，并得到当地政府的理解和批准。

(3)在国际上承担项目管理总承包项目时，国内工程公司在 HSE 方面的工作方法、深度等与国外工程公司相比也有很大的差距，同时，在工程设计和管理方面缺乏定量分析的手段。在项目运行方面也缺少法律、保险和税收方面的专业人才，这给国际竞争和国际商务关系问题的妥善解决带来不利的因素。

8.9　建设-移交总承包模式

建设-转让总承包是政府利用非政府资金来进行基础非经营性设施建设项目的一种融资模式。建设-移交总承包模式是 BOT(建设-经营-移交总承包)模式的一种变换形式，指一个项目的运作通过项目公司总承包，融资、建设验收合格后移交给业主，业主向投资方支付项目总投资加上合理回报的过程。目前采用建设-移交总承包模式筹集建设资金成了项目融资的一种新模式。

随着我国经济建设的高速发展及国家宏观调控政策的实施，基础设施投资的融资面临前所未有的问题，如何筹集建设资金成了制约基础设施建设的关键。同时，原有的建设投资融资模式也存在重大的缺陷，例如金融资本、产业资本、建设企业及其关联市场在很大程度上被不同的部门阻隔；资金缺乏有效的封闭管理；风险和收益分担不对称；金融机构、开发商、建设企业不能形成以项目为核心的有机循环闭合体，优势不能互补，资源没有得到合理流动与运用；等等。因此，借鉴国际上有效的成熟的建设投融资管理模式，已成为我国建设领域急需解决的重大问题。

建设－移交总承包模式同其他总承包模式相比，具有如下的特点：

(1)建设－移交总承包模式仅适用于政府基础设施非经营性项目建设。

(2)政府利用的资金是非政府资金，是通过投资方融资的资金，融资的资金可以是银行的，也可以是其他金融机构或私有的，可以是外资的也可以是国内的。

(3)建设－移交总承包模式仅是一种新的投资融资模式，建设－移交总承包模式的重点是建设阶段。

(4)投资方在移交时不存在投资方在建成后进行经营，获取经营收入。

(5)政府按比例分期向投资方支付合同的约定总价。

我国 BT 模式的运作程序一般包括以下几个阶段和步骤：

(1)项目的确定阶段：政府根据当地社会和经济发展需要提出水电工程项目，并对项目进行立项，完成项目建议书、可行性研究、筹划报批等前期工作。

(2)项目的前期准备阶段：政府确定融资模式、贷款金额的时间及数量要求、偿还资金的计划安排等工作。

(3)项目的合同确定阶段：政府选择确定具有资质和能力以及经验信誉的投资方，谈判商定双方的权利与义务等工作，投资方是否具有与项目规模相适应的实力，是建设－移交项目能否顺利建设和移交的关键。投资方选定后，政府与投资方签订建设－移交总承包投资合同，将项目融资和建设的特许权转让给投资方(依法注册成立的国有或私有建筑企业)，银行或其他金融机构根据项目未来的收益情况对投资方的经济等实力情况为项目提供融资贷款。

(4)项目的建设阶段：政府选定的投资方根据合同依法组建建设－移交总承包项目公司，该建设－移交项目公司在工程项目建设期间代理行使业主职能，对项目进行融资、建设，并承担总承包法律责任，并监督、管控建设参与各方按建设－移交总承包合同要求，行使权利，履行义务。

(5)项目的移交阶段：竣工验收合格、合同期满，投资方有偿移交给政府，政府按约定总价，按比例分期偿还投资方的融资和建设费用。

在整个建设－移交总承包模式的运作过程中，应特别注意的是政府必须在建设－移交总承包投资全过程中进行监管，保证建设－移交投资项目的顺利融资、建设、移交。

建设－移交总承包模式的合同关系如图 8-8 所示。

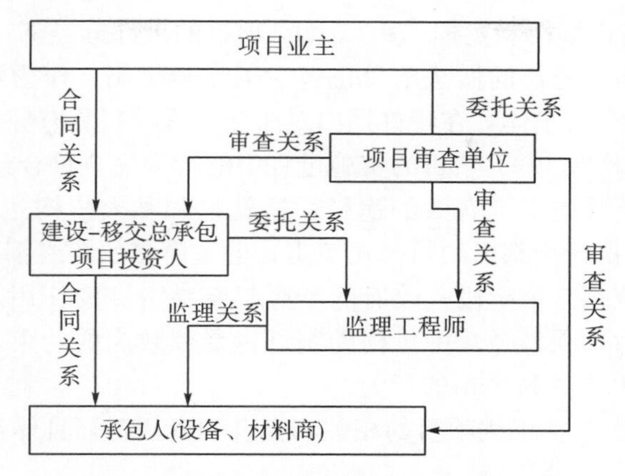

图 8-8　建设－移交总承包模式的承包关系

8.10　建设－运营－移交总承包模式

建设－经营－移交(build-operate-transfer，BOT)总承包模式是 20 世纪 80 年代在国外兴起的一种将政府基础设施建设项目依靠私人融资、建造的项目管理模式。

BOT 模式的实质是一种基础设施投资、建设和经营的方式，是以政府或所属机构和私人机构之间达成协议为前提，由政府或所属机构向投资者颁布特许，允许其在一定时期内筹集资金建设某一基础设施并管理和经营该设施及其相应的产品与服务的一种工程项目融资建设的模式，这种模式可以解决一些由政府或所属机构主导的重要工程建设，但政府或所属机构建设资金不足而出现的矛盾。政府或所属机构对投资者提供的公共产品或服务的数量和价格可以有所限制，但保证私人资本具有获取利润的机会。整个过程中的风险由政府或所属机构和投资者分担。当特许期限结束时，投资者按约定将该设施移交给政府部门或所属机构，转由政府或所属机构指定部门经营和管理。它是一种集筹资、建设、管理、还贷、开发全过程一体化的方式。其实质是将国家的基础设施建设和经营管理民营化，所以，BOT 实际上是一种“基础设施特许权”融资建设经营模式。

20 世纪 80 年代后，资本主义国家在市场经济的基础之上引入了强有力的国家干预和私有资本的结合，解决了政府基础建设资金短缺的难题。法律法规对此给予承认，同时也符合经济学理论，肯定了这是一种“看得见的手”和“看不见的手”的相结合的范式，由此，市场经济逐渐演变成市场和计划相结合的混合经济。我国当前正在积极推行混合经济制度，BOT 恰恰具有这种市场机制和政府干预相结合的混合经济的特色，特别是在大型水电集团实施流域化水电开发战略中将起到十分重要的作用*。因此，这种模式十分符合我国体制改革的深化发展，也必然为我国流域化梯级水电开发解决融资问题，促进我国水电建设战略发展。

BOT 的特点主要表现为：

* 参见本书第 4、5、6 章内容。

(1)BOT能够保持市场机制发挥作用。BOT项目的大部分经济行为都在市场上进行，政府以招标方式确定项目公司的做法本身也包含了竞争机制。作为可靠的市场主体的私人机构是BOT模式的行为主体，在特许期内对所建工程项目具有完备的产权。这样，承担BOT项目的私人机构在BOT项目的实施过程中的行为完全符合经济人假设。

(2)BOT为政府干预提供了有效的途径，这就是和私人机构达成的有关BOT的协议。尽管BOT协议的执行全部由项目公司负责，但政府自始至终都拥有对该项目的控制权。在立项、招标、谈判三个阶段，政府的意愿起着决定性的作用。在履约阶段，政府又具有监督检查的权力，项目经营中价格的制订也受到政府的约束，政府还可以通过通用的BOT法来约束BOT项目公司的行为。

BOT模式的参与者包括工程项目的相关利益者和责任者，具体包括以下几方面。

1. 业主

BOT工程是一个由业主发包的相当复杂的系统工程，业主(政府或下属机构)在BOT项目中具有双重身份，它既是工程组织管理者，也是项目特许权的授予者。业主首先批准BOT项目，进行公开招标，然后确定投标单位后授予总承包方特许权。在此过程中，业主需承担相应义务和一定风险，通过提供一定政策来保障。

业主作为项目发起人首先应作为股东，分担一定的项目开发费用。在BOT项目方案确定时，就应明确债务和股本的比例，项目发起人应作出一定的股本承诺。同时，应在特许协议中列出专门的备用资金条款，当建设资金不足时，由股东们自己垫付不足资金，以避免项目建设中途停工或工期延误。项目发起人拥有股东大会的投票权，以及特许协议中列出的资产转让条款所表明的权力，即当政府有意转让资产时，股东拥有除债权人之外的第二优先权，从而保证项目公司不被怀有敌意的人控制，保护项目发起人的利益。

2. 项目总承包商

水电工程项目的直接承包者，是为该水电工程建设、经营项目而建立的自负盈亏、自主经营的公司或法人企业。它是BOT项目的执行主体，在项目中处于核心地位。它直接参与项目的投资和管理，直接承担项目债务责任和项目风险，所有关系到BOT项目的筹资、分包、建设、验收、运营以及偿还债务的事项均由它负责。在法律上，总承包方是一个独立的法律主体。

项目总承包商必须有长期的盈利历史和良好的信誉保证，并且承包期限至少与BOT项目的贷款期限相同，承包的价格也应保证使项目公司足以回收股本、支付贷款本息和股息，并有利润可赚。

3. 建筑承包商

通常也是项目的股东之一，建筑承包商必须要有丰富的水电工程建设经验，有较高的工程技术建设能力、工程项目管理能力，要有良好的商业信誉，以便保证其能成为项目的主承建商。主承建商最大的责任就是保质保量地按时完成BOT建设项目。

4. 债权人

债权人应提供项目公司所需的所有贷款，并按照协议规定的时间、方式支付。当政府计划转让资产或进行资产抵押时，债权人拥有获取资产和抵押权的第一优先权；项目公司若想举新债必须征得债权人的同意；债权人应获得合理的利息。

5. 保险公司

保险公司的责任是对项目中各个角色不愿承担的风险进行保险，包括建筑商风险、业务中断风险、整体责任风险、政治风险(战争、财产充公等)，等等。由于这些风险不可预见性很强，造成的损失巨大，所以对保险商的财力、信用要求很高，一般的中小保险公司是没有能力承做此类保险的。

6. 供应商

供应商负责供应项目公司所需的设备、燃料、原材料等。由于在特许期限内，对于燃料(原料)的需求是长期的和稳定的，供应商必须具有良好的信誉和较强而稳定的盈利能力，能提供至少不短于还贷期的一段时间内的燃料(原料)，同时供应价格应在供应协议中明确注明，并由政府和金融机构对供应商进行担保。

7. 运营商

运营商负责项目建成后的运营管理，为保持项目运营管理的连续性，项目公司与运营商应签订长期合同，期限至少应等于还款期。运营商必须是 BOT 项目的专长者，既有较强的管理技术和管理水平，也有此类项目较丰富的管理经验。在运营运程中，项目公司每年都应对项目的运营成本进行预算，列出成本计划，限制运营商的总成本支出。对于成本超支或效益提高，应有相应的罚款和奖励制度。

8. 政府

政府是 BOT 项目成功与否的关键角色之一，政府对于 BOT 的态度以及在 BOT 项目实施过程中给予的支持将直接影响项目的成败。同时政府必须在 BOT 项目建设全过程中进行监控，以保证项目的有效实施和完成。

一般来讲，实施 BOT 模式有如下几个阶段或步骤：

第一阶段，项目发起方(政府)成立项目专设公司(项目公司)，专设公司同东道国政府或有关政府部门达成项目特许协议。

第二阶段，项目公司与建设承包商签署建设合同，并得到建筑商和设备供应商的保险公司的担保。专设公司与项目运营承包商签署项目经营协议。

第三阶段，项目公司与商业银行签订贷款协议或与出口信贷银行签订买方信贷协议。

第四阶段，工程项目竣工验收进入经营阶段后，项目公司把项目收入转移给一个担保信托。担保信托再将这部分收入用于偿还银行贷款。

我国大型水电企业已经成功地进行了 BOT 模式的实施，例如，2011 年 12 月 7 日，中国水利水电建设股份公司(简称中国水电)首个海外投资建设的 BOT 水电站——柬埔寨甘再水电站建设完工并投入了商业运营。

甘再水电站是中国水电以 BOT 模式进行的第一个境外水电投资项目，是中国水电由工程承包向资本运作的经营模式转型的标志性工程，是在与国际市场接轨的进程中项目管理模式的创新。甘再水电站总装机 19.41 万 kW，总投资 3 亿美元，建设期 4 年，特许经营期 40 年。

2004 年 7 月，柬埔寨工业部对甘再水电站进行 BOT 国际招标，当时有许多家国际知名建筑公司参加投标。在我国大型国有建筑企业几乎没有涉及 BOT 投资项目的情况下，中国水电凭借丰富的建设经验、先进的工程技术和高效的管理水平、强大的融资能力以及良好的国际信誉，在激烈的国际竞争中一举中标，开创了央企海外水电 BOT 投资业务的先河。

甘再水电站建设的 BOT 模式，有效解决了工程项目融资和海外投资风险问题，是实现海外投资，把中国的设备和劳务带出国门，进一步开拓海外市场的成功范例。甘再水电站建设采用有限追索项目融资的模式，这是中国水电、中国进出口银行和中国信用保险公司在长期合作基础上，首次合作对中资企业境外投资项目进行投融资模式的探索和实践。这种金融模式以甘再水电站的远期发电收入作为还款抵押，以甘再水电站的资产作为最大追索，因此减少了中国水电母公司的投资风险。

第9章　流域化梯级电站工程项目的计划管理

工程项目计划管理是对项目目标和项目施工过程一系列活动的计划安排和组织实施的总称。工程项目计划管理是整个项目管理的重要组成部分，它对工程项目的总目标进行规划，对工程项目实施的各个环节和各项活动进行周密的计划安排，系统地规定工程项目的目标任务、施工的综合进度、施工的组织和完成工程任务所需要的各种资源等。

作为水电开发的流域系统在开发应用和管理过程中，系统是否有序、系统运行，是否与环境和谐共生、可持续发展，这些都取决于系统的管理熵状态。管理熵在衡量流域系统的序态和发展趋势方面必然起着重要的作用。因此，流域化梯级电站工程项目的计划管理也就必然地要遵循管理熵原理，在计划制定中以系统科学、复杂性科学和管理熵以及管理耗散结构理论为指导，研究流域化梯级电站工程项目计划的系统性、低熵性，为流域化水电开发建设及应用奠定良好的系统结构和系统环境。

9.1　工程项目计划管理的意义与作用

9.1.1　工程项目计划管理概述

工程项目管理计划是一种总体计划，是其他各个分计划，如财务计划、物料计划、设备使用计划、劳动用工计划等制定的依据和基础。它从工程整体上指导项目工作的有序进行。工程项目计划管理就是根据工程项目制定的总计划进行管理和控制，以保证工程项目顺利完成。

工程项目管理计划是一个用于协调所有项目计划的文件，可以帮助指导工程项目的执行和控制。在其他知识领域所创建的计划可以认为是整个工程项目管理计划的补充。工程项目管理计划还将项目计划的假设和决定纳入文档，这些假设和决定是关于一些选择、促进项目干系人之间的通信，定义关键的管理审查的内涵、外延以及时间点，提供一个进度衡量和项目控制的基准。项目管理计划应该是动态的、灵活的，并且随着环境或项目的变化而变化。这些计划应该很好地帮助项目经理领导项目团队并评价项目状态。

为了创建并整合一个很好的项目管理计划，项目经理必须运用项目整合管理技巧，因为需要来自项目管理知识领域方方面面的信息。与项目团队及其他干系人一起工作来创建项目管理计划，将帮助项目经理指导项目的执行并理解整个项目。

9.1.2 工程项目计划管理的意义和作用

项目计划是项目管理的规划性文件，是项目实施过程中项目管理的大纲和指导。根据不同的项目类型和管理需求，项目管理计划有很多种形式，但其主要内容除对项目有一个总体的概述外，一般还需要对项目的组织、限定条件以及预期的商务目标进行分析，对项目进度管理、项目资源管理、项目费用管理、项目风险管理、项目质量管理等管理思路和方法进行阐述。项目管理计划包括项目质量管理计划，项目风险管理计划，项目集成管理计划，项目进度、费用、资源等监控管理计划，项目变更管理计划等。

工程项目计划管理具有重要意义和作用：

(1)工程项目的资源配置是按照工程项目建设计划要求来配置的，同时也是按照计划目标要求进行优化的。如根据计划要求，工程项目建设在生产建设的过程中，根据不同阶段的计划目标要求，将投入不同的资金、劳动力和技术等生产经营资源，没有计划，就不知怎样投入、什么时间投入以及投入的规模，也不可能优化资源配置。没有计划，就很可能出现工程资源配置混乱、配置效率低下等问题。没有计划的要求和指导，资源配置就没有办法优化，就会给企业资源造成极大浪费。

(2)现代企业及工程项目的管理首先是计划管理。即企业或者工程项目的一切工作都是根据计划来进行的。如果没有计划，企业或者工程项目的工作就会成为混乱的、无序的行动，使企业或者工程项目系统的管理熵值急剧上升，成本无法控制，生产质量也无法控制，生产任务也无法完成。管理的本质就是根据计划的要求，对每一个生产环节、每一个生产的空间和时间进行组织和控制。没有计划，企业将无从开展工作和管理。在工程项目建设中，也必须是按照计划来实施。没有计划，建设工作的逻辑程序也是混乱的，就无法根据规律正常地开展建设工作，无法完成工程项目建设任务。

(3)计划是企业及工程项目管理运行机制的基础。计划首先要确定必须完成的目标，又根据目标分解形成不同生产经营部门在不同时间中的分目标，继续分解下去，将计划目标分配给每个部门，每个生产环节，直到每个人，使每个人都知道自己必须完成的任务，完成工作的质量及完成的时间。企业的激励约束机制就是以计划为基础，根据计划任务完成的情况进行激励或惩罚。在工程项目建设中，激励约束机制的运行和管理是同理的，如果没有计划，则任务和责任就分不清楚，就不能合理地、精确地实施激励约束政策，就可能导致职工的不良情绪和行为，达不到激励约束的要求。

(4)计划是管理实施的依据，是管理系统优化和有序化的基础。计划设计科学合理，就能使计划的各个环节精密配合，使时间、空间、组织和其他资源优化配置，产生最佳效果，因此能使管理系统的管理熵值最低，从而使工程项目管理运行最为有序、工程质量最好、工程效率最高、成本最节约。

由此可见，企业和工程项目的管理本质上是根据计划的要求进行的。因此，企业和工程项目的计划管理具有绝对的权威性和刚性，严格按照计划进行施工和管理具有十分重要的意义和作用。

9.2　工程项目计划的主要内容

计划管理是水电工程项目管理的核心内容之一。工程项目在正式签订合同之后，就要立即编制完成项目的工作计划，包括工程项目总体计划和在总计划的基础上编制可供实施的详细的分计划。

水电工程项目要有效地开展和实施，必须要进行计划管理，因为只有高效的计划管理才能使整个工程项目建设的各项工作、各种资源实现优化配置，工作的开展才有依据，各项工作、各个环节能够协调运行，这样才能使项目实现低管理熵，有序地、高效地进行建设，顺利完成工程项目目标任务。在计划管理中，既要有统筹和指导全局的总体计划，又要有详细可供执行的，各部门、各个环节和各个工作相互衔接和工作前后相衔接、高度有序的分计划。水电工程项目建设的计划体系如图 9-1 所示。

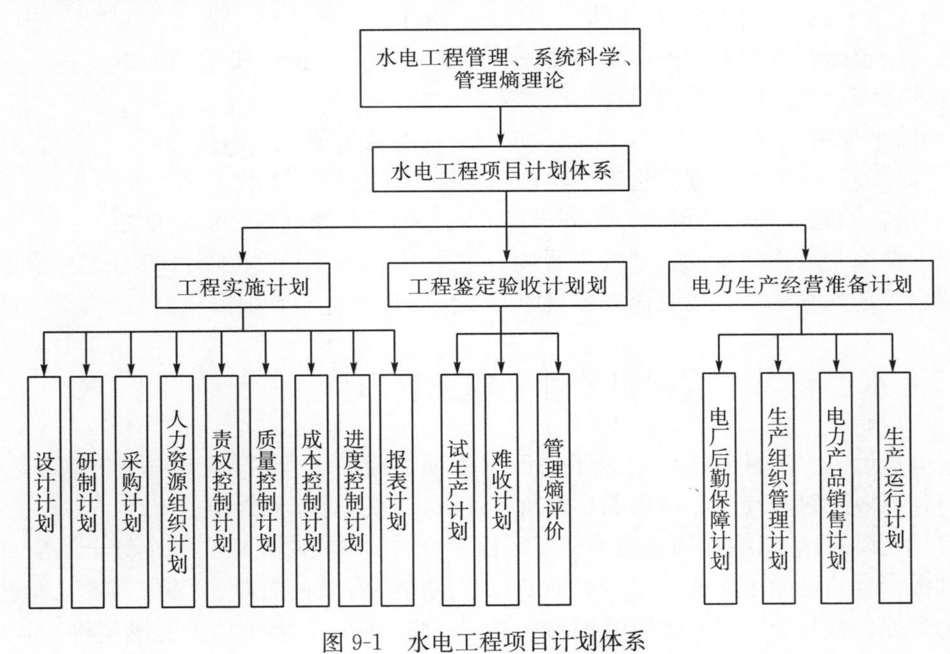

图 9-1　水电工程项目计划体系

9.2.1　水电建设工程项目总计划的主要内容

水电工程项目总计划主要内容一般应包括以下 9 方面：

(1)总则。总则需要明确以下几个主要方面的内容：①项目背景、工程概况的简要描述；工程项目的目标、性质和范围；项目的环境与项目的关系；②发包、承包双方的权益、义务、责任和奖惩办法；③项目规模以及使用的规范和标准；④工程项目的管理机构；⑤项目进度的关键控制点、关键控制环节以及里程碑式的关键阶段；⑥特殊情况的说明。

(2)工程项目的目标和基本原则。包括：①详细说明工程项目的总目标；②设定工程项目的组织机构原则；③业主参与的范围以及与其他方面的关系；④工程质量衡量标准；其他特殊事项的规定，例如设计变更、图纸修改等的规定。

(3)工程项目实施总方案。包括：①技术方案，含工艺、工程设计、施工方案和技术措施等；②管理方案，含发包承包形式、采购运输、施工管理、成本控制等。

(4)合同形式。包括：①合同类型的选择；②承包商的选择以及发包承包双方的通信方式；③咨询方式；④业主方面提供的资源；⑤工程项目复查、审核、付款的手续和程序；⑥对需要进行特殊管理的规定；⑦工程移交的方式、规定和工程进度安排。

(5)进度计划。包括：①说明并列举各项进度安排，说明各个关键工作环节和里程碑工作点；②预计完成各项工作的时间；③以本条第①款和第②款的内容安排工程项目总进度计划；④各级负责人在最终计划上签字作保。

(6)资源使用计划。包括：①资源分类，如资金、设备、材料、人力等；②资源消耗定额预计预算；③成本监督、控制的方法与程序。

(7)人事安排、组织机构。包括：①人员培训、人员补充；②人事制度、法律、政策；③安全保障，含保密制度、人身安全、财产安全；④组织机构的人事安排、责权分工；⑤人员流动以及同工程项目计划的关系。

(8)监理控制与评价。包括：①监理控制的内容及范围；②通信方式；③文件、信息(内容、时间)的收集、整理与管理规定；④评价方法与指标体系。

(9)潜在问题及处理。包括：①列举可能发生的意外事故；②应急计划。

以上是编制工程项目总计划的主要内容，用以指导整个工程项目的实施与管理，是工程项目管理的基础。其他更详细更具体的工作安排分计划，则由相应的职能部门编制。

9.2.2 水电建设工程项目分计划的主要内容

水电建设工程项目分计划是为了保证工程项目能在各个阶段和各个环节得到落实，资源得到有效配置和利用而做出的具体执行计划。它包括如下内容。

(1)工程项目的组织计划。为了保证工程项目的顺利实施而建立一个健全的项目管理组织机构，目的是为了保证项目的有效实施。同时，有效的管理组织在工程实施过程中的强化管理，有利于工程实施中的预测决策、协同工作，有利于信息的迅速传递和反馈，有利于及时解决工程中的问题等作用。项目的组织计划包括：①组织机构设计计划，如项目经理班子设立、项目经理的确定、组织的职能机构设定等；②项目工作人员的组织计划，如工作人员的专业构成、专业机构设置、人员来源及人员培训等；③协作计划。如设计单位、施工单位、设备材料供应单位以及监理单位等；④规章制度的建立计划，如水电工程项目竣工投产后的电力生产经营管理制度、生产技术制度、劳动用工制度及水电站的行政管理制度等；⑤管理信息系统建设计划，包括项目实施过程中的各种信息的采集、整理、传输、渠道、存储、处理各个环节的技术和管理设计及信息网络的建设等。

(2)水电工程项目的综合进度计划。水电工程项目的综合进度计划是将参与工程建设的各个单位的工作进度进行统一安排和部署的全面的综合性的计划。编制这个计划的目的是要对整个工程项目进行统一的有效的管理。综合进度计划必须要考虑和解决局部和整体、当前工作与远期工作以及各个局部之间的关系，以确保水电工程项目从前期决策到竣工验收，再到项目投产试运行的整个过程的各项工作，都能按照计划安排的日程顺利完成。

根据计划控制的要求，水电工程项目综合计划一般要包括：①总进度计划，主要应确定项目的哪些工作必须完成，项目工作的优先排序，以及每一个阶段的工作量和所需时间；②设计工作进度计划，设计工作进度计划是设计单位按照项目总体计划的要求，并根据施工进度的要求和设计工作中各个专业的工作顺序，安排各个社会专业的工作进度计划，同时还必须确定分阶段的出图日期；③设备供应进度计划，根据工艺流程图和设备系统，风、水、电、气系统图，以及工程建设的需要，编制出设备采购清单，并确定设备采购和到达现场的时间；④施工进度控制计划，施工进度控制计划中必须明确规定工程项目施工的开工和完工时间，施工单位和施工配合单位必须按照整个工程项目开工和完工时间和工序的要求，制定出自己的整个工程施工进度计划，并编制具体的工程项目年度、季度计划和月、旬乃至周的作业计划；⑤工程竣工验收和试生产计划，根据水电工程进度计划有关方面的资料，在工程完工之后，安排工程鉴定和竣工验收、设备运行试验以及水电生产等一系列活动的日期，并且以验收计划作为项目参与各方共同的工作目标，以便做好自己的人力、物力和财力等方面的安排。

9.3　水电工程项目计划的编制

9.3.1　水电工程项目计划编制的原则

水电工程项目计划的编制中有 5 大要素，包括工程的进度、质量、成本、投资效益和环境效益。为了保证这 5 大要素的有效落实，就必须制定一些计划编制的原则，并按照原则编制、实施及管理计划。计划编制的原则可以归纳为以下 7 点。

(1)贯彻国家有关法律、法规、技术标准和技术经济政策的原则。水电工程项目，特别是流域梯级开发的工程项目，涉及的各种关系非常复杂，既有各种利益相关者，又有工程与社会、经济和环境等直接或间接关系。这些关系处理不好，将给工程项目的建设、运行和可持续发展带来各种风险和十分不利的影响。为了避免风险和不利影响，在制定工程项目计划时，就应该严格遵循和贯彻国家有关法律、法规、技术标准和技术经济政策，明确规范工程项目建设的各参与方和有关利益相关者的行为和合同，明确个产预防的责权利关系，保障各方的利益，预防风险，并规定风险或特殊问题的解决预案。

(2)系统考虑、统筹安排、综合平衡的原则。流域水电开发中不仅有梯级电站群建设，同时还有每一个工程项目的建设，这样必然涉及整体和局部、局部和局部之间的关系，及每一个工程内部宏观和微观的计划关系。在资源有限的条件下，无论是整体和局部、宏观和微观，都必须从发展战略的角度进行全面的、长远的考虑。对于建设资源的配置必须遵循统筹安排、综合平衡的原则和保证管理熵值下降的原则，这是计划安排实现资源优化配置和长期与短期相结合，保证施工的连续性和均衡性，促进工程项目有序地进行的基本条件。

(3)推广新技术、新工艺、新材料、新设备和新管理模式的原则。在制定水电工程项目计划时，特别是考虑流域梯级水电开发建设时，应该要有超前性和预见性，要大力推广和应用新技术、新工艺、新材料和新设备。新技术、新管理等的应用，一方面可以大大地缩短建设周期、提高工程质量、节约建设成本，另一方面可以促进我国建设领域的创新和科技发展。

(4)工程时间控制原则。在工程项目计划内容中必须明确工程的开工和完工时间，重要的工作环节和工作节点时间，及里程碑节点时间，这样才便于控制施工周期，明确延迟工期的责任。

(5)工程质量控制原则。为加强水电建设工程质量管理，规范项目法人、监理、设计、施工(含安装)等建设各方的行为，明确各方职责，保证工程质量，在计划中应按国家要求明确规定工程建设使用的质量体系，统一质量检验与评定方法，使施工质量检验与评定工作标准化、规范化，确保工程质量达标。

(6)工程成本控制原则。成本控制是水利水电工程项目管理的核心，因此计划编制必须遵循成本控制的原则，详细规定项目施工过程中各种耗费，包括工程的直接投资费用，施工材料、人工、机械及其他各项费用(如行政管理费、利润及须纳税金)。计划中要有规范的项目成本核算及细致的成本控制分析，并从项目中标签约开始到施工准备、现场施工直至竣工验收，每个环节都要成本控制和管理。

(7)工程低碳绿色原则。为减免工程对环境的不利影响并满足工程功能，要求所采取的环境保护措施的投资计划，应列入水利水电工程环境保护投资。对于难以恢复、保护、改建的环境影响对象，在计划中应明确采取替代措施或给予合理补偿。在计划中应明确规定工程实施中的节水、节能、节材、节地、环境保护等内容，以便在施工过程中资金安排有执行和控制的依据。

9.3.2 水电工程项目计划编制的程序

水电工程项目计划的编制一般应遵循一定的程序，这样才能遵循计划工作的规律，符合计划制定时的逻辑关系，保证计划前后的衔接，避免编制过程中重要内容的遗落或者不完善。计划编制主要是按以下 6 个步骤或环节进行。

1)计划信息的收集和整理

科学准确的计划取决于计划所需的信息资料的全面性、完整性、及时性和有效性。因此在编制计划时必须全面准确地收集和掌握与工程项目有关的各种信息和文献资料。这些信息包括历史资料、上级文件，与项目相关的社会、环境、技术、经济、法律法规、国家及地方政策、专家咨询等。在编制计划时，必须全面掌握和分析这些信息，避免计划的失误。

2)明确工程项目目标，分析项目环境

在这个阶段里，应该明确以下内容：

(1)明确总体目标内容和目的。根据获得的信息，确定项目的具体投资额、质量、成本、工期等，在确认总体项目目标时，要分析和明确项目总目标的真实目的，提出总目标的背景，实现总目标的标准和条件。

(2)合理进行目标分解。项目总目标确定后，需要将总目标按实施的不同单位、不同阶段进行时间和空间的分解，分解成为可供单位甚至个人理解和执行的分目标，以便不同的单位甚至个人都可以依据不同的具体的分目标进行工作。

(3)科学的目标排序。目标分解后，还必须明确总目标与分目标及分目标与分目标之间的主从关系，便于在计划实施控制中做到心中有数，把握全局。在明确目标关系之后，根据目标实现的主次关系、前后关系、逻辑顺序等对目标排序。如计划中把工期作为主要目标，则成本目标就可能变成次要目标；又如，什么建设环节或工作先进行，什么后进行；什么原材料、机械设备先进场，什么后进场等。这样就可使工程有序、高效和低消耗地进行。

(4)目标量化。制定项目目标应该尽量量化，对于难于量化的目标，最好根据相关性原则，找出相关的指标或标准，同时应用满意度评价法进行评价和量化。例如，对难以量化的目标的可实现程度和可接受程度设计出“满意度”指标体系进行评价，并进行信度[①]和效度[②]的分析，通过信度和效度检验，则是科学的和可接受的。

(5)目标环境分析与评价。对工程项目实施的环境应充分了解，并从政策、法律、自然条件、生态状况、施工条件等方面进行详细的分析，在编制工程项目计划时，应该充分体现对环境的保护与修复。

3)工作(任务)说明

工程项目计划中的工作或任务说明，是指对实现项目目标所进行的工作或活动的内容和关系描述。一般来讲，在项目目标明确后，就需要列举实现这些目标的工作或任务，同时说明这些工作和任务的内容、要求、彼此之间的关系和实施的程序。工作说明需要用一定的格式表示出来，如表格、逻辑图、树形图、网络图等。

4)工作或任务分解结构

工作或任务分解结构是指在工程项目计划中，将实施项目的全部工作内容，按其相关关系和目标秩序及工作的结构层层分解，直到分解成工作内容单一，便于组织实施和管理的单项工作为止。在这里，需要把各单项工作在整个项目中的地位、相对关系等直观地用逻辑图、树形图、网络图表示出来，以便有效地按计划进行工作的组织与管理控制，使工作或任务有序地开展，直至整个工程项目按时完成。

由于工作或任务分解结构是整个项目实施的关键，因此，制定计划时应详细地编制。工作或任务分解的编制程序如下。

---

① 信度(reliability)即可靠性，是指采用同一方法对同一对象进行调查时，问卷调查结果的稳定性和一致性，即测量工具(问卷或量表)能否稳定地测量所测的事物或变量。信度指标多以相关系数表示，具体评价方法大致可分为三类：稳定系数(跨时间的一致性)，等值系数(跨形式的一致性)和内在一致性系数(跨项目的一致性)。信度分析的方法主要有以下四种：①重测信度法；②折半法；③折半信度法；④α 信度系数法。

② 效度(validity)即有效性，它是指测量工具或手段能够准确测出所需测量的事物的程度。效度分为三种类型：内容效度、准则效度和结构效度。效度分析有多种方法，其测量结果反映效度的不同方面。常用于调查问卷效度分析的方法主要有以下三种：①单项与总和相关效度分析；②准则效度分析；③结构效度分析。信度效度分析与检验，SPSS 等软件可以完成。

(1)列出项目的工作或任务清单。根据工作或任务说明，详细列出醒目的工作任务清单和有关说明。明确哪些任务需要完成，任务之间的等级关系和逻辑关系(如两项任务之间是否存在一项是另一项的一部分；两项任务之间目的和手段关系等)，任务之间有无相互重叠，若有就要重新安排，使等级关系明确。

(2)详细的工作任务分解结构(work breakdown structure，WBS)。将项目的各项活动按其工作内容和结构进行逐级分解，直到分成相对独立的工作单元(如分部与分项工程)。每一个工作单元表示一项基础活动，又表示一个输入输出单元，还要表示一个承担工作的责任班组或个人。工作单元要求具有下列性质：①易于理解和操作；②易于管理；③有明确的衡量工作任务的标准；④易于对实施过程中的人、财、物消耗的测定；⑤责权明确，工作单元的任务能够完整地分派给某个班组或个人来完成。

(3)明确每个工作单元需要输入的资源和完成时间。为此，要说明每个工作单元的性质、工作内容、目标，并确定执行施工任务的负责人以及组织形式。

(4)明确工作单元的排序。分析并明确各工作单元实施的先后顺序和它们的逻辑关系，确定它们的顺序关系和平行关系，也就是要确定它们之间的纵向隶属关系和横向并行关系。

(5)成本费用控制。将各工作单元的费用逐级汇总，累积成项目总概算，以此又可作为各分计划成本控制的基础。

(6)项目总进度计划。估算各工作单元作业时间，确定项目关键活动与各项活动的逻辑关系，将其汇总成项目的总进度计划，并作为各分计划的基础。

(7)将各工作单元所需资源汇总，形成总资源使用计划。

(8)项目经理对工作或任务分解作出综合评价，然后拟定项目的实施方案，形成项目计划书，上报审批。

5)编制线性责任框图

将工作任务的分解与组织结构图对照起来，便形成了组织实施工作任务的线性责任图，此图可一目了然地看清什么单位承担什么工作任务和责任，如图 9-2 所示。

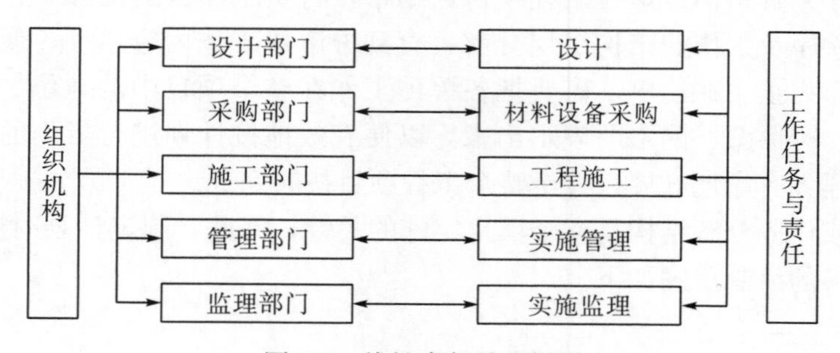

图 9-2 线性责任关系框图

从上图可知，线性任务－责任将所分解的工作任务落实到有关部门、班组或个人，并明确地标出有关部门和人员对该项工作任务的关系、责任和地位，以便分工负责和实施管理控制。

6)绘制逻辑关系图

在将一工程项目的总体工作任务分解成许多单项工作的基础上，按照各项工作开展的先后顺序和衔接关系画出各项活动的关系图，这就是工程项目的工作逻辑关系图。对于工程项目的实施来讲，主要有两种逻辑关系：一是生产工艺逻辑关系。这是由项目策划开始到交付使用所要求的各项工作的先后次序所决定的逻辑关系；二是组织逻辑关系。这是指由资源平衡或组织管理上的需要所决定的各项工作的次序关系。

9.4 水电工程项目工作分解结构设计

工作分解结构（work breakdown structure，WBS）是现代项目管理及工程技术、生产组织等管理的重要的专业方法与技术之一，是现代组织劳动过程的优化和提高效率的基本理论与技术。WBS的基本定义：以可交付成果为导向对项目要素进行的分组，它归纳和定义了项目的整个工作范围每下降一层代表对项目工作的更详细定义。无论在项目管理实践中，还是在PMP、IPMP考试中，WBS都是最重要的内容之一。WBS总是处于计划过程的中心，也是制定进度计划、资源需求、成本预算、风险管理计划和采购计划等的重要基础。WBS同时也是控制项目变更的重要基础。项目范围是由WBS定义的，所以WBS也是一个项目的综合工具。

9.4.1 WBS

关于WBS的定义，最早可从美国国防部国防系统开发工作的手册中得到解释，即WBS是一个以产品为中心的层次体系，由硬件、软件、服务和资料组成。它完全确定了一个工程项目。在确定的产品单元时，系统工程起着关键性的作用。WBS显示并确定了要研制或生产的产品，并将要完成的工作单元与最终的产品联系起来。具体可分为纲要性WBS、项目纲要性WBS、合同WBS和项目WBS 4类。

在20世纪70年代，国外就将WBS作为工程项目管理的基本方法。1997年，ISO/TC176/SCI国际标准化组织质量管理和质量保证技术委员会将其写入《质量管理——项目管理的质量指南(ISO 1000)》国际标准，并指出“在工程项目中应将项目系统分解成可管理的活动”。分解的结果被称为项目分解机构，即WBS。

WBS作为工程项目管理的基础性工作，它的建立必须体现项目本身的特点和项目管理组织的特点，必须遵守整体性、系统性和可追溯性的原则。在对一个具体的工程项目的WBS设计时，要注意其三个基本要素的设计，即结构、代码和报告的设计。

WBS总是处于计划过程的中心，也是制定进度计划、资源需求、成本预算、风险管理计划和采购计划等的重要基础。WBS同时也是控制项目变更的重要基础。项目范围是由WBS定义的，所以WBS也是一个项目的综合工具。WBS的主要用途包括以下4个方面。

(1)清晰描述工程项目建设的思路、规划和设计，帮助项目经理和项目团队确定和有效地管理项目的工作。

(2)可以清晰地表示各项目工作之间的相互之间的逻辑关系和联系结构。

(3)可以展现工程项目全貌，详细说明为完成项目所必须完成的各项工作。

(4)定义了里程碑事件，可以向高级管理层和客户报告项目进展和完成情况。

具体地讲，WBS系统可在工程项目管理中完成以下工作，如图9-3所示。

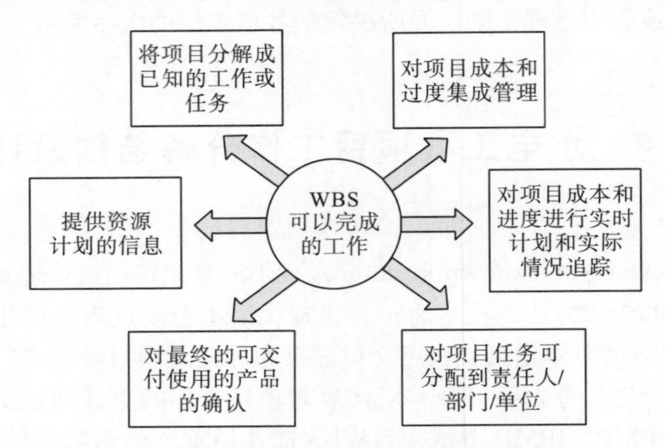

图9-3 WBS在工程项目管理中可完成的工作

9.4.2 WBS设计的基本要素

WBS的基本要素有结构、代码和报告。

1)WBS的结构

WBS结构的总体设计对于一个有效的工作系统来说是个关键。结构应以等级状或树状来构成，底层代表详细的信息，而且其范围很大，逐层向上。即WBS结构底层是管理项目所需的最低层次的信息，在这一层次上，能够满足用户对交流或监控的需要，这是项目经理、工程和建设人员管理项目所要求的最低水平；结构上的第二个层次将比第一层次要窄，而且提供信息于另一层次的用户，以后依此类推。

结构设计的原则是必须有效和分等级，但不必在结构内建太多的层次，因为层次太多了不易有效管理。对一个大项目来说，4到6个层次就足够了。在某些情况下，可以用两组。如每组5个层次，一组详细搜集直到一个合同层次或一个主要设施层次的数据，而另外一组作为与设施较大的组成部分或较大的合同结合在一起的上层部分或综合部分。这种双层次结构的WBS只要设计得当也可以工作得很好，而且不限制WBS的发展。

在设计结构的每一层中，必须考虑信息如何向上流入第二层次。原则是从一个层次到另一个层次的转移应当以自然状态发生。此外，还应考虑到使结构具有能够增加的灵活性，并从一开始就注意使结构被译成代码时对于用户来说是易于理解的。

2)代码设计

代码设计对作为项目控制系统应用手段的WBS来说是个关键。不管用户是现场会计、现场其他职员或高级管理人员，代码对所有的人来说应当有共同的意义。在设计代码时，对收集的信息及收集信息所用的方法必须仔细考虑，使信息能自然地通过WBS代码进入应用记录系统。

代码设计与结构设计是有对应关系的。结构的每一层次代表代码的某一位数，有一个分配给它的特定代码数字。在最高层次，项目不需要代码；在第二层次，要管理的关键用代码的第一位数来编。如果要管理的关键活动数目小于 9，假设只用数字编码，则代码是一个典型的一位数代码，如果用字母加数字，此层可能有 35 个；下一个层次代表上述每一关键活动所包含的主要任务，这个层次将是一个典型的两位数代码，其灵活性范围为 99 以内，或者，如果再加上字母，则大于 99；以下依此类推。如果结构有 26 个层次，需要的代码至少有 20 位，那就未免太长了，这也是结构层次不宜过多的原因之一。

在一个既定的层次上，应尽量使同一代码适用于类似的信息，这样可以使代码更容易理解。此外，设计代码时还应考虑到用户的方便，使代码以用户易于理解的方式出现。如在有的 WBS 设计中，用代码的第一个字母简单地给出其所代表的意义，如用 M 代表人力、用 E 代表设备等。

3)报告设计

设计报告的基本要求是以项目活动为基础产生所需的实用管理信息，而不是为职能部门产生其所需的职能管理信息或组织的职能报告，即报告的目的是要反映项目到目前为止的进展情况。通过这个报告，管理部门将能够判断和评价项目各个方面是否偏离目标，偏离多少。

9.4.3　WBS 的创建方法

创建 WBS 是指将复杂的项目分解为一系列明确定义的项目工作并作为随后计划活动的指导文档。WBS 的创建方法主要有以下三种。

(1)类比法。类比法是指可以用一个类似项目的 WBS 作为起点，结合项目的实际情况，构建项目的 WBS。许多组织都建有 WBS 和其他项目文件知识库，为项目管理人员的工作提供帮助。应用类比法可参考已取得成功的类似项目的 WBS，在参考成功的经验和全面考虑本工程项目的特点的基础上创建新项目的 WBS。

(2)自上而下法。从项目的目标开始，逐级分解项目工作，直到参与者满意地认为项目工作已经充分地得到定义。该方法由于可以将项目工作定义在适当的细节水平，对于项目工期、成本和资源需求的估计可以比较准确，是构建 WBS 的一种常规方法。

(3)自下而上法。自下而上法又称为头脑风暴法，让团队成员一开始就尽可能地确定各项具体任务，然后将各项具体任务进行整合，并归总到一个整体活动或 WBS 的上一级内容中去。这种方法比较适用于没有经验或全新的系统开发中，通过该方法可以促进项目成员参与的积极性，加强团队的协作精神。

创建 WBS 时需要满足以下几点基本要求：

(1)某项任务应该在 WBS 中的一个地方且只应该在 WBS 中的一个地方出现。

(2)WBS 中某项任务的内容是其下所有 WBS 项的总和。

(3)一个 WBS 项只能由一个人负责，即使许多人都可能在其上工作，也只能由一个人负责，其他人只能是参与者。

(4)WBS 必须与实际工作中的执行方式一致。

(5)应让项目团队成员积极参与创建 WBS，以确保 WBS 的一致性。

(6)每个 WBS 项都必须文档化，以确保准确理解已包括和未包括的工作范围。

(7)WBS 必须在根据范围说明书正常地维护项目工作内容的同时，也能适应无法避免的变更。

(8)WBS 的工作包的定义不超过 40 小时，建议 4~8 小时。

(9)WBS 的层次不超过 10 层，建议 4~6 层。

9.4.4 WBS 的表示方式

WBS 可以由树形的层次结构图或行首缩进的表格表示。在实际应用中，表格形式的 WBS 应用比较普遍，特别是在项目管理软件中，具体的模版样式参见 WBS 模版样式，如图 9-4 所示。

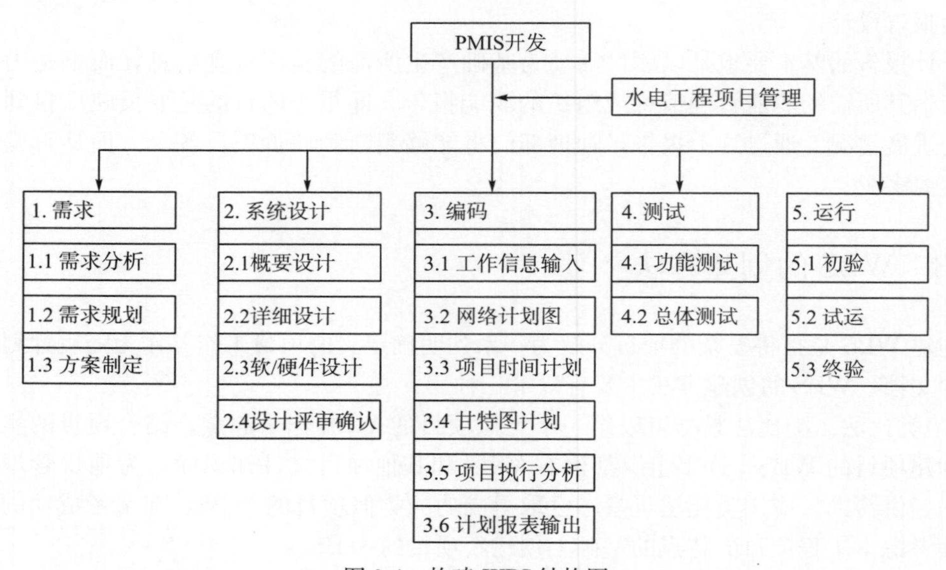

图 9-4 构建 WBS 结构图

9.4.5 创建 WBS 的分解方式和基本步骤

项目组内创建 WBS 的过程非常重要，因为在项目分解过程中，项目经理、项目成员和所有参与项目的部门主任都必须考虑该项目的所有方面。项目组内创建 WBS 的流程如表 9-1 所示。

表 9-1 创建 WBS 系统的基本流程表

工作流程排序	分解工作目标	确定目标工作内容
1	确定项目类型和分解方法	首先明确工程项目的类型，分为产品、服务和结果三种
2	确定分解方法	①按产品的物理结构分解；②按产品或项目的功能分解；③按照实施过程分解

续表

工作流程排序	分解工作目标	确定目标工作内容
3	确定子项目	依据项目类型，分析项目内在逻辑关系，确定主题工作或任务（子项目）。画出 WBS 的层次结构图。WBS 较高层次上的一些工作可以定义为子项目或子生命周期阶段
4	继续分解工作结构	将得到的子项目根据实际情况进行再次或多次分解，直至形成单一的活动或工序
5	建立工作包	将单一的活动或工序进行逻辑关系分析和整理，并进行统一编码，建立工作包 *。工作包必须详细到可以对该工作包进行估算（成本和历时）、安排进度、做出预算、分配负责人员或组织单位
6	初步确定 WBS	初步创建包括所有子项目、工作任务和工作包的 WBS 系统
7	最终确立 WBS	最后和用户一道审查工程项目分解了的子项目、各个工作阶段、工作任务和工作包，进行修改和完善，最后确定工程项目 WBS 系统

确立 WBS 系统后还需要对其进行检验，以保证该 WBS 系统的科学性和可执行性。根据工程项目的要求，检验 WBS 是否定义完全、项目的所有任务是否都被完全分解等。检验的主要依据如下。

(1)每个任务的状态和完成情况是可以量化的。

(2)明确定义了每个任务的开始和结束。

(3)每个任务都有一个可交付的成果。

(4)工期易于估算且在可接受期限内。

(5)容易估算成本。

(6)各项任务是独立的。

(7)各项任务是能被描述的。

9.4.6　创建 WBS 的词典

对 WBS 需要建立 WBS 词典（WBS dictionary）来描述各个工作部分。WBS 词典通常包括工作包描述、进度日期、成本预算、人员分配等信息。对于每个工作包，应包括有关工作包的必要的、尽量多的信息。当 WBS 与 OBS 综合使用时，要建立账目编码（code of account）。账目编码是唯一用于确定项目工作分解结构每一个单元的编码系统。成本和资源被分配到这一编码结构中。

* WBS 的最低层次的项目可交付成果称为工作包（work package），它具有以下特点：①可以分配给另一位项目领导进行计划和执行；②可以通过子项目的方式进一步分解为子项目的 WBS；③可以在制定项目进度计划时，进一步分解为活动；④可以由唯一的一个部门或承包商负责。用于在组织之外分包时，称为委托包（commitment package）；⑤工作包的定义应考虑 80 小时法则（80-hour rule）或两周法则（two week rule），即任何工作包的完成时间应当不超过 80 小时。在每个 80 小时或少于 80 小时结束时，只报告该工作包是否完成。通过这种定期检查的方法，可以控制项目的变化。

9.5 锦屏水电工程项目进度计划管理案例*

锦屏水电工程包括锦屏一、二级水电工程，是雅砻江流域中下游卡拉至江口河段水电规划梯级开发的主要梯级电站。锦屏一级混凝土拱坝最大坝高305m，地下厂房装机6台，共3600MW，总工期129个月，主要里程碑目标为：2006年11月下旬河床截流，2009年2月基坑混凝土浇筑，2011年11月导流洞下闸封堵，2012年8月初第1台机组发电，2014年3月全部机组投产。锦屏二级为闸坝引水式电站，闸坝紧邻一级，最大高度37m，通过4条17km的引水隧洞穿过锦屏山、截弯取直引水至锦屏大河湾下游，利用锦屏大河湾300m的水头，总装机8台，共4800MW，工程总工期99个月，主要里程碑目标为：2007年7月引水隧洞进场开工，2012年12月底第1台机组发电，2015年3月底工程完建。

锦屏水电工程场内狭窄，岸坡地势陡峭，施工场地布置困难，地质条件复杂，前期项目均出现不同程度的滞后，导致后续项目开工后施工场地布置更显困难，施工干扰大，进度控制条件复杂。随着锦屏二级水电工程的全面开工，工程区内场地布置矛盾更为突出，同时，锦屏二级施工场地分散，闸坝距下游厂房直线距离约17km，在辅助洞完工前，绕大河湾则相距约150km，同时，4条引水隧洞长约17km，最大埋深达2525m，施工中的不可预见因素多，进度控制协调工作量大且复杂，需要良好的施工组织设计和强有力的进度管理措施。

9.5.1 进度计划管理

1. 管理特点

在锦屏水电工程施工过程中，参建单位众多，任何一家单位所涉及的项目都或多或少地影响其他项目的实施，特别是在各标段立体交叉施工时，上层标段施工直接影响到下层施工安全，考虑到锦屏一级施工场地极其狭窄，主体工程布置紧凑，各项目交叉施工安全隐患较大，为更好地协调现场施工过程，加强监理单位的协调力度，将明线施工标段均委托一家实力极强的监理单位进行现场统一管理，大大提高了现场协调效率，为业主的工程进度控制和施工安全提供了保障。在锦屏水电工程建设全面展开后，总体上协调不同参建单位在空间、时间及资源上的交叉和冲突，除了监理的现场协调外，也离不开业主的统一管理。在标段交接时，也需要业主的协调，而涉及一、二级水电站建设过程中的一些时空冲突时，还需要设计参与。同时，锦屏水电工程计划的制定还必须符合项目各投资方的计划要求。因此，锦屏水电工程的进度管理分为5个层次，分别为投资方、业主、设计、监理及项目施工承包商。雅砻江水电站考查情况如图9-5所示。

---

* 资料来源于建设工程教育网，2010-09-27 15：49。

(a)　(b)

(c)　(d)

图 9-5　雅砻江水电站考查情况

图 9-5(a)为由四川大学工商管理学院副院长、信息及企业管理研究所所长任佩瑜教授带队的四川大学课题组*一行 6 人抵达锦屏水电工程开展调研。雅砻江公司人力资源部彭青峰主任，邹锡武同志陪同调研组进行调研。

图 9-5(b)为工程一部副主任郭盛勇在锦屏管理局给课题调研组介绍锦屏水电站工程情况。

图 9-5(c)为调研组成员在 1785 高程支通道观看工程示意图。

图 9-5(d)为工程一部副主任郭盛勇在地下厂房向任佩瑜副院长(右四)等客人介绍工程情况。

2. 管理的形式

锦屏水电工程进度计划制定遵循先总体、再阶段、后详细的原则。在进度控制过程中，则遵循目的性、系统性、经济性和动态性的基本原则。进度计划作为业主工程项目管理的核心工作之一，贯穿于项目生命周期的全过程，在具体实施过程中，计划会不断

* 国家自然科学基金雅砻江联合研究基金项目·工程与材料学部(项目批准号：50579101)

地得到细化、调整，形成一个动态管理过程。锦屏水电工程进度计划的管理可分为五层四级管理形式：其中第一级为投资方和决策层，主要跟踪项目的总计划和里程碑计划，并负责处理协调影响项目进展的相关因素，为完成项目提供良好的外部环境；第二级为业主，跟踪和动态管理设计、物资采购及施工计划，管理各标段施工过程，处理施工中出现的重大问题，确保工程总进度目标和重大里程碑目标的实现；第三级为设计和监理，设计在初期负责编制符合业主利益的合理的进度计划，在工程施工过程中，辅助业主管理进度计划，同时在一、二级冲突过程中，在满足总体目标要求的前提下提出相应的解决方案，监理审核各标段施工进度计划，并代表业主现场指导、监督进度计划的落实；承包商根据所承包项目合同要求，编制合理的施工组织设计，制定详细的单位工程滚动实施计划并负责动态管理和执行。

3. 管理措施

锦屏水电工程进度管理措施可分成三部分：

(1)必须明确工程进度计划编制的原则，做到“四符合”，即符合国家有关政策、法令和规程规范，符合锦屏水电工程总体建设目标要求，符合现场建设条件的先进性，符合各相关项目相互衔接、连续、均衡施工的需要。任何项目进度计划的编制必须以合理的施工组织设计为基础，业主、监理须严格审查施工承包商的施工组织设计，督促承包商在项目施工各阶段中落实组织、资源、进度等，对计划执行过程中存在的偏差做到及时发现、认真分析、及时解决。

(2)施工承包商应当根据各标段不同阶段施工条件及工期要求，按远粗、近细的原则制定一定时期的滚动计划，该进度计划定期(月、季)进行重新评估和调整，滚动计划对进度控制、特别是对工期较长的主体工程的进度控制有着十分积极的意义。业主、监理审核承包商的滚动计划，检查施工过程中的落实情况，及时编制相应的进度分析及调整报告，以便及时解决问题。

(3)对大型水电工程进度管理，由于工程规模大、项目多，作为统一现场进度计划管理的需要，统一设计、施工等进度计划编制的内容和办法，统一进度计划提交、更新时间，甚至统一进度计划编制软件、编制格式都十分必要，这些统一不仅有利于业主进度计划的管理，同时便于各项目进度计划的相互协调，对总进度计划编制及实施过程控制都十分有利，也有利于业主对各项进度计划进行对比分析，及时发现问题、解决问题。

4. 进度控制

(1)贯彻里程碑目标。投资方对进度的控制在于从公司发展的战略上提出工程建设的总进度目标、重大里程碑目标及年度目标。业主的进度控制在严格把握总进度计划、里程碑进度计划、年度进度计划目标的基础上，将其具体到各单位工程、标段工程中，业主对各单位工程、标段工程进度计划的管理从招标设计开始，贯穿于招标、设计、施工的全过程。各标段项目计划的编制在工程项目的招投标阶段以及中标授标之后的合同条件中都要求承包商编制切实可行的“细化的施工进度计划”，对工程进行详细的剖析，对完成任务所需要的原材料、劳动力、设计和投资进行分析和比较，找出关键线路，对任务作出合理的工期、人力、物力、机具等资源的安排。监理根据合同要求，严格审核承包商的进度计划，编制相应项目具体的进度保证计划。

(2)进度控制手段。锦屏水电工程的复杂性、艰巨性和重要性决定了进度管理需要采取严格的进度控制手段，强化进度计划审核流程，制定合理的项目进度控制目标，建立进度绩效考核体系，根据项目的重要程度、工期长短设置定期目标奖、阶段目标奖、最终目标奖等进度绩效奖励制度，充分发挥业主在进度控制中的主导作用。定期检查进度计划的执行情况，获取偏差信息，分析原因和趋势，采取纠偏措施，根据纠偏方案更新进度计划，及时反馈至各项目监理及承包商，并督促落实进度计划的执行。在进度控制过程中，必须强调监理工作的重要性，在施工招标前进行监理的招标工作，使监理协助施工招标过程，增加监理的责任感，同时也容易保证承包商施工方案合理可行，降低业主在施工过程中的进度管理风险。在对承包商的进度目标奖中同时设置相应的监理进度控制目标奖，提高监理在进度控制中的积极性和责任感。

9.5.2　进度管理支持

(1)管理体系。建立锦屏水电工程进度管理体系，形成高效的进度计划信息沟通渠道，是进度计划管理的核心。进度管理体系包括组织体系、计划编制、计划分析反馈及目标奖惩等几部分。由于进度计划涉及工程设计、招标、施工、物资采购等方面，是一项综合性极高的工程管理内容，建立有效的组织体系全面协调工程建设中各方面的矛盾，是制定合理的进度计划及其有效执行的前提。在大型水电工程进度管理中，规范进度计划编制格式、手段及进度计划反馈分析流程，使工程建设过程中设计、物资采购及施工各标段的进度计划管理有效协调统一，可确保进度信息高效的沟通。进度目标奖惩是激励各参建单位提高施工效率、提前完成工期的必要手段，目前我国水电工程建设的繁荣及市场的不规范，分包、协作等导致一线施工队伍稳定性差，在进度管理过程中，不仅设定里程碑、重要节点的进度目标奖励，同时设定期(月、季、年)进度目标奖励，避免前期施工人员难以享受进度提前带来的利益，可有效刺激承建单位在工程施工全过程中的积极性。

(2)合同支持。合同是工程实施过程中业主进度计划管理的依据。在合同中不仅明确了各标段的总工期目标、阶段性目标，同时明确了各施工承包商或监理在进度管理中的责、权、利关系，在工程建设全过程中，一方面要能强有力地保障大型工程项目全局的进度控制；另一方面还要考虑承包商自身的利益和能力，对承包商的管理以合同为基础，平等互利，同时加强招标设计和施工图设计审查，减少变更，对承包商在施工过程中提出的变更及时进行处理。

(3)工程管理信息系统。工程管理信息系统通过计算机网络技术，建立设计、监理、施工承包商与业主之间的信息交互手段及共享办公平台，该网络以利于业主的工程管理为核心，实时跟踪锦屏水电工程各项目的进度、投资、质量等，定期比较分析，全面控制施工进度、成本和质量，实现了水电工程管理信息的计算机化、网络化和数据库化，提高了工程设计和施工管理的效率与质量。以工程管理信息系统为基础，通过 P3 等大型进度编制、计算、分析软件对工程进度信息进行实时动态分析，及时发现问题，并作出相应调整，形成高效的进度控制管理平台。

(4)基于GIS的施工仿真系统。GIS提供数字化的工程区地形、地貌等基础信息，在此基础上建立施工全过程的动态仿真系统，在数字化的工程区模型上将计划施工全过程通过三维图形完整地演示出来，使大型水电工程施工全过程直观、形象地展现在管理者的面前，同时可对仿真成果进行快速查询检索、统计计算、空间分析和输出绘图等，为参建各方提供了一个可视化的工程进度管理与分析平台。应用该系统强大的实时仿真分析、演示、检索和调整更新功能，管理人员可不断调整计划方案进行仿真分析，以获得一个技术可行、经济较优的施工组织设计方案，同时可编制合理的工程总进度计划。

第10章 流域化梯级电站工程项目的施工管理

流域化梯级水电站工程项目的施工管理是指按照流域水电开发规划，以及流域开发中各阶段滚动开发和发展的指导思想，对适合开发的江河流域中的工程项目进行统一规划，并严格按计划、分阶段建设的工程进行施工的管理。在施工管理中做到科学组织施工、精益管理，按照施工进度计划全面完成工程项目施工管理任务是十分重要的。

10.1 施工现场管理组织结构与职责

流域化水电开发建设是一个较长的战略发展的系统工程，它的完成需要较长的时间，需要分解成若干建设阶段。在每一个阶段中，又必须是一个或多个电站工程项目的完成，这样构成全部的工程，最后完成流域水电开发建设任务。能否按时完成每一个工程项目的施工，直接关系到流域水电开发建设能否有效完成，因此每一个电站工程项目按施工合同计划管理和施工进度管理非常重要。本章主要从工程项目的施工进度管理的理论与方法切入，研究施工管理中的问题和解决方案。

工程项目施工承包人中标后，要按照施工合同的要求和承包的工程任务尽快地组织人员、设备、材料等施工要素进场。施工现场的总负责人、项目经理、项目副经理和技术负责人等主要的管理人员，在投标时已经在投标文件中明确，中标后不得随意调整。

施工现场的组织与管理机构也就是项目经理部或称为施工项目部，它根据项目的实际情况和需要设立不同的职能部门，以便于对工程项目的各项任务进行管理。

工程实行项目法施工管理。现场施工管理由项目总指挥对项目全面负责并进行管理，由项目经理具体负责全部的施工管理，项目经理由公司技术总监兼任。项目经理选聘高水平的技术、管理人员组成项目经理部，项目决策层由项目经理、项目生产经理、项目品质经理、项目总工程师组成。在建设业主单位，监理单位和施工承包公司的指导下，负责对本工程的工期、质量、成本、安全、物资等实施计划、组织、指挥、协调、控制和决策管理。

一般工程项目现场施工管理的组织结构如图10-1所示。

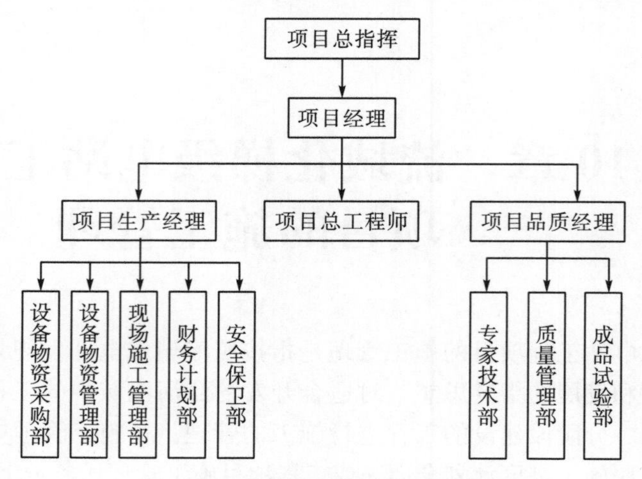

图 10-1 现场施工管理的组织结构

在上图中，各个管理人员和部门的职责必须明确，保证项目有效实施。

1)工程项目施工管理决策指挥层管理职责

(1)项目总指挥职责。负责工程项目的规划、施工计划的制定，负责项目现场施工管理与工程承包公司的协调，负责现场施工的资源配置，对工程项目的合同实施负总责。

(2)项目经理职责。组织项目管理班子；负责本工程全部工作；以企业法人代表的身份处理与所承担的工程项目有关的外部关系，受委托签署有关合同；指挥工程项目建设的生产经营活动，调配并管理进入工程项目的人力、资金、物资、机械设备等生产要素。

(3)项目生产经理职责。在项目经理的领导下，负责本工程现场施工的全面工作；依据甲方基建施工进度和本施工组织计划，组织施工；依据施工图纸处理现场的生产技术问题；依据工程进展的实际情况，提出施工人员和物资进场计划(包括进场人员的数量、时间，进场物资的种类、数量)；提出验收报告(包括验收内容，验收时间)；负责施工现场的安全保卫工作；负责施工专场作业人员的业绩考核，并依据奖惩制度提出奖惩办法，报项目经理批准后执行；分阶段向项目经理做出书面施工情况汇报，并在工程结束后作出全面工作总结报告。

(4)项目品质经理职责。协助项目经理组织项目管理班子，在项目经理领导下，负责本工程质检工作，负责本工程专家工作，负责本工程成品性试验。

(5)项目总工程师职责。在项目经理的领导下，负责本项工程一切技术工作，依据招标文件及相关图纸的要求，组织本项目施工图的深化和详细设计，主持审核施工图纸的设计深度，负责解释施工现场提出的技术问题，负责本工程技术建档工作，分阶段组织有关人员进入施工现场进行施工质量检查，负责本工程各子系统施工质量考核。

2)工程项目施工管理职能部门岗位职责

(1)设备物资采购供给部职责。依据本工程供货合同和现场提出的设备、材料进场计划，拟定设备物资采购计划；按照现场施工进度要求，负责分期分批采购工程所需物资并运往施工现场；严把进货质量关，严禁购进无生产许可证、无生产合格证以及假冒伪劣的产品。

(2)设备物资管理部职责。负责进场设备物资的验收，入库登记保管工作；根据施工现场负责人签字的设备、材料领料单，发放库存设备物资；负责进场设备物资的统计工作，对常用设备物资，在缺货前 5 天负责向施工现场负责人提出书面报告；工程结束后，负责对消耗及库存物资进行清理、统计，并将统计结果报施工现场负责人和财务计划组。

(3)现场施工管理部职责。严格按施工图纸和施工规程组织施工；负责工程施工现场清理和准备；负责本工程管、洞预留、预埋指导和管道清理；负责本工程桥架安装；负责本工程设备定位；负责本工程布线；负责本工程设备安装(含设备连线、接地)；负责本工程系统试调；负责本工程试运行监测；负责整理本工程技术档案，负责提出验收报告。

(4)财务计划部职责。负责拟定本工程经济收支预算计划；负责审核本工程各种设备、材料订货合同；负责本工程预决算并提出经济分析报告；负责合同、索赔、资金收支、成本核算、劳动分配等工作。

(5)安全保卫部职责。设立专职安全保卫岗，负责本工程施工现场安全保卫工作；定期对员工进行安全生产和文明施工教育；依据施工现场有关管理规定，监督检查进场人员遵守施工现场安全保卫制度；负责保管进场物资，防止进场物资遗失和损坏；负责处理工程中出现的安全事故；负责本工程成品、半成品保护工作；负责定期编制专场施工安全保卫工作执行情况简报。

(6)专家技术部职责。负责本工程系统深化设计，负责本工程施工图审核，负责本工程施工技术指导。

(7)质量管理部职责。设立专职质量检查岗，负责本工程现场施工质量检查工作；按照国际标准化组织颁布的 ISO 9001、ISO 1400 等质量标准以及施工图要求，对每道工序进行质量检查，并作好质量检查记录；按照本工程系统设计的技术指标和厂家提供的产品说明书规定的性能技术指标，对进场设备、材料进行质量验收，对不符合工程质量要求的设备、材料有权拒绝进场；组织隐蔽工程质量验收，并负责收集隐蔽工程质量验收记录；负责定期编制现场施工质量简报。

(8)成品试验部职责。依据国家相关标准对所有进场产品以及本工程产出成品进行性能检测。

3)施工管理制度

一般工程项目在施工管理中，都必须遵循一些基本的管理制度，主要包括：①质量管理制度与质量保证措施；②工程施工进度管理制度与保证措施；③财务成本控制管理制度与保证措施；④安全生产管理制度；⑤文明施工管理制度；⑥项目经理、技术负责人、质量检测负责人等责任制度。

由于工程项目的复杂性和非同一性，具体的工程施工项目管理制度应根据工程的特点和各自的管理模式来制定。

10.2 施工准备[126]

工程项目在施工前，施工单位应做好各种施工的前期准备工作，这也是施工组织的一个重要的阶段，做好这个阶段的工作，后续施工就可以做到有序开展，而不会由于准备不足出现工作的混乱，以至于不能有效地完成工程项目的施工任务。施工的准备包括施工图纸准备、施工组织准备、施工进度计划审查、施工现场准备、施工材料和设备准备等。

10.2.1 施工图纸会审和技术交底

为了使参与工程项目的各方详细了解图纸和技术要求，业主单位应召集设计单位、施工单位、监理单位、金融单位、质量监管部门和物质供应单位对施工图纸进行会审，这样有利于施工过程中各参与单位的协同和配合。

业主单位有责任组织设计单位和施工单位对施工图纸做进一步说明，特别是对于图纸的设计目标、工程技术、工程进度和工程质量要求等，向施工单位做出明确的技术交底。通过图纸会审和技术交底，重点应解决以下问题。

(1)理解设计目标与意图，明确业主对工程建设的要求。

(2)审查设计详细程度，是否满足指导施工的要求，采用新技术、新工艺、新材料、新设备的情况，工程结构是否安全合理。

(3)审查设计方案及技术措施中贯彻国家以及行业标准和规范情况。

(4)根据设计图纸的要求，审查施工单位的条件是否具备、施工组织情况、施工现场是否满足施工要求。

(5)审查图纸上的工程部位、高程、尺寸以及材料标准等数据是否准确一致，各类图纸在结构、管线、设备标注上有无矛盾等。如发现错误，应及时提出更正，避免影响工期和在施工中增加预算外投资。

(6)施工承包单位应详细地检查图纸上标明的工作范围和合同中明确的工作范围有无差异，如因有差异或差异较大而影响工程造价和工期时，应及时向业主和监理单位提出“工程变更”要求。如果图纸所表述的工程超出合同规定的工作范围，则应将超出部分归为“额外工程”，并在费用和工期上与业主重新谈判，签署“补充合同(或协议)”。

在该图纸会审的基础上，按照施工技术管理的程序和工程施工的不同环节、工程部分、分工程或子工程等，对图纸进行详细分解，形成更为具体的分部工作的施工指导图纸，同时在施工前，对施工的不同单位或部门逐级进行技术交底，如对施工组织中的工艺要求、质量标准、技术安全措施、规范要求、采用的施工方法、图纸在会审中涉及的问题、要求变更等内容，向有关施工人员交底。

10.2.2 施工前对方案及需求计划审查

工程项目施工承包单位在工程施工前应对施工的方案及人、财、物等需求计划进行详细的审查，审查整个施工方案的设计是否有问题，在施工过程中，施工所需的材料、设备和劳动力是否可以准时到位。只有详细掌握情况，在施工前发现问题，纠正偏差，才能使工程施工有序地顺利地进行。

10.2.2.1　施工方案审查

施工方案是组织施工的核心指导性文件，方案的科学性和合理性直接影响到现场施工的组织，也直接影响到施工周期、工程质量及工程成本。因此必须在施工前对施工方案做详细的检查。施工方案的审查主要包括以下内容。

(1)主要施工过程、施工方法和施工机械设备的审查。对此，应主要分析工程的特点、结构和要求，工程量，工期，施工单位的技术装备和管理能力等，另外还有施工现场的气候、地形、地貌、地质、水文、自然灾害和自然生态环境等情况，及工程周围的社会、文化、经济、自然生态环境。

(2)施工发展阶段流向的审查。施工发展阶段流向是指工程立体空间和平面位置上施工开始并发展的工程阶段和方向，对施工发展阶段和流向的审查，便于确定施工进度的控制，也便于实现业主对工程分期分批竣工验收投产的要求。

(3)施工排序的审查。施工排序是指确定在各施工阶段中主要施工过程中的客观存在的先后逻辑顺序以及相互之间的制约关系，并按照这个逻辑关系安排施工各阶段的实施顺序。确定施工的排序，应遵循几个原则：①应符合施工技术和施工工艺的要求；②应与确定的施工方法和施工机械相适应；③应满足施工组织和施工进度的要求；④应符合施工质量及施工安全的要求；⑤应考虑施工现场自然环境和地形地貌条件的影响；⑥不仅要考虑串行施工原则，同时要研究和采用并行施工原则，提高效率。

(4)各项施工技术与组织措施的审查。在这里应重点审查施工方案中为保证工程质量、工期、降低或控制成本、安全施工和文明施工等所采取的技术组织措施。

10.2.2.2　施工进度计划审查

施工进度计划系统地全面地反映了完成工程项目的各个施工过程的组织和关系，确定了施工各阶段的工作顺序、逻辑关系和所需完成的时间，同时也规定了各阶段施工过程的劳动组织及配备的施工机械设备的台数和运转的劳动轮班数。施工进度一般都采用网络计划技术进行编制，合理地应用串行作业、并行作业和串行-并行混合作业方式，以获得最优的施工组织效果和最大的施工组织效率，节约施工成本。在施工计划编制和审查后，就可以编制各种施工的资源需求计划。

施工进度计划审查，必须符合招标文件及施工合同对工期的要求，一般审查的要点如表 10-1 所示。

表 10-1　施工进度计划审查要点表

审查要点	审查具体内容
工期	(1)工程计划工期及工程阶段工期目标是否符合合同规定的要求 (2)计划工期完成的可靠性
施工排序	根据网络计划技术的计算，审查各施工过程的施工顺序是否科学，是否符合施工技术与施工组织的要求

续表

审查要点	审查具体内容
持续时间	根据网络计划技术的计算，审查主导施工过程的起、止时间以及过程的持续时间安排是否科学、合理
技术间歇时间	根据工程特点，必要的技术和组织间歇时间(或工序自然处理时间)是否安排，是否符合有关规定的要求
工艺作业组织	根据施工工艺、工期、质量与安全的要求，审查施工工艺的串行、并行、串并行，立体交叉作业和搭接作业的施工项目安排是否合理
需提供的场地和交通	(1)业主提供的施工场地与进度计划所需场地是否一致 (2)各承包人施工场地的利用是否存在相互干扰 (3)运输路线的数量、距离和路况是否能满足施工进度计划的要求
资源能力	动力、材料、机械和电、水、气等需求量是否落实，是否能均衡有效利用，施工产能是否满足施工进度的要求

10.2.2.3　施工平面图审查

施工平面图是安排和布置施工现场的基本依据，也是施工现场组织文明施工、安全施工和加强科学管理的指导文件和重要条件。因此全面深入地审查施工平面图对于指导和具体组织施工具有十分重要的意义。审查施工平面图主要应注意如下重点内容。

1)施工平面图的内容

审查施工平面图的内容是否全面、完整，主体工程目标是否明确，对施工过程是否进行统筹安排，是否明确合理地布置了施工现场。审查施工平面图的内容还包括了一些主要的注意事项如下所述。

(1)在施工用地范围内，一切已建和拟建的建筑物、构筑物和各种管线的平面位置。

(2)大型施工设备的运作空间，移动式起重机行驶路线及轨道铺设，固定式垂直运输设施的平面位置，各种起重机的工作幅度。

(3)拟建工程的定位桩、测量基桩地点是否符合要求。

(4)为施工服务的生产、生活临时设施的位置、空间大小及相互关系。

2)空间利用

审查施工现场的空间利用是否合理，应注意节约用地，统筹兼顾布置临时设施，做到既有利于生产管理又方便生活，同时还要尽量减少临时设施的费用。

3)料场、取弃土方、运输

砂石骨料料场要认真研究砂石骨料的储量、物理力学指标、杂质含量以及开采、运输、堆存和加工条件，以满足质量、数量为基础，寻求开采、运输、加工成本费用低的方案。土方取弃除部分土可用于填方外，大部分土方要丢弃，为防止余土乱堆乱弃，必须为施工单位指定弃土地点。弃土场的选择要本着不占农田、耕地，运输距离最短的原则，尽量利用洼地、荒地。该工程弃土场最终选择在厂区西侧一低洼废水坑区域。在骨料、土方的运输中，尽量缩短运距，减少二次搬运节约运输成本。

4)安全、环保要求

施工平面布置必须遵守国家有关法律法规，如劳动保护、技术安全、防火条例、市容环卫和环境保护等，认真审查施工平面图是否合符国家和行业的相关规定。

10.2.2.4　施工的材料、设备和人力资源需求计划审查

施工的材料、设备和人力资源需求计划要审查的主要内容如下：

(1)工程项目建设所需要的材料、设备和建设工人是否能得到供应保证，能否按施工要求准时到达施工现场。

(2)主要建筑材料的规格型号、性能、技术参数以及质量标准能否满足工程的要求。

(3)材料、设备、建设工人的供应是否与施工计划要求相一致，能否保证施工进度计划的顺利实施。

10.2.3　施工现场准备

为了保证施工的顺利进行，业主在施工准备阶段，应充分协助施工承包单位做好现场的准备工作，同时要委托监理单位和工程师对施工承包单位的施工现场准备工作进行检查和监督。施工现场准备工作的主要内容包括对施工现场进行补充勘探以及测量放线、施工道路和管线、施工临时设施的建设等项目准备工作。

1)对施工现场进行补充勘探以及测量放线

首先是对施工现场的补充勘探。这是指在工程项目勘探设计的基础上，为了保证基础工程能按期保质保量地完成，为主体工程施工创造有利条件而对施工现场进行的补充勘探。补充勘探的内容主要是在施工范围内探找枯井、地下管道、废旧河道、暗沟、古墓等隐蔽物的位置与范围，以便及时拟定处理方案。

其次是对现场的控制网线的测量。这就是要按照业主和设计承包单位提供的建筑总平面图、现场红线标桩、基准高程桩和经纬坐标控制网等资料，对施工现场作进一步测量，并设置各种施工基桩和测量控制网。

再其次是对建筑物定位放线。根据施工场地平面控制网，或者设计给定的建筑物定位放线依据的建筑物及构筑物的平面图，进行建筑物的定位、放线。这是确定建筑物平面位置和开挖基础的关键环节，因此施工测量中务必保证精度，避免出现难以处理的技术错误。

2)施工道路和管线

在完成施工现场的“四通一平”(道通、水通、电通、讯通，施工的土地平整)工作后，还应进一步检查以下内容。

(1)施工道路是否满足主要材料、设备和劳动力进场的需要，各种材料能否一次性搬运直接按施工平面图运到堆放地点。

(2)施工给排水能力及管网的铺设是否合理，是否满足施工需要。

(3)施工供电设施能否满足施工用电需要，是否能够合理安全供电，避免因供电问题影响施工进度。施工中所需建设的施工道路、各种管线的铺设应尽量利用永久性设施，以达到施工成本节约的目标。

3)施工临时设施的建设

施工临时设施一般包括生产性设施、管理办公设施和生活设施，其内容如表 10-2 所示。

表 10-2　施工临时设施建设分类表

施工现场临时建设设施分类	施工现场临时建设设施不同类型的具体内容
生产设施	水平与垂直运输设施、搅拌站、原材料堆场、库存设施、各类加工产与车间等
管理办公设施	用于施工管理的各类办公室等
生活设施	各类休息室、宿舍、食堂等

施工临时设施的建设要根据工程项目的规模、特点以及施工要求等，为了有效地进行施工而临时建设的设施，要进行平面布置规划，并报有关部门审批。临时设施应尽量利用原来有的建筑物和设施，做到既满足工程施工的要求，又能有效地节约资源降低成本。

10.2.4　施工安全与环保

施工安全与环保是工程项目在建设中为保证施工顺利进行，必须维护生产资料的安全和工人的人身和财产安全，保证施工过程对环境不造成破坏或最大限度地减少破坏而做出的管理制度和施工现场的安排。在施工准备工作中，必须要对以下几点工作进行检查。

(1)落实安全施工的宣传、教育措施和有关的规章制度。

(2)审查易燃、易爆、有毒、腐蚀等危险物品管理和使用的安全技术措施。

(3)现场临时设施工程应严格按施工组织设计确定的施工平面图布置，并且必须符合安全和防火的要求。

(4)落实土方与高空作业、上下立体交叉作业、土建与设备安装作业等的施工安全措施。

(5)施工与生活垃圾、废弃水的处理，应符合环境保护的要求。

(6)施工中对环境造成的破坏，应有处理预案，例如对水土流失、深林植被、库区边坡等在施工中的损坏，要有回填、修复、重建和维护的措施。

通过施工前对安全与环保措施的检查和宣传，使全体施工人员都充分地认识到安全文明生产是实现又快又好地施工和节约施工成本，完成工期要求的基本前提，违反这个前提，将不断出现返工现象甚至伤亡现象，都会延误工期增加成本，造成人身伤害。同时环境的破坏，不仅影响施工工期，也影响工程质量和工程的可持续利用。

10.2.5　施工材料设备和人力资源准备

在施工前，施工承包单位应认真核查由业主负责供应的材料、构(配)件、制品、施工机械设备的准备情况，主要包括工程建设所需的原材料、施工机具和设备以及永久性设备三个方面的准备工作，这些准备工作都应在工程开工前准备完毕，同时核查开工必备的材料、机具、设备和施工人员进场的安排情况。

1)材料、设备和人员准备工作的程序

开展材料、设备和人员准备工作的程序如图 10-2 所示。

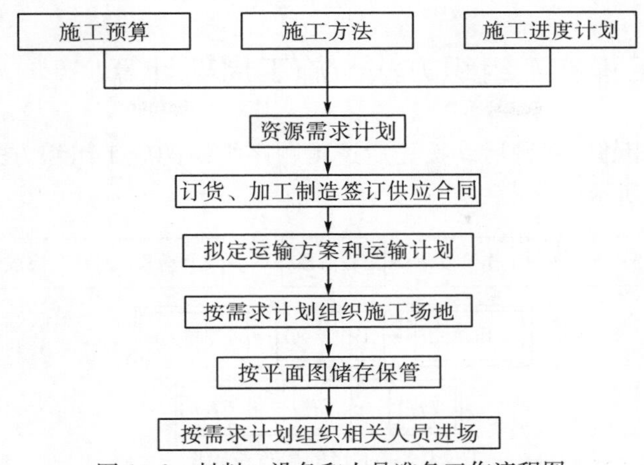

图10-2　材料、设备和人员准备工作流程图

2)材料、设备准备工作内容

材料、设备准备工作主要应从三个方面进行：

(1)建材与构(配)件。在施工前应认真核算建材与构(配)件的品种、规格、数量和质量要求，保证按需求计划供应和按时到达现场。存储量应保证正常施工和经济储备，存储物品的堆场、仓库布置应符合施工平面图的要求。

(2)施工机械与模具。要按施工需求计划和施工进度计划核实施工机械与模具的类型、数量和按计划时间进场的准备情况，施工单位要组织施工机械进场，缺少或不配套的机械设备，要尽快通过采购或租赁的方式解决。在施工前应对所使用施工机械设备完成安装与调试，并做好易损零部件的供应。施工模具的数量应满足施工的要求，施工模具要按施工平面图的规定合理堆放。

(3)永久设备与金属结构。永久设备制造与金属结构(配)件加工是完成水电工程项目的重要工作内容，在施工准备中，必须落实加工制造厂商，组织进场监造，以保证按施工进度的要求组织进场和安装。

3)施工人员的准备工作

施工人员一般包括项目经理、技术负责人、质量检测负责人、施工工人等，水电工程建设项目在开工前就必须配齐这些专业技术人员、管理人员和技术工人。按工程特点和施工方法，建立专业或劳动组织；按施工计划组织工人进场，安排工人生活，进行进场教育；同时还应组织科研工作和工人技术培训，以便在施工中更有效地进行工作。

10.3　施工工序组织与工序施工周期计算[127]

工程实施过程中，各种具体的作业逻辑关系主要表现为并行、串行和串-并行三种，因此施工组织的方式也必须按这三种逻辑进行组织，这样就构成串行工程施工组织、并行工程施工组织和串-并行工程施工组织三种，根据这三种组织方式计算施工周期，在施工组织与施工周期的基础上对工程进度进行控制。具体的组织方法与施工周期的计算如下。

10.3.1　串行工程施工组织方法与施工周期计算

串行关系是指相邻的两种活动按先后逻辑顺序组织的施工组织方式和工作关系，其逻辑关系如图 10-3 所示。

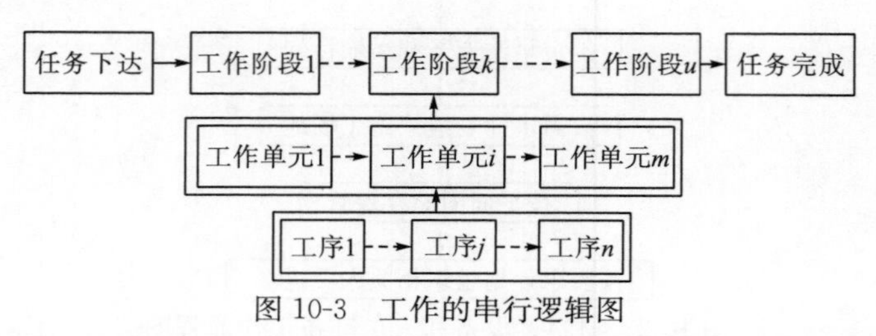

图 10-3　工作的串行逻辑图

在工作分解结构之后所形成的每一个工作单元中，还可能进一步解构形成若干更为基础的单一的施工工序，在施工中，每一个工序的完成才能形成完整的工作单元的完成；每一个工作单元的完成，才能构成一个施工阶段的完成；全部施工阶段的完成才能使工程项目最终完成。

以一个工作单元分解结构后形成若干施工工序为例，说明施工组织方式。如将一个工作单元进行再解构，分解成 4 个施工工序，那么这 4 个工序的工作就可以按先后逻辑顺序进行，这就叫做串行工程施工组织方式。如果将工作范围扩大，就由两个相邻的工序变成两个相邻的工作单元或施工阶段，也可以按此进行组织施工并计算施工周期。串行工程施工组织方式和施工周期计算如图 10-4 所示。

工作单元	工序施工时间t_i/小时	全部施工周期/小时																			
		10	20	30	40	50	60	70	80	90	100	110	120	130	140	150	160	170	180	190	200
1	10	t_1																			
2	5							t_2													
3	20										t_3										
4	15																	t_4			

图 10-4　串行施工组织方式

图中，若以 m 代表相邻的工作单元数，n 代表一个工作单元中的施工工序(图中的小方块)的数量，t_i 代表各工作单元施工时间，设 $m=4$，$n=4$，则串行工程施工组织方式的生产周期 $T_{串}$ 的计算公式为

$$T_{串} = n\sum_{i=1}^{m} t_i$$

$$\begin{aligned} T_{串} &= n(t_1 + t_2 + t_3 + t_4) \\ &= 4 \times (10 + 5 + 20 + 15) \\ &= 200(\text{小时}) \end{aligned}$$

采用串行施工组织方式，组织管理工作比较简单，但施工周期长，资金周转慢。

10.3.2　并行工程施工组织方法与施工周期计算

并行工程施工组织方法是指相邻的两种施工活动同时开始工作的施工组织和工作关系，其逻辑关系如图 10-5 所示。

任务下达
工作阶段1
工作阶段k
工作单元1
工作单元i
工序1
工序j
工序n
工作单元m
工作阶段u
任务完成

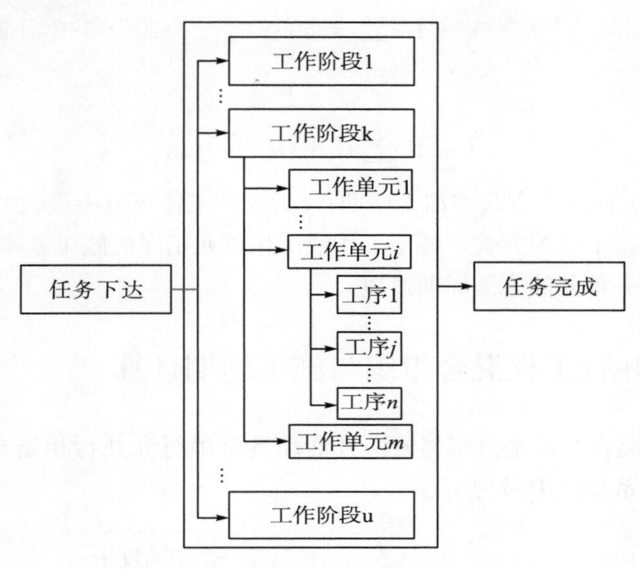

图 10-5　工作的并行逻辑图

如图分析，在工作解构后形成的每一个工作单元中，还可能进一步解构形成若干更为基础的单一的施工工序。例如，将一个工作或任务分解成 4 个工作单元，每个工作单元又分解成 4 个工序，那么这 4 个工序的施工工作就可以并行地组织进行。这样的施工组织可大大地节约施工时间，缩短建设周期。如果是两个相邻的工作单元或施工阶段，也可以按此进行组织施工。并行施工组织方式和施工周期计算如图 10-6 所示。

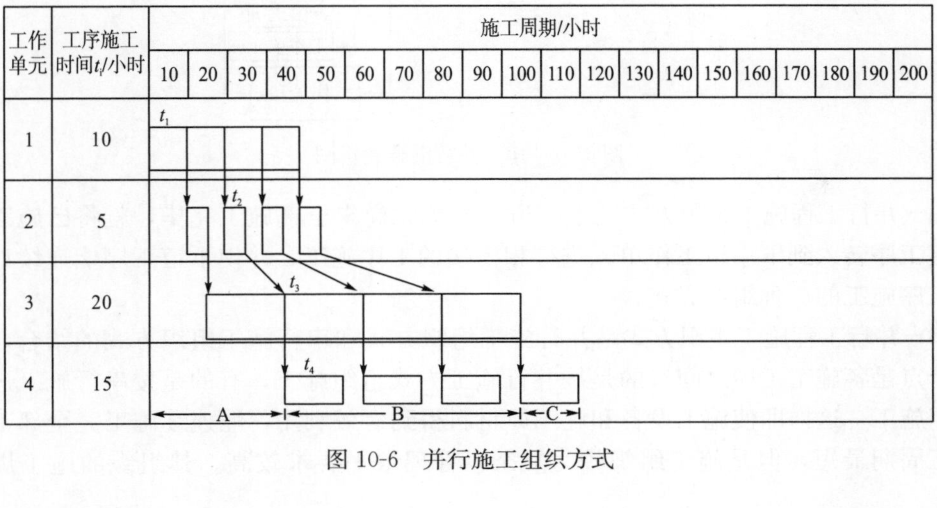

工作单元
工序施工时间t_i/小时
施工周期/小时
10 20 30 40 50 60 70 80 90 100 110 120 130 140 150 160 170 180 190 200
1　10
2　5
3　20
4　15
t_1
t_2
t_3
t_4
A
B
C

图 10-6　并行施工组织方式

按照并行工程施工组织方式，这样一个工作单元的生产周期 T 可用下式计算。

设 $m=4$，$n=4$，则

$$T_{并}=A+B+C=(t_1+t_2+t_3)+(n-1)t_3+t_4$$
$$=\sum_{i=1}^{4}t_i+(n-1)t_3$$

将上例代入

$$T_{并}=\sum_{i=1}^{m}t_i+(n-1)t_{\max}=50+(4-1)20=110(小时)$$

写成一般公式

$$T_{并}=\sum_{i=1}^{m}t_i+(n-1)t_{\max}$$

式中，$T_{并}$ 为并行工程施工方式的加工周期；$t_{\max}$为各工作环节中最长的环节施工时间。

采用并行工程施工组织方式，各道工作或工作单元工序的施工基本上是并行进行的，因此整个工作或任务单元的施工周期最短。

10.3.3 串－并行工程混合组织与施工周期计算

串－并行工程混合关系是指相邻的两种活动具有串行和并行相结合的施工组织和工作关系，其逻辑关系如图 10-7 所示。

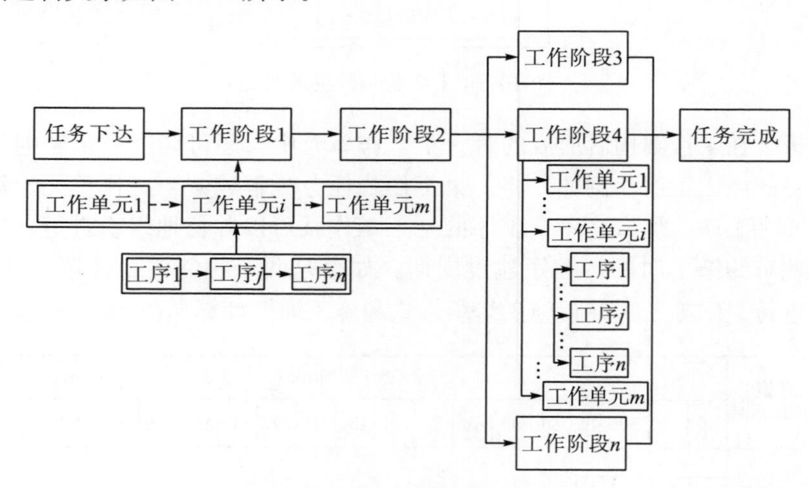

图 10-7 串－并行混合逻辑图

串－并行工程施工组织方式在上一道工作单元尚未全部施工完毕，就将已施工好的第一道工序转入到下一道工作单元进行相衔接的工序施工，并使下道工序能连续地全部完成工序施工的一种组织方式。

串－并行工程施工组织方式是并行施工组织方式和串行施工组织方式的结合，它的最大特点是各施工工序之间有的是按并行施工方式组织施工，有的是按串行施工进行方式组织施工，这样即使施工设备和施工原材料得到有效利用，能连续施工完全部工序又使施工周期最短，但是施工组织较为复杂，管理水平要求较高。其组织的施工周期如

图 10-8。

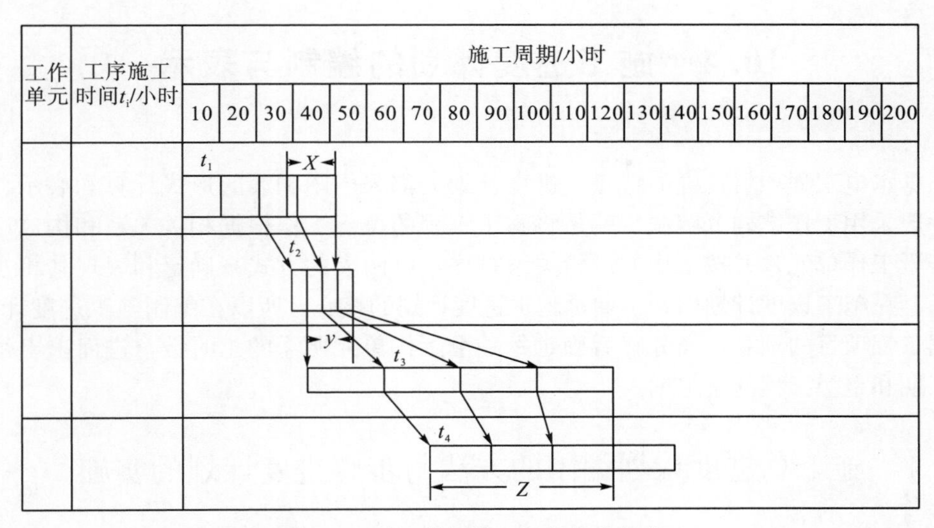

图 10-8　串一并行施工组织方式方式

设 $m=4$，$n=4$，图中每个单元工作环节重复交叉的时间，分别以 X、Y、Z 代表。

$$X=(n-1)\times t_2$$

$$Y=(n-1)\times t_2$$

$$Z=(n-1)\times t_4$$

在串一并行工程施工组织方式下，一批工作或任务单元的施工周期应该是按串行施工方式计算的施工周期减去工作单元间的重复交叉时间，即

$$T_{串一并}=n(t_1+t_2+t_3+t_4)-(X+Y+Z)$$

将 X、Y、Z 代入并归并，得

$$\begin{aligned}T_{串一并}&=\sum_{i=1}^{4}t_i+(n-1)(t_1+t_3-t_2)\\&=50+(4-1)(10+20-5)\\&=50+3\times 25\\&=125(小时)\end{aligned}$$

串一并行工程施工组织方式计算公式的一般表达式为

$$T_{串一并}=\sum_{i=1}^{m}t_i+(n-1)(\sum t_l-\sum t_s)$$

式中，t_l 为施工时间比前、后两道工序施工时间都长的工序工作时间；t_s 为施工时间比前、后两道工序施工时间都短的工序工作时间。

以上是三种施工的逻辑关系、施工组织及计算施工周期的方法。当然，有些施工活动中还有一种只存在工作或任务的先后顺序关系，但并没有实质性的活动(不占时间，不消耗资源)关系，这在逻辑关系图和网络图中称为虚活动或虚工序。

10.4 施工进度计划的编制与表示

根据水电工程项目建设的特点，进度计划大都采用图和表的形式计算和表示。编制程序一般采用工作结构分解法，就是将整个工程的全部工作根据相关关系和构成逐层分解为若干工作单元，并按工作的逻辑关系排序，以图表的方式来确定和表现其相互制约的关系。在施工进度计划中，工期是施工进度计划的核心，所以在编制施工进度计划时，要根据工程项目的预算，经分解后确定每一个工作单元所需的工时数，进而求出每一单元的工期和整个工程的总工期。

10.4.1 施工总进度计划编制的方法与步骤进度计划的实施

施工总进度计划的编制应根据施工部署的分期、分批投产顺序，将每个交工系统的各项工程分别列出，在控制的期限内进行各项工程的具体安排。总进度计划的编制方法和步骤依据各行业和具体编制人员的经验而有所不同，一般可按下述方法进行编制。

1)计算工程量

根据批准的总承建工程项目一览表，分别计算各工程项目的工程量。由于施工总进度计划主要起控制性作用，因此项目划分不宜过细，可按确定的工程项目的开展程序排列，应突出主要项目，一些附属、辅助工程、小型工程及临时建筑物工程可以合并。

计算各工程项目工程量的目的是为了正确选择施工方案和主要的施工、运输安装机械；初步规划各主要工程的流水施工，计算各项资源的需要量。因此工程量计算只需粗略计算，可按初步(或扩大初步)设计图纸并根据各种定额手册进行计算。常用的定额、资料有以下三种。

(1)概算指标和扩大结构定额。这两种定额分别按建筑物的结构类型、跨度、层数、高度等分类，给出每 $100m^3$ 建筑体积和每 $100m^2$ 建筑面积的劳动力和主要材料消耗指标；

(2)万元、十万元投资工程量，劳动力及材料消耗扩大指标。这种定额规定了某一种结构类型建筑、每万元或十万元投资中劳动力、主要材料等消耗数量。根据设计图纸中的结构类型，即可求得拟建工程各分项需要的劳动力和主要材料的消耗数量；

(3)标准设计或已建的同类型建筑物、构筑物的资料。在缺乏上述几种定额手册的情况下，可采用标准设计或已建成的类似工程实际所消耗的劳动力及材料加以类推，按比例估算。但是，由于和拟建工程完全相同的已建工程是极为少见的，因此在采用已建工程资料时，一般都要进行换算调整。这种消耗指标都是各单位多年积累的经验数据，实际工作中常用这种方法计算。

除房屋外，还必须计算其他全工地性工程的工程量。如场地平整、铁路、道路及各种管线长度等，这些可根据建筑总平面图来计算。

将计算所得的各项工程量填入工程量汇总表中，如表10-3所示。

表 10-3　水电工程计划工作量汇总表

序号	工程项目分类	工程项目名称	工程结构类型	建筑面积	幅数	概算投资	主要实物工程量						
							场地平整	土方工程	桩基工程	…	装饰工程	…
				100m²	个	元	1000m²	1000m²	1000m²		1000m²	
A	全工地性工程											
B	主体工程											
C	辅助工程											
D	永久住宅											
E	临时住宅											

2)确定各建筑物或构筑物的施工期限

建筑物或构筑物的施工期限，应根据施工单位的施工技术力量、管理水平、施工项目的建筑结构特征、建筑面积或体积大小、现场施工条件、资金与材料供应等情况综合确定，确定时还应参考工期定额。工期定额是根据我国各部门多年来的施工经验，在调查统计的基础上，经分析对比后制定的。

3)确定各建筑物或构筑物的开竣工时间和相互搭接关系

在施工部署中已确定总的施工期限、总的展开程序，再通过上面对各建筑物或构筑物施工期限(即工期)进行分析确定后，就可以进一步安排各建筑物或构筑物的开竣工时间、相互搭接关系及时间。在安排各项工程搭接施工时间和开竣工时间时，应考虑下列因素。

(1)同一时间进行的项目不宜过多，避免人力物力分散。

(2)要辅—主—辅的安排，辅助工程(动力系统、给排水系统、运输系统及居住建筑群、汽车库等)应先行施工一部分，这样即可以为主要生产车间投产时使用又可以为施工服务，以节约临时设施费用。

(3)安排施工进度时，应尽量使各工种施工人员、施工机械在全工地内连续施工，尽量组织流水施工，从而实现火力、材料和施工机械的综合平衡。

(4)要考虑季节影响，以减少施工措施费。一般大规模土方和深基础施工应避开雨季，大批量的现浇混凝土工程应避开在冬季，寒冷地区入冬前应尽量做好围护结构，以便冬季安排室内作业或设备安装工程等。

(5)确定一些附属工程或零星项目作为后备项目(如宿舍、商店、附属或辅助车间、临时设施等)，穿插在主要项目的流水施工，以使施工连续均衡。

(6)应考虑施工现场空间布置的影响。

4)编制施工总进度计划表

施工总进度计划可以用横道图表达，也可以用网络图表达。由于施工总进度计划只是起控制性作用，因此不必搞得过细，由于在实施过程中情况复杂多变，若把计划编得过细，调整计划反而不便。当用横道图表达总进度计划时，项目的排列可按施工总体方案所确定的工程开展程序排列。横道图上应表达出各施工项目的开竣工时间及其施工持续时间。

5)施工总进度计划的检查与调整优化

施工总进度计划表绘制完后，应对其进行检查，检查应从以下 4 个方面进行。

(1)是否满足项目总进度计划或施工总承包合同对总工期及起止时间的要求。

(2)各施工项目之间的搭接是否合理。

(3)整个建设项目资源需要量的动态曲线是否均衡。

(4)主体工程与辅助工程、配套工程之间是否平衡。

对上述存在的问题，应通过调整优化来解决。

施工总进度计划的调整优化，就是通过改变若干工程项目的工期，提前或推迟某些工程项目的开竣工日期，即通过工期优化、工期费用优化和资源优化的模式来实现。

10.4.2 甘特图法

甘特图(Gantt chart)又叫横道图、条状图(bar chart)。甘特图是在 1917 年由泰勒科学管理的合作者亨利·甘特发明的一种简单明了，可以直接反映工作排序、工作进度和管理控制的表格图形。甘特图内在思想简单，即以图示的方式通过活动列表和时间刻度形象地表示出任何特定项目的活动顺序与持续时间。基本是一个线条图，横轴表示时间，纵轴表示活动(项目)，线条表示在整个期间上计划和实际活动的完成情况。它直观地表明任务计划在什么时候进行，实际进展与计划要求的对比。管理者由此可便利地弄清一项任务还剩下哪些工作要做并可评估工作进度。如图 10-9 所示。

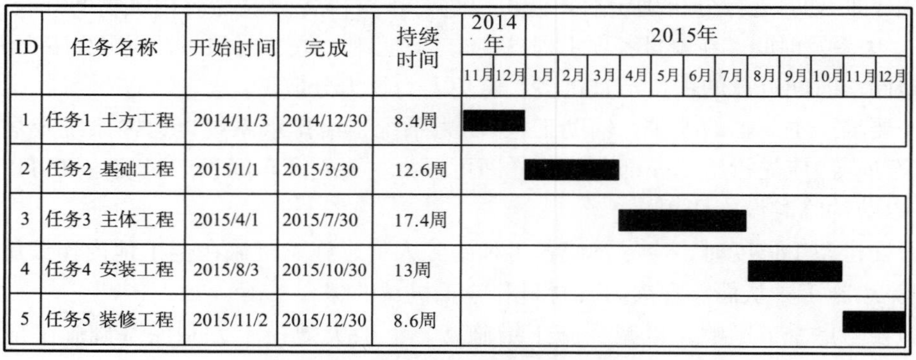

ID	任务名称	开始时间	完成	持续时间	2014年		2015年											
					11月	12月	1月	2月	3月	4月	5月	6月	7月	8月	9月	10月	11月	12月
1	任务1 土方工程	2014/11/3	2014/12/30	8.4周	■	■												
2	任务2 基础工程	2015/1/1	2015/3/30	12.6周			■	■	■									
3	任务3 主体工程	2015/4/1	2015/7/30	17.4周						■	■	■	■					
4	任务4 安装工程	2015/8/3	2015/10/30	13周										■	■	■		
5	任务5 装修工程	2015/11/2	2015/12/30	8.6周													■	■

图 10-9 水电工程甘特图示例

甘特图是基于作业排序的目的，将活动与时间联系起来的最早尝试之一。该图能帮助企业描述对工作中心、超时工作等资源的使用图。当用于负荷时，甘特图可以显示几个部门、机器或设备的运行和闲置情况。这表示了该系统有关工作的负荷状况，这样可使管理人员了解何种调整是恰当的。如当某一工作中心处于超负荷状态时，则低负荷工作中心的员工可临时转移到该工作中心以增加其劳动力，或者制品存货可在不同工作中心进行加工，则高负荷工作中心的部分工作可移到低负荷工作中心完成，多功能的设备也可在各中心之间转移。但甘特负荷图有一些重要的局限性，它不能解释生产变动，如意料不到的机器故障及人工错误所形成的返工等。甘特排程图可用于检查工作完成进度。它表明哪件工作如期完成，哪件工作提前完成或延期完成。

10.4.3 计划评审技术

10.4.3.1 计划评审技术简介

计划评审技术(program evaluation and review technique，PERT)是系统网络分析的一种方法，它广泛用于系统分析，特别适合各种大型计划制定和目标管理。PERT 最早是 20 世纪 50 年代由美国杜邦公司和美国海军分别开发的一种科学而有效地计划管理技术。作为杜邦公司，开发的一种内部计划管理方法，即主要路线法(CPM)，并将其用于路易威尔工厂的维修工程项目，结果使维修时间从 125 小时下降为 78 小时。美国海军在计划和控制北极星导弹的研制时发展起来了 PERT，PERT 技术应用使原先估计的研制北极星导弹的工程和研制规划的时间缩短了两年。由于 PERT 在计划制定与管理中的重要作用，使美国企业和军方高度重视和发展应用。1962 年，美国国防部和宇航局共同制定了军用标准“计划评审法/时间(PERT/TIME)、计划评审法/成本、计划与控制的管理信息系统”(美国军用标准 MIL-P-23189A)，并大量应用于军事工程技术、宇航工程技术、大型水电工程领域等。PERT 网络图的实例用大型拱顶油罐施工网络图来加以说明，如图 10-10 所示。

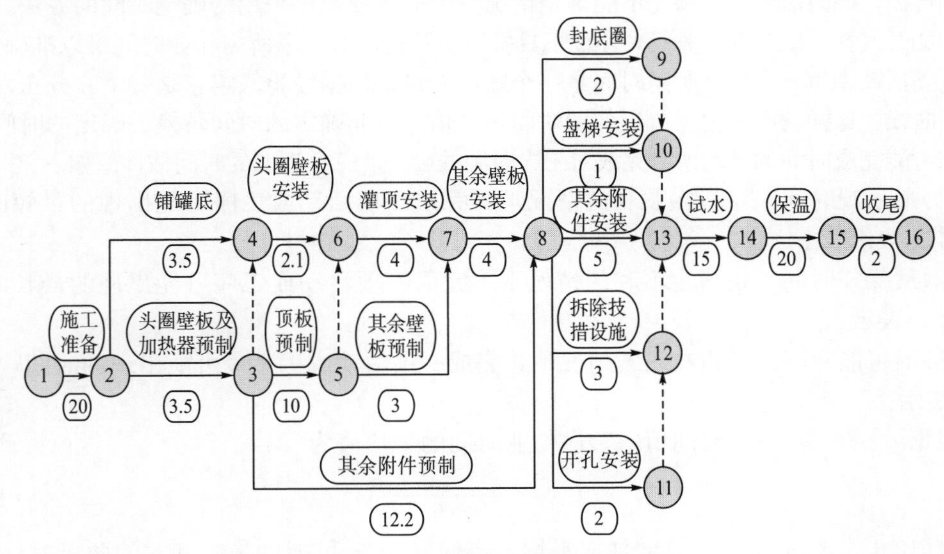

图 10-10　大型拱顶油罐施工网络图

网络图包含对时间进度的严密安排，因此编制网络计划必须计算网络时间参数。网络参数时间包括：①确定各项活动或工序的作业时间；②计算各结点的最早开始时间和最迟结束时间；③计算各工序的最早开始与最迟结束时间，最迟开始与最迟结束时间；④计算时差和关键路线的持续时间。

1. 确定各项活动作业时间参数

作业时间参数是指完成一项工作或一道工序所需要的时间。也就是在一定的生产技术和生产组织方式条件下，完成该项工作或工序所需要的作业持续时间。工序的作业持

续时间用符号 T_E 来表示，而 T_E^{ij} 表示第 i，j 这一道工序的作业持续时间。作业时间单位一般采用日或周来表示，也有采用小时或月作单位的。以周为时间单位时，要用日历天数除以每周的工作天数。以月为时间单位时，要从日历天数中扣除公休假日。

确定作业时间参数是编制网络计划的一项重要工作，它直接影响到整个生产周期的长短，是网络时间计算的基础。作业时间不仅包括工时定额，还包括科学实验、产品设计、技术鉴定、工艺装备、工装设计与制造、外购外协、修理、运输、检验等方面的工作量定额，及在一定工艺技术水平和生产组织条件下不可避免的中断时间。

确定作业时间参数有以下两种方法。

1)确定型时间估计法

确定型时间估计法也称为单一时间估计法，就是估计各项活动或工序的作业时间时只确定一个时间值，由于这种时间值是较为明确的，因此这种时间参数的计算方法也称为确定型时间估计法。在具备工时定额和劳动定额的任务中，一道活动或工序的作业时间 T_E^{ij} 可以用这些定额资料来确定，一般可通过工程技术人员、工程师和工人相结合讨论，在广泛征询意见的基础上，或者根据统计资料加以确定。

2)概率型时间估计法

概率型时间估计法也称为不确定型法或三种时间估计法，就是对于不可知因数较多、没有先例可循，同时活动时间预先不能确定情况下的活动或工序采用的确定时间的方法。这一类工作如开发性、试制性任务等，往往不具备历史资料，对工序所需作业时间难以准确估计。由于这类活动中每一个工序所需时间是一个随机变量，根据经验假定它是一个 β 分布，是一个单峰曲线，这样就可采用三个近似的时间估计值，将非确定的时间转换成确定的时间，然后再求可能完成时间的平均值来完成对工序时间的确定。三个近似的时间估计值如下。

(1)最乐观时间。是指在顺利的情况下，完成一项活动或工序可能出现的最短时间，以符号 a 表示。

(2)最保守时间。是指在不利的情况下，完成一项活动或工序可能出现的最长时间，以符号 b 表示。

(3)最可能时间。是指在正常情况下，完成一项活动或工序最可能出现的时间，以符号 m 表示。

根据 a、b、m 三个时间值求工序作业时间的平均值为

$$\overline{T_E} = \frac{a + 4m + b}{6} \tag{10-1}$$

式(10-1)实际上是一个算数加权平均，当假定 m 的可能性是 a 和 b 的两倍时，则 m 与 a 的平均值为 $\frac{a+2m}{3}$，m 与 b 的平均值为 $\frac{2m+b}{3}$。此两点各以 $\frac{1}{2}$ 的可能性分布来表示它，则它们的平均值为

$$\frac{1}{2}\left(\frac{a + 2m}{3} + \frac{2m + b}{3}\right) = \frac{a + 4m + b}{6}$$

为反映活动时间概率分布的离散程度，要计算方差：

$$\begin{aligned}\sigma^2 &= \frac{1}{2}\left[\left(\frac{a + 4m + b}{6} - \frac{a + 2m}{3}\right)^2 + \left(\frac{a + 4m + b}{6} - \frac{2m + b}{3}\right)^2\right] \\ &= \left(\frac{b - a}{6}\right)^2\end{aligned} \tag{10-2}$$

均方差

$$\sigma = \sqrt{\left(\frac{b-a}{6}\right)^2} = \frac{b-a}{6} \tag{10-3}$$

σ 的数值越大，表明离散的程度就越大，$\overline{T_E}$的代表性就越小；相反，σ 的数值越小，表明离散的程度就越小，$\overline{T_E}$的代表性就越大。在平均值$\overline{T_E}$和均方差 σ 既定的情况下，预测某项计划任务在规定时间内完成的可能性，可按以下公式计算：

$$T_K = T_S + \sigma\lambda \quad 或 \quad \lambda = \frac{T_K - T_S}{\sigma} \tag{10-4}$$

式中，T_K 为规定的完工时间或目标时间；T_S 为关键线路上各工序作业时间的总和，即计划任务最早可能完成的时间；λ 为概率系数。

2. 结点时间的计算

如前所述，结点本身并不占用时间和资源，它只是表示某项工作(或工序)应在某一结点开始或结束。因此结点时间有两个，一个是结点最早开工时间，另一个是节点最迟结束时间。

1)结点最早开工时间

结点最早开工时间是指，从该节点开始的各工序最早可能开始工作的时刻，在此时刻之前，不具备开工的条件。

结点的最早开工时间用 $T_{ES}^{i,j}$ 或 $ES_{i,j}$ 表示，计算每一个节点的最早开工时间应从网络的始点事件开始，自左向右，顺着箭线方向逐个计算，直到网络的终点事件。

网络始点事件，即网络的第一个结点，其最早开始时间一般为零。箭尾结点 i 的最早开始时间加上工序的作业时间，就是该工序箭头结点 j 的最早开始时间。因为只有当作业时间最长的工序结束后，后面工序才能开始。

由此可见，从网络始点事件开始到某一个结点有好几条线路，每条线路都有一个时间和，这些时间和中的最大值就是该结点的最早开始时间。

结点最早开始时间的计算公式如下：

$$T_{ES}^{i,j} = \max_{i<j}\{T_{ES}^{i} + T_{E}^{i,j}\} \tag{10-5}$$

式中，T_{ES}^{i}为箭头结点 j 的最早开始时间；T_{ES}^{i}为箭尾结点 i 的最早开始时间；$T_{E}^{i,j}$ 为活动或工序 $i \to j$ 的作业时间；max 表示取各和数的最大值。

2)结点的最迟结束时间

结点的最迟结束时间是指，以该节点为结束的、各工序最迟必须完成工作的时刻。此时若不能完成，就会影响后续各工序的按时开工。

结点的最迟结束时间用 LF 表示。计算节点的最迟结束时间应从网络终点事件开始，自右向左，沿箭线逆方向逐个计算，直到网络的始点事件。

网络终点事件，即网络最后一个节点的最迟结束时间，一般也就是它的最早开始时间，但如有特殊要求，则应以规定的时间作为网络终点时间的最迟结束时间。

箭头结点 j 的最迟结束时间减去工序的作业时间，就是该工序箭尾结点 i 的最迟开始时间。由于网络中间事件代表的意义是双重的，它既表示后一项工作的开始，又表示前一项工作的结束，因此箭尾结点 i 的最迟开始时间，也就是其紧前各工序的最迟结束时间。在计算过程中，如果有几道工序的箭线发至一个节点 i 时，各箭线的箭头结点 j 可能有几个不同的最迟结束时间，这时应分别计算出每一个箭头结点 j 的最迟结束时间，再减去个工序的作业时间，然后选择其中的最小值作为箭尾结点 i 的最迟开始时间。因为只有这样，才能保证应当最早开始的工序能够按时开工。

结点最迟开始时间的计算公式如下：

$$T_{LS}^{i} = \min_{i<j} \{ T_{LF}^{j} - T_{E}^{i,j} \} \tag{10-6}$$

$$T_{LS}^{i} = T_{LS}^{j} \tag{10-7}$$

式中，T_{LS}^{i} 为箭尾结点 i 最迟开始时间；T_{LF}^{j} 为箭头结点 j 的最迟结束时间；$T_{E}^{i,j}$ 为工序 $i \rightarrow j$ 的作业时间；min 为各参数的最小值。

3. 工序时间的计算

工序时间有 4 个，即工序的最早开工时间 ES 和最早结束时间 EF，最迟开始时间 LS 和最迟结束时间 LF。计算出节点时间后，工序时间的计算就简单了。计算工序的最早开始与结束时间，应从网络的始点事件开始，自左向右，用加法取最大值逐一计算。计算工序的最迟开始与结束时间，应从网络终点事件开始，自右向左，用减法取最小值逐一计算。

工序时间的计算有如下两个重要特点：

(1)关键线路上各工序的时间是紧密衔接、环环相扣的，即上一工序的最早结束时间就是下一工序最早开始时间；下工序的最迟开始时间就是上一工序的最早结束时间。而在非关键线路上，各工序之间时间的配合，情况就不是这样。因为上一工序最早结束时间不一定等于下一工序的最早开始时间；下一工序的最迟开始时间也不一定等于上一工序的最迟结束时间。在这里，还存在着提前或拖后的可能性，因此也就有挖掘和节约时间的潜力，为灵活利用时间提供可能。

(2)工序时间的计算要比节点时间计算的工作量大，这不仅是因为工序时间有 4 个点，更重要的是网络图中工序(箭线)的总数要比事件(结点)的总数大得多。

4. 工序总时差和关键路线计算

1)工序总时差

工序总时差是网络计划技术中的时间参数之一，也称为“总宽裕时间”或“总机动时间”。它是指在不影响整个生产周期或工程总工期的情况下，该工序完工期可能有的机动时间。它等于工序最迟开始时间与最早开始时间(或最迟完成时间与最早完成时间)的差值。

计算时差应从网络终点事件开始，从右到左，用逆向推演方式进行计算。时差的计算公式如下：

$$S_{总}^{i,j} = LS - ES \tag{10-8}$$

$$= LF - EF \tag{10-9}$$

式中，$S_{总}^{i,j}$ 为活动或工序 $i \sim j$ 的时差；LF 为工序 $i \sim j$ 的最迟结束时间；EF 为工序 $i \sim j$ 的最早结束时间；ES 为工序 $i \sim j$ 的最早开始时间；LS 为工序 $i \sim j$ 的最迟开始时间。

2)关键工序与关键路线

计算时差的目的是为了确定关键工序和关键线路。在网络计划中，关键工序是指总时差等于零的工序。由各关键工序连接起来的线路就是关键线路。工序的总时差等于零，就是说该工序的最早开始与结束时间、最迟开始与结束时间彼此相等，中间没有机动时间；而结束时间与开始时间之差正好等于该工序的作业时间。关键工序提前或推迟一天，整个任务的生产周期就要相应地提前或推迟一天。

5. 网络时间的计算方法

计算机计算网络图的基本程序

在网络图分析中，一般当一个作业计划多于 100 道工序并必须多次分析时，使用计算机往往效率较高且更经济。使用计算机计算网络时，一般都使用现有的软件包。但是，计算机仅是处理数据的工具，使用前必须由人工设计网络并收集所有相应的数据。下面以 C. O. M.（关键路线）网络为例对计算机计算网络图的基本程序进行阐述。

(1)编码输入。要求将网络中所有作业、各个作业之间的逻辑关系及每个作业的持续时间作为输入，同时给出工作或工程项目的开工日期。计算机程序要求输入数据有规定的格式，编码必须要用手工绘出的网格来进行。

(2)确定输入。根据网络时间参数的计算，人工求解也适用于计算机求解。要输入的参数：①计算每个作业的最早开始时间 ES 和最早结束时间 EF；②计算每个作业的最迟开始时间 LS 和最迟结束时间 LF；③求出每个作业的总时差 TF 和局部时差 FF；④求出节点最早开始时间 TE 和最迟开始时间 TL；⑤求出项目总工期 T；⑥确定网络的关键作业和关键线路(C. P. M.)。

(3)进行计算。输入数据被转换到卡片或其他类似的媒介(如磁盘)上后与其他系统控制卡一起输入到计算机，然后通过计算机程序进行处理，并得到结果输出。图 10-11 为典型的网络分析流程图。

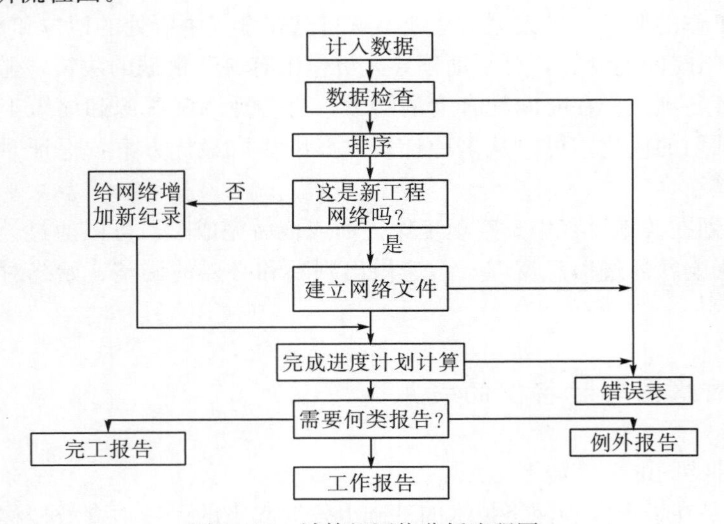

图 10-11　计算机网络分析流程图

A. 检查输出。收到输出报告后，首先检查有无错误信息。其次检查时差，若出现负时差则说明网络图需要调整。

B. 计算机绘图。进度计划程序输入数据 C. P. M. 网络图，当形成一份认可的进度计划后，就由计算机进行绘图。

10.4.3.2 施工网络计划编制步骤

施工网络计划编制步骤如下：
(1)研究编制网络计划所必需的资料；
(2)确定施工组织及施工方案；
(3)划分施工工序并编制工艺流程；
(4)计算工序持续时间；
(5)编制网络计划初始方案；
(6)网络图时间参数计算及关键线路的确定；
(7)初始网络计划的调整与优化；
(8)编制下达施工的网络计划。

10.4.3.3 计划评审技术在施工进度管理中的作用

计划评审技术在施工进度管理中的作用如下：

(1)网络图可以把整个计划任务按照生产的客观规律严密地组织起来。同时使生产计划的制订和贯彻执行建立在科学计算和综合平衡的基础上，能预见计划实施过程中的关键所在。抓住了关键工作和关键线路就可以从全局出发，统筹兼顾，科学地组织指挥施工。

(2)通过网络图，可以看出各工序之间的相互关系，管理人员可了解生产的进度安排和生产对自己工作的要求，工人可清楚地了解自己在全局中所处的地位和作用。

(3)通过网络时间的计算，可帮助领导人员作出有科学根据的决策，避免盲目性、瞎指挥；可以发挥各项工作在时间配合上的潜力，为合理调配资源和缩短工期提供科学依据；通过网络计划的优化，可以从多种计划方案中择取最优方案，保证时间与资源、时间与成本的最佳结合。

(4)网络计划在实施过程中，某项工作提前或拖后完成时，可以通过计算测定其对整个进度计划的影响并通过信息反馈，迅速做出判断和必要的调整，始终对计划实行有效的监督与控制。

10.4.3.4 网络图与甘特图的关系

网络图与甘特图的关系如下：

(1)网络图是在横道图和网络技术的基础上发展起来的。钱学森教授称横道图是计划评审技术的先驱。

(2)应用网络计划技术，可以根据网络图画出横道图，但不能依据横道图画出网络图，因为横道图没有网络图的若干特点，即横道图中没有包括绘制网络图所应有的信息—工作(工序)间的逻辑关系。华罗庚教授有一个生动的比喻:“有如行政区域图上没有等高线,我们便看不出地面的起伏来。”

(3)网络图与甘特图比较。由于一项工程任务的计划和进度,即可以用甘特图表示,也可以用网络图表示,表达的形式不同,两种方法的特点和作用也存在差异,但却可以在施工管理中结合应用。两种方法的比较如表 10-4 所示。

表 10-4　甘特图与网络图的比较

名称	表达方式	优点	缺点
甘特图	在时间坐标上用横道线表示计划任务中各项工作的起止时间和施工顺序	(1)绘制简单、直观易懂 (2)各县工作的进度安排、流水作业、总工期表达明确清楚	(1)不能全面反映工作间的逻辑关系 (2)不能确定进度偏差对后续工作及总工期的影响 (3)不便对计划进行调整和优化 (4)不便利用计算机技术
网络图	用网络图对计划热舞的工作进度(包括时间、成本和资源等)进行安排和控制,以保证最佳实现预定目标	(1)个工作之间的逻辑关系表达清楚 (2)便于对计划进行调整和优化 (3)利用计算机技术对网络计划进行编制和调整 (4)可结合甘特图转换成时标网络计划	(1)时间参数计算较为复杂 (2)网络计划优化较为繁琐 (3)编制网络计划需要较高的计算和系统知识

10.5　工程项目施工进度管理

施工进度管理是指对工程施工过程中的相关信息采集、各个工作环节、各个工作进展情况的监督及在施工中各种问题的处理等,设计工程施工中完成工程计划的管理。由于施工进度管理是整个工程建设进展的关键,涉及工程项目完成的质量和交付时间,因此做好施工进度管理具有十分重要的意义。然而施工进度建立在科学的施工组织上,并且在科学地计算施工周期并加以实施和控制才能保证施工进度符合工程项目计划的要求。

水电工程项目建设的施工进度管理是指,对水电工程建设各个阶段的工作内容、工作程序、持续时间和衔接关系进展情况的检查、分析、监督和控制的全部管理过程。施工进度管理过程就是根据施工进度总目标和资源优化配置的原则,编制工程进度实施计划,将该计划实施,并在实施计划的过程中经常检查和分析实际施工进度是否按计划要求进行,对出现的偏差分析原因,采取补救措施或修改原计划,直到工程竣工交付使用的全部工作流程。

10.5.1　水电工程施工进度管理的理论研究

20 世纪 30 年代末,美国、日本和苏联的科学家们先后创立了用仅有两种工作状态的继电器组成逻辑自动机的理论,并被迅速用于生产实践。在这一时期前后又出现了关于信息的计量方法和传输理论。在这些科学成就的推动下，1948 年，曾亲自参加过自动化防空系统研制工作的美国数学家维纳把这些理论应用于动物体内自动调节和控制过程的研究，并把动物和机器中的信息传递和控制过程视为具有相同机制的现象加以研究，建立了一门新的学科，称为控制论(cybernetics)。这一名词随即为世界科学界所袭用。

控制论有三个基本的核心部分，即：①信息论，主要是关于各种通路(包括机器、生物机体)中信息的加工传递和贮存的统计理论；②自动控制系统的理论，主要是反馈论，包括从功能的观点对机器和物体中(神经系统、内分泌及其他系统)的调节和控制的一般规律的研究；③自动快速电子计算机的理论，即与人类思维过程相似的自动组织逻辑过程的理论。

1954 年，钱学森所著《工程控制论》一书英文版问世，第一次用这一名词称呼在工程设计和实验中能够直接应用的关于受控工程系统的理论、概念及方法。第三版于 2011 年出版[128]，该书中给这一学科所赋予的含义和研究的范围很快为世界科学技术界所接受。工程控制论的目的是把工程实践中所经常运用的设计原则和试验方法加以整理和总结，取其共性，提高科学理论，使科学技术人员获得更广阔的眼界，用更系统的方法去观察技术问题，去指导千差万别的工程实践。

管理工作过程的本质是一种决策、组织、指挥和控制的过程，管理系统本质上就是一种控制系统，因此管理和控制有密切的关系。在管理工作中，作为管理职能之一的控制工作其主要内容是，为了确保组织的目标及为此而拟定的计划能够得以实现，各级主管人员根据事先确定的标准或因发展的需要而重新拟定的标准，对下级的工作进行衡量、测量和评价，并在出现偏差时进行纠正，以防止偏差继续发展和今后再度发生。或者是根据组织内外环境的变化和组织发展的需要，在计划的执行过程中，对原计划进行修订或制订新的计划，并调整整个管理工作程序。因此，控制工作是每个主管人员的主要管理职能。在现实生产经营管理的实践中，主管人员常常忽视了这一点，似乎控制工作是上层主管部门和中层主管部门的事。实际上，无论哪一层的主管人员，不仅要对自己的工作负责，而且必须对整个计划实施目标的实现负责，因为他们本人的工作是计划的一部分，他们下级的工作也是计划的一部分。因此各级的主管人员，包括基层主管人员都必须承担实际控制工作这一重要职能的责任。

管理活动中的控制工作是一完整的复杂过程，也可以说是管理活动这一大系统中的子系统，其实质和控制论中的“控制”一样，也是信息反馈与控制的系统。管理活动中的控制工作与控制论中“控制”在概念上的相似之处主要表现为以下三点。

(1)二者的基本活动过程是相同的。无论是控制工作还是“控制”都包括三个基本步骤：确立标准，衡量成效，纠正偏差。为了实现控制，均需在事先确立控制标准，然后将输出的结果与标准进行比较，若发现有偏差，则采取必要的纠正措施，使偏差保持在容许的范围内。

(2)管理控制系统实质上也是一个信息反馈系统，通过信息负反馈，揭示管理活动中的不足之处，促进系统进行不断的调节和改革，以逐渐趋于稳定、完善，达到优化的状态，实现控制目标。通过信息正反馈，达到激励和放大效应的作用。

(3)管理控制系统和控制论中的控制系统一样，也是一个有组织的系统。它根据系统内的变化而进行相应的调整，不断克服系统的不稳定性，使系统保持在某一稳定状态。

工程施工进度控制系统是一个管理控制系统，同样存在着工程施工进度信息的正负反馈，进度控制就是要根据信息的正负反馈作用于施工过程，实现激励约束机制，促进完成进度任务。如在施工中出现未能完成计划目标就形成信息负反馈，控制就要采取纠偏措施；如果按期完成计划目标，就形成信息的正反馈，控制就会采取激励和放大措施，使施工继续保持良好的状态。另外必须加以说明的是，施工进度控制并不是一个单纯的工程进展问题，进度控制的目标本身也是一个系统，这个系统又是由工程的工作量、质量和成本所构成，并且这三者之间相互影响，共同作用和影响着工程施工的进度。如施工质量出现差错必须返工，这一定会影响进度；又如施工资金不到位，成本过高，需重新调整施工技术、工作方式或施工计划等，这些都会影响施工过程和进度。工程施工进度计划控制的全过程和相关关系如图 10-12 所示。

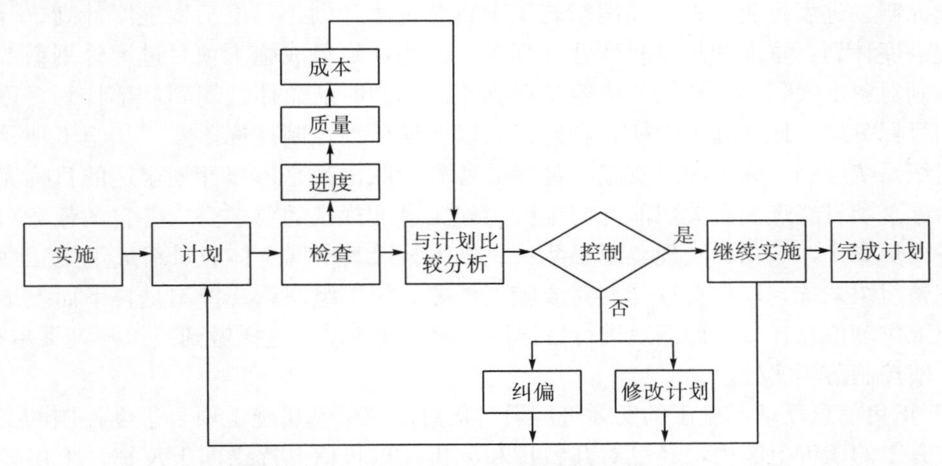

图 10-12　工程施工进度计划控制的全过程

从编制项目施工进度计划开始，经过实施过程的跟踪检查，收集有关实际进度的信息，比较和分析实际进度与施工计划进度之间的偏差，找出产生原因和解决办法，确定调整措施或修改原进度计划，形成一个封闭的循环系统。

施工进度控制的内容，主要有如下 7 方面内容：

(1)计划、目标管理。指工程项目施工进度控制系统必须反映施工进度计划的目标、内容、步骤和特点，一定要具体制定控制指标体系和标准，这样控制工作才能落到实处，才能做到有效。施工进度计划和目标是施工控制的目的和依据，施工控制是实现施工进度计划和目标的保证，二者的对象和时限是一致的。但每项施工计划、任务又各不相同，因此所设计的施工控制系统和所进行的具体控制工作，都必须按不同计划的不同要求来设计。

(2)适应组织系统要求。是指一个工程施工管理组织系统结构设计得越明确，所设计的控制系统越符合该组织结构中所有职位和职责的要求，就越有助于施工进度控制工作的开展。

(3)控制关键点。为了进行有效的施工进度控制，需要特别注意施工进度计划中确定控制的关键环节或关键工作、关键的量化指标等，对这些关键点的工作情况，进行严格的检查和控制，这是在施工进度控制管理中具有关键意义的工作。实际上，只要控制了施工进度关键点，也就能够控制施工进度的全局。

(4)分析控制趋势。对控制施工进度的部门或领导来讲，不仅要善于控制施工进展现状，更要收集各种施工过程中的情况和信息，分析控制现状所预示的发展趋势。这里可以利用直方图、折线图或者控制图等统计工具*，直观的表现施工进度发展和控制的趋势。控制趋势的关键在于从现状中揭示倾向，当趋势刚露出苗头，就要敏锐地察觉到并把握它。

(5)动态控制。施工项目进度控制是一个不断进行的动态循环过程。从项目施工开始，计划即进入执行的动态。当实际进度与计划进度不一致时，便产生超前或落后的偏差。分析偏差原因，采取纠偏措施，以保证实际与计划的一致性，保证计划的完成。或者是调整原有计划，使两者在新的起点上重合，继续按其进行施工活动。在新的干扰因素作用下，又产生新的偏差。施工进度计划控制就是采用这种动态循环的控制方法。

(6)系统控制。系统控制包括计划系统和施工组织系统两方面的控制。①施工项目计划系统控制。进度控制首先必须编制施工项目总进度计划、单位工程进度计划、分部分项工程进度计划、季度和月(旬)作业计划等，这些计划组成施工项目进度计划系统。计划的编制对象由大到小，计划的内容从粗到细。编制时从总体计划到局部计划，逐层进行控制目标分解，便于施工中检查和监督，以保证计划控制目标落实。②施工项目进度实施组织系统控制。施工项目实施全过程的各专业队伍都是遵照计划规定的目标完成任务的。施工项目经理和有关职能部门都按照施工进度规定的要求完成各自的任务。施工组织各级负责人，从项目经理、施工队长、班组长及其所属全体成员组成了施工项目实施的完整组织系统，并负责按计划完成施工任务。施工组织系统控制是自下而上地反馈工程施工进度信息，自上而下地进行目标检查和进度控制，这样做到组织管理渠道科学、畅通，使控制落到实处。

(7)正负信息反馈。施工的实际进度通过信息反馈给基层施工项目进度控制的工作人员，在分工的职责范围内，经过对其整理和分析，再将信息逐级向上反馈，上层控制者经比较分析做出决策，纠正偏差或调整进度计划；或者是在正确完成施工计划目标时，使上级能够及时地实施激励措施，使施工进度情况保持良好状态。通过施工进度的正负信息反馈和控制，使施工进度符合预定工期目标。

10.5.2 水电工程施工进度的影响因素

为了对工程项目的施工进度进行有效地控制，必须在施工进度计划实施之前对影响工程项目进度的因素进行分析，进而提出保证施工进度计划实施成功的措施，以实现对工程项目施工进度的主动控制。影响工程项目施工进度的因素有很多，归纳起来主要有以下 7 个方面。

(1)工程建设相关单位。影响工程项目施工进度的单位不只是施工承包单位，事实上只要是与工程建设有关的单位(如政府有关部门、业主、设计单位、物资供应单位、资金贷款单位，以及运输、通信、供电部门等)其工作进度都必将对施工进度产生影响。因此，控制施工进度仅仅考虑施工承包单位是不够的，必须充分发挥业主、监理和施工承包单位的作用，积极协调各相关单位之间的合作关系。对于那些无法进行协调控制而对

* 这些管理技术和工具将在第 11 章“基于管理熵的水电工程质量管理与控制”中介绍。

施工进度有影响的单位或工作关系，在施工进度计划的安排中应留有足够的机动时间。

(2)物资供应。施工过程中需要的材料、构配件、机具和设备等，这些物资供应如果不能按期运抵施工现场，或者运抵施工现场后发现其质量不符合有关标准的要求，都会对施工进度产生影响。另外，施工物资的组织和供应如果过早地到达现场，或者是现场物资严重堆积，又势必造成物资和资金的积压，造成建设资金积压和工程造价抬升。因此，施工进度控制人员应预先计划，协调供应，严格把关，采取有效措施，控制好物资供应进度。

(3)建设资金。工程施工的顺利进行必须有足够的建设资金作保障。一般来说，资金的影响主要来自业主，或是由于没有及时给足工程预付款，或是由于拖欠了工程进度款，这些都会影响到施工承包单位流动资金的周转，进而阻碍施工进度。施工进度控制人员应根据业主的资金供应能力，安排好施工进度计划，并督促业主及时拨付工程预付款和工程进度款，以免因资金供应不足而拖延进度，导致工期索赔。

(4)设计变更。在施工过程中，出现设计变更是难免的，或是由于原设计有问题需要修改，或是由于业主提出了新的要求。为了保证施工进度任务按计划完成，施工进度控制人员应加强对施工图纸和施工计划的审查，严格控制随意变更，特别对业主的变更要求应引起重视，并同业主共同分析和变更设计，同时也要变更施工进度计划和投资计划。

(5)施工条件。在施工过程中，一旦遇到气候、水文、地质及周围环境等方面的不利因素，必然会影响到施工进度。此时，施工承包单位应利用自身的技术组织能力予以克服。监理工程应积极疏通关系，协助承包单位解决那些自身不能解决的问题。

(6)各种风险因素。风险因素包括政治、经济、技术及自然等方面的各种不可预见的因素。政治方面的有战争、内乱、罢工、拒付债务、制裁等；经济方面的有延迟付款、汇率浮动、换汇控制、通货膨胀、分包单位违约等；技术方面的有工程事故、试验失败、标准变化等；自然方面的有山体滑坡、地震、洪水、交通损坏等。这些因素会引起施工的延误，因此施工承包单位必须要有足够的风险管理意识，加强风险的预测，制定风险预案，将风险影响减到最小。

(7)施工承包单位管理水平。施工现场的情况千变万化，如果承包单位的施工方案不当、计划不周、管理不善、解决问题不及时等，都会影响工程项目的施工进度。

正是由于上述各种因素的影响，施工进度计划的执行过程难免会产生偏差，一旦发现进度偏差，就应及时分析产生的原因，采取必要的纠偏措施或调整原进度计划，这种调整过程是一种动态控制的过程。

10.5.3 水电工程施工进度的控制方法与保障措施

为了保证水电工程施工进度，实现科学有效的进度控制管理，在施工过程中，应该积极应用多种统计方法和控制方法，这些方法既要保证有效性，同时又要保证简单明了和易操作性，使工程施工进度控制的所有相关人员都能够理解和应用，实现目标到人、责任到人和控制到人的控制管理体制的建设，将工程施工进度控制落到实处。这里简单地介绍控制方法和控制制度保障措施。

(1)施工进度控制循环图。水电施工进度控制循环原理如图10-13所示。

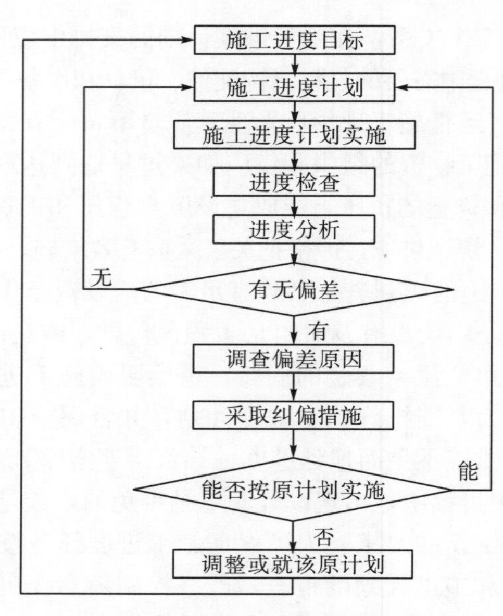

图 10-13 施工进度控制循环图

(2)施工进度控制的甘特图。施工进度控制的甘特图如图 10-14 所示。

ID	任务名称	%完成	开始时间	完成时间	持续时间	2014年			2015年					
						10月	11月	12月	1月	2月	3月	4月	5月	6月
1	任务1 土方工程	70%	2014/10/1	2014/12/30	13周									
2	任务2 总体工程	28%	2014/10/20	2015/3/30	23.2周									
3	任务3 主体工程	20%	2014/11/10	2015/4/20	23.2周									
4	任务4钢结构工程	0%	2014/11/10	2015/5/19	27.4周									
5	任务5 围护工程	0%	2014/12/18	2015/2/27	10.4周									
6	任务6 管道工程	10%	2014/11/17	2015/5/28	27.8周									
7	任务7 防火工程	8%	2014/11/18	2015/5/26	27.2周									
8	任务8 机电安装	0%	2015/2/4	2015/6/30	21周									
9	任务9 层面工程	0%	2015/2/10	2015/5/28	15.6周									
10	任务10装修工程	0%	2015/2/4	2015/6/30	21周									
11	总计	12.5%	2014/10/1	2015/6/30	39周									

计划进度

实际进度实际完成12.5%，检查时间：11月30日

图 10-14 施工进度控制的甘特图

(3)施工进度控制的保障措施。为了保证施工项目进度实施，必须要有一定的技术经济管理组织等措施，才能建立起施工进度控制的激励约束机制。施工项目进度控制的保证制度建设的内容如表 10-5 所列。

表 10-5　施工进度控制的保证制度

制度分类	制度内容与措施
企业文化	加强文宣工作，强调团结协作、追求卓越、不断超越，为业主和施工企业创造价值；勇于承担社会责任，多快好省地全面完成施工任务
组织制度	设立施工进度监控部门、配置专门人员，落实进度控制各个环节以及每一个人员的责任；根据施工进度计划编制进度控制流程；制定进度控制制度；进行进度控制分析与预测
管理制度	加强施工管理和信息管理，收集实际进度资料，及时统计、整理和分析进度情况，定期提出工程施工进度报告，并根据报告进行纠偏与控制
资源保障制度	编制施工资源需求计划，检查资源落实情况和变动情况，为施工进度计划调整提供决策信息；落实资源供应
技术制度	认真核实设计的技术方案与工程进度的关系，在工程实施过程中，保证技术的先进行和经济性；保证技术的正确应用
奖惩制度	设立施工进度奖惩制度，按照施工进度计划要求准时完工并符合质量标准规范的单位和人员给予物质与精神奖励；对于未能按时完成施工任务的单位与人员给予一定的处罚

10.6　二滩水电站建设的 FDIC 施工管理[129]

10.6.1　概述

二滩水电站是我国 20 世纪建成的最大水电站，位于雅砻江下游四川省攀枝花市境内，装有 6 台单机 550MW 的水轮发电机组，总装机容量 3300MW。二滩水电站规模宏大，技术复杂，多项技术指标名列世界前茅，混凝土双曲拱坝坝高 240m，是当时世界第三、亚洲第一高坝，也实现了我国水轮发电机组单机容量从 300MW 到 550MW 的突破。电站从 1991 年开工建设，到 1999 年全部建成，其建设期正是我国从计划经济向市场经济的过渡时期，由于当时国内资金紧缺，工程建设部分使用世界银行贷款，其建设管理与国际全面接轨，通过国际竞争性招标机制引进国际承包商，按照国际通用 FIDIC 合同条款进行建设管理，全面实施“业主责任制、合同管理制、招标投标制、工程监理制”的四制管理。

作为项目法人，二滩水电开发有限责任公司积极引进和采用国际先进的项目管理理念和管理模式，在国际公开招标管理、依据 FIDIC(国际咨询工程师联合会)条款进行合同管理、集成国际智力资源为工程服务、建立争议与索赔管理机制、国际文化冲突管理等方面进行了探索和尝试。实践表明，二滩水电工程的项目管理模式，使二滩工程建设进度、质量和投资三大控制目标得以顺利实现，在工程进度上主体工程工期比国家批准的初步设计工期提前 27 个月，最后 1 台机组比合同工期提前 7 个月投产发电，工程质量完全符合合同规定的质量标准，工程造价控制在审定的概算之内并略有节余。

二滩水电工程是一个利用外资、与国际惯例完全接轨的特例，在之后建设的水电工程中基本都不必再利用世界银行贷款，没有再像二滩一样采用国际招标，严格依据 FIDIC 合同条款来规范业主、监理和承包商间的关系，项目管理模式也发生了变化。但是，在二滩项目建设管理过程中总结提炼的许多项目管理理念和管理模式仍然具有很好的参考价值，并广泛为类似水电工程建设项目所采用。

10.6.2 典型案例与分析

1. 国际公开招标管理

1987年7月，经国务院批准，国家计委行文批复四川省和水利电力部，同意修建二滩水电站，该工程项目利用世界银行贷款，要求工程建设采取公开招投标的方式进行。根据国家计委和世界银行的要求，二滩水电站工程从准备工程到主体工程，从土建施工、设备采购到机电安装，全面推行了招投标制。世界银行为了保证其贷款用于既定目标，合理使用贷款和提高贷款使用效率，根据其积累的采购经验，制定了《世行贷款采购指南》，要求在其所有成员国符合要求的投标商范围内，通过公平和机会均等的竞争方式进行招标，规定了国际竞争性招标程序和方法，并规定了世界银行对招标采购活动的审查程序。

二滩水电工程的主体工程中大坝、地下厂房系统及主要的机电设备采购过程中，严格按照世界银行的采购指南和国家对技术进口的有关规定和程序进行，全部采用国际竞争性招标。招投标的基本程序包括刊登公告、资格预审、准备招标文件、发售招标文件、投标、开标、评标、授标、合同谈判、签订合同、工程师发开工指令等11个步骤。

招标文件是投标商进行投标的依据，也是项目业主评标的依据，还将构成合同文件的重要组成部分。规范合理、内容明确、详尽周全的招标文件编制是招投标过程公平公正的重要保证。二滩公司高度重视招标文件的编制工作，并委托二滩水电站的设计单位成都勘测设计研究院编制招标文件。为了按国际惯例办事，二滩公司还聘请了著名的美国哈扎国际工程公司、挪威顾问公司、法国电力公司的专家、及国内外知名专家组成的特别咨询团，进行标书编制的咨询工作，并在招投标全过程出谋划策。招标文件编制严格按照FIDIC合同条款，本着公平、公正的原则进行，力求正确、详尽地反映项目客观情况，合同条款、技术规范和招标图纸具有完整性和可操作性，在遵守国家的法律、法规和世界银行组织的规定和要求基础上，注意遵守国际惯例，公正处理业主与承包商的利益。

二滩水电站工程编制的国际招标文件得到世界银行的充分肯定和高度赞扬，世界银行认为二滩水电站的标书是近年来世界银行收到的最好的第三世界国际贷款项目的国际招标文件，可以作为东南亚地区的范本。规范透明、公平公正的游戏规则，吸引了来自世界各国经验丰富、实力雄厚的承包商参与投标竞争，在二滩水电站主体工程大坝和地下厂房招标过程中，提交资格预审申请的共14家中外投标商(包括联营体)，通过资格预审的共6家投标商。经过评标，土建工程大坝中标单位是以意大利英波吉洛公司为责任方的联营体EJV(第Ⅰ标)，土建工程地下厂房标中标单位是以德国菲利浦霍尔兹曼为责任方的联营体SGEJV(第Ⅱ标)。

2. FIDIC条款、国际接轨与四制管理

FIDIC是世界咨询业权威性的国际组织，为了适应项目建设的客观需要，编制了

FIDIC合同条款，用规范、明确、严谨的语言编写各种范本、惯例、规则等文件，被联合国有关组织和世界银行、亚洲开发银行等国际组织认可并广泛采用。世界银行规定，凡是世界银行贷款的项目，都应采用FIDIC条款来进行项目管理。FIDIC条款已经成为项目管理，包括国际工程咨询、工程承包合同管理的纲领性文件和最具权威的标准范本。二滩水电站工程应用世界银行贷款，也按照世界银行要求应用FIDIC条款来进行项目管理，做到了与国际接轨。

二滩水电站工程建设时期正值我国推行投资体制改革，加上世界银行的要求，在建设过程中逐步推行了“项目法人责任制、招标投标制、工程监理制和合同管理制”的四制管理，坚持以“工期、质量、造价”为三大控制目标，按照FIDIC条款来实行合同管理和工程监理。这种以业主、工程师(监理工程师)、承包商为规范对象的项目管理模式，有力地促进了项目管理，保证了工程建设的顺利进行，取得了先进的管理经验。

项目法人责任制是由项目法人(业主)对项目的策划、资金筹措、建设实施、生产运行经营、全部贷款本息的偿还及资产的保值增值负全责，这是1995年二滩水电开发公司改组为二滩水电开发有限责任公司的主要目标和基本点。作为业主，二滩公司在工程建设期间，主要任务之一是围绕工程建设进行组织协调、监督管理等工作。施工现场设计单位、工程监理单位、施工承包商、设备制造商、咨询单位等都是以合同为杠杆和桥梁来联系，完成各方按合同规定的职责。但是工程建设的变化是较多的，互相之间的干扰影响是不可避免的，要组织这样一个庞大的系统，业主是核心，必须从思想和行动上明确自己的主导地位，以合同为基础，及时协调调整各方矛盾，为工程建设顺利推进创造条件。

二滩公司在推行工程招标中，按照国家规定招标原则及国际惯例全面执行竞争性招标，坚持公平竞争。通过各种形式的招标，选择最优的承包商、供货商、制造商，使工程质量、工程造价的控制，设备的供货及效率的保障有了基础。

工程建设监理制是由监理工程师单位全权处理业主与承包商的合同事宜，进行工程进度控制、质量控制、费用控制和现场协调工作。凡是业主与承包商之间的争议、合同纠纷、索赔都由监理工程师单位协调，使合同执行得以顺利进行。监理工程师单位是一个独立的机构，独立性、公正性很强，具有较高的权威性，能使合同双方得到有效的监督，使矛盾得到及时的解决。

合同管理制是工程建设全面实行合同管理，以合同方式来规范合同双方的行为，明确双方的职责，整个项目成为一个庞大的合同系统。通过严谨、明确、规范的合同，明确规定工程的工作量、质量规范、支付计算方法、价格变化的调整、支付程序及主要的控制工期、奖惩办法等。合同的管理水平是衡量公司经营管理工作的重要标准，是实行项目法人责任制的重要组成部分。

四制管理的核心是项目法人责任制，关键是合同管理制，项目法人通过招标与监理工程师、承包商建立合同关系，各方由合同作为纽带联系起来，通过合同管理来规范协调各方之间的关系。推行四制管理是实施项目三大控制的坚实基础，二滩水电站的成功建设就是四制管理重要作用的例证。

3. 争议仲裁与索赔管理

按照四制管理的原则，合同双方在执行合同过程中产生的争议和索赔应该由监理工程师单位负责处理。监理工程师单位通过建立一整套处理索赔工作的方法流程，尽量及时有效、公正合理的评价和处理索赔。但是如果合同双方不能都接受监理工程师的处理决定，对于二滩水电站这种国际工程，最终可能需要提交国际仲裁机构进行仲裁，这样就非常费时费力。为了使二滩公司和承包商在合同实施过程中产生的争议得到及时、有效、公正、客观的解决，避免影响工程的顺利实施，二滩公司在国内率先引进了争议评审团(DRB)这种仲裁组织形式。DRB是一种民间的但高于监理工程师，低于国际仲裁机构，公正处理合同双方争议的一种形式。国际上一般大型建设项目的DRB成员由三名与业主和承包商无任何利益关系的国际专家组成，其费用由合同双方平等负担，因此其对争议和索赔的处理意见更具客观公正性，合同双方都更易于接受。

二滩水电站工程DRB的三个代表分别来自英国土木工程师协会、瑞典国际商会和哥伦比亚，由具有丰富工程经验和DRB工作经验的哥伦比亚人担任DRB主席。DRB的任务就是在得知二滩公司和承包商之间产生了与合同或工程实施有关且经监理工程师决定未被某一方接受的争议之后，按照DRB的工作程序提出自己的书面处理意见。

二滩水电站工程DRB制定了相应的运作程序。通过定期访问现场，DRB成员可以了解掌握施工的进展和项目管理的有关情况，避免一旦出现争议，发生双方对事件叙述不一，DRB无法做出正确判断的情况。在合同一方提交对争议要求进行复审通知的一定时间内，DRB将组织召开有业主、承包商参与的会议，对有争议的问题进行听证。在听证会后，DRB将单独另选地点秘密进行审议，完成复审报告，提出复审建议发送给二滩公司和承包商。如果二滩公司或承包商对DRB的复审建议仍然不满意，双方也无法通过谈判达成一致的，只有再提交瑞典斯德哥尔摩国际商会仲裁院进行仲裁，那么所有DRB的记录和建议将是随后任何正式裁决和诉讼中可采纳的证据，这样合同双方将更慎重地对待DRB的建议与决定。

DRB处理争议的程序简单易行，双方所花费用比通过仲裁解决或法律诉讼解决要少得多，而且不会干扰工程的管理和整个工程工作的正常运行，避免了争议久拖不决，或者凡遇争议就提交国际商会仲裁院仲裁，造成双方既花钱多又旷日持久而影响工程建设的两败俱伤情况。

二滩水电站工程DRB卓有成效地开展工作，调解了一批争议纠纷，维护了二滩公司和承包商的合法权益，对于工程建设的顺利进展起到了积极的作用。自1992年DRB正式成立开始，在整个项目建设期间，DRB共进行了18次现场访问，并对20多项争议进行了听证，提出了复审建议，多数为双方接受而圆满解决，或作为双方谈判的基础，没有发生因为其中一方不服DRB调解而正式向国际商会仲裁院申诉的事例。二滩水电站工程以DRB形式解决双方争议的成功获得广泛的认可和好评，世界银行更是把DRB这种形式写入了世界银行导则，并已在世界范围内推广应用。

4. 国际智力资源集成

二滩水电站工程规模宏大、技术复杂，在工程建设过程中面临各种技术和管理方面的挑战。由于部分利用世界银行贷款，二滩公司按照世界银行的要求通过委托具有资质的国际工程咨询公司开展长期的咨询服务，成立工程特别咨询团(SBC)、环保移民特别咨询团及争议评审团(DRB，已在前面详细介绍)等方式，在世界范围内进行智力资源的集成，为保证工程建设顺利进展起到了重要的作用。

根据世界银行要求，世界银行贷款项目必须由世界银行认可的有资质的工程咨询公司提供咨询服务。经过邀请投标和评标，以美国哈扎国际工程公司和挪威咨询顾问集团(AGN)组成的联营体中标，初期为工程招标文件编制提供咨询服务，工程正式开工后又在世界银行建议下，继续为工程提供施工管理咨询服务。咨询和协助的范围包括设计、施工、合同管理和人员培训4个方面。哈扎国际工程公司和AGN向工地派遣咨询专家组成咨询专家组，与二滩公司的施工管理人员一起工作。咨询专家组的主要作用体现在对工程设计进行了全面的优化、帮助解决施工中遇到的重大技术问题、帮助进行国际合同的执行管理、通过培训提高业主和监理工程师专业素质等方面。

特别咨询团是二滩公司为借助国内外水电科技领域顶级专家，为工程重大技术决策提供咨询服务的一种特殊形式。特别咨询团专家由中外知名专家组成，由中国水电界知名专家李鹗鼎院士担任团长，中方成员包括潘家铮院士和谭靖宜院士等，外方成员有历届国际大坝委员会主席隆德、龙巴第等。特别咨询团原则上每年开展一次咨询活动，遇特殊情况也可增加咨询次数。特别咨询团主要对工程建设中特别重大的技术难题提供非常宝贵且具有权威性的咨询意见，对工程顺利进行起到了至关重要的作用。

环保移民特别咨询团也是应世界银行要求设立的，主要任务是对二滩水电站工程环保和移民各个方面提供咨询，如血吸虫防治、防护林带、生物多样性、移民的生产生活条件、移民经济扶持发展、少数民族的迁移等问题。环保移民特别咨询团于1992年正式组建，成员由国内外知名专家组成，每年到二滩实地考察一次或两次，共进行了9次咨询活动。环保移民特别咨询团在咨询活动后写出报告递交世界银行并送有关各方，对于做好移民搬迁安置、生态环境保护工作发挥了重要的作用。

5. 世界银行和国际承包商的项目管理理念

二滩水电站工程是世界银行单个工程贷款最多的项目，也是中国首个与国际接轨的大型基础建设项目，世界银行为确保二滩水电站工程项目能够成功运作，在项目实施全过程都给予了极大的关注，借助其进行商业运作、项目管理的丰富经验和成熟机制，在项目管理上给予项目业主(即二滩公司)极大的帮助，为工程的成功建设、实现预期效益起到了重要作用。在此过程中，世界银行把自己不仅当作项目资金的提供方，更是把自己定位为项目的重要参与方，参与项目并不是只为收回贷款本息，而是从项目整体考虑，以实现项目预期效益为目标。

在项目实施之初，为了决策是否为项目提供贷款，世界银行先后分两个阶段对二滩水电站项目进行了详细的评估，从项目的经济、社会、环境、移民、财务、技术和组织等方面来分析项目实施的需要及有无落实的可能，确定以何种方式和条件来保证项目建设的成功，做出提供贷款支持的意向决定。在项目评估过程中，世界银行的评估组也对项目实施提出了一系列要求和建议。这些建议一般都结合中国的国情和二滩项目实际情况得到较好的落实，促进了整个项目的顺利实施。

世界银行要求二滩水电站项目必须由建立现代企业制度的项目业主负责实施和运营，采取四制管理的先进项目管理模式，进行国际公开的竞争性招标，选择优秀的承包商进行工程建设，引入监理工程师，严格按照FIDIC条款合同进行管理。这一系列先进项目管理模式的引入，有力地促进了项目管理，保证了工程建设的顺利进行，也使二滩公司积累了先进的管理经验。

为提高工程项目管理水平，世界银行还要求和建议二滩公司聘请专门的咨询公司，设立工程特别咨询团、环保移民特别咨询团、争议评审团等，并开展项目管理培训，在为项目实施提供国际高端智力资源保障的同时，提高二滩公司进行项目管理的水平。

为了保证项目效益的有效发挥，世界银行还建议二滩公司开展了二滩水电站工程电力消纳、输电线路、优化运行和财务管理等方面的研究，实施了二滩水库优化运行研究，上网电价研究与电价测算软件开发等专题科研项目，并根据研究成果向中国有关部门提出诸如二滩水电站电价定价等建议，争取政府的支持承诺，以确保二滩水电站建成投入运行后经济效益的发挥。

通过国际工程招标，中标承担二滩水电站工程施工任务的国际联营体，全部都是国际上优秀的施工单位，具有丰富的项目管理经验，在工程实施过程中也表现出对参与项目整体利益的考量和服务于项目的意识。对于承包商而言，按照合同规定出色完成合同任务是首要的，在此基础上才可能实现承包商与业主等多方的共赢。在工程施工过程中，承包商就常常表现出很强的合同意识，不需业主和监理的要求，就自觉地按照合同的规定满足质量、安全、进度等要求。有的仓位大坝混凝土浇筑质量出现问题，承包商自己就直接炸掉，重新浇筑。这种以按照合同规定出色完成工程任务的意识，在很大程度上减轻了二滩公司的管理压力，保障了工程优质的完成。

6. 国际合作中的文化差异与包容

二滩水电站项目采用国际招标，负责承担工程施工任务的承包商来自不同的国家。在二滩水电站工程建设工地上，有来自40多个国家，600多位外籍工程人员及其家属，其中主要是来自意大利、法国、德国、澳大利亚及东南亚一些国家的外籍人员，二滩水电站工地也被戏称为“小联合国”。在这个“小联合国”里，中外文化的碰撞，中外的经济体制、社会制度的差异等表现得都非常明显。认识和把握国际合作中的文化差异与包容，进行有效的文化冲突管理，也是项目管理的重要方面。

在项目业主二滩公司与作为项目承包商的各个国际联营体之间，文化和制度的差异主要体现在合同管理的意识方面。外国人在市场经济环境下形成了很强的合同意识，合同签订后把合同当“圣经”，项目实施完全以合同为准绳。二滩公司虽然是按照现代企业制度新组建的公司，但是很多管理模式仍然从计划经济时代的积累而来，以为合同签订就万事大吉。结果一开始承包商就先发制人，不断地找合同和业主的漏洞，提出一系列的索赔。而二滩公司起初还有“以和为贵”的想法，加上合同管理的经验欠缺，常常处于被动地位。随着项目的实施，二滩公司也逐步提高了合同管理经验，依照合同条款维护自身利益，同时还提出对承包商的反索赔，逐渐在项目管理中掌握主动。在碰撞与冲突的同时，为了二滩水电站项目的全局，承包商和二滩公司也相互包容、积极合作，共同克服工程中的困难。二滩水电站导流洞工程量巨大，由于种种原因，工程进度滞后，以德国霍尔兹曼公司为责任方的联营体承包商对按期完成工程失去信心，并且根据合同，提出愿意赔偿二滩公司。但是，导流洞工程直接关系到二滩水电站工程能否按期截流，很可能为此推迟一年截流，电站建设总工期也将推后一年，将给二滩公司造成巨大的经济损失和不良的国际影响，承包商按照合同规定的赔偿金远远不能补偿对工程造成的损失。为了保证导流洞工程按期完成，二滩公司从资金、物资上给承包商提供大量的帮助，并提出优化工程措施的建议，主动协调解决承包商的困难。在此基础上，二滩公司还致信霍尔兹曼公司要求予以支持。在这种关系到工程建设全局的关键问题上，霍尔兹曼公司也采取了积极的态度，通过更换项目经理、增派管理人员、增加资金投入、重新组合劳动组织等一系列办法，加快了导流洞工程的进度，最终保证了工程按照合同工期完成。

二滩水电站工程的承包商都是中外联营体。在联营体内部，中、外双方人员，特别是中方提供的劳务与外方的管理人员之间，由于管理方式、文化背景不同，生活方式差异，各种冲突与碰撞尤为激烈。外方实行灵活用工，而中方人员则仍习惯于“铁饭碗”；外方强调上级对下级的绝对权威，中方则实施“民主集中制”；外方实施直线式管理，管理层级少，中方则存在机构层叠、各自为政的情况；另外，外方管理人员收入与中方劳务人员收入极其悬殊，雇佣关系和经济地位上的不平等也使得冲突更加激烈。在中国水电八局与意大利英波吉洛联营体内，曾经出现过外方工长要求工人每次搬四块砖，而中方有个劳务人员却一次搬了八块，本以为会因此得到表扬，但工长却认为他不服从命令，影响权威而将他解雇。还有中方的技术人员因指出施工图纸上的错误，而被解雇的事例。这些管理者的权威超过了对工人技术素质要求的事例，都让中国人难以理解，甚至感到愤怒。而外国人则对中国人存在的上班工作懒散、分配上吃大锅饭、管理效率低下等感到不解和抱怨。在经历了激烈的碰撞后，通过沟通和协调，不断地磨合，中、外双方也逐步开始相互信任、互相合作。中国工人以自己的实力，赢得了外国人的尊重，也对外国专家的专业知识、法律意识、合同观念、组织才能和敬业精神十分钦佩，开始懂得市场经济、利用合同保护自己；外国人也更加尊重和平等对待中方人员，接受了紧张任务时必须加班等的中国惯例，加强联营体内部合作，尽量让更多的中国人来管理中国人。在中外文化和管理的磨合过程中，涌现出了许多成果，水电八局创造出了“外国现代化管理＋中国思想政治工作＋技术交底”的二滩施工管理模式，另外，先后有两名外籍专家获得了中国政府颁发的“国际友谊奖”。

10.6.3　案例小结

二滩水电站作为我国20世纪建成的最大水电站，同时也是我国第一个项目管理与国际完全接轨的大型基础建设项目，其项目组织实施过程中引进和采用了国际上先进的项目管理理念，并进行了继承和发展创新。通过国际竞争性招标机制引进国际承包商，按照国际通用FIDIC合同条款进行建设管理，全面实施“业主责任制、合同管理制、招标投标制、工程监理制”的四制管理，采用了先进的DRB争议评审机制，在国际范围内进行智力资源集成，有效地进行国际文化冲突管理，通过包括业主、承包商、世界银行等在内的项目参与各方共同努力，保证了项目的成功建设。在二滩水电站工程项目管理中摸索出的一系列经验具有很好的推广价值，可供其他大型项目借鉴参考。

(1)国际竞争性招标是在国际范围内进行资源集成，规范的游戏规则是吸引优秀资源并郑重承诺的前提。

(2)项目执行过程中，规范的合同条款及相关法律是协调各方关系的基础，建设项目“四制”管理实质上也是通过明确各方权利和义务，强化合同条款作用，协调业主、监理和承包商之间的关系，以实现项目的目标。

(3)清晰的责权界面和高效的沟通及问题处理机制，提高项目执行效率。

(4)参与项目需秉承服务的宗旨是让客户满意，使项目成功。如世界银行的目标是让贷款真正服务于项目并用过程管理确保项目的成功，而不是仅考虑还钱；承包商的首要任务是按合同规定出色完成工程等。

(5)国际先进模式专家队伍的使用，如DRB、特咨团、专业咨询公司等，是集成国际智力资源的有效手段，在国际项目管理中发挥了重要作用。

(6)国际合作中的文化差异、包容及文化冲突管理，是国际项目管理中不可忽视的重要方面。

第11章　基于管理熵的水电工程质量管理与控制

产品(工程)质量是指产品(工程)中一组固有特性满足要求的程度。质量是一种标准，是产品(工程)满足人们需要的特性。20世纪后期，产品质量已成为产品市场竞争的一个重要内容，它甚至决定了企业的生死存亡和发展状态。

美国著名的质量管理专家约瑟夫·M. 朱兰(Joseph M. Juran，1904～2008)博士曾预言21世纪将是质量的世纪[130]，质量将成为和平占领市场的最有效的武器，从而成为社会发展的强大驱动力。当前，我国水电企业管理，特别是水电工程建设项目中，提高质量管理、赶超世界先进水平，是我国进一步发展国家清洁能源建设的重要管理内容，也是我国大型水电企业集团走向世界、参与国际竞争的必然要求。

工程质量管理体系是一个管理系统，这个系统的运动必然遵循管理熵规律。如果在质量管理过程中因循守旧，不与时俱进，不实行系统开放的运行方式，促使系统与环境分离，阻断系统与环境的物质，那么能量和信息的不断交换必然会使系统管理熵增，进而使质量管理系统无序运行，导致工程质量特性数值出现异动。只有充分认识管理熵理论，认识管理熵在管理系统中的运动规律，遵循管理熵规律组织管理，才能使管理系统在运行环境中不断地吸纳新的物质、能量和信息(如学习先进管理经验，严格遵循国家或行业颁布的新的政策、法律法规，采用新技术、新工艺、新设备、新组织方式，等等)，实现与环境的交换，同时，也使系统内部各组原之间产生强大的交互影响，实现质量管理体系运动的有序化。

在我国江河流域化水电开发中，提高建设工程质量，强化企业质量管理，使流域开发的水电工程的管理熵处于较低的状态，实现系统有序运行，可持续利用，流域的自然生态环境得到维护，保障流域人民生命财产和社会发展，这些不仅涉及企业生存发展的重大问题，也是国家十分关注的有关国计民生和社会发展的重大战略性问题。因此，我国大型水电企业集团在承担国家赋予的江河流域化水电开发过程中，必须使全体职工加强质量意识，强化企业与职工的使命感和责任心，强化企业生产和工程施工中的质量管理，保证在生产和建设中产出优质产品。

11.1　水电工程质量管理的主要问题和解决思路

水电工程是重要的基础设施项目，工程建设质量直接关系到工程安全和人民生命财产安全。当前，在一些水电工程建设中，不同程度地存在不顾客观条件赶进度和压工期、重大设计变更不规范、工程质量管理不严等问题，给工程安全带来隐患，甚至发生质量事故[①]。为了保证水电工程建设质量，必须加强工程项目建设的质量监督和管理，严格执行国家标准和质量管理规范。

11.1.1　当前存在的主要问题[②]

水电工程项目在施工建设过程中，由于一些特殊的原因，如水电建设发展较快、任务较重，熟练工人及管理人员的数量和专业知识结构还不太适应水电工程建设的要求，水电工程建设较为艰苦等，导致一些工程存在程度不同的质量隐患，这些质量隐患对水电工程具有十分严重的损害性甚至不可逆的影响。具体来说，当前存在的影响工程质量的主要原因表现为以下几方面。

(1)水电工程建设企业管理及项目管理人员理论知识和质量意识较弱。科学理论是指导实践的重要方法，掌握科学理论的深度决定了在实践中所采用的方法的科学性和合理性。我国水电工程建设队伍中，还存在着部分企业领导及管理人员重技术轻管理、重操作轻理论的现象，导致工程施工中对质量认识不足、监控管理不力等现象，最终导致工程施工中的质量问题和质量缺陷。

(2)质量重视程度不够。水电建设工程中，质量管理的首要问题是企业和工程的质量方针、质量目标不明。主要表现在企业发展战略上对质量问题重视不够，虽然大多数工程都提出了建设“优质工程”“精品工程”等文宣口号，但是在实际施工过程中，往往存在着“重进度”而“轻质量”的现象，很难完全、准确把握工程质量要求。因此在施工过程中难以对施工质量进行全面、严格的监控，故而难以保证水电建设工程的质量。

(3)建设管理关系不顺，管理制度设计不合理。一方面，大规模水电建设工程或项目群工程、流域化工程的动态质量管理工作中，由于各方面的原因，如对企业规模和资质把握不准确、设计文件不合理、施工组织文件粗糙简单、质量管理文件简单而使执行较为困难、劳动用工制度不健全导致纠纷等。这些原因往往又导致企业对工程项目质量管理队伍配置规模不足、专业知识较弱、管理关系不顺等，难以保证施工过程中对施工质量的自我监督检查，也难以做到对施工质量管理的深度和及时性；同时，工程的建设单位和设计、施工、监理单位及质量监督部门有时隶属于同一个地方或部门，容易产生关联关系的干扰，导致地方和行业保护使得工程建设中管理不顺，难以开展严格的质量监控和管理工作。

(4)建设程序执行不严。水电工程大多数为公益性项目，当前投资形式主要以国家投资为主。一些地方和建设单位往往把主要工作精力放在争取国家投资上，前期工作准备不够充分，争取到建设资金后，有时会出现一些不执行基本建设程序，匆忙开工建设，甚至不办理完善的立项审批手续的情况，以致完工后难以依法依规进行验收，对整体工程质量无法评价。另外还有一种较为严重的问题，就是有一些项目法人不具备实质条件，不严格遵守国家规定的法规和规程，不严格执行合同规定的建设程序，却通过各种办法

---

① 参见国家能源局：《能源局关于加强水电工程建设质量管理的通知》，2014.4.17。

② 参见毕业论文网：《工程质量控制措施》，2014.5.22。

获得工程建设项目，这种施工条件就很难保证工程建设的质量。

(5)质量监控工具和方法不完善。由于某些建设单位资质不够或对质量管理方法掌握较差，对工程质量检测技术掌握不全，驾控技术应用的检测仪器、仪表等工具配置不完善，或者质量管理人员不会应用等，这些都会影响工程质量的监测和控制，从而不能保证工程质量。

(6)施工过程质量监控不严。施工过程质量监控不严的主要表现为：①精细化管理不足，施工过程设备管理和使用不合理，生产工艺比较粗糙，质量问题和施工缺陷较多；②质量管理措施不落实，虽然制定了作业指导书、施工操作措施等文件，但由于工程质量观念和质量意识薄弱，管理队伍专业技能较差，不能严格执行质量管理体系的要求，没有将严格的质量监控和管理落到实处；③质量管理基础薄弱，质量计量工具不完备，质量检查和记录的及时性、准确性、完整性、闭合性较差，生产性试验结果整理、分析、总结、改进的资料不全；④质量档案管理制度不健全，很难查找到全面、准确、有效的质量记录、质量技术资料、质量管理等文件档案和其他信息资料。

(7)施工队伍的人员素质偏低。随着国家对改变我国能源结构、大幅度降低碳排量的战略发展要求的提高，我国也加大了对清洁可再生能源(主要是水电)的建设。近几年，水电行业得到了较大的发展，因此水电建设队伍也得到了较大的发展。在水电队伍建设方面，虽然也加大了人员培训和队伍建设力度，施工、监理、质监等队伍和机构的建设也得到了大大加强，但质量管理专职人员力量仍较薄弱，管理队伍规模和专业素质难以满足众多的大型水电工程、项目群工程和流域化水电开发工程建设的质量管理要求。当然，也还存在少数现场质量管理人员责任心不强、不按施工规程和监理的有关规定操作、工人素质不高、偷工减料等，这些都构成了质量问题和质量缺陷。

(8)政策不完善，执法力度欠缺。主要表现为：①水电建设工程项目地方配套资金不到位的问题一直未在国家政策层面上得到较好的解决，导致工程延缓现象比较普遍，同时质量监控管理资金较少，质量检测控制手段较弱，从而影响到质量问题；②水利水电施工、监理等对施工承包单位的有关资质的审查、核准工作也相对迟缓，一部分具备相应条件的水电施工、监理企业及其人员由于各种原因无法参与市场竞争，对各种无证或越级从事工程建设，以及挂靠、转包、违法分包等行为不能进行及时、有效的监控和查处，这些都严重制约了水电工程质量的提高和质量管理工作的深度开展。

11.1.2　提高水电企业工程质量管理水平的思路

1. 加强全体员工培训工作，强化学习质量管理知识，提高质量管理水平

组织全体职工学习水电工程质量管理，使全体职工充分认识到质量决定企业的发展，水电工程质量是涉及水电建设企业发展的生命线。同时还要认识到水电工程特别是大型工程、项目群工程和江河水电流域开发工程，都是涉及民生的国家重大工程建设，这些工程建设关系到工程所在地人民生活水平的提高、人民生命财产的安全、自然生态环境的保护及国民经济的可持续发展。要认识到“百年大计，质量第一”“质量就是效率”“质量就是生命”，另外还要充分认识到水电建设工程的系统性原理、工程系统与工程环

境的关系、工程质量与环境可持续发展的关系。

因此，水电建设企业应组织全体员工特别是管理人员，不同程度地认真研究和学习质量管理的基本理论与方法，如系统科学、复杂性科学和管理熵原理，以指导工程建设的质量管理。要学习质量管理的基本理论与方法、全面质量管理理论与方法、ISO 9000质量管理体系的管理、监控和认证的方法，以及六西格玛质量管理的基本理论与方法，等等，使全体职工充分建立工程系统观念和工程质量观念，充分了解工程质量的重要性，提高质量责任心和质量道德意识，在工程建设过程中做好每一个工作细节，保证施工质量，从而保证整个工程质量。

2. 提高工程质量战略意识

水利水电工程建设投资大、工期长、涉及面广，工程质量是直接关系到国民经济发展和人民群众生命财产安全的重大社会问题，是水利水电事业赖以生存和发展的基础，也直接关系到设计、施工和业主的效益和形象。工程质量问题就是企业发展及区域经济发展的战略性问题。

水利水电工程建设过程就是质量的实现过程，质量管理“没有最好，只有更好”。因此，应树立“全面质量”观念，即工程质量既包括内在质量(工程实体质量)，又包括外在的质量(工程外观与形象)；既包括工程的整体质量，又包括形成工程整体质量的工作质量。必须广泛开展“质量教育”，提高全员质量战略意识，使每个岗位真正认识到企业良好的质量信誉、合理的质量成本依赖于各岗位的工作质量，使员工明确岗位质量工作特点和范围，具有团结协作的精神，维护企业质量信誉，通过常抓不懈的教育、培训，使企业员工对施工质量必须达标和创优形成共识。

3. 完善质量管理体系

完善质量管理体系必须要做好质量管理体系和管理制度的设计。质量管理与控制、质量体系和管理制度是基础，有了体系，就有了程序，有了制度，就有了管理的标准和依据，也就能够实施激励约束机制。在完善质量管理体系中，应做到如下几点。

(1)制定质量计划和标准。质量计划和标准是质量管理的依据，因此必须科学地制定质量计划、质量标准和质量指标体系，使水电工程建设和施工的质量管理有科学的、必须遵循的标准和规范。另一方面，必须严格执行质量计划和标准，不得随意变动或降低标准。

(2)建立健全质量管理组织机构。首先，业主单位要设置管理工程质量的分管领导和具体管理工程质量的部门，分别给予他们管理工程质量、处理质量事故的权力和职责。监理单位应设立专职质量副总监、质量技术保证部和派出驻现场的监理工程师，并分别明确他们相应的职责和要求。施工单位从班组到施工队再到项目部要形成“三检”组织机构，约定各自的职责，形成施工单位的质保体系。

(3)完善质量管理制度体系。首先，要制定质量管理制度，从制度上规定参建工程建设的各方在质量管理与控制方面的职责、权限和义务。其次，要制定工程质量管理实施细则，对施工单位的施工工艺、工序、环节，以及抽检结果、外观质量等各个细节作出奖罚的规定，通过奖惩激励机制确保工程质量，营造良好的施工质量管理氛围。同时，还应制定质量考核管理办法、监理考核办法和细则、验收管理办法和达标投产考核办法，并在一个单元工程完成后及时进行评定，及时整改，为后续单元工程质量的提高奠定基础。

(4)要有对每一个工程建设阶段的质量控制大纲。制定质量管理纲领文件，按文件要求严格管理。加强质量统计管理，绘制工程施工质量控制图，抓住相应阶段的质量控制点，制定出工程建设各阶段的质量控制重点和关键点，明确工程质量管理的重点和方向，实行预防性管理。

4. 配置质量监控设备，完善质量监控技术体系

系统地配置质量监控设备，设计质量监控指标体系，培养既懂质量检测技术，又懂质量管理理论和方法的工程管理人员，严格把好工程质量关。

5. 严格执行质量控制过程

严格执行质量控制过程，就是要严格抓好事前、事中、事后控制等全部工程建设过程的质量监管。从第一道工序起，就必须严格按照国家和行业颁布的法律法规、规范和规程，以及严格按照承包合同的规定，抓好施工质量。为了严格执行质量控制过程，必须做到以下几点。

(1)在事前控制中，要细化和具体化事前控制的规定，并形成制度文件，便于执行。在事前控制中，一定要做到预警防范、准备到位。包括建立预警制度，并结合工程特征对重点复杂部位及重点工序制定相应的施工指导文件(手册)；严格控制、检查施工用原材料，使其符合合同规定的质量要求，从采购、进货、贮存等环节进行层层抽样检查，严格把关；建立“原材料使用卡制度”，结合各自的专业特点及实际情况，将主要的工艺要求及相关解决措施编写成“原材料使用卡制度”，保证现场施工人员人手一册，以提高操作人员发现问题及解决问题的能力；及时召开技术交底会，工程开工前对作业人员进行技术交底。

(2)要强化事中控制，做到规范纠偏、责任到位。包括严格实行“三检”制度，即施工队技术员进行“初检”，专业施工队质检员负责“复检”，质量办专职质检工程师负责“终检”，并向监理工程师提交质量检查记录；推行“无缝交接”制度，坚持工序传递卡及节点工序会签制度，保证施工工序传递移交时不留质量问题；推行“样板单元”工程制度，通过“典型榜样”的激励和辐射作用，带动其他员工、施工环节和工位的进步和提高；实行重点工序质检员旁站监督制度、施工过程奖罚制度等。

(3)要重视事后控制，做到督促检查，纠正偏差，落实到位。包括严格执行检查制度，及时检查处理已发现或怀疑可能出现的质量问题，减少后期处理难度；坚持分析制度，定期召开质量月例会，分析施工中存在的问题，提出预防措施或限期整改，并在其后的施工中督促检查、落实；坚持考核制度，实施质量“季考核、年评比”，考核结果与激励约束机制挂钩，并对重点质量工程实施质量特别奖，保证优良的施工质量。

6. 加大执法监察力度

我国水电工程建设的实践证明，工程质量管理仅仅依靠从业人员和相关单位的自律和自觉往往是不够的，专项治理和执法监督是提高和确保工程质量的有效补充手段。为了有效地加大执法监察力度，在水电工程建设过程中必须做到以下几点。

(1)进一步完善相关政策法规体系，对历年来制定的水利水电行业规程规范和建设管理有关规定进行补充、修改、完善，加强政策法规汇编和编纂工作，制定相应的示范文本。

(2)加强政策法规的宣传普及，对《中华人民共和国招标投标法》《中华人民共和国建设工程质量管理条例》等法律、法规、条例进行广泛的宣传和贯彻，充分利用各种协会、学会、研究会等群众性学术团体开展专题研究，进行学术探讨，使之影响到每一个水电工程建设相关单位和人员。

(3)依法对工程质量和质量管理责任处理兑现，凡国家法律、法规、规范、规程、条例明确了的，均应严肃依法依纪追究有关单位和人员的责任，在行政处罚手段上，必须加大经济处罚的力度，运用经济杠杆处理责任主体因利益驱动导致的工程质量问题。

(4)要完善举报制度，充分调动纪检监察机关和新闻媒体、人民群众及社会各方面的力量，利用信息网络技术和手段，成立快速反应的执法监督队伍，对涉及工程质量的有关问题和事故进行公开曝光和直查快办，推进质量管理法制化进程。

7. 提高队伍整体素质

为了适应目前水电工程施工特点和新技术、新设备、新工艺及新组织的要求，在施工过程中要建设良好的具有强大凝聚力的企业文化，以共同的价值取向为引导、全员培训为目标、骨干培训为重点，进一步提高职工队伍的思想素质和业务技术素质。一方面，编制质量手册，做到人手一册，对所有进入本工程工地的职工进行进场培训，使其了解工程总体概况和质量总体要求，以及工程的质量目标、质量体系和质量制度，全面加强作业人员的质量意识。二方面，要在新工程开工前，对新开工工程进行全面技术交底，使作业人员熟知作业内容及质量要求。三方面，特殊作业人员上岗前，在现场进行培训，考核合格后方能上岗作业。四方面，不定期地组织一线施工人员进行施工工艺专业技术培训，并组织互相观摩、学习和交流，通过“请进来”和“走出去”学习方式，努力提高员工服务技能。五方面，对从事工程质量管理的人员、质量监督机构的人员进行政策法规和质量管理知识、技能、手段的培训，培养和造就一支专业化的质量管理队伍，并以此推动施工质量管理，提升工程整体建设水平。

搞好项目施工质量，不断探索质量管理的新途径，探索更好的先进科学的管理措施，只有锲而不舍地学习、探索，借鉴国内外先进的管理理论和管理技术，积极开发新的质量控制手段和方法，完善企业管理及技术标准，才能保证项目施工优质，保证工程质量的优质。

11.2　质量管理的基本理论

11.2.1　质量的概念和特性

国际标准化组织制定的 ISO 8402—1994《质量术语》标准中，给质量作了定义：质量是反映实体满足明确或隐含需要能力的特征和特性的综合。

在定义中，“实体”可以指某项活动、过程，或某个产品、某个组织、某个人，也可以是他(它)们的任何组合。

在定义中，“需要”一般是指顾客和社会的需要。这个“需要”应能够加以描述、实现和检查，因此在质量管理体系中，一般将其概括为质量特性，以便进行定量和定性的描述、实现和检查。

根据 ISO 8402—1994《质量术语》标准，产品质量是指“产品满足规定需要和潜在需要的特性和特性的总和”。产品特性因产品的不同而不同，但一般都表现为一定的参数或指标体系，归纳起来，产品质量特性主要包括 7 大方面：性能、寿命(耐用性)、可靠性、维修性、安全性、经济性和外观性。

(1)性能(function)。指产品符合标准，满足一定使用要求所具备的功能。例如，交付使用的水电工程能够满足发电、航运、防洪、防涝、灌溉、保护生态的要求，具有满足这些需要的能力。

(2)寿命(life)。指产品在规定的使用条件下完成规定功能的工作时间的总和。也就是产品能够正常使用的全部年限。水电工程项目产品寿命设计可见中华人民共和国水利行业标准：水利水电工程合理使用年限及耐久性设计规范(SL 654—2014)。

(3)可靠性(reliability)。指产品在规定的时间内和规定的条件下完成规定任务的能力。这项质量特性反映了产品在使用过程中其功能发挥的稳定性和无障碍性。

(4)维修性(repairability)。维修性也称保全性，是指产品具有在规定的时间内和规定的条件下，按规定的程序和方法进行维修时能够保持或恢复到规定功能、状态的特性。

(5)安全性(safety)。指产品具有在储存、流通和使用过程中，不发生由于产品质量而导致的人员伤亡、财产损失和环境污染的特性。这个特性主要是体现产品使用过程中对使用人员、相关人员和环境的安全要求。例如，装备在其寿命周期内的贮存、运输、使用等状态中的某些产品，具有预期会遇到的各种极端应力作用下实现其预定的全套功能的特性，即不产生不可逆损坏和能正常工作的能力。

(6)经济性(econonmy)。指产品从设计、制造、使用(包括使用过程中的动力消耗、维护费用等)直到报废(包括拆卸、运输、处理等)的全部自然寿命周期所花费的全部成本。对产品经济性的要求是不但制造过程中成本要低，而且使用成本和报废成本也要低，使产品整个自然寿命周期成本为最低。

(7)外观性(presentation quality)。产品外观质量是指产品在外形方面满足消费者需要的能力，主要表现为产品的造型、色调、光泽、图案、包装等凭人的视觉和触觉感觉到的质量特性。

产品外观质量设计，原则上应符合下列条件：

(1)产品外观应符合不同国家、民族、社会阶层、年龄、性别、文化程度的人们的审美观念，适应流行色、流行型和其他时尚。

(2)产品外观应与产品内在性能相结合，整体结构合理、美观、大方。

(3)机械产品应灵巧，方便用户安装、调试、操作和维修；生活用品要艺术化，能产生美感。但是，一种产品应该有其具体外观质量标准。同时，由于同一类型的用户对相同的产品外观质量要求不一样，同一种产品的外观质量对不同的用户适应程度也不一样，因此，产品的外观质量标准要根据具体产品的具体情况制定，不能搞一刀切，也不能僵化，要注意区分类型。

11.2.2 产品质量的意义

产品质量是一个重大的战略性问题。产品质量的好坏，直接关系到人民的健康生活和生命安全，关系到国家经济建设和国民经济的可持续发展，也直接关系到我国参与国际竞争的发展状态和国际名声，还关系到中华民族崛起的科技、经济物质基础。因此，产品质量不仅是一个企业生存发展的关键问题之一，也是国家发展的关键问题之一，可见质量管理具有十分重大的战略性意义。

(1)质量是国民经济健康可持续发展的基本要求。为了使我国国民经济可持续发展，我国的经济增长方式已经开始由大量消耗资源的、效率低下的粗放型向着高效低耗的集约型转换，实现又快又好地发展，生产与生活方式也向着节约和环境友好型方式发展。同时，大力发展低碳经济，大力减少生产与生活中的碳排量，也必然要求提高生产和生活要素的使用效率，要求以较少的碳排量生产出更多的产品，以较少的生活资料满足人民生活需要。由于效率与产品质量有直接关系，因此，提高产品质量就成为实现国民经济健康、低碳和可持续发展的基本要求。这要求我国经济发展必须以效率和质量为中心，以较少的资源消耗生产出更多、质量更好的产品来满足发展的需要。

(2)质量是人民生活与安全的基本保障。在现代社会中，人民生活的全部，如吃、穿、住、行、学和信息交互沟通，都直接或间接地依赖于工业产品的生产，也直接或间接依赖于产品的质量。甚至人民的生活与安全也直接或间接地与产品质量相关，如食物、生活用品质量的好坏，在生产和生活中使用的设备、工具等质量的好坏，都将对人民的经济、生活与安全产生影响。因此，产品质量是涉及人民经济、生活、安全和社会稳定的重大战略性问题，提高和保证产品质量具有十分重要的技术、经济和社会意义。

(3)质量是企业发展的基本条件。企业发展的基本条件在于市场竞争的优势，市场竞争优势的来源在于企业的核心竞争能力，而企业核心竞争能力的核心又来源于企业的技术构成与组织构成，其中，技术构成由技术结构、技术创新和技术应用所组成，企业的技术结构最终体现于企业产品的质量，即产品性能等一系列满足顾客需要的特性。同时由于企业生产中产品质量达标，不出现返工、返修、重新生产等由于质量问题而产生的各种费用，因此产品制造成本相对较低。这些都构成了企业的市场竞争优势，也是企业有效发展的基本条件。

(4)质量是国家竞争的基本手段。在国际上的国家竞争，从技术上讲，主要是企业的竞争，是企业产品的竞争。在同样的产品竞争中，质量的好坏往往决定了企业的准入和国际市场优势，也决定了一个国家在国际上的竞争能力和国家兴衰发展，因此，产品质量问题也是中华民族崛起、发展的重大战略问题，绝不可以掉以轻心。

对于水电工程建设企业而言，提高施工质量，完成工程项目质量标准，也是企业的生命之线。在目前的国际服务贸易中，建筑市场是一个开放程度比较高的领域，我国加入 WTO 后，享有了最惠国待遇和国民待遇等权利，一些国家对我国的市场准入限制逐步取消，更多国家和地区的建筑市场对中国企业开放。以我国大型水电企业中国水利水电建设股份有限公司(Sinohydro Group Ltd.)为例，公司以工程技术和施工质量赢得了较高的信誉，先后在亚、非、欧、美的 60 多个国家和地区进行了工程承包建设和经济技术合作，拥有全球 50%的水利水电建设市场份额，在国家竞争中表现出了中国的实力。

可见，大力推行企业的质量管理标准化，提高产品质量，得到国家及国际质量标准的认证，是我国企业走向国际、展开国际国内竞争的基本条件，只有当我国大量企业确立了国际竞争优势，使中国制造特别是高端制造、大型工程制造走向世界，才能使我国真正成为世界大国，实现中国复兴之梦。

11.3　全面质量管理

产品质量的形成主要是由生产的技术、工艺和工作水平所决定的，同时也受到辅助生产和生产服务水平的影响。在一定的生产技术和工艺条件下，产品是由人的工作所形成的，工作质量决定了产品质量的形成。而工作质量又是由生产的组织方式和管理方式所决定的，因此，生产的组织方式管理水平就成为工作效率和产品质量的决定性因素。

所谓工作质量，是指与产品质量形成相关的各项工作，如产品的设计、生产、检验、包装、运输等全部生产活动对质量形成的满足能力和程度。工作质量又取决于员工的劳动素质、劳动态度，以及员工的业务水平、质量意识和责任心。其中组织与管理人员的工作质量在全体员工的工作质量中起主导作用。另外，由于生产的辅助单位是为生产产品直接服务的，如生产设备维修、动力供应等，这些生产辅助单位的工作直接影响生产设备的完好性、生产动力的有效供应等，生产辅助单位，甚至生产服务单位的员工的工作质量也都直接或间接地影响着产品质量的形成。因此，产品质量是由企业全体员工在全部工作过程中形成的。

美国的戴明(W. Edwards Deming)博士是世界著名的质量管理专家，他因对世界质量管理发展做出卓越贡献而享誉全球。戴明提出的全面质量管理曾帮助日本从一个衰退的工业国转变为世界经济强国。戴明学说对国际质量管理理论和方法始终产生着异常重要的影响。他认为，质量是以最经济的手段制造出市场上最有用的产品。一旦改进了产品质量，生产率就会自动提高。下面对全面质量管理和质量控制理论与方法进行简单介绍。

11.3.1　全面质量管理及其特点

所谓全面质量管理，即 TQM(total quality management)，是指企业以产品质量为中心，以全员参与为基础，生产出顾客满意和企业所有成员及社会受益而达到长期成功的质量管理系统。在全面质量管理中，质量这个概念和全部管理目标的实现有关。全面质量管理的特点主要包括 4 个方面。

(1)全员参加的质量管理。产品质量的形成，在一定的技术条件下取决于形成产品的工作质量。如果工作没有责任心，没有精湛的技艺，那么无论什么样的技术装备都可能生产不出高品质的产品，因此工作质量，是产品质量形成的决定性因素之一，其重要性不言而喻。所谓工作质量，是指企业的生产工作、技术工作、辅助工作、生产服务工作、组织管理工作等，是达到产品质量标准和提高产品质量的保证程度。产品质量的好坏，是许多生产环节和各项管理工作的综合反映。企业中任何一个环节、任何一个人的工作质量，都会不同程度地直接或间接影响产品质量。全面质量管理中的“全面”，首先是指质量管理不是少数专职人员的事，它是全企业各部门、各阶层的全体人员共同参与的活动。因此，质量管理活动必须是使所有部门的人员都参加的、有组织的系统性活动。同时，要发挥全面质量管理的最大效用，还要加强企业内各职能和业务部门之间的横向合作，这种合作甚至已经逐渐延伸到企业外的用户和供应商。

(2)全过程的质量管理。产品质量首先在设计过程中形成，并通过生产工序制造出来，最后通过销售和服务传递到用户手中。在这里，产品质量产生、形成和实现的全过程，已从原来的制造和检验过程向前延伸到市场调研、设计、采购、生产准备等过程，向后延伸到包装、发运、使用、用后处理、售前售后服务等环节，向上延伸到经营管理，向下延伸到辅助生产过程，从而形成一个从市场调查、设计、生产、销售直至售后服务的寿命循环周期全过程。此外，为了实现全过程的质量管理，就必须建立企业的质量管理体系，将企业所有员工和各个部门的质量管理活动有机地组织起来，将产品质量的产生、形成和实现全过程的各种影响因素和环节都纳入质量管理的范畴，才能真正实现全面质量管理。

(3)管理范围的全面性。全面质量管理的对象是质量，而且是广义的质量，不仅包括产品质量，还包括工作质量和服务质量。只有将工作质量和服务质量提高，才能最终提高产品和服务的质量。除此之外，管理对象全面性还包括对影响产品和服务质量因素的全面控制。影响产品质量的因素很多，概括起来包括人员、机器设备、材料、工艺方法、检测手段、环境等方面，只有对这些因素进行全面控制，才能提高产品和工作质量。

(4)管理方法的全面性。尽管数理统计技术在质量管理的各个阶段都是最有效的工具，但影响产品质量的因素复杂，既有物质的因素，又有人的因素，既有生产技术的因素，又有管理的因素。可见管理方法的全面性既包括定量分析与控制，又包括定性的分析与控制。因此，要搞好全面质量管理，就不能单靠数理统计技术，而应该根据不同的情况、针对不同的因素，灵活运用各种现代化管理方法和手段，将众多的影响因素系统地控制起来，实现统筹管理、全面管理。

11.3.2 全面质量管理保证体系

所谓质量保证体系，是指企业以保证和提高产品质量为目的，运用系统理论与方法，把与质量相关的各部门、各环节的质量管理活动组织起来，形成一个有明确任务、职责和权力的相互协同、相互促进的质量管理组织系统。质量保证体系的基本组成部分是设计试制、生产制造、辅助生产和使用过程的质量管理。

(1)设计试制过程的质量管理。设计试制过程包括研究、开发、实验、设计、试制等全过程。设计试制是决定和提高产品质量的前提条件，是全面质量管理的起点和重要环节。设计试制过程的质量管理一般包含 9 项工作：①根据用户调查和科技发展情报制定质量目标；②保证研发工作的质量；③根据方案论证、验证试验资料，鉴定方案的论证质量；④审查产品设计质量(包括设计阶段审查、一般审查、计算审查、标准化审查，以及性能、可靠性、可制造性、可检验性、维修性、互换性、设计更改等方面的审查)；⑤审查工艺设计质量；⑥审查产品试制，鉴定质量；⑦监督产品试验质量；⑧保证产品最后定型质量；⑨保证设计图纸、工艺等技术文件质量。

(2)生产制造过程的质量管理。产品投产后能否达到质量标准，在很大程度上取决于生产的技术能力和制造过程的质量管理水平。为了保证生产质量，应该做好几项工作：①加强工艺管理，严格工艺纪律，使生产制造过程经常处于稳定的控制状态；②组织好技术检验工作，特别是要根据技术标准对原材料、在制品、半成品、产品以至工艺过程质量进行检验，要严格把关。组织技术检验工作应按表 10-1 的要求进行。

表 10-1　质量检验工作分类表

分类标志	检验方式	特征
按工作过程的次序分	事前检验	加工或生产之前，对原料、材料、半成品进行检验
	中间检验	产品加工过程中，完成每道工序后或完成数道工序后的检验
	事后检验	车间或工作环节完成本单位全部加工或装配程序后，对半成品的检验和对产品的检验
按检验地点分	固定检验	在固定的地点进行检验
	流动检验	在产品加工或装配地点进行检验
按检验数量分	全数检验	对检验对象进行逐件检验
	抽样检验	在检验对象中按一定比率抽查检验
按检验的预防性分	首件检验	对改变加工对象或改变生产条件后生产出的头几件产品进行检验
	统计检验	运用数理统计和概率论原理进行检验

(3)组织质量分析，掌握质量动向。在质量管理中，对质量检验的数据加以分析和控制，并预测发展趋势，将分析和预测的数据存入数据库，便于随时掌握质量变化的动向。

(4)加强不合格品管理。在生产中可能出现各种因素的影响，使产品出现不合格现象(如废品、次品等)，在生产中应加强控制，将产品不合格率控制在目标范围内。

(5)加强工序质量控制。加强工序质量控制的手段主要有：①建立工序质量管理点，以及关键工序质量控制点，采用各种手段对关键工序进行质量监督和控制；②运用控制图方法，对工序质量进行监督和控制。

11.3.3　全面质量管理保证体系的建立

质量保证体系的建立，其本质是一种质量管理的组织体系，通过管理组织的有效工作来促进工作质量的改进，最终达到保证产品质量的目的。建立质量保证体系应从以下方面进行。

(1)制定明确的质量计划和质量目标。保证和提高产品质量是全面质量管理的核心，质量保证体系就是要围绕质量目标，把生产中各个环节的质量管理活动有效地组织起来，将质量计划和质量目标具体落实到每一个生产环节。在质量计划方面，既要有提高质量的综合计划，又要有分项目、分部门、分层次的具体计划；既要有长期计划，又要有年度、季度、月度等中短期计划，形成一套完整的质量计划体系，并且要有进度、检查和分析，以保证进度，实现产品质量的改进，达到预期目标。

(2)建立质量管理信息系统。质量保证体系的一个重要工作就是要建立有效的质量管理信息系统，实现质量管理信息化。在信息系统里，一方面可以实现大数据的储存、整理和分析，研究质量发展趋势；另一方面，可以进行质量信息反馈和控制。质量信息反馈必须注意生产过程的信息反馈，更重要的是市场和用户信息的反馈，企业可根据反馈的信息作出质量改进决策。

(3)建立一个综合质量管理机构。综合质量管理机构的作用是统一组织、计划、协调质量保证体系的活动，检查和推进各部门质量管理工作，同时还要开展质量管理教育和组织群众性的质量管理活动，使质量管理深入到企业每一个员工的意识和工作中。

(4)组织外协企业的质量保证活动。同外协企业建立长期、稳定的协作关系，保证外协项目质量对口衔接。做好对外协企业的技术指导、质量诊断、质量管理推进、员工培训、设备工装技术鉴定等工作，并将其纳入质量保证体系，以确保外协件的质量，达到最终保证企业产品质量的目的。

(5)广泛组织质量管理(QC)小组活动。QC小组是质量保证体系的基层组织，也是企业开展现场质量管理活动的一种群众性组织，这也是质量保证体系的基础。QC小组活动的主要内容包括：①提高产品质量，改善质量管理工作；②针对质量关键进行技术攻关和技术改革；③实现组织合理化建议；④组织和落实文明生产；⑤采用质量管理工具、管理方法，采取质量保证措施等。组织QC小组工作的关键在于有选题、有目标、有活动，定期考核，与激励约束机制相结合，不流于形式。

(6)建立一个健全的质量检验工作体系。质量检验是质量保证体系中不可缺少的组成部分，它关系到质量信息的采集，质量的控制和产品质量把关的有效性是质量管理中的重要管理工作。一个健全的质量检验工作体系应包括对关键工序进行质量检验和控制、班组质量检验、车间(或工段、工作环节)质检、企业质检等有各个环节所构成的检验系统，做到层层把关，保证质量提高。

(7)实现管理业务标准化。实现企业管理业务的标准化和管理流程程序化，这是提高管理水平和管理效率的重要措施，也是质量管理的重要支柱，在一定的生产技术条件下，管理水平是决定质量的重要因素，因此，在管理业务中应统一标准和口径，避免管理信息和指令混乱，避免由于管理混乱而造成质量管理工作的混乱。

11.3.4　全面质量管理保证体系的运行和控制

全面质量管理的控制过程主要通过质量保证体系和PDCA循环系统来实现。

PDCA循环又叫戴明环，是美国质量管理专家戴明博士提出的，它是全面质量管理所应遵循的科学程序。全面质量管理活动的全部过程就是质量计划的制订和组织实现的过程，这个过程就是按照 PDCA 循环周而复始地运转的。PDCA(计划－实施－检验－处理)循环分为 4 大阶段和 8 个具体的管理步骤，如表 10-2 所示。

表 10-2　全面质量控制过程表

阶段	质量管理工作	质量管理管理步骤
1	计划(plan)：制定质量目标、活动计划、标准、管理项目和措施方案	①分析现状，找出存在的质量问题；②分析产生质量问题的各种原因或影响因素；③从各种原因中找出影响质量的主要原因；④针对影响质量的主要原因，制定技术组织措施方案，提出措施执行计划和预计效果，并具体落实到执行者、时间进度、地点、部门、完成的方法等
2	执行(do)	⑤将制定的措施和计划具体组织实施和执行
3	检查(check)	⑥把执行的结果与预定目标进行对比，检查计划执行情况是否达到预期的效果，出现哪些偏差，有什么经验和教训，原因是什么
4	处理(action)	⑦总结经验教训，巩固成绩，处理差错。把成功经验总结下来，定成标准，便于今后遵循执行。对于失败的教训也要总结、整理，记录在案，作为借鉴，防止今后再犯；⑧把没有解决的遗留问题转入下一个管理循环，作为下一阶段的计划目标

PDCA 循环形象地讲就如一个轮子在转动，推动产品的质量管理向前发展，如图 10-1所示。

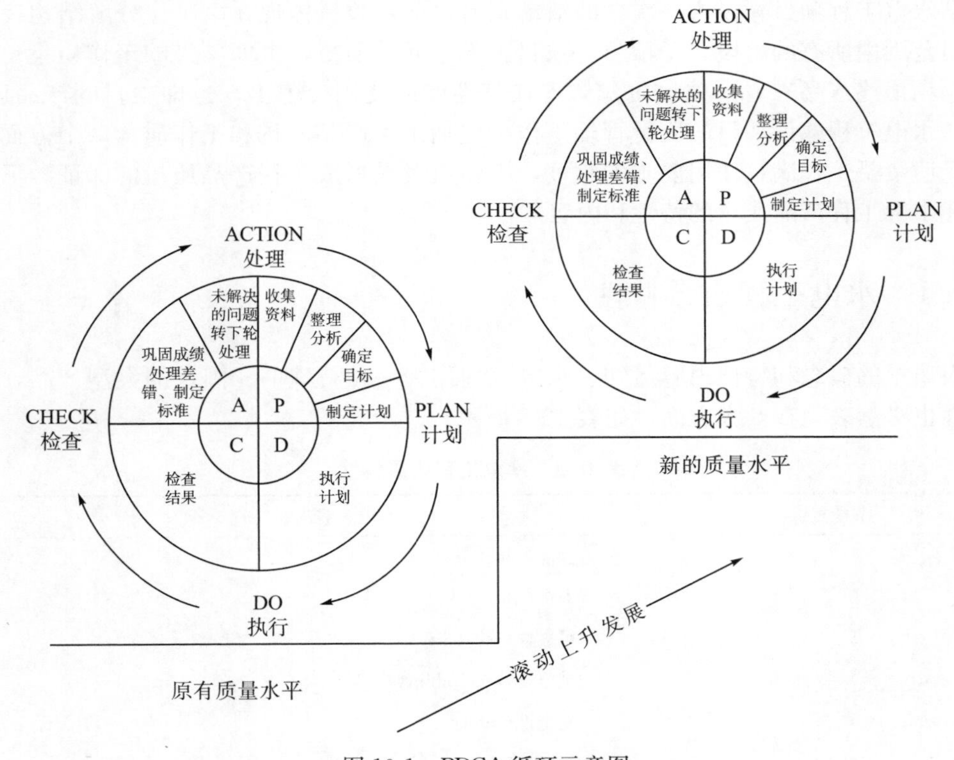

图 10-1　PDCA 循环示意图

PDCA 循环在保证质量管理的运行时具有如下特点：

(1)循环过程中，大环套小环，小环保大环。通过小循环(8 个管理步骤)的不断转动，推动大循环(4 个管理阶段)乃至整个企业循环的不停转动和发展，实现企业总的预定质量目标。

(2)管理循环每转动一周，质量管理水平和产品质量就应该提高一步。

(3)质量管理分为4个阶段是相对的，质量管理工作不可以截然分开，各个阶段必然存在交叉和重合，在实际工作中，边计划、边执行、边检查、边总结、边改进的情况经常发生。质量循环的总结工作是管理循环能否顺利转动的重要条件，因此，质量管理必须做到认真总结。

11.4 水电工程质量管理

水电工程质量是指在国家和水利水电行业的有关法律、法规、技术标准、设计文件和合同中，反映建设实体满足明确或隐含需要能力的特征和特性的综合能力，以及对水利水电工程的安全、适用、经济、美观、环保等特性的综合要求。水电工程建设的质量管理同上述质量管理原理是一致的，只是工程建筑产品有自己的特点而同机械制造产品不同而已。

从水电工程项目建设为一次性的活动来看，项目质量体现在由工作分解结构反映出的项目范围内所有的阶段、子项目、项目工作单元的质量，也即项目的工作质量；从项目为一项最终产品来看，项目质量体现在其性能或使用价值上，也即项目的产品质量。所以，水电工程建设项目的质量管理工作也包括工程产品质量和工作质量两个方面，工程产品质量是工程满足使用要求的程度，工作质量是形成工程产品质量的保证。下面主要阐述水电工程产品质量的特性和内容。

11.4.1 水电工程质量特性

由质量的概念和特性内容可知，水电工程作为一种特殊的、固定的大型产品，其质量特性也必然表现在8大方面，如表10-3所示。

表10-3 水电工程质量特性

序号	水电工程质量特性
1	性能(function)
2	寿命(life)
3	可靠性(reliability)
4	维修性(repairability)
5	安全性(safety)
6	经济性(econonmy)
7	环境适应性(environmental adaptation)
8	业主要求的其他特殊功能(special function)

1)性能

性能主要是指水电工程产品具有满足使用的各种性能。包括力学性能(如强度、弹性、硬度、拉应力、冲击力、抗拉强度、弯曲等)、理化性能(如尺寸、规格、耐酸碱、耐腐蚀等)、结构性能(如大坝强度、稳定性)和使用性能(如大坝防洪涝、航运、发电等)。

2)寿命

水电工程产品的寿命是产品在规定的使用条件下完成规定功能的工作时间的总和，也就是产品能够正常使用的年限①。

由于筑坝材料(如混凝土、钢结构等)的老化、水库淤泥、发电机组设备磨损老化及技术进步，另外还有在其他自然力的作用，水电工程产品能够正常发挥作用的时间是有限的，从投入使用到最终退出使用的全部时间过程就是水电工程产品的寿命。

3)可靠性

可靠性是指水电工程产品在规定的时间内和规定的条件下完成规定任务的能力。例如某水电工程交付使用后，在使用过程中，其功能发挥稳定，无障碍，运行达到规定的要求②。

4)维修性

水电工程维修性是指工程具有在规定的时间内和规定的条件下，按规定的程序和方法进行维修时，能够保持或恢复规定功能及状态的特性。例如库区淤泥挖掘、库容清理、发电设备检修等维修工作能够较容易且顺利地进行，迅速恢复水电工程的规定功能。

5)安全性

水电工程产品的安全性是指工程具有在使用过程中不发生由于产品质量而导致的人员伤亡、财产损失和环境污染的特性。这个特性主要体现为水电工程使用过程中，在规定的负荷条件下，应能满足规定的强度和稳定度的要求，以及能满足对使用工程产品的人员、相关人员和环境的安全要求。在水电工程项目中，安全性表现为对水电工程各个建筑物和生产设备的安全要求。

为了保证安全，对常规水电站要进行安全检查，包括水库近坝库岸、拦河坝、溢洪道、引水系统(包括压力钢管、进水口)、发电厂房、升压站、泄水(排沙)及消能建筑、库岸边坡、有关生产和管理用房等相应生产、生活建筑物、生产设备及其工艺系统。对抽水蓄能电站的安全检查，包括上下水库主坝、副坝、库盆、输水系统(含进出水口)、地下厂房、升压站、库岸边坡、相应有关生产和管理用房等生产及生活建筑物、生产设备及其工艺系统。水电工程项目交付使用的安全性，必须从这些方面提出要求及进行检查和控制。

6)经济性

水电工程产品的经济性是指工程产品的全部投资或造价，以及生产使用过程中的能耗、材料消耗和维修费用与使用产生的经济效益之间的比较。

对水电工程产品经济性的要求是不但要设计过程质量高、成本低，建设过程中工程质量达标、成本低，而且在正常使用过程中成本和报废成本也要低，使产品整个自然寿

---

① 水电工程项目产品寿命设计可见《中华人民共和国水利行业标准：水利水电工程合理使用年限及耐久性设计规范(SL 654—2014)》。

② 水电工程可靠性设计可参考《水利水电工程结构可靠性设计统一标准》GB50199—2013。

命周期成本为最低，这样才能使经济效益最高，充分表现出经济性要求。为了实现经济性的目标，应做好以下三点工作。

(1)科学规划与设计。在详细研究各种资料的基础上，提出科学合理和切实可行的科研报告，并提出设计任务书。

(2)在工程建设中做到科学施工。在工程项目的施工过程中，采用新技术、新工艺、新材料，科学地组织施工，提高效率、降低成本，创建优质工程。

(3)提高工程使用中的运营效率。在工程竣工验收后的使用过程中，应加强生产经营管理，提高信息化管理能力，创新和应用管理模式，满负荷地充分发挥生产能力，降低运营和维修成本，提高工程产品使用效率与经济效益。

7)环境适应性

环境适应性是指产品在变化的环境中能可靠地运行。例如，水电工程大坝具有适应抗洪的能力，整个工程项目应同周边自然生态环境保持和谐统一，具有与环境协调的能力，如能够具备对环境修复、再生、建设和保护的能力(包括环境中的边坡、河流的连续性、森林植被、水生和陆生动物等)，使水电工程项目建成后适应可持续发展的要求。

8)业主要求的特殊功能

业主要求的特殊功能是指业主在合同中规定的特殊的使用特性和使用价值。水电工程建设是应业主的要求进行的，不同的业主会根据不同的工程环境和工程用途确定工程的使用功能要求，这些要求和意图已经通过文字和图纸反映在合同中。因此，水电工程建设项目的质量除了必须满足有关规范、标准和法律法规外，还必须满足有合同规定的业主要求的特殊功能。

11.4.2 水电工程产品形成的工作质量

水电工程产品形成的工作包括 5 大阶段：①勘察、研究、立项、设计、计划阶段；②工程项目施工建设阶段；③监理阶段；④验收试运行阶段；⑤工程产品交付使用阶段。

因此，水电工程项目建设的产品质量在既定的技术条件下，就取决于这 5 大阶段的工作质量。需要强调说明的是，这 5 个阶段中又包含若干小的工作阶段和工作环节，这些小的工作阶段和环节的工作质量决定着整个工程质量。因此，水电工程项目建设的全体员工和相关人员对工程建设、社会和企业的责任心、工作态度和工作技能，对工程产品质量的形成具有决定性的作用。

由于工程项目建设是一种特殊的物质生产过程，其生产组织特有的流动性、综合性、劳动密集性及协作关系的复杂性，均增加了工作质量和工程项目质量保证的难度。

水电工程项目的全面质量管理主要是按照全面质量管理的 4 大阶段和 8 项步骤，对全体建设人员和相关人员的工作质量进行监督、管理和提高，以此来保证工程产品的质量。

11.4.3 水电工程质量的形成过程及特点

如前所述，水电工程质量是由产品本身形成过程中的工作质量所决定的，为了加强水电工程建设的质量管理，不仅要研究工程质量的内容和工程建设的工作质量，还应研究工程质量形成的过程和特点，这样才能在管理中真正地对工程质量的控制做到有的放矢。

1. 水电工程形成过程对质量的影响

由于工程项目的建设周期长，工程建设各阶段紧密衔接，互相制约和影响，显然，工程建设的各个阶段对建设项目的质量都存在重要的影响，工程项目质量控制首先就应该在这些阶段就进行严格的检查和控制。下面从水电工程形成过程对质量的影响方面进行分析。

(1)项目可行性研究对工程项目建设质量的影响。项目可行性研究是利用技术经济理论，在对项目相关的技术、经济、社会、环境等信息进行调研的基础上，对项目进行技术经济分析、预测和论证，以确定项目建设的可行性，并将论证结果作为决策和方案设计的依据，同时其也是确定工程质量要求的依据。因此，项目可行性研究的科学性和研究的质量对今后工程项目建设质量有重大影响。工程项目可行性研究的内容主要包括：①项目综述；②项目建设的必要性；③项目建设的目标与任务；④建议方案；⑤方案论证；⑥可行性分析；⑦工程建设与运行管理；⑧投资估算与资金筹措；⑨效益分析与评价；⑩结论与建议。

(2)工程设计阶段对工程项目的质量影响。工程设计阶段就是根据已确定的质量目标和水平，通过工程设计将其具体化。设计阶段是影响工程项目质量的决定性环节，它决定着水电工程项目建成后的功能和使用价值，为此，国务院于 2000 年根据《中华人民共和国建筑法》制定并颁布了《建设工程质量管理条例》，其中一个重要内容就是确立了施工设计文件的审批制度，从而强化了对设计质量的监督管理。

(3)施工阶段对工程项目质量的影响。工程项目的施工是按照设计文件和图纸的要求进行的，是工程实体形成的主体工作，施工质量直接影响最终的工程质量，因此，施工阶段是工程质量控制的关键环节。

(4)工程竣工验收阶段对工程质量的影响。工程项目竣工验收的目的是对水电工程项目施工而形成的工程产品进行试车运转的检查和质量评定，考核质量目标是否符合设计的要求。这一阶段是工程建设产品向生产运行交付的必要环节，因此，工程竣工验收结果体现了工程质量水平的最终结果，将直接影响工程能否最终形成满足设计要求的生产能力。

2. 水电工程质量形成的特点

大型水电工程建设涉及面广，建设规模大，投入大，建设周期长，建设过程的技术和管理是一个跨学科跨专业的极为复杂的综合过程，因此，水电工程项目的质量形成特点与一般工业产品不同，主要表现为以下几点。

(1)质量形成过程十分复杂。一般工业产品的生产包含设计、开发、生产、装配、服务各个阶段，这些阶段通常是由一个企业来完成，采用虚拟企业组织*生产方式，即将设计与生产乃至营销都分交由不同的企业来进行，各企业对产品及工作质量的控制比较容易实现。然而，水电工程建设产品质量的形成不仅包括工业生产产品(如电机、电缆、机械设备等)，还包括工程咨询单位、设计承包单位、施工承包单位、材料供应单位、监理单位等，设计单位多，专业跨度大，过程十分复杂，因此也决定了水电工程项目产品的质量形成过程十分复杂，使得质量控制也十分复杂。

(2)影响因素多。由于质量形成的过程复杂，每一个过程都有若干对质量的影响因素，如决策、设计、原材料、机械设备、施工工序、施工方法、技术措施、管理制度、管理水平、自然条件等，都对工程质量有直接或间接的影响。

(3)质量波动较大。工业产品生产有固定的生产线，有规范的生产工艺、完善的检测技术和稳定的生产环境，而水电工程建设一般都是一次性工程，每一个工程都不尽相同，因此没有固定的生产环境，没有固定的生产线，发生影像质量的偶然性因素和系统性因素较多，等等，客观上使工程产品质量波动较大。因此，在水电工程建设过程中，必须对每一个环节的技术和工作质量严格监督和控制，严防影响质量的偶然性因素和系统性因素的出现，才能保证将质量波动控制在一个可接受的范围内。

(4)质量的隐蔽性。施工项目由于工序交接、中间产品和隐蔽工程多，因此，质量形成及质量特点具有较强的隐蔽性，若不及时检查核实实质，事后再看表面，就容易将不合格的产品认为是合格的产品，从而出现质量隐患。

(5)检验的局限性。水电工程项目建成后的质量检查不能解体、拆卸，也就是说，工程项目建成后，不可能像某些工业产品那样，再拆卸或解体检查内在的质量，或重新更换零件；由于工程投资大、规模大、周期长，是一次性工程，即使发现质量有问题，也不可能像工业产品那样实行“包换”或“退款”，因此，应该做到以预防和过程控制为主，防患于未然，严格控制质量形成的过程，保证工程质量达到设计要求，以满足业主的需要。

(6)资金与进度影响。水电工程的质量受建设资金、施工进度的制约较大，一般情况下，资金及时到位，工程进度严格按照施工计划要求进行，那么工程质量就好，反之，质量就差。因此，项目在施工中还必须正确处理质量、投资、进度三者之间的关系，使其达到对立的统一。

以上阐述说明了水电工程质量的形成过程及形成特点，为工程管理人员、技术人员、施工人员及相关人员的质量管理和控制指明了一些控制要点，便于在全部工程质量形成过程中实施有效的控制。

---

* 虚拟组织一词是由肯尼思·普瑞斯(Kenneth Preiss)、史蒂文·戈德曼(Steven · L. Goldman)、罗杰·N. 内格尔(Roger · N. Nagel)三人在1991年编写的一份重要报告——《21世纪的生产企业研究：工业决定未来》中首先提出的，这份报告受到美国国会的重视，为国防部所采纳。在这份报告中，虚拟组织一词被第一次提出来，当时该词的含义很简单，仅作为一种比较重要的企业系统化革新手段被加以阐述。此后，虚拟组织概念得到发展，也日益受到重视。所谓虚拟企业(virtual enterprise)，是指当市场出现新机遇时，具有不同资源与优势的企业为了共同开拓市场，共同对付其他的竞争者而组织的、建立在信息网络基础上的共享技术与信息，共同分担费用，联合开发的、互利的企业联盟体。虚拟企业的出现常常是因为参与联盟的企业为追求一种完全靠自身能力达不到的超常目标，即这种目标要高于企业运用自身资源可以达到的限度。因此企业自发地要求突破自身的组织界限，必须与其他对此目标有共识的企业实现全方位的战略联盟，共建虚拟企业，才有可能实现这一目标。

11.4.4　工程质量的政府监督管理

由于水电工程建设对业主投资、收益和企业发展影响巨大，对当地的社会、经济、生态环境等也会产生巨大影响，因此不仅建设单位、设计单位、施工单位、监理单位必须做好水电工程建设的质量管理工作，保证工程质量达标，同时，当地政府也必须对建设资金、建设过程和工程质量进行严格的监督管理。按照国务院令第 279 号《建设工程质量管理条例》的规定：国家实行建设工程质量监督管理制度。《水利工程质量管理规定》(水利部令第 7 号)明确规定：水利工程质量实行项目法人(建设单位)负责、监理单位控制、施工单位保证和政府监督相结合的质量管理体制。2000 年，原国家电力公司颁布了《水电建设工程质量管理办法(试行)》(国电水［2000］83 号)，并规定，水电工程建设必须严格遵守国家有关质量管理的法律法规和政策，并应在有关的文件、合同中明确体现。

按《水利工程质量管理规定》，水利部主管全国水利工程质量监督工作，水利工程质量监督机构按总站、中心站和站三级设置，其中：

(1)水利部设置全国水利工程质量监督总站，办事机构设在建设司。水利水电规划设计管理局设置水利工程设计质量监督分站，各流域机构设置流域水利工程质量监督分站作为总站的派出机构。

(2)各省、自治区、直辖市水利(水电)厅(局)，新疆生产建设兵团水利局设置水利工程质量监督中心站。

(3)各地(市)水利(水电)局设置水利工程质量监督站。

各级质量监督机构隶属于同级水利行政主管部门，业务上接受上一级质量监督机构的指导。

按照《水电建设工程质量管理办法(试行)》的规定，水电建设工程应接受水电建设工程质量监督总站的质量监督。质量监督总站负责水电建设工程的质量归口管理工作，并直接负责列入国家建设计划或在国家登记备案的水电建设工程的质量监督工作。质量监督的主要责任是[131]：

(1)贯彻国家有关基本建设质量制度和质量管理的法律法规及方针政策。

(2)监督有关质量管理办法、规定的实施。

(3)监督和指导质量事故的调查、处理；组织重大、特大质量事故调查，向有关部门提出有关事故责任的处理意见。

(4)负责工程安全鉴定的管理工作。

(5)参加重要的水电建设工程的蓄水验收和竣工验收。

(6)组织有关水电工程质量等级的评定工作。

(7)负责水电质量监督中心站的考核工作和质量巡视员的考核和发证工作。

(8)质量监督总站实行质量巡视制度，聘任巡视员、组织巡视组对水电建设工程进行不定期巡视检查。巡视工作按《水电建设工程质量巡视实施细则》执行。

(9)根据国家规定，水电工程质量监督费用按委托监督工程的建筑安装工作量的 0.5‰～1.5‰收取，主要用于聘任质量巡视员和专职质量管理人员、质量监督工作会议费，购买质量监督机构办公用品，业务培训和技术咨询等工作费用。收取的质量监督费用计入工程造价。

(10)质量监督中心站负责列入本地区建设计划或在本地区登记备案的水电建设工程质量监督工作，可参照质量监督总站制定其工作原则和工作方法，并报质量监督总站核准备案。

11.4.5 水利水电工程相关单位质量责任体系[132]

参与水电工程项目建设的相关各方都应根据国家颁布的《建设工程质量管理条例》《水利工程质量管理规定》《水电建设工程质量管理办法(试行)》及合同、协议和有关文件的规定承担相应的质量责任。相关责任单位及其应负的责任如下。

1. 项目法人(建设单位)的质量责任

(1)项目法人(建设单位)应根据国家和水利部的有关规定依法设立，主动接受水利工程质量监督机构对其质量体系的监督和检查。在水电工程项目开工前，项目法人(建设单位)应按规定向水利工程质量监督机构办理工程质量监督手续。在施工过程中，应主动接受质量监督机构的监督检查。项目法人(建设单位)应该提高管理水平，加强工程质量管理，根据工程特点建立质量管理机构和质量管理制度。同时要建立健全工程施工质量检查体系，强化对施工质量的监督和检查，保证工程质量达到设计要求。

(2)项目法人(建设单位)应根据工程规模和工程特点，按照水利部有关规定，通过资质审查招标选择勘测设计、施工、监理单位，严格实行合同管理。项目法人(建设单位)应将工程发包给具有相应资质等级的单位，不得将应有一个承包单位完成的建设工程项目分解成若干部分发包给几个承包单位，也不得迫使承包方以低成本价格竞标，不得任意压缩合理工期。项目法人不得明示或暗示设计单位或施工单位违反工程建设强制性标准，降低建设工程质量。

(3)在合同文件中必须要有工程质量条款，明确图纸、资料、工程、材料、设备等的质量标准，以及在合同中明确规定合同双方的质量责任。

(4)建设单位必须向与建设工程有关的勘察、设计、施工、监理等单位提供与建设工程相关的原始资料，原始资料必须真实、准确、齐全。

(5)建设单位应当委托具有相应资质等级的工程监理单位进行监理。

(6)建设单位应该积极组织设计，和施工单位进行设计交底工作。在施工中应对工程质量进行监督和检查。工程完工后应及时组织有关单位进行工程鉴定、验收和签证。

2. 勘察设计单位的质量责任

(1)勘察、设计单位应当依法取得相应等级的资质证书，并在其资质等级允许的范围内开展工作和承揽工程。按国家规定，严格禁止勘查和设计单位超越其资质等级许可范围或以其他勘察、设计单位的名义承揽工程；禁止勘察、设计单位允许其他单位或个人以本单位的名义承揽工程。勘察、设计单位不得转包或违法分包所承揽的工程。

(2)勘察、设计单位必须按照强制性标准进行勘查和设计，并对其勘查和设计质量全面负责。注册建筑师、注册结构工程师等注册执业人员必须在勘察或设计文件上签字，对设计文件负责。

(3)勘察单位提供的地质、测量、水文等勘查结果必须真实、准确，并对结果负责。

(4)设计文件必须符合基本要求。①设计单位应根据勘察成果文件和工程特点、要求进行设计。设计文件必须符合国家规定的设计深度要求，并注明工程合理使用年限。②设计文件必须符合国家、水利部和国家电力总公司有关水电工程建设的法律法规、工程勘察设计技术规程、技术标准和合同要求。③设计依据的基本材料应完整、准确、可靠，设计论证充分，计算结果科学可靠。④设计文件的深度应满足相应设计阶段有关规定的要求，设计质量必须满足和保证工程质量、安全的需要，同时必须符合设计规范的要求。⑤设计单位在设计文件中应明确选用的建材、建筑构配件和设备，并注明其规格、型号、性能等技术指标，其质量必须符合国家规定的标准。⑥设计单位应按合同的规定，及时提供设计文件和施工图纸，在工程的施工过程中，要随时掌握施工现场的情况，以便优化设计、指导施工和解决施工中有关设计的问题。对大中型水电工程建设项目，设计单位还应按合同规定，在施工现场设立设计代表或派驻设计代表。⑦设计单位应按国家有关规定，在工程建设的阶段验收、单位工程验收和整个工程竣工验收中，对施工质量是否满足设计要求给出鉴定和评价。

3. 施工单位的质量责任

(1)施工单位必须严格按照自己的资质等级和业务范围承揽工程施工任务，严格禁止超越本单位资质等级许可的业务范围或以其他施工单位的名义承揽工程。严格禁止施工单位允许其他施工单位或个人以本单位的名义承揽工程，禁止施工单位转包或违法分包工程。

(2)禁止施工单位将其承接的水电工程建设项目主体工程进行转包。可以对工程进行分包，但分包单位必须具备相应的资质等级，分包单位必须对其分包的施工质量向总包负责。总承包单位与分包单位对分包的工程质量承担连带责任。工程进行分包时，必须经过项目法人(建设单位)的认可。

(3)施工单位必须严格遵照国家、水利部和国家电力总公司有关水电工程建设法律法规、技术规程、技术标准的规定及设计文件和施工合同的要求进行施工，并对其施工工程质量负责。施工单位不得擅自修改工程设计，在施工中发现设计文件和图纸有差错时，应及时向建设单位和监理单位提出意见和建议。

(4)施工单位必须严格按照工程设计要求、施工标准和合同约定，对施工所用建材、建筑构配件、机械设备和商品混凝土进行质量检验，检验应有书面材料和检验人员的签字，未经检验或检验不合格不得使用。对涉及结构安全的试块、试件及有关材料，施工人员应当在建设单位或监理单位的监督下现场取样，并送具有相应资质等级的质量检测单位进行检测。施工单位对施工中出现质量问题的建设工程或竣工验收不合格的建设工程，应负责返修。

(5)施工单位要推行全面质量管理，建立健全质量保证体系，制定和完善岗位质量规范、质量责任和质量考核办法，落实质量责任制。认真执行质量管理的“三检制”，做好工程质量的全过程控制。工程质量管理“三检制”就是“班组自检→技术主管检查→质检工程师专检”相结合的工程质量检查管理制度，“三检制”的主要内容有三点。①班组自检。每道工序施工时，班组长应组织和监督班组工人严格按照图纸、操作规程和技术交底、施工规范等要求进行施工，全面负责班组质量自检和工序交接检工作，发挥班组兼职质检员的作用，对有缺陷或问题的施工工序，要及时督促整改，直至符合质量标准。施工工序完成后班组长负责自检，合格后填写“三检制”检查记录表，签字后将“三检制”检查记录表报技术主管检查。班组长未进行自检或未在“三检制”检查记录表上签字的，技术主管有权拒绝进行检查验收。②技术主管检查。技术主管接到班组长签字的“三检制”检查记录表后，应立即根据图纸、操作规程和技术交底、施工规范等要求对施工工序进行检查验收。对于有缺陷或问题的施工，要指出缺陷和问题，提出相应的整改措施或现场给以技术指导，并督促班组整改。对拒不整改的，有权及时上报，并拒绝在“三检制”检查记录表上签字。对验收符合要求或整改到位的，及时填写“三检制”检查记录表，并签字报专职质检工程师组织验收。③质检工程师专检。专职质检工程师对工序质量组织验收前，要熟悉图纸、操作规程和技术交底、施工规范等对工序的要求，会同技术主管、班组长等人员一同对工序进行验收。验收发现工序有缺陷或一般问题，应督促指导班组及时整改。检查验收时发现较大问题或需要返工的，应及时上报部门领导或项目部领导，并书面下发整改、返工通知书。检查验收合格后，方可报请监理工程师进行工序验收，并认真做好“三检制”验收记录表的填写工作，对合格的工序进行拍照并保留电子影像资料。

(6)工程发生质量事故后，施工单位必须及时按照有关规定向建设单位(项目法人)、监理单位及部门报告，并保护好现场，接受工程质量事故调查，认真做好事故处理。

(7)施工单位在工程竣工时，必须保证工程质量符合国家、水利部和国家电力总公司现行工程标准和设计文件的要求，并向项目法人(建设单位)提交完整的技术档案、实验成果和有关资料。

4. 监理单位的质量责任

(1)监理单位必须持有相应的监理单位资格等级证书，要严格依照核定的监理范围承担相应的水电工程的监理任务。严格禁止工程监理单位超越本单位资质等级许可的范围或以其他工程监理单位的名义承担工程监理任务。严格禁止工程监理单位允许其他单位或个人以本单位的名义承担水电工程监理业务。

(2)监理单位必须严格执行国家、水利部和国家电力公司颁布的法律、法规、技术标准，严格履行监理合同。

(3)监理单位应根据所承担的监理任务，向水电工程施工现场派出相应的监理机构和监理人员，人员配置必须满足工程项目的需要。监理工程师上岗必须持有监理工程师岗位证书，对于一般的监理人员，上岗前必须经过岗前培训。

(4)水电工程监理单位应当选派具有相应资格的总监理工程师和监理工程师进驻施工现场。未经监理工程师签字，工程施工所用的建材、建筑构配件和机械设备不得在工程上使用或安装，施工单位也不得进行下一道工序的施工。未经总监理工程师签字，建设单位不得拨付工程款，不得进行工程竣工验收。

(5)监理单位应根据监理合同参与水电工程项目招标工作，按照保证工程质量、全面履行工程承建合同的要求，签发施工图纸，审查施工单位的施工组织设计和技术措施，指导监督合同中有关质量标准、质量要求的实施，参加工程质量检查、工程质量事故调查、处理和工程验收工作。

5. 建筑材料、设备采购单位的质量责任

(1)建筑材料和所供设备的质量由采购单位承担责任，凡进入施工现场的建材、设备，均应按有关规定进行严格的检验，未经检验及不合格的产品，不得用于工程。

(2)建材和设备的采购单位具有按合同规定自主采购的权力，其他单位或个人不得干预。

(3)建筑材料和工程设备应当符合以下要求：①有产品质量检验合格证明；②有中文标明的产品名称、生产厂名和厂址；③产品包装和商标式样符合国家有关规定和标准要求；④工程设备应有产品详细说明书，电气设备还应附有线路图；⑤实施生产许可证或质量认证的产品，应有相应的许可证或认证书。

11.5　水电工程质量控制的统计分析

如前所述，在产品质量控制中，质量管理所采集的数据是质量控制的基础，只有用数据进行分析，才能得出科学的判断和结论。在全面质量管理中，应用数理统计的方法，通过数据的收集、整理和分析，可以及时地发现问题，采取对策和措施，因此，数理统计方法是水电工程质量控制的有效手段。

11.5.1　数理统计质量控制的基本概念

数理统计质量控制方法就是利用数理统计原理和方法，对生产过程和产品质量实施科学的分析、判断、决策和控制的一种质量管理手段。这个方法的基本特点，就是用具有代表性的样本(部分)来代替总体。也就是说，用典型样品代替总体。可见，它不是对一批产品(或工序加工的零件)全数检查，而是进行系统的抽样检查，即从要调查的整个对象中任意抽取一部分进行检查和测定，测得一批数值加以科学整理，经过分类、分组、计算、图示等加工，通过对这个局部(及一部分样品)的分析研究，运用统计推理的方法来预测推断总体的质量状况，从而把包含在数据中的规律性揭示出来。这个方法是建立在数理统计学的理论基础上的，是数理统计学在质量管理中的具体应用。

11.5.1.1　总体与样本

(1)总体。总体是指所研究的对象的全体。总体是由若干个个体所组成，个体是总体的基本组成元素。总体中所含的个体数目通常用 N 表示。一般把从每一件产品测得的某一质量数据，如强度、几何尺寸、质量等特性值视为个体，产品的全部质量数据的集合就是总体。

(2)样本。样本是从总体中随机抽取出来的，并根据对其研究结果推断总体特征值的那个部分个体。被抽中的个体就称为样本，样本的数目称为样本容量，用 n 表示。

11.5.1.2 数据特征值

1)总体算术平均数 μ

$$\mu = \frac{1}{N}(X_1 + X_2 + \cdots + X_N) = \frac{1}{N}\sum_{i=1}^{N} X_i$$

式中，N 为总体中的个数；X_i 为总体中第 i 个个体的质量特性值。

2)样本算术平均数 $\bar{x}$

$$\bar{x} = \frac{1}{n}(x_1 + x_2 + \cdots + x_n) = \frac{1}{n}\sum_{i=1}^{n} x_i$$

式中，n 为样本容量；x_i 为样本中第 i 个样本的质量特性值。

3)样本中位数

样本中位数是指将样本数据值按大小排列后位置据中间的数值。当样本数 n 为奇数时，数列居中的一位数就是中位数；当样本数为偶数时，取居中的两位数的平均值作为中位数。

4)极差 R

极差是数据中最大值与最小值之差，是用数据变动的幅度来反映分散状况的特征值。极差计算较简单，使用方便，但是比较粗略，数值只受两个极端值的影响，因此，忽略的质量信息较多，不能反映中间数据的分布情况和波动规律，仅适用于小样本。其计算公式为

$$R = x_{\max} - x_{\min}$$

5)标准偏差

标准偏差简称标准差或均方差，是个体数据与数据均值离差平方和的算术平均数的算术根。总体的标准差用 σ 表示，样本的标准差用 s 表示。标准差值小，说明数据分布集中程度高，离散程度低，因此，数据均值对总体的代表性好，反之则代表性不好。标准差的平方为方差，具有鲜明的数理统计特征，能够确切地说明数据分布的离散程度和波动规律，是最常用的反映数据变异程度的特征值。其计算公式如下：

(1)总体的标准差

$$\sigma = \sqrt{\frac{\sum_{i=1}^{n}(x_i - \mu)^2}{N}}$$

(2)样本的标准差

$$s = \sqrt{\frac{\sum_{i=1}^{n}(x_i - \bar{x})^2}{n-1}}$$

当样本量足够大($n \geqslant 50$)时，样本标准差 s 接近总体标准差 σ，上式中的分母 $n-1$ 就可简化为 n。

6）质量数据的变异

在生产或施工的实践中，即使所使用的材料、设备、工艺及操作人员都相同，但生产出来的同一种产品的质量却不一定相同，这反映在质量数据上就是数据的波动性，这也成为质量数据的变异性。经过大量的观察发现，质量数据波动的主要原因可以归纳为5大方面（也称为4M1E），即人（man）、材料（materiai）、机械（machine）、方法（method）、环境（environment）。

根据造成质量数据波动的原因，以及对工程质量影响程度和消除的可能性，又可以将质量数据分为正常波动和异常波动两大类。质量特性值的数据变化在质量标准允许范围内称为正常波动。正常波动是由偶然性因素引起的，只要波动在质量标准允许范围内，就可以接受。质量特性值的数据变化在质量标准允许范围外就称为异常波动。

（1）偶然性因素对质量波动的影响。偶然性因素是指有不可避免的、偶然出现的影响质量波动的因素。这种影响因素具有微小变化和随机发生的特点，是不可避免和难以观测和控制的，或者在经济上不值得去消除，或者难以从技术上消除，如原材料中的微小差异、设备正常磨损或轻微震动、检验误差等。这种质量差异大量存在，但对产品或工程质量影响较小，属于允许变差、允许位移的范畴，一般不会因此造成废品。生产过程仍正常和稳定。通常把4M1E因素中的这类因素都归为影响质量的偶然性原因、不可避免原因或正常原因。

（2）系统性因素对质量波动的影响。系统性因素是指生产系统运行过程中出现的引起4M1E因素发生较大变化，从而使产品或工程质量特性数值波动较大，甚至超出质量标准允许范畴的因素。系统性因素，如工人未遵守操作规程、机械设备发生故障或过度磨损、原材料质量规格有显著差异等系统情况出现时，未能及时排除，使得生产过程不正常、不稳定，产品或工程质量特性数据离散过大或与质量标准有较大偏差，表现为质量数据异常波动，从而产生废品、次品。异常波动是由系统性因素引起的，这种波动已经形成质量不合格的产品或工程，是不可以接受的。由于异常波动的特征明显，容易识别和控制，因此，必须加强生产过程中对质量形成的事前、事中和事后监控，分析系统原因，改善系统结构和运行方式，消除质量隐患。

（3）质量数据变异系数的计算。变异系数又称为离散系数或离差系数，是使用标准差除以算数平均数得到的相对数。它表明数据的相对离散波动程度。变异系数小，说明数据分布的集中程度高，离散程度低，因此，均值对样本的代表性好，反之则代表性不好。由于消除了数据平均水平不同的影响，变异系数适用于均值有较大差异的总体之间离散程度的比较，应用更为广泛，其计算公式为

$$C_v = \frac{s}{\overline{X}}$$

式中，C_v 为变异系数。

11.5.2　质量控制常用的数据分析方法

质量控制的数理统计方法众多，这里选择一些主要的便于操作的方法进行介绍。

11.5.2.1 分类法

分类法又叫分层法，是加工整理数据的一种重要而简单的方法，也是分析影响质量原因的一种基本方法。这种方法的基本特点是，把收集到的数据按照不同的目的、标志加以分类，把性质相同、生产条件相同的数据归并为一类，使数据反映的事实、影响质量的原因及责任划分清楚，便于找出问题，有针对性地采取措施。常用的分类标志有操作者、设备、材料、操作方法、时间、检测手段、环境等。分类法如表 11-4 所示

表 11-4 分类法

分类标志	数据分析的内容
设备	设备类别、精密程度、役龄长短
材料	产地、制造厂矿、成分规格、批料时间、投料批量
操作方法	不同生产方式及其种类
操作	不同操作条件、工艺要求、生产速度
操作者	年龄、性别、文化程度、技术水平、工作班次
时间	不同日期、班次
检测手段	测量者、测量仪器、取样方法、取样条件
环境	地区、气候、使用条件

11.5.2.2 排列图法

排列图法又称巴雷特图法，是找出影响产品或工程质量主要问题的一种有效方法，其形式如图 11-2 所示。

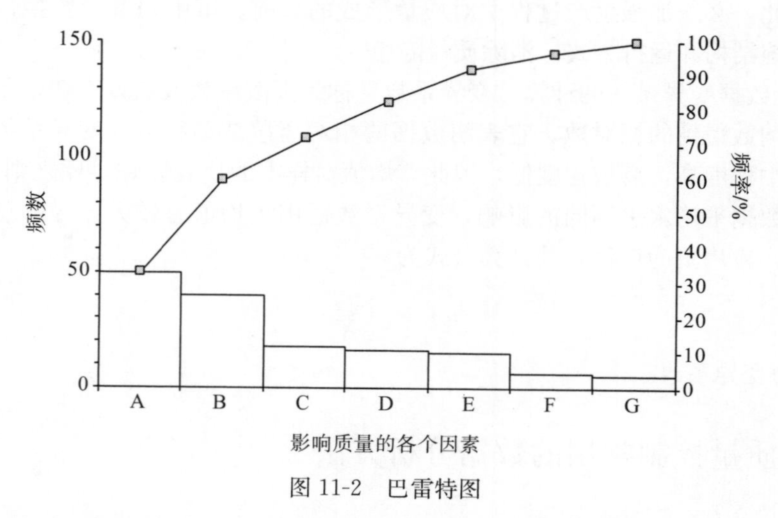

图 11-2 巴雷特图

排列图中有两个纵坐标、一个横坐标、几个直方图和一条曲线。左边的纵坐标代表频数，即影响调查对象质量的因素重复发生或出现的次数(个数、点数)。右边的纵坐标

表示频率，以百分比表示，即各因素的频数占总频数的百分比。横坐标表示影响质量的各个因素，并且按影响程度的大小从左至右排列，直方形的高度表示某个因素影响的大小。曲线表示各因素影响大小的累计百分数，这条曲线称为巴雷特曲线。通常把累计百分数分为三类：0%～80%为A类，是累计百分数在80%的影响因素，显然这是主要影响因素；累计百分数在80%～90%的为B类，是次要因素；累计百分数在90%～100%的为C类，在这一区间的因素是一般因素。

举例*，根据某水电工程工地现浇混凝土构件尺寸质量检查数据统计表，绘制排列图并分析影响的主次因素。

1. 排列图的绘制

某工地现浇混凝土构件尺寸质量检查结果是：在全部检查的8个项目中不合格点(超偏差限值)有150个，为改进并保证质量，应对这些不合格点进行分析，以便找出混凝土构件尺寸质量的薄弱环节。

1)收集整理数据

首先收集混凝土构件尺寸各项目不合格点的数据资料，见表11-5。以全部不合格点数为总数，计算各项的频率和累计频率，结果见表11-6。

表 11-5　不合格点统计表

序号	检查项目	不合格点数	序号	检查项目	不合格点数
1	轴线位置	1	5	平面水平度	15
2	垂直度	8	6	表面平整度	75
3	标高	4	7	预埋设施中心位置	1
4	截面尺寸	45	8	预留孔洞中心位置	1

表 11-6　不合格点项目频数频率统计表

序号	项目	频数	频率/%	累计频率/%
1	表面平整度	75	50.0	50.0
2	截面尺寸	45	30.0	80.0
3	平面水平度	15	10.0	90.0
4	垂直度	8	5.3	95.3
5	标高	4	2.7	98.0
6	其他	3	2.0	100.0
合计		150	100.0	

2)排列图的绘制

(1)画横坐标。将横坐标按项目数等分，并按项目频数由大到小顺序从左至右排列，该例中横坐标分为六等份。

* 资料来源：Ji. Zhulong. com Lixh-7，2014-07-25。

(2)画纵坐标。左侧的纵坐标表示项目不合格点数，即频数，右侧纵坐标表示累计频率。

(3)画频数直方形。以频数为高画出各项目的直方形。

(4)画累计频率曲线。从横坐标左端点开始，依次连接各项目直方形右边线及所对应的累计频率值的交点，所得的曲线即为累计频率曲线。

(5)记录必要的事项。如标题、收集数据的方法和时间等。

图 11-3 为本例混凝土构件尺寸不合格点排列图。

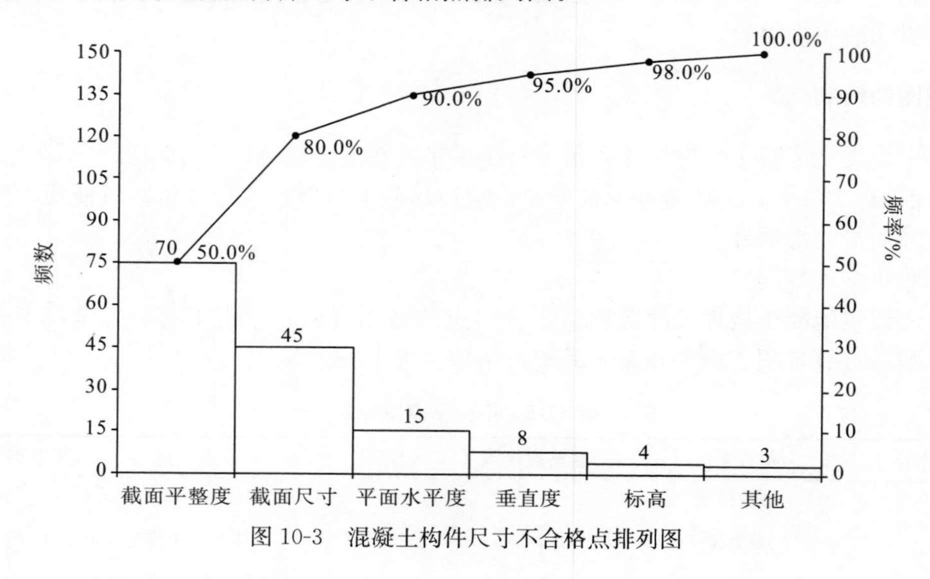

图 10-3　混凝土构件尺寸不合格点排列图

2. 利用排列图分析确定主次因素

将累计频率曲线按 0%～80%、80%～90%、90%～100%分为三部分，各曲线下面所对应的影响因素分别为 A、B、C 三类因素。该例中 A 类即主要因素是表面平整度(2m 长度)和截面尺寸(梁、柱、墙板、其他构件)，B 类即次要因素是平面水平度，C 类即一般因素是垂直度、标高和其他项目。综上分析结果，下一步应重点解决 A 类质量问题。

11.5.2.3　因果分析图法

因果分析图法是利用绘制质量问题产生的因果关系系统来整理和分析某个质量问题的一种质量管理的有效工具。由于因果分析图是按照主要原因、影响主要原因的次要原因层层绘制和分析，图形形状类似于树枝或鱼刺，因此也被称为树枝图或鱼刺图。

因果分析图由质量结果(质量特性，即某个质量问题)、问题的主要原因、枝干(指一系列箭线，表示不同层次的原因)、主干(直接指向或直接影响质量问题的水平箭线)等组成，如图 11-4 所示。

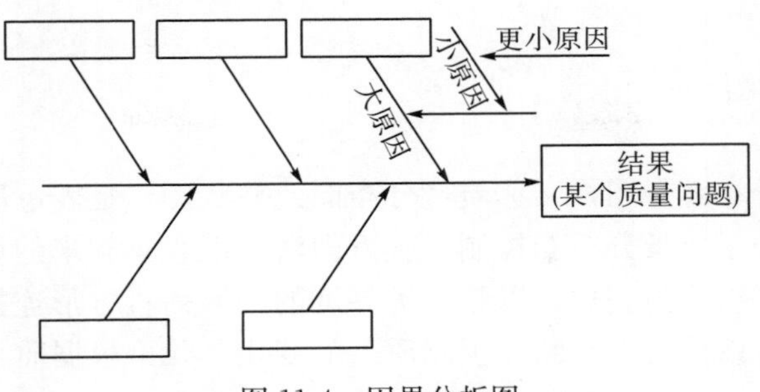

图 11-4　因果分析图

下面举例说明因果分析图的绘制方法。

举例[133]，某水电工程施工中混凝土强度质量因果分析。

分析如下：

(1)首先确定出现的质量问题(质量结果)。本例质量问题是混凝土强度不足，作图时，首先由左至右画出一条水平主干线，箭头直指矩形方框，框中注明需要分析的质量问题，即结果。

(2)分析并确定影像质量特性的主要问题，绘制主干，即影响质量的主要原因。本例影响混凝土强度的主要原因是人、机械、材料、方法和环境 5 大要素。

(3)将各主要原因进一步分解为中原因、小原因，直至分解的原因可以采取具体措施加以解决位置。把中小原因绘制成直指主要原因(主干)的中枝干和小枝干，形成完整的树形或鱼刺型结构，构成质量分析网络。

(4)检查影响质量的原因是否已完全罗列，对分析的结果广泛征求意见，进行补充和修改。

(5)选择出影响质量的关键因素，作为重点改进问题并制定改进措施，在质量管理中加以执行。

(6)措施实现后，还应再用排列图等检查其效果。

混泥土强度因果分析图如图 11-5 所示。

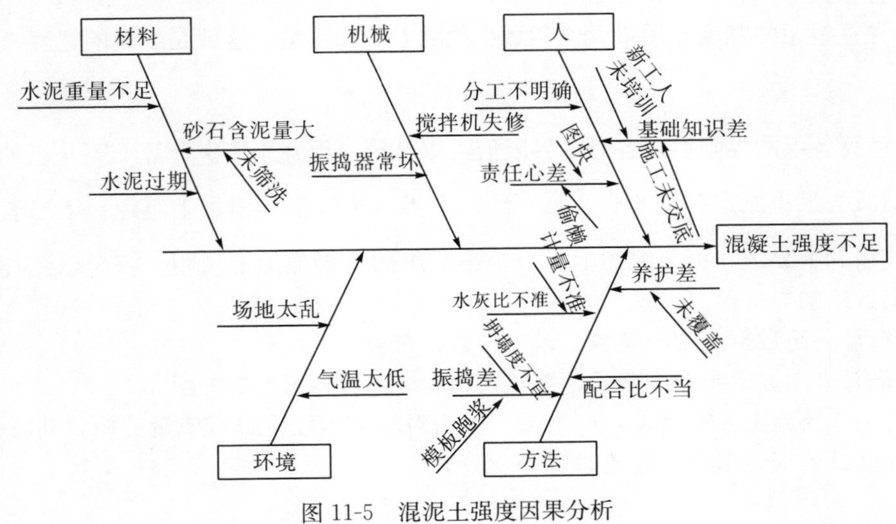

图 11-5　混泥土强度因果分析

11.5.2.4 直方图法

直方图即频数分布直方图，又称质量分布图或柱状图，是表示质量特性数据变化的一种主要的工具，用于质量分析和控制。直方图法是把收集起来的质量特性数据整理后分成若干组，画出以组距为底边、以频数为高度的一系列直方形连接起来的矩形图，通过对图形的观察，可以分析、判断和预测质量的变化，并可根据质量特性的分布情况进行控制和调整。

1. 直方图的作图法

(1)整理数据。用随机抽样的方法抽取数据。一般将分组个数称为组数，每一组的两个端点的差称为组距。确定组距的原则是分组结果能够正确反映数据的分布规律。组数应该根据数据多少来确定。组数过少，不能反映数据分布规律；组数多则使数据过于零乱分散，也不能反映质量分布情况，一般要求数据在 100 个以上，在数量不多的情况下至少应在 50 个以上。

确定组数的原则是分组的结果能够正确地反映出数据的分布规律。组数应根据数据的多少来确定。组数过少不能有效反映出数据分布的规律。组数过多则会使数据零乱和分散，也不能有效地反映出质量特性数据分布状况，一般在分析中都采用经验数据编制成分组表，如表 11-7 所示。

表 11-7 以经验数据确定的分组状况

数据的数量 n	适当的分组数 k	一般使用的组数 K
50～100	6～10	
100～250	7～12	10
250 以上	10～20	

(2)将数据分成若干组，并做好记号。

(3)计算组距的宽度。用最大值和最小值之差去除组数，这就是组距的宽度，即

$$\text{组距宽度} = \frac{X_{\max} - X_{\min}}{\text{组数}}$$

(4)计算各组的界限值。各组的界限值可以从第一组开始依次计算。第一组的下界值为最小值减去最小测定单位的$\frac{1}{2}$，第一组的上界值为其下界值加上组距。第二组的下界值为第一组的上界值，第二组的上界值为第二组的下界值加上组距。其余以此类推，就可计算出各组的界限值。

(5)统计各组数据出现的频数，做出频数分布表。

(6)做直方图。以组距为底长，以频数为高度，做各组的矩形图。

例：某建筑施工工地浇筑 C30 混凝土，为对其抗压强度进行质量分析，共收集了 50 份抗压强度试验报告单，经整理如表 11-8 所示。

表 11-8　数据整理表

序号	试块抗压强度数据/MPa					X_{max}/(N/mm²)	X_{min}/(N/mm²)
1	39.8	37.7	33.8	31.5	36.1	39.8	31.5
2	37.2	38.0	33.1	39.0	36.0	39.0	33.1
3	35.8	35.2	31.8	37.1	34.0	37.1	31.8
4	39.9	34.3	33.2	40.4	41.2	41.2	33.2
5	39.2	35.4	34.4	38.1	40.3	40.3	34.4
6	42.3	37.5	35.5	39.3	37.3	42.3	35.5
7	35.9	42.4	41.8	36.3	36.2	42.4	35.9
8	46.2	37.6	38.3	39.7	38.0	46.2	37.6
9	36.4	38.3	43.4	38.2	38.0	43.4	36.4
10	44.4	42.0	37.9	38.4	39.5	44.4	37.9
		X_{max}，X_{min}				46.2	31.5

求解的步骤如下：

第一步，确定最大值 X_{max}、最小值 X_{min} 和极差 R。本例中，

$$X_{max} = 46.2,\ X_{min} = 31.5$$

$$R = X_{max} - X_{min} = 46.2 - 31.5 = 14.7(\text{N/mm}^2)$$

第二步，确定组数、组距和组中值。

(1)确定组数 k。根据数据取组数为 $k=8$。

(2)确定组距。组距是组与组之间的间隔，也就是一个组的范围，各组组距应相等，组距 $h=\frac{R}{k}$。本例中 $h=\frac{14.7}{8}=1.84$。

(3)计算组中值。组中值按下面的公式计算：

$$\text{某组组中值} = \frac{\text{某组下界值} + \text{某组上界值}}{2}$$

第三步，确定组界值。

(1)第一组下界值：

$$X_{min} - \frac{h}{2} = 31.5 - \frac{1.84}{2} = 30.58$$

(2)第一组上界值：

$$X_{min} + \frac{h}{2} = 31.5 + \frac{1.84}{2} = 32.42$$

或者，

$$\text{第一组下界值} + \text{组距} = 30.58 + 1.84 = 32.42$$

(3)第一组的上界值就是第二组的下界值，第二组的上界值等于下界值加组距 h，其余以此类推。

第四步，编制数据频数统计表，见表 11-9。

表 11-9　数据频数统计表

组号	组区间值	组中值	频数	频率/%
1	30.58～32.42	31.5	2	4
2	32.42～34.26	33.34	4	8

续表

组号	组区间值	组中值	频数	频率/%
3	34.26～36.1	35.18	9	18
4	36.1～37.94	37.02	10	20
5	37.94～39.78	38.86	13	26
6	39.78～41.62	40.7	5	10
7	41.62～43.46	42.54	5	10
8	43.46～45.3	44.38	1	2
9	45.3～47.14	46.22	1	2
	合计		50	100

从数据频数统计表中可以看出，浇筑 C30 混凝土，50 个试块的抗压强度是各不相同的，这说明质量特性值是有波动的。但这些数据分布是有一定规律的，就是数据在一个有限范围内变化，且这种变化有一个集中趋势，即强度值在 37.94～39.78 的试块最多，可把这个范围即第五组视为该样本质量数据的分布中心，随着强度偏离分布中心，数据逐渐减少。为了更直观、更形象地表现质量特征值的这种分布规律，应进一步绘制出直方图。

第五步，绘制频数分布直方图。以频率为纵坐标，以组中值为横坐标，绘制直方图，如图 11-6 所示。

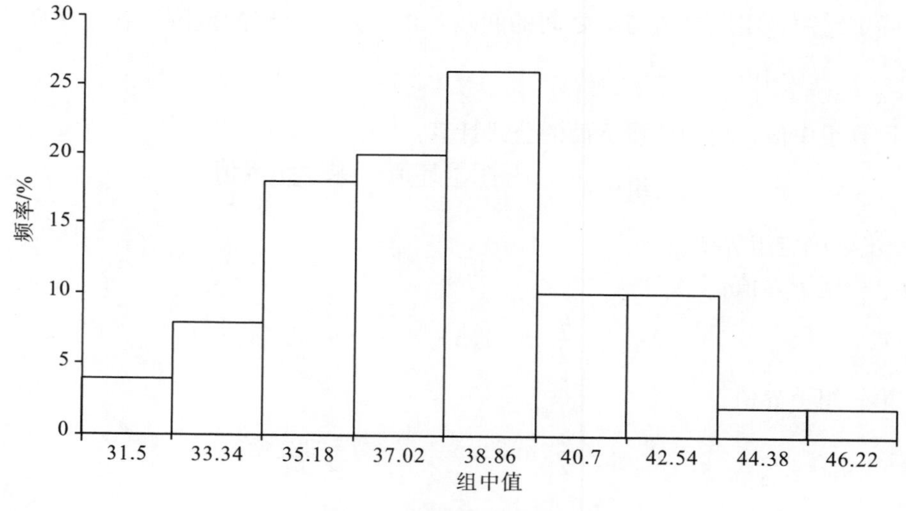

图 11-6　频数分布直方图

2. 直方图的观察与分析

1)观察直方图的形状，判断质量分布状态

作完直方图后，首先要认真观察直方图的整体形状，看其是否属于正常型直方图。正常型直方图就是中间高，两侧底，左右接近对称的图形，如图 11-7(a)所示。

出现非正常型直方图时，表明生产过程或收集数据作图有问题。这就要求进一步分析判断，找出原因，从而采取措施加以纠正。凡非正常型直方图，其图形分布有各种不同缺陷，归纳起来一般有 5 种类型，如图 11-7 所示。

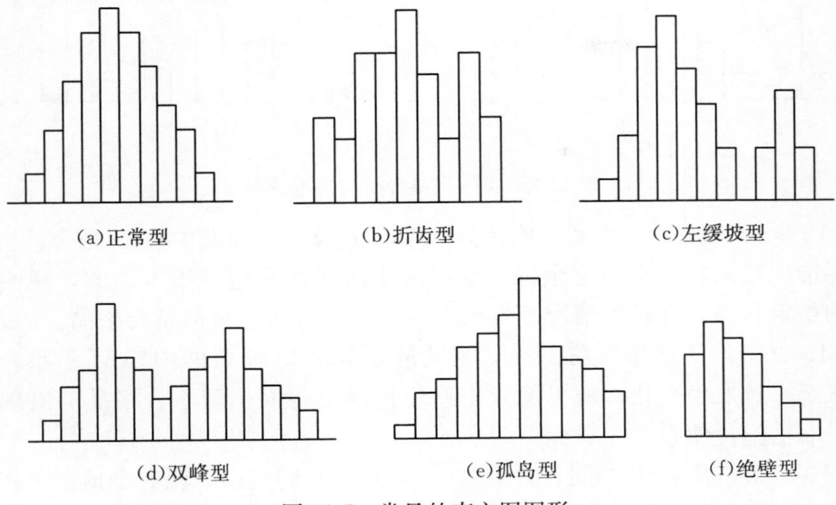

图 11-7　常见的直方图图形

(1)折齿型(图 11-7(b))，是由于分组组数不当或组距确定不当出现的直方图。

(2)左(或右)缓坡型(图 11-7(c))，主要由于操作中对上限(或下限)控制太严造成。

(3)双峰型(图 11-7(d))，是由于用两种不同方法或两台设备或两组工人进行生产，然后把两方面数据混在一起整理产生。

(4)孤岛型(图 11-7(e))，是由于原材料发生变化或临时他人顶班作业造成。

(5)绝壁型(图 11-7(f))，是由于数据收集不正常，可能有意识地去掉下限以下的数据，或是在检测过程中存在某种人为因素所造成。

2)将直方图与质量标准比较，判断实际生产过程能力

作出直方图后，除了观察直方图的形状，分析质量分布状态外，还应将正常型直方图与质量标准比较，从而判断实际生产过程能力。正常型直方图与质量标准相比较，一般有如图 11-8 所示的 6 种情况。图中，T 表示质量标准要求界限；B 表示实际质量特征分布范围。

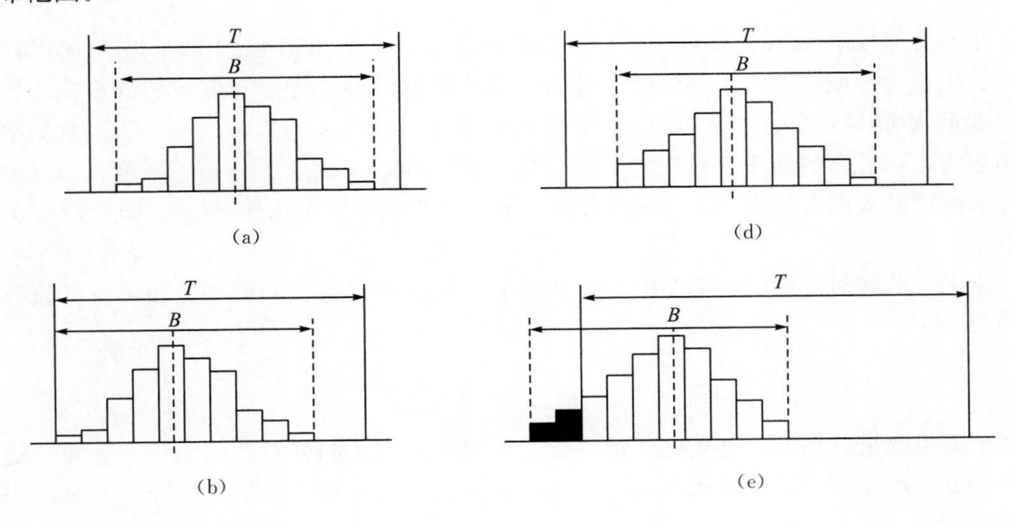

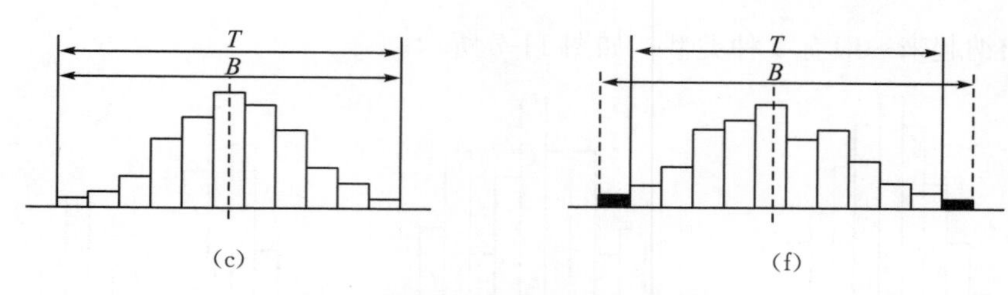

图 11-8　实际质量分析与标准比较

(1)图 10-8(a)，B 在 T 中间，质量分布中心 x 与质量标准中心 M 重合，实际数据分布与质量标准比较两边还有一定余地。这样的生产过程质量是很理想的，说明生产过程处于正常的稳定状态。在这种情况下生产出来的产品可认为全都是合格品。

(2)图 10-8(b)，B 虽然落在 T 内，但质量分布中 x 与 T 的中心 M 不重合，偏向一边。生产状态一旦发生变化，就可能超出质量标准下限而出现不合格品。出现这种情况时应迅速采取措施，使直方图移到中间来。

(3)图 10-8(c)，B 在 T 中间，且 B 的范围接近 T 的范围，没有余地，生产过程一旦发生小的变化，产品的质量特性值就可能超出质量标准。出现这种情况时，必须立即采取措施，以缩小质量分布范围。

(4)图 10-8(d)，B 在 T 中间，但两边余地太大，说明加工过于精细，不经济。在这种情况下，可以对原材料、设备、工艺、操作等控制要求适当放宽些，有目的地使 B 扩大，从而有利于降低成本。

(5)图 10-8(e)，质量分布范围 B 已超出标准下限，说明已出现不合格品。此时必须采取措施进行调整，使质量分布位于标准之内。

(6)图 10-8(f)，质量分布范围完全超出了质量标准上、下界限，散差太大，产生许多废品，说明过程能力不足，应提高过程能力，使质量分布范围 B 缩小。

11.5.2.5　正态分布分析法

1. 正态分布曲线的基本原理

正态分布(normal distribution)又名高斯分布(gaussian distribution)，是一个在数学、物理、工程等领域都非常重要的概率分布，在统计学的许多方面有着重大的影响力。若随机变量 X 服从一个数学期望为 μ、方差为 σ^2 的高斯分布，记为 $N(\mu,\ \sigma^2)$。其概率密度函数为正态分布的期望值 μ 决定了其位置，其标准差 σ 决定了分布的幅度。因其曲线呈钟形，因此人们又经常称之为钟形曲线。通常所说的标准正态分布是 $\mu=0$、$\sigma=1$ 的正态分布。

定义：若随机变量服从一个位置参数为 μ、尺度参数为 σ 的概率分布，且其概率密度函数为

$$f(x)=\frac{1}{\sqrt{2\pi\sigma}}\exp\left(\frac{(x-\mu)^2}{2\sigma^2}\right)$$

则这个随机变量就称为正态随机变量，正态随机变量服从的分布就称为正态分布，记作 $X-N(\mu,\ \sigma^2)$，读作 X 服从 $N(\mu,\ \sigma^2)$，或服从正态分布。当 $\mu=0$、$\sigma=1$ 时，记为

$N(0, 1)$，正态分布就成为标准正态分布：

$$f(x) = \frac{1}{\sqrt{2\pi}}\exp\left(-\frac{x^2}{2}\right)$$

正态曲线呈钟型，两头低，中间高，左右对称，曲线与横轴间的面积总等于 1。正态分布是一种概率分布，也称“常态分布”。正态分布是具有两个参数 μ 和 σ^2 的连续型随机变量的分布，第一个参数 μ 是服从正态分布的随机变量的均值，第二个参数是 σ^2 随机变量的方差，所以正态分布记作 $X-N(\mu, \sigma^2)$。服从正态分布的随机变量的概率规律为取与 μ 邻近的值的概率大，而取离 μ 越远的值的概率越小；σ 越小，分布越集中在 μ 附近，σ 越大，分布越分散。

前面举例做直方图中所收集的数据为 50 个，如果在同样的条件下，测量的质量特性数据量越增加，分组越多，到无穷时，直方图就变成了线柱状，连接柱顶就得到一条光滑的曲线，这就是正态分布曲线，如图 11-9 所示。

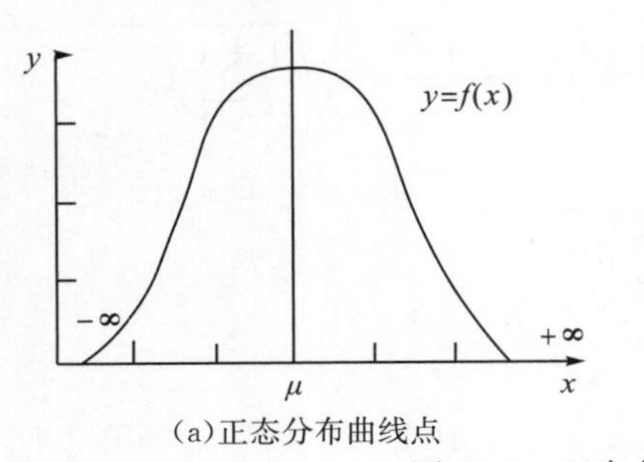

(a)正态分布曲线点

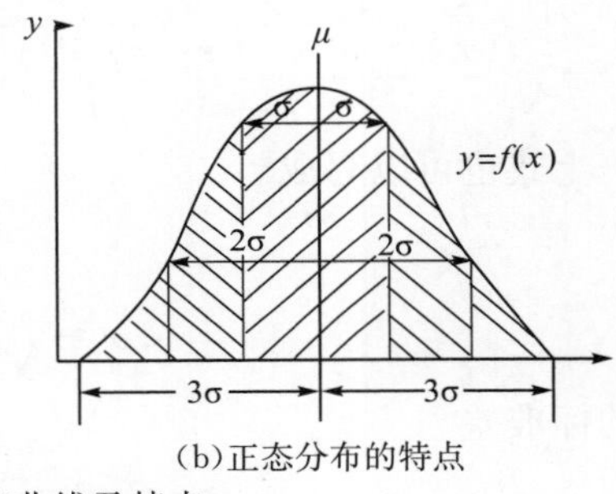

(b)正态分布的特点

图 11-9　正态分布曲线及特点

从这个曲线可以看出，曲线的最高点(也就是出现概率最高的地方)是 x 值在平均数 μ 附近。当 x 值向平均数 μ 远离时，曲线不断降低，逐渐趋近 x 轴。这就是说，x 值离平均数越远，其出现的概率就越低，这是一种统计规律。在日常的生产和工程施工活动中，大量的质量特性的计量值都符合或接近这种规律。

1)正态分布的特点(图 11-9)

正态分布曲线有以下的特点：

(1)曲线以 $x=\mu$ 这条直线为轴，左右对称。

(2)曲线与横坐标所围成的面积等于 1。其中，在 $\mu\pm\sigma$ 范围内的面积占 68.26%，在 $\mu\pm2\sigma$ 范围内的面积占 95.45%，在 $\mu\pm4\sigma$ 范围内的面积占 99.99%。

(3)μ 的正偏差和负偏差概率相等。

(4)靠近 μ 的偏差出现概率大，远离 μ 的偏差出现概率较小。

(5)在远离一定范围以外的偏差，其出现的概率是很小的，如在 $\pm3\sigma$ 以外的偏差，出现的概率不到 0.3%。

2)正态分布的基本参数

(1)平均值 μ。平均值是指出现频率最大数值的所在位置，求平均值的公式为

$$\mu = \frac{\sum_{i=1}^{n} x_i}{n} = \frac{x_1 + x_2 + x_3 + \cdots + x_n}{n}$$

式中，x_i 为数据值，$i=1, 2, 3, \cdots, n$；n 为数据总数。

图 11-10 画出了 σ 相同但 μ 不相同的两条正态分布曲线，可以看出，由于平均值 μ 不同，频率最大值的位置就不一样。

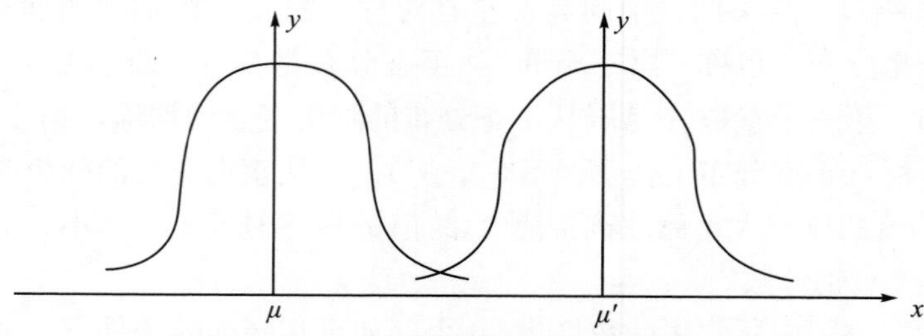

图 11-10 σ 相同 μ 不同的两条正态分布曲线

(2)标准差 σ。标准差 σ 是衡量数据分散(或集中)程度的主要参数，其计算公式如下：

总体标准差

$$\sigma=\sqrt{\frac{(x_1-\mu)^2+(x_2-\mu)^2+\cdots+(x_n-\mu)^2}{n}}=\sqrt{\frac{1}{n}\sum_{i=1}^{n}(x_i-\mu)^2}$$

为了简化，上式也可以写成

$$\sigma=\sqrt{\frac{\sum_{i=1}^{n}x_i^2}{n}-\mu^2}$$

样本的标准差

$$s=\sqrt{\frac{\sum_{i=1}^{n}(x_i-\bar{x})^2}{n-1}}$$

当标准差 σ 较小时，数据较多地集中在平均值 μ 附近，所以曲线就出现了“高”和“瘦”的形状；当 σ 较大时，数据集中的程度就差，曲线就出现“矮”和“胖”的形状。所以，正态分布曲线的形状特点是由 σ 决定的，如图 11-11 所示

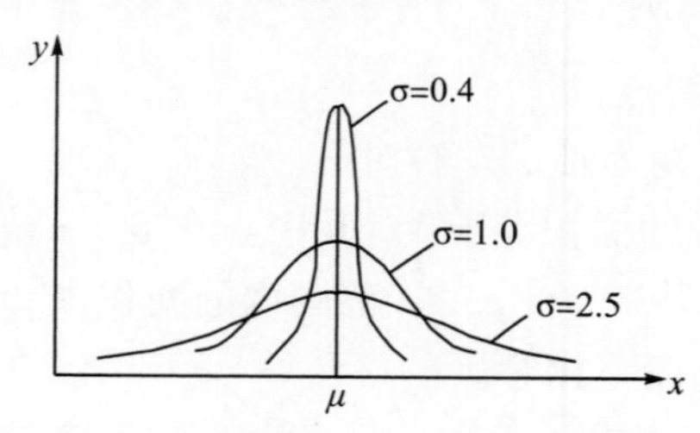

图 11-11 由 σ 所决定的正态分布曲线形状

在质量管理中，标准差 σ 反映了产品或工程质量特性数值的均匀程度，显然，这个指标越小，说明质量越好。

标准差已知的混凝土强度计算：

最小值限量为标准差≥2.5N/mm²。公式如下：

(1)$m_{fcu}\geqslant f_{cu,k}+0.7\sigma_0$。

(2)$f_{cu,\min}\geqslant f_{cu,k}-0.7\sigma_0$。

(3)当混凝土强度等级不高于 C20 时，其强度的最小值应满足 $f_{cu,\min} \geqslant 0.85 f_{cu,k}$。

(4)当混凝土强度等级高于 C20 时，其强度的最小值应满足 $f_{cu,\min} \geqslant 0.9 f_{cu,k}$。

2. 正态分布曲线的案例

【案例】某混凝土拌搅站生产 C30 商品混凝土。该站生产条件较长时间内能保持一致，且标准差保持稳定。前一个检验期(2011 年 6 月 5 日～8 月 4 日)做了 15 批(45 组)试件，强度代表值(单位 N/mm²)如下：

37.0	35.2	32.3	33.4	37.6	37.9	34.1	34.0	31.0	29.0
36.6	36.9	36.7	34.0	39.7	38.8	38.2	38.2	31.5	30.5
31.6	35.3	37.0	35.9	38.4	36.5	34.9	33.7	30.0	29
34.7	39.7	37.6	27.9	33.0	33.0	29.5	30.1	32.8	31.1
29.2	29.8	34.2	35.1	33.2					

8 月 5 日～8 月 8 日生产的 C30 混凝土做了三组试件，每组试件强度(单位 N/mm²)如下：

F1	34.5	37.8	33.1
F2	30.0	36.4	33.0
F3	26.8	32.3	28.9

解：根据以上数据，应用 Excel 进行运算和绘图，得到以下数据和正态分布图(图 11-12)：

(1)计算总体算术平均值

$$\mu = \frac{1}{N}\sum_{i=1}^{N} x_i = 34.13$$

(2)计算标准差

$$\sigma = \sqrt{\frac{\sum_{i=1}^{n}(x_i - \mu)^2}{N}} = 3.22$$

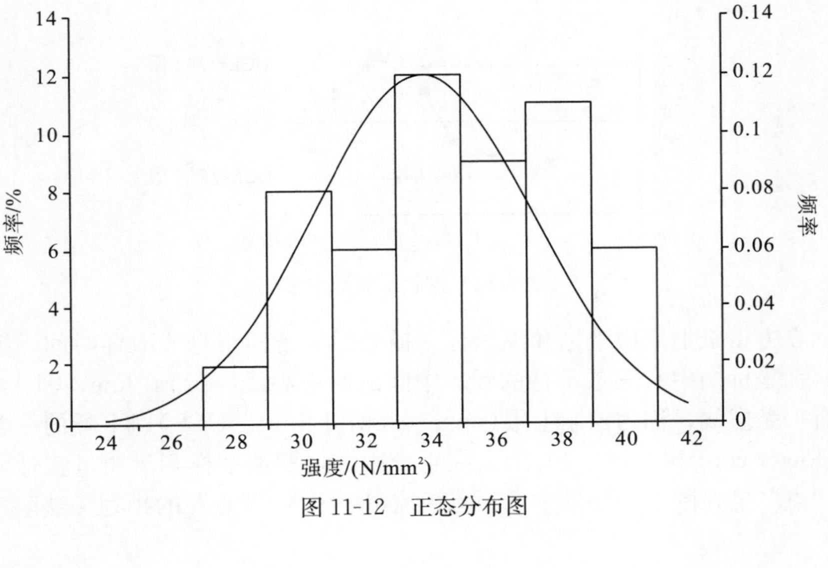

图 11-12　正态分布图

(3)计算每组强度值。

F1：中间值 34.5，中间值的 15%=5.2，34.5−5.2=29.3，34.5+5.2=39.7，范围为 29.3~39.7，均在此范围内，取平均值 35.1。

F2：中间值 33，中间值的 15%=5，范围为 28~38，均在此范围内，取平均值 33.1。

F3：中间值为 29.3，中间值的 15%=4.4，范围为 24.9~33.7，均在此范围内，取平均值 29.3。

(4)以上三组试件为一批。计算此检验批的强度平均值为 32.5，最小值为 29.3。

(5)带入公式检验。

公式 1：左边=29.3，右边=30+0.7×3.22=32.25。满足。

公式 2：左边=29.3，右边=30−0.7×3.22=27.75。满足。

本例混凝土强度 C30 大于 C20，采用公式 $4f_{cu,\min}\geqslant 0.9f_{cu,k}$：左边=29.3，右边=0.9×30=27。满足。

(6)分析与结论。

根据数值分布和计算结果绘图可以看出，该混凝土拌搅站生产的 C30 商品混凝土，前一个检验期(2011 年 6 月 5 日~8 月 4 日)做的 15 批(45 组)试件符合正态分布规律，混凝土强度合格。

11.5.2.6 控制图法

1. 控制图概念

控制图又称管理图(或监控图)，是用于分析和判断工序或施工是否处于稳定状态所使用的带有控制界限的一种图，是利用图内数据发展趋势来对生产过程进行分析、监督和控制的一种工具。控制图的内容包括标题和图两部分。

(1)标题部分。包括施工单位、班组名称，工地、设备、工序的编号，检验要求，测量器具，操作工、检验员的姓名，控制图名称、编号等。

(2)控制图部分。控制图的基本形状如图 11-13 所示。

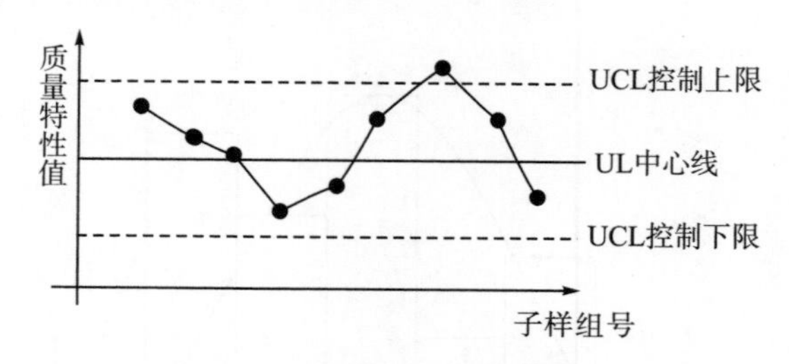

图 11-13 控制图的基本形状

图中，在方格纸上取横坐标和纵坐标。横坐标为子样组号或取样时间，纵坐标为质量特性值。在坐标图中有三条平行的线，中间的叫中心线(central line，CL)，用实线表示；上方有一条虚线，称为控制上限(upper control limit，UCL)；下方的一条虚线称为控制下限(lower control limit，LCL)。在生产中，定期地抽样测量质量特性值，将测得的数据用“点”描在图上，如果“点”落在控制界限内，“点”的排列无缺陷，就表明生产过程正常，不会产生废品；如果“点”落到控制界限外，或者虽然“点”落在控制界限内，但“点”的排列有缺陷，都说明生产条件发生较大变化，将要出问题。管理者和生产者都要根据这个信号采取措施，控制事态，使生产过程恢复正常。

2. 控制图的基本原理

如前所述，质量问题产生的原因分为两大类，即偶然性因素和系统性因素，偶然性因素引起的质量波动是偶然的，是一种随机误差，不易避免，也难以消除，但对质量波动影响不大，是一种正常的波动，因而认为生产或施工过程是出于控制的状态。系统性因素是由于条件的变化而产生的质量波动，如机械设备发生过度磨损或故障、原材料的质量和规格等发生变化、工人未能按照操作规程进行生产和施工等，都会造成质量波动，这一类引起质量特性值变化的因素是可以预测和控制的，由于这一类因素引起的异常波动特征明显，容易识别和避免，在生产和工程施工中应随时监控。所以对于系统性差异造成的质量波动就成为控制图监控的主要对象。

控制图一般取 $\pm\sigma$ 作为上、下控制线，因为如果只考虑偶然性原因影响生产或施工过程时，按正态分布规律，在 1000 个数据(点)中最多只有 3 个数据(点)可能超出控制界限。因此可认为，在仅有的有限数据测量中，一旦发生某个数据(点)跳出控制界限，就是系统性原因导致的，需要立即查明。这样做出差错的可能性很小，大约仅有千分之三的错误判断。这种方法称为控制图的“千分之三”法则。

3. 控制图的种类、计算和绘制

控制图基本上分为两大类，计量值控制制图和计数值控制制图。每一大类又分成若干种，如表 11-10 所示。

表 11-10　控制图分类

控制图符号	名称	用途
x	单值控制图	用于计量值。在加工时间长、测量费用高、需要长时间才能测出一个数据或样品且数据不便分组时采用
$\bar{x}-R$	平均数和极差控制图	用于各种计量值，如尺寸、重量等
$\bar{\bar{x}}-R$	中位数和极差控制图	(同上)
p_a	不合格品个数控制图	用于各种计量值，如不合格品个数的管理
p	不合格品率控制图	用于各种计量值，如不合格品率、出勤率等的管理
u	单位缺陷数控制图	用于单位面积、长度上的缺陷数的管理
c	缺陷数控制图	用于焊件缺陷数、电度表面麻点数等的管理

下面主要分析平均数和极差控制图。

平均数和极差控制图包括两个部分：子样的平均数控制图($\bar{x}$控制图)和子样的极差控制图(R 控制图)。平均数控制图主要用来分析数据平均值的变化，极差控制图则主要用来分析加工或施工误差的变化，同时也可用来制定平均数控制图的控制界限。因此在生产或施工中，常常将两张控制图作为一组使用。

平均数和极差控制图如图 11-14 所示。

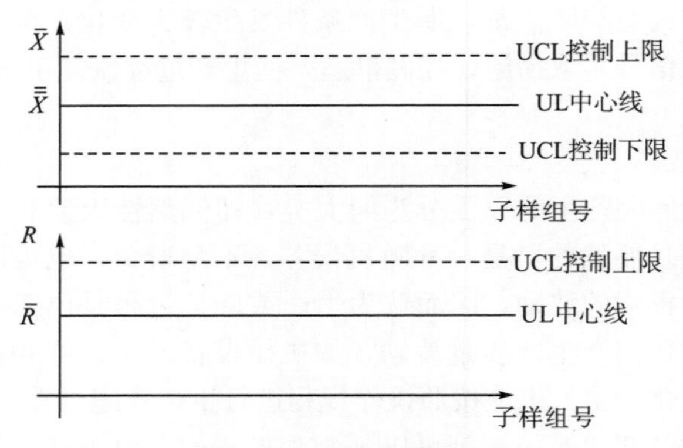

图 11-14 平均数和极差控制图

子样平均数($\bar{x}$)的计算公式为

$$\bar{x}_i = \frac{x_1 + x_2 + \cdots + x_n}{n}, \quad i = 1,2,3,\cdots,n$$

式中，$\bar{x}_i$ 为第 i 项子样的算术平均数；n 为子样种样品数；x_1，x_2，…，x_n 为第 i 项子样中各个样品的特性值。

子样极差(R_i)的计算公式为

$$R_i = x_{\max} - x_{\min}$$

式中，R_i 为第 i 项子样的极差；$x_{\max}$为组内最大的数据；$x_{\min}$为组内最小的数据。

制作平均数和极差控制图时，首先要确定平均数的平均值($\bar{\bar{x}}$)和极差的平均值($\bar{R}$)。可用两种方法来求。第一种是经验数据法。如果现在的生产条件和过去差不多，而且生产过程相当稳定，可以用以往的经验数据，即用过去比较可信的$\bar{\bar{x}}$值和$\bar{R}$值，直接取作控制图的中心线数值。第二种是现场抽样法。显然，如果没有经验数据，就需要到现场随机抽取若干个(20～25 个)子样，测量出数据，然后根据这些数据来计算$\bar{\bar{x}}$值和$\bar{R}$值。计算公式为

$$\bar{\bar{x}} = \frac{\bar{x}_1 + \bar{x}_2 + \cdots + \bar{x}_k}{k} = \frac{1}{k}\sum_{i=1}^{k} \bar{x}_i$$

式中，$\bar{x}_1$，$\bar{x}_2$，…，$\bar{x}_k$ 为各子样的极差值。

其次要确定$\bar{x}$图和 R 图的控制界限。平均数控制图($\bar{x}$)的上下控制界限的计算公式为

$$UCL = \bar{\bar{x}} + A_2 \bar{R}$$

$$LCL = \bar{\bar{x}} - A_2 \bar{R}$$

式中，A_2 为系数，其大小取决于子样内样品数目(表 11-11)。

极差控制图(R)的控制上下界限可根据平均极差值来确定，公式为

$$UCL = D_4 \bar{R}$$

$$LCL = D_3 \bar{R}$$

式中，D_3，D_4 为系数，其大小取决于子样内样品数目(表 11-11)。

表 11-11　控制图中随 n 变化的系数表

n	A_2	D_3	D_4	m_3A_2	E_2	$\frac{1}{d_2}$
2	1.880	—	3.267	1.880	2.660	0.886
3	1.023	—	2.575	1.187	1.772	0.591
4	0.729	—	2.282	0.796	1.47	0.486
5	0.577	—	2.115	0.691	1.290	0.430
6	0.483	—	2.004	0.549	1.184	0.395
7	0.419	0.076	1.924	0.509	1.109	0.370
8	0.373	0.136	1.864	0.432	1.054	0.351
9	0.337	0.184	1.816	0.412	1.010	0.337
10	0.308	0.223	1.777	0.363	0.975	0.325

对于 R 图来讲，由于极差 R 总是正值，在理想的情况下，子样内各样品的尺寸完全相同($R=0$)，所以，控制图上最主要的是控制上限(UCL)和中线($\overline{\overline{R}}$)，当控制下限为负值时，控制下限可以不画出来。

【案例】测得某企业生产的工程构件的重量的各子样$\overline{x}$值、R 值如表 11-12 所示，要求设计构件重量的平均数和极差控制图($\overline{x}-R$)，并将$\overline{x}_i$ 和 R_i 数据分别填入控制图分析质量状况。

表 11-12　构件重量的各子样测量质量特性值和$\overline{x}$、R 值

序号	6 点	10 点	14 点	18 点	22 点	$\overline{x}_i$	R_i
	x_1	x_2	x_3	x_4	x_5		
1	14.0	12.6	13.3	13.1	12.1	13.00	1.9
2	13.2	13.3	12.7	13.4	12.1	12.94	1.3
3	13.5	12.8	13.0	12.8	12.4	12.90	1.1
4	13.9	12.4	13.3	13.1	13.2	13.18	1.5
5	13.0	13.0	12.1	12.2	13.3	12.72	1.2
6	13.7	12.0	12.5	12.4	12.4	12.60	1.7
7	13.9	12.1	12.7	13.4	13.0	13.02	1.8
8	13.4	13.6	13.0	12.4	13.5	13.18	1.2
9	14.4	12.4	12.2	12.4	12.5	12.78	2.2
10	13.3	12.4	12.6	12.9	12.8	12.80	0.9
11	13.3	12.8	13.0	13.0	13.1	13.04	0.5
12	13.6	12.5	13.3	13.5	12.8	13.14	1.1
13	13.4	13.3	12.0	13.0	13.1	12.96	1.4
14	13.9	13.1	13.5	12.6	12.8	13.18	1.3
15	14.2	12.7	12.9	12.9	12.5	13.04	1.7
16	13.6	12.6	12.4	12.5	12.2	12.66	1.4
17	14.0	13.2	12.4	13.0	13.0	13.12	1.6
18	13.1	12.9	13.5	12.3	12.8	12.92	1.2
19	14.6	13.7	13.4	12.2	12.5	13.28	2.4

续表

序号	6点	10点	14点	18点	22点	$\bar{x}_i$	R_i
	x_1	x_2	x_3	x_4	x_5		
20	13.9	13.0	13.0	13.2	12.6	13.14	1.3
21	13.3	12.7	12.6	12.8	12.7	12.82	0.7
22	13.9	12.4	12.7	12.4	12.8	12.84	1.5
23	13.2	12.3	12.6	13.1	12.7	12.78	0.9
24	13.2	12.8	12.8	12.3	12.6	12.74	0.9
25	13.3	12.8	12.2	12.3	13.0	12.72	1.1
		$\sum$				323.50	33.8

解：

$$\bar{\bar{x}} = \frac{\sum \bar{x}_i}{k} = \frac{323.50}{25} = 12.94(公斤)$$

$$\bar{R} = \frac{\sum R_i}{k} = \frac{33.8}{25} = 1.35(公斤)$$

X 图：

$$CL = \bar{\bar{x}} = 12.94(公斤)$$

$$UCL = \bar{\bar{x}} + A_2 \bar{R} = 12.94 + 0.577 \times 1.35 = 13.72(公斤)$$

$$LCL = \bar{\bar{x}} - A_2 \bar{R} = 12.94 - 0.577 \times 1.35 = 12.16(公斤)$$

R 图：

$$CL = \bar{R} = 1.35(公斤)$$

$$UCL = D_4 \bar{R} = 2.11 \times 1.35 = 2.84(公斤)$$

从图 11-15 中可以看出，工程构件重量的各子样$\bar{x}$值、R 值都在控制区内，没有出现异常波动现象，生产过程中的质量特性都在控制范围内，属正常的稳定的生产。

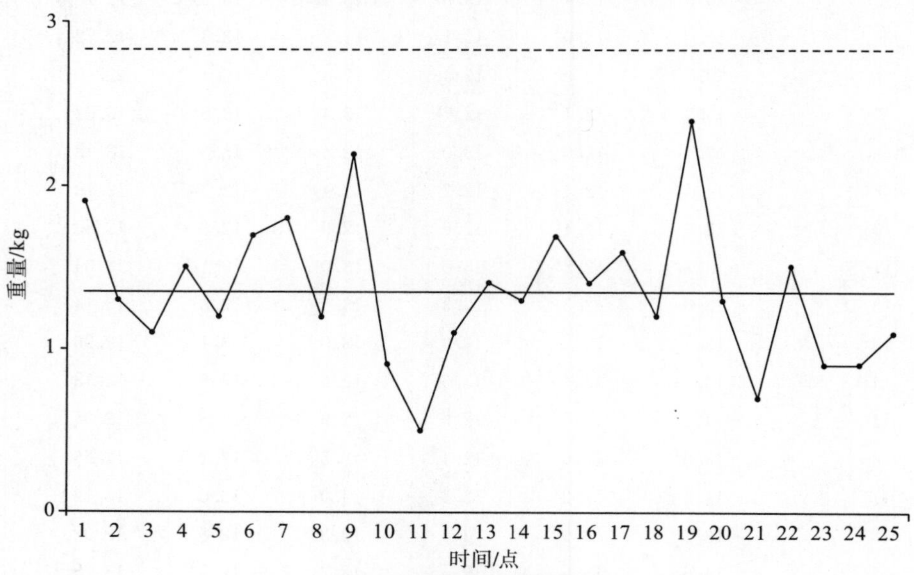

图 11-15 工程物件重量

4. 控制图的观察与分析

控制图能迅速地反映工艺过程是否处于控制状态，一旦发现失控，检验人员或操作人员就可发出信号，停止生产，查明原因，采取调整措施。

一般控制图的工艺过程状态判断规则是，在控制图满足“点”不跃出控制界限，“点”的排列没有缺陷这两个条件时，可以判断工艺过程是处于统计控制状态的；如果“点”落到控制界限之外，就应判断工艺过程发生了异常的变化。如果“点”虽未跳出控制界限，但其排列有下列情况，也判断为工艺过程有异常变化。

(1)“点”在中心线的一侧连续出现 7 次以上。

(2)连续 7 个以上的“点”上升或下降。

(3)“点”在中心线一侧多次出现，如连续 11 个“点”中，至少有 10 个“点”(可以不连续)在中心线的同一侧。

(4)连续 3 个“点”中，至少有 2 个“点”(可以不连续)在上方或下方 2σ 横线以外出现。

(5)“点”呈周期性的变动。

(6)其他。

11.5.2.7　散布图法

1. 散布图基本原理

散布图又称相关图。在一些原因分析中，常常遇到一些变量共处一个统一体中，它们相互联系、相互制约，在一定的条件下又相互转换。有些变量之间存在着确定性关系，有些变量之间却存在着相关关系，也就是说，在这些变量中既有关系，但又不能由一个变量的值精确地求出另一个变量的值。将两种关系有关的数据列出，并用“点”填在坐标纸上，观察两种因素之间的关系，这种图形称为散布图(相关图)，对它们进行分析，就称为相关分析，如图 11-16 所示。

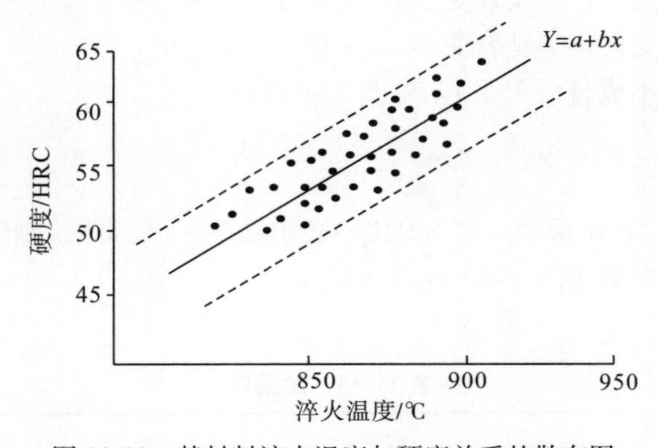

图 11-16　某材料淬火温度与硬度关系的散布图

从图 11-16 中可以看出，数据点近似一条直线，在此情况下，可以说材料硬度同淬火温度近似线性相关，并可用下列直线方程表明它们之间的函数关系：

$$y = a + bx$$

方程所代表的直线称为 y 对 x 的回归线。

如果影响 y 的因素不止一个，而是若干个(x_1，x_2，…，x_n)，可以分别绘制 $y-x_1$，$y-x_2$，…，$y-x_n$ 的散布图，确定相关的关系，并找出影响 y 的主要因素。

散布图的种类较多，但常见的主要有下列几种基本形式，如图 11-17 所示。

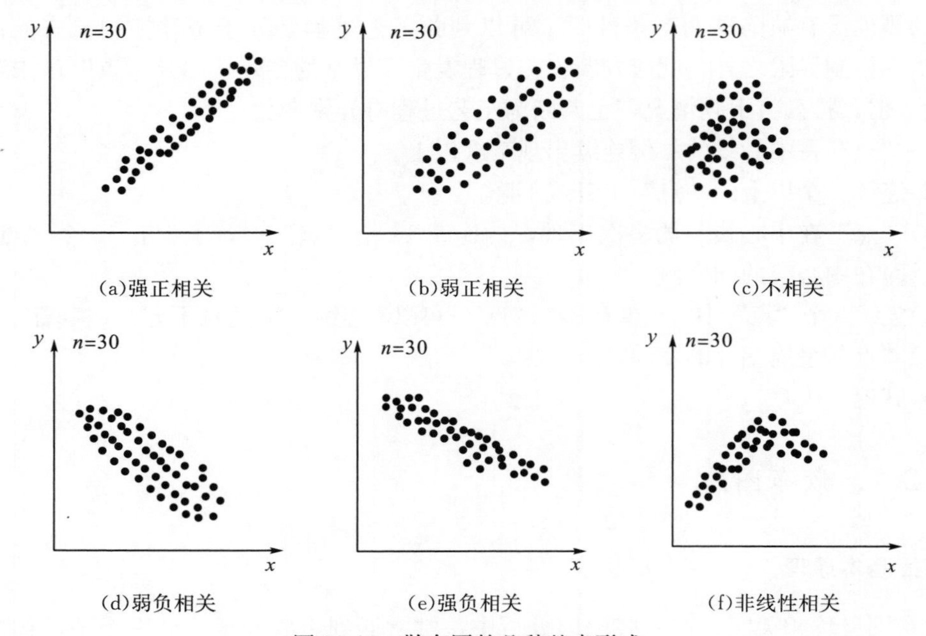

图 11-17　散布图的几种基本形式

按照基本图形，可以分析出 x 和 y 的相关关系：

(1)强正相关关系(x 变大，y 也显著变大)，见图 11-17(a)。

(2)弱正相关关系(x 变大，y 也大致变大)，见图 11-17(b)。

(3)不相关(x 与 y 之间没有关系)，见图 11-17(c)。

(4)弱负相关(x 变大，y 大致变小)，见图 11-17(d)。

(5)强负相关(x 变大，y 显著变小)，见图 11-17(e)。

(6)非线性相关(不成直线关系)，见图 11-17(f)。

2. 散布图的绘制方法

散布图以横轴(x)表示原因，以纵轴(y)表示结果。其具体绘制的步骤如下：

(1) 收集成对的数据(x_1，x_2，…，x_n；y_1，y_2，…，y_n)，整理成数据表(表 11-13)。

表 11-13　数据表

N_0	x_i	y_i
1	x_1	y_1
2	x_2	y_2
3	x_3	y_3

续表

N_0	x_i	y_i
4	x_4	y_4
⋮	⋮	⋮

(2)找出 x_i 和 y_i 的最大值和最小值。

(3)以 x_i 和 y_i 的最大值和最小值建立 x-y 坐标，并决定适当的刻度，便于填数据点。

(4)将数据点依次描绘到 x-y 坐标中，当有两组数据重复时，以⊙表示，三组数据重复时以 x 表示。

(5)必要时可将相关资料注记在散布图上。

(6)散布图的注意事项。①是否有异常点。当有异常点时，不可以任意删除，除非异常点原因已确实查明、掌握；②是否相关性有扭曲。数据的获取常常会因作业人员、方法、材料设备或时间的不同而使数据的相关性受到干扰而产生扭曲；③是否散布图与有关的技术、经验相符。若不符，应查明原因和结果是否受到重大因素干扰。

3. 散布图分析案例

某水电企业为了调查某种规格机器零件的淬火温度与硬度之间的相关关系，从最近的生产报表中收集了 30 组有关数据，见表 11-14。

1)建立 x(°c)和 y(HRC)数据表

表 11-14　某机器零件淬火温度 x 与硬度 y 数据表

序号	x/℃	y/HRC	序号	x/℃	y/HRC
1	810	47	16	820	48
2	890	56	17	860	55
3	850	48	18	870	55
4	840	45	19	830	49
5	850	54	20	820	44
6	890	59	21	810	44
7	870	50	22	850	53
8	860	51	23	880	54
9	810	42	24	880	57
10	820	53	25	840	50
11	840	52	26	880	54
12	870	53	27	830	46
13	830	51	28	860	52
14	830	45	29	860	50
15	820	46	30	840	49
max$x$=890；min$x$=810；max$y$=59；min$y$=42					

2)绘制散布图

根据表中的数据，在 Excel 上绘制出散布图，如图 11-18 所示。

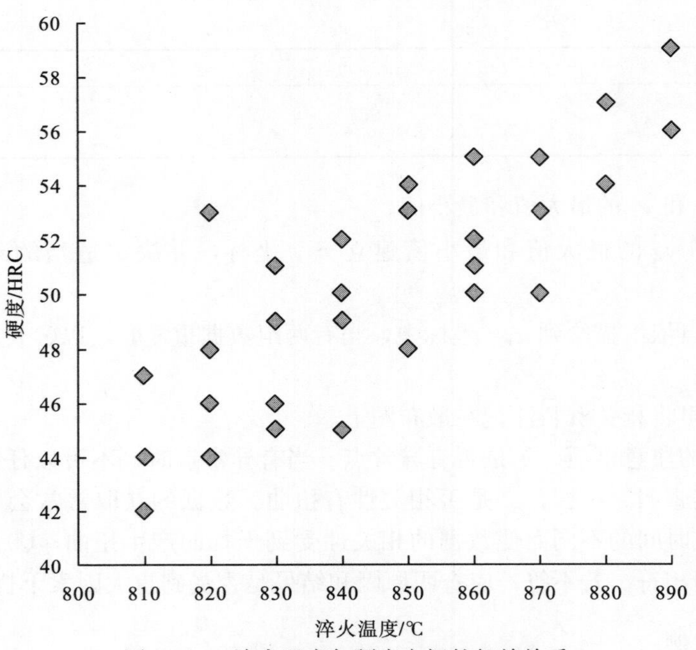

图 11-18 淬火温度与硬度之间的相关关系

3)散布图的分析和判断

散布图的分析和判断主要有简易判断法和相关系数判断法两种方法。

(1)简易判断法。

首先，把画出来的散布图与典型散布表对照，判断两个变量之间是否相关，以及属于那种相关。其次，通过符号检定法(又称为“中值法”)进一步检验其相关性。符号检定法的步骤如下。

第一步，绘制散布图，见图 11-19。

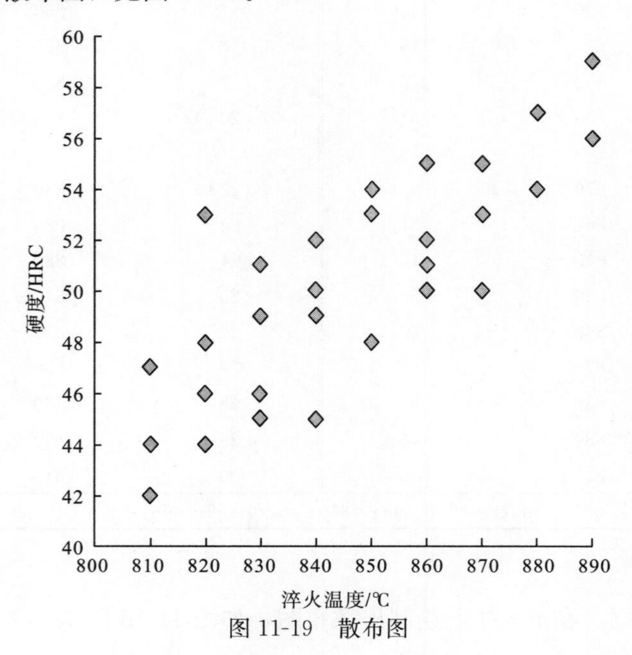

图 11-19 散布图

第二步，作中值线。在散布图上划出一条与横坐标和纵坐标分别平行的中位线$\bar{x}$和$\bar{y}$（中位线$\bar{x}$和$\bar{y}$将散布图划分成Ⅰ、Ⅱ、Ⅲ、Ⅳ共 4 个象限），使$\bar{x}$线左右和$\bar{y}$线上下点子数基本相等。当点子为奇数时，有些点子会落在线上。

第三步，统计落入各象限的点子数，本例为 $n_1=12$，$n_2=3$，$n_3=12$，$n_4=3$。

第四步，计算对角区域点数之和。本例为 $n_1+n_3=24$；$n_2+n_4=6$，$n_{线}=0$（$\bar{x}$和$\bar{y}$中位线上点子数）。

第五步，计算分布在散布图各象限区域内质量特性数据点数总和：

$$N=\sum n-n_{线}=30-0=30$$

第六步，应用散布图符号检验表进行相关系判定。在符号鉴定表 11-15 中，N 为分布在区域内的数据点数总和，对应 N 给出 $\alpha=0.01$ 和 $\alpha=0.05$ 两个显著水平的判定值。判定时把 n_1+n_3 和 n_2+n_4 中点数少的一项点数值与判定值进行比较。该点数少于或等于某个判定值，就判定其在这个水平下相关。

表 11-15　符号检定表

N	$\alpha=0.05$	$\alpha=0.01$	N	$\alpha=0.05$	$\alpha=0.01$	N	$\alpha=0.05$	$\alpha=0.01$
≤8	0	0	36	11	9	64	23	21
9	1	0	37	12	10	65	24	21
10	1	0	38	12	10	66	24	22
11	1	0	39	12	11	67	25	22
12	2	1	40	13	11	68	25	22
13	2	1	41	13	11	69	25	23
14	2	1	42	14	12	70	26	23
15	3	2	43	14	12	71	26	24
16	3	2	44	15	13	72	27	24
17	4	2	45	15	13	73	27	25
18	4	3	46	15	13	74	28	25
19	4	3	47	16	14	75	28	25
20	5	3	48	16	14	76	28	26
21	5	4	49	17	15	77	29	26
22	5	4	50	17	15	78	29	27
23	6	4	51	18	15	79	30	27
24	6	5	52	18	16	80	30	28
25	7	5	53	18	16	81	31	28
26	7	6	54	19	17	82	31	28
27	7	6	55	19	17	83	32	29
28	8	6	56	20	17	84	32	29
29	8	7	57	20	18	85	32	30
30	9	7	58	21	18	86	33	30
31	9	7	59	21	19	87	33	31
32	9	8	60	21	19	88	34	31
33	10	8	61	22	20	89	34	31
34	10	9	62	22	20	90	35	32
35	11	9	63	23	20			

所谓显著水平就是发生判断错误的可能性的大小，也称为风险率。当α值越小时，就说明显著水平越高，风险越小，把握性就越大。如$\alpha=0.01$时，就有$(1-0.01)\times100\%=99\%$的把握判断这两个变量相关；当$\alpha=0.05$时，就有95%的把握判断这两个变量相关。在本例中，$N=30$，查符号检定表得到：当$N=30$，$\alpha=0.01$时，判定值为7，n_2+n_4的点数值为6，比n_1+n_3点数值少，并且$n_2+n_4=6<7$，此时两变量相关，其判断的把握性为99%。

当两个变量相关时，符号鉴定法规定$n_1+n_3>n_2+n_4$为正相关，反之为负相关。本例中，$n_1+n_3>n_2+n_4$，因此，两变量之间存在显著水平位$\alpha=0.01$条件下的正相关。

(2)相关系数判断法。

相关系数就是两个变量之间相互联系紧密程度的度量值，用符号γ表示。γ的取值范围为$-1\leqslant\gamma\leqslant1$。

当$\gamma>0$时，x与y为正相关；

当$\gamma<0$时，x与y为负相关；

当$\gamma\approx0$时，x与y为不相关；

当γ趋近1时，x与y为强正相关；

当γ趋近-1时，x与y为强负相关；

当$\gamma=\pm1$时，x与y为完全相关；

$|\gamma|$越大，x与y的相关性越强。

相关系数γ的计算公式为

$$\gamma=\frac{L_{xy}}{\sqrt{L_{xx}L_{yy}}}$$

式中，L_{xx}为x的偏差平方和；L_{yy}为y的偏差平方和；L_{xy}为x与y之间的影响。

$$L_{xx}=\sum x_i^2-\frac{\left(\sum x_i\right)^2}{N}$$

$$L_{yy}=\sum y_i^2-\frac{\left(\sum y_i\right)^2}{N}$$

$$L_{xy}=\sum x_iy_i-\frac{\left(\sum x_i\right)\left(\sum y_i\right)}{N}$$

下面，结合上述案例来说明γ的计算方法与步骤。如果收集起来的数据较大，计算起来就较为复杂，因此，可先将较大的数据进行更换处理，即将原x和y更换为X和Y。一般用下例公式进行更换：

$$X=(x-a)c,\quad Y=(y-b)d$$

式中，a是x轴的零点值；b是y轴的零点值；c是x轴的系数；d是y轴的系数。a、b、c、d根据数据情况自己选择，但最好使变换后的数据X和Y要小且为整数，以便计算。计算步骤如下。

第一步，做好计算数据表格(表11-14)，本例由于数据过大，需要对数据进行变换。表11-16中，X和Y是对x和y变换后的数据。如果数字小可不必变换，表中数据仍然可以是原来的x和y。

表 11-16　相关系数计算数据表

组号	X	Y	X^2	Y^2	XY	组号	X	Y	X^2	Y^2	XY
1	1	7	1	49	7	16	2	8	4	64	16
2	9	16	81	256	144	17	6	15	36	225	90
3	5	8	25	64	40	18	7	15	49	225	105
4	4	5	16	25	20	19	3	9	9	81	27
5	5	14	25	196	70	20	2	4	4	16	8
6	9	19	81	361	171	21	1	4	1	16	4
7	7	10	49	100	70	22	5	13	25	169	65
8	6	11	36	121	66	23	8	14	64	196	112
9	1	2	1	4	2	24	8	17	64	289	136
10	2	13	4	169	26	25	4	10	16	100	40
11	4	12	16	144	48	26	8	14	64	196	112
12	7	13	49	169	91	27	3	6	9	36	18
13	3	11	9	121	33	28	6	12	36	144	72
14	3	5	9	25	15	29	6	10	36	100	60
15	2	6	4	36	12	30	4	9	16	81	36
			$\sum$				141	312	89	3778	1716

第二步，计算 X，Y，X^2，Y^2，XY。

本例中，取 $a=800$，$b=40$，$c=\frac{1}{10}$，$d=1$。则

$$X_1 = (x_1 - a)c = (810 - 800) \times \frac{1}{10} = 1$$

$$X_2 = (x_2 - a)c = (890 - 800) \times \frac{1}{10} = 9$$

$$\vdots$$

$$X_i = (x_i - a)c$$

$$Y_1 = (y_1 - b)d = (47 - 40) \times 1 = 7$$

$$Y_2 = (y_2 - b)d = (56 - 40) \times 1 = 16$$

$$\vdots$$

$$Y_i = (y_i - b)d$$

$$X_1^2 = 1^2 = 1,\ X_2^2 = 9^2 = 81, \cdots, X_i^2$$

$$Y_1^2 = 7^2 = 49,\ Y_2^2 = 16^2 = 256, \cdots, Y_i^2$$

$$X_1Y_1 = 1 \times 7 = 7,\ X_2Y_2 = 9 \times 16 = 144, \cdots, X_iY_i$$

第三步，计算 $\sum X_i, \sum Y_i, \sum X_i^2, \sum Y_i^2, \sum X_iY_i$，见表 11-17。

第四步，计算 L_{XX}，L_{YY}，L_{XY}。本例中，

$$L_{XX} = \sum X_i^2 - \frac{\left(\sum X_i\right)^2}{N} = 839 - \frac{(141)^2}{30} = 176.3$$

$$L_{YY}=\sum Y_i^2-\frac{\left(\sum Y_i\right)^2}{N}=3778-\frac{(312)^2}{30}=553.2$$

$$L_{XY}=\sum X_iY_i-\frac{\left(\sum X_i\right)\left(\sum Y_i\right)}{N}=1716-\frac{141\times 312}{30}=249.6$$

第五步，计算相关系数γ。本例中，

$$\gamma=\frac{L_{XY}}{\sqrt{L_{XX}L_{YY}}}=\frac{249.6}{\sqrt{176.3\times 533.2}}=0.814$$

第六步，相关系数γ的检验。仍然以上例说明检验的方法：

计算出相关系数γ。本例中$\gamma=0.814$。

计算自由度$\varnothing$。$\varnothing=N-2=30-2=28$。

确定显著水平α($\alpha=0.01$；$\alpha=0.05$)，本例中确定$\alpha=0.05$。

查相关系数检验表(表11-17)。由于本例中$\varnothing=28$，查表得$\gamma_\alpha=0.361$。

表11-17 相关系数检验表

$N-2$	$\alpha=0.05$	$\alpha=0.01$	$N-2$	$\alpha=0.05$	$\alpha=0.01$
1	0.997	1.000	21	0.413	0.526
2	0.950	0.990	22	0.404	0.515
3	0.878	0.959	23	0.366	0.505
4	0.811	0.917	24	0.388	0.496
5	0.754	0.874	25	0.381	0.487
6	0.707	0.834	26	0.374	0.478
7	0.666	0.798	27	0.367	0.470
8	0.632	0.765	28	0.361	0.463
9	0.602	0.735	29	0.355	0.456
10	0.576	0.708	30	0.349	0.449
11	0.553	0.684	35	0.325	0.418
12	0.532	0.661	40	0.304	0.393
13	0.514	0.641	45	0.288	0.372
14	0.497	0.623	50	0.273	0.354
15	0.482	0.606	60	0.250	0.325
16	0.468	0.590	70	0.232	0.302
17	0.456	0.575	80	0.217	0.283
18	0.444	0.561	90	0.205	0.267
19	0.433	0.549	100	0.195	0.254
20	0.423	0.537	200	0.138	0.181

判断。当$|\gamma|>\gamma_\alpha$时，x与y两者相关；当$|\gamma|<\gamma_\alpha$时，两者不相关。在本例中，$\gamma_\alpha=0.361$，$\gamma=0.814$，所以$|\gamma|>\gamma_\alpha$。结论是：某种规格的机器零件的淬火温度与硬度之间关系是强正相关。

11.5.2.8　统计分析表

统计分析表是指水电企业用来统计、整理数据和分析产品质量问题的各种表格。统计分析表可以用来对影响产品质量的原因作粗略的分析。常用的统计表的形式有：①分项工程质量调查表；②不合格内容调查表；③不良原因调查表；④工序质量特性分布调查表；⑤不良项目调查表。

统计分析表没有固定的格式，只是用来统计数据，因此，统计分析表一般都是同分类法(分层法)联合应用，这样就可以使影响质量的原因调查得更清楚。

例如，表 11-18 是一个混凝土外观检查不良项目调查表，其数据可供其他统计方法使用。同时也可从表中粗略统计出不良项目比较集中的问题，比如胀摸、漏浆、埋件偏差，这些问题都与模板本身的刚度、严密性、支撑系统的牢固性有关，质量问题集中出现在支模的班组。根据分析，就可以对模板班组采取措施。

表 11-18　混凝土外观检查不良项目调查表

施工工段	蜂窝麻面	胀摸	露筋	漏浆	上表面不平	埋件偏差	其他
1	1	7	1	3	1	2	
2		6	1	3		2	
3		5		3		1	
合计	1	18	2	9	1	5	

11.6　ISO 9000 质量管理体系

在工程质量日益受到关注的今天，水电工程项目建设质量水平已成为水电企业竞争、保障人民生命财产、社会稳定和保护自然生态环境的重要条件，是国民经济可持续发展的重要条件，显然，也就成为大型水电企业集团的发展条件。当前，水电企业一般应用 ISO 9000 质量保证体系来进行质量管理，因而，ISO 9000 质量保证体系成为大型水电企业质量管理的基本方法。ISO 9000 质量保证体系是在全面质量管理体系的基础上发展起来的，因此，ISO 9000 系统包含大量的全面质量管理思想和方法，同时 ISO 9000 系统不是指一个标准，而是一类标准的统称。是由 TC176(TC176 指质量管理体系技术委员会)制定的国际标准，该质量体系被世界上 110 多个国家广泛采用，既有发达国家，也有发展中国家。

11.6.1　ISO 9001 质量管理体系概述

质量管理体系(quality management system)是指导和控制组织关于质量的管理体系。它是由企业组织的最高管理者正式发布的该组织总的质量意图、质量方针、质量方向、质量管理组织及质量管理制度所构成的管理系统。

ISO是国际标准化组织(international organization for standardization)的简称。ISO是由各国标准化团体(ISO成员团体)组成的世界性联合会。制定国际标准的工作一般都是由ISO的技术委员会完成，各成员团体若对某技术委员会确立的项目感兴趣，均有权参加该委员会的工作。

11.6.2 ISO 900—2008版质量管理体系原则*

质量管理原则是新版本制定标准的基础，是组织质量管理的基本原则，掌握ISO 900—2008版质量管理体系原则对于实施新的ISO 900质量管理体系具有十分重要的作用和意义。为了成功地领导和运作一个组织，需要采用一种系统和透明的方式进行管理。针对所有相关方的需求，实施并保持持续改进其业绩的管理体系，可使组织获得成功，而质量管理就是组织各项管理的内容之一。在研究和实施ISO 900—2008版质量管理体系时，可以发现，2008版质量管理体系同过去的ISO 900版相比，有较大的不同，有较大的发展，也就是强调了以顾客为核心的新的顾客满意质量观，同时，为企业的质量管理构建了一个质量管理的新体系，提出了质量管理工作不断改进的过程方法，还提出了质量管理体系运行是否有效的评价依据。

当前，ISO 900—2008版质量管理体系提出的8项质量管理原则，已经成为改进组织业绩的框架，其目的在于帮助组织达到持续成功。8项质量管理原则的具体内容如下。

(1)以顾客为核心原则。企业组织依存于其市场和顾客，因此企业组织必须充分理解顾客当前和未来的产品质量需求，企业的生产和对产品的质量管理就是要充分满足顾客要求，并争取超越顾客期望。

(2)领导作用原则。企业的领导者确立本企业组织统一的生产经营宗旨和方向。他们应该使员工能充分参与实现组织目标的内部环境建设，并保持内部环境的优良性，同时能够使全体员工参与企业文化的建设，形成统一的、具有强大凝聚力的共同价值取向和伦理道德观念。

(3)全员参与原则。企业组织的各级人员是企业组织的根本，没有各级人员，企业组织就不存在，没有各级人员的充分参与和积极工作，企业组织就会失去活力，就不可能进行生产，也不可能生产出顾客满意的产品。因此只有他们充分参与，发挥出聪明才干，才能使企业组织获益，使企业得到发展。

(4)过程方法原则。在企业的全部生产经营活动中，企业必须将相关的活动和资源作为过程进行管理，通过优化的过程管理，可以更高效地得到企业期望的结果。

(5)管理的系统方法原则。管理是一个企业生存和发展的重要系统，没有这个系统，企业就不可能将资源和活动有效地组织和整合起来，企业就无法进行生产经营活动。识别、理解和管理作为系统(如生产系统、管理系统、营销系统、财务系统等)体系内部和外部的相互关联的过程，有助于提高企业组织实现其目标的效率和有效性。

(6)持续改进原则。企业组织是在生产经营过程中周而复始地不断运动的，在不断地运动中实现自己的目标并得到发展。在生产经营过程中，企业通过不断地改进来获得新知识、

* 参见《中华人民共和国国家标准(GB/T19000—2000/Idt ISO 9000：2000)》。

新技术、新设备、新产品和新的高效低耗的生产经营方式。产品质量的提高也是在不断的改进中实现的，因此产品质量和企业总体业绩的持续改进应是组织的一个永恒目标。

(7)基于事实的决策方法原则。有效决策是建立在数据和信息分析基础上的，获取大量的有效数据和信息，是企业科学预测和决策的基础，企业只有做到了科学决策，才能避免风险，实现期望的利润，不断发展。

(8)互利的供方关系原则。企业组织与其供方是相互依存的，供方为企业组织提供生产经营所必不可少的生产资源，企业组织又为供方提供产品的销售市场，二者共同构成一个有效的企业生态环境，这个生态环境一旦失衡，将会为供需双方带来巨大的损失，因此加强双方的互利关系可增强双方创造价值的能力。

以上就是 ISO 900—2008 版质量管理体系提出的 8 项质量管理原则，这 8 项质量管理原则是 GB/T19000 族质量新的管理体系标准的基础。

11.6.3　ISO 9001：2008 版质量管理体系的建立与过程控制

1. 质量管理体系

质量管理体系是企业质量管理目标、管理方法、管理组织和管理制度的总和。质量管理体系在质量管理运行中，以及企业全员职工的质量教育和质量观念的培育中，起到十分关键的作用。建立和实施质量管理体系的方法包括确定顾客和其他相关方的需求和期望，建立组织的质量方针和质量目标，确定实现质量目标必需的过程和职责，确定和提供实现质量目标必需的资源，规定测量每个过程的有效性和效率的方法，应用这些测量方法确定每个过程的有效性和效率，确定防止不合格产品并消除产生原因的措施，建立和应用过程以持续改进质量管理体系。

上述方法也适用于保持和改进现有的质量管理体系。采用上述方法的企业组织能对其过程能力和产品质量建立信任，为持续改进提供基础。这也可增加顾客和其他相关方满意度并使组织成功。

2. 质量管理过程方法

任何使用资源将输入转化为输出的活动或一组活动可视为过程。企业组织为了生产出高质量的产品，必须将生产资源输入企业，并在生产经营活动中将其有效地转换成产品，然后将高质量的产品输出到市场进行销售，使资金回笼并获得利润，以便扩大再生产，这是一个企业的生产经营活动过程。因此，企业组织的一切生产经营活动都可以看成经过一定流程的一组活动。显然，一个活动过程或一组活动，都是由若干具有内在联系的相互关联的子活动所构成的，为使企业组织有效运行，必须识别和管理许多相互关联和相互作用的活动过程。通常，一个过程的输出将直接成为下一个过程的输入。系统地识别和管理组织所使用的过程，特别是这些过程之间的相互作用，称为“过程方法”。GB/T19000 族质量新管理体系标准鼓励采用过程方法进行管理组织，见图 11-20。

图 11-20 中使用了基于过程的质量管理体系来表述 GB/T19000 族标准。该图表明，相关方在向组织提供输入方面起到了重要作用。考察相关方满意度是十分必要的，这需

要评价有关相关方感觉的信息，这些信息可以表明其需求和期望已得到满足的程度和对企业组织的认可程度。

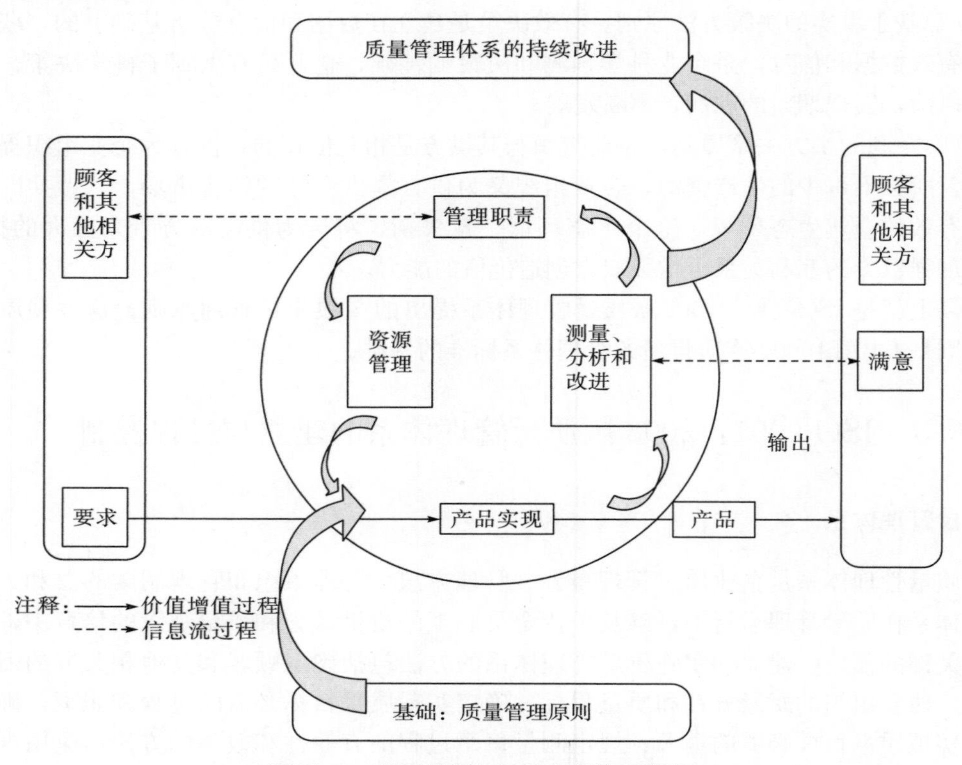

图 11-20 基于过程的质量管理体系模式

11.6.4 ISO 9001：2008 版质量管理体系审核与评价

质量管理体系审核与评价是指对企业的质量管理体系和运行状况进行审定和评估，目的是通过这项活动找出质量管理体系和运行的不足，以便采取措施加以改进。ISO 9001：2008 版质量管理体系审核与评价包括质量管理体系过程的评价、质量管理体系审核、质量管理体系评审和自我评定 4 个内容。

(1)质量管理体系过程的评价。质量管理体系过程是指质量管理体系运行的流程和结果。当评价质量管理体系过程时，应对每一个被评价的过程提出 4 个基本问题：过程是否予以识别和适当确定？职责是否予以分配？程序是否被实施和保持？在实现所要求的结果方面，过程是否有效？综合回答这些问题就可以确定评价的结果。质量管理体系评价在涉及范围上可以有所不同，并可包括很多活动，如质量管理体系审核、质量管理体系评审及自我评定。

(2)质量管理体系审核。质量管理体系审核的目的，在于确定企业组织符合质量管理体系要求的程度。审核发现用于评价质量管理体系的有效性和识别改进的机会。审核分为三方进行，第一方审核用于内部目的，由企业组织自己或以企业组织的名义进行，可作为企业组织自我合格声明的基础。第二方审核由企业组织的顾客或由其他人以顾客的名义进行。第三方审核由外部独立的审核服务组织进行，这类审核服务组织通常是经认可的，提供符合要求(如 GB/T19001)的认证或注册。

(3)质量管理体系评审。企业组织的最高管理者的一项任务，是对质量管理体系及关于质量方针和质量目标的适宜性、充分性、有效性和效率进行定期的、系统的评价。这种评审是为了优化质量管理体系，提高质量管理效率，以及对质量管理体系进行改进。改进可包括考虑修改质量方针和目标的需求，以响应相关方需求和期望的变化。质量管理体系评审还包括确定采取何种措施等内容。质量管理体系审核报告与其他信息源应该一同用于质量管理体系的评审。

(4)自我评定。企业组织的自我评定是一种参照质量管理体系或优秀模式对企业组织的活动和结果所进行的全面和系统的评审。自我评定可提供一种对企业组织业绩和质量管理体系成熟程度的总的看法，它还有助于识别组织中需要改进的领域并确定优先开展的事项。

质量管理体系审核与评价工作做好后，能够有效地发现体系运行过程中的各种问题，为优化体系和持续改进提供条件。

11.6.5　持续改进

企业组织持续改进质量管理体系的目的，在于不断优化质量管理体系，实现质量目标，增加顾客和其他相关方满意度的可能性。持续改进主要包括分析和评价现状，以识别改进范围，设定改进目标，寻找可能的解决办法以实现这些目标，评价这些解决办法并作出选择，实施选定的解决办法，测量、验证、分析和评价实施的结果，以确定这些目标已经满足，将更改纳入文件。

持续改进是在对质量管理体系的审核评价的基础上进行的，因为只有评价的结果才能准确地反映出质量管理体系的问题和确定进一步改进的机会。从这种意义上说，改进也是一种持续的活动。顾客和其他相关方的信息反馈能够很好地提供质量管理体系的识别和改进意见，这也是一种十分重要的改进机会。

在质量管理体系的持续改进中，统计技术具有十分重要的作用。因为使用统计技术可以帮助企业组织了解质量的变异或波动情况，从而有助于企业组织解决问题并提高有效性和效率。这些技术也有助于更好地利用可获得的数据进行决策。

事实上，在许多工作活动的状态和结果中，甚至在明显的工作稳定条件下，均可观察到变异。这种变异可通过产品和过程的可测量特性观察到，并且在产品的整个自然寿命周期的各个阶段，均可看到其存在。统计技术可帮助我们测量、表述、分析、说明这类变异并将其建立模型，甚至在数据相对有限的情况下(如使用小样本分析模型)也可实现。这种数据的统计分析能更好地理解质量特性变异的性质、程度和原因，因此可以有针对性地提供决策和改进措施，并促进持续改进。GB/Z19027 给出了统计技术在质量管理体系中的指南。

11.6.6　ISO 9000 族标准的精髓在于预防

产品质量是由人去生产和控制的，在生产过程中，由于各种原因，会对产品质量构成变异。预防犯错或尽量不犯错，不给质量问题出现的机会，这就是贯彻和实施 ISO 9000 族标准的精髓。预防措施是一项重要的改进活动，它是以企业质量管理体系为基础的，在质量管理过程中自发、主动地形成了一种先进的质量管理组织形式。企业组织采取质量预防措施的能力，是企业管理能力和水平的表现。

当然，ISO 9000 族标准是以顾客为核心看问题的，顾客希望企业有预防质量问题发生的能力，所以这是顾客选择供方的一个考虑因素。

ISO 9000 族标准要求企业组织建立文件化的预防措施程序，很多组织将这个程序和纠正措施程序合并在一起写，这不违反标准要求。

1)预防措施

采取预防措施，本质上也是一种决策行为。决策需要大量的有效数据来进行分析，因此收集信息数据是采取预防措施的基本条件。这些数据包括：①过程控制的统计，生产报表、质量报表；②制造商推荐的机器设备使用要求，如允许范围、使用年限；③监视计算机服务器容量的使用；④机器负荷的监视；⑤员工的迟到率、缺勤率和流失率；⑥服务调查；⑦市场调查、顾客订货量；⑧供方业绩表现；等等。

如果数据分析的结果是趋于将发生问题/事故，那采取一些预防措施应该是相关责任岗位的本能反应，比如策划和实施设备维修，警报、指示和派员督导，防错技术(也称为“防呆”)、设备改造、防护器材等。

企业组织的管理者为预防措施的提出和实施提供资源，这也是一种保证。采取预防措施的积极性是一种企业文化的表现，而企业文化是由最高管理者慢慢教化培养出来的，也是企业全体员工共同创造的。预防措施必须在企业最高领导和全体员工的共同努力下才能够真正实现。一般来讲，问题的重复发生是有概率的，应根据问题重复发生的概率规律提前预防。

同时，企业组织应该建立激励约束机制，奖励采取预防措施的行为，鼓励发现和深度地解决发现的问题。

2)纠正措施

ISO 9001 标准第 8.5.2 条款对纠正措施提出了明确的要求。发现了问题，不但要改进，而且还要有效地改进。投入了资源想解决问题，就应该把它解决地彻底一些。要有效地解决问题，关键在于消除产生问题的原因。

企业组织应该为采取纠正措施设立一个目标(处理到什么程度)，最好有时间表。标准要求记录纠正措施的展开、跟踪、结果和验收。对纠正措施的管理应该形成文件制度。企业组织在采取纠正措施时，还应考虑采取措施的经济效益，如果措施成本大于措施产生的效益，就要另外选择措施。由于企业组织原有的质量管理体系是一个有机的整体，在采取 ISO 9001 标准执行有力的纠正措施时，要考虑这些措施会不会影响到原有的体系，应该注意防止出现意想不到的问题。

11.6.7 ISO 9000 系列标准构成的控制要素

一般来讲，构成 ISO 9000 系列标准的重要的控制要素有 16 项，如表 11-19 所示。

表 11-19　ISO 9000 系列标准质量体系控制要素

序号	质量体系要素名称	序号	质量体系要素名称
1	管理职责	9	检验、测量和试验设备的控制
2	质量体系	10	不合格产品的控制
3	合同评审	11	纠正措施控制
4	设计控制	12	搬运、储存、包装、保护和交付控制
5	文件和资料控制	13	质量记录控制
6	采购控制	14	内部质量审核控制
7	过程控制	15	培训控制
8	检验和试验	16	服务控制

下面依次对 ISO 9000 系列标准质量体系要素进行解释。

(1)管理职责。这一控制要素的目的主要是明确企业领导对质量管理的责任和职能。企业主要领导对产品质量的重视程度是企业能否做好质量管理的关键，也是企业质量管理体系能否成功的关键。按照全面质量管理的要求，这里的管理职责应该是对企业所有涉及质量的管理人员的责任和职能。由企业主要领导负责并管理，全体管理人员和生产人员共同努力，才能获得良好的产品质量，因此，管理职责是质量体系中最重要的要素。ISO 9001-4.1 中对管理职责的说明是：管理职责是对供方建立并有效运行质量体系的关键性要求，它涉及供方管理者的任务和责任，以及与质量有关的所有人员的职责、权限和相互关系。具体的要求有：最高管理层对质量方针负责并作出承诺，对所有与质量相关的管理、执行和验证人员用文件形式明确规定他们的质量目标、职责、权限和相互关系，明确并充分提供满足产品质量要求所需的人力、物力、财力资源，派出最高管理者代表负责建立质量管理体系，并保证体系的正常运行，同时负责组织根据质量方针和质量目标的要求对管理进行评审。

(2)质量体系。质量体系是指为了加强对涉及产品的生产技术、管理和质量的人员等影响因素的控制，以便减少和消除不合格品，尤其是预防不合格品的出现，保证产品质量符合要求，供方要建立质量体系，形成质量体系文件，并贯彻实施，保证质量体系有效运行。质量体系文件包括：①阐述质量方针和描述质量体系的质量手册；②具体描述各项质量活动所采取方法的质量体系程序；③针对产品、项目、合同需要编制的质量策划和质量计划；④与程序文件协调的质量记录；等等。

(3)合同评审。在合同生效前应对合同进行仔细的评审，确认合同的每项条款都是合理和明确的。要素明确强调了应制定并实施用以检查顾客要求和满足合同要求能力的文件化的合同评审程序。

(4)设计控制。设计控制这一要素要求对设计的全过程，即从设计策划开始到设计确认的各个阶段进行控制和验证，以保证所设计的产品和制定的技术规范能够达到顾客的需要，并为企业带来满意的投资收益。在设计控制要素中，应该检查和控制的内容包括：①设计和开发的计划编制；②设计要求(用户的需求、有关标准、法律法规等)；③设计方案的确定；④产品设计分阶段(初步设计、技术设计、施工设计等)的评审；⑤设计验证；⑥设计确认；⑦设计更改；等等。

(5)文件和资料控制。本要素规定企业应建立统一的文件管理系统，制定和执行对有关文件和资料的发布、使用、更改等的文件的控制程序，以保证文件有效和合理使用。本要素设计的文件是指质量体系实施中所形成和使用的质量文件，如质量手册、程序文件、审核报告等。本要素设计的资料是指形成或证实质量文件所依据的资料，如图样、技术规范、检验规范、作业指导书(手册)、质量记录等。本要素还包括企业外部提供的有关原始文件和资料，如标准、顾客图样等。

(6)采购控制。为了保证进料质量，必须加强对采购的控制。本要素包括以下控制内容：①制定明确而完整的采购文件；②对分包、承包方的评价和选择；③与供方企业达成质量保证协议，其中包括对采购产品的验收方法、处理质量争端的规定等；④明确供方企业的质量保证责任；⑤制定进货检验计划和进货控制方法；⑥做好进货质量记录，实现可追溯管理。

(7)过程控制。本要素主要是对与制造质量相关的过程的实时控制(包括生产、安装、服务等过程)。具体应包括生产过程策划与组织、工序能力分析与控制、现场组织与保障能力控制等。生产过程策划与组织的目的是确保各个生产环节的生产过程都必须在受控的条件下按特定的生产组织、技术方法和顺序进行，为此，必须编制作业指导书(手册)来为重要的工序和工位制订连续验证和监控的计划和规定，以及对所有过程的验证、最终产品的验证和监控制订计划和规定。工序能力分析与控制是指按规范对工序能力进行验证，并对工序生产过程进行控制，以实现所规定的质量保证能力。现场保障能力控制是以生产现场对质量产生影响为对象进行分析和控制的。现场保障能力控制是对包括生产现场的公用设施、工艺装备、生产环境等生产条件进行的控制和定期验证，以保证良好的生产环境，消除质量隐患。

(8)检验和试验控制。本要素要求外购的物料、本企业的制造过程、产成品等的质量都必须通过检验和测试，以检定其质量特性能否满足买方的需求。因此，有关各方必须提供证实上述对象质量的文件。同时，对各检验和试验步骤应注明应有的技术、技能、仪器和准确度，以及试验数据的处理要求等。

(9)检验、测量和试验设备的控制。本要素的目的是保证计量的准确、可靠，对检验、测量和试验设备进行严格的控制，保证其准确度达到应有的要求。同时还要规定这些设备的试验方法和控制程序，如规定首次校准、确定检定周期、制定检测计量器具的管理制度等。

(10)不合格品的控制。要求对不合格的产品、半制成品应清楚地加以识别，避免错误地使用。同时要避免这些不合格的产品、半制成品同合格品混淆。对于不良品的名称和数量、不合格的类别及程序由谁负责处理、处理的方法及怎样处理，等等，都要形成书面文件，以便执行，还要形成文字材料存档备案，便于追溯管理。

(11)纠正措施控制。及时而有效的改善活动是质量体系的主要功能之一，也是质量管理的重要工作，因此，纠正措施控制是一个重要的要素。纠正措施控制一般是针对不合格产品和半成品进行的返修、返工、追回、报废等工作内容。但是，从预防的角度出发，企业应采取下列措施：①制定纠正措施控制的职责和权限规定；②评价质量问题的严重程度；③调查和分析出现质量问题的原因；④消除质量问题的原因，包括修改制造方法、工艺组织和工艺流程，以及服务、包装、运输、储存的程序，修订产品质量规范或质量体系；⑤对经过改进的过程和程序进行严格控制，并将修改的内容作为标准，以巩固改进成果。

(12)搬运、储存、包装、保护和交付控制。搬运、储存、包装、保护和交付辅助生产的服务行为，对已经形成的产品质量有重要影响。例如，搬运过程中的不良行为将对产品质量造成损坏等。对搬运、储存、包装、保护和交付进行控制主要是为了保证这些服务性活动不使产品受到损坏、变质和外观异常。因此企业应制定并形成书面文件，明确在搬运、储存、包装和交付时保护产品的方法。对于安装，应制定正确指导安装的书面程序(软装说明书)。对于需要特殊保护的产品，应有显著的标志，制定专门的书面程序并严格执行。保证不向用户交付损坏和变质的产品。

(13)质量记录的控制。质量体系中必须要制定关于质量记录和质量文件的管理办法。内容包括质量记录的识别、收集、编目、查阅、归档、储存、维护、收回和处理的书面程序，以及作为指导质量体系运行的质量手册、质量计划、质量体系程序的制定和维护等。为了防止损坏和遗失，应规定查阅、索取更改和修订的书面程序。

(14)内部质量审核控制。本要素是为了保证质量体系建成后能持续有效运行而制定的控制要素。它审核和监督质量体系必须根据既定的计划和程序文件执行，并能验证各项改善质量的措施是否按照计划运行。内部质量审核控制要求企业管理层必须负责审查内部质量审核报告，从而起到监督整个质量体系有效运行的作用。

(15)培训控制。质量体系要求并组织企业全员职工接受适当的质量培训，使全体员工都能够适应并胜任质量体系的要求去进行生产和发展业务。

(16)服务控制。在质量体系中还必须说明怎样处理服务的问题。企业应该区别不同的供应商、分销商及用户的要求，并采取不同的服务。如果该项服务是必须提供或是由合同规定的，供应商应制定和保证实施服务的文件化程序，以便控制和检查服务的质量。

11.7　基于管理熵的水电工程施工质量控制

在水电工程的施工工地上，经常可以看到“百年大计，质量第一”等文宣标语，它们提示着工程施工的相关人员，使之在施工过程中随时保持质量观念，提高施工质量。质量是水电工程的生命，是工程满足使用需求的基本条件，也是保证工程与环境和谐共生、管理熵增维持较低水平、工程系统运行有序可持续应用的基本条件。保证工程质量的一个十分重要的环节，就是对工程施工质量的控制，因此必须遵循施工规律，采用科学的质量管理体系和方法，实现施工过程中的高水平质量管理，创建优良的质量工程。

11.7.1　施工质量控制的依据

水电工程施工质量控制的依据主要可分为两类：共性(普适性一般性)依据和专门技术法规性依据。

共性依据是指所有适用于水电工程项目施工阶段、与质量控制有关的、具有普适性指导意义的和必须遵守的基本文件。主要包括工程承包合同文件和设计文件两方面，具体如下。

(1)工程承包合同文件。在工程承包文件中，详细地规定了参与工程建设项目各方在质量控制方面的责任、权利与义务，并要求在项目建设过程中，根据合同的规定进行质量管理、监督与控制。

(2)设计文件。已批准的设计文件、施工图纸及相应的设计变更、设计修改等文件，是业主单位和监理单位对施工单位工程建设施工过程进行质量监控的依据。因此，在相关各方对设计文件、施工图纸会同审查和洽商中，应将经过会审达成共识的设计和变更形成成熟的文件，并形成制度，以便保证工程设计和施工图纸的完善和实施的科学性及正确性，也便于对工程和施工过程的质量进行监控。

专门技术法规性依据是指国家和行业颁布的现行有关工程质量管理方面的法律、法规文件。这些法律、法规文件是针对不同的行业、不同的质量控制对象而专门制定的，主要包括以下几点。

(1)国家颁布的有关质量方面的法律法规。国家颁布的有关质量方面的法律法规主要有《中华人民共和国建筑法》《建设工程质量管理条例》《水利工程质量管理规定》《水电工程质量管理规定》等。水电工程施工单位在工程建设施工中，必须遵循国家颁布的这些有关质量方面的法律法规，保证施工过程符合国家规定。

(2)工程建设标准强制性条文。国务院颁布的《工程建设标准强制性条文》是《建设工程质量管理条例》(国务院令第 279 号)的配套文件，是工程建设强制性标准实施监控的重要依据，施工单位必须遵照执行，在施工过程中据此实施自我检查和控制。业主单位和监理单位也必须严格按照《工程建设标准强制性条文》对工程施工质量进行监控。

(3)工程承包合同中应用的国家和行业的现行施工操作技术规范、施工工艺规程及验收规范、评定规程。国家和行业(或部颁)的现行施工操作技术规范和规程，是建立和维护正常施工生产秩序和工作秩序的准则，也是一切有关施工人员的统一行动准则，在施工过程中必须严格遵守。如《水利水电建设工程验收规程》《水工混凝土施工规程》《水电水利工程混凝土防渗墙施工技术规范》等。这些技术规范和规程与施工质量密切相关，必须严格遵守执行。

(4)已批准的施工组织设计。已批准的施工组织设计是施工承包单位进行施工准备和指导现场施工的规划性及指导性文件，它详细地规定了工程施工的现场布置、人员和设备的配置、作业要求、施工工序和工艺、技术保障措施、质量检查方法、技术标准等，是进行质量控制的重要依据。

(5)合同中引用的有关原材料、半成品、配件等方面的质量依据。例如：①水泥、钢材、骨料等有关产品的标准；②水泥、骨料钢材等有关检验、取样、方法的技术标准；③有关材料验收、包装、标志的技术标准。

(6)制造厂商提供的设备安装说明书和有关技术标准。这是水电工程建设施工安装承包人进行设备安装必须遵循的重要技术文件，是设备安装质量的依据和保证，也是业主单位和监理单位进行检查和控制的依据。

11.7.2 施工质量控制的方法

施工质量控制的方法主要有旁站检查、测量、试验和施工记录技术文件控制 4 种方法。

(1)旁站检查法。旁站检查是指有关管理人员对重要工序(质量控制点)的施工现场所进行的抵近监督和检察，以防止出现施工中的质量问题。旁站检查也是监理进行现场质量监督控制的一种主要形式。旁站检查根据工程施工的复杂性和难度，可采用全过程旁站和部分时间旁站两种形式。对容易产生质量问题或施工缺陷的生产环节和生产部位，或是产生了质量问题和缺陷却难以补救的生产环节和生产部位，以及隐蔽工程等，应加强旁站检查。在旁站检查中，还必须检查施工承包人在施工中所用的设备、材料、混合料等是否符合已批准的文件要求，检查施工方案、施工工艺是否符合规定的技术规范。

(2)测量法。测量法的运用是测量师对建筑物的尺寸进行控制的重要手段，工程师应对施工承包人的施工放样及对高程控制进行核查，不合格者决不允许开工。测量法分为目测法和实测法两种。目测法就是根据感官进行测量，如观察建筑物的尺寸、高程是否符合要求，振捣过程中的混凝土浆是否在冒泡，是否有漏振现象，混凝土浇筑后是否存在蜂窝麻面、孔洞、漏筋、夹渣等缺陷，混凝土拌合是否存在超径、逊径问题，等等。实测法就是利用测量工具或计量仪表，通过实际测量结果与规定的质量标准进行对比，判断质量是否符合要求。如混凝土搅拌过程中骨料含水量定时检测，出机口混凝土坍落度测定，摊铺沥青拌和料的温度测定，水泥凝固过程中的时间和温度测定，等等。

(3)试验法。试验法是指通过现场试验或实验室试验，采用理化试验手段取得数据，分析判断质量状况的一种方法。试验法包括：①理化试验，如混凝土抗压强度试验，钢筋的各种力学指标(抗拉强度、抗压强度、抗弯强度、抗折强度等)的测定，各种物理性能(密度、凝结时间、稳定性等)的测定；②无损测试或检验，如利用超声波探伤、γ 射线探伤等。

下面是一个水泥凝结时间的测定案例*：

(1)实验目的。①了解控制水泥凝结过程的重要性；②了解水泥标准稠度净浆凝结时间测试的国家规范；③测试水泥标准稠度净浆凝结时间。

(2)实验原理。①水泥凝结。水泥和水以后发生一系列物理与化学变化，随着水泥水化反应的进行，水泥浆体逐渐失去流动性和可塑性，进而凝固成有一定强度的硬化体，这一过程称为水泥的凝结。关于水泥凝结时间，在工程应用上需要测定其标准稠度净浆的初凝时间和终凝时间。②凝结反常。有两种不正常的凝结现象，即假凝(粘凝)和瞬凝(急凝)。假凝特征：水泥在和水后的几分钟内就发生凝固，且没有明显的温度上升现象；瞬凝特征：水泥和水后浆体很快凝结成一种很粗糙、和易性差的混合物，并在大量的放热情况下凝固。

(3)实验器材。天平、水泥净浆搅拌机、维卡仪、湿气养护箱。

(4)试验条件。①试验室温度为 20℃±2℃，相对湿度应不低于 50%；水泥试样、拌和水、仪器和用具的温度应与实验室一致；②湿气养护箱的温度为 20℃±1℃，相对湿度不低于 90%；③试验用水必须是洁净的饮用水(如有争议应以蒸馏水为准)。

(5)实验步骤。①测定前准备工作。调整凝结时间测定仪的试针，接触玻璃板时指针对准零点。②试件的制备。以标准稠度用水量制成标准稠度净浆，一次装满试模，振动数次刮平，立即放入湿气养护箱中。记录水泥全部加入水中的时间，将其作为凝结时间的起始时间。③初凝时间的测定。试件在湿气养护箱中养护至加水后 30min 时进行第一次测定。

---

* 参见百度文库，教育专区，高等教育，工学 http://wenku.baidu.com/link?url=uWZlNcw27FZxF7cOGqxXgUIFMZZtNf9ADZVmUeRH5nv41MKalZxbD-PCCeIYfE4WBb2WXoDl-tKr9eBSTHXXaqN0MnEDxttn_wllh4bZPKG.

测定时，从湿气养护箱中取出试模放到试针下，降低试针与水泥净浆的表面接触。拧紧螺丝1～2s后突然放松，试针垂直自由地沉入水泥净浆。观察试针停止下沉或释放试针 30s 时指针的读数。当试针沉至距底板 4mm±1mm 时水泥达到初凝状态，水泥全部加入水中至初凝状态的时间为水泥的初凝时间，单位为 min。④终凝时间的测定。为了准确观测试针沉入的状况，在终凝针上安装一个环形附件。在完成初凝时间测定后，立即将试模连同浆体以平移的方式从玻璃板取下，翻转 180°，直径大端向上、小端向下放在玻璃板上，再放入湿气养护箱中继续养护，临近终凝时间时每隔 15min 测定一次，当试针沉入试体 0.5mm 时，即环形附件开始不能在试体上留下痕迹时，水泥达到终凝状态，由水泥全部加入水中至初凝状态的时间为水泥的终凝时间，单位为 min。⑤测定时应注意，在最初测定的操作时应轻轻扶持金属柱，使其徐徐下降，以防止试针撞弯，但结果以自由下落为准。在整个测试过程中，试针沉入的位置至少要距试模内壁 10mm。临近初凝时，每隔 5min 测定一次，临近终凝时每隔 15min 测定一次，到达初凝或终凝时应立即重复测一次，当两次结论相同时才能定为到达初凝或终凝状态。每次测定不能让试针落入原针孔，每次测试完毕须将试针擦净并将试模放回湿气养护箱内，整个测试过程要防止试模受振。

(6)数据处理。①如实填写水泥凝结时间测试记录表(表 11-20)。②结果判定。国家标准规定：硅酸盐水泥、普通硅酸盐水泥、矿渣硅酸盐水泥、粉煤灰硅酸盐水泥、火山灰质硅酸盐水泥、复合硅酸盐水泥这 6 类硅酸盐水泥的初凝时间不得低于 45min，一般为 1～3h。终凝时间除硅酸盐水泥不迟于 6.5h 外，其余水泥的终凝时间不得迟于 10h，一般为 5～8h。凡初凝时间不符合规定者为废品，终凝时间不符合规定者为不合格品。③试验分析。包括从假凝和瞬凝的角度分析，从化学分析的角度说明水泥凝结时间反常的原因，从试验条件、试验环境的角度分析系统偏差，从人为因素进行分析操作偏差。④施工记录技术文件控制法。是指现场人员应及时、准确、完整地记录每日在现场施工的人员、设备、材料、天气、施工环境等情况，便于质量管理人员经常检查现场记录、技术文件等，以保证对施工质量的控制。

表 11-20 水泥凝结时间测试记录表

操作单位 操作员 日期： 年 月 日

操作序号	操作内容、科目	操作时间	分段时长
1	水泥全部入水(水泥和水)		
2	水泥净浆的拌制(启动控制器)		
3	取样。试件的制备		
4	时间养护 30min		
5	首次初凝测试		
⋮			
N1	临近初凝测试		
⋮			
N2	终凝时间测试		
⋮			

评定结果： 验收人：

11.7.3　施工质量控制的程序

施工质量控制从整个工程项目建设的全部周期来看，可以分成事前控制、事中控制和事后控制三个控制过程。

(1)事前控制。事前控制是指水电工程项目建设正式开工之前进行的质量控制工作。这些工作是为了防止在设计、图纸、施工组织及施工所需的各种生产要素组织的安排中出现质量问题或缺陷，将质量问题或缺陷消除在工程施工之前，保证工程开工后不会出现或较少出现计划中的问题。因此，施工单位对质量的事前控制首先是要对设计、图纸、施工组织及施工所需的各种生产要素安排进行详细的核查，防止缺陷。必须编制周密的质量计划、施工组织设计和施工项目管理实施规划，以保证施工阶段有具体实施质量控制的依据。

(2)事中控制。事中控制是应用质量管理体系对施工过程的全面的质量控制。事中控制主要包括两大控制方式，即对施工的各个环节、生产操作、工艺流程等各项技术活动在相关制度规定下进行自我约束，以及利用各种检测技术对施工过程质量进行监控。在施工过程中的全面质量控制必须严格贯彻质量管理体系中的质量方针、质量目标和质量管理制度，严格执行监督机制和激励约束机制，同时，在施工过程中，还要建设统一的强大的企业文化，形成强大的企业凝聚力和质量道德观，充分发挥全体职工民主精神，充分发挥全体职工的积极性、主动性、创造性和聪明才智，实现职工在施工过程中对质量控制的技术革新和技术发明，全面控制和消除施工过程中的质量问题。

(3)事后控制。事后控制是水电工程建设项目完成后对其质量进行的检查、鉴定、评价和对出现的质量偏差采取纠正措施的一系列质量控制的工作。一般来讲，在严格遵循质量的事前控制和事中控制后，工程质量应该已达到预期目标。但是，在工程建设全过程中(包括规划、设计、建设、竣工试运行各个阶段)影响工程建设质量的因素很多，有些是无法控制的、偶然的因素。因此，在工程竣工进行质量检查时，可能会出现一些缺陷或质量问题。当出现质量实际值与目标值之间的偏差时，就必须分析原因，采取措施，纠正偏差，以保证工程质量全面受控状态。

施工质量管理是一个典型的管理系统，在这个系统中，必然遵循管理熵规律，即在系统运动过程中将产生管理熵增，从而降低管理效率。为此，为了保证施工过程中的质量管理效率，在施工过程中必须保持系统的开放状态，使质量管理系统引入管理负熵(如管理制度的改革、新技术新工艺的运用、新施工组织设计等正能量的进入)，同时，通过科学决策和科学施工，使施工系统内部产生管理负熵值等，以减少管理熵值，实现管理系统的不断有序化，提高管理效率，保证质量水平。

在施工的全面质量管理体系中，事前控制、事中控制和事后控制是不可以截然分离的，它们之间存在着紧密的内在联系，其实就是PDCI循环的三个过程，构成一个有机的管理系统。在施工质量控制中，每一个质量控制过程(事前、式中和事后)都构成一个PDCI小循环，施工的全部质量控制过程构成了PDCI大循环，小循环周而复始的质量控制运动保证了大循环的质量。因此，在施工质量控制中，应该运用全面质量管理的理论与方法，保证优良的工程质量。

11.7.4 影响施工质量的管理熵值和影响因素

从最基本的理论上讲，影响施工质量的最基本因素，主要是由管理系统的管理熵增引起的管理无序化产生的，其影响的是企业管理和施工管理的各个方面，使其管理和控制的效率降低，无法有效实现预期目标。根据管理熵原理可知，宏观的管理熵态是由若干微观的管理熵要素构成的，这些要素主要包括反应管理结果的生产要素及其组合运动状态。在施工管理系统中，影响施工管理系统的管理熵的微观要素是比较多的，但一般可以概括为一个函数 x：$x=\{m_i, e_i\}=\{m_1, m_2, \cdots, m_n, e_i, e_2, \cdots, e_n\}$，即人(man)、材料(material)、机械(machine)、方法(method)、环境(environment，包括政策环境、经济环境、技术环境、社会环境、自然环境等)等。用数学表达可写为

$$ME_Q = k\log x$$

$$x = \{m_1, m_2, \cdots, m_n, e_1, e_2, \cdots, e_n\}$$

式中，ME_Q 为质量管理熵值；k 为管理效率系数；x 为构成管理熵值的微观要素，$x=\{m_i, e_i\}$。

由此可见，施工质量宏观状态的反映值是质量管理熵，而构成并决定宏观状态管理熵值的是按照一定的函数关系所确定的微观要素，即施工过程中的 x：$x=\{m_i, e_i\}=\{m_1, m_2, \cdots, m_n, e_i, e_2, \cdots, e_n\}$。显然，$x$ 在施工过程中的复杂的综合集成作用决定了质量管理熵值，因此，在施工过程中必须对 x 进行有效的控制，才能保证施工质量，进而保证工程质量。下面对函数 x 控制进行解构和分析。

1)施工中人(m_1)的因素的控制

构成 x 的因素之一是 m_1，即人的因素。施工中人的因素的控制，是指对施工中与质量相关的各类人员的管理。各类人员包括决策者、组织者、管理者、操作者和监理者。水电工程是由人建设出来的，工程质量最重要的、也是最难以控制的质量形成过程，也是由建设者的操作(工作)所决定的。因此，施工质量控制的关键环节就是对人的工作的控制。对人的工作质量产生影响的基本要素有素质和观念两大部分。素质是指文化程度、技术水平、管理能力、工作经验、身体条件等；观念是指意识形态和价值取向，如思想意识、伦理观念、责任心、进取心、合作意识等。施工中人的基本要素直接或间接地影响着施工和工程质量。对人的控制不同于对物的控制，因为人是有思想有情感的，控制方法不科学不合理则会产生抵制情绪，甚至反抗。因此，在施工管理过程中，对人的控制应做到科学合理、公平公正、集权与放权相结合，建设企业文化，充分发挥人的积极性和主动性，同时又要加强引导和管理，避免失误，严格执行企业规章制度，严格执行激励约束规定，加强对人的培训工作，提高职工素质和观念意识。

2)材料(m_2)因素的控制

构成 x 的第二个因素是 m_2，即材料因素。材料因素是工程质量的重要因素，因为工程是通过材料的转换而形成的，材料是工程的物质基础，最终决定着工程物体的组成，因此，材料的质量也决定着产品质量。施工材料包括原材料、成品、半成品、构配件、仪器仪表、生产设备等，在施工中要对这些材料的质量、生产过程中的状况进行严格的监控，避免因材料而出现质量问题或施工缺陷。材料因素要重点控制以下几个方面。

(1)收集和掌握材料的信息，通过分析论证，优选供货厂商，保证购买到物优价廉、按时供货的材料，同时，材料购买还应经过经理工程师确认并签字，承包人才能进行采购。

(2)合理组织材料供应，确保工程正常施工。在合理组织材料供应时，还必须考虑到材料进场的合理时间和规模，规模过大或时间过早，都会加大库存，造成库存管理成本上升和材料资金积压，带来较大的经济损失，同时，由于材料积压还容易形成锈蚀、变形等质量问题，因此，施工单位在施工中应在科学预测的基础上，考虑材料进场的经济批量和经济库存量，以保证既能满足施工需要，又能控制工程质量和工程造价。材料供应的经济批量计算公式为

$$Q_E = Rt_0 = \sqrt{\frac{2C_2R}{C_1}}$$

式中，Q_E 为经济订货批量；R 为生产消耗速度；C_1 为单位存储费用；C_2 为订购费用；t_0 为订购间隔时间。

(3)对采购的材料进行严格的检查、试验和验收，对不合格材料坚决拒收，确保进入施工现场材料的质量符合规定的要求。

(4)严格实行材料使用的认证和可追溯制度，严防材料的错误使用和不当使用。

(5)严格按照规范、标准的要求组织材料的检验，取样和试验的操作均应符合规范的要求。

(6)工程施工中使用的设备，承包人应严格按照设计文件或标书中规定的规格、品种、型号和技术性能要求进行采购，并在监理工程师检验确认并签字后，才允许安装和施工。

3)机械(m_3)因素的控制

施工所用的机械设备等是工程施工中的生产工具，是工程施工的物质技术基础，是现代化施工不可缺少的手段。施工选择的机械设备是否合适、先进和合理，直接影响施工的进度和工程质量，因此必须严格控制施工的机械因素。承包人应严格按照工程项目的环境，即工程项目的布置、结构型式、施工现场条件、施工程序、施工方法和施工工艺，进行施工的机械型式和主要技术参数的选择。并制定严格的以文件形式规定的相应操作程序，严格执行和监控操作过程的规范性。

马克思生产理论指出，只有当具有一定技能的人使用具有一定功能的生产工具，作用于劳动对象，才可能形成现实的生产力*，才可能建造出现实的满足人们需要的水电工程实物。因此在施工中为了保证质量，不仅要对人的因素和材料因素进行严格控制，也必须对进行施工生产的机械设备的质量状况、生产运作状况进行全面的控制，这样才能建造出符合要求的、优良的水电建设工程产品。

4)方法(m_4)因素的控制

施工方法是指工程项目建设中的施工组织设计、施工方案、施工技术措施、施工工

---

* 马克思生产理论。生产力三要素是指在生产过程中，由劳动力(具有劳动能力且具有一定劳动技能的人)、劳动资料(机器设备工具等)、劳动对象(原材料等)共同构成了生产力，缺一不可，其中劳动资料和劳动对象构成生产资料。人是首要的生产力，工人、劳动力是生产力。参见《马克思恩格斯全集》第 23 卷 203 页、第 24 卷 44 页。

艺、检测方法和措施等。

在工程的施工过程中，采用的方法是否科学合理和适当，直接影响到工程进度和工程质量，而且还直接影响到施工成本和工程造价。因此，承包人应结合工程实际，从技术、组织、管理、经济等方面对施工进行全面论证，确保施工方案在技术上可行、经济上合理、方法上先进且操作简便，既能够保证工程质量，又能保证施工进度，还能保证提高效率、降低成本。

5)环境(e_i，$i=1$，2，…，n)因素的控制

影响工程项目建设的环境因素很多，归纳起来主要表现为 4 个方面，即社会环境(e_1)、工程技术环境(e_2)、工程管理环境(e_3)和劳动环境(e_4)。

(1)社会环境(e_1)。主要包括建设项目所在地的政治、法律、法规、制度、当地人生活习惯、民风民俗、社会治安等环境。

(2)工程技术环境(e_2)。主要包括工程地质、地形地貌、水文地质、工程水文、大气及气象等因素。

(3)工程管理环境(e_3)。主要是指承包企业的质量管理体系、质量管理制度、质量保证活动等。

(4)劳动环境(e_4)。主要是指施工的劳动组合、施工所用劳动工具、施工工作面等。

在施工中，环境是不断变化的，并且有些是无法控制的。例如，施工过程中的天气情况、温度、湿度、降水、风力、地质变化等。对于无法控制的环境因素，要加强预测，避免或减少风险。对于可控的环境因素要加强控制，例如，前道工序是后一道工序的施工条件和环境，后一道工序是前道工序的继续，这样构成一个生产环境和生产流程。在这个生产环境中，条件是不断变化的，因而使环境不断变化，施工单位必须预测和控制这些环境的变化，当出现变化时，施工单位必须根据工程的特点和施工的具体条件，迅速采取相应的有效措施，对影响质量的环境因素进行严格的控制，并消除影响，以保证施工正常有序地进行。

11.7.5 施工阶段的质量管理

施工阶段对质量的控制主要是从两个方面来进行的，第一方面是内控，也就是指承包人自我对质量的检查和控制；第二方面是外控，即监理单位派出监理工程师，监理工程师通过对工程的施工质量进行检查、抽检、签证等，使工程质量达到设计标准并符合质量规范的要求。在这两种控制方法中，自我控制是工程质量控制的关键，因为工程质量是由施工过程的劳动所形成的，内控的松懈是导致工程质量问题和工程缺陷的主要因素。

11.7.5.1 施工阶段工程质量控制的主要内容[134]

在施工阶段，工程质量控制的主要内容如下：

(1)承包人必须建立健全和完善质量保证体系，配备相应的质管和质检人员，明确各自的职权、方法和工作程序。同时，必须配备所需的质检仪器和设备，制定有关规章制

度和标准文件，做好各种质量管理的准备工作。

(2)承包人派驻现场的管理人员及各种特殊岗位人员必须符合施工合同和相应管理规程的要求，必须持证上岗。

(3)施工中所使用的原材料、半成品、构配件、永久性设备和器材，必须符合设计要求和相关规程、规范的要求，在其进入施工现场时必须提供相应的合格证，并经监理工程师现场检查合格后才能进场和使用。

(4)承包人要按照施工组织设计和施工进度计划、施工方案和施工方法的要求，组织施工的机械设备，施工机械设备的性能参数和设备数量必须满足施工的需要。

(5)施工总承包单位应按照施工承包合同的要求，严格选择分包单位，并将选择的分包单位报送监理工程师，由监理工程师对分包单位的资质、施工组织设计文件等进行认真审查，确认分包单位施工队伍的技术资质、管理水平和质量保障能力，当这些要求都达到规定标准，监理工程师审定签字后，才能由总承包单位同分包单位签订分包合同。分包单位必须按照合同的约定对分包的工程进度、工程质量向总承包单位负责。

(6)对于交桩复测的质量管理，承包人应将设计单位移交的测量基准点、基准线、参考标高等测量控制点进行复核，建立施工现场的平面坐标控制网(或控制导线)及高程控制网，并将复核过的结果报监理工程师审核和批准，经批准后才可据此进行施工测量和放线。

(7)关于施工工序的质量控制，承包人必须按照国家和行业对工程质量管理的法律法规、规范和规程的要求，做好“三检工作”（自检、复检和终检），以保证工程质量符合合同的规定。

(8)承包人在开工之前，要按照投标文件的技术条款，编制施工组织总体设计和单位工程施工组织设计方案。

施工组织总体设计方案，是指在招标阶段承包人提交的施工组织设计的基础上，进一步编制详细和完善的施工组织设计文件。施工组织总体设计文件经监理工程师审查确认后，即作为施工承包合同文件中的一部分，不得任意改动。单位工程施工组织设计方案，是指在施工阶段，承包人根据施工组织总体设计方案，并结合工程特点和施工现场的具体情况，编制详细的单位工程或重点工程的施工组织设计文件及施工计划和施工质量保证措施文件。单位工程施工组织设计方案必须提交监理工程师审查，经审查批准后，承包人应立即严格按照单位工程施工组织设计方案组织施工，不得对方案任意改动。下面，将施工组织总体设计方案、单位工程施工组织设计方案、施工计划和施工质量保证措施文件编制的注意事项列举如下。

编制施工组织总体设计方案。编制施工组织总体设计方案时，应注意的主要事项如下。

(1)施工组织总体设计必须符合国家的方针政策、法律法规，要遵循“安全第一，保证质量”的原则。

(2)施工组织总体设计的工期目标和质量目标的制定，必须严格遵守施工承包合同的规定和要求。

(3)施工组织总体设计中的施工布置和施工程序应该符合工程特点、施工工艺和设计文件的要求，施工总平面图的布置要与施工自然环境、地形地貌和建筑平面相符。

(4)施工组织总体设计所选择的施工技术、施工工艺、施工的组织与方法应该先进、可靠，以保证施工的顺利进行。

(5)采用科学的技术管理理论与方法，采用ISO质量体系和全面质量管理理论与方法，落实技术管理和质量管理措施。

(6)制定符合有关规定的安全、卫生、消防、环保和文明施工制度，并制定落实制度的保障措施。

编制详细的单位工程或重点工程的施工组织设计方案。在制定施工组织总体设计的基础上，编制详细的单位工程或重点工程的施工组织设计，在编制单位工程或重点工程的施工组织设计时，应该注意以下事项。

(1)施工质量管理体系要健全、完善和有效，要具有可操作性。

(2)施工总平面布置要合理，要有利于正常和顺利施工，要能够保证施工质量。

(3)要根据工程现场环境和地质特点，制定保障安全施工和施工质量的具体措施。

(4)对于工程的分部分项工程，为了保证工程整体施工的顺利进行，在特殊的分项工程施工前，应该制定在特殊施工条件下(如酷热、严寒、雨季等)的、具有针对性的、保证质量和安全施工的技术和组织措施。

编制施工技术方案。在编制施工技术方案时，应特别注重以下事项。

(1)施工程序和施工流程要合理，应该充分考虑施工的系统性和工作逻辑性，采用新的先进的并行工程技术和交叉作业技术，避免出现交叉作业时对施工造成的相互干扰，从而引起施工流程的混乱，进而引起施工的进度、安全和质量问题。

(2)施工机械设备的型式、性能和数量必须满足施工要求，要与施工组织方式相适应，从而使其能够保证施工质量、效率和安全的要求。

(3)施工的组织、技术、工艺和方法要合理可行，既要符合施工进度和保证质量的要求，又要符合施工现场条件和环境的要求，还要符合施工规范和标准的规定，满足工程建设进度和工程质量的要求。

11.7.5.2 施工阶段的工程质量控制程序

1. 工序质量控制程序[135]

水利水电工程一般划分为若干单位工程，单位工程可进一步划分为若干分部工程，分部工程又可进一步划分为若干单元工程，这样就将一个工程按照以上标准划分成为三级项目，按三级项目划分并进行质量控制，使工程质量管理工作得到细化，便于操作、控制与管理。

在水电工程施工中，为了保证对工程质量的控制，必须在质量管理体系的基础上，设计并实施工程质量的施工工序控制程序，控制程序必须按照包括单位工程控制程序、分部工程控制程序和单元工程控制程序三类来进行。

1)单位工程质量控制程序

所谓单位工程，是指能独立发挥作用或具有独立施工条件的工程，通常是若干分部工程完成后才能运行或发挥一种功能的工程。单位工程通常是一座独立建(构)筑物，特殊情况下也可以是独立建(构)筑物中的一部分或一个构成部分。

水电工程的施工单位在施工之前应组织技术人员认真阅读和研究图纸，编制详细的施工组织设计和施工的技术措施，同时要完成施工人员、设备、原材料进场的组织工作，并向监理工程师递交开工申请，经监理工程师审核签发后同时开工。在开工中严格执行科学合理并经过监理工程师审核签发的单位工程质量控制程序，以保证施工的质量。单位工程质量控制程序如图 11-21 所示。

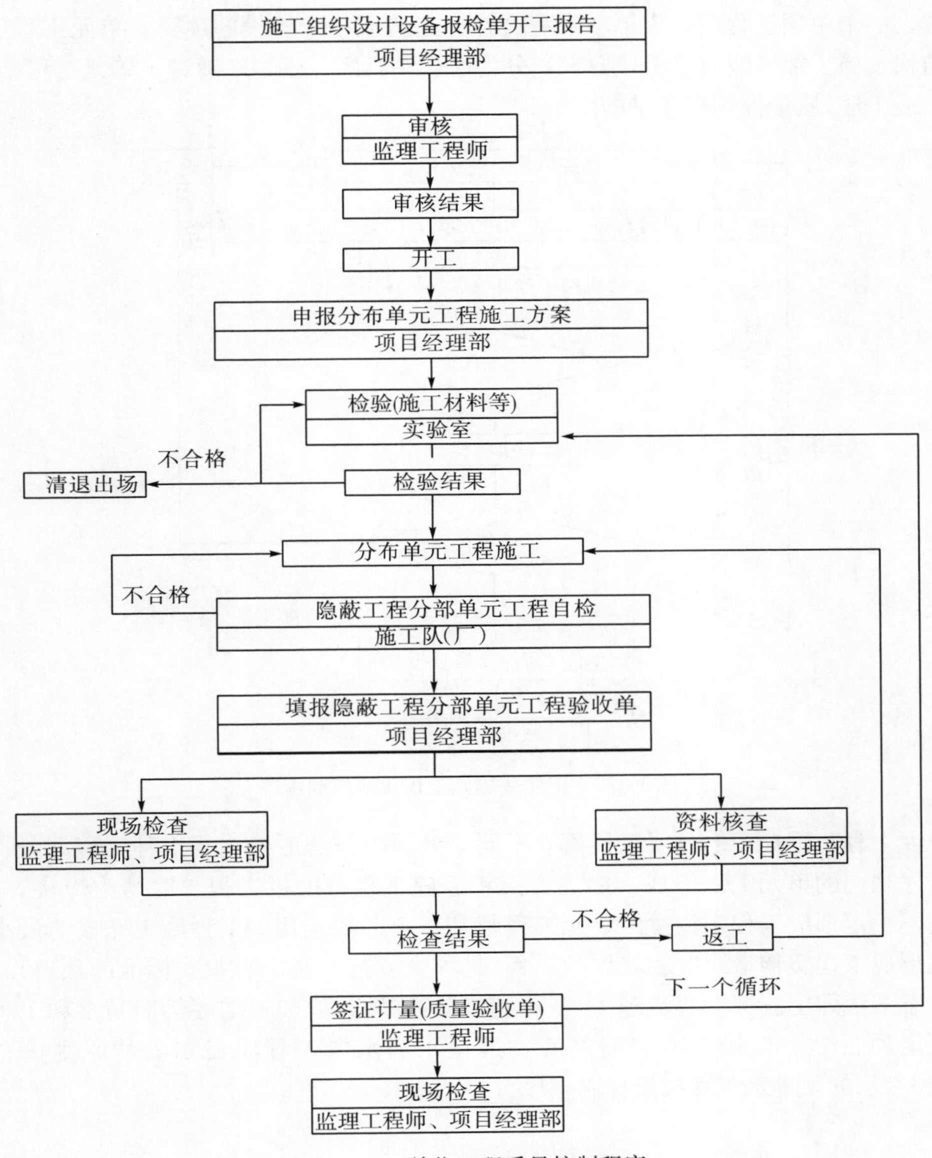

图 11-21 单位工程质量控制程序

2)分部工程质量控制

所谓分部工程是指组成单位工程的各个部分。分部工程往往是建(构)筑物中的一个结构部位，或不能单独发挥一种功能的安装工程。

按照分部工程施工的需要，设计和制定施工质量管理体系，明确质量管理的程序。

3)单元工程(或分项工程，或工序)质量控制

所谓单元工程，是指组成分部工程的由一个或几个工种施工完成的最小综合体，是日常质量考核的基本单位。分部工程是建筑物的一部分或某一项专业的设备；单元工程(分项工程)是最小的，再也分不下去的，若干个单元工程(分项工程)合在一起就形成一个分部工程，分部工程合在一起就形成一个单位工程，单位工程合在一起就形成一个单项工程，一个单项工程或几个单项工程合在一起构成一个建设的项目。单元工程可依据设计结构、施工部署或质量考核要求划分为层、块、区、段等来确定。单元工程(或分项工程，或工序)质量控制程序见图 11-22[136]。

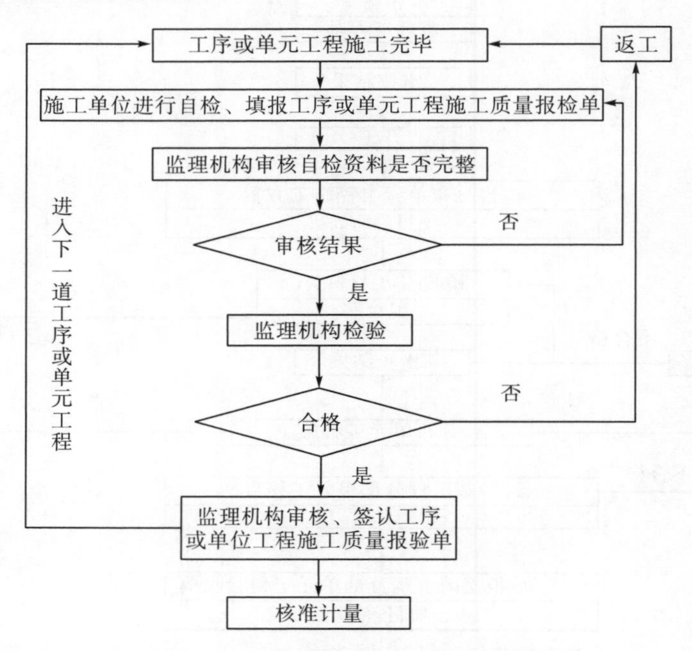

图 11-22 工序或单元工程质量控制程序

单元工程与国标中的分项工程概念不同，分项工程一般按主要工种工程划分，可以由大工序相同的单元工程组成，如土方工程、砼工程、模板工程、钢结构焊接工程等，完成后不一定形成工程实物量。单元工程则是一个工种或几个工种施工完成的最小综合体，是形成工程实物量或安装就位的工程(是国家或行业制定有验收标准的项目)。水土保持生态工程即小流域综合治理工程，虽有其特殊性，但归根结底仍旧是水利工程，其质量评定项目划分应结合其自身特点，遵循水利水电工程项目划分的原则进行，如图 11-23所示的某排水工程质量控制程序。

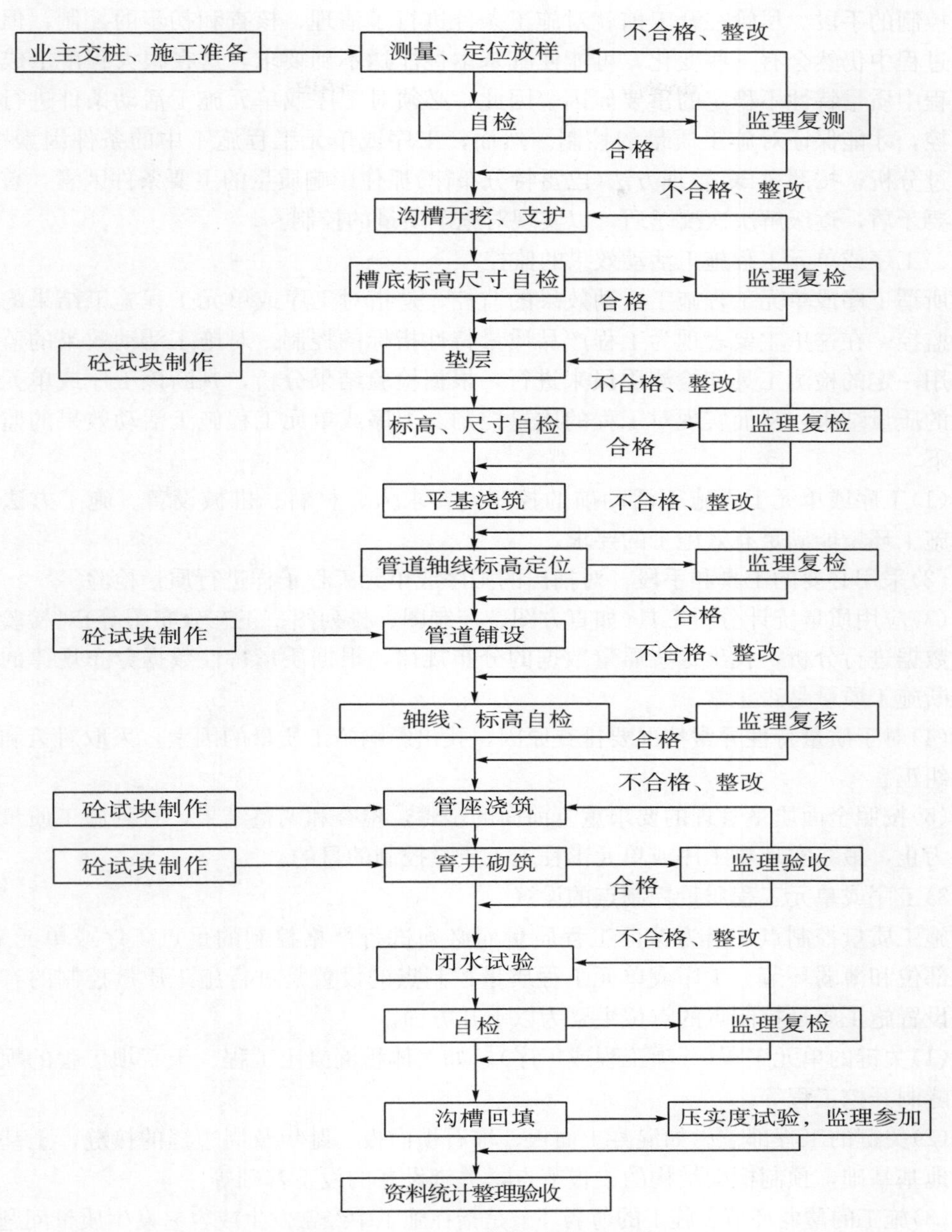

图 11-23　排水工程质量控制程序图

2. 工序质量控制内容

工序或单元工程质量控制主要应该包含对工序或单元工程施工活动条件的监控和对工序或单元工程施工活动效果的监控两个部分。

1)工序或单元施工活动条件的监控

所谓工序或单元施工活动条件的监控，是指在工序或单元施工活动中对影响工程施工因素进行的监控。工序或单元工程施工的条件控制，是施工质量控制的前提条件，是质量控制的手段。尽管在开工前就对施工条件进行了清理、核查和初步的控制，但是在施工过程中仍然会有一些变化，可能使其基本性能达不到要求，这在很大程度上成为施工过程中质量特性不稳定的重要原因。因此，必须对工序或单元施工活动条件进行可靠的监控，才能保证对施工质量的控制。然而，工序或单元工程施工中的条件因素很多，要通过分析，按照ABC管理方法(巴雷特分布律)抓住影响质量的主要条件因素，首先解决主要矛盾，逐级解决次要矛盾，以实现对施工质量的控制。

2)工序或单元工程施工活动效果的监控

所谓工序或单元工程施工活动效果的监控，是指对工序或单元工程施工结果的质量进行监控。在这里主要表现为工程产品质量特性指标的控制。对施工活动效果的监控必须采用一定的检测工具和检测手段来进行，根据检验结果分析，判断该工序或单元工程施工的质量结果，从而实现对工程的质量控制。工序或单元工程施工活动效果的监控步骤如下。

(1)工序或单元工程施工活动前的控制，要求人、材料、机械设备、施工方法或工艺、施工环境能满足有效施工的要求。

(2)采用必要的工具和手段，对抽出的工序或单元工程子样进行质量检验。

(3)应用质量统计分析工具(如直方图、控制图、排列图、正态分布图等)对检验所得到的数据进行分析，找出这些质量数据的分布规律，根据质量特性数据分布规律的结果来判断施工质量是否正常。

(4)对于质量特性异常情况要排查原因，找出影响施工质量的因素，采取对策和措施进行纠正。

(5)按照全面质量管理的要求重复前面的步骤，检查和调整结果，直到施工质量达到要求为止，最终实现对工序或单元工程施工质量控制的目的。

3)工序或单元工程质量控制点的设置[137]

施工质量控制点是指为保证工程质量而必须进行严格控制的重点工序或单元工程、关键部位和薄弱环节。工序或单元工程质量控制点的设置是进行施工质量控制的有效措施。设置施工质量控制点的点位主要为以下几方面。

(1)关键的单元工程(分项工程或工序)。如大体积混凝土工程、土石坝工程的坝体填筑、隧洞开挖工程等。

(2)关键的工程部位。如混凝土面板、堆石坝面板、趾板及周边缝的接缝，土基上水闸的地基基础，预制框架结构的梁板节点，关键设备的设备基础等。

(3)施工的薄弱环节。施工的薄弱环节是指在施工中经常发生或容易发生质量问题的环节，或施工单位无法把握的环节，以及第一次采用新工艺、新材料和新技术的施工环节等。

(4)施工的关键环节。如钢筋混凝土工程中的混凝土振捣，灌注桩钻孔，隧洞开挖的钻孔布置、方向、深度、用药量、填塞等。

(5)施工关键工序的关键质量特性。如混凝土的强度、耐久性，土石坝的干容重、黏性土的含水率等。

(6)关键质量特性的关键因素。如混凝土强度的关键因素是养护温度，支模质量的关键因素是支撑方法，泵送混凝土输送质量的关键因素是机械，墙体垂直度的关键因素是人的测量等。

11.8　锦屏工程混凝土工程的施工方法与质量控制*

11.8.1　锦屏一级水电站工程概况

1. 基本概况

锦屏一级水电站位于四川省凉山彝族自治州木里县和盐源县交界处的雅砻江大河湾干流河段上，是雅砻江下游从卡拉至河口河段水电规划梯级开发的龙头水库，距河口358km，距西昌市直线距离约75km。

本工程采用坝式开发，主要任务是发电。水库正常蓄水位1880m，死水位1800m，正常蓄水位以下库容77.65亿m^3，调节库容49.1亿m^3，属年调节水库。电站装机6台，单机容量600MW。

本工程枢纽建筑物主要由混凝土双曲拱坝(包括水垫塘和二道坝)、右岸泄洪洞、右岸引水发电系统、开关站等组成，左岸现有建筑物为导流洞及其施工支洞。双曲拱坝最大坝高305m。工程等级为1等工程，主要水工建筑为1级。

锦屏一级水电站土建工程主要分导流洞标、1885m高程以上开挖标、大坝标、引水发电系统及泄洪洞标、左岸基础处理标、雾化区边坡及下游河道防护工程6个大标。导流洞标分左、右岸两个标段实施，1885m高程以上开挖标分左、右岸两个标段实施，大坝工程分大坝左岸工程、大坝右岸工程及大坝施工辅助工程三个标段实施，雾化标分雾化A标和雾化B标两个标段实施。

2. 主要工程项目混凝土工程量

(1)左、右岸导流洞进水口段、洞身段和出水口段混凝土浇筑方量约22万m^3。

(2)大坝拱坝混凝土浇筑方量为473万m^3，左岸垫座混凝土浇筑方量约65万m^3，二道坝及水垫塘浇筑混凝土约70万m^3。

(3)左岸基础处理工程混凝土衬砌及二期混凝土回填约26万m^3。其中，一期抗力体范围洞室混凝土衬砌及防渗帷幕、坝基排水洞混凝土衬砌约10.5万m^3，二期混凝土回填约15.6万m^3。

(4)CⅡ标其他如左右岸缆机基础混凝土浇筑、地质缺陷置换贴坡混凝土、框格梁混凝土及抗剪洞置换混凝土约10m^3。其中，左岸抗剪洞衬砌混凝土约1.38万m^3，二期混凝土回填约1.21万m^3。

3. 混凝土工程的施工程序和方法

混凝土工程施工程序和施工准备。施工准备→仓面设计及开仓检验→混凝土拌和→混凝土水平运输→混凝土入仓(垂直运输)→混凝土平仓振捣→混凝土养护。混凝土施工

---

* 引自网页 http：//www.docin.com/p-57070405.html，本书略有修改。

准备包括施工组织设计或施工措施计划的报审、施工临建设施（钢筋加工厂、木材加工厂、设备停放及维修厂、混凝土拌和厂等）建设及施工测量控制点布设和放样、混凝土原材料加工或储备、混凝土配合比试验等。

(1)工程承建单位应在现场施工放样施测前21天完成放样施测报告编制并报送监理机构批准。内容包括工程简况及施测范围、施测工作及进度计划安排、施工放样测量技术说明书（包括施测方案、施测要求、计算方法和操作规程）、测量仪器及设备的配置、测量专业人员的配置、放样测量质量保证措施和其他说明事项。

(2)在每分部、分项混凝土工程开工28天以前，承建单位应按设计文件及合同技术条款对混凝土强度、最大允许水灰比、坍落度等各项技术要求，完成拟使用的各种强度等级混凝土配合比设计试验，并将试验成果（至少包括7天、14天、28天的试验成果或试验推算资料）报监理机构审核。试验中所用的所有材料应符合合同要求，且应与实际施工中使用的材料一致，并事先得到监理机构批准。在施工过程中，承建单位需要改变报经批准的混凝土配合比时，必须重新得到业主试验检测中心或监理机构批准。

(3)分部、分项混凝土工程开工21天前，承建单位必须根据合同技术条款、设计文件（包括施工图纸、设计通知、技术要求）及施工规程规范，结合施工水平向监理部报送混凝土工程施工措施计划，主要内容应包括以下几点。

第一，工程概况（包括工程部位、设计工程量、浇筑时段水文及气象资料混凝土料生产设施布置等情况），混凝土浇筑进度计划（包括工期控制目标、分部位分区浇筑工程量、浇筑进度安排、分月浇筑强度、典型循环作业时间分析、钢筋及水泥等主要建筑材料的消耗与供应计划），混凝土料的生产与供应（包括已通过试验确定的配合比、坍落度、浇筑中的允许间歇时间、拌和时间及外加剂品种与掺量，不同级配、不同强度等级混凝土料的分月生产与供应量），浇筑程序与施工作业方法（包括浇筑作业工序，分缝、分段、分层、分块详图，浇筑层面与缝面处理，模板、钢筋、预埋件、止水设施安装，混凝土运输，入仓、平仓、振捣手段，拆模、构件保护与混凝土养护。有观测仪器埋设要求的还应包括观测仪器埋设详图和该仪埋作业内容）。

第二，施工设备配置与技术工种组织（包括混凝土料生产、运输，钢筋加工与安装，模板制造、安装与修理，混凝土入仓、平仓、振捣施工设备，拆模、构件保护与混凝土养护设施，混凝土料生产、运输，钢筋加工与安装，模板制造、安装与修理，混凝土浇筑、养护等施工需要的劳动组织与主要技术工种人员配置），混凝土浇筑质量保证措施，施工进度控制与合同工期保证措施，施工安全与文明施工措施，其他需要说明事项。

第三，对于有温控、防裂、抗冲耐磨、预缩等特殊要求的混凝土浇筑，承建单位还应根据设计文件和合同技术条款有关规定进行专门设计、试验和研究，并将这部分内容作为专项列入施工措施计划。

(4)特殊部位（如基础填塘、洞、槽、键等）的混凝土施工及温控措施，或采用钢纤维混凝土、抗冲耐磨混凝土、低热微膨胀混凝土等特种混凝土施工，或必须在特别的不利自然条件下进行混凝土浇筑作业，或采用掺粉煤灰、掺硅粉等混凝土，或监理机构认为应该特别报告的情况下，承担单位均应在该项混凝土施工作业的21天前，制定专项施工措施计划报送监理机构批准。

(5)承建单位应在模板加工28天前，按施工图纸对混凝土浇筑的要求，提交一份包括本工程各种类型模板(包括特种模板)的材料品种和规格、模板的结构设计及混凝土浇筑模板的制作、安装和拆除等的模板设计和施工措施文件，报送监理机构审批。当承建单位采用特种模板(如滑模、拉模、钢模台车)或特别的浇筑工序，或监理机构认为必要时，可要求承建单位进一步递交模板(模具)及其安装、支撑详图，或进一步的详细设计和说明资料。

(6)混凝土工程浇筑使用的原材料(包括钢筋、水泥、砂石骨料、止水材料、外加剂及掺和料)均应有产品合格证、试验报告或使用说明，并按工程承建合同文件或施工规范技术规定进行抽样检验。止水材料还应提供样品。所有这些资料和样品必须于施工作业开始前 14 天报送监理机构检查认可。

3)仓面设计

(1)定义。仓面施工组织设计(简称仓面设计)，是对水工建筑物中最基本的单元工程——一个具体浇筑部位的整个浇筑过程进行详细规划，以确保混凝土浇筑的各道工序正常、有序并按照相应的质量技术要求进行施工。仓面设计是混凝土浇筑质量控制的重要环节和保证措施。

(2)仓面设计的原则。仓面设计应尽可能采取图标格式，力求简洁明了、方便实用；典型仓面要做成标准化设计；仓面资源配置应合理优化，充分发挥资源效率；应按照高效准确的原则，简化辅料顺序，减少标号、级配的切换次数，缩短浇筑设备入仓运行路线；应有必要的备用方案；应尽量采用办公自动化系统。

(3)仓面设计的主要内容。仓面设计的主要内容应包括分析仓面特性、明确质量技术要求、选择施工方法、进行合理的资源配置和制定质量保证措施。

4)开仓检验

混凝土工程施工必须按施工图纸和设计技术要求，在前置工序施工质量报验合格的基础上进行，坚持前道工序未经检验合格不得进行下道工序施工。混凝土工程计划开仓浇筑三天前，承建单位必须在对各工序质量自检合格的基础上，报请监理机构对浇筑部位的各作业工序质量进行检查和认证。

11.8.2　混凝土工程施工方法

11.8.2.1　混凝土拌和

应根据现场施工条件、混凝土最大浇筑强度、设计技术要求等选择满足施工要求的混凝土拌和设备，建立拌合楼、拌合站，或设立现场临时拌合站。

三滩前期拌和系统：承担导流洞等前期工程所需约 40 万 m^3 的成品混凝土。配置 HL120-2S2000 一阶式拌和楼和一座 HZ60 拌和站，混凝土生产能力为 4 万 m^3/月。后因 HZ60 拌和站布置不合理、设备陈旧、生产率低、不满足导流洞混凝土浇筑强度要求，新建 HZ75 混凝土拌和站，取代 HZ60 拌和站，使拌和能力达 4.5 万 m^3/月。

水电七局 2＃路景峰 4＃隧洞出口拌和站：主要供应 CⅡ标左岸、4＃路混凝土，混凝土量不大(约 6 万 m^3)。配置 2×JS1000L 拌和站，单台拌和机额定生产能力为50m^3/h。后因拌和能力不满足浇筑强度需要(左岸缆机基础、抗剪洞和 4＃路同时施工)，对其中一台拌和机进行技术改造，改为自动控制、螺旋机上料(水泥)，实际生产强度曾达到 $30m^3/h$。

CV 标码头营地拌和站：主要供应左岸抗力体一期衬砌混凝土(约 10 万 m^3)。配置一座 HZS60 拌和站(投标时另辅助配一台 HZS25 拌和站)、一个 30t 水泥罐，主要采用散装水泥，经拆包机拆包后输入水泥罐，与投标阶段施组不符(300t 水泥罐 2 个、200t 粉煤灰罐 1 个)。设计生产能力为 $60m^3/h$，实际生产能力尚未超过 $20m^3/h$。

棉纱沟低线混凝土系统：主要供应水垫塘和二道坝混凝土(约 70 万 m^3)，以四级配常态混凝土为主，少量二、三级配混凝土，混凝土出机口温度为 10℃。配置一座 HL240-4F3000LB 自落式拌和楼，设计生产能力为四级配常态砼 $240m^3/h$，预冷混凝土 $200m^3/h$(施工单位计算高峰混凝土生产强度为常态砼 $165m^3/h$，预冷混凝土 $135m^3/h$)。高温季节预冷混凝土采用“二次风冷+片冰+低温冷水”拌制。

高线混凝土系统：主要供大坝混凝土浇筑。配置 2 座 $2\times7m^3$ 的强制式拌和楼，拌和楼选用 HL340-2S5000L 型，配用 4 台 DKX7.00 的双卧轴强制式搅拌机，其制冷规模按满足夏季出机口混凝土温度 7℃和 10℃的要求设计，系统设计生产能力为 $600m^3/h$，7℃制冷混凝土设计生产能力为 $480m^3/h$。

11.8.2.2 混凝土运输

根据现场施工条件、混凝土设计技术要求和混凝土浇筑强度选用。要求尽量缩短运输时间和减少倒运次数；运输过程中应保持混凝土的均匀性及和易性；应在允许时间内将混凝土运到浇筑仓内，并保证已浇筑混凝土初凝以前被新入仓的混凝土覆盖；混凝土运输能力应与混凝土拌和、仓面状况、平仓振捣设备能力相适应；混凝土运输设备的生产能力应满足施工进度计划规定的不同施工时段和不同施工部位浇筑强度的要求；混凝土运输工具(如吊罐、料斗、胶带输送机、汽车车厢等)必要时应设有遮盖和保温措施；在同时运输两种以上标号的混凝土时，应在运输设备上设置明显标志；混凝土的自由下落高度不应大于 1.5m，当超过 1.5m 时应采取缓降措施。

1. 水平运输

无轨运输：包括改装混凝土自卸汽车、汽车装运混凝土立罐和专用混凝土运输车(混凝土搅拌运输车和轮胎自行式混凝土运输车)。特点为机动灵活、成本低。

有轨运输：国内广泛采用一个 80～150 马力(59.656～111.855kW)的内燃机车头，牵引 3～5 台载混凝土灌的平台车，组成“三重一轻”和“四重一轻”的车队编组。

线路标准：分窄轨和准轨，窄轨的轨距有 610mm、762mm、900mm、1000mm 共 4 种，准轨的轨距为 1435mm。

机车：常用蒸汽机车、内燃机车、电动机车、内燃－电动机车等。目前应用较广的是内燃机车。机车的功率一般为 50～200kW，有独立的牵引车头，或与混凝土罐合装在一个车架上组成整车。

平车和罐车：载混凝土灌的平车和罐车一般是针对工程施工特制的车辆。其特点为需要专用运输线路，适合混凝土工程量较大的工程；对混凝土和易性影响小，减少温度回升；铁路线路的转弯半径和线路坡度对地形、地貌的要求较高；铁路线路中的交叉、道口、停车线、回车线、冲洗设施、加油设施的布置复杂；运行、调度要求高；系统建设周期长。

2. 垂直运输

混凝土入仓运输一般以起重机吊罐入仓为主，主要的起重机类型有缆机、门塔机、履带式起重机、轮胎式起重机等。

(1)缆机。包括：①固定式缆机，工作轨迹为一条直线；②辐射式缆机，覆盖范围为扇形；③平移式缆机，覆盖范围为矩形；④摆塔式缆机，两段采用桅杆式高塔架，塔架底部支于球绞支座上，用活动拉索使其塔架沿上、下游方向摆动，将主索覆盖范围扩大为扇形和矩形。摆动式缆机的塔架一般为单桅杆型。

(2)门塔机。特点：运行灵活方便，吊罐入仓对位准确，生产效率比较稳定；门塔机的起重高度和工作半径有限，在高坝施工中，需搭设栈桥；受导流方式影响较大，运行过程中要受汛期洪水的威胁。

(3)门式起重机。普通门式起重机以丰满门机和四连杆门机为主，起重量为 10～30t，起重高度为 10～30m，适合在中、小工程的河床式厂房泄水闸等部位使用。

(4)高架门机。国内工程中常用的有丰满门机和高架门机，水电工地常用的高架门机主要有 SDTQ 系列和 MQ 系列，这类门机的起重高度约为 40～70m，起重量约为 30～60t。对于中、低坝而言，如果布置高程合适，基本可一次浇筑至坝顶高程。但由于门架较高，拆装时需起重高度较大的吊装设备。

(5)塔机。塔机具有一些门机无法比拟的优势：①自重较轻；②起重高度较大；③操作比较方便，塔机在吊运混凝土灌、沿工作半径做径向运动时，只需移动起重小车，门机则必须做大臂变幅；④安装时对起重设备的要求较低；⑤塔机可采用固定安装工况运行，占地面积较小。但塔机的起重臂较长，运行时需占用较大的回转空间，两台塔机相邻工作时，需保持足够的安全距离。在水电工地施工中，以太原、天津起重机厂生产的 10～25t塔机多见。近年来，国内很多厂家开始生产建筑塔机，技术性能较为先进。其最大起重高度已达到 50～60m，工作半径为 40～70m，起重量为 10～30t。三峡工程引进的丹麦产 KRΦLL 塔机，最大起重量为 60t，工作半径为 72m，起重高度为 80m。

(6)履带式起重机和轮胎式起重机。主要作为设备安装、材料和构件的吊装手段，在必要时也可以作为混凝土垂直运输手段。混合运输：混凝土从拌和楼直接输送入仓，加快了入仓速度；设备轻巧简便，对地形适应性好，占地面积小；能连续生产，运行成本低、占地面积小；混凝土运输距离不宜过大，胶带机系统宜在 1000m 以内，混凝土泵机水平泵送距离宜在 800m 以内。

(7)深槽高速混凝土胶带输送机。其主要特征是大槽角、深断面和高带速，以及为适应混凝土运输采取的一系列特殊措施。适合于混凝土工程量集中、混凝土运输强度高的大体积混凝土施工。

(8)液压活动支架胶带机(亦称仓面布料机)。三峡工程中使用的仓面布料机采用钢管立柱，插入已浇混凝土的预留孔内。带式输送机能以立柱作支撑 360°旋转下料，多节皮带衍架可作仰俯、伸缩运动。

(9)车载液压伸缩节胶带机(亦称胎带机)。可用来浇筑建筑高度不大的导墙、护坦、闸室底板和厂房基础部位，小浪底工程中使用的为CC200-24型胎带机。

(10)塔带机。塔带机是塔式起重机和带式输送机的结合，具有在大范围内进行混凝土布料的功能，适合在混凝土工程量集中的高坝使用。三峡工程中使用的ROTEC TC-2400型塔带机由塔身、起吊臂和皮带机三部分组成。

(11)混凝土泵。有拖移式混凝土泵和自行式混凝土泵。适合断面小、钢筋密布的薄壁结构，或用于如导流底孔封堵等其他设备不易到达的部位。

(12)其他混凝土运输设备。①负压溜槽：由料斗、垂直加速段、槽身和出口弯头组成。②升高塔及爬升机：是一种简易的混凝土提升设备，在缺乏大型起重机、混凝土方量较小的建筑施工中使用。升高塔附着于坝面上，随坝体升高而提高，采用升高塔提升混凝土，需在仓面采用手推车、滑槽和仓面布料机进行布料。

11.8.2.3 混凝土浇筑

1.分缝、分块浇筑

1)分缝的原则

坝体的分缝、分块一般是根据坝高、坝型、结构要求、施工条件、环境温度等因素进行布置。在满足温度控制要求的条件下宜少分缝，或采用通仓浇筑部分纵缝。分缝位置应结合建筑物布置的结构要求，使施工缝和结构缝相协调，分块应尽量均匀。分块尺寸应与施工设备相适应，结合设备的生产能力和工作范围，确定分块大小。

2)分缝的型式

水工混凝土建筑物采用柱状法施工，用“横缝”和“纵缝”将坝体分为若干坝段和坝块。

横缝的型式：①缝面不设键槽、不灌浆(一般为重力坝)；②缝面设竖向键槽和灌浆系统，一般用于整体重力坝和拱坝的横缝；③缝面设键槽，但不灌浆，一般用于半整体重力坝或临时施工缝。

纵缝的型式：竖缝、斜缝、错缝和宽缝。

3)分缝的构造及特点

横缝一般是自地基垂直贯穿至坝顶，在上、下游面附近设置止水系统。

有灌浆要求的横缝，缝面一般设置竖向梯形键槽。二滩工程首次在国内采用球面键槽模板，键槽采用钢板冲压成直径80cm、深15cm的半球面，固定在多卡模板的面板上，球面间距20cm。

不灌浆的横缝，接缝之间通常采用沥青杉板、泡沫塑料板或沥青充填。

4)纵缝的构造及特点

(1)竖缝。缝面均设置键槽和预埋灌浆系统，键槽一般为三角形，键槽的两个斜面接近坝体第一和第二主应力方向。

(2)斜缝。斜缝一般不进行接缝灌浆。斜缝对两侧的高差和温控要求较严格，对施工进度有一定的影响。斜缝布置时，其倒悬块必须后浇，施工程序受到限制，且不便于布置施工机械。

(3)错缝。缝面一般不灌浆，但在重要部位如水轮机蜗壳等部位需要设置骑缝钢筋，垂直缝和水平施工缝必要时需设置键槽。

(4)预留宽槽。宽槽槽宽一般 1m 左右。

2. 通仓浇筑

必须具有与温控要求相适应的混凝土浇筑能力和切实有效的温控措施。浇筑能力包括混凝土拌和、运输、入仓、铺料、振捣等综合生产能力，要保证混凝土浇筑的连续性和均匀上升，层间间歇期为 5～7 天。混凝土温控措施包括选用地热水泥、优化混凝土配合比设计、合理选用外加剂和掺合料、骨料预冷、仓面降温、通水冷却等。

1)浇筑层厚度

施工条件及结构特征对浇筑层厚的影响(混凝土入仓能力的限制、模板型式、结构体型特征及埋件位置、冷却水管)：一般来说，对于基础约束区范围内的部位，冬季浇筑层厚 2～3m，夏季不超过 1.5～2m。脱离基础约束区的部位相应放宽。

2)混凝土入仓方式

吊罐入仓、汽车直接入仓(端进法、端退法)、胶带机入仓及其他入仓方式(泵送混凝土，溜槽、溜管及负压溜槽入仓)。

3)铺料方法和允许间隔时间

铺料方法：平铺法、台阶法。

铺料允许间隔时间：混凝土自拌和楼出机口到覆盖上层混凝土为止的时间，主要受混凝土初凝时间和温控要求控制(上层混凝土料铺筑时下层混凝土不产生初凝)。

4)平仓振捣

平仓振捣分为人工平仓和机械平仓。

(1)技术要求。

振捣时间：施工规范规定，振捣时间应以混凝土不再显著下沉、气泡不再冒出、开始泛浆时为准。

振捣器插入距离和深度：振捣器的插入点应整齐排列，插入间距为振捣器作用半径的 1.5 倍，并插入下层混凝土 5～10cm。

在模板、钢筋及预埋件附近振捣时，插入距离宜为有效半径的 0.5 倍，且不使模板、钢筋、预埋件变形移位。

(2)施工要点。

振捣作业应依序进行，插入反方向，角度一致，防止漏振。振捣棒尽可能垂直插入混凝土中，快插慢拔。振捣中的泌水应及时刮除，不得在木板上开洞引水自流。

(3)振捣器的类型。

振捣器的类型按动力电源可分为电动、风动和液压振捣器，按连接轴方式可分为硬轴和软轴振捣器，按组合方式可分为手持式振捣器和振捣器组。

插入式电动振捣器：分为硬轴和软轴振捣器，硬轴振捣器的振捣棒直径为 80～130mm，激振力大，一般用于大体积混凝土；软轴振捣器软轴长度一般为 3～4m，振捣棒直径 50～60mm，软轴振捣器操作轻便，激振力较小，可用于钢筋密集的薄壁结构和空间狭小的金属结构埋件二期混凝土。

风动振捣器：风动振捣器构造简单耐用，激振力大，但需配置风管，操作不便，劳动条件较差，石子不会出露，便于收仓抹光。

液压振捣器：液压振捣器以高压油泵为动力，一般以成组的形式装在平仓振捣机的机械臂上，振捣棒直径120～150mm。液压振捣器激振力大，频率稳定，有利于混凝土密实均匀，用于大体积混凝土中。

3. 特殊部位混凝土浇筑

在水工混凝土施工中，相对于非溢流坝段、闸坝及厂房下部块体等大体积混凝土，门槽二期混凝土、厂房水轮发电机层蜗壳溜道部位、进水口曲面、拦污栅表面、厂房上部吊车梁、启闭机排架及预应力梁板等施工部位，其施工程序复杂，质量要求高，必须采取特殊的施工方法。

1)施工要求

空间狭小、钢筋密集、金属结构及机电埋件安装精度要求高的部件要求有：①应选择便于控制、冲击力小的混凝土入仓下料方式；②下料时应注意对称下料、多点下料；③宜采用小级配混凝土和适用小型低功率振捣器。

宽槽、导流底孔、封闭块等二期混凝土一般有施工时段的要求，在低温季节回填。因此，应做好施工进度的安排和一期混凝土的温控冷却。

门槽、宽槽等高差较大的部位应加强安全生产。

厂房流道部位体型结构复杂，混凝土表面平整度要求较高。

金属结构机电埋件较多，施工干扰突出的部位应加强文明施工，采取有效措施，避免在混凝土入仓吊运、平仓振捣和养护过程中出现高空坠物和废水横溢现象。

2)施工方法

分层分块：根据结构特征和方便施工的原则设置施工缝。

模板型式：门槽二期混凝土模板，电站尾水弯管段模板。

入仓铺料：在有条件的情况下，尽可能使用泵送混凝土入仓，也可采用滑槽、溜管、下料皮筒等具有缓降作用的设施配合吊罐入仓。

振捣：在钢筋密集部位，宜采用小型振捣器；在无法使用小型振捣器的情况下，可考虑使用模板附着式振捣器。

4. 混凝土养护

(1)洒水养护：人工洒水，自流养护，机具喷洒。

(2)覆盖养护：蓄水养护，覆盖粒状材料(砂、砂土、砂跞料和土石混合料，厚度一般为30～50cm)，覆盖片状材料(稻草帘、聚乙烯高发泡材料)，模板。

(3)化学剂养护：LP养护剂，过氯乙烯养护剂。

(4)混凝土养护时间：DL/T5144－2001《水工混凝土施工规范》规定：混凝土养护时间，不宜少于28天，有特殊要求的部位宜延长养护时间(至少28天)。

11.8.3　施工质量检查及质量控制

11.8.3.1　基础面或混凝土施工缝质量控制

1. 现场施工质量监理工作内容

(1)加强对基础岩面或混凝土施工缝清理作业过程的巡视、巡查，并在发现问题后及时指令整改。对普遍存在、比较严重或因质量问题存在可能导致发生混凝土浇筑质量缺陷的问题的整改，应采用书面指令方式发出。

(2)永久工程或重要水工建筑物基础岩面清理完成后，应由设计地质单位测绘基础施工地质图，施工单位测绘基础施工地形图，经验收小组联合检查验收并签署质量合格认证意见后，方可进入下一道工序施工。

(3)易风化的岩石基础及软基，在立模扎筋前应处理好地基临时保护层。

(4)监理人员应在基础岩面和混凝土施工缝清理作业过程的巡视、巡查及开工(仓)报验的检查过程中做好监理记录，并针对存在的问题，按监理规章文件规定向监理站、处或分管总监报告。

2. 现场施工质量检验工作内容

1)一般质量要求

(1)岩面无松动岩块、小块悬挂体及爆破影响裂隙。

(2)岩基面稳定，风化、破碎、软弱夹层和其他有害岩脉按设计要求进行了处理。

(3)建基面高程符合设计要求。

(4)岩基上的杂物、泥土及松动岩块均应清除、冲洗干净并排干积水，清洗后的基础岩面在混凝土浇筑前应保持洁净和湿润。

(5)如遇有承压水，应采取经监理机构批准的引排措施处理，并经监理机构认可。

(6)混凝土施工缝表面清洁无松渣、杂物。

2)质量检查标准(表 11-21)

表 11-21　质量检查项目及标准

项类	检查项目		质量标准
主控项目	基础岩面	建基面	无松动岩块，地质缺陷已按设计要求处理
		地表水和地下水	妥善引排或封堵
	软基面	建基面	预留保护层已挖除，符合设计要求
	混凝土施工缝	表面处理	无乳皮，成毛面，微露粗砂
一般项目	基础岩面	岩面清洗	清洗洁净，无积水，无积渣杂物
	软基面	垫层铺填	符合设计要求
		基础面清理	无乱石、杂物，坑洞分层回填夯实
	混凝土施工缝	混凝土表面清洗	清洗洁净，无积水，无积渣杂物

3)检查数量：全仓检查

4)工序质量评定

合格：主控项目符合质量标准，一般项目中基础岩面或混凝土施工缝有少量积水，但积水总面积不大于整个仓面面积的5%，单处积水面积不大于2m²，其他项目均符合质量标准。

优良：主控项目、一般项目均符合质量标准。

3. 现场施工质量控制流程

施工质量控制流程如图 11-24 所示：

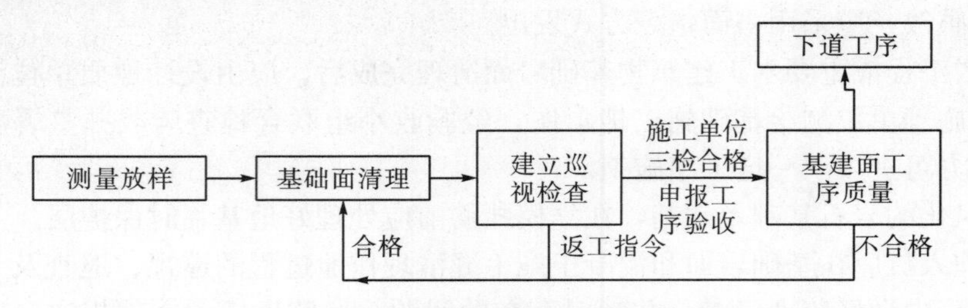

图 11-24　基础面或混凝土施工缝质量控制流程图

11.8.3.2　模板安装质量控制

1. 现场施工质量控制监理工作内容

(1)加强对施工单位备仓模板安装和拆模施工作业过程的巡视、巡查，并在发现问题后及时指令整改。对普遍存在、比较严重或因质量问题存在可能导致发生混凝土浇筑质量缺陷的问题的整改应采用书面指令方式发出。

(2)加强对施工单位开仓报验中的模板准备、架立和安装质量检查与检测，并在报验合格后签署质量合格认证意见。禁止破损、变形模板用于过流面和永久外露面。

(3)对于特殊部件的模板，检查是否按报经监理机构审批的方案实施，若有更改，应查明原因并按规定进行处理。

(4)监理人员应在备仓和拆模的巡视、巡查及开仓报验的检查、检测过程中做好监理记录，并针对存在的问题按监理规章文件规定向监理站、处或分管总监报告。

2. 现场施工质量检验

1)一般施工质量检验要求

(1)根据混凝土结构物、混凝土浇筑和外露面质量控制特点，采用保证混凝土成型质量的模板。

(2)模板的型式、规格、尺寸、位置必须满足要求。

(3)模板及支架材料应符合规范要求，其结构必须具有能满足浇筑手段、浇筑升层和模板荷载要求的足够的稳定性、刚度和强度，以保证浇筑混凝土时的结构形状尺寸和相互位置符合设计规定。

(4)模板表面应光洁平整，模板之间和与构筑物之间接缝严密、不漏浆，以保证混凝土表面的质量。

(5)过流面模板和对结构表面平整度有特殊要求的模板，其表面质量应符合有关质量标准要求。

2)施工质量检验标准(表 11-22)

表 11-22　模板质量检查项目和质量标准

<table>
<tr><th rowspan="2">项类</th><th rowspan="2" colspan="2">检查项目</th><th colspan="2">质量标准</th></tr>
<tr><th>外露表面</th><th>隐蔽内面</th></tr>
<tr><td rowspan="5">主控项目</td><td colspan="2">强度、刚度和稳定性</td><td colspan="2">符合模板设计要求</td></tr>
<tr><td rowspan="2">结构物边线与设计边线</td><td>外模板</td><td>0，−10mm</td><td rowspan="2">15mm</td></tr>
<tr><td>内模板</td><td>+10mm，0</td></tr>
<tr><td colspan="2">结构物水平截面内部尺寸</td><td colspan="2">±20mm</td></tr>
<tr><td colspan="2">称重模板标高</td><td colspan="2">+5mm，0</td></tr>
<tr><td rowspan="7">一般项目</td><td rowspan="2">模板平整度</td><td>相邻两面板错台</td><td>2mm</td><td>5mm</td></tr>
<tr><td>局部不平(用 2m 直尺检查)</td><td>5mm</td><td>10mm</td></tr>
<tr><td colspan="2">板面缝隙</td><td>2mm</td><td>2mm</td></tr>
<tr><td colspan="2">模板外观</td><td colspan="2">规格符合设计要求，表面光洁、无污物</td></tr>
<tr><td colspan="2">脱模剂</td><td colspan="2">质量符合标准要求，涂抹均匀</td></tr>
<tr><td rowspan="2">预留孔洞</td><td>中心线位置</td><td colspan="2">5mm</td></tr>
<tr><td>截面内部尺寸</td><td colspan="2">+10mm，0</td></tr>
</table>

注：①外露表面、隐蔽内面系指相应模板的混凝土结构物表面最终所处的位置；②高速水流区、流态复杂部位、机电设备安装部位的模板还应符合专项的设计要求。

3)检测数量

按水平线或垂直线布置检测点。总检测点数量：模板面积在 $100m^2$ 以内的不少于 20 个；模板面积 $100m^2$ 以上的，每增加 $100m^2$，检测点数增加不少于 10 个。

4)工序质量评定

合格：主控项目符合质量标准，一般项目不少于 70％的检查点符合质量标准。

优良：主控项目符合质量标准，一般项目不少于 90％的检查点符合质量标准。

3. 施工质量控制流程

施工质量控制流程如图 11-25 所示：

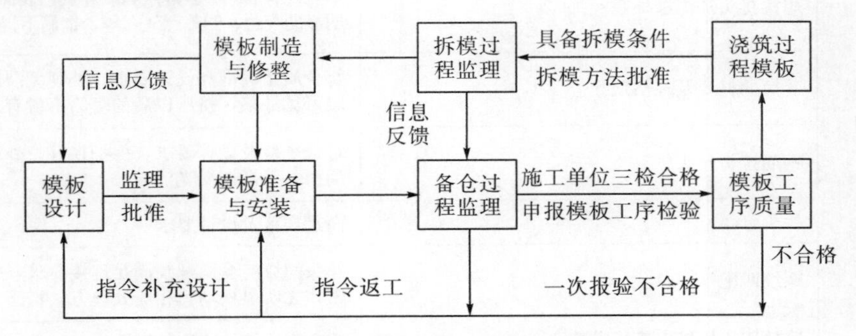

图 11-25　模板安装工程现场质量控制流程

11.8.3.3 现场施工钢筋安装质量控制

1. 现场施工钢筋安装质量监理工作内容

(1)加强对施工单位备仓钢筋安装和浇筑过程的巡视、巡查，并在发现问题后及时指令整改。对普遍存在、比较严重或因质量问题存在可能导致发生混凝土浇筑质量缺陷的问题的整改应采用书面指令方式发出。

(2)加强对施工单位开仓报验中的钢筋安装质量的检查与检测，并在报验合格后签署质量合格认证意见。

(3)监理人员应在备仓的巡查、开仓报验的检查检测和浇筑过程中做好监理记录，并针对存在的问题按监理规章文件规定向监理站、处或分管总监报告。

2. 现场施工钢筋安装质量检验工作内容

1)一般质量要求

(1)钢筋的材料质量、规格尺寸、安装数量与位置必须符合设计图纸的要求。钢筋替代必须符合规定并报经监理机构批准。

(2)钢筋焊接后的机械性能应符合技术要求。焊接中不允许有脱焊或漏焊点，焊缝表面或焊缝中不允许有裂缝或焊渣。

(3)钢筋连接如采用挤压连接、螺纹连接等其他方式，应结合紧密，套筒无裂纹、不变形、不锈蚀，连接质量满足专门技术规定。

(4)在浇筑混凝土前，必须对钢筋的加工、安装质量进行验收，经确认符合设计要求后才能浇筑混凝土。

(5)结构钢筋、过流面钢筋保护层安装误差符合设计要求。

2)质量检测标准(表 11-23)

表 11-23 质量检测项目及标准表

项类	检查项目	质量标准
主控项目	钢筋的材质、数量、规格尺寸、安装位置	符合产品质量标准和设计要求
	钢筋接头的力学性能	符合施工规范及设计要求
	焊接接头和焊缝外观	不允许有裂缝、脱焊点和漏焊点，表面平顺，没有明显的咬边、凹陷、气孔等，钢筋不得有明显烧伤
	套筒的材质及规格尺寸	符合质量标准和设计要求，外观无裂纹或其他肉眼可见缺陷，挤压以后的套筒不得有裂纹
	钢筋接头丝头	符合规范及设计要求，保护良好，外观无锈蚀和油污，牙形饱满光滑
	接头分布	满足规范及设计要求
	螺纹匹配	丝头螺纹与套筒螺纹满足连接要求，螺纹结合紧密，无明显松动，相应处理方法得当
	冷挤压连接接头挤压道数	符合型式检验确定的道数

续表

项类	检查项目			质量标准
一般项目	闪光对焊	接头处的弯折度		≤4%
		轴线偏移		≤0.10d 且≤2mm
	搭接焊或帮条焊	帮条对焊接接头中心的纵向偏移		≤0.50d
		接头处钢筋轴线的曲折		≤4°
		焊缝	长度	−0.50d
			高度	−0.05d
			宽度	−0.10d
			咬边深度	≤0.05d 且≤1mm
			表面气泡和夹渣	≤2 个
				≤3mm
	机械连接	带肋钢筋套筒冷挤压连接接头		压痕外套筒外形尺寸：挤压后套筒长度应为原套筒长度的 1.10～1.15 倍，或压痕处套筒的外径波动范围为原套筒外径的 0.8～0.9 倍
		直螺纹连接接头		外露丝扣：无 1 扣以上完整丝扣外露
	绑扎：搭接长度			应符合 DL/T5169 的规定
	钢筋长度方向的偏差			±1/2 净保护层厚
	同一排受力钢筋间距的局部偏差		柱及梁中	±0.50d
			板及墙中	±0.10 倍间距
	同一排中分布钢筋间距的偏差			±0.10 倍间距
	双排钢筋，其排与排间距的局部偏差			±0.10 倍排距
	梁与柱中钢筋间距的偏差			0.10 倍箍筋间距
	保护层厚度的局部偏差			±1/4 净保护层厚

注：d 为钢筋直径。

3)检查数量

先进行宏观检查，没发现有明显不合格处，即可进行抽样检查。对梁、板、柱等构件，总检测点数不少于 30 个，其余总检测点数一般不少于 50 个。

4)工序质量评定

合格：主控项目符合质量标准，一般项目不少于 70%的检查点符合质量标准。

优良：主控项目符合质量标准，一般项目不少于 90%的检查点符合质量标准。

3. 现场施工模板安装质量控制流程

模板安装质量控制流程见图 11-26。

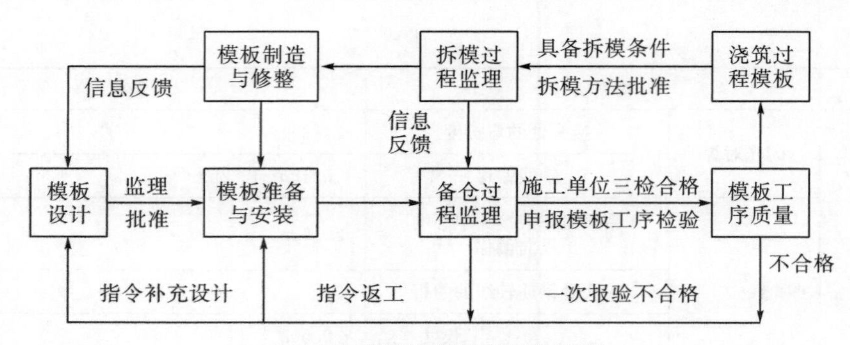

图 11-26　模板安装质量控制流程

11.8.3.4　现场预埋件质量控制

1. 现场预埋件质量监理工作内容

(1)加强对施工单位开仓报验中的预埋件加工和安装质量检查与检测，并在报验合格后签署质量合格认证。对普遍存在、比较严重或可能导致混凝土浇筑质量缺陷的问题的整改应采用书面指令方式发出。

(2)加强对预埋件安装、浇筑过程的巡视、巡查与拆模后预埋件部位浇筑质量的检查，发现问题后及时指令整改或采取措施处理。处理措施应报经批准。

(3)监理人员应在备仓的巡查、开仓报验、浇筑作业和拆模后的检查、检测过程中做好监理记录，并针对所发现与存在的问题，按监理规章文件规定向监理站、处或分管总监报告。

2. 现场预埋件质量检验工作内容

1)一般质量要求

(1)水工混凝土中的预埋件包括止水片(带)、伸缩缝材料、坝体排水设施、冷却及接缝灌浆管路、铁件、内部观测仪器等，属于隐蔽工程，在施工中应进行全过程检查维护和保护，防止移位、变形、损坏及堵塞。

(2)预埋件的结构型式、位置、尺寸及材料的品牌、规格、性能等必须符合设计要求和有关标准。

2)质量检查项目和质量标准

(1)止水片(带)：水工建筑的止水片(带)是保证建筑物伸缩缝不漏(渗)水及混凝土浇筑部位灌浆区不漏(串)浆的重要设施。在整个施工过程中，必须加强监督检查和认真保护，防止位移、变形及损坏，确保施工质量。具体要求见表 11-24。

表 11-24　止水片(带)质量检查项目和质量标准

项类	检查项目		质量标准
主控项目	结构型式、位置、尺寸，材料的品种、规格、性能		符合设计及标准要求
	止水片(带)外观		表面平整，无浮皮、锈污、砂眼、钉孔、裂纹等
	止水基座		符合设计要求
	止水片(带)插入深度		符合设计要求
	沥青止水井(柱)		安装位置准确、牢固，上下层衔接好，电热元件及绝热材料埋设准确，沥青填塞密实
一般项目	止水片几何尺寸偏差	宽	±5mm
		高	±2mm
		长	±20mm
	搭结长度	金属止水片	≥20mm，双面焊接
		橡胶、PVC 止水带	≥100mm
		金属止水片与 PVC 止水带接头栓接长度	≥350mm(螺栓链接法)
	接头抗拉强度		≥母材强度 75%
	止水片(带)中心线与接缝中心线安装偏差		±5mm

(2)伸缩缝材料(表 11-25)。

表 11-25　伸缩缝材料质量检查项目和质量检查标准

项类	检查项目	质量标准
主控项目	伸缩缝缝面	平整、洁净、干燥，外露铁件应割除，其高度不低于混凝土收仓高度
	铺设材料质量	符合设计要求
一般项目	涂敷沥青料	涂刷均匀平整，与混凝土黏结紧密，无气泡及隆起现象
	粘贴沥青油毛毯等嵌缝材料	铺设厚度均匀平整、牢固，拼装紧密
	铺设预制油毡板或其他材料	铺设厚度均匀平整、牢固，相邻块紧密平整，无破损

(3)排水设施(表 11-26)。

表 11-26　排水设施检查项目和质量标准

项类	检查项目			质量标准
主控项目	空口装置			按设计要求加工、安装，并进行防锈处理，安装牢固，不得有渗水、漏水现象
	排水管通畅性			通畅
一般项目	排水孔(管)口位置偏差			≤100mm
	坝体排水孔倾斜度偏差			≤4%
	基岩排水孔	倾斜度偏差	孔深≥8m	≤1%
			孔深<8m	≤2%
		深度偏差		±0.5%

(4)冷却及接缝灌浆管路(表 11-27)。

表 11-27 冷却及接缝灌浆管路质量检查项目和质量检查标准

项类	检查项目	质量标准
主控项目	管材质量	材质、尺寸符合设计要求，无堵塞，表面无锈皮、油渍、污物等
	管路安装、接头	安装牢靠，接头不漏水、不漏气、无堵塞
一般项目	管路的位置、高程	符合设计要求
	管路进出口	露出模板外 30～50cm，妥善保护，有识别标志

(5)铁件(表 11-28)。

表 11-28 铁件质量检查项目和质量检查标准

项类	检查项目		质量标准
主控项目	材质、规格、数量		符合质量标准及设计要求
	安装高程、方位、埋入深度及外露长度		符合设计要求
一般项目	锚筋钻孔位置允许偏差	柱子的锚筋	≤20mm
		锚筋网的锚筋	≤50mm
	钻孔底部的直径		D+20mm(D 为锚筋直径)
	在岩石部分的钻孔深度		不小于设计孔深
	钻孔的倾斜度对设计轴线偏差(在全孔深度范围内)		≤5%

(6)内部观测仪器(表 11-29)。

表 11-29 内部观测仪器质量检查项目和质量检查标准

项类	检查项目	质量标准
主控项目	仪器及其附件的数量、规程、尺寸	符合设计要求
	仪器安装定位及方法	符合设计和 DL/T5178 要求
	仪器的重新率定或检验	按 DL/5178 的规定进行且合格
	仪器电缆连接	采用专用电缆和硫化仪硫化，接头绝缘、不透气、不渗水
	电缆过缝保护、走向	符合设计要求
一般项目	仪器电缆编号	每个仪器电缆编号不少于 3 处，每 20m 处 1 个编号
	仪器周边混凝土浇筑	剔出粒径大于 40mm 的骨料，再振捣密室
	电缆与施工缝的距离	≥15cm

3)检查数量

单元工程中对所有预埋件必须全部检查，且对止水片(带)、伸缩缝材料、坝体排水设施、冷却及接缝管路、铁件、内部观测仪器等每一单项检查中，主控项目必须全面检查，一般项目的检查点数不宜少于 10 个。

3. 预埋件工序质量评定

(1)单项质量评定。合格：主控项目符合质量标准，一般项目不少于 70%的检查点符合质量标准。优良：主控项目符合质量标准，一般项目不少于 90%的检查点符合质量标准。

(2)综合质量评定。合格：预埋件中每一单项质量均达到合格。优良：预埋件中单项质量全部合格并有 50%以上的单项达到优良。

4. 预埋件安装质量控制流程

预埋件安装质量控制流程如图 11-27 所示。

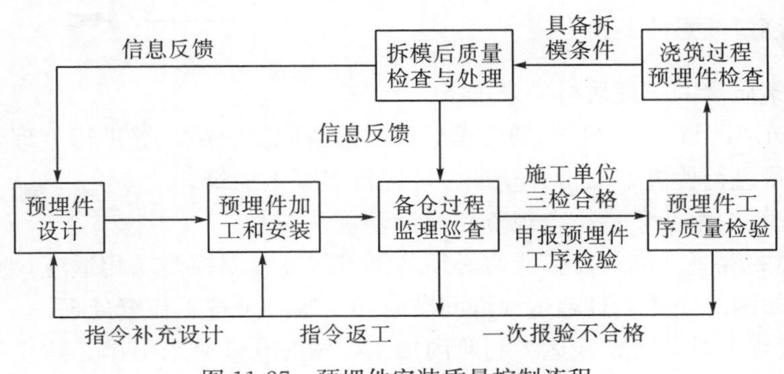

图 11-27　预埋件安装质量控制流程

11.8.3.5　现场混凝土浇筑质量控制

1. 现场混凝土浇筑质量监理工作内容

(1)加强对施工单位备仓中缝面缺陷处理、浇筑层面冲毛等过程的巡视、巡查，并在发现问题后及时指令整改。对普遍存在或比较严重的可能导致混凝土浇筑质量缺陷问题的整改，应采用书面指令方式发出。

(2)加强对施工单位开仓报验中缝面缺陷处理、浇筑层面冲毛、冷却水管、金结机电等预埋件布设和其他施工工序的质量检验，并在报验合格后签署质量合格认证意见。

(3)做好开仓浇筑前的单元工程浇筑仓面施工设计和入仓混凝土料分区的审查，浇筑手段、浇筑仓周边环境和浇筑资源配置的检查，以及开仓浇筑前质量保证和施工安全措施等的检查。

(4)做好开仓浇筑前所涉及的地质、灌浆、测量、检验、金结、机电等相关监理专业内部会签工作。

(5)做好安全监测专业的会签工作。

(6)强化开仓检验程序，坚持五不开仓制度。前置工序验收不合格不开仓，施工设备和浇筑手段不到位不开仓，施工人员(包括技术员、质检员、调度员)不到位不开仓，浇筑前技术交底、作业安全等管理措施不到位不开仓，缺陷防范措施不到位不开仓。

(7)加强对浇筑过程中的巡查、旁站监督和舱内检查，及时制止可能导致施工安全和施工质量问题的违章作业行为。在发现混凝土初凝或混凝土来料、浇筑温度、浇筑手段、浇筑环境等异常情况时，应及时采取果断措施并向监理站、处和现场值班总监或分管总监报告。

(8)浇筑过程中应注意对预埋件的保护，特别应注意对仪器与电缆、各种管道及管口、止水及排水槽、灌浆系统等的保护情况的检查。

(9)监理人员应在备仓巡查、开仓报验、监理签证和浇筑作业过程中做好监理记录，并针对存在的问题，按监理规章文件规定向监理站、处和现场值班总监或分管总监报告。

(10)强化合同意识，强化施工质量保证体系，监理仓位质量责任追踪和责任追究制度，监理每仓拆模后的质量检查和缺陷防范分析制度。

2. 现场混凝土浇筑质量检验

混凝土浇筑质量的一般质量要求如下：

(1)应按 DL/T5113.1—2005 的要求对基础面或混凝土施工缝进行处理，对模板、钢筋、预埋件质量进行检查，取得开仓证方可进行混凝土浇筑。

(2)混凝土料的生产质量符合规范和设计要求。

(3)所选用的混凝土浇筑设备能力必须与浇筑强度和温控要求相适应，并确保混凝土浇筑的连续。如因故中止，且超过允许间歇时间，则必须按工作缝处理。

(4)浇筑混凝土时，严禁在途中和舱内加水，做好仓外来水引排，防止并及时排除雨水和及时排除混凝土泌水，以保证混凝土质量。

(5)浇筑入仓内的混凝土应注意及时平仓振捣，不得堆积，严禁滚浇，严禁用振捣代替平仓。

(6)为了防止混凝土裂缝，混凝土温度控制标准应符合有关设计文件规定，并应加强对收仓混凝土的养护和表面保护。

3. 混凝土浇筑质量检查

(1)混凝土浇筑质量检查的指标体系如表 11-30 所示。

表 11-30 混凝土浇筑质量检测项目及标准表

项类	检查项目	质量标准	
		优良	合格
主控项目	入仓混凝土料（含原材料、拌和物及硬化混凝土）	无不合格料入仓	少量不合格料入仓，经处理满足设计及规范要求
	平仓分层	厚度不大于振捣棒有效长度的 90%，铺设均匀，分层清楚，无骨料集中现象	局部稍差
	混凝土振捣	垂直插入下层 5cm，有次序，间距、留振时间合理，无漏振、无超振	无漏振、无超振
	铺料间歇时间	符合要求，无初凝现象	上游迎水面 15m 以内无初凝现象，其他部位初凝累计面积不超过 1%，并经处理合格
	混凝土养护	混凝土表面保持湿润，连续养护时间符合设计要求	混凝土表面保持湿润，但局部短时间有时干时湿现象，连续养护时间基本满足设计要求

续表

项类	检查项目	质量标准	
		优良	合格
一般项目	砂浆铺筑	厚度不大于 3cm，均匀平整，无漏铺	厚度不大于 3cm，局部稍差
	积水和泌水	无外部水流入，泌水排除及时	无外部水流入，有少量泌水且排除不够及时
	插筋、管路等埋设件及模板的保护	保护好，符合要求	有少量移位，处理及时，符合设计要求
	混凝土浇筑温度	满足设计要求	80%以上的测点满足设计要求，且单点超温不大于 3℃
	混凝土表面保护	保护时间与保温材料质量均符合设计要求，保护严密	保护时间与保温材料质量符合设计要求，保护基本严密

(2)检测数量要求。在混凝土浇筑过程中随时检查。

(3)工序质量评定。合格：主控项目符合质量标准，一般项目不少于 70%的检查点符合质量标准。优良：主控项目符合质量标准，一般项目不少于 90%的检查点符合质量标准。

4. 混凝土浇筑质量控制流程。

混凝土浇筑质量控制流程如图 11-28 所示。

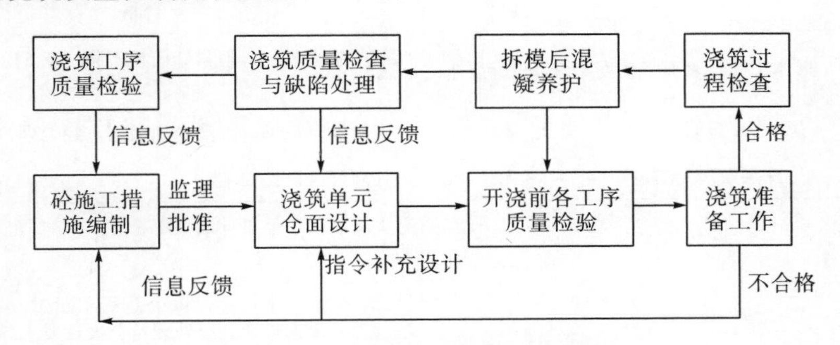

图 11-28　混凝土浇筑质量控制流程

11.8.3.6　混凝土外观质量检查

1. 现场混凝土外观质量监理工作内容

混凝土拆模后，应检查其外观质量。当发现混凝土有裂缝、蜂窝、麻面、错合、变形等质量缺陷时，应指示承建单位提出缺陷处理措施，报监理机构批准后及时进行修复。

指示承建单位监视混凝土强度发展情况，采用超声波或回弹仪等无损检测试验方法及时对混凝土浇筑质量进行检查。对检查中发现的低强、内部密实性等施工缺陷，应及时向监理站、处直至分管总监报告，并指示承建单位提出缺陷处理措施报监理机构批准后及时进行修复。

按监理机构制定的现场质量控制程序，对主观建筑物混凝土表面缺陷处理进行审查与签证。

加强对主体建筑物混凝土表面缺陷处理作业过程的巡视、巡查与重要作业工序的旁站监督，并在发现问题后及时指令整改。对普遍存在或比较严重的可能导致影响缺陷处理的质量问题，应采用书面指令方式发出整改要求。

混凝土表面缺陷处理施工过程中，结合现场施工条件和作业效果，不断促使施工工艺和措施的完善和优化。依据经监理机构批准的设计技术要求和相关有效书面文件对实施情况进行检查。

对施工单位“三级”质检、缺陷处理作业、缺陷处理记录工作进行督促和检查。

监理人员应在混凝土缺陷处理作业过程中做好监理记录，并针对发现的问题，按监理规章文件规定及时向监理站、处或分管总监报告。

混凝土外观质量检查在拆模后和消除缺陷后两个时段进行，单元工程质量最终评定结果以消除缺陷以后的评定结果为准。

2. 现场混凝土外观质量检验

(1)现场混凝土外观质量检查项目与标准如表 11-31 所示。

表 11-31 混凝土外观质量检查项目与标准

项类	检查项目	质量标准	
		优良	合格
主控项目	形体尺寸及表面平整度	符合设计要求	局部稍超出规定，但累计面积不超过 0.5%，经处理符合设计要求
	露筋	无	无主筋外露，箍、副筋个别微露，经处理符合设计要求
	深层及贯穿裂缝	无	经处理符合设计要求
一般项目	麻面	无	有少量麻面，但累计面积不超过 0.5%，经处理符合设计要求
	蜂窝空洞	无	轻微、少量、不连续，单个面积不超过 $0.1m^2$，深度不超过骨料最大粒径，经处理符合设计要求
	碰损掉角	无	重要部位不允许，其他部位轻微少量，经处理符合设计要求
	表面裂缝	无	有短小、不跨层的表面裂缝，经处理符合设计要求

(2)检测数量要求。对混凝土外观(包括进行缺陷处理后的过流面外观)应进行全面检查。

(3)工序质量评定。合格：主控项目符合质量标准，一般项目不少于 70%的检查点符合质量标准。优良：主控项目符合质量标准，一般项目不少于 90%的检查点符合质量标准。但经消缺处理后符合设计标准的只能评为合格。

(4)现场施工工程质量控制点，如表 11-32 所示。

表 11-32　某些分部工程和单位(分项)工程质量控制点

分部分项工程		质量控制点
建筑物定位		标准轴线桩、定位轴线、标高
地基开挖及清理		开挖部位的位置、轮廓尺寸、标高，岩石地基钻爆过程中的钻孔、装药量、起爆方式，断层、破碎带、软弱夹层、岩溶的处理
基础处理	基础灌浆 帷幕灌浆	造孔工艺、孔位、孔斜，岩芯获得率，洗孔及压水情况，灌浆情况，灌浆压力，结束标准、封孔
	基础排水	造孔、洗孔工艺，空口、空口设施的安装工艺
	锚桩孔	造孔工艺、锚桩材料质量、规格、焊接，孔内回填
混凝土生产	砂石料生产	毛料开采、筛分、运输、堆存，砂石料质量(杂质含量、细度模数、超逊径、级配)、含水率、骨料降温措施
	混凝土拌和	原材料的品种、配合比、称量精度，混凝土拌和时间、温度的均匀性，拌和物的坍落度，温控措施(骨料冷却、加水、加冰水)、外加剂比例
混凝土浇筑	建基面处理	岩基面清理(冲洗、积水处理)
	模板、预埋件	位置、尺寸、标高、平整性、稳定性、刚度、内部清理，预埋件型号、规格、埋设位置、安装稳定性、保护措施
	钢筋	钢筋品种、规格、尺寸、搭接长度、钢筋焊接、根数、位置
	浇筑	浇筑层厚度、平仓、振捣、浇筑间歇时间、积水和泌水情况、埋设件保护、混凝土养护、混凝土表面平整度、麻面、蜂窝、露筋
土石料填筑	土石料	土料的粘粒含量、含水率，砾质土的粗粒含量、最大粒径，石料的粒径、级配、坚硬度、抗冻性
	土料填筑	防渗体与岩石面或混凝土面的结合处理，防渗体与砾质土、粘土地基的结合处理，填筑体的位置、轮廓尺寸、铺土厚度、铺填边线、土层接面处理、土料碾压、压实干密度
	石料砌筑	砌筑体位置、轮廓尺寸、石块重量、尺寸、表面顺直度、砌筑工艺、砌体密实度、砂浆配比、强度
	砌石护坡	石块尺寸、强度、抗冻性、砌石厚度、砌筑方法、砌石孔隙率、垫层级配、厚度、孔隙率

11.9　水利水电工程施工质量检验与评定规程 SL 176—2007

水利水电枢纽工程项目划分如表 11-33 所示。

表 11-33　水利水电枢纽工程项目划分表*

工程类别	单位工程	分部工程	说明
一、拦河坝工程	(一)土质心(斜)墙土石坝	1. 坝基开挖与处理	
		Δ2. 坝基及坝肩防渗	视工作量可以划分成数个分部工程
		Δ3. 防渗心(斜)墙	视工作量可以划分成数个分部工程
		*4. 坝体填充	视工作量可以划分成数个分部工程
		5. 坝体排水	视工作量可以划分成数个分部工程

* 参见道客巴巴网：《水利水电项目划分》。

续表

工程类别	单位工程	分部工程	说明
		6. 坝脚排水棱体(或贴坡排水)	视工作量可以划分成数个分部工程
		7. 上游坝面护坡	
		8. 下游坝面护坡	(1)含马道、梯步、排水沟；(2)如为混凝土板面，(或预制块)和浆砌石护坡时，应含排水孔和反滤层
		9. 坝顶	含防浪墙、栏杆、路面、灯饰等
		10. 护岸及其他	
		11. 高边坡处理	视工作量可以划分成数个分部工程，当工作量很大时可列为单位工程
		12. 观测设施	含检测仪器埋没、管理房屋等，单独招标时可列为单位工程
一、拦河坝工程	(二)均质土坝	1. 坝基开挖与处理	
		Δ2. 坝基及坝肩防渗	视工作量可以划分成数个分部工程
		*3. 坝体填充	视工作量可以划分成数个分部工程
		4. 坝体排水	视工作量可以划分成数个分部工程
		5. 坝脚排水棱体(或贴坡排水)	视工作量可以划分成数个分部工程
		6. 上游坝面护坡	
		7. 下游坝面护坡	(1)含马道、梯步、排水沟；(2)如为混凝土板面(或预制块)和浆砌石护坡时，应含排水孔和反滤层
		8. 坝顶	含防浪墙、栏杆、路面、灯饰等
		9. 护岸及其他	
		10. 高边坡处理	视工作量可以划分成数个分部工程，当工作量很大时可列为单位工程
		11. 观测设施	含检测仪器埋没、管理房屋等，单独招标时可列为单位工程
	(三)混凝土板面堆石坝	1. 坝基开挖与处理	
		Δ2. 趾板及周边缝止水	视工作量可以划分成数个分部工程
		Δ3. 坝基及坝肩防渗	视工作量可以划分成数个分部工程
		Δ4. 混凝土面板及接缝止水	视工作量可以划分成数个分部工程
		5. 垫层与过渡层	
		6. 堆石体	视工作量可以划分成数个分部工程
		7. 上游铺盖和盖重	
		8. 下游坝面护坡	含马道、梯步、排水沟
		9. 坝顶	含防浪墙、栏杆、路面、灯饰等
		10. 护岸及其他	
		11. 高边坡处理	视工作量可以划分成数个分部工程，当工作量很大时可列为单位工程

续表

工程类别	单位工程	分部工程	说明
一、拦河坝工程		12. 观测设施	含检测仪器埋没、管理房屋等，单独招标时可列为单位工程
	(四)沥青混凝土面板(心墙)堆石坝	1. 坝基开挖与处理	视工作量可以划分成数个分部工程
		△2. 坝基及坝肩防渗	视工作量可以划分成数个分部工程
		△3. 沥青混凝土面板(心墙)	视工作量可以划分成数个分部工程
		*4. 坝体填筑	视工作量可以划分成数个分部工程
		5. 坝体排水	
		6. 上游坝面护坡	混凝土心墙土石坝由此分部
		7. 下游坝面护坡	含马道、梯步、排水沟
		8. 坝顶	含防浪墙、栏杆、路面、灯饰等
		9. 护岸及其他	
		10. 高边坡处理	视工作量可以划分成数个分部工程，当工作量很大时可列为单位工程
		11. 观测设施	含检测仪器埋没、管理房屋等，单独招标时可列为单位工程
	(五)合土工膜斜(心)墙土石坝	1. 坝基开挖与处理	
		△2. 坝基及坝肩防渗	
		△3. 土工膜(心)墙	
		*4. 坝体填筑	视工作量可以划分成数个分部工程
		5. 坝体排水	
		6. 上游坝面护坡	
		7. 下游坝面护坡	含马道、梯步、排水沟
		8. 坝顶	含防浪墙、栏杆、路面、灯饰等
		9. 护岸及其他	
		10. 高边坡处理	视工作量可以划分成数个分部工程
		11. 观测设施	含检测仪器埋没、管理房屋等，单独招标时可列为单位工程
	(六)混凝土(碾压混凝土)重力坝	1. 坝基开挖与处理	
		△2. 坝基及坝肩防渗水及排水	
		3. 非溢流坝段	视工作量可以划分成数个分部工程
		△4. 溢流坝段	视工作量可以划分成数个分部工程
		*5. 引水坝段	
		6. 厂坝连接段	
		△7. 低孔(中孔)坝段	视工作量可以划分成数个分部工程

续表

工程类别	单位工程	分部工程	说明
一、拦河坝工程		8. 坝体接缝灌浆	
		9. 廊道及坝内交通	含灯饰、路面、梯步、排水沟等，若无灌浆(排水)廊道，本部分应为主要分部工程
		10. 坝顶	含防浪墙、栏杆、路面、灯饰等
		11. 消能防冲工程	视工作量可以划分成数个分部工程
		12. 高边坡处理	视工作量可以划分成数个分部工程，当工作量很大时可列为单位工程
		13. 金属结构及启闭机安装	视工作量可以划分成数个分部工程
		14. 观测设施	含检测仪器埋没、管理房屋等，单独招标时可列为单位工程
	(七)混凝土(碾压混凝土)拱坝	1. 坝基开挖与处理	
		Δ2. 坝基及坝肩防渗水及排水	视工作量可以划分成数个分部工程
		3. 非溢流坝段	视工作量可以划分成数个分部工程
		Δ4. 溢流坝段	
		Δ5. 底孔(中孔)坝段	
		6. 坝体接缝灌浆	视工作量可以划分成数个分部工程
		7. 廊道及坝内交通	含灯饰、路面、梯步、排水沟等，若无灌浆(排水)廊道，本部分应为主要分部工程
		8. 消能防冲工程	视工作量可以划分成数个分部工程
		9. 坝顶	含防浪墙、栏杆、路面、灯饰等
		Δ10. 推力墩(重力墩、翼坝)	
		11. 周边缝	仅限于具有周边缝的拱坝
		12. 铰座	仅限于具有铰座的拱坝
		13. 高边坡处理	视工作量可以划分成数个分部工程
		14. 金属结构及启闭机安装	视工作量可以划分成数个分部工程
		15. 观测设施	含检测仪器埋没、管理房屋等，单独招标时可列为单位工程
	(八)浆砌石重力坝	1. 坝基开挖与处理	
		Δ2. 坝基及坝肩防渗水及排水	视工作量可以划分成数个分部工程
		3. 非溢流坝段	视工作量可以划分成数个分部工程
		Δ4. 溢流坝段	
		*5. 引水坝段	
		6. 厂坝连接段	

续表

工程类别	单位工程	分部工程	说明
		Δ7. 底孔(中孔)坝段	
		Δ8. 坝面(心墙)防渗	
		9. 廊道及坝内交通	含灯饰、路面、梯步、排水沟等，若无灌浆(排水)廊道，本部分应为主要分部工程
		10. 坝顶	含防浪墙、栏杆、路面、灯饰等
		11. 消能防冲工程	视工作量可以划分成数个分部工程
		12. 高边坡处理	视工作量可以划分成数个分部工程
		13. 金属结构及启闭机安装	
		14. 观测设施	含检测仪器埋没、管理房屋等，单独招标时可列为单位工程
一、拦河坝工程	(九)浆砌石坝	1. 坝基开挖与处理	
		Δ2. 坝基及坝肩防渗水及排水	
		3. 非溢流坝段	视工作量可以划分成数个分部工程
		Δ4. 溢流坝段	
		Δ5. 底孔(中孔)坝段	
		Δ6. 坝面防渗排水	
		7. 交通廊道	含灯饰、路面、梯步、排水沟等
		8. 消能防冲	
		9. 坝顶	含防浪墙、栏杆、路面、灯饰等
		Δ10. 推力墩(重力墩、翼坝)	视工作量可以划分成数个分部工程
		11. 高边坡处理	视工作量可以划分成数个分部工程
		12. 金属结构及启闭机安装	
		13. 观测设施	含检测仪器埋没、管理房屋等，单独招标时可列为单位工程
	(十)橡胶坝	1. 坝基开挖与处理	
		2. 基础底板	
		3. 边墩(暗墙)、中墩	
		4. 铺盖或截渗墙、上游翼墙及护坡	
		5. 消能防冲工程	
		Δ6. 坝袋安装	
		Δ7. 控制系统	含管道安装、水泵安装、空压机安装

续表

工程类别	单位工程	分部工程	说明
一、拦河坝工程		8. 安全与观测系统	含充水坝安全溢流设备安装、排气阀安装、充气坝安全阀安装、水封管(U形管)安装、自动塌坝装置安装、坝袋内压力观测设施安装、上下游水位观测设施安装
		9. 管理房	房建按《建筑工程施工质量验收统一标准》(GB50300—2001)附录B划分分项工程
二、泄洪工程	(一)溢洪道工程(含陡槽溢洪道、侧堰溢洪道、竖井溢洪道)	Δ1. 地基防渗及排水	
		2. 进水渠段	
		Δ3. 控制段	
		4. 泄槽段	
		5. 消能防冲段	视工作量可以划分成数个分部工程
		6. 尾水段	
		7. 护坡及其他	
		8. 高边坡处理	视工作量可以划分成数个分部工程
		9. 金属结构及启闭机安装	视工作量可以划分成数个分部工程
	(二)泄洪隧道(防空洞、排沙洞)	Δ1. 进水口或竖井(土建)	
		2. 有压洞身段	视工作量可以划分成数个分部工程
		3. 无压洞身段	
		Δ4. 工作闸门段(土建)	
		5. 出口消能段	
		6. 尾水段	
		Δ7. 导流洞堵体段	
		8. 金属结构及启闭机安装	
三、枢纽工程中的引水工程	(一)坝体引水工程(含发电、灌溉、工业及生活取水口工程)	Δ1. 进水口闸室段(土建)	
		2. 引水渠段	
		3. 厂坝连接段	
		4. 金属结构及启闭机安装	
	(二)引水隧洞及压力管道工程	Δ1. 进水闸室段(土建)	
		2. 洞身段	视工作量可以划分成数个分部工程
		3. 调压井	
		Δ4. 压力管道段	

续表

工程类别	单位工程	分部工程	说明
三、枢纽工程中的引水工程		5. 灌浆工程	含回填灌浆、固结灌浆、接缝灌浆
		6. 封堵体	长隧洞临时支洞
		7. 封堵闸	长隧洞永久支洞
		8. 金属结构及启闭机安装	
四、发电工程	(一)地面发电厂房工程	1. 进水口段(指闸坝式)	
		2. 安装间	
		3. 主机段	土建，每一台机组段为一个分部工程
		4. 尾水段	
		5. 尾水渠	
		6. 副厂房、中控室	安装工作量大时，可单列控制盘柜安装分部工程。房建工程按 GB50300—2001 附录 B 划分分项工程
		Δ7. 水轮发电机组安装	以每台机组安装工程为一个分部工程
		8. 辅助设备安装	
		9. 电气设备安装	电气一次、电气二次可分列分部工程
		10. 通信系统安装	通信设备安装，单独招标时可列为单位工程
		11. 金属结构及启闭(起重)设备安装	拦污栅、进水口、尾水闸门启闭机、桥式起重机可单列分部工程
		Δ12. 主厂房房建工程	按 GB50300—2001 附录 B 序号 2、3、4、5、6、8 划分分项工程
		13. 厂区交通、排水及绿化工程	含道路、建筑小品、亭台花坛、场坪绿化、排水沟渠等
	(二)地下发电厂厂房工程	1. 安装间	
		2. 主机段	土建，每台机组段为一个分部工程
		3. 尾水段	
		4. 尾水洞	
		5. 副厂房、中控室	安装工作量大时，可单列控制盘柜安装分部工程。房建工程按 GB50300—2001 附录 B 划分分项工程
		6. 交通隧道	视工程量可划分为属各分部工程
		7. 出线洞	
		8. 通风洞	
		Δ9. 水轮发电机组安装	每一台机组安装为一个分部工程
		10. 辅助设备安装	
		11. 电气设备安装	电气一次、电气二次可分列为分部工程
		12. 金属结构及启闭(起重)设备安装	尾水闸门启闭机、桥式起重机可单列为分部工程
		13. 通信系统安装	通信设备安装，单独招标时可列为单位工程
		14 砌体及装修工程	按 GB50300—2001 附录 B 序号 2、3、4、5、6、8 划分分项工程

续表

工程类别	单位工程	分部工程	说明
四、发电工程	(三)坝内式发电厂厂房工程	Δ1. 进水口闸室段(土建)	
		2. 安装间	
		3. 主机段	土建，每台机组段为一个分部工程
		4. 尾水段	
		5. 尾水洞	
		6. 副厂房、中控室	安装工作量大时，可单列控制盘柜安装分部工程。房建工程按 GB50300—2001 附录 B 划分分项工程
		Δ7. 水轮发电机组安装	每一台机组安装为一个分部工程
		8. 辅助设备安装	
		9. 电气设备安装	电气一次、电气二次可分列为分部工程
		10. 通信系统安装	通信设备安装，单独招标时可列为单位工程
		11. 交通廊道	含梯步、路面、灯饰工程等。电梯按 GB50300—2001 附录 B 序号 9 划分分项工程
		12. 金属结构及启闭机(起重机)安装	视工作量可以划分成数个分部工程
		13. 砌体及装修工程	按 GB50300—2001 附录 B 序号 2、3、4、5、6、8 划分分项工程
五、升压变电工程	地面升压变电站、地下升压变电站	1. 变电站(土建)	
		2. 开关站(土建)	
		3. 操作控制室	房建工程按 GB50300—2001 附录 B 划分分项工程
		Δ4. 主变压器安装	
		5. 其他电器设备安装	按设备类型划分
		6. 交通洞	仅限于地下升压站
六、水闸工程	泄洪闸、冲沙闸、进水闸	1. 上游连接段	
		2. 地基防渗及排水	
		Δ3. 闸室段(土建)	
		4. 消能防冲段	
		5. 下游连接段	
		6. 交通桥(工作桥)	含栏杆、灯饰等
		7. 金属结构及启闭机(起重机)安装	视工作量可以划分成数个分部工程
		8. 闸房	按 GB50300—2001 附录 B 划分分项工程
七、过鱼工程	(一)鱼闸工程	1. 上鱼室	
		2. 井或闸室	
		3. 下鱼室	
		4. 金属结构及启闭机安装	

续表

工程类别	单位工程	分部工程	说明
七、过鱼工程	(二)鱼道工程	1.进水口段	
		2.槽身段	
		3.出水口段	
		4.金属结构及启闭机安装	
	(一)船闸工程	按交通部《船闸工程质量检验评定标准》(JTJ288—93)表 2.0.2-1、表 2.0.2-2 和表 2.0.2-3 划分分部工程和分项工程	
	(二)升船机工程	1.上引航道及导航建筑物	按交通部《船闸工程质量检验评定标准》(JTJ288—93)表 2.0.2-1、表 2.0.2-2 和表 2.0.2-3 划分分部工程和分项工程
		2.上闸首	按交通部《船闸工程质量检验评定标准》(JTJ288—93)表 2.0.2-1、表 2.0.2-2 和表 2.0.2-3 划分分部工程和分项工程
		3.升船机主体工程	含普通混凝土、混凝土预制件制作、混凝土预制构件安装、钢构件安装、承船箱制作、承船箱安装、升船机制作、升船机安装、机电设备安装等
		4.下闸首	按交通部《船闸工程质量检验评定标准》(JTJ288—93)表 2.0.2-1、表 2.0.2-2 和表 2.0.2-3 划分分部工程和分项工程
		5.下引航道	按交通部《船闸工程质量检验评定标准》(JTJ288—93)表 2.0.2-1、表 2.0.2-2 和表 2.0.2-3 划分分部工程和分项工程
		6.金属结构及启闭机安装	按交通部《船闸工程质量检验评定标准》(JTJ288—93)表 2.0.2-1、表 2.0.2-2 和表 2.0.2-3 划分分部工程和分项工程
		7.附属设施	按交通部《船闸工程质量检验评定标准》(JTJ288—93)表 2.0.2-1、表 2.0.2-2 和表 2.0.2-3 划分分部工程和分项工程
九、交通工程	(一)永久性专用公路工程	按交通部《公路工程质量检验评定标准》(JTGF80/1～2—2004)进行项目划分	
	(二)永久性专用铁路工程	按铁道部颁布的铁路工程有关规定进行项目划分	
十、管理设施	永久性辅助性生产房屋以及生活用房屋按 GB50300—2001 附录 B 及附录 C 划分分项工程		

注：分部工程前加“Δ”者为主要分部工程；加“*”者为可以定为主要分部工程，也可以定为一般分部工程，可根据实际情况确定。

第12章　流域化梯级电站工程建设项目成本控制与管理

水电工程项目成本是指在规定时间完成并达到预定质量的水电工程项目的全部建设费用。

随着市场经济的不断发展，水电行业，特别是施工企业间的竞争越来越激烈，这就要求水电企业和施工企业不断加强自身项目管理水平，形成以成本管理为中心的运营机制，抓好成本管理和成本控制，优化配置资源，最大限度地挖掘企业潜力，是企业在水电行业中低成本竞争制胜的关键所在。因此，加强成本管理和控制是水电工程项目管理的重要内容，是提高项目盈利水平的重要途径，也是水电工程建设管理的永恒主题之一。特别是在流域化梯级电站建设中，如果每一座电站的建设都能有效控制成本，则整个流域水电开发建设系统的成本费用可大大节约，不仅可以减少碳排量，而且可使整个系统管理熵值趋于下降，系统有序度大大提高，系统效率也大大提高。

12.1　现代成本管理理论

成本管理与控制是现代企业管理一个十分重要的核心管理内容，无论是什么企业，都必须加强成本管理与控制。一般来讲，在成本管理研究与实践过程中，现代企业成本管理发展了5个方面的管理理论*，具体如下。

1. 作业成本管理理论

20世纪70年代初，Staubus教授首次提出了作业和作业会计的概念，但是当时未引起人们的足够重视。20世纪80年代以后，随着生产自动化程度的提高，人们认识到传统的成本核算方法已经越来越不适应生产实际。Cooper和Kaplan等人在分析了传统成本会计的弊端后，提出了作业成本计算方法。这种方法可以将企业发生的各种费用通过成本动因更为精确地分摊到产品成本中，从而为企业决策者提供更为准确的产品成本信息。

作业成本计算是作业成本管理的基础。作业成本管理使用作业成本的信息，其目的不仅要使所销售的产品和服务合理化，更重要的是通过明确改变作业与过程来提高生产率。它将成本管理的重心深入到供应链作业层次，尽可能消除非价值增值作业，改进价

---

* 参见《宏儒电子报》，2011.6.16。

值增值作业，优化产品生产经营和管理的作业链和价值链，从成本优化的角度改造作业和重组作业流程，并且对供应链中的各项作业进行成本效益分析，确定关键作业点，对关键作业点进行重点控制，使之达到控制作业成本的目的。作业成本管理理论的出现，突破了传统的人们对于成本的一般性认识，为企业管理者拓展了企业降低成本、提高生产效率的途径。

2. 战略成本管理理论

20 世纪 80 年代初，英国学者 Simmonds 提出了战略成本管理的概念，他认为战略成本管理是用于构建与监督企业战略的有关企业及其竞争对手的管理会计数据的提供与分析。Wilson 将战略成本管理定义为：是明确强调企业战略问题和所关注重点的一种管理会计方法。这种理论主要通过运用财务信息来发展卓越的战略，以取得持久的竞争优势，从而更加拓展了管理会计的范围。

战略成本管理理论是将企业的成本管理与该企业的战略有机结合，从战略的高度对企业及其关联企业的各项成本行为和成本结构实施全面了解、分析和控制，从而为企业战略管理提供决策信息，提高企业竞争优势。该理论同传统的成本管理模式有较大的区别，战略成本管理的特点主要体现在：成本管理的内容不断拓展，成本管理更加全面和深入，企业更关心所处环境及其环境因素对企业的影响，包括企业优劣势、竞争对手的威胁等，并依据自身所处的竞争地位及时调整竞争战略；成本范围不断延伸，从企业内部价值链延伸到企业外部价值链；成本管理手段不断丰富，已超越了传统格式化的成本报告、成本分析模式，注重定量与定性因素对企业的影响，并利用财务和非财务的各种成本信息服务于企业管理，促使企业战略目标的有效实现。

3. 产品全生命周期成本理论

20 世纪 60 年代初期，美国国防部为了控制国防经费，努力使物资的采购成本及在购买后整个使用期间的使用成本和废弃处置成本尽可能低，从而产生了产品全生命周期成本的概念。产品全生命周期成本指在企业内部及其相关联方发生的全部成本，具体指产品策划、开发、设计、制造、营销、物流等过程中的产品生产方发生的成本，从广义上讲，消费者购入产品后发生的使用成本、维护成本、产品的废弃处置成本等也属于生命周期成本。20 世纪 70 年代起，产品全生命周期成本作为一种管理会计实践，开始由军事工业向民用工业倾斜和应用。企业为了取得竞争优势，力求使用户的使用、废弃处置成本尽可能低，因而越来越重视产品的全生命周期成本。这一概念体现了企业作为社会中的经济细胞所承担的社会责任和最大节约的责任，符合低碳经济和可持续发展的观念。产品全生命周期理论的产生，促使企业从产品开发和设计的源头一直到使用和废弃处置的全自然生命周期过程对成本进行控制，逐步形成了成本设计和管理的方法体系。

4. 成本规划理论

20 世纪 60 年代中期，日本丰田公司为了控制产品的成本，在新产品的开发阶段就开始对产品成本形成的全过程和全范围(包括供应链)进行预测和评估，逐步形成了包括协作企业在内的一体化成本规划活动。这种方法是一种用于在产品设计阶段降低成本的方法，它要求企业在新产品开发阶段，为满足整个公司的利益，规划满足顾客质量要求的产品的同时，对产品成本进行预测与评价，在一定的中长期目标利润及市场环境下，决定新产品的目标成本。该理论和方法形成并应用后取得了较大的成功，受到了各类企业的重视，得到不断丰富和发展，现在已被广泛应用在企业实践中。

5. 全面成本管理

20 世纪 80 年代，Ostrenga 全面地论述了全面成本管理理论，阐述了构成全面成本管理的要素，研究了全面成本管理的过程分析、ABC、PDCA、连续改善等主要管理方法，认为要在一个企业中实现全面成本管理，首先要从成本要素和发生过程分析的角度全面审视企业现有的经营过程，并从中寻找存在的问题；其次要持续改善，全面且持续不断地进行改进，达到全面控制成本的目的。

所谓全面成本管理(total cost management，TCM)，是指运用成本管理的基本原理和方法体系，依据现代企业成本运动规律，以优化成本投入、改善成本结构、规避成本风险为主要目的，对企业经营管理活动实行全过程、广义性、动态性、多维性成本控制的基本理论、思想体系、管理制度、机制和行为方式。

全面成本管理的特点表现在“三全性”上，也就是成本管理的全员性、全面性和全过程性。

所谓全员性，是指企业全体员工都参与成本管理。因为企业的生产经营和管理的每一个环节甚至每一个员工的工作都产生成本。也就是说，产品生产管理组织流程的每一个环节、每一个工艺、每一个部门，甚至生产现场每一个工位操作工，都能参与到成本管理中。同时，全员性强调成本管理的科学性与发挥全员参与的主动性相结合，通过成本管理的科学性与全员参与改善的主动性，来达到经营层的要求同基层部门的追求的一致性。

所谓全面性，是指为了控制和降低成本，对企业每一个人员、每一个部门、每一个生产经营和管理环节进行全面的成本管理和控制。现代企业成本管理为了适应现代企业竞争发展，必须实行全面的成本管理，使决策层和所有部门、单位都参与成本管理，形成人人关心成本、提高全面成本效益的意识和素质。传统的成本管理思想认为，成本管理是专设的成本管理机构和管理人员的职责，但事实上，成本是在各部门、各环节中发生的，与每个员工息息相关。因此，成本的管理与控制不仅是成本管理机构的责任，也是每个部门、每个员工的责任。成本控制要全方位、全过程控制，包括产品投产前对影响成本的各有关因素的分析研究、生产工艺的确定、产品生产过程中发生的全部费用的控制，以及事后的成本分析。

所谓全过程性，是指对企业生产经营和管理的全部流程的每一个环节进行成本管理和控制。企业生产经营和管理的全部过程如图 12-1 所示。

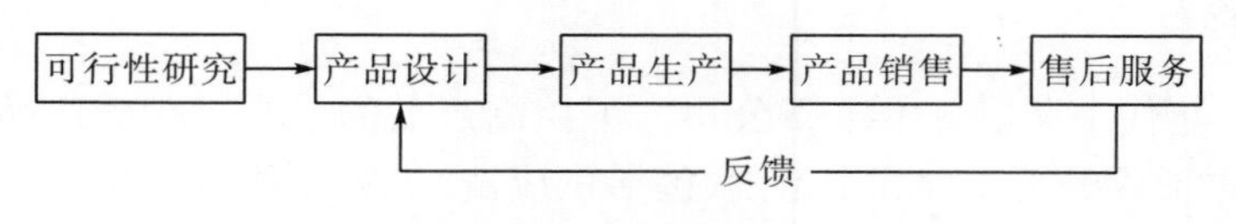

图 12-1 企业生产经营管理流程图

在上述流程的每一个大环节里，又有许多小环节，构成某个部门的工作流程。以机械制造为例，在机械制造的产品生产环节中，又包含了热加工、金加工、表面处理、装配、检验等环节和过程，在每个环节中又包括若干更小的环节和过程，如热加工又分成铸造和锻造，金加工分为车、钳、铣、刨、磨、镗，装配又分为组装、部装和总装，等等。在企业生产经营和管理的全部过程中，每一个环节，每一项工作都会产生费用，为了全面控制成本，必须对企业生产经营和管理的每一个环节和每一个工作进行全面的、全员的和全过程的管理，这样才能真正实现企业的成本控制。

推行 TCM 体系不但要体现"三全性"，而且要将"科学性、主动性、一致性"融入其中。因此，TCM 体系就是：以成本管理的科学性为依据，建立由全员参与、包含企业管理全过程的、全面的成本管理体系，并汇集全员智慧，发挥全员主动性，让各部门全体员工自主改善，不断降低成本，使经营层与各部门员工具有降低成本的一致性，谋求在最低成本状态下进行生产管理与组织运作。

这些成本管理的理论和方法是在新的市场竞争和新的经济环境中产生的，它们突破了传统成本管理理论和方法的局限性，能够比较准确地反映产品的成本结构和形成过程，为决策者作决策提供科学依据。但是，还应该看到这些理论和方法也不是尽善尽美的，需要不断完善；另外，各方法之间也缺乏一定的系统性，需要成本管理研究对各种方法进行深化和整合。

以上现代成本管理与控制理论，可以作为水电工程成本管理与控制的基本理论，对于水电流域化梯级开发战略成本管理具有指导作用。例如以建设工程的施工成本管理为例，从工程投标开始，经过工程施工到工程竣工再到试运行的每个阶段，都要进行全员的、全面的和全过程的成本控制，对工程项目成本进行跟踪管理。在这个过程中，每一项经济业务都要纳入成本控制的范围。也就是成本控制工作必须随着工程施工的各个阶段连续进行，从承接到工程任务开始，在采购材料、准备施工、施工组织安排、质量控制等方面都要进行精心的策划和管控。

12.2　水电工程成本项目的构成

企业的水电工程项目成本管理应以工程承包范围、发包方的项目建设纲要、工程项目功能描述书等文件为依据进行编制。根据 GB/T50326－206《建设工程项目管理规范》要求，工程全过程总承包(GC)的成本内容应包括勘察、设计、采购、施工的全部成本。

水电工程成本分为直接成本、间接成本两方面。直接成本由人工费、材料费、机械使用费和其他直接费用组成。间接成本主要由管理等费用所构成。

12.2.1　工程直接成本

水电工程的直接成本是指直接用于和完成工程建设所产生的各种费用。直接成本组成的内容包括以下三部分。

(1)人工费。直接参与工程建设的各类人员的费用。包括列入预算定额中从事工程施工各类人员的工资、奖金、工资附加费及工资性质的津贴、劳动保护费等。

(2)材料费。在工程建设中，直接使用和花费的建设物资的费用。包括列入预算定额中构成工程实体的原材料、构配件和半成品、辅助材料及周转材料的摊销及租赁费用。

(3)机械使用费。水电工程建设中，特别是大型水电工程的建设，必须使用各种大型的专用设备，才能有效完成工程，使用这些机械所发生的费用就是机械使用费。机械使用费包括列入预算定额的、在施工过程中使用自有施工机械所发生的机械使用费和租用外单位施工机械的租赁费、使用中发生的费用，以及安装、拆卸及进出场费。

12.2.2 工程间接费用

间接成本是指直接从事施工的单位为组织管理在施工过程中所发生的各项支出。具体内容包括：①施工单位管理人员费用(含工资、奖金、津贴、职工福利费)；②行政管理费；③固定资产折旧及修理费；④物资消耗、低值易耗品摊销；⑤管理用的水电费、办公费、差旅费、检验费、工程保修费、劳动保护费及其他费用。

12.3 水电工程项目成本管理的内容

水电工程项目成本预算和管理是一项精细的系统工程，其管理和控制贯穿于工程建设全过程，是衡量工程项目资金耗费和保障供给的依据，是决定工程造价的基础。加强水电工程成本管理和控制是降低工程建设成本、提高水电企业经济效益及工程经济效益的基本途径。水电企业要想在激烈的竞争环境中实现长期发展的战略目标，就必须强化成本管理，以适应市场竞争发展的要求。同时，水电工程项目成本的控制体现了工程建设的综合管理水平，是提高水电企业核心竞争力的关键。

水电工程项目成本是指水电工程项目从设计到施工完成试运行全过程中所消耗的全部费用的总和。水电工程项目成本包括决策成本、招标成本、勘探设计成本、施工成本等。

1)决策成本

决策成本是指形成水电工程项目的决策过程中花费费用的总和。项目在酝酿过程中通过对大量调查数据和社会需求的分析，以及工程项目建设对未来的所在地域的社会、经济、文化、环境的影响做出科学的预测，并根据预测结果拟出多种方案进行决策，以便做出水电工程项目是否进行建设的决定。从这个决策过程的叙述中可以看出，要做出科学的决策，必须经过若干细致而具体的工作阶段，每一个阶段都必然要花费一定的人力、物力和财力来保障实施，通过这些阶段的工作获得第一手材料，并在此基础上进行预测和可行性研究，最后加以决策。完成这些工作花费的全部资金就是工程项目的决策成本。

2)招标成本

招标成本是指工程项目在招标过程中所消耗的全部费用。项目招标是工程建设业主通过招标公告或投标邀请书等形式，招请具有法定条件和具有承建能力的投标人参与投标竞争，从而选择最合适的投标人承担工程建设的一种工程建设市场竞争行为。对于工程项目进行招标而言，不管是自主招标还是委托招标，都必然产生招标工作的费用，这些费用就构成了招标成本。

3)勘探设计成本

勘探设计成本，是指工程项目在可研报告的基础上进行地质勘探、环境调查和工程设计过程中所耗费的全部费用。由于水电工程具有一次性和不可逆的特点，并且建设周期长，工程本身的稳定性和可靠性对所在地域的社会、经济、自然生态环境及人民生活条件的影响都较大，以此必须对工程建设前期地质等环境进行勘探，以确保工程不会受到地质等环境的影响而产生不良后果。工程项目在勘探后进行工程设计，形成指导工程施工的图纸。可见，在工程勘探设计的全部过程中都会产生费用，这些费用的总和就是勘探设计成本。

4)施工成本

施工成本是指在工程项目建设实施过程中，为完成项目建设各个环节和各项工作所花费的各项费用的总和。施工成本包括在施工过程中所耗费的生产资料转移的价值和劳动耗费所创造的价值(以工资和附加费用的形式分配给劳动者个人的资金)两大部分。这两大部分具体表现为人工费、材料费、机械使用费、措施费、施工管理费等。其中人工费、材料费、机械使用费和措施费称为直接成本或直接费用，施工管理费用称为间接成本或间接费用。

施工成本是工程项目成本的主要组成部分，一般来讲，施工费用占整个工程项目总费用的90%左右，因此，在水电工程成本管理中，控制了施工成本，就能够形成十分有利的水电工程项目成本管理态势，为工程项目的全面成本管理做出有力的贡献。

5)采购成本

所谓采购成本，是指应项目建设需要采购而产生的成本。采购成本包括：①订购成本，即为了实现一次采购而进行的各种活动的费用支出；②维持成本，是指为了维持生产(施工)持续稳定进行而使物料保持在一定数量上所发生的成本；③缺料成本，指由于物料供应中断而造成的损失成本，包括延迟发货损失、停工待料损失成本、丧失销售的机会成本等。

12.4　影响水电工程项目成本的主要因素

如前所述，水电工程成本构成主要要素是直接成本和间接成本，而影响直接成本和间接成本的因素主要在成本形成过程和工程功能及质量要求中，具体来讲，影响水电工程项目成本的主要因素有如下几点。

1)设计功能范围

在工程设计中，规定了工程项目完成后的使用功能，要有效地生产和构建出这些工程产品的使用功能，就必须花费其生产和构建的功能成本，显然设计的功能越多，其功能成本就越大。例如，在水利水电工程中，同规模的多功能水电工程就比只有单一发电功能的工程花费的成本大，这是因为，多功能水电站既有发电又有通航还有灌溉等功能，这些所设计的功能的范围越大、功能越多，付出的功能成本就越多。

2)工程质量

任何产品的成本和质量之间都是正负两种相关关系，水电工程这样的特殊产品也是一样的，其线性关系如图 12-2 和图 12-3 所示。

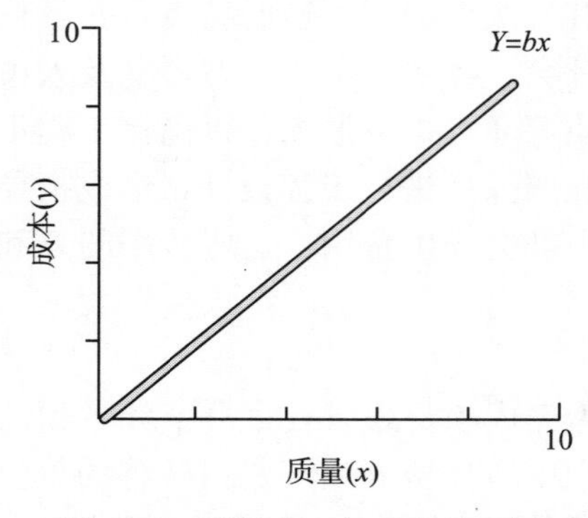

图 12-2 质量和一般成本关系图

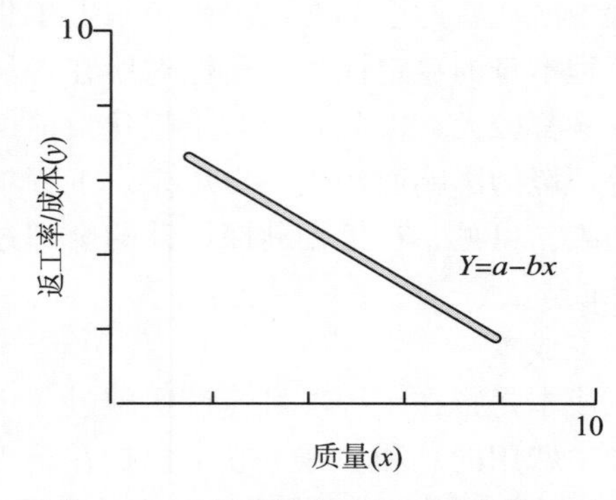

图 12-3 质量和故障及返工成本关系图

从图 12-2 可见，工程成本的多少与工程质量高低有密切关系，一般来讲，质量要求高，成本投入就相应增加，因为为了保证和提高质量，就必须保证原材料质量，增加质量保障措施，如购置设备、改善检测手段等，这些都会带来成本的增加。二方面，如图 12-3所示，在工程的质量与成本关系中还存在着质量故障和返工成本，就是指由于质量低而引起故障需要返工造成的费用，因此，工程质量高就会使故障成本和返工成本下降。三方面，如图 12-4 所示，曲线 $Y=b_1x_1$ 和曲线 $Y=a-b_2x_2$ 综合起来得到上方曲线，由此得到最适宜的质量和成本。

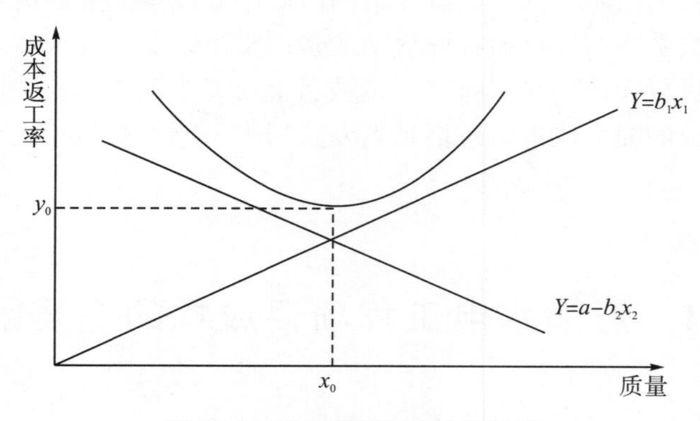

图 12-4 适宜质量与成本的关系

从上面的分析可知，工程质量与成本之间具有十分密切的关系，工程质量是影响工程成本的一个主要因素。

3)施工方法与组织

施工方法与施工组织对于工程建设的成本影响也是十分重要的，因为不同的方法和组织决定了不同的施工效率与施工质量，因而也就决定着施工中不同的成本花费。

首先是施工方法的应用。现代水电工程建设的施工都是采用现代大型机械进行的，不同机械设备的选择决定着设备使用费用的多少，也决定着施工效率所节约的成本的大小。其次，施工组织的科学性和高效率决定着人员安排、工程进度、施工物资储备的经济性，以及设备使用的负荷和时间，有效的组织可以最大限度地避免施工中出现停工等待、工期拖延、物资和设备使用混乱和浪费等现象，从而避免由此产生的无效费用。

4)工程工期

一般来讲，在水电工程设计和承包合同中就规定了工程建设的工期，但是由于水电工程在建设中可能由于各种原因影响计划工期，从而使工程建设成本发生变化。例如，要缩短工期，提前完成工程建设，使工程提高产生效益，就必须采取一些赶工措施，如员工加班、加大资源的投入、高价进料、高价雇佣劳力和租用设备等，这些都会加大工程建设的成本。另外，如果工期延长，固定费用、设备使用费用、人工费用、仓储费用等将随着时间的增加而增加，从而加大工程成本。可见，工程工期对工程成本的影响也是重要的。

5)原材料、辅料价格

工程建设离不开原材料、辅料等物资，因为这些物资最终构成了工程的实体。显然，采购的原材料、辅料价格越高，工程建设成本就越高。

6)管理水平和人员素质

管理水平和施工人员的素质也是决定工程建设成本的重要因素之一。对于任何企业来讲，在一定的技术条件下，都具有一个普遍规律，这就是管理的效率和人员的素质决定了生产的效率，也决定了生产成本。因为管理效率越高，人员素质越高，生产效率就越高，其结果是：生产的时间和资源浪费低，产品单位成本费用低，产品质量故障成本低。因此，在水电工程建设中，工程管理水平和人员素质的高低决定着工程成本的高低。

12.5　水电工程项目成本管理的原则

1. 科学性原则

为确保成本控制的有效实施，成本控制要科学化。在成本控制过程中有效地运用科学的控制方法，如预测与决策方法、目标管理方法、量本利分析法、价值工程方法等。

2. 全面成本管理原则

在水电工程建设中，为了有效控制工程的建设成本，应该认真贯彻全面成本管理应原则，全面成本管理应按照“三全性”的原理，切实组织实施全体人员参加、实施工程建设中产生费用的各个环节的全面管理，以及工程建设施工的全过程的成本控制与管理。在管理过程中严格应用全面成本管理保障体系原理，实施 PDCA 循环管理模式，确保工程建设的成本始终处于管理与控制中，有利于及时发现问题和解决问题，使工程成本始终处于合理的范围，并全面完成设计目标。

3. 目标管理原则

水电工程成本管理应严格遵循项目目标成本管理原则。目标成本管理的内容包括目标成本的决策、制定和分解，明确各单位及每个人的目标成本、责任和执行，检查目标成本的执行结果，评价目标成本和修正成本目标，形成目标成本管理的计划(plan)、实施(do)、检查(check)、处理(action)循环，即全面成本管理的PDCA循环。

4. 过程控制原则

施工成本管理的过程控制原则是指在施工的全过程对成本支出进行检查、监督和控制，消除施工过程的成本波动问题。过程控制是分为三个阶段的成本控制，即事前、事中和事后的施工成本控制。

事前成本控制主要是指根据水电工程项目设计要求和国家相关规定及工程项目承包合同要求，认真调查研究和数据分析，研究工程建设过程中可能出现的问题，科学地制定工程项目建设的施工方案、施工技术和成本计划，将工程项目建设的成本控制在计划范围内，即项目实施之前就做到心中有数，出现问题也有解决问题的预案。

事中控制是指在水电工程建设的实施过程中，对每一个与工程建设成本相关的各个环节、单位和个人的工作行为和效率状态进行技术和成本的检查、监督和控制，保证不会因为工程质量不符合要求而使成本出现波动，同时要保证各项工作的效率不会因工作效率低下而出现成本上升等不可控的成本管理状态。

事后控制是指在水电工程项目建设竣工、试运行和验收过程中，按照工程建设成本计划对工程建设成本进行严格的审查，一方面控制由于工程缺陷必须返工造成的成本损失，另一方面要严格检查和控制建设过程中的成本浪费。

5. 责、权、利相结合原则

在工程项目成本管理过程中，项目经理部各部门、各班组在肩负目标成本控制责任的同时也享有成本控制的权力。项目经理必须对各部门、各班组在目标成本控制中的业绩进行定期的检查和考评，严格执行激励约束机制规定，实行有奖有罚的责任制度。

6. 例外管理原则

在水利水电工程建设过程中，随着时间和环境的变化，常常出现一些在计划中没有考虑到的问题，或者有确定但随环境变化而发生改变的问题，这些问题统称为不可预见的问题，这些问题的出现会对工程建设成本造成影响和波动。例如在工程施工中，本来原材料、辅料价格在计划和成本控制之中，但由于某种原因使材料价格突然猛涨，超过了物价上涨指数，资金发生失控现象。为避免这种情况的发生，可以采用科学系统的成本预测方法加以解决，根据市场随时变化的行情进行分析研究，在材料价格未暴涨之前把工程所需物料尽可能多进一些，以免造成更大的经济损失。

12.6　水电工程项目成本管理的分析方法

全面有效的工程成本管理必须建立在周密详尽的成本分析上，成本分析的基本方法大致可分为 8 种。

(1)综合分析。即工程成本分析，将总的工程实际成本同预算成本和目标成本进行对照分析，计算出绝对数、相对数。综合分析可以从宏观的角度反映工程的实际成本状况，并分析实际工程成本降低率和目标成本完成率。

(2)项目分析。即按工程施工成本费用构成的具体项目进行分析比较，反映各成本项目降低情况，分析偏差，采取纠偏措施，使成本在控制范围内运动。同时还要分析成本项目构成，分析其积极和消极因素，促进消极向积极转化。

(3)人工费用分析。将项目中人工费的实际成本同预算成本相比较，再参照劳资部门有关劳动工资方面的统计资料，找出人工费超支因素及其缘由，并提出措施，使人工费用按计划运行。

(4)材料费用分析。材料费用分析常用的方法在经济活动分析上称为连锁替代法，在统计学原理上叫因素分析法。因素分析法是将某一综合性指标分解为各个相互关联的因素，通过测定这些因素分析其对综合性指标差异额的影响程度的一种分析方法。在成本分析中采用因素分析法，就是将构成成本的各种因素进行分解，测定各个因素变动对成本计划完成情况的影响程度，并据此对水电工程建设的成本计划执行情况进行评价，提出进一步的改进措施。另外，具体的材料分析还应有对材料定额变动的分析、废旧料利用的情况分析、施工工艺的变动对材料费的影响的分析等。

(5)机械使用费用分析。首先将施工机械使用费的预算数与实际数相对照，求差额绝对数字，然后进行价格、数量分析，找出施工企业自有及租赁机械使用上的节约或浪费，并提出改进措施。

(6)其他直接费分析。其他直接费在施工预算中由两个部分构成，一是根据直接费用计划提取一定的费率所获得的相对数额；二是根据定额项目直接列入的绝对额。将此两部分分别进行预算与实际费用对比分析，得出结果。其他直接费分析平时应建立详细的台账，年终将各分析资料汇总再进行比较分析。

(7)间接费分析。同直接费分析的方法一样，在年终汇总分析或在单位工程结束时进行总结和对比分析。一般来讲间接费用的预见性和可控性较大，因此，可根据预测编制可控计划，在单位工程结束时与实际相比较，从差额中总结间接费控制中的问题并提出措施。

(8)价值工程分析。价值工程是一种贯穿于整个工程项目建设各个环节的系统控制方法，是一门技术与经济相结合的现代化管理科学。价值工程主要以功能分析为中心，用最低的成本来实现其必要功能，从而提高产品价值的一项有组织的活动。在价值工程中，价值=产品效用/生产成本。价值工程应用在水电工程建设的成本分析上，主要从三个方面来进行。①对工程设计进行价值分析。由于价值工程扩大了成本控制的工作范围，涉及控制项目的全自然寿命周期费用，所以要对工程设计的技术经济的合理性、科学性及工程价值进行仔细地分析和研究，探索各施工阶段有无改进的可能性，分析功能与成本的关系，提高项目的价值系数。同时通过价值分析来发现并消除工程设计中不必要的功能，达到降低成本和投资的目的。②在保证产品质量的前提下节约材料、设备的投资。应用价值工程分析原理，在保证工程功能和质量的基础上，充分应用成本控制原则，尽可能地节约工程建设过程中的人力、物力、财力的消耗，在各施工段的施工过程中，减少材料的发生，降低设备的投资，以达到降低施工项目成本的目的。③提高组织、管理人员的素质，改善内部组织管理。价值工程是一项有组织的管理活动，管理人员的素质是很重要的。价值工程全过程的每一个环节都是由人来实施和控制的，所以必须有一个高素质的组织系统，这个系统要由各种高水平的不同专业，如施工技术、质量安全、施工、材料供应、财务成本等方面的人员组成，发挥集体力量，把成本质量管理溶于价值工程中，同时也通过对组织和管理人员行为的影响对工程成本进行分析。

12.7 水电工程项目成本管理的全过程控制

水电工程成本管理是一个管理系统，其主要管理是对成本产生的全过程进行控制。管理的内容和阶段同工程建设的各个环节一样，具有很强的秉性和串行的逻辑关系，因此，在工程项目建设的成本管理中，其管理与控制始终都贯穿于建设中的每一个环节、每一项工作。

工程建设成本是整个非工程项目建设中花费的全部费用，是一个成本结构的整体。将过程管理理论与方法运用到水电工程项目成本控制中，便形成了工程建设成本的过程控制系统，这个系统把水电工程项目建设的过程分成项目投资决策、项目设计、施工准备、项目施工、竣工验收5个阶段，根据5个阶段的设计，对工程建设成本进行控制，以达到全过程成本控制的目的。

1)项目投资决策的成本管理

首先积极做好项目决策前的准备工作，做好基础资料的收集，保证翔实、准确。同时认真做好市场研究。通过掌握大量的统计数据和信息资料，进行综合分析和处理，并根据市场需求及发展前景，合理确定工程的规模及建筑标准。在完成市场研究以后，结合项目的实际情况，在满足生产的前提下遵循“效益至上”的原则，进行多方案筛选，用各种分析方法进行多方案技术经济比较，控制工程建设成本，降低工程造价。

2)工程项目设计的成本管理

工程项目的建设是按工程设计方案进行的，设计方案决定着工程的目标、规模、功能和质量，由此也就决定了工程成本的基本框架。因此，在工程设计中，应该应用价值工程的理论与技术，通过科学的分析和比较，选择出既能满足工程目标要求，又能降低工程成本和造价的建造方法，实现工程项目的价值最大化。

优化设计方案，满足建设工程投资的收益要求。初步设计方案完成后，组织有关的专家进行设计优化，从安全、功能、标准、经济等方面全面权衡，确定一个较合理的设计方案，使最终设计方案既科学又经济。

设计过程中要按各专业进行投资分解，分块限额，具体分配到单元和专业，将横向控制和纵向控制相结合，在设计中以控制工程量为主要内容，抓住控制工程造价的核心，从而达到克服“三超”、降低建筑工程成本的目的，审核概算，提出改进意见。设计阶段概算及施工图预算要求全面准确，力求不漏项、不留缺口，并要考虑足够的各种价格浮动因素和政策性调整因素。

3)施工准备的成本管理

施工准备阶段的成本管理应结合设计图纸的自审、会审和其他资料(如地质勘探资料等)，编制实施性施工组织设计，通过多方案的技术经济比较，从中选择经济合理、先进可行的施工方案，在施工方案的基础上编制详细而具体的成本计划，对项目成本进行事前控制。

4)施工成本控制

工程施工阶段的成本是水电工程建设的全部成本构成的核心，在全部工程建设成本中占有十分重要的份额，因此对施工成本进行控制与管理是水电工程项目建设成本控制的主要环节。其管理与控制主要体现在三个方面。

(1)加强全面成本管理。施工过程中所使用的各种原材料、辅料、机械设备、人工费用、仓储费用、道路建设费用等构成工程产品实物形态的各种费用，控制和有效利用这些费用是施工成本控制和管理的主要手段，为了有效地完成工程项目的建设，同时又能使工程成本得到最佳控制与管理，必须实施施工的全面成本管理，将施工过程中的每一项施工及其管理人员、每一项施工的工作环节和施工工艺，以及施工的全部过进行有效管理。

(2)加强质量成本控制。质量成本是指保证和提高工程质量而发生的一切必要费用，以及因未达到质量标准而蒙受的经济损失。质量成本分为内部故障成本、外部故障成本、质量预防费用和质量检验费用四类。保证质量往往会引起成本的变化，但不能因此把质量与成本对立起来。长期以来，企业未能充分认识质量和成本之间的辩证统一关系，习惯于强调工程质量，而对工程成本关心不够，造成工程质量虽然有了较大提高，但增加了提高工程质量所付出的质量成本，使经济效益不理想。

(3)加强工期成本控制。工期成本是指为实现工期目标或合同工期而采取相应措施所发生的一切费用。工期目标是工程项目管理的三大主要目标之一，施工企业能否实现合同工期是取得信誉的重要条件。工程项目都有其特定的工期要求，有时为了保证工期往往会引起成本的变化。在实际工作中，有许多施工企业对工期成本的重视不够，特别是项目经理部虽然对工期有明确的要求，但对工期与成本的关系很少进行深入研究，有时会盲目地赶工期进度，造成工程成本的额外增加。

施工过程全面成本、施工质量成本和施工工期成本是影响施工整体成本的三个重要因素，对此应严格管理并加强控制。

5)竣工验收成本控制

工程竣工结算阶段的成本控制与管理是工程项目成本管理和控制的最后阶段，工程项目经济效益的好坏与最后阶段的工程决算编制完整、正确与否息息相关。一般来说，由中标价加上各种变更及签证费用(包括索赔)形成最终结算额。在编制决算时不能遗漏每一张联系单。平时要把联系单当成支票、现金那样重点保管。有些分包的决算应与专业分包单位核对后再纳入总包决算。最终向业主提供决算前，工程项目部应组织有关人员进行全面成本分析，比较成本决算数是否大于成本预算，决算上的材料数量、价格、实际耗用量和采购价是否与计划目标基本吻合。

第13章　水电工程项目施工成本管理与控制

具体的水电工程项目施工成本管理过程中，其管理方法是按照成本管理工作的一定逻辑关系进行，过程分为目标成本确定、成本计划、成本控制、成本核算、成本分析、成本考核、编制成本报表、报告及收集整理成本资料等环节。在每一个环节中，成本管理与控制制度建设都发挥着特定的作用，并以工程项目施工成本为核心，形成一个完整的成本管理及成本信息传递与反馈的有序运动的控制系统。

流域化梯级电站多项目成本管理与控制原则包括：①工程总体全寿命周期的经济性原则；②以投资人收益为目标；③流域梯级电站系统工程项目建设目标成本控制原则；④多项目成本计划控制和协同原则。

13.1　施工成本预测

施工成本预测是成本计划的基础工作，预测的科学性决定施工成本计划制定的科学性和合理性。施工成本预测是根据调查研究和采集的数据等信息分析，应用科学预测的理论与方法，对施工项目未来的成本水平及发展趋势做出描述和判断。要做好施工成本预测就必须要结合中标价格，并根据工程项目的人员素质、机械设备、施工条件等情况，对工程项目的成本进行科学合理的预测，通过成本预测可以估计人工费、材料费、机械使用费及间接费的控制标准，从而制定出施工费用限额的控制方案，依据投入和产出费用额，做到量效挂钩。

13.1.1　施工成本预测的工作流程

按照施工成本预测与决策工作的逻辑关系，可以规范其逻辑流程，以便与指导预测与决策工作的开展，其流程图如图13-1所示。

(1)制定施工成本预测计划。制定预测计划是进行施工成本预测工作实施的指导性文件和保障措施，因此应该认真地研制预测计划。其内容应包括预测对象和目标、组织领导和工作布置、相关部门的选择、实际进度安排和收集材料的范围。

(2)收集整理预测资料。预测资料的收集可以从三个方面进行。①环境调查。主要是了解国民经济和地方经济发展状况，国家和地区投资规模、方向和布局，施工工程的性质、结构和规模，同类工程市场竞争的情况。同时对市场的建材、劳务供应和机械设备

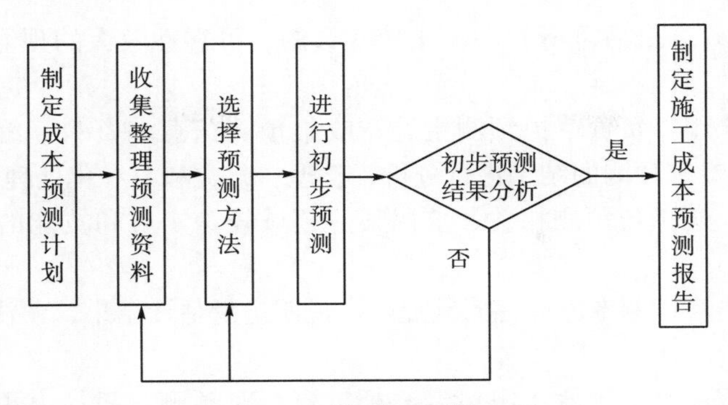

图 13-1　施工成本预测流程

的价格和变化趋势进行调查。②成本水平调查。了解水电行业各类型工程的施工成本和利润水平，及本企业在各地区中标的水电工程项目的成本和利润水平。③技术调查。主要对本行业国内外新技术、新设计、新工艺、新方法和新材料的应用和发展趋势进行调查，了解本企业的应用可能性及对施工成本的影响。

(3)预测方法的选择。预测方法通常有定性和定量两种，两种方法综合应用，可以提高预测的准确性。

13.1.2　施工成本定性预测的方法

定性预测法是侧重于主观分析的一种方法。是指对预测对象做一般变化趋势和性质分析。定性预测方法由于简单可行而在施工成本预测中被普遍应用，主要是根据专家的经验和主观判断，分析工程施工项目的有关原材料和辅料消耗、设备利用费用、市场价格变化和成本变动的可能性，然后做出施工成本性质和规模的估计，综合各方面的意见形成成本预测的结果。定性预测的方法主要有专家判断法、德尔菲法和主观概率法三种。

1)专家判断法

指组织有关专家，根据已有的预测资料进行信息共享和交流，分析判断后得出初步结果，然后对各初步结果进行加权平均的综合集成处理，形成最终的定性预测方法。

【例 13-1】某水电工程一座钢砼框架结构的职工高层住宅楼，建筑面积为 15600m^2，共 26 层，工期 2012 年 2 月至 2014 年 1 月。试采用专家预测法对该工程施工成本进行预测。

解：某工程项目组邀请 9 位相关专家参加预测会，各位专家的预测初步结果分别为 785、800、815、780、795、810、805、790、785(单位：元/m^2)。经过反复研讨，意见集中为 785(4 人)、800(3 人)、810(2 人)，利用加权平均法得到预测值 Y 为

$$Y=\frac{785\times4+800\times3+810\times2}{9}=796(\text{元}/m^2)$$

2)德尔菲预测法

为避免专家之间相互影响而使预测值可能出现偏差，德尔菲预测法采取专家不见面的函询调查方法。预测小组将预测对象以及调查得到的预测信息和资料分别送到选定的专家手中，请专家进行预测。但是由于收集起来的专家意见较为分散，必须将其整理、归纳和综合形成一个较为统一的意见，再分别送到专家手中，请专家根据新情况再进行

预测。这样反复循环，最后可得到一个比较一致的、可靠性较大的预测结果。德尔菲预测法的步骤如下。

(1)成立预测小组，负责草拟预测主题，收集预测信息和资料，编制预测事件一览表，选择专家。将专家预测的结果进行分析、整理、归类和归一化处理。

(2)选测专家。选择与预测相关，掌握某一领域较深实质和技能的专家，10～20 人为宜。

(3)根据预测内容编制专家应答问题提纲，说明定量估计结果、预测的依据和其对判断的影响程度。

(4)进入预测程序。①预测小组请专家根据资料对预测对象提出预测意见并说明理由；②预测小组对第一轮预测意见进行归纳和整理，制定预测事件一览表，再度征求专家意见；③专家收到第二次信函后，根据各预测意见和理由再次进行预测，提出自己第二次预测结果和理由答复预测小组。一般通过这样的预测程序反复 4 轮工作后，专家意见可达到基本一致，预测结果也比较准确。

【例 13-2】2013 年 4 月，某工程建筑公司成立预测小组，将用德尔菲法对 2014～2015 年两年内建材市场价格的年平均增长率作出预测。

解：预测小组选择了 12 位相关专家参加预测，小组邮寄“征询函”的内容包括：①要求专家对 2014～2015 年两年内建材市场价格的年平均增长率做出预测；②向专家提供预测小组收集的有关材料，包括 2009～2013 年建材市价、物价指数、建材供应情况等。经过 4 轮的预测，最后整理的专家预测意见集中在 1.5％(3 人)、2％(2 人)、2.5％(4 人)、3％(2 人)、3.5％(1 人)。预测小组采用加权平均法对预测结果进行整理，得到预测值 Y 为

$$Y=\frac{1.5\%\times 3+2\%\times 2+2.5\times 4+3\%\times 2+3.5\%\times 1}{12}=2.8\%$$

可见，根据德尔菲法预测出 2014～2015 年两年内，建材市场价格的年平均增长率为 2.8％。

3)主观概率法

主观概率法是将专家评价法和德尔菲法相结合而产生的一种预测方法。具体方法是，允许专家提出几个预测值，并给出每个预测值的主观概率，然后，计算各位专家预测的期望值，再以所有期望值的平均值作为预测结果。其计算公式如下：

$$E_i=\sum_{j=1}^{m}F_{ij}\cdot P_{ij},\quad i=1,2,\cdots,m$$

$$E=\sum_{i=1}^{n}\frac{E_i}{n}$$

式中，E_i 为第 i 位专家做出预测的期望值；E 为预测最终结果；F_{ij} 为第 i 位专家做出的第 j 个预测值；P_{ij} 为第 i 位专家对其第 j 个预测值给出的主观概率，满足

$$\sum_{j=1}^{m}P_{ij}=1,\quad i=1,2,\cdots,n$$

式中，n 为专家人数；m 为允许每位专家作出的预测值的个数。

【例 13-3】在例 13-1 中，进一步要求专家对意见集中的三个预测值给出主观概率，然后按主观概率法预测未来的单位成本。

解：第一步，编制各位专家的预测值表，见表 13-1。

表13-1　各位专家的预测值概率表

专家	最高值 $A=785$	中间值 $B=800$	最低值 $C=810$	合计	期望值
	(a)	(b)	(c)	(d)=(a)+(b)+(c)	(e)=A·(a)+B·(b)+C·(c)
1	0.7	0.25	0.05	1	790.00
2	0.75	0.2	0.05	1	789.25
3	0.6	0.3	0.1	1	792.00
4	0.35	0.6	0.05	1	795.25
5	0.15	0.75	0.1	1	798.75
6	0.1	0.6	0.3	1	801.50
7	0.05	0.15	0.8	1	807.25
8	0.1	0.25	0.65	1	805.00
9	0.8	0.15	0.05	1	788.50

第二步，对表13-1的全部期望值求平均值，得出主观概率预测的结果E：

$$E=\frac{790+789.25+792+795.25+798.75+801.5+807.25+805+788.5}{9}$$

$$=\frac{7167.5}{9}\approx 796.4(\text{元}/\text{m}^2)$$

根据主观概率预测法计算，得到未来单位成本约为796.4元/m²。

13.1.3　施工成本的定量预测方法

定量预测主要依据历史数据，应用科学的方法建立数学模型，根据模型来预测事物未来发展趋势或状态的一种方法。定量预测方法的特点是对预测偏重于数量的分析，从数量变化中找到事物发展的规律性并加以预测。定量分析主要可以分为时间序列预测法、回归预测法和概率分布预测法三种。

1. 时间序列预测法

时间序列预测法又称为趋势外推法，是按照具有连续性的时间(如年、月、日等)数据顺序排列，从排列的数据中推算出事物发展趋势，得出预测结果。这种方法简单实用，但预测精确度较差，因此适用于分析的数据较多。

具体的时间序列预测法有很多，如简单平均法、移动平均法、加权平均法和指数平滑法等。在此以后三种方法进行预测。

1)移动平均法

移动平均法就是将过去实际发生的数据在时间上逐点后移，分段平均，其平均值作为下一期(时间点)的预测值。该方法较为简单，一般应用于短期预测。移动平均法又分为一次移动平均法和二次移动平均法。

一次移动平均法又称为简单移动平均法，其计算公式为

$$\bar{M}_t = \frac{X_{t-1} + X_{t-2} + \cdots + X_{t-N}}{N} \tag{13-1}$$

式中，t 为期数；N 为分段数据点数；X_{t-N} 为第 $t-N$ 期的实际数值；$\bar{M}_t$ 为第 t 期的一次移动平均预测值。

一次移动平均法的递推公式为

$$\bar{M}_t = \bar{M}_{t-1} + \frac{X_{t-1} - X_{t-(N+1)}}{N} \tag{13-2}$$

【例 13-4】某水电建设公司过去 19 个月的实际产值见表 13-2 所示。现分别取 $N=5$，$N=10$，使用一次移动平均法预测第 20 个月的产值。

表 13-2 某公司过去 19 个月的实际产值表

月数	产值 X_i/万元	M_t $N=5$	M_t $N=10$	月数	产值 X_i/万元	M_t $N=5$	M_t $N=10$
1	30			11	36	30.2	30.3
2	25			12	47	31.2	30.9
3	40			13	39	32.6	33.1
4	32			14	42	35.8	33.0
5	25			15	44	36.8	34.0
6	31	30.4		16	41	41.6	35.9
7	40	30.6		17	42	42.6	36.9
8	23	33.6		18	43	41.6	37.1
9	37	30.2		19	52	42.4	39.1
10	20	31.2		20		44.4	40.6

解：当 $N=5$ 时，第 6 个月的预测值为

$$\bar{M}_6 = \frac{30+25+40+32+25}{5} = 30.4(\text{万元})$$

同理，可求得第 7 个月的预测值，或用递推公式

$$\bar{M}_7 = \bar{M}_6 + \frac{X_6 - X_{6-5}}{5} = \bar{M}_6 + \frac{X_6 - X_1}{5}$$

$$= \left(30.4 + \frac{31-30}{5}\right) = 30.6(\text{万元})$$

同理可求得 $\bar{M}_8$，…，$\bar{M}_{20}$ 预测值，$\bar{M}_{20}$ 就是第 20 个月的产值预测值。

$$\bar{M}_{20} = \frac{44+41+42+43+52}{5} = 44.4(\text{万元})$$

故第 20 个月的产值预测值为 44.4 万元。

2)加权移动平均预测法

加权移动平均预测法是在计算移动平均数时，对时间序列赋予不同的权重，而计算预测值的方法，其计算公式如下：

$$\bar{M}_t = \frac{a_1 X_1 + a_2 X_2 + \cdots + a_N X_{t-N}}{N} \tag{13-3}$$

式中，a_i 为加权系数，满足 $\frac{\sum_{i=1}^{N} a_i}{N} = 1$。

【例 13-5】以例 13-4 为例，取 $N=5$，试采用加权移动平均法预测第 20 个月的产值。取权数 $a_1=1.6$，$a_2=1.3$，$a_3=1.0$，$a_4=0.7$，$a_5=0.4$。历史数据见表 13-2。

解：根据加权移动平均法求第 20 个月产值如下：

$$\frac{\sum_{i=1}^{N} a_i}{N} = \frac{1.6+1.3+1.0+0.7+0.4}{5} = 1$$

权数设计符合要求。

$$\bar{M}_{20} = \frac{44\times1.6+41\times1.3+42\times1.0+43\times0.7+52\times0.4}{5}$$

$$=43.32(\text{万元})$$

故第 20 个月的产值预测值为 43.32 万元。

3）指数平滑法

指数平滑法(exponential smoothing，ES)是布朗(Robert G.. Brown)所提出。布朗认为时间序列的态势具有稳定性或规则性，所以时间序列可被合理地顺势推延。同时他还认为最近的过去态势，在某种程度上会持续到最近的未来，所以将较大的权数放在最近的资料。

指数平滑法是生产预测中常用的一种方法。也用于中短期经济发展趋势预测，所有预测方法中，指数平滑是用得最多的一种。前面提到简单的平均法是对时间数列的过去数据一个不漏地全部加以同等利用，而移动平均法则不考虑较远期的数据，并在加权移动平均法中给予近期资料更大的权重。指数平滑法则兼容了全期平均和移动平均的优点，不舍弃过去的数据，但是给予逐渐减弱的影响程度，即随着数据的远离，赋予逐渐收敛为零的权数。其基本公式是

$$\bar{S}_t = aX_t + (1-a)S_{T-1} \tag{13-4}$$

式中，$\bar{S}_t$ 为第 t 期的一次指数平滑值，也就是 $t+1$ 期的预测值；X_t 为第 t 期的实际发生值；S_{t-1} 为第 $t-1$ 期的一次指数平滑值，也就是第 t 期的预测值；a 为加权系数，$0\leqslant a\leqslant1$。

【例 13-6】对例 13-5 采用指数平滑法预测第 20 个月的产值。见表 13-3。取 $a=0.1$，$a=0.5$，$a=0.9$ 计算。

表 13-3　指数平滑法预测第 20 个月的产值表

月数	产值 X_i/万元	$\alpha=0.1$	$\alpha=0.5$	$\alpha=0.9$
		S_t	S_t	S_t
1	30	30.0	30.0	30.0
2	25	29.5	27.5	25.5
3	40	30.6	33.8	38.6
4	32	30.7	32.9	32.7
5	25	30.1	28.9	25.8

续表

月数	产值 X_i/万元	$\alpha=0.1$	$\alpha=0.5$	$\alpha=0.9$
		S_t	S_t	S_t
6	31	30.2	30.0	30.5
7	40	31.2	35.0	39.0
8	23	30.4	29.0	24.6
9	37	31.0	33.0	35.8
10	30	30.9	31.5	30.6
11	36	31.4	33.7	35.5
12	47	33.0	40.4	45.8
13	39	33.6	39.7	39.7
14	42	34.4	40.8	41.8
15	44	35.4	42.4	43.8
16	41	36.0	41.7	41.3
17	42	36.6	41.9	41.9
18	43	37.2	42.4	42.9
19	52	38.7	47.2	51.1
20		38.7(预测值)	47.2(预测值)	51.1(预测值)

解：在计算中，X_1，X_2，…，X_{19}分别代表1，2，…，19月份的实际产值，预测值$S_0=X_1=20$，当$a=0.1$时，则2，3，…，19月份的指数平滑值为

$$\bar{S}_1=\alpha X_1+(1-\alpha)S_0=0.1\times 30+(1-0.1)\times 30=30$$

$$\bar{S}_2=\alpha X_2+(1-\alpha)S_1=0.1\times 25+(1-0.1)\times 30=29.5$$

$$\bar{S}_3=\alpha X_3+(1-\alpha)S_2=0.1\times 40+(1-0.1)\times 29.5=30.6$$

$$\vdots$$

$$\bar{S}_{19}=\alpha X_{19}+(1-\alpha)S_{18}=0.1\times 52+(1-0.1)\times 37.2=38.7$$

$\bar{S}_{19}$即为第20个月的预测值。

同理计算$\alpha=0.5$，$\alpha=0.9$当时的预测值。

通过案例计算可知，α的取值直接影响到预测结果，当α取值较大时预测值较接近实际值。

2. 回归分析预测法

前面介绍的预测方法只是利用被预测对象的过去值，经过一定的技术处理来预测未来值。这种方法的应用是很有限的，在实际工作中，需要预测的对象往往存在因果关系的影响，形成一定的函数关系。因此，要预测某一变量Y的未来值，如果能知道该变量与其他变量$X_i(i=1, 2, \cdots, n)$之间的关系为$Y=f(x_1, x_2, \cdots, x_n)$，且很容易得到$X_i(i=1, 2, \cdots, n)$的未来值，那么就可以预测$Y$了。

所谓回归分析预测，是指研究 Y 与 X_i 之间是否存在相关关系若存在，则找出其数学表达式，然后根据 X_i 的值的变化规律来预测 Y 的值，并分析预测值所能达到的精度的一种预测方法。回归分析预测法经常用于因果关系预测、时间序列预测等。按回归关系式所含自变量的多少，可分为一元回归和多元回归；按回归关系式的性质又可分为线性回归和非线性回归。这里介绍一元线性回归预测法和一元指数回归预测法，来了解回归分析预测的思路。

1)一元线性回归预测法。一元线性回归预测分为三个步骤。

(1)一元线性回归方程的求法。

一元线性回归的基本公式为

$$\hat{y} = a + bx \tag{13-5}$$

式中，$\hat{y}$ 为预测数据；a 与 b 为回归系数；x 为自变量。

设有一组观测数据(X_i，Y_i)，($i=1$，2，…，n)，现仍用上式来表示 X 与 Y 之间的关系，则有

$$y_i = a + bx_i + \varepsilon_i \tag{13-6}$$

式中，y_i 为历史数据，即因变量；x 为历史数据，即自变量；ε_i 为预测误差。

求一元线性回归方程的思路是，根据已有的一组观测(X_i，Y_i)($i=1$，2，…，n)，找出一条最能反映这些“点”变化规律的一条直线，这条直线如图13-2所示。确定回归系数 a 和 b，使得用回归方预测时所产生的总误差最小。为防止无负相消，取误差的平方和为最小，使回归方程与实测数据的线性拟合为最佳。

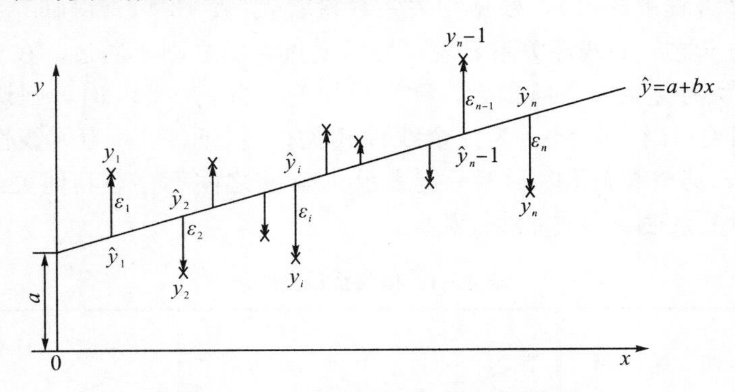

图13-2　一元线性回归预测法的直线图

误差的平方和 Q 为

$$Q = \sum_{i=1}^{n}\varepsilon_i^2 = \sum_{i=1}^{n}(y_i - \hat{y}_i)^2 = \sum_{i=1}^{n}(y_i - a - bx_i)^2 \tag{13-7}$$

从数学分析的极值原理知，要使 Q 达到极小，只需将上式对 a、b 求偏导数，并令其为零，即

$$\begin{cases} \dfrac{\partial Q}{\partial d} = -2\sum_{i=1}^{n}(y_i - a - bx_i) = 0 \\ \dfrac{\partial Q}{\partial b} = -2\sum_{i=1}^{n}(y_i - a - bx_i)x_i = 0 \end{cases} \tag{13-8}$$

整理得

$$\begin{cases} na + b\sum_{i=1}^{n} x_i = \sum_{i=1}^{n} y_i \\ a\sum_{i=1}^{n} x_i + b\sum_{i=1}^{n} x_i^2 = \sum_{i=1}^{n} x_i y_i \end{cases} \tag{13-9}$$

解上面联立方程组，可得

$$\begin{cases} a = \bar{y} - b\bar{x} \\ b = \dfrac{\sum_{i=1}^{n} x_i y_i - n\bar{x}\bar{y}}{\sum_{i=1}^{n} x_i^2 - n\bar{x}^2} \end{cases} \tag{13-10}$$

式中，x_i 为自变量的历史数据；y_i 为相应的因变量的历史数据；y 为所采用的历史数据的组数；$\bar{x}$为 x 的平均值，$\bar{x} = \sum_{i=1}^{n} x$ ；$\bar{y}$为y的平均值，$\bar{y} = \sum_{i=1}^{n} y$ 。

求得 a、b 后，一元线性回归方程式也就确定了。

(2)进行相关性检验。

一元线性回归预测法只对具有线性关系的两个变量成立。两个变量之间的线性相关程度是用相关系数来衡量的。显然有 $0 \leqslant |i| \leqslant 1$，且$|r|$越小，$x$ 与 y 之间的线性相关程度越小；反之，$|r|$越大，x 与 y 之间的线性相关程度愈大。变量之间的关系是否显著，可以通过相关性检验加以判别，其步骤是，首先根据式(13-11)计算 r，然后给定显著性水平 a(a 越小显著程度越高)，根据相关系数检验表(表 13-4)查得临界值 r_a，若$|r| \geqslant r_a$，则表明 x 与 y 之间的线性关系显著，检验通过，反之则不通过。在实际分析时，当 $r > 0.49$ 时，则认为 x 对 y 影响很大，称为强相关；当 $r < 0.49$ 时，则认为 x 对 y 影响不大，称为弱相关。当$|r| = 0$，为完全线性相关；当$|r| = 0$，为无线性相关。但应注意，当$|r|$很小，甚至等于零时，不一定表示 x 与 y 之间不存在其他关系，而只表示 x 与 y 之间的线性关系很弱，或非线性相关。

表 13-4 相关系数检验表

$n-2$ \ a (r_a)	0.05	0.01	$n-2$ \ a (r_a)	0.05	0.01	$n-2$ \ a (r_a)	0.05	0.01
1	0.997	1.000	16	0.468	0.590	31	0.325	0.418
2	0.950	0.990	17	0.456	0.575	32	0.304	0.393
3	0.878	0.959	18	0.444	0.561	33	0.288	0.372
4	0.811	0.917	19	0.433	0.549	34	0.273	0.354
5	0.754	0.874	20	0.423	0.537	35	0.250	0.325
6	0.707	0.834	21	0.413	0.526	36	0.232	0.302
7	0.666	0.798	22	0.404	0.515	37	0.217	0.283
8	0.632	0.765	23	0.369	0.505	38	0.205	0.267
9	0.602	0.735	24	0.388	0.496	39	0.195	0.254
10	0.576	0.708	25	0.381	0.487	40	0.174	0.228

续表

r_a \ a / $n-2$	0.05	0.01	r_a \ a / $n-2$	0.05	0.01	r_a \ a / $n-2$	0.05	0.01
11	0.553	0.684	26	0.374	0.478	41	0.159	0.208
12	0.532	0.661	27	0.367	0.470	42	0.133	0.181
13	0.514	0.641	28	0.361	0.463	43	0.113	0.148
14	0.497	0.623	29	0.355	0.456	44	0.098	0.128
15	0.482	0.606	30	0.349	0.449	45	0.062	0.081

$$r = \frac{\sum_{i=1}^{n}(x_i - \bar{x})(y_i - \bar{y})}{\sqrt{\sum_{i=1}^{n}(x_i - \bar{x})^2 (y_i - \bar{y})^2}} \tag{13-11}$$

(3)进行置信区间估计。

通过式(13-12)可以得到预测值 $\hat{y}$，此外，还要知道实际值与预测值 $\hat{y}$ 的差别有多大。同一个 x，实际的 y 值按一定的分布波动(波动规律在一般情况下都认为是正太分布)，如果能算出波动的剩余标准差，即可提高回归精度。剩余标准差计算公式如下：

$$S = \sqrt{\frac{1}{n-2}\sum_{i=1}^{n}(y_i - \hat{y})^2} \tag{13-12}$$

由正态分布的性质可知，实际值 y 与预测值有如下关系，实际值 y 落在区间 $[\bar{y}-2S, \bar{y}+2S]$ 内的概率约为 0.95。

由上述可知，S 越小，用一元回归方程来预测的 y 值就越精确。因此，可以把剩余标准差 S 作为预测精度的标准。

【例 13-7】第一建筑工程公司收集了 2010～2014 年该市某种钢材的市价，如表 13-5 所示。要求预测 2015 年该种钢材的销售价格。

表 13-5　某种钢材的市价

年份	X_i	价格 Y_i (元/t)	X_iY_i	X_i^2	$Y_i - \bar{Y}_i$	$(Y_i - \bar{Y}_i)^2$
2010	1	1480	1480	1	−34	1156
2011	2	1490	2980	4	−24	576
2012	3	1520	4560	9	6	36
2013	4	1530	6120	16	16	256
2014	5	1550	7750	25	26	676
$\sum$	$\sum X_i = 15$	$\sum Y_i = 15$	$\sum X_iY_i = 22890$	$\sum X_i^2 = 55$		

解：预测方程为公式(13-5)

$$\hat{y} = a + bx$$

根据已知数据计算得

$$\bar{x} = \frac{1}{5}\sum_{i=1}^{5} x_i = \frac{15}{5} = 3$$

$$\bar{x} = \frac{1}{5}\sum_{i=1}^{5} y_i = \frac{7570}{5} = 1514$$

再由式(13-10)可得

$$a = \bar{y} - b\bar{x} = 1514 - 18 \times 3 = 1460$$

$$b = \frac{\sum_{i=1}^{5} X_i Y_i - 5\bar{x}\bar{y}}{\sum_{i=1}^{5} X_i^2 - 5\bar{x}^2} = \frac{22890 - 5 \times 3 \times 1514}{55 - 5 \times 3^2} = 18$$

求得预测方程

$$y = 1460 + 18x$$

相关系数为

$$r = \frac{\sum_{i=1}^{5}(x_i - \bar{x})(y_i - \bar{y})}{\sqrt{\sum_{i=1}^{5}(x_i - \bar{x})^2 \sum_{i=1}^{5}(y_i - \bar{y})^2}} = \frac{\sum_{i=1}^{5}(x_i - 3)(y_i - 1514)}{\sqrt{\sum_{i=1}^{5}(x_i - \bar{x})^2 \sum_{i=1}^{5}(y_i - \bar{y})^2}} = 0.993$$

取 $a=0.01$，根据表 13-4 查得当 $n=5$，$a=0.01$，时 $r_a = r_{0.01} = 0.959$。由于 $r=0.988 > r_{0.01} = 0.959$，故相关系数 r 在 $a=0.01$ 水平上是显著的。这说明用回归方程 $y=1460+18x$ 能够近似表达该时间序列的变化趋势。同时由于 $r=0.976>0.49$，故 x 与 y 之间的线性关系是强相关。

根据回归方程预测 2015 年该种钢材的价格为

$$\hat{y} = 1460 + 18 \times 16 = 1568(\text{元}/\text{t})$$

标准差

$$S = \sqrt{\frac{1}{n}\sum_{i=1}^{n}(y_i - \hat{y})^2} = \sqrt{\frac{1}{5}\sum_{i=1}^{5}(y_i - \hat{y})^2} = 4$$

置信度区间为

$$[\hat{y} - 2S, \hat{y} + 2S] = [1568 - 2 \times 4, 1568 + 2 \times 4] = [1560, 1576]$$

即可以预测 2015 年该种钢材的销售价格在［1560，1576］范围内有 95％的置信度，即有 95％的把握。

2)一元指数回归预测法

一元线性回归计算简便，是一种常用的预测方法。然而许多实际数据的发展趋势并不总是线性的。对于逐年按一定比率变化的时间序列，就可以用指数曲线来模拟其变化趋势，即用一元指数回归法进行预测，如图 13-3 所示。

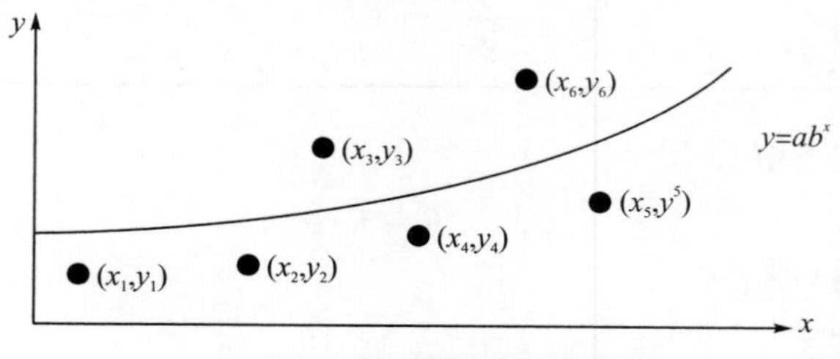

图 13-3　一元指数回归预测图

一元指数回归法的基本公式为

$$\hat{y} = a \cdot b^x \tag{13-13}$$

式中，$\hat{y}$ 为预测值；a、b 为回归系数；x 为变量(一般为时间序列数)。

对式(13-13)两边取对数，得

$$\lg y = \lg a + x \lg b$$

设 $Y = \lg y, A = \lg a, B = \lg \mathrm{b}$，则 $Y = A + Bx$ (13-14)

式(13-14)是一个一元线性回归方程，A、B 是回归系数，有

$$\begin{cases} A = \dfrac{\sum\limits_{i=1}^{n} y_i - b\sum\limits_{i=1}^{n} x_i}{n} \\ B = \dfrac{n\sum\limits_{i=1}^{n} x_i y_i - \sum\limits_{i=1}^{n} x_i \cdot \sum\limits_{i=1}^{n} y_i}{n\sum\limits_{i=1}^{n} x_i^2 - (\sum\limits_{i=1}^{n} x_i)^2} \end{cases} \tag{13-15}$$

若 x 的取值能满足 $\sum\limits_{i=1}^{n} x_i = 0$，则式(13-15)可化简为

$$\begin{cases} A = \dfrac{\sum\limits_{i=1}^{n} \lg y}{n} \\ B = \dfrac{\sum\limits_{i=1}^{n} x_i - \lg y_i}{\sum\limits_{i=1}^{n} x_i^2} \end{cases} \tag{13-16}$$

则有

$$Y = \frac{\sum\limits_{i=1}^{n} \lg y}{n} + \frac{\sum\limits_{i=1}^{n} x \lg y}{\sum\limits_{i=1}^{n} x^2} \cdot x \tag{13-17}$$

由于 $Y=\lg y$，因此

$$y = 10^Y \tag{13-18}$$

【例 13-8】已知 2010～2014 年第一建筑工程公司钢砼框架结构的实体单位成本，如表 13-6 所示。预测 2015 年该公司钢砼框架结构的单位成本。

表 13-6 实际单位成本表

年度	x	实际成本 y/(元/m²)	逐年增长量 /(元/m²)	逐年发展速度 b/%	x^2	$Y=\lg y$	$x\lg y$
2010	−2	690			4	2.839	−5.678
2011	−1	704	14	102.37	1	2.848	−2.848
2012	0	725	21	103.48	0	2.860	0
2013	1	756	31	104.96	1	2.879	2.879
2014	2	795	39	105.95	4	2.900	5.8
Σ	0	3670			10	14.326	0.153

解：由表中数据分析可看出单位成本的指数曲线趋势。

根据式(13-16)有

$$A=\frac{\sum_{i=1}^{5}\lg y_i}{5}=\frac{14.326}{5}=2.8652$$

$$B=\frac{\sum_{i=1}^{5}x_i\lg y_i}{\sum_{i=1}^{5}x_i^2}=\frac{0.153}{10}=0.0153$$

代入式(13-14)得

$$Y=A+B\cdot x=2.8652+0.0153\times 3=2.9111$$

再由式(13-18)得

$$y=10^{2.9111}=814.9(\text{元}/\text{m}^2)$$

即2015年钢砼框架结构单位成本预测值为814.9元/m^2。

13.2 施工成本决策

13.2.1 施工成本决策的程序

施工成本决策是指，从降低或控制施工成本的多种相斥方案选择一个最优方案并加以实施的过程。决策是按照一定的逻辑过程进行，否则会出现决策思维的混乱，最终得不到科学的结果。所以，决策必须严格遵循一定的科学程序，才能保证决策的科学性和正确性。施工成本决策的程序如图13-4所示。

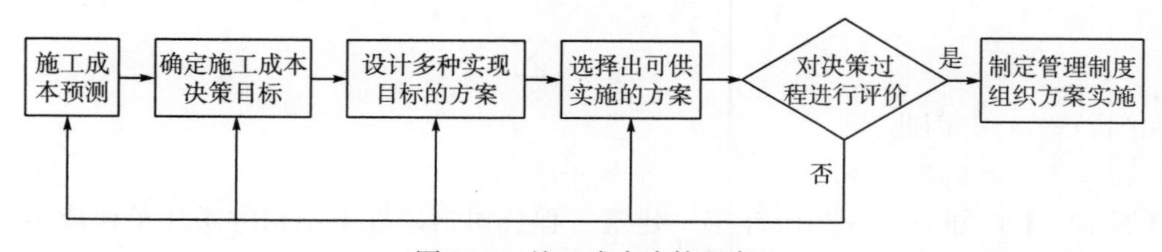

图13-4 施工成本决策程序

从图13-4可知，施工成本决策的程序就是决策的逻辑过程。首先对施工成本进行预测分析，并根据预测的结果来确定施工成本决策的目标，根据目标设计具有相斥性的、若干个可实现施工成本目标的方案，对这些实施方案进行分析和比较，从中选择出最合理的的方案，然后对该方案进行评估。评估的内容分为三个方面，一是对决策的过程进行审查，分析决策过程是否科学合理，有无遗漏或决策资料是否齐全；二是选择的行动方案是否最优，是否可行，有无其他影响；三是对施工成本决策执行后可能的风险进行评价，如是否会出现由于成本决策和控制导致出现施工质量的风险，或是施工进度的风险。进行风险评估就是为了尽可能控制风险取得最期望的成效。当施工成本决策方案确定后，便组织对施工过程中成本管理和控制的实施。

13.2.2　施工成本决策的方法

施工成本决策的方法很多，在此选择几种简单有效的方法进行分析。

1. 盈亏平衡分析法

盈亏平衡分析法是一种简单有效的决策工具，但在不同的行业中，根据行业特点，有不同的变化和用法。

1)线性盈亏平衡分析法基本原理

盈亏平衡分析法又称量本利分析法。其基本原理是，以利润为零作为基点，分析产量或销售量、成本和利润之间的关系，从而对量本利决策提供依据的一种决策方法。根据施工量本利的分析，施工企业或项目经理部就可以明确施工项目的工程量、施工成本和所获利润之间的特定关系，并以此对施工控制做出决策。计算过程中，得到的盈亏平衡点越低，说明项目盈利的可能性越大，亏损的可能性越小，因而项目有较大的抗经营风险能力。

在盈亏平衡分析法中，把成本分成固定成本和变动成本。固定成本指不随产量或销售量的变动而变动的成本。如厂房、设备折旧，管理人员工资等；变动成本指随着产量或销售量的变动而变动的成本。如原材料费、燃料动力费、生产人员工资等。

设某企业，其生产的产量为 x，总成本为 C，其中，固定成本总额为 F，变动成本总额为 V，单位产品的变动成本为 v，销售收入为 Y，单位产品销售收入为 p，利润为 E，则有

$$
\begin{aligned}
E &= Y - C \\
E &= Y - (F + V) \\
E &= px - (F + vx)
\end{aligned}
\tag{13-19}
$$

成本、收入和利润的关系，可用盈亏平衡分析图表示，见图 13-5。

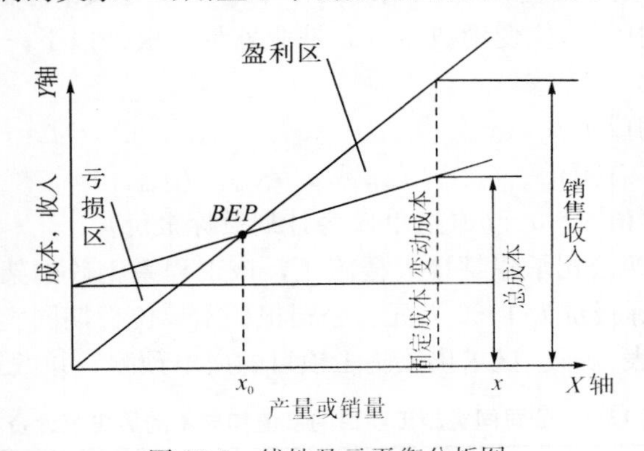

图 13-5　线性盈亏平衡分析图

图 13-5 中总收入线与总成本线的交点就是盈亏平衡点，记为 BEP。在该点上不赢也不亏，施工企业处于盈亏平衡状态。欲求 BEP 时的产量(销售量)x_0，则令公式(13-19)中 $E=0$，得

$$x_0 = \frac{F}{p - v} \tag{13-20}$$

式中，$p - v$ 为边际利润(即单位收入 p 减去单位变动成本 v)。因此，

$$Y_0 = px_0 = (F + vx_0) = \frac{Fp}{p - v} = \frac{F}{\frac{p - v}{p}} \tag{13-21}$$

式中，$\frac{p-v}{p}$为边际成本率。

【例 13-9】某建工企业生产的钢结构产品单价为 500 元，在单位产品成本中：材料费为 180 元，工资为 60 元；在间接成本中：固定成本为 60000 元，变动成本 20 元/件；销售费用中：固定成本 60000，变动成本 20 元/件。试求：1 盈亏平衡点；2 利润为 220000 元时的产量。

解：

①根据式(13-20)，

$$x_0 = \frac{F}{p - v} = \frac{600000 + 60000}{500 - (180 + 60 + 20 + 20)} = \frac{660\ 000}{500 - 280} = 3000(\text{件})$$

②根据公式(13-19)整理，得

$$x = \frac{E + F}{p - v} = \frac{220000 + 660000}{500 - 280} = 4000(\text{件})$$

2)施工企业的固定成本与变动成本的分解法

在施工企业的实际工作中，要确定某个施工项目的固定成本 F 和变动成本 v 是比较困难的，为了方便使用盈亏平衡分析法对施工成本进行决策，往往采用“成本分解的高低点法”。

高低点法是一种将成本分解为固定成本和变动成本的方法。它是以某一定期间内最高业务量的成本与最低业务量的成本之差，除以最高业务量与最低业务量之差，计算出单位变动成本值，然后再分解出成本中的变动部分 bx 和固定部分 a 各占多少的简便方法。它的数学模型可用直线 $y = a + bx$ 来表示。其中，y 是成本总额，a 是成本中的固定成本总额，b 是成本中的单位变动成本，x 是业务量，根据以下三个步骤就可确定成本的分解公式。

(1)计算单位变动成本 $b = (y_{max} - y_{min}) \div (x_{max} - x_{min}) = \Delta y \div \Delta x$；

(2)计算固定成本总额 $a = y_{max} - bx_{max}$ 或 $a = y_{min} - bx_{min}$；

(3)计算成本预测值 $y = a + bz$(这里 z 为计划投标报价)。

【例 13-10】某建筑公司承建某楼大楼施工，该工程系钢砼框架剪力墙结构，建筑面积 18000m^2，计划投标报价为 1960 万元。公司根据本单位近期同类施工项目的产值和成本的历史统计资料见表 13-7。试求出该施工项目的成本预测，并做出决策。

表 13-7 公司同类施工项目的产值和成本的历史统计资料 (单位：万元)

工序号	1	2	3	4	5
施工产值元 x	1800	1820	1850	1920	2100
总成本 y	1750	1770	1800	1850	1950

解：

(1)计算单位变动成本 $b=\frac{y_{\max}-y_{\min}}{x_{\max}-x_{\min}}=\frac{\Delta y}{\Delta x}$，

$$b=\frac{1950-1750}{2100-1800}=\frac{200}{300}\approx 0.6667$$

(2)计算固定成本总额 $a=y_{\max}-bx_{\max}$，或者 $a=y_{\min}-bx_{\min}$，

$$a=1950-0.6667\times 2100=549.93\approx 549.9$$

$$a=1750-0.6667\times 1800=549.94\approx 549.9$$

(3)计算成本预测值 $y=a+bz$，

$$y=549.9+0.6667\times 1960=1856.632(\text{万元})$$

可知，成本预测值为 1856.632 万元，低于历史最高水平 1950 万元，即 1856.632<1950，预测值在合理范围内。故可按照计划投标报价 1960 万元进行投标。

2. 决策树方法在施工项目成本决策中的应用

1)决策树方法的概念

决策树(decision tree)是在已知各种情况发生概率的基础上，通过构成树型分支表示事件发生的各种可能性，并应用期望值分析评价项目风险，判断其可行性并找到最优的决策分析方法。决策树是直观运用概率分析的一种图解法，由于这种决策分支画成图形很像一棵树的枝干，故称决策树法。决策树在成本决策中，主要用于存在两种和两种以上可能性时进行决策。

2)决策树的基本结构

决策树的基本结构如图 13-6 所示。

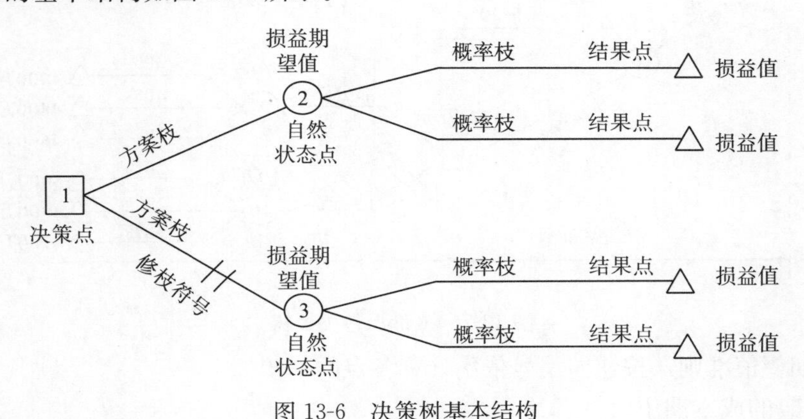

图 13-6　决策树基本结构

3)应用决策树的方法与步骤

(1)绘制决策树。根据成本可能的自然状态和期望值绘制决策树，并对决策点及自然状态点从左至右、从上至下进行编号。

(2)根据期望值准则，从右至左逆编号计算每个方案的期望值。

(3)对各方案的期望值进行比较，剪去期望值较差的分枝(方案)，反复剪枝，最后留下的一枝(方案)就是最好的方案。

【例 13-11】某施工企业拟对某一施工项目投标，该施工企业的投标策略有两种：一

种是投高标，中标的可能性估计为30%；另一种是投低标，中标的可能性为50%。投标准备费用为2万元。如果该企业中标，又有两种承包方案：一种是将部分工程转包给其他施工企业，另一种是自己全包完成施工工程。

根据资料分析，如果在投高标5800万的情况下中标，然后在部分转包，估计项目全部成本有三种状况：5000万元、4800万元和4700万元，三种状况的概率分别为30%、50%、20%；若是自己全包，全部成本也有三种状况：5150万元、4900万元和4800万元，这三种状况的概率分别为20%、60%和20%。如果在投低标的5400万元的情况下中标，然后在部分转包，估计项目全部成本的三种情况为4900万元、4800万元和4600万元，这三种状况的概率分别为30%、40%和30%；若是自己全包，估计项目全部成本的三种情况为5000万元、4800万元和4700万元，其概率分别为20%、50%和30%。

试根据上述资料分析，确定该施工企业的最佳报价承包方案。

解：

(1)绘制决策树并进行编号，见图13-7。

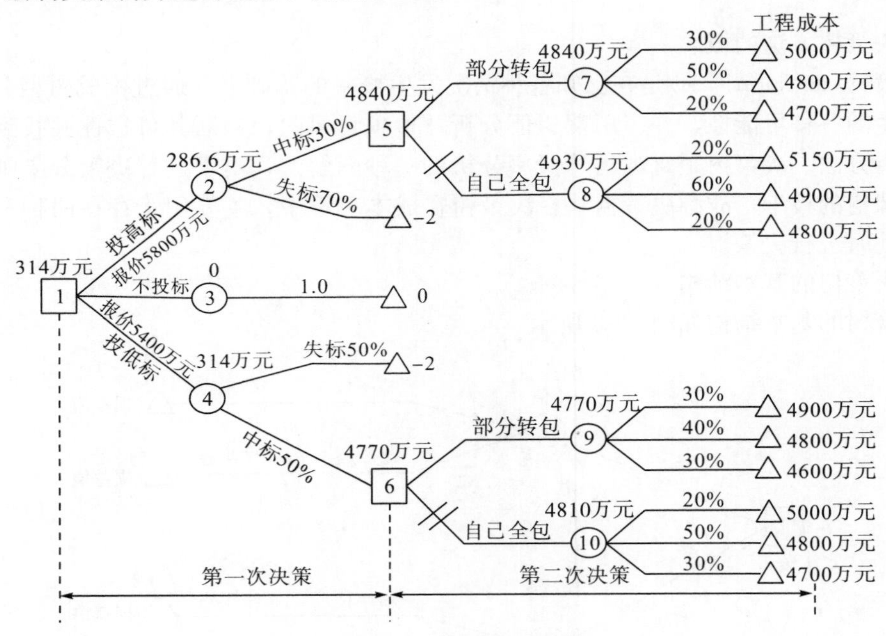

图13-7 报价承包决策树

(2)用期望值准则，按逆向编号依次计算各点的期望值。

计算点⑩的成本期望值：

$$成本期望值 = 5000 \times 20\% + 4800 \times 50\% + 4700 \times 30\% = 4810(万元)$$

计算点⑨的成本期望值：

$$成本期望值 = 4900 \times 30\% + 4800 \times 40\% + 4600 \times 30\% = 4770(万元)$$

计算点⑧的成本期望值：

$$成本期望值 = 5150 \times 20\% + 4900 \times 60\% + 4800 \times 20\% = 4930(万元)$$

计算点⑦的成本期望值：

$$成本期望值 = 5000 \times 30\% + 4800 \times 50\% + 4700 \times 20\% = 4840(万元)$$

计算点⑥的成本期望值：

因为4770万元<4810万元，故剪去自己全包的方案枝，点⑥的成本期望值为4770万元

计算点⑤的成本期望值：

因为4840万元<4930万元，故剪去自己全包的方案枝，点⑤的成本期望值为4840万元

计算点④的利润期望值：

利润期望值 =（5400 − 4770）× 50% − 2 ×（1 − 50%）= 314（万元）

计算点③的成本期望值：

点③因为不行动，因此利润期望值为0。

计算点②的利润期望值：

利润期望值 =（5800 − 4840）× 30% − 2 ×（1 − 30%）= 286.6（万元）

(3)确定决策方案。因为点②、③、④的利润期望值的比较结果是点④最大，因此剪去点②高投标方案和点③不投标方案，剩下的点④低投标方案为最佳。

13.3 施工项目成本计划的制定

水电施工项目的成本计划是项目经理部对施工成本进行计划管理的工具。成本计划是以货币形式表达和编制的，用于指导和实施施工项目在计划期内的生产费用、成本水平、成本降低率的控制，以及作为控制和降低成本所采用的主要措施和规制的书面文件。企业的项目成本计划应以工程承包范围、发包方的项目建设纲要、工程项目功能描述书等文件为依据进行编制。根据GB/T50326−206《建设工程项目管理规范》要求，工程全过程总承包(GC)的计划成本内容应包括勘察、设计、采购、施工的全部成本；设计—采购—施工总承包项目(EPC)和设计—施工总承包项目(D—B)的计划成本应包括相关阶段的成本；施工总承包项目成本应按照招标文件的工程量清单确定。

13.3.1 施工项目目标成本的确定

目标成本管理法起源于日本，是在美国目标管理理论的基础上，引入成本管理这一特定内涵而形成的一种有效的战略性成本管理理论与方法，此方法是根据计划的销售收入、利润和成本的关系，来确定计划的目标成本，并对目标成本进行控制，从而保障获得计划利润的战略型管理。

1)工程量清单计价模式下的目标成本

工程量清单计价是指，招标人依据施工图纸、招标文件要求、统一的工程量计算规则及统一的施工项目划分规定，为投标人提供工程量清单，而投标人根据本企业的消耗标准、利润目标，结合工程实际情况、市场竞争情况和企业实力，并充分考虑各种风险因素，自主填报清单所列项目。包括工程直接成本、间接成本、利润和税金在内的单价

和合价，并以所报的单价作为竣工结算时增减工程量的计价标准，调整工程造价的一种工程项目计价方法。

工程量清单计价与传统定额计价的区别在于以下两点：

(1)传统定额预算计价办法是，建设工程的工程量分别由招标单位和投标单位按图计算，工程造价由直接工程费、现场经费、间接费、利润、税金组成。

(2)工程量清单计价方法是，工程由招标单位统一计算或委托有工程造价咨询资质的单位统一计算，工程量清单是招标文件的重要组成部分，各投标单位根据招标人提供的工程量清单，根据自身的技术装备、施工经验、企业成本、企业定额及管理水平自主填报单价。在工程量清单计价方法里，工程造价包括分部分项工程费、措施项目费、其他项目费、规费及税金组成。包括完成每项工程所含全部工程内容的费用；包括完成每项工程内容所需的费用(规费、税金除外)；包括工程量清单中没有体现的，施工中又必须发生的工程内容所需费用，包括风险因素而增加的费用。

根据建设部第107号令规定，工程量清单报价法标底的编制根据招标文件中的工程量清单和有关要求、施工现场情况、合理的施工方法及按建设行政主管部门制定的有关工程造价计价办法编制。

2)目标成本的计算公式

目标成本=目标销售(结算)收入-(目标利润+税金)

实际成本=实际销售(结算)收入-(实际利润+税金)

13.3.2 基于工程进度成本计划的编制

工程项目施工成本计划是以成本预测为基础进行编制的，其关键是要确定目标成本，并将目标成本进行空间和时间的分解，在计划上进行落实和控制。项目施工成本的编制需要结合施工组织设计，通过不断优化施工技术方案和合理配置生产要素，进行工、料、机消耗分析，同时在挖潜和节约成本措施的基础上来确定施工的成本计划。

施工目标成本确定后，还需要将目标成本在施工的时间(施工阶段)和空间(施工单位和部门)进行层层分解，编制具体而翔实的实施计划。通过目标分解，将目标成本落实到施工过程中的每一个工艺环节、每一个单位，直至每一个相关人员，这样形成可靠和有效的目标成本控制。

1. 按工程项目成本要素组成编制计划

我国目前的施工工程费用一般是由直接费用、间接费用、利润和税金组成。因此，工程项目施工成本可以分解成人工费用、材料费用、施工机械设备使用费用、措施费用和间接费用。编制施工成本计划，可按分解的成本组成要素进行编制。

2. 按工程项目的组成单位编制计划

一般大中型水电工程项目都是由若干单项工程所构成，每个单项工程又包括多个单位工程，每个单位工程又是由若干个分部分项工程所构成。为了有效地分解目标成本，首先要把工程项目施工总目标成本分解到单项工程和单位工程中，然后再进一步分解到各分部工程和分项工程中，见图 13-8 所示。

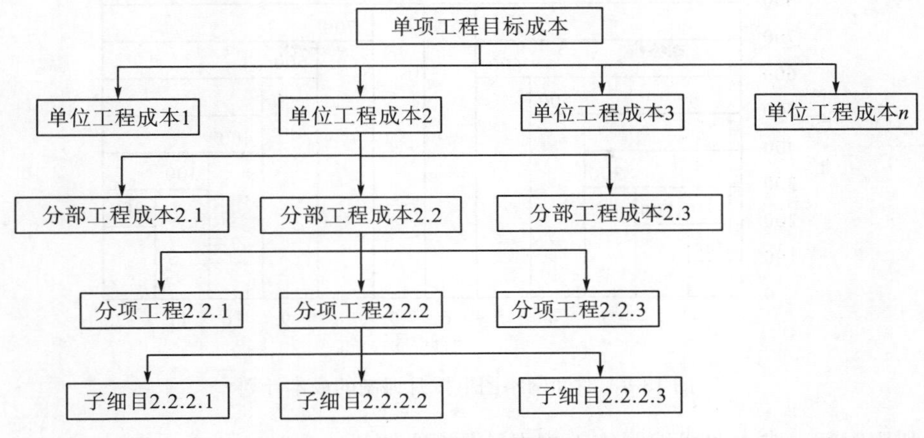

图 13-8　工程项目施工成本分解示意图

在完成工程项目施工目标成本的分解后，紧接着就要具体地分配成本，编制分项工程的目标成本支出计划，从而得到详细的可执行的成本计划表，如表 13-8 所示。

表 13-8　施工成本计划表

分项工程编码	工程内容	计量单位	工程数量	计划综合单价	本分项总计
(1)	(2)	(3)	(4)	(5)	(6)

按施工进度的成本计划通常可根据施工进度的网络图来编制，这样可使成本支出与施工进度一致。即在建立施工进度计划网络图时，一方面确定各项施工任务所需花费的时间计划，同时确定完成该施工任务必需的成本支出计划。

13.3.3　按施工进度编制成本计划

通过对施工目标成本的分解，在网络计划的基础上*，可绘制施工进度计划的横道图(甘特图)，并在此基础上编制成本计划。编制的方法有两种，一种是在时标网络图上按月编制成本计划直方图；另一种是利用时间－成本曲线(S 形曲线)编制。这两种方法的优点都是直观、简单易行。

1)在时标网络图上按月编制施工成本计划(图 13-9)

* 见第 9 章，9.3 施工进度计划编制与表示

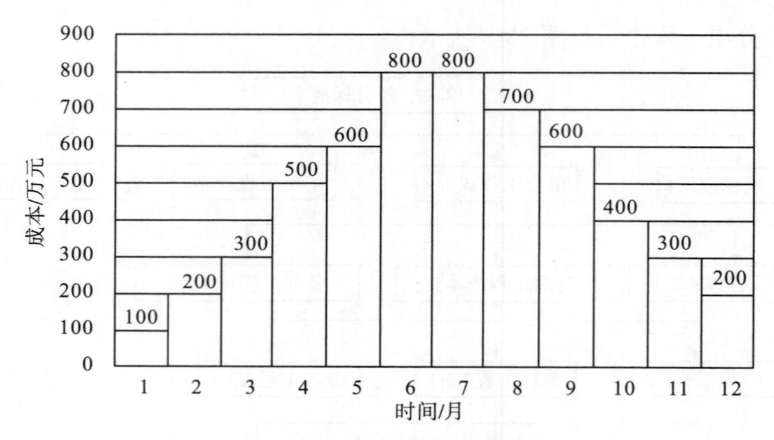

图 13-9　时间网络图上按月编制的成本计划

2)利用时间－成本曲线编制施工成本计划(图 13-10)

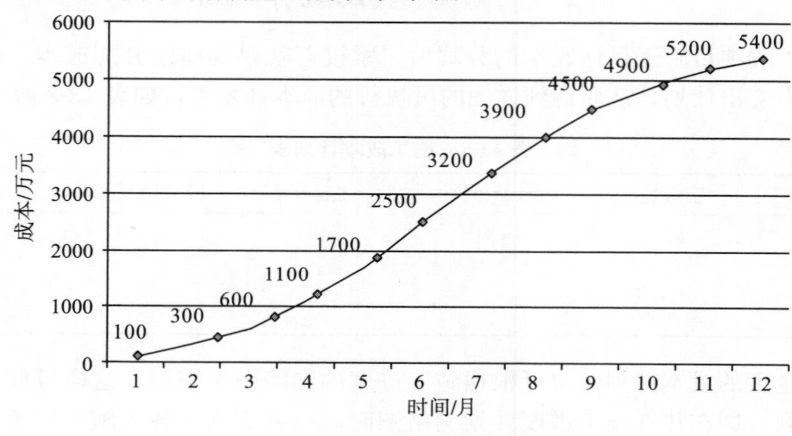

图 13-10　时间成本累计曲线

在按施工进度编制施工成本计划时，应按下面步骤进行编制：

(1)确定工程项目施工进度计划，编制进度计划横杠图(甘特图)。

(2)根据单位时间内完成的实物工程量或投入的人力、物力和财力，计算单位时间(月或旬)所必须花费的成本，并在时标网络图上按时间编制成本计划，如图 13-9 所示。

(3)计算规定时间内计划累计支出的成本额，计算方法为

$$Q = \sum_{i=1}^{t} q_i \tag{13-22}$$

式中，Q 为某时间 t 的计划累计施工成本支出额；q_i 为单位时间 i 的计划支出施工成本额；t 为规定的计划时间。

(4)按各规定时间成本累计值 Q，绘制 S 形曲线，如图 13-10 所示。

每一条 S 形曲线都对应某一特定的工程施工进度计划。由于在施工进度计划的非关键线路中，存在着很多有时差的工序，因此 S 形曲线必然包络在由全部工作都按最早开始时间开始和按最迟开始时间开始进行的曲线内。项目经理可根据已编制的施工成本计划来合理地安排资金的使用。同时，项目经理也可以根据筹措的资金来调节 S 形曲线，其实就是通过调整非关键线路上的工序的最早或最迟开工时间来调整 S 形曲线，使实际

施工成本控制在计划范围内。

【例 13-12】某工程项目的施工进度与成本数据资料如表 13-9，试绘制该施工项目的时间一成本累计(S形曲线)。

表 13-9　某工程项目资料表

编码	项目名称	最早开始时间	完成时间	工期/月	成本强度/(万元/月)	单项工程成本总额/万元
1	场地平整	2014/1/1	2014/1/30	1	30	30
2	基础施工	2014/2/3	2014/5/1	3	25	75
3	主体工程施工	2014/4/2	2014/9/1	5	40	200
4	砌筑工程施工	2014/8/1	2014/10/31	3	30	90
5	屋面工程施工	2014/10/1	2014/12/1	2	40	80
6	楼地面施工	2014/11/3	2015/1/2	2	30	60
7	室内设施安装	2014/11/3	2014/12/3	1	40	40
8	室内装修	2014/12/1	2015/1/1	1	30	30
9	室外装修	2014/12/1	2015/1/1	1	20	20
10	其他工程	2014/12/1	2015/1/1	1	20	20
工程项目成本支出总额						645

解：按如下步骤进行：

(1)确定工程项目施工进度计划，编制施工进度计划的甘特图，如表 13-10 所示。

(2)在甘特图上按时间进度编制成本计划，如图 13-11 所示。

(3)计算计划规定时间 t 累计支出的成本额。根据公式

$$Q_t = \sum_{i=1}^{t} q_i$$

并按 Q_t(月成本)累计计算，可得 $Q_1 = 30, Q_2 = 55, Q_3 = 80, Q_4 = 145, Q_5 = 185, Q_6 = 225, Q_7 = 265, Q_8 = 335, Q_9 = 365, Q_{10} = 435, Q_{11} = 545, Q_{12} = 645$。

根据 Q_t 值可绘制按月编制的成本支出额折线图，见图 13-12。

表 13-10　某工程项目施工进度计划

ID	任务名称	开始时间	完成	工期/天	成本强度/万元	2014 年											
						1月	2月	3月	4月	5月	6月	7月	8月	9月	10月	11月	12月
1	场地平整	2014/1/1	2014/1/30	22	30												
2	基础施工	2014/2/3	2014/5/1	64	25												
3	主体工程施工	2014/4/2	2014/9/1	109	40												
4	砌筑工程施工	2014/8/1	201/10/31	66	30												
5	屋面工程施工	2014/10/1	2014/12/1	44	40												
6	楼地面施工	2014/11/3	2015/1/2	45	30												
7	室内设施安装	2014/11/3	2014/12/3	23	40												

续表

ID	任务名称	开始时间	完成	工期/天	成本强度/万元	2014年 1月	2月	3月	4月	5月	6月	7月	8月	9月	10月	11月	12月
8	室内装修	2014/12/1	2015/1/1	24	30												
9	室外装修	2014/12/1	2015/1/1	24	20												
10	其他工程	2014/12/1	2015/1/1	24	20												

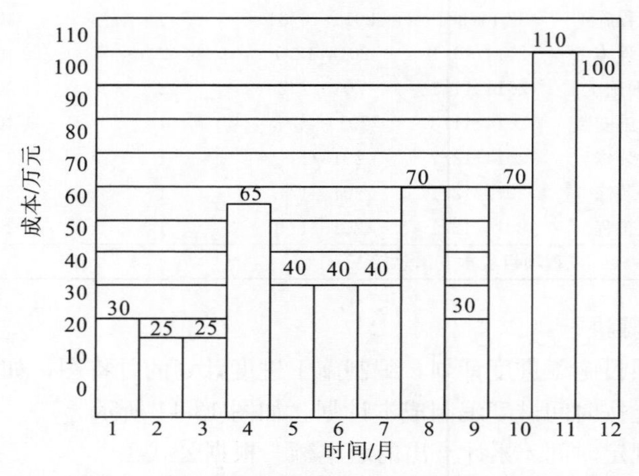

图 13-11　根据甘特图上数据按月编制的成本计划

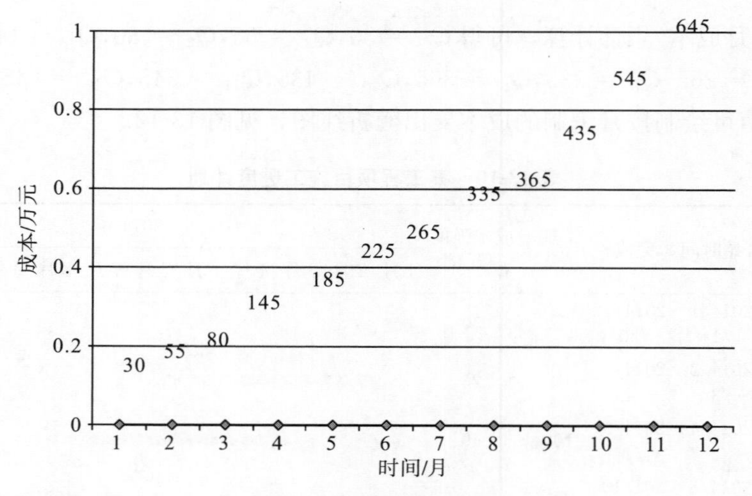

图 13-12　时间成本累计曲线

13.4　水电工程项目施工成本的过程控制

成本计划编制后，怎样实施和控制就成为施工成本管理的核心内容。在成本计划确定后，严格按计划实施和控制成本支出是施工单位盈利水平的关键，也是全面体现施工单位管理水平的考核指标之一。水电工程项目施工成本的过程控制应该从施工成本的控制原则、控制步骤和控制方法这三个环节和内容进行分析。

13.4.1　施工成本控制的原则、内容和程序

13.4.1.1　施工成本控制的原则

水电工程项目施工成本的过程控制原则与水电工程项目建设成本管理与控制的原则一样。包括了科学性原则、全面成本管理原则、目标管理原则、事前事中和事后控制原则、责权利相结合原则、例外管理原则共 6 大方面，具体内容见第 12 章第 5 节水电工程项目成本管理中的阐述。

13.4.1.2　施工成本控制的内容和程序

成本控制的基本内容和程序如图 13-13 所示。

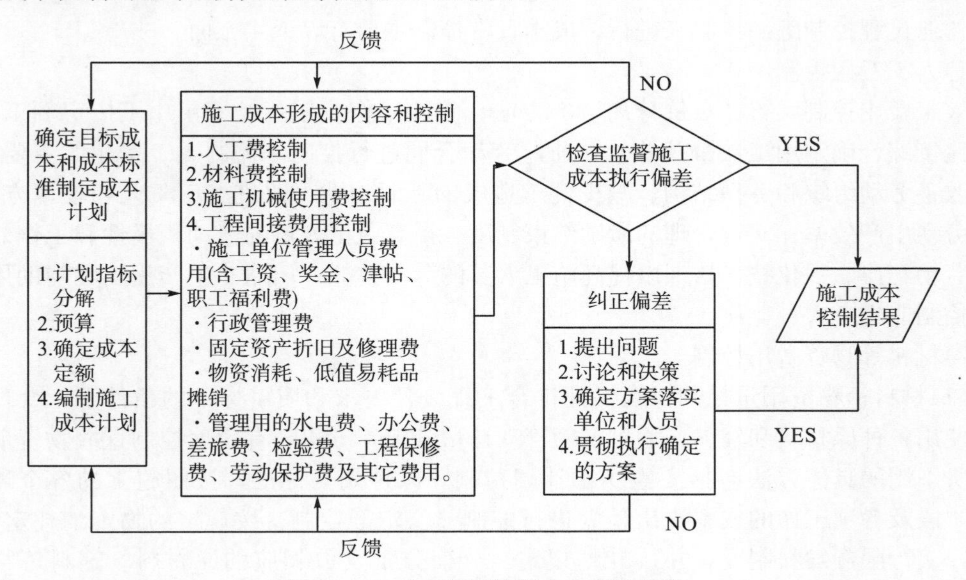

图 13-13　成本控制的基本内容和程序

1. 确定施工目标成本，制订成本标准和成本计划

施工目标成本是施工成本控制和检查的目标，能否正确完成施工成本控制任务，主要在于审查目标成本的完成情况。若实际施工成本支出超出目标成本规定的额度，则说明目标成本控制不好或失控。成本标准是成本控制的准绳，成本标准首先包括成本计划中规定的目标成本以及构成目标成本的各项指标。但成本计划中的目标成本指标都比较综合，还不能满足具体控制的要求，这就必须规定一系列具体的标准。确定这些标准大致有三种方法。

(1)计划指标分解法。按照工作分解结构方法，将一级指标分解为二级指标，二级指标又分解成三级指标，如此类推，层层分解，使施工相关各单位、各人员都承担各自的目标成本控制任务。分解时，可以按部门、单位及人员分解，也可以按不同施工的工艺阶段或所需物料进行分解。

(2)预算法。指用制订预算的办法来制订控制标准。有些企业基本上是根据月度施工计划来制订较短期的(如每一周)的费用开支预算，并把它作为成本控制的标准。

(3)定额法。指建立起成本定额和费用开支限额，并将这些定额和限额作为控制标准来进行控制。在工程建设企业里，凡是能建立定额的地方，都应把定额建立起来，如材料消耗定额、工时定额等。实行定额控制有利于成本控制的具体化和常态化。

2. 施工成本形成的内容和控制

是指根据控制施工成本的目标和标准，对成本形成的各个项目或指标，经常地进行检查、评比和监督。不仅要检查指标本身的执行情况，而且要检查和监督影响指标的各项条件，如设备、工艺、工具、工人技术水平、工作环境等。所以，成本日常控制要与施工作业过程控制等结合起来进行。成本日常控制主要有以下 4 方面。

1)人工费用控制

人工费用控制实行“量价分离”的方法。将施工作业用工及零星用工按定额工日的一定比例综合确定用工数量及单价，通过劳动合同进行控制。控制人工费用的主要方法是，改善劳动组织和劳动结构、减少窝工造成的工时浪费、改进施工工艺和技术方法以提高劳动生产效率；实行合理的激励约束制度、提高施工人员的劳动积极性和工作效率；加强劳动纪律、强化技术培训以提高施工人员的劳动技能；压缩非生产用工和辅助用工，严格控制非生产人员比例。

2)材料等物资费用控制

(1)材料等物资用量控制。在保证符合工程设计要求和质量标准的条件下，合理地、节约使用各种原材料和辅料，通过定额管理计量管理等方法，有效地控制这些物资消耗。控制所采用的具体方法包括 4 点。①计划控制。以计划为标准，按照施工的各个环节、各个阶段及各项工作的成本支出计划进行控制。②定额控制。按规定的物资消耗定额为标准，实行限额发料制度，并按计划规定，分期分批发放相应的原材料、辅料等物资。对于超过定额和计划规定领用的物资，必须查明原因，经过严格的审批手续后方可发放。③指标控制。对于没有规定消耗定额的物资，则必须按照计划管理和指标控制的方法来实行成本控制。在这里，应根据以往工程项目施工实际消耗的历史资料，结合具体工程项目的施工内容和要求制定领用物资指标，以此为依据控制发料。对于超过指标的领料，必须查明原因，经过严格的审批手续后方可发放。④计量控制。做好准确的物资收发及投料的计量记录和检查，便于进行准确的物料成本控制。

(2)材料等物资价格控制。材料等物资价格的控制主要由采购部门进行控制。材料等物资的价格包含了购价、运杂费和运输中合理的损耗费等。因此控制物资价格应从这三个方面入手，主要是全面掌握市场信息和物流运输信息，应用询价和招投标等方法来控制物资采购价格。工程项目的成本主要发生在构成工程实体的主要材料、结构件及有助于工程实体形成的周转使用材料和低值易耗品。在工程项目的成本结构中，材料等物资的比重占全部工程成本的百分之六十七以上，其重要程度不言而喻。因此，控制材料等物资价格，是工程项目及施工成本十分重要的环节。但是由于物资供应的渠道和管理方式不尽相同，所以采用的控制方法和控制内容也有所不同。

(3)施工机械使用费控制。合理地选择和使用施工机械设备，对施工成本控制具有十分重要的意义。如据某些高层建筑施工的实例统计，在高层建筑工程项目的地面以上部分的成本费用中，垂直运输费用约占6%～10%。由于不同的施工机械设备具有不同的用途和特点，因此在选择施工机械时，必须根据工程特点、建设环境和施工条件来确定，同时还要认真研究采用何种施工机械设备的组合方式，满足施工要求并控制成本和提高经济效益。施工机械设备使用成本主要是由台班数量和台班单价两方面决定。为了有效控制施工机械的使用成本，根据台班数量和台班单价两方面的约束条件，应具体从4方面实时控制：①合理安排施工流程，加强设备租赁和使用计划管理，减少因计划安排不当产生的设备闲置和占用；②加强施工机械设备的调度工作，提高设备利用率；③加强机械设备的维护保养工作，避免由于保养不当或使用不当而产生设备停置费用和维修费用；④做好机上人员和辅助人员的协调配合，提高施工机械的台班产量。

(4)施工间接费控制。施工间接费包括施工单位管理人员费用(含工资、奖金、津贴、职工福利费)、行政管理费、固定资产折旧及修理费、物资消耗、低值易耗品摊销、管理用的水电费、办公费、差旅费、检验费、工程保修费、劳动保护费及其他费用等。可见施工间接费是水电工程施工综合管理所必须支付的成本。企业管理费用支出的状况，可以反映出企业的管理效率与管理水平，高效的管理能够有效地控制管理成本，增加企业的利润；相反，则会加大成本支出，减少利润的增长。因此，严格控制施工间接成本，使其既不影响施工管理的有效运行，又不产生成本占用和浪费，是施工间接费控制的目标。

3. 检查和纠正偏差

对比目标成本和计划，检查成本计划任务实施情况，超出施工过程中的成本差异。同时针对施工成本差异发生的原因，查明责任者，分别情况，分别轻重缓急，提出改进措施，加以贯彻执行。对于重大差异项目的纠正，一般采用下列程序进行控制。

(1)提出研究课题。从各种成本超支的原因中提出怎样降低成本的课题。这些方法应用于那些成本降低潜力大、各方关心、可能实行的项目。提出课题的要求，包括课题的目的、内容、理由、根据和预期达到的经济效益。

(2)讨论和决策。课题选定以后，应发动有关部门和人员进行广泛的研究和讨论。对重大课题，尽可能提出多种解决方案，然后进行各种方案的对比分析，从中选出最优方案。

(3)确定方案实施的方法、步骤及负责执行的部门和人员，具体实施改进。

4. 贯彻执行确定的成本计划方案

在执行成本计划方案过程中也要及时加以监督检查。方案实现以后，还要检查方案实现后的经济效益，衡量是否达到了预期的目标。

5. 信息反馈和控制

根据检查和纠正偏差的情况，对成本控制的各个环节进行信息反馈，对成本实施过程进行进一步的对比检查和控制，直至控制目标达成。

13.4.2 施工成本控制的方法

施工成本控制的方法有很多，这里主要介绍价值工程挣值法和控制法。

13.4.2.1 挣值法

挣值法(earned value management，EVM)是一种先进的工程项目管理技术，是由美国国防部于1967年研制出的大型工程项目管理“成本/工期控制系统规范(cost/schedule control system criteria，C/SCSC)，从而成功地建立起工程项目成本和施工工期的综合集成管理方法。由于该方法具有较强的科学性和实用性，因此当前国际上的先进工程施工企业已普遍采用该方法来进行工程项目费用和施工进度综合分析与控制。

挣值法是分析目标实施与目标期望之间差异的一种方法，主要是通过测量和计算已完成工作的预算费用与实际费用，将其与工程计划工作的预算费用相比较，得到工程项目的费用偏差和进度偏差，从而做出工程项目费用和工程进度计划执行的状况判断，以达到对工程费用和进度控制的目标。

挣值法对工程费用和进度的分析和控制是根据三项基本参数和四个评价指标来实现的，分别是计划工作量预算费用、已完成工作量实际费用和已完工作量的预算费用；费用偏差、进度偏差、费用绩效指数、进度绩效指数。

1. 挣值法的三项基本参数

(1)已完工工程费用(budgeted cost of work scheduled，BCWS)。是指工程项目实施过程中，某阶段计划要求完成的工作量所需要的预算工时和费用。BCWS主要反映了计划应完成的工作量，其计算公式如下：

$$BCWS = \text{计划完成工作量} \times \text{预算单价} \tag{13-23}$$

(2)已完工作量的实际费用(actual cost of work performed，ACWP)。是指工程项目实施过程中某阶段实际完成的工作量所消耗的工时或费用。ACWP主要反映了工程项目执行中的费用实际消耗，其计算公式如下：

$$ACWP=完成工作量\times合同单价 \quad (13\text{-}24)$$

(3)已完工作量的预算费用(budgeted cost of work performed，BCWP)。是指工程项目实施过程中某阶段实际完成的工作量，按预算计算出来的工时或费用。由于业主正是依据这个费用值为工程承包人完成的工作量来支付相应的费用，也就是承包人完成工作量获得的金额。因此，该金额也称为挣值或赢得值。其计算公式如下：

$$BCWP = 已完成工作量 \times 预算单价 \quad (13\text{-}25)$$

2. 挣值法的 4 个评价指标

在挣值法三个基本参数的基础上，可以计算时间函数的四个评价指标，用于对工程的费用和进度进行评价。

1)费用偏差(cost variance，CV)

是指已完成工作量的预算费用与已完成工作量的实际费用之差。计算公式如下：

$$费用偏差=已完成工作量的预算费用-已完成工作量的实际费用 \quad (13\text{-}26)$$

即 CV=BCWP-ACWP

当 CV 值为负值时，就表示项目运行超出了预算费用；当 CV 值为正值时，就表示项目运行受控，实际费用没有超出预算费用。

2)进度偏差(schedule variance，SV)

是指已完成工作量的预算费用与计划工作预算费用之差。计算公式如下：

$$进度偏差=已完成工作量的预算费用-计划工作量的预算费用 \quad (13\text{-}27)$$

即 SV=BCWP-BCWS

当 SV 为负值时，表示工程进度延误，即实际进度落后于计划进度；当 SV 为正值时，就表示工程进度提前，即实际进度快于计划进度。

3)费用绩效指数(cost performance index，CPI)

是指已完成工作量的预算费用与以完成工作量的实际费用的比值，其计算公式如下：

$$费用绩效指数=\frac{已完工作量的预算费用}{已完工作量的实际费用}$$

$$CPI = \frac{BCWP}{ACWP} \quad (13\text{-}28)$$

当 CPI<1 时，表示实际费用超出了预算费用，即超支，工程的费用和进度处于未受控状态；当 CPI>1 时，表示产生的实际费用低于预算费用，即节支，工程的费用和进度处于受控状态。

4)进度绩效指标(schedule performance index，SPI)。是指已完成工作量的预算费用与计划工作量的预算费用的比值。其计算公式如下：

$$进度绩效指标=\frac{已完成工作量的预算费用}{计划工作量的预算费用}$$

$$SPI = \frac{BCWP}{BCWS} \quad (13\text{-}29)$$

当 $SPI<1$ 时，表示工程进度延缓，即实际进度落后于计划进度；当 $SPI>1$ 时，表示工程进度提前，即实际进度大于计划进度。

费用(进度)偏差反映的是工程进度和相应费用支出的绝对偏差值，其直观的结果有助于工程管理人员了解项目进度和费用出现偏差的绝对数额，并据此采取措施。但是，该方法也有局限性，如同样出现10万元的偏差，对于不同的工程规模将产生完全不同程度的影响。如一个工程预算费用规模为100万元中出现10万元的偏差，偏差占预算费用的10%，其影响是严重的；然而在一个预算费用为10亿元的工程中出现10万元的偏差，偏差仅占预算费用的0.01%，其影响是较小的。因此费用(进度)偏差分析只适合对同一项目作分析和控制。

然而，费用(进度)绩效指数反映的是相对偏差值，它不受项目层次和项目实施时间的限制，因此，在同一项目和不同项目比较中均可应用。

【例13-13】某工程项目施工进展到第11周时，对前10周的工作量和费用进行了统计，统计数据见表13-11。求：①前10周的BCWP及10周末的BCWP；②计算10周末的ACWP及BCWS；③计算10周末的SV和SV，并进行分析；④计算10周末的CIP和SIP，并进行分析。

表13-11 某项目的工程和费用10周末执行情况

工作	计划完成工作预算费用/万元	已完成工作量/%	实际发生费用/万元	挣值/万元
A	4000	100	4000	
B	4500	100	4600	
C	7000	80	7000	
D	1500	100	1500	
E	5000	100	5200	
F	8000	50	4000	
G	10000	60	7000	
H	3000	100	3000	
I	1200	100	1200	
J	12000	40	6000	
合计				

解：

(1)计算前10周的BCWP以及10周末的BCWP，见表13-12。

表13-12 BCWP计算表

工作	计划完成工作预算费用/万元	已完成工作量/%	实际发生费用/万元	挣值/万元
A	4000	100	4000	4000
B	4500	100	4600	4500
C	7000	80	7000	5600
D	1500	100	1500	1500
E	5000	100	5200	5000
F	8000	50	4000	4000

续表

工作	计划完成工作预算费用/万元	已完成工作量/%	实际发生费用/万元	挣值/万元
G	10000	60	7000	6000
H	3000	100	3000	3000
I	1200	100	1200	1200
J	12000	40	6000	4800
合计				39600

(2)计算 10 周末的 ACWP 及 BCWS，见表 13-13。

表 13-13　10 周末 ACWP 和 BCWS 计算表

工作	计划完成工作预算费用/万元	已完成工作量/%	实际发生费用/万元	挣值/万元
A	4000	100	4000	4000
B	4500	100	4600	4500
C	7000	80	7000	5600
D	1500	100	1500	1500
E	5000	100	5200	5000
F	8000	50	4000	4000
G	10000	60	7000	6000
H	3000	100	3000	3000
I	1200	100	1200	1200
J	12000	40	6000	4800
合计			43500	39600

(3)计算 10 周末的 SV 和 SV 并分析：

$$CV = BCWP - ACWP = 39600 - 43700 = -4100 < 0,\text{费用超支}$$

$$SV = BCWP - BCWS = 3900 - 56200 = -16600 < 0,\text{进度滞后}$$

$BCWP > ACWP > BCWP$，这说明企业效率低，需要增加高效人员的。

(4)计算 10 周末的 CIP 和 SIP 并进行分析：

$$CIP = \frac{BCWP}{ACWP} = \frac{39600}{43700} = 0.906 < 1,\text{费用超支}$$

$$SPI = \frac{BCWP}{BCWS} = \frac{39600}{56200} = 0.704 < 0,\text{进度滞后}$$

根据挣值法计算和比较分析，可知实际产生的费用比完工计划预算多，超支 4100 万元，而且工程施工进度也比计划落后。所以，该工程项目在工程施工过程中状况较差，未能得到有效控制。在今后的工作中，应提出措施，严格管理，加快工程进度并控制费用。

13.4.2.2 网络计划工期—成本优化控制

在水电工程项目施工管理中，工程的工期和成本是相互关联、相互制约的。如在生产率一定的基础上，提高施工速度缩短工期，就必然要增加人力物力用于工程的施工中。为此，就要扩大施工现场的仓库、堆场、各种临时房屋、安装工具及附属加工企业的规模和数量，这又增加施工临时供电、供水、供热等设施和能源，这些都会引起成本的增加。为了使工程的施工进度和成本实现系统优化，就必须使用网络计划技术中的工期—成本优化方法。

在网络计划中，施工总成本是由直接成本和间接成本组成的。直接成本是指随着工期缩短而增加的成本；间接成本是指随工期的缩短而减少的成本。因此必然存在着一个使总成本最小的工期 T，在施工的网络计划中，就是要通过系统优化，找到这个 T 来组织生产，实现最优的工期和最小的成本。

1. 施工中成本和时间的关系

工期–成本优化是指，找到工程总成本最低的工期计划，或者是根据工期优化寻求工程总成本最低的计划安排的过程。在水电工程项目的施工建设中，完成一项工作可以采用多种施工工艺和组织方法，而不同的施工工艺和组织方法，一定会有与之相应的施工过程、施工持续时间和成本。因此在安排工程进度计划时，就会出现多种方案，而方案的不同，就会产生不同的成本。为了找到工期和成本都令人满意的方案，就必须先分析工期和成本的关系。

如前所述，工程总成本是由直接成本和间接成本所组成，直接成本主要包括人工费、原材料辅料费、机械使用费、措施费等。显然，施工方案不同，就产生不同的成本费用。同时，在施工方案一定的条件下，由于施工的工期不同，直接成本也会不同。因此，在一定的技术条件下，直接成本会随着工期的缩短而增加。间接成本主要包括企业对工程建设的经营管理所支付的全部费用，在一定的技术条件下，它会随着工期的缩短而减少。另外在分析总成本时，还需考虑可能出现工期变化而带来的其他损益，这包括效益增量和资金的时间价值等。工程成本与工期之间的关系如图 13-14 所示。

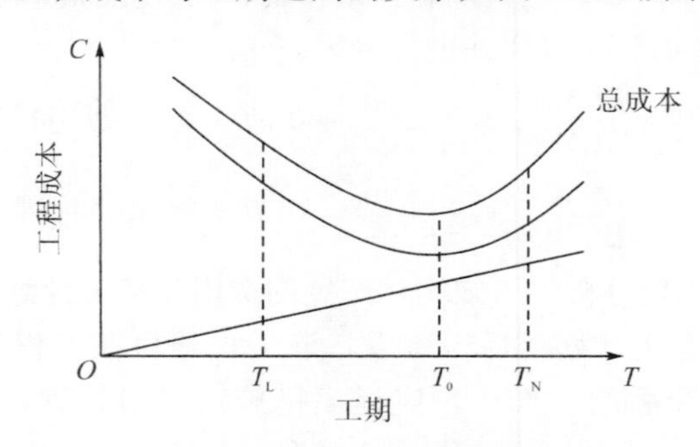

图 13-14 工期成本与工期的关系曲线

2. 施工及成本与持续时间的关系

网络计划中的工期取决于关键工作的持续时间，为了进行工期—成本优化，就必须分析网络计划中各项工作的直接成本与施工持续时间的关系，这是分析网络计划中工期—成本优化的基础。如图 13-15 所示，工作的直接成本与持续时间的关系类似于工程直接成本与工期之间的关系，工作的直接成本随着持续时间的缩短而增加。

3. 工期－成本优化

网络计划的工期－成本优化，是根据计划规定的生产(或工程)周期期限进行最低成本的规划。或是根据最低成本的要求寻求最佳周期。

网络计划不仅要考虑总工期和资源情况，更重要的是必须考虑成本费用，必须讲求经济效益。工程成本是由直接成本和间接成本两部分构成的，这两种成本费用与工程建设周期的关系如图 13-15 所示。

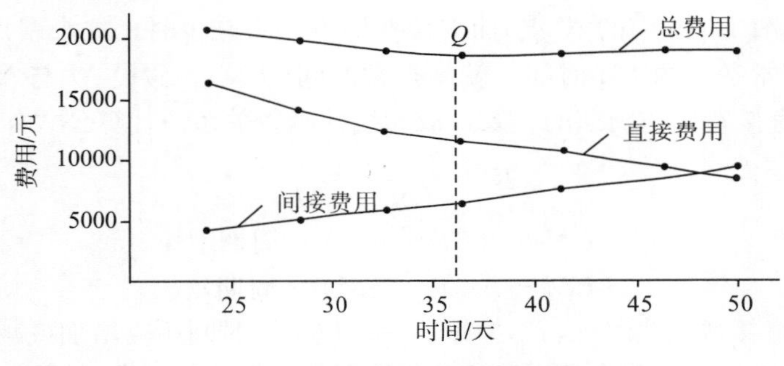

图 13-15　时间/费用关系图

缩短周期(或增加产量)会引起直接费用的增加和间接费用的减少；延长周期(或减少产量)会引起直接费用的减少和间接费用的增加。工期－成本的优化，就是要使总费用支出最少，施工工期最短。

间接费用的发生与生产过程中的各工序没有直接联系。如管理人员工资、办公费等，它是根据有关统计资料、费用定额和工作时间，由工程预算确定。工期越长，总的间接费用就越大，如图 13-15 所示。间接费用可按工序的作业时间，或生产工人的工资分摊到每个工序。计算公式如下：

$$\text{某工序应分摊的间接费用}=\text{该工序的作业时间}\times\frac{\text{间接费用总额}}{\text{产品的生产周期}}$$

在网络计划中要着重分析的是直接费用与生产周期的关系。

直接费用是与生产过程中各工序的延续时间(或产量)有关的各种费用，如直接生产人员的工资、附加费、材料费及工具费等。要缩短周期就要相应地增加直接费用，周期越短，费用增加的幅度就越大。因为压缩生产周期，在一定条件下就要增加生产资源。另一方面，在网络中压缩周期时，总是首先压缩费用变动率较小的工序。

确定每个工序的直接费用变动率，首先要确定工序的正常费用和极限费用。每个工序的直接费用是随工序的时间缩短而增加，见图 13-16 所示。

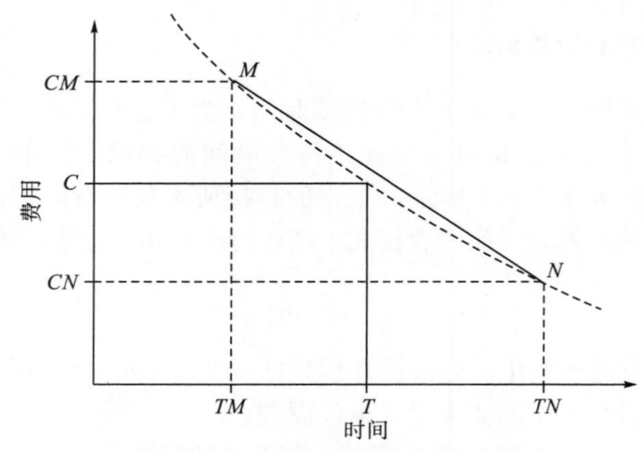

图 13-16　时间/直接费用示意图

当费用增加到一定程度时(如图 13-16 中的 M 点)，而工序时间无法再缩短时，这个工序时间就是极限时间(TM)。对应于极限时间的费用，就是极限费用(CM)。当工序延长到一定程度(如图 13-16 中的 N 点)而直接费用不能再减少时，这个费用就是正常费用(CN)。对应于正常费用的工序时间，就是正常时间(TN)。假设 M 与 N 两点之间为一条直线，从而使直接费用与周期的关系，成为线性函数关系，计算公式如下：

$$K = \frac{CM - CN}{TN - TM}$$

$$\begin{aligned} C &= CN + K(TN - T)\cdots \text{周期缩短} \\ &= CM - K(T - TM)\cdots \text{周期延长} \end{aligned} \tag{13-30}$$

式中，K 为工序直接费用变动率，即缩短每一单位工序时间所需增加或减少的直接费用；CM 为极限费用；CN 为正常费用；TM 为极限时间；TN 为正常时间；C 为工序的直接费用；T 为该工序要求的工期。

【例 13-14】某水电工程建设中的某工序，其极限时间为 4 天，极限费用为 3200 元；正常时间为 12 天，正常费用为 2000 元。其工序直接费用变动率为

$$K = \frac{3200 - 200}{12 - 4} = 150(\text{元} / \text{天})$$

工序直接费用变动率越大，说明为缩短工期而增加的直接费用就越多。因此在进行工期一成本优化时，要缩短关键线路上 K 值最小的工序作业时间。下面结合案例来说明工期一成本优化的步骤和方法。

【例 13-15】某项任务的网络计划如图 13-17 所示，有关各项原始资料如表 11-14 所示。现求工期一成本优化和选择该项任务的最低成本和最佳工期。

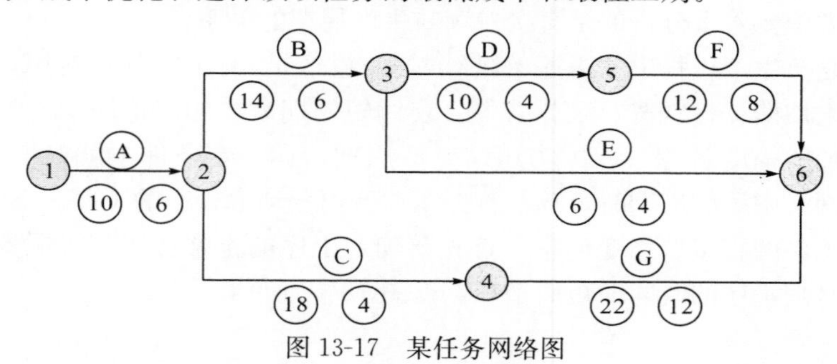

图 13-17　某任务网络图

表 13-14　某任务网络时间/直接费用表

工序名称	结点编号		正常时间		极限时间		相差		工序直接费用变动率/(元/天)
	i	*j*	时间/天	直接费用/元	时间/天	直接费用/元	时间/天	直接费用/元	
A	1	2	10	2000	6	2200	4	200	50
B	2	3	14	1000	6	2000	8	1200	150
C	2	4	18	1600	4	3000	14	1400	100
D	3	5	10	1000	4	1600	6	600	100
E	3	6	6	600	4	1000	2	400	200
F	5	6	12	1600	8	2400	4	800	200
G	4	6	22	2000	12	4500	10	2500	250

其计算包括如下 5 个步骤：

(1)对正常时间和正常费用的网络计划方案进行计算，见表 13-15。

表 13-15　某任务正常时间/正常直接费用计算表

工序名称	结点编号		正常工期		最早结束/天	最迟结束/天	时差/天	关键线路
	i	*j*	延续时间/天	直接费用/元				
A	1	2	10	2000	10	10	0	①—②
B	2	3	14	1000	24	28	4	
C	2	4	18	1600	28	28	0	②—④
D	3	5	10	1000	34	38	4	
E	3	6	6	600	30	50	20	
F	5	6	12	1600	46	50	4	
G	4	6	22	2000	50	50	0	④—⑥
				9800		50		

表 13-13 计算表明，在正常情况下，该任务的周期为 50 天，直接费用总额为 9 800 元，关键线路为①→②→④→⑥

(2)对极限时间和极限直接费用的网络计划方案进行计算见表 13-16。

表 13-16　某任务极限时间/极限直接费用计算表

工序名称	结点编号		正常工期		最早结束/天	最迟结束/天	时差/天	关键线路
	i	*j*	延续时间/天	直接费用/元				
A	1	2	6	2200	6	6	0	①—②
B	2	3	6	2200	12	12	0	②—③
C	2	4	4	3000	10	12	2	
D	3	5	4	1600	16	16	0	③—⑤
E	3	6	4	1000	16	24	8	
F	5	6	8	2400	24	24	0	⑤—⑥
G	4	6	12	4500	22	24	2	
				16900		24		

表 13-15 计算表明，在赶工的情况下，该项任务的最短周期为 24 天，直接费用总额为 16900 元，关键线路为①→②→③→⑤→⑥。

(3)计算直接费用。为了计算直接费用，就必须绘制时间—成本曲线，或选择若干个方案逐次进行优化。这些方案可以以正常时间的计划方案为基础，逐次压缩关键工序的延续时间(以不超过极限时间为限)，并使直接费用的增加为最小(为此应选择较小的费用率)；也可以以极限时间计划方案为基础，逐次延长非关键工序的延续时间(以不超过正常时间为限)，并使直接费用的降低额为最大(为此应选择较大的费用率)。压缩和延长两种方法的结果一样。现以压缩为例，逐次优化，见表 13-17。

表 13-17　基于压缩方法的网络逐次优化的示意图

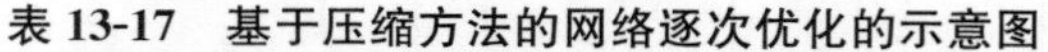

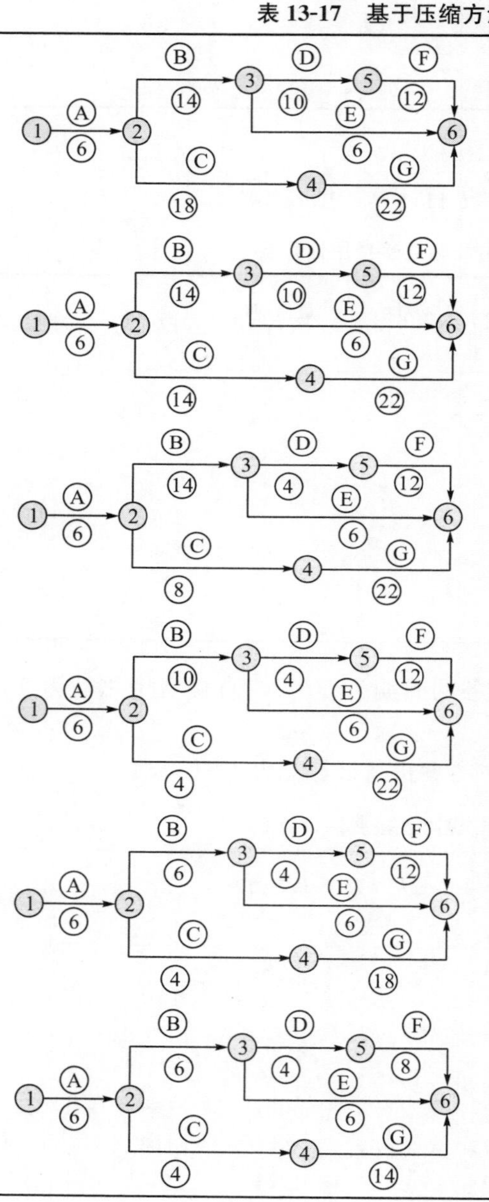

第一次压缩：将工序 A 缩短 4 天，缩短后的总工期为 46 天，关键线路为①→②→④→⑥，增加的直接费用为 4×50=200(元)

第二次压缩：将工序 C 缩短 4 天，缩短后的总工期为 42 天，这时出现两条关键线路，即①→②→④→⑥和①→②→③→⑤→⑥，累计增加直接费用为 200＋4×100=600(元)

第三次压缩：将工序 C 和工序 D 各缩短六天，缩短后的总工期为 36 天，关键线路不变，累计增加的直接费用为
600＋(6×100)＋(6×100)=1800(元)

第四次压缩：将工序 C 和工序 B 各缩短四天，缩短后的总工期为 32 天，关键线路不变，累计增加的直接费用为
1800＋(4×100)＋(4×150)=2800(元)

第五次压缩：将工序 B 和工序 G 各缩短四天，缩短后的总工期为 28 天，关键线路不变，累计增加的直接费用为
2800＋(4×150)＋(4×250)=4400(元)

第六次压缩：将工序 F 和工序 G 各缩短四天，缩短后的总工期为 24 天，关键线路不变，累计增加的直接费用合计为 4400＋(4×200)＋(4×250)=6200(元)

(4)计算间接费用。假设正常时间计划方案的总间接费用为 10000 元，极限时间计划方案的总间接费用为 4800 元，则平均每天分摊的间接费用为

$$\frac{10000}{50}=\frac{4800}{24}=200(元/天)$$

(5)列表汇总上述计算的各种计划方案，见表 13-18，绘制时间－成本曲线，得出时间－成本的最优方案。

表 13-18　汇总的上述计算的各种计划方案

计划方案	Ⅰ(正常)	Ⅱ	Ⅲ	Ⅳ	Ⅴ	Ⅵ	Ⅶ(极限)
生产周期/天	50	46	42	36	32	28	24
直接费用/元	9800	10800	10400	11600	12600	14200	16000
间接费用/元	10000	9200	8400	7200	6400	5600	4800
总费用/元	19800	19200	18800	18800	19000	19800	20800

把表 13-18 的数值绘成曲线图，见图 13-18。

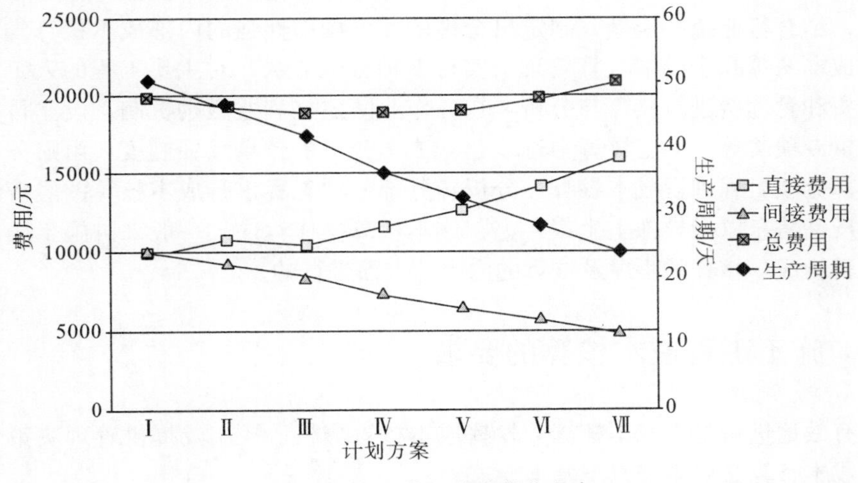

图 13-18　工期－成本优化方案

图 13-18 中总费用曲线的最低点有两个，一个点的周期为 42 天，另一个点的周期为 36 天。根据计算结果得到最佳方案 T 点，其生产周期为 36 天，总费用为 18800 元。

13.5　水电工程项目施工成本的核算

水电工程项目施工成本的核算是指，项目经理部把在项目施工过程中发生的各种耗费按照一定的对象进行分配和归集，以计算总成本和单位成本，分析和控制不合理的成本支出，实现生产经营过程中绩效最优化的成本管理过程。

成本核算通常以会计核算为基础，以货币为计算单位，是成本管理的重要组成部分，

对于企业的成本预测和企业的经营决策等存在直接影响。进行成本核算，首先审核生产经营管理费用，看其是否发生，是否应当发生，已发生的是否应当计入产品成本，实现对生产经营管理费用和产品成本直接的管理和控制。其次对已发生的费用按照用途进行分配和归集，计算各种产品的总成本和单位成本，为成本管理提供真实的资料。

水电施工企业由于进入市场比较晚，长期的指令性、计划性运作使水电施工企业不太熟悉和习惯市场竞争，在成本核算和成本管理等精细化管理方面也较为不足，特别是在全面进入在市场经济环境的条件下，水电施工企业同国内外其他行业相比，由于施工企业中的项目管理发展也较为滞后和缓慢，使得成本核算等重要管理环节不能达到市场竞争的要求。但随着我国社会主义市场经济体制的不断完善和相关法规的不断健全，水电工程施工企业项目管理已开始由单一、无序化管理向多元化、规范化管理迈进，项目成本管理也由粗放的管理方式向精细化管理方式发展。随着实践经验的丰富，项目管理的内涵进一步得到完善和充实，逐渐形成了“以成本管理为中心”的运营机制，在工程项目施工中强调工程和施工成本的核算和控制，争取实现以最合理的成本支出获得最佳经济效益的目标。

目前，水电工程施工企业已从人、财、物的优化配置入手，根据工程施工实际考察结果反馈，结合行业统一定额，制定出合理的、可操作性强的内部成本核算定额，逐级进行部分成本核算和全成本核算管理，实行多种分配方法，对主要工程的人工费、材料费、机械费和管理费进行核算与分析，在各作业队建立利益激励机制，设立目标激励奖和安全质量专项奖等。实施核算中逐步建立成本分析的核算反馈制度，由财务部门对工程的各分部分项工程进行成本核算，分析各分部分项工程进行成本核算的经济效益与利润状况、反馈信息以指导施工生产，完善成本核算操作程序。一般来讲施工成本核算是从成本项目构成、核算的程序及核算的内容等方面进行的。

13.5.1 施工工程成本核算的要求

为了有效地进行施工成本核算，发挥成本核算分析、控制及提供管理决策依据的目的，施工成本核算必须遵守以下基本要求。

1)做好成本核算的基础工作

成本核算的基础工作包括的具体内容如下：

(1)建立健全的原材料辅料、劳动、机械台班等内部消耗定额及物料、作业、劳务等内部计价制度。

(2)建立健全的各种财产物资的收发、领退、转移、报废、清查、盘点、索赔制度。

(3)建立健全的与成本核算相关的各项原始记录和工程量统计制度。

(4)完善各种计量检测设施，建立健全的计量检查制度。

(5)建立健全的内部成本管理责任制度。

2)科学合理地确定工程成本计算期

根据会计制度要求，施工项目的工程成本计算期应与工程价款结算方式相适应。施工项目的工程价款结算方式一般有按月结算或按季结算的定期结算方式和竣工后一次性结算方式，因此，在确定工程成本计算期后，成本核算应按以下要求处理。

(1)施工工程一般应按月或按季度计算当期已完工的实际成本。

(2)实行内部独立核算的工业企业、机械施工、运输单位和物料供应单位应按月计算产品、作业和材料成本。

(3)改、扩建等零星工程及施工工期较短(一年以内)的单位工程或按成本核算对象计算的工程，可相应地采取竣工后一次性结算工程成本。

(4)对于施工工期长、受天气气候等条件影响较大、施工工作难以在各个月份均衡展开的施工项目，为了合理地负担工程成本，对某些间接成本应按年度工程量分配并计算成本。

3)严格遵守国家关于成本开支范围规定，划清各项费用开支界限

成本开支范围，是由国家依据企业生产经营过程中所发生费用的不同性质，根据成本的内容和加强经济核算的要求，正确计算成本，防止滥挤成本、乱摊费用，对计入产品成本的各项费用所作的统一规定。

建筑安装工程成本由直接费和管理费组成。一般应当设置人工费、材料费、机械使用费、其他直接费和管理费5个成本项目。

(1)人工费。包括按照国家规定支付给施工过程中直接从事建筑安装工程施工的工人及在施工现场直接为工程制作构件和运料、配料等工人的基本工资、工资性津贴和应计入成本的各种奖金。

(2)材料费。包括在施工过程中所耗用的、构成工程实体的材料、结构件、有助于工程形成的其他材料及周转材料的摊销费和租赁费。

(3)机械使用费。包括施工过程中使用自有施工机械所发生的机械使用费。使用外单位施工机械的租赁费，以及按照规定支付的施工机械进出场费。

(4)其他直接费。包括施工现场直接耗用的水、电、蒸汽等费用，施工现场发生的二次搬运费，冬雨季施工增加费，夜间施工增加费，流动施工津贴，特殊地区施工增加费，铁路、公路工程行车干扰费，送电工程干扰通信保护措施费，特殊工程技术培训费等。上述各项其他直接费，在预算定额中，如果分别列入材料费、人工费、机械使用费项目的，企业也应分别在相应的成本项目中核算。

(5)管理费。包括企业为组织管理工程施工所发生的工作人员工资、生产工人辅助工资、应提取的职工福利基金及工会经费、办公费、差旅费、固定资产使用费、工具用具使用费、劳动保护费、检验试验费、职工教育经费、利息支出、房产税和车船使用税，及定额测定、预算编制、定位复测、工程点交、场地清理、现场照明等其他费用。

企业可以根据主管部门的规定，结合本单位的具体情况，对上述成本项目做适当增减和合并。如使用结构件较多的工程，可以单列“结构件”成本项目等。

另外，根据《施工、房地产企业财务制度》，企业发生下列费用，不应计入成本。

(1)购置和建造固定资产的支出、购入无形资产和其他资产的支出。

(2)对外界的投资及分配给投资者的利润。

(3)被没收的财物及违反法律而支付的各项滞纳金、罚款及企业自愿赞助、捐赠的支出。

(4)在公积金、公益金中开支的支出。

(5)国家法律、法规规定以外的各种付费。

(6)国家规定不得列入成本的其他支出。

成本开支范围是国家根据成本的客观经济内涵、国家的分配方针和企业实行独立经济核算要求而规定的。各企业必须严格遵守国家规定的成本开支范围，以保证成本计算的正确性、可比性。

13.5.2 施工工程成本核算的基本内容

施工工程的成本主要是由人工费、原材料辅料费、机械使用费、其他直接费用、间接费、辅助生产费用及待摊和预提费等7大成本项目所构成。因此，施工工程成本核算的基本内容就由这7大内容所决定，并在核算中对这些成本项目的内容进行归集和核算。对于能够直接计入有关成本核算对象的，应直接计入核算；不能直接计入的，则应采用符合规定的分配方法，通过分配计入各成本核算对象，然后再核算各施工项目的实际成本。下面按照施工工程成本核算的基本构成内容进行阐述。

(1)人工费用核算内容。施工工程成本中的人工费用是指，支付施工过程中直接用于工程施工的生产工人及在施工现场直接为工程制作构件及运料、配料等工人的基本工资、工资性津贴、辅助工资、工资附加费、劳动保护费和应计入成本的各种奖金。其核算内容就是对以上各种费用支出进行核算。

(2)材料费核算内容。施工工程成本中的材料费是指，施工过程中所耗用的构成工程实体的或有助于构成工程实体的各种原材料、辅料、结构件、配件、零件、半成品、其他材料的实际成本，还包括施工过程中周转材料的摊销及租赁费用，但不包括需要安装设备的价值。施工工程的材料，除了主要用于工程施工之外，还有用于固定资产等专项工程和其他非生产耗用。因此，在核算材料费用时，应严格划分施工的生产耗用与非生产耗用的界限，只有生产好用的材料才能直接计入施工工程成本的材料费项目中。其核算内容就是对以上各种费用支出进行核算。

(3)机械使用费的核算内容。施工工程成本中的机械使用费是指，在施工过程中使用自有施工机械所发生的费用，租赁外单位的施工机械(包括本单位内部独立核算的机械站)的费用，及按规定支付的施工机械设备的安装、拆卸和进出场费用。其核算内容就是对以上各种费用支出进行核算。

(4)其他直接费用的核算内容。施工工程成本中其他直接费用的核算内容是指，在施工过程中发生材料等的二次搬运费、临时设施摊销费、用于生产的工具和用具使用费、检验试验费、工程定位复测费、工程点交费、流动施工津贴、场地清理费、冬雨季施工增加费、夜间施工增加费等。其核算内容就是对以上各种费用支出进行核算。

(5)间接费用的核算内容。在工程项目的施工过程中，除了发生材料、人工、机械使用和其他直接费用外，还将不可避免地发生与施工工程相关的各种间接费用，这些费用是为有效组织和管理施工所发生的全部支出。间接费用的核算内容主要包括项目部管理人员的工资、奖金、工资性津贴、职工福利、行政管理费、固定资产使用费、办公费、劳动保护费、工程保修费、财产保险费、排污费及工程项目应负担的工会经费、教育经费、业务招待费、税金、劳保统筹费、利息支出等费用。对于间接费用的核算就是对以上各种费用支出进行核算。

(6)辅助生产费用的核算内容。施工工程的辅助生产是指，为了保证工程施工的顺利进行，由企业辅助生产部门所提供的施工过程中不可或缺的产品和劳务。因此，辅助生产费用的核算内容，就是辅助生产部门所提供的，为工程施工、产品生产、机械作业、专项工程等生产材料和劳务所发生的各种费用。

(7)待摊费用和预提费用的核算内容。待摊费用是指，由本期发生，但应由本期和以后各期产品和劳务成本共同分摊的，却分摊在一年以内的各项费用。由于这种费用发生后受益期较长，不应计入当期产品或劳务成本，因此，应按费用的收益期分期摊入各期产品或劳务的成本。如预付保险费、低值易耗品摊销、固定资产计划维修等费用。另外还有在经营活动中，支付数额较大的契约合同公证费、签证费、科学技术费、经营管理咨询费等。

13.6　单位工程与施工项目成本的分析

单位工程与施工项目成本的分析是在成本形成过程中，对单位工程与施工项目成本进行的对比评价和总结工作，它贯穿于单位工程与施工成本管理的全过程。一般来讲，单位工程成本计划是施工项目成本计划的基础，两者之间具有相互影响、相互制约的关系。

13.6.1　单位工程成本分析的内容

在建设工程项目成本分析中，其分析的内容应与成本核算对象的划分相一致。如果一个施工项目包括若干个单位工程，并以单位工程为成本核算对象，那么成本分析就应以单位工程为核算单位进行，同时还要在单位工程成本分析的基础上，进行单位工程的施工成本分析。

单位工程成本是计算施工项目总成本的基础，单位工程成本支出的高低，直接影响到工程总成本计划或预算执行效率，因此分析施工项目总成本就必须分析和研究单位工程成本执行计划或预算的情况，这样可便于了解施工项目成本偏离计划或预算的原因。

单位成本分析的内容包括单位工程成本计划或预算执行情况分析，单位工程成本主要构成分析，技术经济指标对单位工程成本的影响分析。具体分析内容如下。

1. 单位工程成本计划或预算执行情况分析

这是指将本期单位工程成本与本期计划或预算进行比较分析找出和控制偏差。另外，还要将本期单位工程成本情况同上期、历史先进水平进行比较，研究本期成本的水平和差异变动的原因。

2. 单位工程成本项目分析

是指对构成单位工程成本的项目进行计划或预算执行状况和影响因素的分析，目的是找出和控制偏差及探索降低成本的方法路径。按照成本构成项目，可进行如下分析。

1)人工费用的分析

对单位工程成本中人工费用的分析，必须结合规定的工资制度与工资分配方法来进行。

在计时工资情况下，从事一项施工工程的工资应计入该施工工程的总成本，其单位工程人工费的多少取决于工程量和施工工人的工资总额，计算公式如下：

$$单位产品(工程)人工费=\frac{施工生产工人的工资总额}{施工项目的工程量} \tag{13-31}$$

由式(13-31)可知，在一定的技术经济水平下，工程量增加幅度大于工资总额增加幅度，则单位产品(工程)成本中的人工费就下降，反之则上升。

若同时进行几个工程项目的施工生产，人工费要按一定的标准分配计入成本，这时单位产品(工程)成本中的人工费就取决于施工单位产品(工程)的工作时间和工资率两个因素，其计算公式如下：

$$单位产品(工程)人工费=单位产品(工程)工时\times小时工资率 \tag{13-32}$$

在计件工资制度下，计件工资可直接计入工程成本，单位产品(工程)人工费取决于计件单价。此时，劳动生产率是通过影响产量来影响单位产品(工程)的人工费的，因此，劳动生产率的提高，就会使单位产品或工程的人工费降低。

2)材料费分析

就是将材料费的实际成本与计划或预算成本进行比较，检查材料费用支出及计划执行的情况，分析影响材料费用波动的原因。

主要材料和结构件分析。一般来讲，影响材料费用波动的原因主要有材料价格和材料消耗两大因素，为了分析材料价格和消耗量变化对成本的影响程度，可按下面的公式计算：

$$价格变动对材料费用的影响=(预算价格-实际价格)\times消耗量 \tag{13-33}$$

$$消耗量变动对材料费用的影响=(预算用量-实际用量)\times预算价格 \tag{13-34}$$

周转材料使用费分析。在实行内部租赁制的情况下，工程项目周转材料的节约或超支取决于周转利用率和损耗率。若周转慢，周转材料的使用时间长，就会增加租赁费支出，超过规定的损耗须按原价赔偿。周转利用率和损耗率分析公式如下：

$$周转利用率=\frac{实际使用数\times租赁期内周转次数}{进场数\times租赁期} \tag{13-35}$$

$$损耗率=\frac{退场数}{进场数} \tag{13-36}$$

3)机械使用费分析

由于项目施工管理的项目经理部一般都不会拥有自己的施工机械设备，而是随着施工的需要，向本企业的机械部门或外单位租用，这样就会出现以下两种状况。

按产量进行承包，并按完成产量进行计算费用。如土方工程，项目经理部只要按实际完成挖掘的土方工程量计算挖土费用，而不必计算挖土机械的利用程度。

按使用时间或台班计算费用，如塔吊、搅拌机、砂浆机等。当然，如果机械完好率差，调度使用不当，必然会影响机械利用率，从而延长工期而增加费用，对此应高度重视。

4)其他直接费用

可参考材料费、人工费的计算方式进行分析。

5)间接成本

间接成本需要按规定采用一定的分配方法计入各个施工项目的成本。

对间接成本的分析，不仅要分析它的绝对变动情况，以了解超支还是节支，而且要分析其相对变动情况，以便评价其合理性。计算和分析间接成本的绝对变动可用如下公式：

$$间接成本绝对变动=实际间接成本-计划间接成本 \tag{13-37}$$

计算和分析间接成本的相对变动可用如下公式：

$$\begin{aligned}间接成本相对变动 =&(实际变动间接成本-计划变动间接成本)\times 工程完成量(\%)\\ &+(实际固定间接成本-计划固定间接成本)\end{aligned} \tag{13-38}$$

单位工程竣工成本分析如表 13-19 所示。

13.6.2　施工项目成本分析的内容

施工项目成本分析与单位工程成本分析，由于都是对工程构成的造价进行分析，因此在内容上有很多相同的地方，但由于具体分析的对象不同，因此又有不同的侧重。具体来讲，施工项目成本分析的内容包括三个方面。

(1)按项目施工的进展进行分析。其内容包括：①分部分项成本分析；②月(季)度成本分析；③年度成本分析；④竣工成本分析。

(2)按成本项目进行分析。其内容包括：①人工费分析；②材料费分析；③机械使用费分析；④其他直接费用分析；⑤间接成本分析。

(3)特定问题和与成本相关的分析。其内容包括：①施工索赔分析；②成本盈亏异常分析；③工期成本分析；④资金成本分析；⑤技术组织措施和成本节约效果分析；⑥其他对施工成本有利与不利影响的分析。

13.6.3　施工项目成本分析方法

施工项目成本设计的范围很广，需要分析的内容很多，因此分析的方法也很多，需要针对不同的成本项目采用不同的技术方法进行分析。

13.6.3.1　施工项目成本基本分析方法

成本的基本分析方法主要是应用成本指标进行绝对值和相对值的比较分析，其方法主要有综合性指标分析、因素分析和差额分析三种。

1. 综合性指标分析

施工项目成本比较分析的指标主要有 6 个。

1)计划完成差额指标分析

计划完成差额指标公式为

$$计划完成差额指标=完成指标-计划指标 \tag{13-39}$$

这个指标是用来分析计划执行的绝对效果，分析实际完成和计划规定的差异。

表 13-19 单位工程竣工成本分析表

施工单位 编报日期 年 月 日

单位工程名称 结构层次 建筑面积 开工日期 年 月 日 施工周期 天

施工图预算用工 施工预算用工 竣工日期 年 月 日 工程总造价 元

项目	计划成本		实际成本		降低额	降低率/%		主要工、料、结构件节超对比														
	金额	比重	金额	比重		占本项	占合计	项目	名称	单位	用量			单价	金额	名称	单位	用量			单价	金额
											计划	实际	节超					计划	实际	节超		
一、直接成本									人工	工日												
1. 人工费								材料费	水泥	t						模板摊销	元					
其中：分包人工费									砂子	t						油毛毡	卷					
2. 材料费									石子	t						油漆	kg					
其中：结构件									砖							玻璃	m^2					
周转材料费									混凝土													
3. 机械使用费									水灰	t												
4. 其他直接费用									沥青	t												
二、间接成本									木材							材料费小计						
工程成本合计								结构件	砼预制构件													
									铝合金窗													
									木门													
									成型钢筋	t												
								大型机械进退场费														
主要技术节约措施及经济效果分析																						

单位负责人 财务负责人 成本工程师 指标人

2)计划完成相对指标分析

计划完成相对指标公式为

$$计划完成相对指标=\frac{实际完成指标}{计划指标}\times 100\% \tag{13-40}$$

这个指标是衡量计划完成的比率，因此是一个反映计划完成程度的相对指标，用百分数来表示。

3)发展速度指标

发展速度由于采用基期的不同，可分为同比发展速度、定基发展速度和环比发展速度。均用百分数或倍数表示。

(1)同比发展速度指标。同比是“相同时期相比”的简称。是指以百分数表示的报告期水平与基期相同时间水平的比值。同比发展速度主要是为了消除季节变动的影响，用以说明本期发展水平与去年同期发展水平对比而达到的相对发展速度。如本期 2 月比去年 2 月，本期 6 月比去年 6 月等。在实际工作中，经常使用这个指标，如某年、某季、某月与上年同期对比计算的发展速度，就是同比发展速度。

$$同比指标=\frac{本期发展水平}{去年同期发展水平}\times 100\%$$

$$同比增长率=\frac{本期发展水平-去年同期发展水平}{去年同期发展水平}\times 100\%$$

(2)定基发展速度指标。是指报告期水平与某一固定时期水平(通常为最初水平)之比。说明报告期水平相对某一固定期水平来说发展到多少倍(或百分之几)，表明这种现象在较长时期内总的发展速度，其公式如下：

$$定基发展速度=\frac{a_1}{a_0}, \frac{a_2}{a_0}, \cdots, \frac{a_{n-1}}{a_0}, \frac{a_n}{a_0} \tag{13-41}$$

式中，符号 a_0，a_1，a_2，…，a_{n-1}，a_n 代表数列中各个发展水平，a_0 是最初水平，a_n 是最末水平，其余就是中间发展的各项水平。

(3)环比发展速度指标。是指报告期水平和前一期水平之比。表明现象逐期的发展变动程度，如计算一年内各月与前一个月对比，即 2 月比 1 月，3 月比 2 月，4 月比 3 月……12 月比 11 月，说明逐月的发展程度，也可以是逐年进行比较，说明每年的发展程度，其公式如下：

$$环比发展速度=\frac{a_1}{a_0}, \frac{a_2}{a_1}, \cdots, \frac{a_{n-1}}{a_{n-2}}, \frac{a_n}{a_{n-1}} \tag{13-42}$$

4)比较相对数指标

该指标表明同一时期同类现象的数量对比关系的相对数，其公式如下：

$$比较相对指标=\frac{甲地区(企业)的某种指标}{乙地区(企业)的某种指标} \tag{13-43}$$

通过比较相对指标，可以将施工项目的实际水平同同类企业的先进水平进行比较，实行对比分析，找出差距，采取措施，力争上游。

5)动态相对指标

动态相对指标公式为

$$动态相对指标=\frac{报告期技术经济指标}{基期同类技术经济指标}\times 100\% \tag{13-44}$$

这个指标是研究和说明同一对象在不同时间上的相对差异，表示不同的发展方向和变化程度。

6)结构相对数指标

结构相对数指标是指所研究现象的各个组成部分在全体中所占的比重。它说明现象的结构或全体中某一类现象的普遍程度，其公式如下：

$$结构相对数=\frac{各组(部分)数量}{总体数量}\times 100\% \tag{13-45}$$

结构相对数指标可以反映某一现象总体结构的变化，从而反映现象发展变化的趋势和规律性，这样可根据各个构成部分所占结构是否合理来反映企业工作质量的好坏。在工程的施工项目成本控制中，通过该指标可以反映出各成本项目占总成本的比重，也可进行量本利分析，从而达到控制成本的目的。

7)强度相对数指标

强度相对数指标是指两种性质不同而又有联系的、属于不同总体的总量指标之间的对比。它说明某一现象的强度、密度、普遍程度和利用程度等，其公式如下：

$$强度相对数=\frac{某一现象的数值}{另一有联系而性质不同的现象的数值} \tag{13-46}$$

该指标应用较为广泛，在企业中的应用如，以生产条件相互对比，计算各种装备程度指标；将生产成果与生产条件对比，计算各种效率指标等。

2. 因素分析

因素分析是将某一综合性指标分解成各个相互关联的因素，通过测定这些因素对综合性指标差异的影响程度，进而分析和评价计划指标执行情况的分析方法。在施工项目成本管控中，就是要将构成成本的各种要素进行分解，测定各个因素变动对施工项目成本计划完成情况的影响程度，并提出改进措施。在进行因素分析时，首先要假定若干个因素中的一个因素发生了变化而其他因素不变，进行比较，得出结果；然后对所有因素逐个替换进行比较，分别比较其计算结果，这样就可以确定各个因素变化对成本的影响程度。具体计算步骤如下。

(1)将要分析的某项经济指标分解成若干因素的乘积。如材料成本指标可分解成产品产量、单位消耗量和单价的乘积。

(2)计算经济指标的实际数与基期数，从而形成两个指标体系。这两个指标的实际指标数减基期指标数的差额，就是要分析的对象。

(3)确定各个分析因素的替代顺序。替代顺序一般是先替代数量指标，后替代质量指标；先替代实物量指标，后替代货币量指标；先替代主要指标，后替代次要指标。

(4)计算替代指标。该方法是以替代顺序为基础，用实际指标体系中的各个因素，逐步顺序地替换和计算。每次替代和计算后将实际数保留下来，这样便可得到一系列的指标数。

(5)计算各因素变动对经济指标的影响程度。其方法是，将每次替代所得到的结果与这一因素在替代前的结果进行比较，其差额就是这一因素变动情况对经济指标的影响程度。

(6)将各因素变动对经济指标影响程度的数额相加的结果，应与该项指标实际数与基期数的差额相等。

设某项经济指标 N 是由 A、B、C 三个因素组成，在因数分析中，若用实际指标与计划指标进行对比时，则计划指标

$$N_0 = A_0 \times B_0 \times C_0$$

实际指标

$$N_1 = A_1 \times B_1 \times C_1$$

分析对象为 $N_1 - N_0$的差额，则第一次替代

$$N_2 = A_1 \times B_0 \times C_0$$

第二次替代

$$N_3 = A_1 \times B_1 \times C_0$$

实际指标

$$N_4 = A_1 \times B_1 \times C_1$$

各因素变动对指标 N 的影响数额计算如下：

由 A 因素变动产生的影响$=N_2 - N_1$

由 B 因素变动产生的影响$=N_3 - N_2$

由 C 因素变动产生的影响$=N_1 - N_3$

将上述三个项目相加，即为各因素变动对指标 N 的影响程度，它与分析对象相等。

下面通过案例来说明其计算方法与步骤。

【例 13-16】某工程浇筑一层结构商品混凝土，计划成本为 397800 元，实际成本为 412 080 元(表 13-20)，实际成本比计划成本超支 14280 元。用因素分析法分析产量、单价和损耗率等因素的变动对实际成本的影响程度。

表 13-20　商品混凝土计划成本于实际成本对比表

项目		计划	实际	差额
因素	产量/m^3	500	510	7956
	单价/元	780	800	10404
	损耗率/%	2	1	−4080
成本/元		397800	412080	14280

解：

分析对象 $N_1 - N_0$＝实际成本－计划成本＝412080－397800＝14280(元)

已知成本＝产量×单价×(1＋损耗率)

计划指标 N_0＝500×780×1.02＝397800(元)

第一次替代(产量因素)N_2＝510×780×1.02＝405756(元)

第二次替代(单价因素)N_3＝510×800×1.02＝416160(元)

实际指标(损耗率因素)N_1＝510×800×1.01＝412080(元)

利用表格进行计算和分析如表 13-20 和表 13-21 所示。

表 13-21　商品混凝土成本变动引述分析

顺序	循环替换计算	差异	因素分析
计划数	500×780×1.02=397800	—	—
第一次替换	510×780×1.02=405756	7956	由于产量增加 $10m^3$，使成本增加了 7956 元
第二次替换	510×800×1.02=416160	10404	由于单价提高了 20 元，使成本增加了 10404 元
第三次替换	510×800×1.01=412080	−4080	由于损耗率下降了 1%，使成本减少了 4080 元
	合计	14280	由于三种因素综合变动，使成本增加了 14280 元

3. 差额分析法

差额分析法是因素分析法的简化形式，是利用各个因素的计划指标值与实际值的差额来计算其对成本的影响程度。

【例 13-17】现利用上例数据用差额分析法分析成本增加的原因。

解：

分析对象 N_1-N_0=实际成本−计划成本=14280(元)

已知成本=产量×单价×(1+损耗率)

由于产量变动因素的影响=(510−500)×780×1.02=7956(元)

由于单价因素变动的影响=510×(800−780)×1.02=10404(元)

由于损耗率因素变动的影响=510×800×(1.01−1.02)=−4080(元)

各种因素影响程度之和=7956+10404−4080=14280(元)，与实际成本和目标成本的总差额相等。

13.6.3.2　施工项目综合成本分析方法

施工项目的综合成本是指施工项目的成本由多种生产要素费用组成并受多种因素影响的成本费用。如分部分项工程成本、月(季)度、年度成本等。由于这些成本都是随着项目施工的进展而不断形成的，因此，它与施工项目工程的生产经营有直接的关系，因此企业应在工程项目的施工管理中，做好综合成本分析，实现综合成本控制，以提高企业的经济效益。施工项目的综合成本分析主要包括分部分项工程成本分析、月(季)度成本分析、年度成本分析和竣工成本分析 4 部分内容。

1. 分部分项工程成本分析

分部分项工程成本分析是施工项目成本分析的基础，分析的对象为已完工的分部分项工程。分析的方法是，进行预算成本、目标成本和实际成本的“三算”对比，分别计算实际偏差和目标偏差，分析偏差产生的原因，为今后的分部分项工程成本寻求节约途径。

分部分项工程成本分析的资料来源是预算成本来自投标报价成本，计划或目标成本来自施工预算，实际成本来自施工任务单的实际工程量，实耗人工和限额领料单的实耗材料。

由于施工项目包括很多分部分项工程，不可能也没有必要对每一个分部分项工程都进行成本分析。特别是一些工程量小、成本费用微不足道的零星工程。但对于那些主要分部分项工程则必须进行成本分析，而且要做到从开工到竣工进行系统和完善的成本分析。通过主要分部分项工程成本的分析，可以基本了解项目成本形成的全过程，为竣工成本分析和今后的项目成本管理提供参考资料。分部分项工程成本分析表见表13-22。

表13-22　分部分项工程成本分析表

单位工程名称：
分部分项工程名称：　　　　工程量：　　　　施工班组：　　　　施工日期：

<table>
<tr><th rowspan="2">工料名称</th><th rowspan="2">规格</th><th rowspan="2">单位</th><th rowspan="2">单价</th><th colspan="2">预算成本</th><th colspan="2">计划成本</th><th colspan="2">实际成本</th><th colspan="2">实际与预算比较</th><th colspan="2">实际与计划比较</th></tr>
<tr><th>数量</th><th>金额</th><th>数量</th><th>金额</th><th>数量</th><th>金额</th><th>数量</th><th>金额</th><th>数量</th><th>金额</th></tr>
<tr><td></td><td></td><td></td><td></td><td></td><td></td><td></td><td></td><td></td><td></td><td></td><td></td><td></td><td></td></tr>
<tr><td></td><td></td><td></td><td></td><td></td><td></td><td></td><td></td><td></td><td></td><td></td><td></td><td></td><td></td></tr>
<tr><td></td><td></td><td></td><td></td><td></td><td></td><td></td><td></td><td></td><td></td><td></td><td></td><td></td><td></td></tr>
<tr><td></td><td></td><td></td><td></td><td></td><td></td><td></td><td></td><td></td><td></td><td></td><td></td><td></td><td></td></tr>
<tr><td></td><td></td><td></td><td></td><td></td><td></td><td></td><td></td><td></td><td></td><td></td><td></td><td></td><td></td></tr>
<tr><td></td><td></td><td></td><td></td><td></td><td></td><td></td><td></td><td></td><td></td><td></td><td></td><td></td><td></td></tr>
<tr><td colspan="2">合计</td><td></td><td></td><td></td><td></td><td></td><td></td><td></td><td></td><td></td><td></td><td></td><td></td></tr>
<tr><td colspan="2">实际与预算比较（预算成本=100%）</td><td></td><td></td><td></td><td></td><td></td><td></td><td></td><td></td><td></td><td></td><td></td><td></td></tr>
<tr><td colspan="2">实际与计划比较（计划成本=100%）</td><td></td><td></td><td></td><td></td><td></td><td></td><td></td><td></td><td></td><td></td><td></td><td></td></tr>
<tr><td colspan="2">节超原因说明</td><td></td><td></td><td></td><td></td><td></td><td></td><td></td><td></td><td></td><td></td><td></td><td></td></tr>
</table>

2. 月(季)度成本分析

月(季)度成本分析是施工项目定期的中间成本分析。对于具有一次性特点的施工项目来说，有着特别重要的意义，因为通过月(季)度成本分析，可以及时发现问题，以便按照成本计划或目标进行监控，保证项目计划或成本目标的实现。

月(季)度成本分析的依据是当月(季)的成本报表。分析的方法通常有以下6个方面内容。

(1)通过实际成本与预算成本的对比，分析当月(季)的成本水平；通过累计实际成本与累计预算成本的对比，分析累计的成本水平，预测实现项目成本目标的趋势。

(2)通过实际成本与目标成本的对比，分析目标成本的执行情况及目标管理中的问题和不足，进而采取措施，加强成本监控，保证成本目标的落实。

(3)通过对各成本项目的成本分析，可以了解成本总量的结构和成本管理的薄弱环节。

(4)通过主要技术经济指标的实际与目标对比，分析产量、工期、质量、“三材”节约率、机械利用率等对成本的影响方向和影响程度。

(5)通过对技术组织措施执行效果的分析，研究和探寻更加有效的成本节约途径。

(6)分析其他有利条件和不利条件对成本的影响。

3. 年度成本分析

企业成本按规定要求一年结算一次，不得将本年成本转入下一年度。而项目成本则以项目的周期为结算期，要求从开工到竣工到保修期结束连续计算，最后结算出成本总量及盈亏水平。由于项目的施工周期一般较长，除进行月(季)度成本核算和分析外，还要进行年度成本的核算和分析，这是项目成本管理的需要。因为通过年度成本的综合分析，可以分析一年来成本管理的成绩和不足，为今后的成本管理提供经验和教训，从而对项目成本进行更有效的管理。

年度成本分析的依据是年度成本报表。年度成本分析的内容，除了月(季)度成本分析的 6 个方面外，重点是针对下一年度的施工进展情况规划切实可行的成本管理措施，以保证施工项目成本目标的实现。

4. 竣工成本的综合分析

针对有几个单位工程而且是单独进行成本核算(即成本核算对象)的施工项目，其竣工成本分析应以各单位工程竣工成本分析资料为基础，再加上项目经理部的经营效益(如资金调度、对外分包等所产生的效益)进行综合分析。如果施工项目只有一个成本核算对象(单位工程)，就以该成本核算对象的竣工成本资料作为成本分析的依据。单位工程竣工成本分析，应包括以下三方面内容：①竣工成本分析；②主要资源节起对比分析；③主要技术节约措施及经济效果分析。

通过以上分析，可以全面了解单位工程的成本构成和降低成本的来源，对今后同类工程的成本管理有较大参考价值。

竣工成本分析表见表 13-23 所示。

13.6.3.3 施工成本项目分析方法

成本项目分析是按施工项目工程成本的构成逐项进行成本分析，这种分析方法可以较为精细和准确地对工程成本进行分析，以便查出偏差和进行控制。

1. 人工费分析

在实行管理层和作业层两级管理的情况下，项目施工需要的人工和人工费用，由项目经理部与施工队签订劳务承包合同，明确承包的范围、承包金额和双方的权利及义务。对于项目经理部来说，除了按合同规定支付劳务费外，还可能发生一些其他的人工费用支出。这些费用主要有以下三类。

(1)因实物工程量增减而调整的人工和人工费用。

(2)定额人工以外的钟点工工资(如果已按定额人工的一定比例由施工队包干，并已列入承包合同的，不再另行支付和计算)。

表 13-23 单位工程竣工成本分析表

施工单位　　　　　　　　　　　　　　　编报日期　　　年　月　日

单位工程名称　　结构层次　　建筑面积　开工日期　年　月　日　施工周期　　天

施工图预算用工　　施工预算用工　　　　竣工日期　年　月　日　工程总造价　元

项目	计划成本		实际成本		降低额	降低率/%		主要工、料、结构件节超对比														
	金额	比重	金额	比重		占本项	占合计	项目	名称	单位	用量			单价	金额	名称	单位	用量			单价	金额
											计划	实际	节超					计划	实际	节超		
一、直接成本									人工	工日												
1.人工费								材料费	水泥	t						模板摊销	元					
其中：分包人工费									砂子	t						油毛毡	卷					
2.材料费									石子	t						油漆	kg					
其中：结构件									砖							玻璃	m^2					
周转材料费									混凝土													
3.机械使用费									水灰	t												
4.其他直接费用									沥青	t												
二、间接成本									木材							材料费小计						
工程成本合计								结构件	砼预制构件													
									铝合金窗													
									木门													
									成型钢筋	t												
								大型机械进退场费														
主要技术节约措施及经济效果分析																						

单位负责人　　　　财务负责人　　　　成本工程师　　　　指标人

(3)对在进度、质量、节约、文明施工等方面做出贡献的班组和个人的奖励费用。

2. 材料费用分析

工程项目的材料费用综合分析，包括主要材料、结构件和周转材料使用费，及材料储备费用的分析。具体包括如下 4 点内容。

1)主要材料和结构件费用分析

主材和结构件费用的高低，主要决定于它的价格和消耗量的高低。材料价格变动受采购价格、运输费用、途中损耗、来料不足等因素影响；材料销量的变动主要受工艺方法、操作损耗、管理损耗和质量波动(如返工)等影响。对于这些影响，可在价格和数量变动较大时作深入的分析。

【例 13-18】某工程单位建筑面材料费资料如表 13-24 所示，试对材料费项目进行成本分析。

表 13-24 每平方米建筑面积材料好用表

材料名称	计量单位	材料用量		材料价格		材料成本	
		计划	实际	计划	实际	计划	实际
甲	m^3	0.82	0.75	422	410	346.04	307.5
乙	m^3	0.62	0.65	211	220	130.82	143.0
丙	kg	3.72	3.40	28	26	104.16	88.4
合计	—	—	—	—	—	581.02	538.9

解：该工程单位建筑面积指出的材料费实际比计划降低了 581.02－538.9＝42.12(元)，降低率为 7.25％。实际比计划降低的原因是：

材料消耗量影响＝(实际单位消耗量－计划消耗量)×计划单价

甲材料：(0.75－0.82)×422＝－29.54(元)

乙材料：(0.65－0.62)×211＝6.33(元)

丙材料：(3.40－3.72)×28＝－8.96(元)

－29.54＋6.33－8.96＝－32.17(元)

价格影响＝(实际单价－计划单价)×实际消耗量

甲材料：(410－422)×0.75＝－9(元)

乙材料：(220－211)×0.65＝5.85(元)

丙材料：(26－28)×3.4＝－6.8(元)

－9＋5.85－6.8＝－9.95(元)

2)周转材料使用费分析

材料周转利用率和损耗率决定了项目周转材料费用的大小，因为周转慢则周转材料使用的时间长，周转材料租赁费就会增加，同时超过规定的损耗还要按原价赔偿。周转材料使用率和损耗率计算公式如下：

$$\text{周转材料利用率}\frac{\text{实际使用数}\times\text{租用期内周转次数}}{\text{进场数}\times\text{租用期}}\times 100\%$$

【例 13-19】某工程项目施工需要定型钢模，计划使用周转率为 85％，租用钢模

5000m^2，月租金为 7 元/m^2；由于需要加快施工进度，实际周转利用率要达到 90%。采用差额分析法计算周转率的提高对节约周转材料使用费的影响程度。

解：

$$损耗率=\frac{退场数}{进场数}\times 100\%$$

节约的周转材料使用费为

(90%－85%)×5000m^2×7 元/m^2＝1250 元

3)材料采购保管费分析

材料采购保管费分析内容包括材料采购保管人员工资、工资附加费、劳保费、办公费、差旅费、及在采购和保管过程中的固定资产使用费、工具用具使用费、检验试验费、材料整理及零星运费和材料物资盘亏及损毁所发生的费用。由于材料采购越多则支付的采购和保管费用就越多，因此可根据每月实际采购量(金额)和实际发生的材料采购保管费，计算材料采购保管费支用率，做为今后分析对比的依据。材料采购保管费支用率的计算公式如下：

$$材料采购保管费支用率=\frac{计算期实际发生的采购报关费}{计算期实际采购的材料总价}\times 100\% \tag{13-48}$$

4)材料储备资金分析

材料储备资金是根据日平均用量、材料单价和储备天数(从采购到进场所需要的时间)计算的。材料储备资金分析可用因素分析法进行分析，我们通过案例加以说明。

【例 13-20】某水电工程施工项目水泥的储备资金计划与实际的对比情况如表 13-25 所示，试用因素分析法对水泥储备资金情况进行分析。

表 13-25　某水电工程项目水泥储备资金计划与实际对比表

项目	计划	实际	差异
日平均用量/t	70	79	+9
单价/元	460	465	+5
储备天数/日	8	7	−1
储备金额/元	257600	257145	−455

解：根据上述数据，可分析日平均用量、单价和储备天数等因素的变动，对水泥储备资金的影响程度见表 13-26。

表 13-26　某水电工程项目水泥储备资金因素分析表　(单位：元)

项目	连环替代计算	差异	因素分析
计划数	70×460×8＝257600		
第一次替代	79×460×8＝290720	+33120	由于日平均用量增加了 9t，使储备资金增加了 33120 元
第二次替代	79×465×8＝293880	+3160	由于单价提高了 5 元，使储备资金增加了 3160 元
第三次替代	79×465×7＝257145	−36735	由于储备天数减少了 1 天，使储备资金减少了 36735 元
合计		−455	

从表13-26分析可以看出，储备天数的长短是影响储备资金的关键因素。因此，材料采购应尽可能地选择运距短的供应单位，减少运输中转环节，减少储备天数，降低资金占用，提高经济效应。

3. 机械使用费分析

水电工程施工的项目经理部不可能拥有全部的施工机械设备，这是由于工程施工具有一次性的特点。如果拥有全部施工设备，就可能出现产能过剩、设备闲置和积压，造成极大的浪费，因此在工程施工中，都是由项目经理部向企业动力部门或其他企业租借施工机械设备。在租借过程中，按两种方式进行费用结算，一种是按产量进行承包，按完成的产量结算费用，如土方工程，项目经理部只按实际挖掘的土方工程量结算费用，不必负责施工机械设备的完好程度。另一种是按使用时间（台班）结算机械使用费用，如塔吊、搅拌机等。一般机械设备完好率和利用率都会影响施工成本的高低。设备完好率和利用率计算公式如下：

$$\text{机械设备完好率}=\frac{\text{报告期机械设备完好台班数}+\text{加班台班}}{\text{报告期制度台班数}+\text{加班台班}}\times 100\% \tag{13-49}$$

$$\text{机械设备率用率}=\frac{\text{报告期机械设备实际工作台班数}+\text{加班台班}}{\text{报告期制度台班数}+\text{加班台班}}\times 100\% \tag{13-50}$$

式(13-49)中，完好台班数是指本期内全部机械台班数与制度工作天数的乘积，不考虑机械设备的技术状态和是否工作。

以案例说明其使用方法。

【例13-21】某水电工程施工项目部统计某年租用的施工机械设备完好和利用情况，如表13-27所示，试分析这些设备的完好情况与利用情况。

表13-27 机械设备完好和利用情况统计表

机械设备名称	台数	制度台班数	完好情况				利用情况			
			完好台班数		完好率/%		工作台班数		利用率/%	
			计划	实际	计划	实际	计划	实际	计划	实际
翻斗车	5	1090	1020	1080	93.6	99.1	1010	1010	92.7	92.7
搅拌机	3	550	520	480	94.6	87.3	510	450	92.7	81.8
塔吊	2	280	270	250	96.4	89.3	260	300	92.9	107.1

解：通过上表计算和分析可知，搅拌机的维护保养较差，完好率只达到了87.3%，而且利用率也不高，只达到了81.8%。塔吊因施工需要，经常加班加点，因此利用率很高，达到107.1%。翻斗车的完好率和利用情况较为正常，分别为99.1%和92.7%。

4. 其他直接费用分析

其他直接费用分析主要是通过计划或预算与实际的比较来进行，说明和分析实际与计划或预算的差异。其他直接费用分析主要采用表格形式，如表13-28所示。

表 13-28　其他直接费用计划（预算）与实际比较表

序号	项目	计划（预算）	实际	差异额	差异率
1	材料二次搬运费				
2	工程用水电费				
3	临时设施摊销费				
4	生产工具用具使用费				
5	检验试验费				
6	工程定位复测费				
7	工程点交费				
8	场地清理费				
	合计				

5. 间接成本分析

间接成本分析也是通过计划或预算与实际的比较来进行，分析实际与计划或预算的差异情况。间接成本分析也主要采用表格形式，如表 13-29 所示。

表 13-29　其他直接费用计划（预算）与实际比较表

序号	项目	计划（预算）	实际	差异	备注
1	现场管理人员工资				
2	现场管理人员福利费				
3	劳动保护费				
4	固定资产使用费				
5	物料消耗费				
6	办公费				
7	差率交通费				
8	保险费				
9	工程保修费				
10	排污费				
11	工会经费				
12	职工教育经费				
13	业务招待费				
14	税金				
15	财务费用				
16	劳保统筹费				
17	其他费用				
	合计				

13.7 施工成本的考核

13.7.1 水电工程施工成本考核的概念

水电工程项目施工成本考核是指，在工程项目施工完成后，对施工项目成本形成中的各责任者，按照施工项目成本目标责任制的有关规定，将成本的实际指标与计划、定额、预算进行对比和考核，评定施工项目成本计划的完成情况和各责任者的业绩，并依此给予相应的奖励和处罚的成本绩效考评工作。

通过成本考核，做到奖惩有据，赏罚分明，形成科学的激励约束机制，有效地调动每一位员工在各自工作岗位上努力完成目标成本的积极性，实现控制和降低施工项目成本，增加企业利润的目的。施工项目成本考核是衡量成本降低的实际成果，也是对成本指标完成情况的总结和评价。成本考核包括考核的目的、时间、范围、对象、方式、依据、指标、组织领导、评价与奖惩原则等内容。

在施工考核中，要以施工成本降低额和施工成本降低率作为成本考核的主要指标，要加强企业对项目管理部的监督和指导，并充分依靠技术人员、管理人员和作业人员的经验和智慧，防止项目管理在企业内部异化为少数人承担风险的以包代管模式。成本考核也可分别考核企业的项目组织管理层和施工项目经理部。企业项目管理组织对项目经理部进行考核与奖惩时，既要防止虚盈实亏，也要避免实际成本归集差错等影响，使施工成本考核真正做到公平、公正、公开，在此基础上兑现施工成本管理责任制的奖惩与激励措施。

在水电工程项目施工期间，各个部门的负责人必须按施工前签订的《项目成本目标管理责任书》进行分配事务，进行必要的经济分析，采取合理的经济措施，落实每项责任，及时总结、不断完善、最大限度确保项目经营管理工作的良性运作。

13.7.2 水电工程施工成本考核的内容

在水电工程施工项目成本考核中，应根据成本考核的内容，建立实现工程施工项目成本控制的制度和有效管理措施，并分阶段、分类别地进行考核。

1. 投标和施工准备阶段的成本考核

(1)认真编制相关文件。在报价前充分审查施工招标图纸，列出图纸中所有项目，尽可能地将图纸中工程量重新计算，并与清单对比，对在施工过程中可能会发生较大变更者，可采取不平衡报价法进行报价*，在保持总体水平不变的情况下，获得更大的利润。同时，还要做好投标前的现场考察工作，了解场地的自然地理条件和施工条件，图纸与现场对照，根据这些情况来考虑施工的平面布置、选用机械设备，预测不可预见的因素，掌握准确的第一手资料，为投标总报价的确定和编制成本计划提供参考依据。

(2)实现施工方案的最优化。施工方案是否先进、合理不仅直接关系到施工质量、施工工期，也直接影响工程项目的目标成本和工程项目的利润。按照最优方案施工可以降低成本、加快进度、保证质量和安全，实现工程项目投入少产出大，有效提高经济效益。

(3)编制成本计划、明确成本目标。根据施工组织设计生产要素的配置等情况，按施工进度计划，确定每个施工阶段成本计划和项目总成本计划，计算出保本点和目标利润，作为控制施工过程生产成本的依据，使项目经理部人员及施工人员无论在工程进行到何种进度，都能清楚知道自己的目标成本，以便采取相应手段控制成本。

在投标和施工准备阶段的成本考核中，关键是提出准确的目标成本，以便后续施工阶段对成本进行控制。因此，对其考核的标准就应该表现在施工成本计划和项目总成本计划制定的科学性和合理性上。同时还要表现在投标报价的合理性上。

2. 施工阶段的项目成本考核

(1)对人工费的考核。按照预测单价，分解出人工费，在实施过程中加强管理，防止人工费超出指标。将人工费的实际支出与计划或预算对比，找出差距。如人工费有节余，可奖励责任人或责任小组。人工费控制应做到，配置具有熟练技能的工人，根据施工进度、技术要求合理搭配各工种工人的数量，注意各施工环节的搭配，减少工时浪费，减少零星用工。

(2)对材料费的考核。材料成本在整个工程成本中的比重最大，一般可达70%左右，而且有较大的节约潜力，往往在其他成本项目出现亏损时，要靠材料成本的节约来弥补。对材料费的考核主要是所有材料费用的实际支出与计划或预算相比较，考察超值或节约的情况。

(3)机械使用费的考核。首先从合理组织机械施工、提高机械效率着手，努力节约机械使用费。控制机械使用费应做到结合施工方案的制订，选择最适合项目施工特点的施工机械，做到既实用又经济。做好工序、工种机械施工的组织工作，最大限度发挥机械效能，避免机械闲置。配备技术素质高的机械操作人员，降低机械人为损坏，减少油耗等。对机械使用费的考核就是应用对比法，将机械使用费的实际支出同计划或预算进行比较，考察计划或预算执行的情况。

(4)现场管理费的考核。现场管理费是与工程施工直接相关的成本，贯穿整个施工过程，同时还包括竣工运行服务，直到保修期满。控制现场管理费应做到做好冬、雨季施工的准备工作，预防因突然的自然环境变化而影响施工，严格按照施工规范、技术标准、质量要求施工。对现场管理费的考核也是将管理费的实际支出与计划或预算加以比较，考察计划或预算的完成情况。

---

* 不平衡报价法是相对通常的平衡报价(正常报价)而言，是在工程项目的投标总价确定后，根据招标文件的付款条件，合理地调整投标文件中子项目的报价，在不抬高总价以免影响中标(商务得分)的前提下，实施项目时能够尽早、更多地结算工程款，并能够赢得更多利润的一种投标报价方法。这种方法在工程项目中普遍运用，是一种投标策略。

3. 竣工结算阶段成本考核

(1)加强竣工结算，对结算成本进行考核。竣工结算编制过程中要特别注意由于政策变化引起的费用调整，投标时按常规计算，结算时需如实调整的费用、设计变更、签证、监理指令等导致增加的费用等。要严格核对工程量，避免发生漏项或少报、错报现象。同时，工程完工后，组织有关人员及时清理现场的剩余材料和机械，辞退不需要的人员，支付应付的费用，以防止工程竣工后，继续发生包括管理费在内的各种费用。对结算成本进行考核，也是根据计划或预算，将结算成本同计划或预算进行比较，考察计划或预算的完成情况，同时还要考察竣工结算的制度执行情况，防止出现制度执行漏洞，影响成本考核。

(2)加强应收账款的考核。工程款结算要及时，以明确债权债务关系。落实专人与业主加强联系，紧盯不放，力争尽快收回资金。对一些不能在短期内偿清债务的甲方，通过协商签订还款计划，明确还款时间，制定违约责任，以增强对债务单位的约束力。对一些收回资金可能性较小的应收账款，可采取让利清收等办法，以减轻成本损失。应收账款的考核主要应从两个方面进行，一方面考察实际工程应收款项同计划应收款项数额差异，另一方面应考察应收账款的收回数量和时间状况，以此分析和判断施工项目财务管理人员的工作情况。

(3)对成本进行分析考核。根据企业制定的成本控制目标、责任考核制度，对项目部和相关成本管理责任人进行考核，奖优罚劣，检查、分析、补充该项目成本控制管理的优缺点，总结经验、寻找不足，为今后的项目成本控制管理提供指导和帮助。

第 14 章　流域水电开发中基于信息的多项目协同并行工程管理

本章主要内容是，独立水电开发集团企业在实施流域化梯级电站开发战略中，应用管理熵思想，根据开发系统的资源、环境和任务的刚性约束，对流域不同河段的多个水电建设工程项目实行并行工程和多项目管理。应用并行工程中的理论与技术，同多项目的选项、决策、实施和管理的理论与技术结合起来，设计并行工程多项目管理的运行机制和模型，制定管理体制，对流域开发中的并行工程进行多项目管理，以此技术来实现缩短全流域建设工期，极大地节约建设成本，又快又好地实现流域开发战略的目的。本章阐述了多项目管理、并行工程、协同理论，并在这些理论与技术的基础上提出和研究了将上述理论与技术综合集成而形成的多项目协同并行工程管理的新理论与技术，目的是在水电流域开发战略中，应用创新的方法提高效率，降低成本，加速建设，使整个流域的水电开发系统管理熵值最低化。

多项目协同并行工程管理是指，多个工程项目(或一个项目中的多个不同阶段的工作)在其内在的技术经济联系、工程技术相似性和逻辑性、及分解结构的基础上，采用协同工程和并行工程技术，实现多工程(或单一工程的多环节)的同时工作，以达到节约工程时间和成本为目标的高效工程管理模式。

14.1　流域梯级电站建设的多项目管理

多项目管理(multi-project management)是指针对企业中进行的多个项目进行全生命周期的管理。多项目管理是伴随着项目管理方法在企业或政府部门等组织中广泛运用而形成的一种以长期性组织为对象的管理模式。其本质就是指在企业中同时管理、协调多个项目的选择、评估、计划、控制、执行及收尾等各项工作，使所有项目的整体执行效果达到最优的管理方式。

多项目管理是通过对项目群、项目组合及项目的成功管理来实现的。

项目群就是对现有的和将开展的一些类似项目进行集群，最终创造超出集群个体项目总和的价值。项目群管理提供了一个完整的框架和系统的方法，解决了不同项目目标之间的差异所导致的资源浪费和管理成本增加等，为实现公司的战略目的提供了保障。

项目组合管理是从企业整体出发，动态选择不具有类似性的项目，对企业所拥有的或可获得的生产要素和资源进行优化组合，有效、最优地分配企业资源以分散风险，达到效益最大化，这些项目组合起来可为企业战略服务，从而提高企业的核心竞争力。

多项目管理是站在企业层面对现行组织中所有的项目进行筛选、评估、计划、执行与控制的项目管理方式。与单个项目管理不同的是，单项目管理是在假定项目的资源得到保障的前提下进行的，思考角度采取“由因索果”的综合法方式。多项目管理则是在假定存在多个项目的前提下，如何协调和分配现有项目资源、获取最佳项目实施组合的管理过程，其思考角度一般采取“由果索因”的分析方式。

14.1.1 水电工程建设多项目管理的原理

所谓流域梯级电站建设的多项目管理是指，在流域化水电梯级开发和建设中，对同时并行开展建设的多个项目工程进行的整个生命周期的全方位管理。

多项目管理的提出者是美国的迈克尔托比(Micha Tobis)博士和艾琳·P. 托比(Iren P. Tobis)博士。多项目管理是以企业组织为前提，对多个同时开始的项目进行选择、评价、规划、实施与监控的管理方法，是当前企业中所常用的项目管理模式[138]。在实践中，多项目管理可以从狭义和广义的角度去理解。狭义理解上，根据中国项目管理指导委员会给出的定义，多项目管理就是指一个项目经理同时管理多个项目，并在组织中协调所有项目的选择、评估、计划、控制等各项管理工作。多项目管理的前提是一个项目经理管理多个项目。广义理解上，多项目管理不应只局限于一个项目经理并行管理多个项目的管理工作，还应扩展到一个组织同时对多个项目进行的管理，不仅指管理方式、方法，还应囊括对多个项目同时管理的体制、模式及资源优化配置等，只要是在“一个组织内、以多个项目为对象开展的管理工作，都应该属于多项目管理的范畴”*。

一般的多项目管理是伴随着项目管理方法的发展，为了有效地综合利用资源，提高项目管理效率而提出的一种新型项目管理方法，这种方法广泛应用于长期性企业和组织。换句话说，在企业中并行管理，协调多个项目的筛选、评价、规划、实施、监控和验收工作，使所有项目都实现了项目组群的最优化资源配置、最优化的管理和得到最佳成果。多项目管理是由项目组群、项目组合和单项项目的有效管理来完成的。

虽然并行工程的多项目管理与单项目管理都属于项目管理的大范畴，但还是有很大区别，可以归纳为以下 4 点。

(1)战略性。企业的多项目管理是企业战略的体现，并行多项目工程管理应基于决策层面对组织并行的各项目进行评价、规划、实施、监控的全生命周期的管理。一般项目管理则是基于执行层面的项目管理。企业并行工程多项目管理的高效性将对企业战略目标的实现和企业战略发展具有重大的影响作用。

(2)动态性。并行多项目工程管理能够按照战略目标、需求和特点的不断变化，及时处理各项目资源和效益之间的相互影响，并相应调整项目和资源配置，使项目群与外部环境协调发展。这些复杂的问题是一般的项目管理所不能解决的。

(3)资源有效利用率。一般项目管理以保障项目所需资源为前提，以既定资源实现既定目标。多项目并行工程管理则是假设有多个并行工程项目，通过对有限项目资源的有效配置，取得最优项目组合，实现资源综合的有效配置及有限资源的综合使用以获得最

* 中国项目管理委员会(PMRC)：中国项目管理知识体系(C-PMBOK)，2001。

大效果。

(4)组织的整合性。一般项目管理中，不同项目开展过程中参与者跨项目沟通少，沟通效率低且失真较高。而多项目并行工程管理中，各项目小组在统一的并行工程合作组织中，信息、技术、知识共享度较高，便于塑造和加强统一并行协同工作意识，沟通效率和工作有效性较高。

流域化水电梯级电站的开发和建设过程中，为了节约时间和综合利用资源，一般采用项目群和滚动开发的建设模式，即在全流域的开发建设中，既有全流域的工程串行开发，也有某些河段的多项工程并行开发。为了提高资源的利用效率，就必然要求在这些河段并行建设的多个工程中实施多项目并行工程管理。流域化水电梯级电站开发与建设的多项目并行工程管理的意义在于以下三点。

(1)可以有效地综合利用资源，大幅度地降低成本。如果对每一个项目都配备一个全天候工作的项目经理，配备一套工程物资和设备，所耗费的成本将大大提高，而实现多项目并行协同建设和管理，可以配备一个项目经理，交互利用设备，并行进行建设，这将使建设资源得到综合利用，可大大地降低成本、节约施工时间。

(2)多项目工程开工与管理，有利于企业竞争优势的确立。由于企业不断发展，在发展中的竞争一般都是按照项目参与竞争的，开发项目的数量、项目的执行周期、项目成本的控制、项目完成质量的高低和服务的优劣，都决定着企业的生死存亡，对于工程建设性企业更是如此。因此，企业努力争取多个项目，并同时开工，实施并行和协同的多项目建设与管理，争取更大的经济效益，成为企业竞争、生存发展的主要技术和管理支撑。

(3)多项目工程管理是大型项目规划(项目集)管理的有效手段。通常采用管理一组具有一致目标或相同客户的项目，通过项目间的依赖关系相互联系。如共同的资源、共同的目标、共同的客户或者服务于共同的产品等。不管项目间的关系怎样，采用大型项目计划多项目管理的方法，可以优化项目的时间安排，合理配置项目资源，显著降低项目风险，达到为企业增加利益的目的。

14.1.2　多项目工程管理的原则

多项目工程管理的原则有以下 4 点：

(1)科学制订资源配置计划。集团管理层在配合多项目工程管理时应科学地制定和管控资源投入的进度计划。由于资源总量有限，因此可供各个并行多项目工程使用的资源是有限的，并行施工的各个项目在资源使用上是一种相互制约关系。在这个项目上投入资源，那么另一个项目就会失去使用相同资源的机会。因此，通过协同实现资源的优化配置和综合利用、使资源利用高度有序化、获取最大效益是制定计划时必须重点考虑的问题。

(2)合理安排各个项目启动时间。如果条件允许，尽可能使各并行工程的项目群处于生命周期的不同阶段，即妥善安排每个项目的开竣工时间。如果各项目处在生命周期的不同阶段，而生命周期各个不同阶段对项目经理的时间要求和对资源的要求都不同。所以，应该在生命周期内进行错峰安排或者实现并行工程要求的安排，使项目经理在多个项目的协同并行运动中，能有效地平衡负荷，有效地分配时间和资源，使多项目建设资源需求不发生抢夺而平稳分配和综合利用，这样才能高效率、低消耗的完成多项目的建设。

(3)多项目工程的利益相关者管理。在流域化梯级水电站的开发和建设及生产经营中，多个项目并行施工所影响到的利益相关者之间的关系十分复杂。一方面，参与多项目建设的、涉及利益关系的个人和组织数量相对较多；另一方面，各个项目的利益相关者之间也具有相互联系和相互制约的关系。为了减少多项目工程建设过程中的矛盾和制约因数，也要按照 ABC 管理法和管理熵理论，识别和综合分析各个项目的利益相关者，找出其中的主要和次要利益相关者，并针对不同层次重要性的利益相关者制定差异化的监控和应对措施，使并行工程多项目管理系统有序运行。

(4)集团内部设多项目工程管理中心，实施统一协调管理。大型水电集团直接管理一般流域梯级水电站开发的多项目建设，因为需要管控的事务多且较重要，集团公司的高层将亲自担任多项目管理负责人。集团也会为多项目的建设专门设立多项目管理中心。中心的主要职责是协调处理各项目间的事务或工作，组织多项目协同并行建设和管理工作。由于一个进行多项目管理的项目经理，不太可能成为各个项目领域的技术专家，所以集团还应当安排相应的技术负责经理参与项目的技术管理。因此，在多项目协同并行工程的建设中，集团必须设立多项目协同并行工程管理中心，对多项目协同并行工程的建设实施统一协调管理。

14.1.3 多项目并行工程调度模型[139]

流域水电开发和建设的多个梯级电站并行工程建设项目管理，涉及一定河段上项目群的建设，在资源有限的条件下，只有实施多项目并行工程优化调度的管理方式，才能有效利用资源完成项目群的建设任务。流域梯级电站群的多项目调度涉及若干并行的工程项目和一个共享的资源库及资源配置中心，在资源库和配置中心里，含有有限的建设资源和补充资源。一般来讲，项目之间往往会存在资源利用上的竞争与冲突，因此需要在资源配置上应用多项目调度模型和资源统一配置来解决资源有效配置的问题。假设多个项目之间出现了在共享资源之外的相互独立，不存在项目之间的紧前关系及不同项目的任务之间的紧前关系，因此对共享资源的竞争是这些并行工程之间的唯一联系，且采用加权项目总工期作为目标函数，则多项目调度的数学模型如下：

$$\min \sum_{i=1}^{n} \omega_i c_i j_i$$

$$\text{s. t.}$$

$$s_{ij} \geqslant \max_{(i,h) \in p_{ij}}, \quad \forall i, j$$

$$\sum_{(i,j) \in A_t} r_{ijk} \leqslant R_k, \quad \forall k, t$$

式中，目标函数为总工期最小；ω_i 为项目 i 的工期权重；c_i 为任务 i 的完成时间；j_i 为项目 i 所含的任务数量；p_{ij} 为任务$(i，j)$的工期；k 为资源序号($k=1，2，\cdots，K$)；K 为可更新资源的种数；R_k 为资源 k 的供给量(容量)；A_t 是在 t 时段处于工作状态的任务的集合；r_{ijk}是任务(i, j)所需更新资源k的数量。

14.1.4　多项目管理信息系统

由于多项目的复杂性，存在大量的信息收集、整理和处理工作。这些工作都需要有多项目管理信息系统的支持。多项目管理信息的输入和输出大都基于计算机、数据库和网络。编制多项目综合计划，人力、物资、设备和财务安排、施工进度及监控等管理工作，资源有效配置等都需要依赖现代信息技术。当前，移动互联网、各种先进的遥感遥测技术等，为流域水电开发与建设的梯级多项目管理提供了支持，同时当前多项目管理软件开发较多，也较为成熟，这些共同组成多项目管理信息系统，为多项目管理提供了高效率的技术支撑。

14.2　流域梯级电站建设的并行工程管理

14.2.1　并行工程管理原理

1. 并行工程的概念

并行工程(concurrent engineering，CE)是制造领域一种新的生产与管理技术，它的研究和应用能够极大地提高生产组织和生产过程的效率，并极大地节约时间和成本。

1988 年，美国国家防御分析研究所(institute of defense analyze，IDA)完整地提出了并行工程的概念，即并行工程是集成、并行地设计产品及其相关过程(包括制造过程和支持过程)的系统方法。这种方法要求产品开发人员在一开始就考虑产品整个生命周期从概念形成到产品报废的所有因素，包括质量、成本、进度计划和用户要求。美国国家防御分析研究所在定义并行工程时提出了并行工程的目标，即提高质量、降低成本、缩短产品开发周期和产品上市时间。同时还提出了并行工程的具体做法，即在产品开发初期，组织多种职能协同工作的项目组，使有关人员从一开始就获得对新产品需求的要求和信息，积极研究涉及本部门的工作业务，并将所需要求提供给设计人员，使许多问题在开发早期就得到解决，从而保证设计的质量，避免大量的返工浪费。

2. 并行工程的特点

(1)面向过程(process-oriented)和面向对象(object-oriented)原则。一个新产品从概念构思到生产出来是一个完整的过程。传统的串行工程方法是基于二百多年前英国政治经济学家亚当·斯密的劳动分工理论和一百多年前管理学家泰勒的专业化和标准化生产。这些理论认为分工越细、越专业，工作效率就越高。因此串行方法是把整个产品开发的全过程按工作顺序逻辑细分为很多步骤，每个部门和个人都只做其中的一部分工作，而且是相对独立进行的，工作做完以后把结果交给下一部门。这种工作方式是以职能和分工任务为中心的，不一定存在完整的、统一的产品概念。而并行工程则强调要面向整个过程或产品对象，因此它特别强调设计人员设计时不仅要考虑设计，还要考虑这种设计的工艺性、可制造性、可生产性、可维修性等，工艺部门的人也要同样考虑其他过程，如设计某个部件时要考虑与其他部件之间的配合。所以整个开发工作都是要着眼于整个过程和产品目标。从串行到并行，是观念上的很大转变。

(2)系统集成与整体优化原则。在传统串行工程中，对各部门工作的评价往往是看交给它的工作任务完成是否出色。就设计而言，主要是看设计工作是否新颖，是否有创造性，产品是否有优良的性能。对其他部门也是看他的工作是否完成出色。而并行工程则强调系统集成与整体优化，它并不完全追求单个部门、局部过程和单个部件的最优，而是追求全局优化，追求产品整体的竞争能力。对产品而言，这种竞争能力就是指产品的TQCS综合指标——交货期(time)、质量(quality)、价格(cost)和服务(service)。在不同情况下，侧重点不同。在现阶段，交货期可能是关键因素，有时是质量，有时是价格，有时是它们中的几个综合指标。对每一个产品而言，企业都对它有一个竞争目标的合理定位，因此并行工程应围绕这个目标来进行整个产品开发。只要达到整体优化和全局目标，而不追求每个部门的工作最优。因此对整个工作的评价是根据整体优化结果来评价的。

(3)协同性原则。

(4)并行性原则。

3. 并行工程的关键技术

并行工程的关键技术主要包括：①产品开发过程中的建模、仿真、优化与集成技术；②产品生命周期数据管理；③数字化产品建模及支持并行设计的CAx/DFx数据集成；④面向装配的设计(DFA)；⑤面向制造的设计(DFM)；⑥质量功能配置(QFD)；⑦集成产品开发团队的组织、实施及群组协同工作环境；⑧计算机辅助工程分析(CAE)；⑨多功能综合集成开发团队组织技术；⑩协同技术与工作环境协同技术；⑪并行工程信息系统技术。

14.2.2 多项目并行工程管理的内涵和意义

多项目管理与单项目管理的差异是，单项目管理的前提是假定项目的资源得到保障后进行的项目管理，采取串行的生产组织方式。多项目管理的前提是在资源一定的条件下存在多个项目并行协同生产，在多项目的并行协同生产组织中怎样协调和优化配置有限资源，获得最优项目组合生产效果的管理过程。

并行工程和多项目管理本质上都是一种系统的工程管理，遵循系统工程的原理。在整个工程系统中，管理熵规律起着重要的作用，它决定着复杂的并行多项系统工程的有序开展，决定着资源的排序和综合有效利用，并指导系统工程与系统环境和谐可持续的发展。因此对于并行工程和多项目管理系统，可应用基于管理熵的综合集成评价模型进行效率和有序性的评价(该内容见本书第17章)。

由于并行工程和多项目管理本质上都是一种复杂系统工程管理，在管理上具有若干共性，因而将这两种先进的工程技术和管理方式整合起来，形成一种能够集成两种技术优势的管理理论与管理方法。

将并行工程与多项目管理这两种管理理论与技术综合集成起来，就形成了并行工程集成多项目管理的理论与方法，这就是基于并行工程的多项目管理。也就是说在多个建设工程项目中，可以将具有相同性质并同时开工建设的工程设计、施工及竣工验收的不同阶段，利用并行工程和多项目管理的方式进行组织施工和管理，这样就可大大地缩短建设工期，节约时间和成本。

在工程建设领域里，特别是流域化梯级电站的开发与建设中，经常会出现多个按梯级分布的工程项目或工程项目群同时在建，并且按照并行工程的技术和组织方式组织施工，这样就出现了流域梯级电站建设的多项目并行工程。

多项目并行工程是指，应用并行工作的逻辑、并行工程理论与技术及分解结构技术，使工程项目设计和建设的相关过程相对并行地集成起来，在施工中将同一工程项目内部的不同工作阶段，或者不同工程项目之间的若干工作阶段，实现同时地、并行地进行设计和生产的高效率工程建设组织方式。

多项目并行工程实施的目标是，提高质量、降低成本、缩短产品开发建设周期和产品上市或工程应用时间。多项目并行工程的具体做法是，在多项目(产品)或者是单一项目(产品)开发设计初期，根据工作的相似性和内在的逻辑关系，组织多种职能协同工作的项目组，使有关人员从一开始就获得对新产品或新工程项目需求的要求和信息，积极研究涉及本部门的工作业务，并将所需要求提供给设计人员，使许多问题在开发早期就得到解决，从而极大地缩短了产品或工程的设计生产周期，节约的成本同时保证设计的质量，避免大量的返工浪费。

并行工程在建筑企业管理中的应用研究，就是将这种新兴的科学生产方式应用到工程项目建设中，广泛运用并行工程理论所体现的哲学思想、技术组织和管理的方式，运用到建筑企业管理和工程项目建设管理中，推动了建筑企业管理的发展。在建筑企业的生产运营管理中，协同并行工程主要应用在以下三大方面。

1. 建筑工程设计方面的工作内容

按照协同和并行工程的思想，建筑工程开发从一开始就要考虑影响整个工程的全部因素，使工程系统每个过程的所有阶段都协同起来，并行地开展工作。将开发过程中内部和外部因素，有形和无形因素都加以考虑，增强管理对象的交融度，并形成一种功能、材料、资金和工作互补、匹配的整体结构。

基于并行工程的建筑工程开发工作实质上体现了一种系统性，即工程的前期策划、设计、建造、竣工、试运行、交付使用和生产经营管理等过程已不再是相互独立的单元，而是被纳入一个完整的工程系统中进行考虑。前期开发工作将产品设计、投资估算、开发计划、建筑施工、质量控制、成本控制、工程实现等因素一同纳入系统。在策划的同时就可以进行设计及施工准备，有助于提前发现问题，并及时调整。

建筑工程开发项目的生命周期一般分为 5 个阶段：①投资决策和项目前期策划论证阶段；②项目的设计和计划阶段；③施工阶段；④项目的竣工、试车、验收阶段；⑤工程项目使用阶段。每个阶段内和各个阶段之间都存在一些可以并行的工作，如投资决策阶段做的市场调研工作与设计阶段的产品理念设计可以并行；施工图设计工作与采购准备工作可以并行等。可并行的具体内容如下。

1)并行工程投资决策和项目前期策划阶段的应用

在投资决策和项目前期策划阶段要把市场和社会调研、投融资、管理、策划、设计、施工、竣工、用户、行业专家等各方人员组合在一起，通过会议、问卷调查等方式对所策划项目的目的、过程、结果做全方位的分析和预测，并相应地做出投资决策和项目的前期规划。在这个工作阶段中，工程项目建设各阶段的专家都可以在并行工程项目组中并行地展开工作，为项目投资解决和项目规划提出自己的意见。

2)并行工程项目的设计和计划阶段的应用

根据对用户需求的分析全面指导项目的设计，运用并行工程的思想，将后续阶段工作的可行性和合理性作为一种设计约束条件，将工程设计和指定建设计划等工作并行起来，尽量减少后期施工过程中的设计变更和施工计划变更。

设计和计划阶段的指导原则包括以下5点：

(1)项目发展团队(project development team)作为一个整体对整个设计负责。

(2)项目发展团队应该进行阶段性的比较优化设计目标，应用价值工程剔除无附加价值的产品功能。

(3)利用计算机辅助设计(CAD)系统，减少设计工作强度，提高工作效率，同时便于并行工程信息共享。

(4)设计必须同时考虑施工过程的可操作性。如施工方法、技术、资金、物资、设备、施工排序和不同承包商之间的配合。因此，在协同和并行工程要求下，在实际过程中施工单位可以先行参与设计工作，以完善设计和施工的关系及内容，实现设计和施工的无缝衔接。

(5)设计应该使施工工作可以在设计工作部分完成的情况下就开始进行，不用等到整个设计完成，实现设计与施工精密结合。这种在设计部分完成下就开始施工的前提下，实现边设计边施工的并行工程方法，可以大大减少设计时间，发现设计中的问题(如设计不符合实际施工情况等)，便于快速反应和纠正设计错误，完善设计方案。同时也使施工更能理解设计思想，按照设计方案进行科学施工，减少施工中的不足，提高施工质量，降低施工成本，避免返工。

3)施工阶段的并行应用

施工阶段的工程建设企业一般通过招标交与专业的施工企业去完成，多项目并行工程在策划阶段就应有多项目的专业施工人员参与项目的策划和设计，后来的多项目施工过程中也要注意以下4个方面的并行应用。

(1)应该按照分解结构法对传统的工序进行分解，按照工作的内在联系和相似性原理，形成可并行作业工序的基本单元，实行模块化施工，降低传统现场作业中各工序的相互依赖性，使尽可能多的工序同时并行地开展工作。

(2)应该使所有管理人员、工程技术人员和施工工人了解整个项目，清楚自己在整个计划中的作用和关联关系。

(3)在施工中，工程进度、工程质量、工程成本和工程环保工作要同时并行地开展，这样可以使各项管理工作协同进行，便于相互纠偏，高效低耗地完成施工管理。

工程进度、工程成本、工程质量、质量检查方法及标准等各种工程控制指标，应该公布在施工现场可见处，便于施工中对标管理，也便于各项指标的执行、监督和控制。

(4)定期将反馈意见传达跨部门并行工程指导小组，以完成剩余部分的设计及组织后续的并行工程。

2. 并行工程在项目建设组织管理方面的工作内容

为了有效地将多项目并行工程理论与技术应用到工程项目建设的实践中，企业在工程的组织管理方面，应打破传统的项目生产与管理方法，根据自身的特点进行多项目并行工程组织管理，其基本内容如下。

1)建立多项目并行工程领导与工作团队

多项目并行工程团队的建立是工程企业为了完成特定的产品开发任务而组成的多功能团队。包括来自市场、设计、施工、采购、销售、维修、服务、用户、供应商及协作单位的代表。通过团队成员的共同努力能够产生积极的协同和并行作用，使团队的绩效水平远大于个体成员的绩效总和。由于团队成员专业互补，致力于共同的绩效目标，并且共同承担责任，可极大地促进各阶段专业人员之间的相互沟通、信息共享与交流。

企业开展多项目并行工程工作的确能得到生产经营和竞争的很多好处，但也要看到开展多项目并行工程技术、组织与管理的难度。由于并行工程技术开发与应用时间不长，并且其技术主要应用于机械制造领域，建筑领域应用较少，成熟度也较低，建筑生产过程仍主要应用传统的方式。因此，在水电工程项目建设中开展并行工程有一定的难度，而多项目并行工程是在一般并行工程基础上提出的技术和组织难度更大的工程建设模式，其工程系统更大、更复杂，要求整个建设系统高度有序化，因此难度更大、涉及的企业利益更大、企业发展战略性要求更高。一般来讲，仅由传统的项目经理来组织多项目并行工程建设与管理，显然难以达到要求，难以实现资源优化配置和系统有序化。因此必须构建以企业主要领导为主，多个部门和项目经理参与的多项目并行工程领导小组，全面负责多项目并行工程的资源调配和建设工作的开展。同时还要进行制度设计和建设，健全各种管理制度和机制，使多项目并行工程的实施有章可循。

确定多项目并行工程工作团队的管理制度和管理机制的基本内容有以下三个方面：

(1)计划和控制。就工程建设的计划和控制内容来说，一般包括进度、成本、质量、环保等工作的计划和控制。具体方法和技术有网络分析技术(PERT)、基于活动的成本控制、全面质量管理(TQM)、价值工程(VE)等。

(2)领导和激励。从具体操作的角度来说，领导方法主要是通过指示、参与、授权、宣传和激励来实现。领导具体的管理方法主要是，实现目标管理、绩效评价，使员工积极参与，应用浮动工资、计件工资等奖励方法及企业文化、精神激励和政治思想工作，提高员工的积极性、主动性和创造性。

(3)组织、沟通和协调。对于密切配合的团队协同并行工作模式来说，工作组织是十分重要的。一般来讲，在劳动分工的条件下，工作是按串行、并行和串并行的逻辑方式组织起来进行并完成全部工作，形成最终产品。为了工作的效率，将串行工作进行结构分解，重新组织，形成并行或串并行的协同工作方式，就能极大地提高生产资源利用效率和工作效率。因此，工作的组织形态和组织流程对工作效率有极大的影响。另一方面，在工作的并行协同组织运行中，部门员工之间的信任、沟通和协调尤为重要，因为及时的沟通和信任能够消除由于信息不对称而造成的隔阂，进而造成的工作障碍。

(4)协同并行工程团队的决策模式和方法。协同并行工程工作团队在做决策时，一般采取群体决策的方式，吸收各方面的专业人员进行分析，提供多方面的意见，这样在决策时就能做到利用更全面的信息和知识，增加决策方案的多样性和选择性，提高决策的科学性和可操作性，减少决策的失误和风险。

(5)冲突的协调解决。在实施协同并行工程多项目管理的过程中，由于在初始阶段就应用了协同并行的方式综合考虑多个工程全生命周期中各环节的影响，因此，协同并行工程强调多学科专家的协作。由于各专家的知识面、背景等不同，由他们组成的目标各异且之间相互作用、相互制约，可能随时发生冲突，如何协调好这些冲突，是实施协同并行工程多项目管理的关键问题。从某种意义上讲，协同并行工程的实施过程就是冲突不断产生、发展、解决的过程。冲突的产生可以使设计人员及早发现问题、解决问题，保证设计方案的优化。

3. 多项目协同并行工程辅助管理方面的工作内容

1)在多项目协同并行工程建设全过程中建立良好的文化氛围

协同并行工程最为重要的意义是它代表了一种工作的哲学思想和逻辑，是一种工作的思想和文化，而不仅仅是一个组织生产的方法或技术。在习惯了传统的串行工作逻辑和行为，转变工作逻辑、工作文化及工作习惯是不容易的。因此，为了有效地应用协同并行工程实现多项目管理，提高企业工作效率，企业必须加强宣传、教育和培训，形成有利于开展协同并行工程的思想和文化氛围。从高层管理部门开始，企业中所有成员都要意识到协同并行工程方法的思维方式、工作逻辑、工作方法、工作效率及它需要的条件。企业组织中每一级、每一部门和其中的每个成员都必须意识到，协同并行工程是实现高效率的流域化梯级电站多项目建设和管理的思想、方法和组织，以便在工作中实现并行和协同。

2)企业领导及各部门主管支持

采用协同并行工程方法实施多项目工程管理，必定会涉及原有生产和管理组织的变革，包括权力分配的变化、利益结构的变化、各种激励约束机制和政策的变化、人际关系的变化等。而企业对权力分配、责任和利益关系的变化是极为敏感的。因此，协同并行工程在建筑工程中的有效应用必须有企业最高层主管的支持及各级管理部门的理解和应用。在我国建筑企业的现状下，由于工程项目在建设中具有较大的独立性，一般企业高层主管很难对其实施强有力的影响，为了有效地实施并行工程，又快又好地实现工程项目的建设，就必须得到项目管理和相关部门的理解与支持。同时，按照协同并行工程思想，企业领导必须要赋予各协同并行工程项目负责人对各管理部门资源的支配权，这显然会削弱各管理部门主管的权力，因而需要对各部门主管做大量思想工作。

3)建设多项目协同并行工程信息化系统和数据平台

随着计算机、通信技术的快速发展，使生产与管理的信息能够得到较全面地采集、分析和共享，而并行工程就是要在信息和资源共享的基础上才能有效地开展。因此，要在企业中有效地应用并行工程，使企业管理能够更好地组织和实施，就必须构建企业的并行工程信息化系统和数据平台，以支持企业的并行工程。企业的并行工程信息化系统和数据平台，一般包括以下 4 种系统。

(1)多项目并行工程管理系统。在多项目并行产品开发或工程建设中，跨部门的多学科团队一般是以项目为单位组建的，其管理方式也基本是按项目管理的思想进行，其组织都按矩阵组织模式构建。多项目协同并行工程管理系统在信息技术的支持下，对多项目组织和生产运营进行管理。多项目管理信息系统的核心是软件的开发与应用，软件的功能一般包括，任务分解、进度安排和跟踪控制、资源分配、质量管理、成本核算、统计分析等。

(2)工作流管理系统。所谓工作流管理系统(workflow management system，WFMS)，是指为了实现企业目标，将相关的工作活动按照时序和工作逻辑构建成相互衔接的工作流程，在此流程基础上进行管理的系统。在该系统中，业务工作展开过程中业务工作的文档、信息和任务都必须根据企业的规范，在各工作环节和参与者之间进行传递、处理和执行。

在管理上，WFMS 能提供以下三个方面的功能支持：

第一，建模功能。即对工作流过程及其组成活动进行定义和建模。

第二，控制功能。在工作闭环系统运动的环境中管理控制工作流过程，也就是对工作流过程中的活动进行决策、计划、调度、控制和反馈。

第三，交互功能。指在工作流运行中，WFMS 与用户(业务工作的参与者或控制者)及外部应用程序交互和通信的功能，使工作流信息得到共享，纠正偏差，提高工作效率。

工作流管理 WFMS 是人与计算机共同工作的自动化协调、控制和通信，在计算机化的业务过程中，通过在网上运行软件使所有命令的执行都处于受控状态。在工作流管理下，工作过程和工作量可以被监督，使分派到不同工作环节的工作量达到负荷平衡。

(3)群体决策支持系统。小组的决策过程因时间、地点的不同，可有 4 种情况发生，同时同地、同时异地、异时同地、异时异地。与此相对应也有 4 种类型的群体决策支持系统工具，决策室(支持同地同时的交互作用)；工程室(支持同地异时的交互作用)；远程会议系统(支持同时异地的交互作用)；电子邮件系统和语音邮件系统(支持异时异地的交互作用)。

(4)多项目协同并行工程管理信息共享系统。信息共享是多项目协同并行工程小组工作的一个基本支撑要素，信息在小组平台上应做到透明化和沟通要及时化，通过计算机辅助项目管理信息系统，可以保证信息传递的准时性，有助于各方参与者及时进行沟通，迅速反应。

多项目并行工程在工程建设企业管理方面的实际应用，解决了企业现在普遍存在的项目策划和定位不准确、设计理念不符合实际情况、项目开发周期过长、项目建设过程混乱及后期服务跟不上等方面的问题，使多项目工程建设能够有序、快速、高效、低耗地进行。

14.2.3　多项目并行工程管理逻辑模式[140]

为了能成功地在流域化梯级电站开发和建设的集团公司内，有效的实施并行工程多项目管理，一般采用逻辑性极强的相互管理的 5 个管理步骤，形成一个系统管理和控制模式。

第一步，确定集团公司的流域梯级电站开发战略目标。

第二步，建设集团公司的多项目并行工程管理体制。

第三步，在流域梯级电站开发与建设及发电生产经营中，对多项目协同并行及对并行工程进行筛选与计划。

第四步，按计划实施和监控多项目并行工程的运行。

第五步，对多项目并行工程管理的绩效评估与反馈。多项目并行工程管理模式见图 14-1。

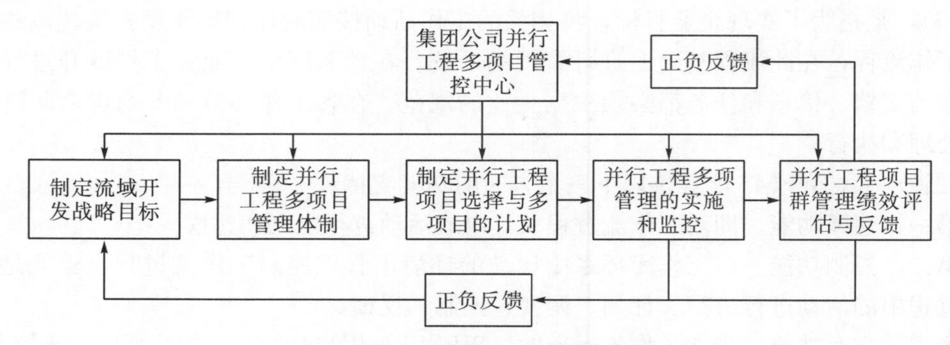

图 14-1　多项目并行工程管理内容与路径逻辑模型

根据图 14-1 所示，可以看出多项目并行工程运行和管理组织的模块内容及其相互关系。根据该模型的工作逻辑设计的工作流程其内容如下。

(1)多项目并行工程管理管控中心。该中心的主要工作就是对流域梯级电站实施的并行工程多项目实施统一的战略规划和工程实施管理。

(2)流域开发战略目标的确定。集团公司应确定其宗旨使命，建立流域开发的长期发展战略目标，根据外部竞争环境和内部资源条件，选择最适合实现目标的策略，并针对战略目标的实现进行规划和分解成执行计划。

(3)多项目并行工程管理的管理体制。多项目并行工程管理是一种新的、复杂的管理模式，要建立起集团内部多项目并行工程管理体制。设计并实施多项目并行工程的组织架构，建立起满足多项目并行工程管理的多项目选择、计划、协调、沟通、监控和信息反馈的组织结构。还要建立和完善多项目并行工程的管理体制和技术支撑系统。管理体制和技术支撑系统要能够对项目的进展进行监督和管控，能识别项目实施过程中影响集团业绩的因素并能实施及时的控制和纠偏。多项目并行工程的管理组织、技术支撑体系和管理的制度及运行机制，要能及时地满足多项目并行工程管理的纵向、横向信息沟通和协调。

(4)并行工程项目选择与多项目的计划。并行工程项目选择过程就是根据一定的评判标准，对潜在的项目进行排序，选择那些优先等级较高的可以同时并行开工的项目。评判的标准应包括项目的可行性、财务指标、风险因素及项目之间的关系等。多项目并行工程管理选择与计划是企业战略管理的延伸，是多项目并行工程管理的前期规划。项目选择好后，根据集团的战略目标对项目进行分解，对集团现有资源、现有项目、外部环境等要素，运用并行工程对多项目管理的组合和综合集成管理、协同管理、并行工程等理论与方法，制定工程设计、施工计划，包括项目群计划和单项目的实施计划，对项目群和并行工程实施计划管理。

(5)多项目并行工程管理的实施和监控。在多项目并行工程的实施过程中，每一个项目的现场管理单位，都要根据集团公司的授权及在单项目管理基本方法和要求的基础上实施管理，同时集团根据多项目并行工程管理控制系统对集团所有项目的实施进行资源配置、施工监督、指挥、协调及控制。

(6)多项目并行工程管理绩效评估与反馈。多项目并行工程管理是一个动态过程，外部环境也是动态变化的，且多项目并行工程管理模式也应在应用中不断完善，所以在企业的多项目并行工程管理过程中要建立绩效评估与反馈机制。通过评估在并行工程中单个项目的绩效、项目群的绩效、项目组合的绩效、集团公司整体在梯级电站项目群建设的绩效和集团战略目标的实现程度，对多项目并行工程管理的运行情况进行评价，将结果反馈到前面的各个过程，并对其进行控制、改进和调整，使多项目并行工程管理能产生更好的效果。

14.3　流域梯级开发的水电工程建设多项目协同管理

14.3.1　基于熵与耗散结构的协同管理原理和流域化水电开发应用

协同论(synergetics)亦称“协同学”或“协和学”，是20世纪70年代以来在多学科研究基础上逐渐形成和发展起来的一门新兴学科，是系统科学的重要分支理论。其创立者是联邦德国斯图加特大学教授、著名物理学家赫尔曼·哈肯(Hermann Haken)。他1971年提出协同的概念，1976年系统地论述了协同理论，发表了《协同学导论》，还著有《高等协同学》等。

协同论主要研究远离平衡态的开放系统在与外界有物质或能量交换的情况下，如何通过自己内部协同作用，自发地形成时间、空间和功能上的有序结构。协同论以现代科学的最新成果——系统论、信息论、控制论、突变论等为基础，吸取熵理论和耗散结构理论的大量营养，采用统计学和系统动力学相结合的方法，通过对不同领域的分析，提出了多维相空间理论，建立了一整套的数学模型和处理方案，在微观到宏观的过渡上，描述了各种系统和现象中从无序到有序转变的共同规律。

客观世界存在着各种各样的系统，社会的或自然界的、有生命的或无生命的、宏观的或微观的等。这些看起来完全不同的系统，却都具有深刻的内在相似性。协同论则是在研究事物从旧结构转变为新结构的机理的共同规律上形成和发展的。它的主要特点是通过类比，对从无序到有序的现象建立了一整套数学模型和处理方案，并推广到广泛的领域。它基于“很多子系统的合作受相同原理支配而与子系统特性无关”的原理，设想在跨学科领域内，考察其类似性以探求其规律。因此赫尔曼·哈肯在阐述协同论时讲道：“我们现在好像在大山脚下从不同的两边挖一条隧道，这个大山至今把不同的学科分隔开，尤其是把‘软’科学和‘硬’科学分隔开。”

协同学(synergetics)通过对系统熵和耗散结构等多学科理论的研究，着重探讨各种系统怎样从无序变为有序。赫尔曼·哈肯说过，他把这个学科称为协同学，一方面是由于我们所研究的对象是许多子系统的联合作用，以产生宏观尺度上的结构和功能；另一方面，它又是通过许多不同的学科进行合作，来发现自组织系统的一般原理，因此，我们可以把协同学看成是一门在普遍规律支配下的有序的、自组织的集体行为的科学[130]。

协同学指出，无论是平衡态的有序相变过程，还是远离平衡态时所发生的从无序到有序的演变过程，都遵循着相同的演化规律，都是大量子系统相互作用又协调一致的结果[141]。

协同学近十几年来获得发展并被广泛应用于综合性学科。它着重探讨各种系统从无序变为有序时的相似性及协同的条件、方式和特点等。协同系统是系统自组织条件下形成的宏观时间、空间和功能的有序结构的开放系统。

流域化梯级电站开发和建设中，往往出现多项目或项目群的建设和管理。多项目或项目群的建设组织是一个宏观时间、空间和功能的有序结构，并形成了开放性的复杂巨系统，它由许多具有共同目标、相互依存、相互制约的子系统有机构成，每个子系统都有自己的功能和子目标，在一定的组织条件下，完成子目标而最终实现共同目标。

然而由相对独立的工程项目构成的子系统具有自己的功能和子目标，并且具有一定的独立性和局限性，因此在多项目或项目群管理组织系统运动过程中，各个单一工程子系统在整个系统运行中并不一定能协调一致，从而产生系统的“非协同性”现象，进而发展形成多项目或项目群系统运动的无序状态，最终导致系统的混乱、崩溃和瓦解。如规划中的雅砻江流域梯级开发和建设是由21座大型电站所构成，在近十年中，雅砻江公司(二滩公司)同时设计和建设了锦屏一级水电站、锦屏二级水电站、官地水电站、桐梓林水电站等，形成多项目或项目群的建设与管理组织系统。而这些在多项目或项目群系统中，虽然共同目标都是为了实现流域化水电梯级开发建设的总体目标，但每一个单独的工程项目又具有自己的子目标，形成相对独立的工程建设管理局，而每一个管理局是由若干个子系统有机构成的，包括财务系统、供应系统、生产系统、人力资源系统及内部行政系统等管理组织的子系统，这些相对独立的工程项目和管理局子系统都具有一定的功能和独立性，有自己的工作目标，但都是为了完成总目标而运动的。然而由于不同工程项目和管理局及管理部门相对独立的责权利是客观存在的，使这些多项目或项目群在建设中常常受到局限，出现步调不一致的“非协同”现象，导致多项目或项目群管理系统出现无序状态，使得管理效率低下，成本耗费增加，最终不能高效低耗地达成流域水电梯级开发建设和电力生产运营的目标。

多项目或项目群管理组织是一个由他组织和自组织有机结合的协同组织。一般来讲，多项目或项目群管理组织结构都是由纵向和横向的层级结构和功能结构所构成，见图14-2和图14-3。在管理过程中，各层级各部门必须相互配合、相互协同，形成合力共同完成管理的任务。

下面的内容将构建矢量模型来证明多项目或项目群管理组织的协同程度决定了分布式的项目群组织力量结合的程度，由此产生的协同力的大小决定了项目群组织的效率。

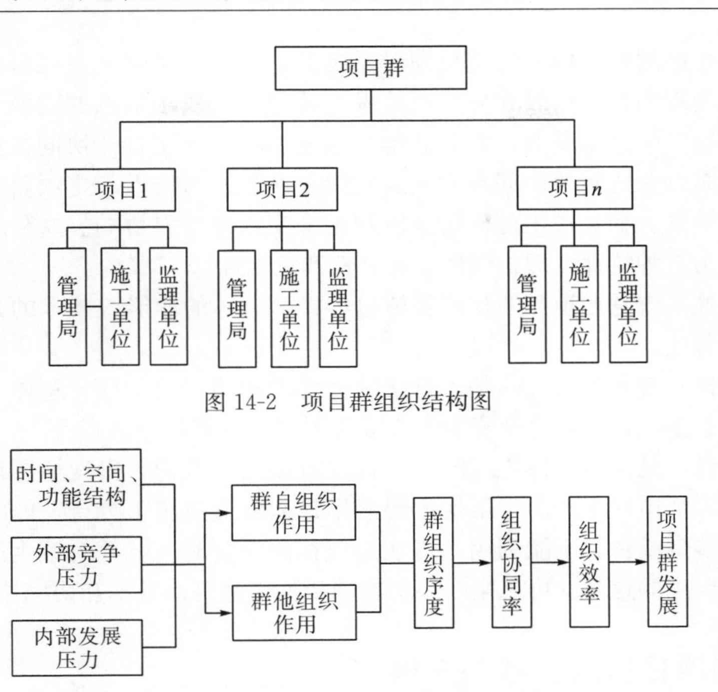

图 14-2　项目群组织结构图

图 14-3　项目群组织协同效率逻辑图

14.3.2　流域梯级电站开发与建设中的多项目协同机理

多项目协同管理是为了更有效完成集团公司战略目标，在协同理论的基础上，通过一定的协同管控组织，并在统一计划安排下实现资源的综合利用，降低建设成本和节约工期而创造的一种项目群的管理方式。

在流域梯级电站开发与建设中，多项目协同管理可以在流域梯级电站建设集团公司的各个并行工程所建设电站的施工中，将各个工程项目通过相互之间的相似性进行分析，找到其共性和特殊性，并通过这些项目的共性和特殊性来组织协同施工和管理，实现多项目系统组织的高度有序性，使集团公司资源得到有效的配置和利用，大大节约施工准备的时间和施工工艺时间，使全流域化的建设成本和建设周期大大缩减，极大地提高建设效率。在具体组织协同管理过程中，集团公司首先应根据战略目标对多项目进行筛选，然后再根据自身能力及项目之间的相互关系，选择各项目实施的排序，最后再协同管理这些项目的实施过程，以实现资源的最优化配置和利用。

多项目的协同管理并非简单地将一些项目放在一起实施，而是将具有一定相似特征或具有相互作用的项目融合在一起协同与并行工程的施工和管理。按照系统科学的基本规律可知，系统协同最常见的特征是各个项目协同作用所产生的效果超过各个部分单独作用的效果之和，因此多项目协同管理必须要产生大于各个单项目管理之和的效应，如建设成本、建设周期、设备物资利用、资金利用、人力资本利用等，否则就不会应用多项目协同管理的方式。

多项目协同管理首先要使各项目之间产生相互作用，这个系统的建立是为了实现企业的战略目标。系统中每一个项目既有独立的作用，同时又相互作用，他们在一定程度上拥有自己的生命周期，但无法避免同时受到其他项目的影响。多项目系统是一种开放性系统，不仅表现为企业可以和外界环境发生能量、物质和信息的交换，还表现为企业可以与其他企业发生紧密联系，即与其他企业通过项目产生合作协同关系。构建这种系统使多项目、多企业之间的协同在空间、时间上产生了可能性。当项目具体实施时，项目之间的相互关系、相互作用可以被加以利用来实现多项目协同。这种相互作用和相互关系可以归纳为三种特性，即相似性、互补性和流动性。

所谓相似性，就是在项目的管理实施过程中，具体的职能或技术的具体要素相互之间可以通用和替代。

所谓互补性，就是各自之间基于自己的优势承担相应的责任，总体上形成一个完整的系统，有利于多项目相互之间资源的有效配置和综合利用率的提升。

所谓流动性，是指项目群之间的生产资源可以相互流通，实现协同调度。例如在一个时期内，当一个项目生产由于某生产要素不足而将造成施工等待，同时另一个项目对该生产要素有多余或暂时不能利用而可能造成积压浪费时，就可对该生产要素进行协同调度，先满足生产的急需。可见生产要素在项目群中是可以共享和协同流通的。

14.2.3 多项目协同管理功能模型[142]

多项目协同管理功能模型首先是建立在协同理论的基础上，利用系统协同的方法来研究多项目协同管理，其次对多项目管理的功能组织模块进行设计，用以形成多项目协同管理的组织系统。功能组织模块可分为三大类，分别是多项目协同管理功能模块、多项目协同管理范式模块及项目协同管理技术支持模块。这三大类模块具体阐述如下。

1)多项目协同管理功能模块

通过对企业一些基本活动的功能进行协同从而达到多项目协同，也就是说在项目的具体实施过程中这个维度的协同才能体现出来，这是多项目协同的基石和具体体现，而企业的全部经营活动正是由这些功能构成的。表 14-1 列举了协同一些典型功能的协同机制及潜在冲突。

表 14-1 多项目协同管理功能的协同机制和潜在冲突

序号	协同类型	协同方式	协同效应	潜在冲突或成本
1	战略协同	战略互补、一致相互支持，战略投资、战略开发，战略风险共担等	共同战略利益，相互借助核心竞争力，避免竞争损失，避免竞争风险	战略利益分配的公平性
2	资源协同	财力、物力、人力等有形资源和品牌；企业形象、企业商誉、企业的商标、专利权、知识产权等无形资产共享	产生协同资本，增加收益；创新知识，增加知识价值；分享较高的资产专用性；分担投资风险	无形资源协同中的文化冲突，有形资源利用的优先级别争夺
3	组织协同	信息沟通、人际沟通、人员协作、共同组建项目群办公室或协同虚拟组织、共享伙伴的某一组织等	降低组织成本、保证项目群的快速完成、获得速度优势	组织、人员的公正与否，可能造成冲突，破坏协同关系
4	采购协同	共同投入产品，共同投入货源地	降低投入物资的成本	各个项目的质量、规格的差异性

续表

序号	协同类型	协同方式	协同效应	潜在冲突或成本
5	设计协同	共同设计，交换设计成果	降低设计成本，加快设计速度	成果的价值评估、知识产权的分配
6	生产协同	共享生产设备和生产物资	提高生产能力的利用率，提高生产的敏捷性、提高产品质量、降低生产成本	各个客户对技术精度的要求不统一
7	创新协同	共同攻克技术难题，共同组建研发团队、协作攻关	降低研发成本、扩大研发规模、提高产品创新性、降低创新风险	技术的独特性和技术的保密性、研发的投入和效益的分配

资料来源：张朝勇、王卓甫，《项目群协同管理模型的构建及机理分析》，万方数据：2011-2-24

2)多项目协同管理的范式模块

多项目管理的范式模块主要由以下三个方面内容构成：

(1)项目与战略之间的协同。项目选择的关键指标是使项目的实施结果对企业的战略有贡献，即每一个项目的实施都要发展企业的战略规划系统，并且项目的实施结果都会推动系统的发展超过一个临界点，使得企业在战略规划上向前走一步，有助于企业战略的实现。

(2)项目与项目之间的协同。项目之间不是相互隔绝的孤立系统，它们之间可以并且一定会发生相互作用。当项目的具体功能被分解后，协同的几率随之产生。项目间的协同目标就是引导项目之间的相互作用向提高项目价值的方向迈进。

(3)企业内部项目与企业外部关联项目的协同。企业内部的项目系统应该被设计为开放的，应当允许企业从企业外部寻求有助于实施某一些项目的助力，即与外部的关联项目协同。多项目协同范式模块和协同功能模块从不同的维度阐述了多项目间的协同机制，而通过组合这些协同的类型就可以建立多项目协同管理模型，如图 14-4[142]所示。

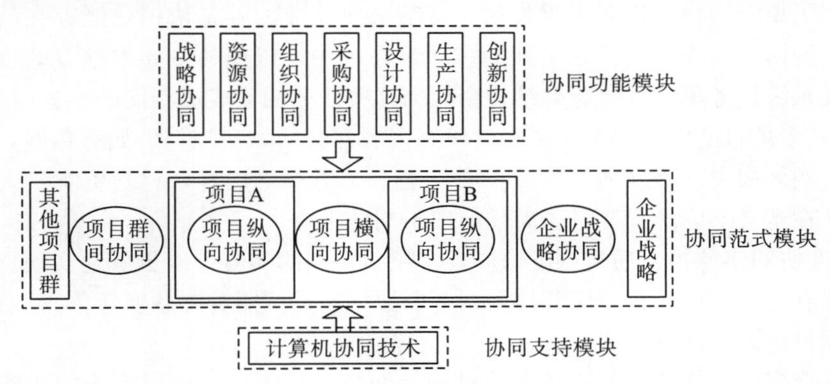

图 14-4　多项目协同管理模型

由以上模型可知，企业的多项目协同依靠选择范式，即选择协同操作的对象和主体，构成协同关系的各种对象。无论是项目与项目、项目与企业战略、还是企业内部项目与外部项目之间的协同，都可以为企业项目实施产生助力，以上协同关系的选择目的是特定的。还有就是协同发生的特定阶段和行为，这是在多个项目协同并行时企业所必须应对的，因为以上的功能是项目实施的实际功能，是协同的根本点。企业可以通过此模型对多项目协同进行解释，并且此模型能包罗企业主要的协同行为。

3)多项目协同的实现方法

多项目协同实践发生的前提是已经选择的相互作用的项目，然后在对项目具体功能内容进行识别的基础上，协同过程才能发生。

(1)互补性协同。互补性协同的首要表现是各项目不同资源的需求层次，而能够将资源的各个层次充分利用于多个项目协同实施过程中，使得资源的利用效率得以提升，而资源分解结构报告能够清楚地显示出资源的使用情况。能力协同是互补性协同的另一个表现形式，对工作结构的分解导致工作包的形成，这种工作包都是采用动词组合进行描述的，反映了项目有哪些企业能力的要求。不管企业的地位和竞争优势怎样，在企业的众多能力中，总会存在比较优势和比较弱势的能力，参考大卫的比较优势理论，企业在实施项目协同时会导致企业将重心放在自己的优势上，而自己劣势的任务将转由协同方完成，进而项目的效率得以提升。

(2)相关性协同。相关性协同包括相似和相同两种，即两个或两个以上的项目在资源、工作包或职能上面有相似或相同的集成实施。相似的集成实施会形成范围经济，而相同的集成实施会形成规模经济。具有相关性的职能可以更加紧密地将项目联系起来，并使信息的传递更加通畅有效，这些都可以导致效率的提升。

(3)流动性协同。不同于资源在单项目管理中的独占使用，多项目协同管理中各项资源是集成化共享使用的。有实践表明，单项目的实施过程中各种设施的运作都处于非满负荷状态，存在着闲置情况，这就导致无形折旧的产生，是另一种形式的资源浪费。而多项目的协同管理使各个项目可以对这些闲置设施进行有效利用，极大地避免了这种浪费。

4)实现多项目协同的步骤

(1)整合多项目的任务对象。任务集构成了每一个项目，完成任务集等同于完成项目。层次性可能存在于任务之间，完成下一个层次项目，上一个层次的项目才有可能完成。在编制了单个项目的任务集报告后，接下来要完成的就是依据已经存在的报告，将各个单项目的协同工作编制在一个新的多项目系统中，以便各个原本独立的项目任务集形成新的大系统任务集。资源分解结构会因为这些任务的集成编制而产生相应变化。

(2)识别多项目的资源对象。项目的所有资源都必须如实陈列，如有错漏，相应协同方就会产生额外损失。陈列项目资源主要注意三个方面的内容，材料资源、人力资源及设备资源。在定义不同的资源时还需反映出不同的重点。

(3)调度协同多项目。通过调度协同，多项目协同的契合可以更好地实现。调度协同的主要过程有两个，一是按照任务均衡调度资源，二是按照资源调度任务。

5)多项目协同的计算方法

通过整合多项目任务对象和各个项目初始网络计划图后，协同系统的实施网络计划图就形成了。接下来可以通过计算求得各项目的时间参数，而资源均衡的目标就是通过不断调整初始网络计划图非关键路线上的作业，尽量减小所有项目单位时间内总资源的消耗方差。资源是可以前提获得，各单个项目的最早开始时间和最后完成时间是总体协同时任务集的任务编制要达到的基本要求。

资源约束下多项目调度问题的重要性毋庸置疑。多项目资源对象识别时的陈列清单是调度的可行性基础。项目内部各任务的时序约束和所有项目的资源约束是前提条件，在此基础上对所有项目任务的进度安排进行优化以实现项目总工期的最小化是该方法的要求。在对现有文献进行研究后发现，由于多项目调度问题的复杂性，目前使用的多项目调度算法大都是启发式算法，这些算法多基于任务优先权，其优点是快速简便，但由于不同项目的性质不同，它们的效果差异较大。

14.4　基于信息技术的多项目协同与并行工程组织[127]

14.4.1　工程项目管理协同的理论与矢量分析模型

假定一个或多个工程项目管理组织有若干层级和若干部门，形成若干不同方向和大小的管理作用力，这些作用力必须按照企业发展的目标，或是管理的总目标形成最大的合力去有效完成企业任务，设这些作用力为 $\vec{A}$，$\vec{B}$，$\vec{C}$，…，$\vec{N}$，则

$$\vec{A}+\vec{B}=\vec{C}$$

$$\vec{A}+\vec{B}+\vec{C}=\vec{D}$$

$$\vec{D}_1+\vec{D}_2+\cdots+(\vec{n}-1)+\vec{n}=\vec{N}$$

$$\vec{N}=\sum_{i=1}^{n}\vec{D}_i$$

式中，$\vec{A}$、$\vec{B}$、$\vec{C}$、分别代表组织系统中各子系统的单元(不同层级不同部门，不同的非正式组织，甚至个人)对企业的作用力；$\vec{D}_i$ 代表第 i 个子系统中单元协同后的合力；$\vec{N}$ 代表各个 $\vec{D}$ 协同后形成的企业最终合力。

这就说明，工程企业项目管理组织结构的最终协同合力为各个部门、各个层级乃至每一个员工的合作程度。这个合作程度决定了企业的竞争能力和发展能力，如图 14-5 所示。

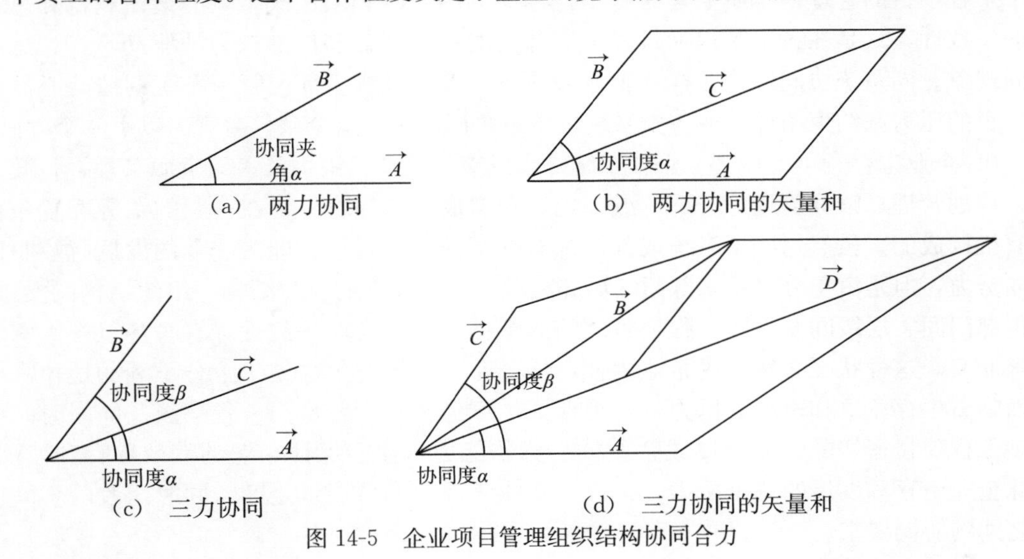

图 14-5　企业项目管理组织结构协同合力

图中，$\vec{A}$、$\vec{B}$、$\vec{C}$、$\vec{D}$ 分别为不同方向、不同大小的管理作用力；$\angle\alpha$、$\angle\beta$ 为作用力的夹角。显然，企业的协同力取决于不同力的大小和夹角的共同作用。在不同的力已确定且不变的条件下，夹角越小，则协同率越大。协同率越大则管理合力越大，即管理效率越大。在此，矢量的夹角 $\angle\alpha$、$\angle\beta$ 就是组织的协同率或协同度，显然在组织力的协同中，夹角 $\angle\alpha$、$\angle\beta$ 越小则协同度越高，因此组织的协同力度就越大。当 $\angle\alpha$、$\angle\beta$ 为 0°时，组织协同最大；当 $\angle\alpha$、$\angle\beta$ 达到 180°时，组织的各种力都可能成为对立状态，当然相互抵消后余力为正为负，或有多大，这取决与两个对立力的大小。协同度(力的夹角)和由夹角决定协同力的大小如以下公式所示：

$$\cos\alpha = \frac{\vec{a}\vec{b}}{|\vec{a}| \cdot |\vec{b}|}$$

$$\cos\beta = \frac{\vec{a}\vec{c}}{|\vec{a}| \cdot |\vec{c}|}$$

$$\lim_{\alpha \to 0^\circ} \vec{a} + \vec{b} = \vec{N}_{\max}$$

$$\lim_{\alpha \to 180^\circ} \vec{a} + \vec{b} = \vec{N}_{\min}$$

$$\lim_{\alpha \to 180^\circ} \vec{a} + \vec{b} = 0, \quad |\vec{a}| = |\vec{b}|$$

从图 14-5 还可知，无论多少管理作用力相加，在其分力不变的条件下，其和力的大小决定于组织协同度的大小。可见组织的协同程度决定着组织合力的形成，进而又决定着组织的效率，最终也就决定了企业的发展。由此可见，组织的协同对企业发展具有重大意义。

工程企业的多项目或单项目不同层级和不同部门的管理为什么能够协同起来呢？根据哈肯协同理论，系统的协同是需要一定条件的，即在一定的能量、热量和压力的条件下，分子运动逐渐朝着一个方向运动从而产生协同现象[143]。企业内部各子系统(部门)或各个工程项目的管理，本质上是向一个目标运动的，即必须达成企业的整体利益和总目标的一致性，只是在各个工程项目或不同部门的局部利益和局部权力的驱动下，产生不协同现象。同系统协同理论一样，企业多项目、多层级或多部门管理系统的协同必然具备一定的压力和约束条件，使各子系统不得不协同起来，这个条件表现为以下 4 个方面。

(1)企业生存竞争的压力。企业系统是由供应、生产、销售及人力资源管理、行政管理、计划管理、财务管理等子系统或部门，为完成共同的目标，在一定的资源配置条件下有机构成的。虽然这些子系统或部门都有共同的完成目标，即为企业的发展(盈利)而共同努力，但是由于分工带来部门的局部利益、相对独立的权力结构、组织结构的安排，使得部门间、层级间及不同工程项目之间的个体目标具有非一致性，有时甚至产生资源要求冲突。这种状况必然形成企业内耗，使企业在市场竞争中处于十分不利的地位。企业面临着生存竞争和发展的压力，必须保证生产经营管理各部门、各层级及同一时间内的多工程项目密切配合才能形成企业核心竞争能力，才能保证企业的有效生存和发展。因此企业生存和发展的竞争压力，构成了企业各部门和各层级之间、同时间段的不同工程之间的协同要求。

(2)企业规章制度和要求。现代企业的生产经营是社会化的大生产经营，是在深刻的劳动分工和协作基础上的社会化大生产，分工越深刻，要求协作就越紧密。因此在深刻分工生产经营的条件下，企业为了将分工的劳动有效地、紧密地协作起来，必然形成统一的刚性规章制度，将不同部门的分工劳动协同起来，形成完整的劳动或完整的产品。因此企业各部门和各层级之间就必须在规章制度的要求下密切合作，实现协同。

(3)企业提供的工作条件。为了有效地进行协同工作，企业必须提供协同的条件，信息在授权的基础上实现各部门畅通流动的条件、信息协同处理的平台条件、生产经营及办公条件等。

(4)企业文化形成的价值观和道德观。企业有了刚性约束的规章制度还不能充分构成协同约束条件，因为共性约束容易造成员工内心的排斥，产生抵触情绪，使协同产生人为的障碍。为了消除抵触情绪，实现充分协同，企业就应大力打造良性的企业文化，使企业全体员工都具有团结合作的精神，通过协同工作，更加有效地完成企业目标。

可见，在企业生存为主的竞争压力及约束条件下，企业的各个方面、各个部门、各种资源都必须高度的协同起来，才能应对竞争实现发展，这是发展的客观需要，不以人的意志为转移。

14.4.2　基于信息协同并行的直−矩组织结构理论和模式

1. 基于信息协同并行的直−矩组织结构的定义

信息协同并行是指管理信息通过多部门和多工程项目的协同和并行方式进行传递和处理的一种模式。

基于信息协同并行的直−矩组织结构是指，在信息技术平台支持下，企业将传统的直线职能制和矩阵制组织结构综合集成起来，形成新的信息网络组织结构，在信息协同和并性处理的条件下，以解决管理组织和多项目管理的纵横向沟通协作困难，从而提高工作效率的新型管理组织结构。

为了解决管理组织和多项目的纵横向协同并行工作问题，我们在应用现代信息技术的基础上，将直线职能制和矩阵制这两种传统方式结合起来，并同信息技术平台进行有机集成，在管理信息协同和并行传递、处理的基础上，形成新的管理网络组织结构，这个结构称为基于信息协同并行工程的直线职能矩阵制组织结构，简称直−矩结构。

在研究中，首先说明两个基本概念：

(1)基于信息技术的协同并行管理。是指通过各种有效的先进信息技术手段运用于生产经营或者管理过程中，解决企业组织纵横向复杂关系和信息沟通问题，达到各部门高度协同和并行工作，降低组织消耗，从提高劳动生产率为目的的管理方式。

(2)基于信息协同并行平台的直−矩组织。指在信息化协同和并行工作平台支持下，将传统的直线职能制与矩阵制组织结构集成起来，将管理组织复杂的纵向和横向关系在信息化协同平台上有机统一起来，实现管理过程中各部门信息处理过程的高度并行和协同，实现高效低耗管理的组织结构。

2. 基于信息协同并行的直－矩组织结构框架

企业基于信息协同平台的直－矩组织结构，如图 14-6 所示。

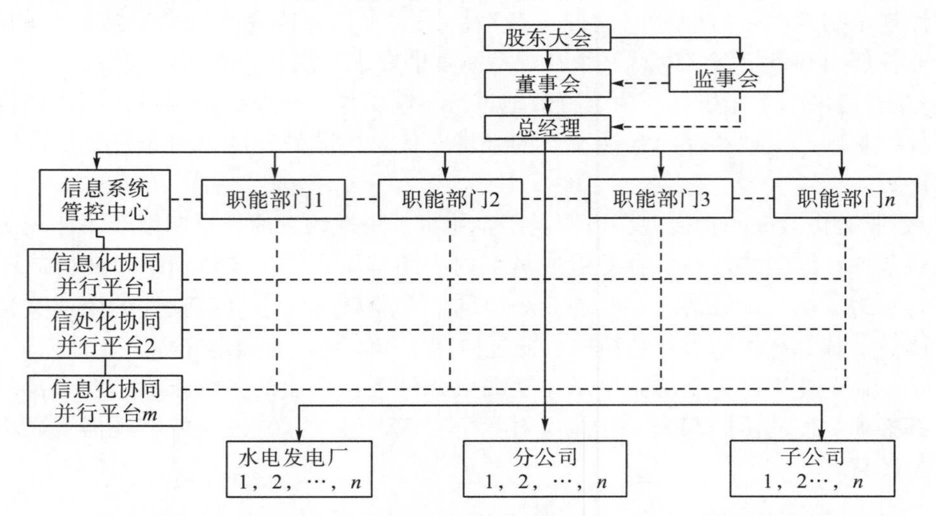

→表明直线职能路径；－－表明横向协同并行关系和路径；－·→表示监督关系。

图 14-6 基于信息技术的直线职能矩阵制组织结构

图 14-6 说明：①信息化协同并行平台在信息系统支持下将管理组织的横向关系有机结合起来，实现信息沟通和管理的高效低耗运行；②通过直线职能将企业最高决策与下属生产经营单位具体工作联系起来，工作落地；③运行方式是以信息流程和工作流程相结合为路径。关于直－矩结构的信息技术和并行工程技术将在后面的章节中阐述。

3. 直－矩结构解决的组织结构问题

传统的高耸结构如金字塔型组织结构，几乎都属于一种被动的组织结构，它们往往拥有庞大的机构，数量繁多的管理层级和管理人员，横向沟通非常困难，信息在传递过程中容易失真或滞后，整个组织没有活力，对市场变化反应迟缓，而造成这一切现象的本质原因就是内部信息流通不畅，沟通失灵。因此，优化组织内部的信息流通渠道、建立新型的沟通机制、改进组织结构，才可能使组织管理效率得到提高。

在传统的非信息化组织中，信息沟通机制一般出发于口头(交流、讲座、电话、研讨会等)、书面(信件、文件、备忘录、报告、内部期刊等)和一些非语言(体态、语音语调、声信号、光信号)等方式，这些方式能够紧密联接信息发送者与接受者，但也非常容易造成信息失真、无效、传递效率低下、缺乏有效反馈等问题，阻碍了企业内部的信息沟通，特别由于很多企业组织结构的横向部门都是平行并列设置的，层级之间采用的是上下级传递信息的方式，而分布平行的部门之间的信息渠道并未建立，因此横向部门沟通特别困难。而基于信息协同并行的直—矩组织结构，能够为企业构建新型横向信息沟通机制提供平台。企业利用最新的网络技术和全方位的通信手段，构建以服务器、网络和服务为核心的高效信息平台及海量数据库，实现组织生产运营中各种信息的实时、高效、快速地流动和处理，确保企业运行效率的提高和高效低耗战略目标的实现。

4. 直-矩结构的信息运行机制要点

在基于信息协同并行的直-矩结构下的新型信息沟通和处理机制应该具有以下特点：沟通手段应该以电子媒介为主，如电话、传真、邮件、数据传递、平台客户端提醒、视频会议等，但也不排除传统的信息沟通渠道，在内外部网络畅通的条件下有效整合企业内部信息流和外部环境信息流，形成一个能够通过某种功能控制的进行综合利用的全局型网络，丰富企业的信息源；对采集信息要求自动化、数字化、标准化、直接化、透明化，大量信息必须快速有效传递，可以实现少到几名员工，多到成百上千员工之间的信息实时交流，能够确保信息平台的用户在要求的时间内以适当形式取得相应信息，无论是内部员工还是外部客户、供应商，在授权条件下都能动态主动访问组织的信息资源，实现交流迅速和无障碍，对信息资源能够进行有力管控。

而基于信息协同并行的直-矩结构不仅要优化正式沟通，也要为非正式沟通提供服务。无论企业组织的结构多么扁平，上级决策后传递命令给中级管理者，中级管理者指导基层工作人员开展工作这一方式都不会改变。因此，处于最高层的决策者很难听到基层工作人员的声音，所以有必要通过非正式信息沟通渠道来收集基层工作人员的信息，了解其真实想法，保证上下级之间的直接沟通，使信息快速无误的传递。也就是说除了企业组织原有的串行信息渠道外，还要加强并行的信息渠道。另外，层级组织结构中，横向部门沟通一直是困扰学界的一个问题。直-矩结构设计就是为了解决这个问题，为分布式平行部门提供沟通和协作平台。

基于信息协同并行的直-矩结构不仅肯定了顶端决策者的权威领导者作用，避免无层级管理的混乱，又建立了横向信息沟通和协作平台，扩展了信息流动渠道，加强对中层管理者的监管，打破横向部门的隔阂，使整个组织内部的信息沟通都流畅有效，有力提高组织运行效率。

可见，基于信息技术协同并行的直-矩结构实质上是 IT 技术、现代物联网技术和工作分类等管理技术在组织结构设计上的综合集成，通过这一组织结构的变革，使企业能够很好地适应技术经济发展方式和社会生产方式，将管理组织与信息技术有机结合，实现组织内部能耗的降低和任务高效达成的双重目标。

14.4.3　基于信息协同与并行的直-矩结构运行方式

企业内部管理信息处理的方式和信息流动渠道的畅通与否将决定企业组织运行效率的高低，而信息流通渠道主要是由组织结构所决定的。如传统的高耸金字塔型结构，讲究上下层级关系，强调信息流动的逐级上报，等领导层决策后，又逐级下发命令。在这一过程中，可能会出现信息滞后和失真等问题，就会导致企业组织来不及响应市场变化而在竞争中失败。而基于信息协同的直-矩结构利用计算机代替手工获得各类管理信息的采集、处理和传递，确保决策层获得信息的时间、数量和质量，能够提高企业对信息的利用速度和能力，提高决策的科学性，加速下发速度，减少信息延误，即大力提升企业组织的运行效率。

伯恩斯认为，机械组织和有机组织之间的区别在于边界在功能、角色和责任之间划定的方式。机械组织更多地根据更严格的分离、差异化和专业化的逻辑来起作用。而在有机组织中，把过程、功能和其他一些东西区分开来的边界是不固定的，而且比较模糊[144]。因此，让机械组织向有机组织转变需要模糊组织边界。基于信息协同并行的直一矩制结构就是这样一种组织。

首先，它是信息化综合集成管理系统，利用信息技术，通过内部的信息化协作平台模糊部门边界，消除信息孤岛，减少横向协作成本；其次，该结构将通过现代物联网技术应用，实现远程管理；最后，在该结构实际运营管理过程中，还须根据信息化管理需要再造和优化流程，进行工作的分类运行和分类管理，让组织结构适应不断变化的工作任务。因此，基于信息协同并行的直一矩制组织结构的有效运行，还必须依赖以下三种关键设计和工作流程。

1. 直一矩结构的运行技术

直一矩结构的运行技术主要包括两大内容。

1)信息化技术

随着信息技术的进步及电子商务的普及，当面临市场挑战时，大部分企业组织不约而同地将目光投在信息化协同并行管理上，随着企业信息化协同并行管理的纵深推进，使企业不断地向生产经营管理的深度和广度发展，从而获得企业的核心竞争能力。信息化协同并行管理是企业组织对市场进行快速反应，最终实现企业战略目标的必经之路。

信息化协同并行管理的本质，就是通过构建企业信息系统把企业从设计、采购、制造、生产、经营、销售、财务、管理等各个环节有机集成、协同及并行工作，实现信息共享和资源优化配置，有效支撑领导层决策，降低库存，提高生产经营效能和质量，实现高效低耗，增强市场竞争力的一种管理模式。此模式中企业信息化协同并行管理工作，主要依靠信息技术、协同技术和并行工程共同管理集成的管理方法，在相关组织结构的保障下实现有效运行。

如现在以信息技术为基础的先进的生产及管理方式有，物料管理(MRP/MRPII)、企业资源计划(ERP)、计算机辅助设计(CAD)、计算机辅助制造(CAM)、计算机集成制造(CIMS)、准时生产(JIT)、精益生产(LP)、柔性生产(FM)、供应链管理(SCM)、供应商管理(SCM)、客户关系管理(CRM)及商务智能技术(BI)等，对企业生产经营管理产生了极大的影响。

企业资源计划(ERP)就是将企业组织内部的生产、采购、销售、供应商及客户紧密联系起来，这样可以实现对供需链上所有环节的有效管理，对企业进行资源优化，并对整个经营过程实现动态控制，可以提升基础管理水平，实现企业资源的高效合理利用。而利用数据仓库(DM)、数据挖掘(DM)、决策支持系统(DSS)、在线分析处理(OLAP)等现代信息技术对企业在经营过程中产生的大量业务数据和信息进行搜集、整理、分析、利用，以便辅助企业做出正确决策、优化经营流程、进行有效的商业行动、全面提升综合竞争力。而利用客户关系管理(CRM)加强与顾客的联系，强调交流和了解需求，不断对产品和服务进行优化和提升，以满足日益变化的顾客需求。以上就是商务智能系统(BI)。

需要指出的是，信息系统的应用一定要着眼于企业的战略目标、市场竞争及组织结构高效低耗的需要，不能简单地把某些业务处理的计算机应用和自动化就看作是企业的信息化。当设计信息平台时，必须以业务流程为基础，而不能完全依照部门职能进行划分，不然一定会导致信息平台只存在于流程上的个别处理环节，在企业内部形成信息孤岛，信息流无法畅通流动。这样导致信息系统不会提高企业运行效率，反而会阻碍企业发展。

传统的层级组织结构中，存在庞大的中间管理层及由此而生的大量中层管理人员，他们主要是为了实现信息的“上传下达”而存在的。随着 M 信息系统、ERP 和 CRM 等信息系统的实施，以往许多由中层管理人员所进行和完成的沟通、协同、控制等职能都将被信息管理平台所取代。这样不仅能够提高组织对信息收集和处理的能力，加速信息传递速度，实现以信息化为导向的管理要求，降低信息污染和失真的可能性，弱化信息处理的模糊性和不确定性，更能将上下级传递时间缩短，节约时间更利于部门之间的横向沟通，起到信息协同、共同开展工作的目的，最终实现管理成本降低，高效低耗的目的。

2)直−矩结构运行平台构建

在基于信息协同并行直−矩制组织结构中，应用现代先进信息化技术，如物联网、射频识别(RFID)、遥感传感等技术，在直线职能组织系统中有机构建横向协作信息协同并行工作的矩阵平台，加速组织纵横向交互的信息流，以提高管理效率，降低内部协作成本。该信息化协同并行矩阵平台的主要工作形式有以下三种。

(1)信息网络平台形式。通过信息网络系统，将需要多部门协同解决的工作，通过网络群组平台进行交流、讨论和决策，明确各部门任务、工作的责任和义务，使各部门协同行动，高效率低消耗地完成工作任务。

(2)会议平台形式。有时对于需要多部门协同解决的、较为复杂的工作，就必须采用面对面的协调会议形式，放到会议平台上面对面地讨论，形成共识，明确任务和工作的责任和义务。在信息网络支持的条件下，各部门协同配合，高效低耗地完成工作任务。

(3)远程信息网络平台形式。限于地域因素，企业与下属单位可能出现相距较远，交通不方便等情况，使上下级沟通或会议交流成本大、时间长。利用远程信息网络平台形式，企业下属各子企业或单位相互往来的数据、资料、文件及决策和任务的协同均可通过信息化远程网络平台来实现，这样可极大地提高效率，节约办公成本和交通住宿等费用。

信息化协同并行工作平台的构建，实际上在企业内部形成了一个网络组织，正如布特拉所认为，这种组织是一个可识别的多重联系和多重结构的系统，具有高度自组织能力，在“共享”和“协调”目标及松散、灵活的组织文化理念支持下共同处理组织事务，以维持组织的运转，实现组织的合作[145]。在这种网络组织中，一方面信息系统将大面积接管中层监督和管控部门的部分职能，加强最高决策层与基层执行层之间的直接沟通，使中层管理人员的作用降低，从而减少管理层级，削减机构规模。另一方面，管理方式从控制型转变为参与型，实现充分授权和分权。这种自由灵活的组织结构将通过对等和横向的信息传递来协同组织内各部门的活动，实现管理的动态化，不仅使信息有效流动，沟通及时畅通、降低对各层的监督协调成本，提高企业对市场的反应速度，并且能极大地调动企业员工的积极性和潜在能力，促进他们相互之间学习和交流，有利于形成学习氛围，更好适应激烈的外部竞争环境。

2. 直－矩组织工作分类

1)业务流程再造理论

如前所述，现代管理学经历了三次革命性的变革，由传统的工业生产分工到20世纪90年代兴起的业务流程再造。

所谓流程，是由一系列的事件或活动所组成的，有一个输入和输出的过程，输入经过流程后变成输出，这样一系列单独的任务过程，就组成一个简单的流程。流程对输入的处理可能是允许其通过再原样输出，也可能是将它转换后再输出。

可以认为，流程实质上就是工作的过程，也就是事物发展的逻辑状况。包含事情发生的开始、变化的经过、最后的结果，它是事物发展的顺序，也是一种变化的空间过程。

而业务流程，则被达文波特(T. H. Davenport)和肖特(J. E. Short)定义为“为特定顾客或市场提供特定服务或产品为目的的，实施一系列精心设计活动的过程”。在这里，他们强调的是工作任务如何在组织中得以完成。并且能够看出，业务流程有两个重要的组成特征，一是面向顾客，包括组织内部和外部的顾客；二是跨越职能部门、分支机构或单位的既有边界。根据这两个特征，业务流程被定义为“是产生特定业务输出的一系列逻辑相关的活动”。哈默(M. Hammer)将业务流程定义为“业务流程是把一个或多个输入转化为对顾客有用的输出活动”，而约翰逊(H. J. Johansson)则认为：业务流程是把一系列输入转化为输出的一系列相关活动的结合，它增加输入的价值，并创造出对接受者更为有用、更为有效的输出。

关注重点的不同及出发点的不同，造成学者们对业务流程内涵的定义、描述、理解显得各自不同。尽管如此，如果对各位学者所描述的业务流程定义进行归纳总结就会发现，各种定义在本质上都具有一定程度的相似性。首先，根据各种描述，所有的业务流程实际上都是一系列活动而不是单独的一个活动；其次，业务流程应该是一系列能够为活动主体创造价值的活动，而并非无意义、无目的的活动。因此我们可以定义业务流程是，一系列以输入各种原料，以满足顾客需求为出发点的，到生产出顾客需求的产品或服务为终点的相互关联的价值创造活动过程。

在20世纪90年代，美国企业界兴起了业务流程再造浪潮。业务流程再造(business process reengineering，BPR)几乎成为一门新兴的学科。BPR这一概念最初被麻省理工学院的迈克尔·哈默(Michael Hammer)在“*Reengineering Work：Don't Automate，But Obliterate*”这篇文章中提出，此文发表于1990年。接着他在1993年与詹姆斯·钱皮(James A. Champy)合著的“*Reengineering the Corporation—A Manifesto for Business Revolution*”这本书中，全面提出了BPR概念。书中写到，“企业再造就是从根本上重新思考、彻底改造业务流程，以便于在衡量企业绩效的关键指标上取得显著性的改善”，其中衡量绩效的指标包括了顾客满意度、产品满意度、生产成本、工作效率等。

很多企业在实施信息协同管理的时候，由于信息系统本身对其内部组织结构、工作业务流程及企业文化都会带来一定影响。很多时候即使软硬件都到位了，具体应用也很难实施贯彻，最后导致失败。这样不但不能提高企业运营效率，反而加重组织负担。

举例来说，现在我国很多企业都在安装ERP，但是由于不能深入认识到ERP本身所蕴含的许多管理思想，并且没有明白为什么要做ERP，同时企业生产力水平和管理水平没有达到使用 ERP 的要求，导致不少企业失败。只有在进行全方位的企业改革，并且企业生产力水平和员工素质达到一定的水平后，围绕 ERP 产品塑造新型企业运作模式的条件下，才能最终实现实施这一先进的信息化管理模式。也就是说，如果企业不能很好地贯彻 BPR 理念，没有较高的人员素质和企业水平，那么管理信息系统的运行多半是不能达到预期目的的。

企业进行 BPR 可以更好地实现组织目标，在信息系统建设的过程中，要充分考虑企业业务流程、组织结构及企业文化等各方面可能出现的变化和问题，主动为信息系统提供有力支持，把工作流程改造的思想贯穿整个信息建设过程中，并且一定要针对组织结构进行工作流程改造，才能更好地实现企业价值。

2)基于 BPR 的直−矩结构工作分类

直−矩结构将通过企业流程再造，从顾客和环境的需求出发来重新定义工作，进行工作的分类运行和分类管理。通常按照经验，组织工作分为以下 4 类。

(1)计划类工作(即程序性工作或授权工作)。此类工作不用通过信息化协同平台协商，只是按照正常的工作程序，在授权的基础上按计划执行。该类工作的年工作量通常占全部工作的 71.25%左右。

(2)需要多部门协同工作。此类工作由于涉及部门多，需要多部门协同才能有效完成，因此这类工作应通过信息协同平台协同完成。此类工作的年工作量通常占全部工作的 15%左右。

(3)重大决策但需要多部门和群众参与讨论和决策的工作。这类决策及管理工作充分体现了管理的民主性、公开性和公正性，可以使决策形成良好的企业文化，提升企业凝聚力，提高工作效率。这类工作也需要通过信息协同平台来完成。此类工作的年工作量通常占全部工作的 8.75%左右。

(4)应急性决策工作。此类工作属于紧急的、必须立刻处理的工作，或属于重大决策工作，既不能按计划处理，又不能通过平台处理，只能通过企业或组织的高层领导作出决策和处理。此类工作的年工作量占全部工作的 5%左右。

以上工作分类和比例是一个经验数据，一般企业工作都有这样的大致情况[*]。从以上工作分类可以看出，直−矩结构并未增加组织的工作量，需要上平台进行横向协作及需要民主决策的工作量仅占全部工作量的 23.75%左右，而 76.25%的工作不需要上平台决策。这说明大多数的工作是不需要上平台的，或者说需要上平台的是少部分协作性瓶颈工作，解决这些工作将有利于大幅度提高企业管理效率。可见这样平台的运用，一方面并不会增加工作量，反而由于进行并行工作处理而减少了工作量，另一方面能提高沟通协调效率进而全面提高管理效率。

在这 4 类工作中，前三类可能存在着一定程度的交叉，特别是第二和第三类。由于这些工作本身就具有同质性和同步性，同时由于企业的生产经营管理工作随着市场和环境的变化而变化，具有一定的不确定性，因此工作分类是存在一定的弹性或柔性，不同的企业有不同的分法，不能强求一致。

---

* 工作分类情况是根据作者主持的在四川省烟草专卖局(公司)和全四川各市州烟草专卖局(公司)的机关效能建设工程项目研究中，调研定性分析得出的结论，并在该公司进行了应用。

3. 直-矩组织结构管理工作流程

1)管理工作流程重要性

企业战略或企业核心能力，其实都属于很抽象的概念，只有通过业务流程才能够被具体化。如DELL所追求的核心竞争力是能够充分体现客户个性化，并且同时保证速度和质量的PC机订单接受和处理的业务流程。DELL在市场竞争中，并没有显著的技术开发优势，但它却有明显的竞争优势，是因为它推行的直销模式闻名天下，这一业务流程的成功打造帮助它通过价值战略，取得了战略主动性，并且其经营者将这一战略主动性与其核心能力的塑造有效结合，最终在市场竞争中获得胜利。

由此可见企业对其业务流程把握的重要性。如果企业不对自身的业务流程进行优化和改造，只是寄希望于先进的信息系统，去运行落后的业务流程，很多时候是得不偿失的。必须承认，由于信息系统取代传统信息搜集传递的方式，完成企业原来业务流程中部分信息的传递和利用工作，从一定程度上还是可以使得企业的业务流程效率和企业经营效益得到提高，但是这种提高是极其有限的，而且往往以牺牲信息系统先进性为代价而完成。此外，业务流程中某些原有问题可能是因为信息系统的自动化属性而被放大，给企业造成更大的损失。

因此，处于不同条件下的企业信息系统与业务流程组成协同关系的条件也是不完全相同的。但总的来说，业务流程的优化和提升比信息平台的构建更为重要。例如过于先进的信息系统对于组织结构落后、业务流程动荡的企业而言，它可能会导致业务流程混乱、企业绩效更加低下、信息系统的价值无法实现，协同效应更是无从谈起。很多时候企业建设信息系统只考虑从技术角度实现原有工作流程，就像在原有的业务流程上套上一个电脑化的外壳，却没有考虑到新技术所要求企业建立能够适应信息经济时代的组织结构、经营模式与运营方法，其结果往往是最优秀的技术和理念并不能带来最好的企业绩效。因此，必须要先选择与企业战略目标相匹配的组织结构，优化业务流程，再来构造与该业务流程相匹配的信息系统，这样才能最大程度的形成协同关系，产生最大的协同效益。

2)直矩结构管理工作流程的逻辑路径

如前所述，直-矩结构根据工作分类，在现代信息技术和协同平台的支持下，按照一定的信息流程进行运动，这将极大地提高管理效率，降低成本，从而实现低碳管理模式的要求。如图14-7所示。

可见，基于信息协同的直-矩制组织结构实质上是现代信息技术、工作分类等管理技术在组织设计和运用上的综合集成，通过这一组织结构的变革和工作流程的设计，将实现高效低耗的管理目标。

3)直-矩结构管理工作流程中所必需的管理特征

在现代信息技术支持下，直-矩结构在应用过程中还应该遵循以下4项基本的管理原则。

(1)必须“以人为本”。随着科技发展和信息爆炸，人的主观能动性和智力因素在信息和知识经济时代越来越重要，并不是说应用了信息技术，构建了有效的沟通平台，就可以完全取代人的作用，无论从企业的日常运作还是从战略决策的角度来看，“以人为本”和人的协同作用都应该成为决定企业竞争力的重要因素。

(2)向下级更多的分权。直一矩结构要求建立责、权、利分明的管理机制，对信息的透明度要求很高，组织成员都将直接面对客户，快速决策是从信息的时效性、准确性出发的，以此响应市场要求，快速发现市场机会、占领市场，使组织在竞争中获胜。分权可以使减少高层决策时间，加速信息和命令的传递速度，使各个职能协同得更好。

(3)对信息进行约束。建立信息约束为主的组织管理机制，是因为信息的单向流动不利于企业组织各功能的协同和并行。单向传递的命令达不到预期效果，而快速的双向或多向信息沟通必须以信息约束管理为基础，避免混乱信息的传播，引起管理的混乱。建立这一管理机制，更有利于协调和优化组织的运行，提高企业效率，将组织成员紧密结合，实现企业战略目标。

(4)科学的绩效评估。为了激发组织成员的潜力，引导其持续不断的学习，更好的实现员工自我价值，科学的绩效评估管理是必不可少的，为建立和完善科学的激励约束机制提供科学的依据，从而起到提高组织效率，增强组织活力的作用。

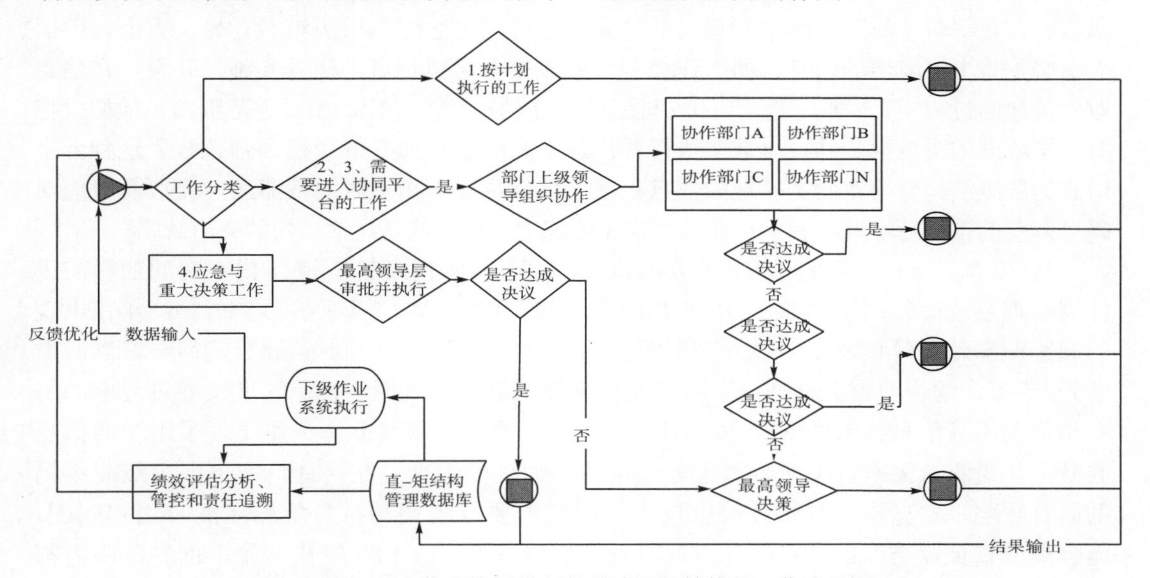

图 14-7　基于信息协同并行的的直一矩结构的工作流程图

14.5　基于信息协同与并行的直一矩组织结构效率模型

20 世纪 70 年代以来，信息革命大大地推动了产业技术进步，促进了生产经营和管理方式的发展，在企业生产经营与管理中，信息技术日益渗透到每一项业务工作中，极大地提高了工作效率，也形成了企业的核心竞争力。企业对信息技术的自觉应用，在很大程度上影响着企业组织的变革和发展，也影响着企业竞争优势的形成。因此，现代信息技术如射频识别技术(RFIDT)、3S 技术(遥感技术 remote sensing，RS，地理信息系统 geographical information system，GIS；全球定位系统 global positioning system，

GPS)、传感技术(sensing technology)、互联网技术(internet technology)和以这些技术为基础而形成的物联网技术(the technology of the Internet of things)等，将在企业生产经营和管理中得到深刻而广泛的应用。

14.5.1 企业组织结构与信息化的关系

纵观企业组织结构变化，传统的金字塔式高耸结构，也就是层级化结构，对信息实行的是“上传下达”的流动，即组织下层搜集大量信息，但是这些信息是无序的、混乱的。搜集的信息进入组织后，经过层层逐步筛选、过滤、选择、丢弃，只保留最直接相关、最有用的信息，并保证其到达相应的层级中，通过这个途径实现组织内外部信息的交流协调，并根据这些信息安排工作。

为了适应这种金字塔式的结构，大量中层人员相应而生，他们承上启下，担当起传递信息的桥梁作用，以极大数量存在于上层决策者和下层执行者之间。一方面，他们要监督执行者，获得对于实际工作中有意义的信息，并将之传达到上层决策者；另一方面，中层人员必须将上级发出的信息，即工作命令，传递给下层执行者，让其实施。并且，在信息双向传递的过程中，中层管理者并非只是单纯机械的“传声筒”，在一定范围内，他们也拥有一定程度的决策权，并且对下层执行者传递上来的信息拥有解释权和筛选权。这种金字塔式的层级结构会导致所需处理的信息在逐层传递过程中出现时间性滞后，无法及时应对瞬息万变的市场环境，不利于企业及时快速地响应市场。这是高耸结构的突出缺陷。

从20世纪50年代开始，电子数据处理(EDP)大面积兴起，60年代兴起的物料需求计划管理系统(MPR)，发展到70年代的管理信息系统(M信息系统)，再到80年代出现的制造资源计划(MPR-II)、决策支持系统(DSS)、计算机集中制造系统(CIMS)，然后发展到90年代的企业资源计划(ERP)、业务流程重组(BPR)等，企业管理发展过程中的每一步都离不开信息技术的支撑和应用。信息技术的不断发展也为企业实现了组织的信息共享，让组织从采购、生产、销售等运营活动的集中管理。在这种情况下，等级制结构的固有缺陷日益显现。对先进信息技术的应用需要组织调整自身结构才能与之相匹配，而合理调整企业结构也可以促进企业再发展。因此20世纪80年代开始，世界范围内都兴起了一股为了匹配信息技术而对企业组织进行改革的浪潮，这些企业都要求改变传统组织结构，在现代化信息技术的基础上构建新型的组织形式。

要想改善企业的经营管理，提高组织效率，增强竞争能力，实现战略目标，多数企业都进行了信息化建设。通过计算机系统对各类信息进行加工，以科学管理为要求优化业务流程，可以有效地提高企业运作效率，最终达到低耗高效的管理目的。但是许多企业自身信息沟通渠道不畅或业务流程不科学、不合理，将会降低信息传播效率，不能达到组织目的。因为信息技术拥有自动性这一特征，有时会将复杂的流程或不产生价值的流程也错误地自动化，反而导致抵消产出和浪费，因此科学合理的流程才能确保科学合理的信息系统运作。

14.5.2　并行工程的工作逻辑理论

人类的工作逻辑路线一般来讲主要表现为三种基本形式，即串行逻辑、并行逻辑和串行并行混合逻辑。这三种逻辑经过组合，又将产生程度不同的多种工作逻辑路径。就像电路逻辑线路一样，最基础的线路不外乎分为串联、并联和串联并联混合这三类。

逻辑是一种思维方式，一种因果关系，也是一种顺序。一般地，逻辑是同事件产生联系的，如事件发生的前后时间关系，或者事件发生的同时性。

串行工作逻辑，是指一系列工作之间具有极强的内在联系和严格的因果关系，或上下关系或顺序关系的工作联系现象。在这种关系中，只有当上级工作完成后下级工作才能开始，绝对不允许打破这种工作秩序，否则将引起工作秩序的混乱，工作将不能进行下去。

并行工作逻辑，是指一系列工作关系中并不存在因果关系或上下级关系，而存在着平行并列的工作联系现象。由于工作与工作之间没有因果关系或上下级关系，因此在并行工作逻辑关系中，并列的工作可以平行的同时开展，相互之间并不产生上下级联系和交互影响。

串行并行混合工作逻辑，是指一系列工作关系同时表现为具有上下级和顺序逻辑关系，同时又具有平行逻辑关系的一种工作联系现象。即具有串行和并行两种特点。在这一类工作中，某些阶段的工作具有上下联系关系，工作必须顺序地展开；而另一些阶段中，工作并不具有上下联系关系，而是具有平行并列的关系，因而工作可同时并行地开展。

人类三种基本工作逻辑路线分别如图 14-8、图 14-9 和图 14-10 所示。

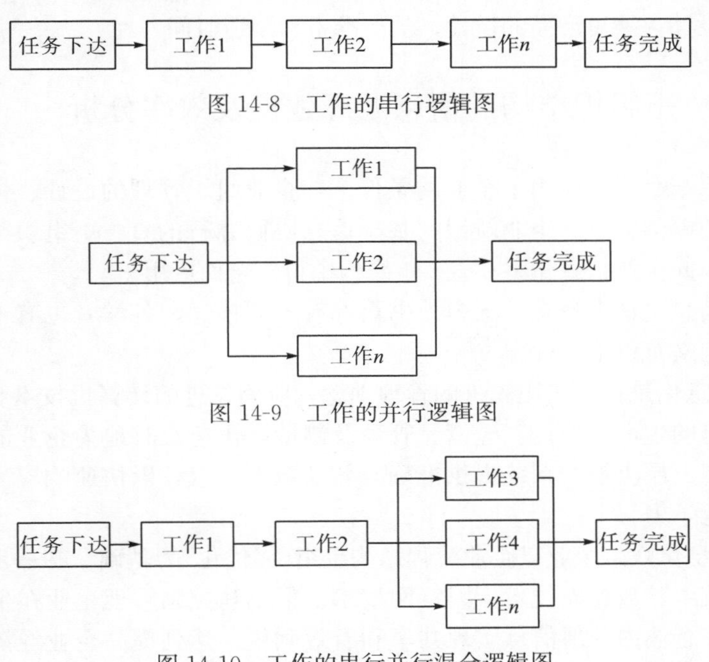

图 14-8　工作的串行逻辑图

图 14-9　工作的并行逻辑图

图 14-10　工作的串行并行混合逻辑图

从上面三图中可以看出，第一类串行工作逻辑是，在工作任务下达后，只有当第一项工作完成后才可能开展第二项工作，余下以此类推，直至任务完成。第二类并行工作逻辑是，在工作任务下达后，各项工作可以同时展开，并列进行，直至任务的完成。第三类工作逻辑是以上两种逻辑的混合形式，即任务下达后，部分工作的开展必须遵循串行逻辑关系，而部分工作则遵循并行逻辑，工作可同时开展。两种方式结合起来，直到任务的完成。

14.5.3 组织中的并行工程

如前所述，并行技术是美国在 20 世纪 80 年代提出的新制造理论与技术及生产的组织方法，目的是改变传统制造中由传统劳动分工所形成的串行式生产组织与生产方式，形成并行集成的生产组织与生产方式，大大地提高产品设计与生产效率，降低成本，获得竞争优势。

组织中的并行工程是指，组织系统中各子系统在一定的组织系统目标指引下，为高效完成组织目标而通过协作同时展开工作，实现高效低耗的组织管理方式。组织中可以并行开展的工作是大量存在的，通过并行工程的组织，这些可以同时协同开展的工作将被有序组织起来，提高工作效率，降低工作成本，缩短目标任务完成的时间。

并行工程要求组织产品的开发，从一开始就考虑到产品的全生命周期，即从产品概念形成到产品报废的各阶段因素(如功能、制造、装配、作业调度、质量、成本、维护、用户需求等)。并强调各部门的协同工作，通过建立各决策者之间有效的信息交流与通信机制，综合考虑各相关因素的影响，使后续环节中可能出现的问题在设计阶段时就能被发现和解决，从而使产品在设计阶段便具有良好的制造性、装配性、维护性和回收再生性，减少反复设计，缩短产品的设计、生产准备和制造时间。

14.5.4 直一矩组织结构的信息处理建模及效率分析

在信息技术革命广泛应用于企业的条件下，企业组织管理的设计、构建和应用必然受到信息技术的深刻影响。企业新型的基于信息协同并行的直-矩组织结构是以信息技术为基础的，因此企业信息化将在直-矩结构中得到全面应用。

对于企业信息化这个概念，国内外书籍都有不同描述，各学者也有不同见解，目前被引用较多的定义有以下 4 种。

(1)企业信息化是指，采用先进的管理理念，应用先进的计算机技术和网络技术，通过整合企业现有的生产、设计、经营、管理及制造，快速及时地为企业的战术层、战略层、决策层即“三层决策”系统提供准确有效的数据信息，以快速响应需求，本质是加强企业的核心竞争力。

(2)企业信息化就是企业以企业流程结构重组(或优化)为基础，在一定的广度和深度上利用计算机技术、数据库技术、因特网技术，集成和控制管理企业在生产经营活动中的一切信息，使企业内外部信息实现共享和有效利用，达到提高企业经济效益和竞争能力的战略目标。

(3)从企业管理的角度定义企业信息化，是指企业利用管理信息技术系统，逐步实现基础管理技术硬化、内外管理强化、综合管理灵活化、战略管理优化及危机管理制度化的过程，企业信息化是企业生产和管理的必要基础，是企业发展的必经之路。

(4)从 CIMS 角度看，企业信息化是指综合运用现代信息技术、现代制造技术、自动化技术及管理技术，将企业经营活动中的人、技术、管理及物料流、信息流、资金流都有机结合起来，对企业实行整体优化，达到产品成本低、质量高、上市快和服务好的目的，是企业在市场竞争中获胜的基本手段。

由上述定义可知，企业的信息化是企业逐步深入和广泛应用信息技术改造传统生产经营和管理方式的过程，是现代企业发展的必经之路。

下面在上述理论的基础上，对直-矩组织结构的信息处理建模及效率进行分析。

1. 管理信息事件、组件的界定和数学建模

管理信息是由若干信息单元构成的一种有关管理问题的信息结构，一个重大的管理信息往往是由企业生产经营管理中产生的多个单一信息所组成。将信息事件解构成一些单一的信息组件，可以使信息在处理和流动中实现并行化和协同化，这样就可大大提高管理效率。

从技术层面上来看，管理运动的本质就是管理过程中的信息运动*，因为管理的任何预测决策、计划、实施、调度、控制、反馈等，都是以信息为载体进行处理和传递的。

组织结构的信息运动效率与组织结构的管理效率直接相关，而与组织的外部环境无关。因此可以从组织结构的信息运动效率来反映组织内部的(管理)运动效率。在其他技术经济条件不变的情况下，劳动时间的节约就意味着劳动效率的提高；同时在单位碳排量不变的情况下，组织的(管理)运动(生产)效率的提高，就说明单位资源能耗的减少，就意味着组织的单位碳排量相对下降。

本书建立组织结构信息处理与传递速率的数学模型，对传统结构与基于信息协同并行的直-矩结构的管理信息运动时间进行比较，从而得出优劣结论。企业管理信息在处理和传递上具有串行逻辑关系、并行逻辑关系及串并行混合逻辑三种类型，本文只对前两种逻辑关系进行来进行建模和分析，在前两种模型上可以生成串并行混合逻辑模型。

在建立组织结构管理信息处理和传递的效率模型时，首先要定义管理过程中具有密切关系的管理信息、管理信息事件和管理信息组件三种事物，通过这三种信息事务在管理信息中的解构，使其可以实现协同并行处理和传递。

(1)管理信息。管理信息是指在管理组织和管理过程中可以借助某种载体加以分析、解决和传递的代表管理的事物、知识和问题的信号。

(2)管理信息事件。管理信息事件是指在管理过程中对管理系统运行产生影响的，必须在一定时间内处理的，表现为信号或信号集合的一件重要事情。

(3)管理信息组件。管理信息组件是指包含在管理信息事件中的一个信号或几个信号(单元)。由于管理信息事件是若干个信息信号(单元)所组成的，因此管理信息事件可以分解成若干管理信息组件，分解后的管理信息组件就可以实现管理组织对信息事件的协同并行处理，从而提高解决问题的效率。

---

* 管理这一事物从不同的角度观察会得出不同的定义，这是因为管理本质上具有多重特征的缘故。管理具有文化特征、哲学特征、组织指挥特征及信息特征。

管理信息的事件和组件的数学关系表达式如下：

$$I_i = \sum_{j=1}^{n} i_j, \quad i = 1,2,\cdots,n$$

$$I = \sum_{i=1}^{n} \sum_{j=1}^{m} i_{ij}$$

式中，I_i 是第 i 个管理信息事件；i_j 是管理信息事件中的第 j 个信息组件。

2. 管理信息事件处理传递效率建模和比较分析

为了更进一步地阐述和比较分析基于信息协同并行的直－矩结构的效率，根据工业工程生产的空间组织与时间组织分析技术，建立了传统组织结构的管理信息事件串行处理和传递模型，及直－矩组织结构的管理信息组件协同并行处理与传递模型，这两种模型分别代表两类组织结构和管理模式。

1)传统的组织串行处理与传递模型

管理信息的串行处理和传递模式是指，在传统组织结构基础上，管理信息事件的处理和传递方式是由第一个部门将一个信息事件处理完后再移交到下一个部门进行处理直到管理信息事件全部处理完成，严格遵循上下工作逻辑关系的管理信息处理模式，如图 14-11所示。

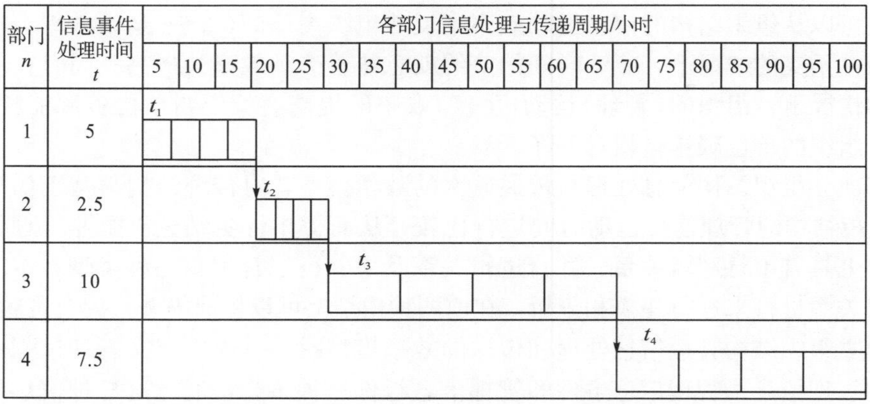

部门 n	信息事件处理时间 t	各部门信息处理与传递周期/小时																			
		5	10	15	20	25	30	35	40	45	50	55	60	65	70	75	80	85	90	95	100
1	5	t_1																			
2	2.5				t_2																
3	10							t_3													
4	7.5															t_4					

注：图中小方块□代表一个信息组件，小方块的集合□□□□代表一个信息事件。

图 14-11　传统组织结构管理信息事件处理与传递的顺序移动模型

在图 14-11 中，若以 n 代表信息处理和传递的部门数，t_i 代表第 i 个部门的信息事件处理时间，则信息流串行模型的全部处理时间 $T_{串行}$ 的计算公式为

$$T_{串行} = n\sum_{i=1}^{m} t_i$$

假设 $n=4$，$m=4$，则

$$T_{串行} = n(t_1 + t_2 + t_3 + t_4) = 4 \times (5 + 2.5 + 10 + 7.5) = 100(小时)$$

即全部信息传递和处理时间为 100 个小时。

2)直－矩组织协同并行处理与传递模型

根据协同学理论定义可知，协同即协作共同作用之意。协同学强调协同效应，协同效应是指在复杂大系统内，各子系统的协同行为产生出超越各要素自身的单独作用，从

而形成整个系统的统一作用和联合作用。

管理信息协同与并行处理是指，管理信息在处理过程中，管理组织的各层级、各部门相互协作并行地处理信息，以实现提高协同管理效率的目的。

所谓直-矩组织结构管理信息并行协同处理与传递模式是指，将管理信息事件分解成若干信息组件，由上一个部门将第一个信息组件处理完后立即将其移交到下一个部门进行处理，在第一个部门开始处理第二个信息组件时，第二部门就开始处理第一个信息组件(其余组件和部门处理方式以此类推)，从而使信息事件在各部门中并行协同处理与传递，直到最终完成处理模式，如图 14-12 所示。

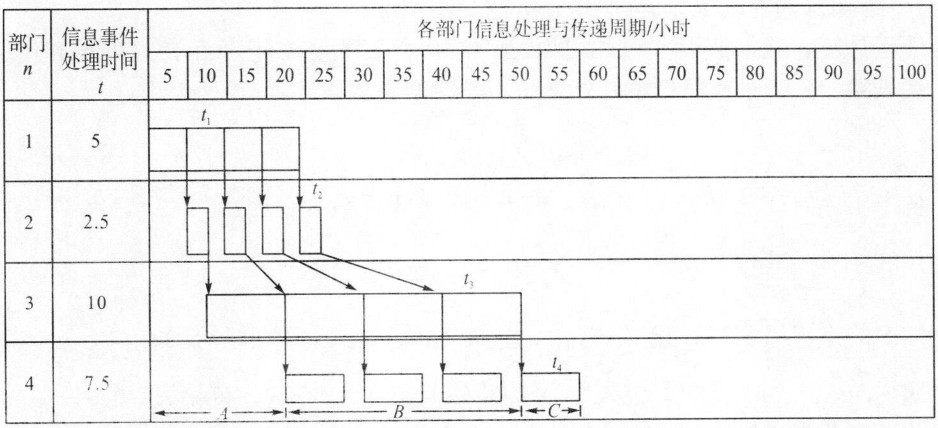

部门 n	信息事件处理时间 t	各部门信息处理与传递周期/小时																			
		5	10	15	20	25	30	35	40	45	50	55	60	65	70	75	80	85	90	95	100
1	5																				
2	2.5																				
3	10																				
4	7.5																				

t_1　t_2　t_3　t_4　A　B　C

图 14-12　直-矩结构管理信息处理与传递的平行移动模型

在图 14-12 中，按照并行协同处理移动方式，一个信息事件的全部处理时间 $T_{并行}$ 可用下面的公式计算：

$$T_{并行}=A+B+C=(t_1+t_2+t_3+t_4)+(n-1)t_3$$
$$=\sum_{i=1}^{4}t_i+(n-1)t_3$$

即

$$T_{并行}=\sum_{i=1}^{m}t_i+(n-1)t_{\max}$$

式中，$T_{并行}$ 为平行移动模型的处理时间；$t_{\max}$ 为各部门中最长的信息处理时间。

假设 $n=4$，$m=4$，则

$$T_{并行}=\sum_{i=1}^{m}t_i+(n-1)t_{\max}=25+(4-1)10=55(小时)$$

即全部信息传递和处理时间只要 55 个小时。

3)传统模型与直-矩模型多数据输入比较

如前文所述，若以 n 代表信息处理和传递的部门数，t_i 代表第 i 个信息事件处理时间，则信息处理和传递串行模型的全部处理时间 T 的计算公式为

$$T_{串行}=n\sum_{i=1}^{m}t_i$$

按照信息处理和传递的协同并行移动方式，一个信息事件的全部处理时间 T 可用下

式计算：

$$T_{并行} = \sum_{i=1}^{m} t_i + (n-1)t_{\max}$$

为了进一步验证 t_i 的随机变动是否会对不同组织结构的信息处理与传递的效率产生不同影响，即对 $T_{串行}$ 和 $T_{并行}$ 模型的运行产生任何影响。因此，我们又进行以下实证检验。

(1) t_i 递增的情况下，$T_{串行}$ 和 $T_{并行}$ 的变动情况；

(2) t_i 递减的情况下，$T_{串行}$ 和 $T_{并行}$ 的变动情况；

(3) t_i 为随机的情况下，$T_{串行}$ 和 $T_{并行}$ 的变动情况。

为便于计算，我们假设 $n=10$，即代表有 10 个工序，或有 10 个信息处理和传递的部门，t_i 代表第 i 个工序或信息事件处理所需的时间。假设

$$\sum_{i=1}^{m} t_i = 10$$

即各个工序时间总和为 10 小时，因为是等差递增数列，因此

$$\sum_{i=1}^{m} t_i = S_n = 10$$

已知 $S_n = \frac{n(a_1 + a_n)}{2}$，设 $a_1 = 0.1$，且 $n = 10$，带入可得 $a_n = 1.9$。

已知 $a_n = a_1 + (n-1)d$，代入 $a_n = 1.9$，$a_1 = 0.1$，$n = 10$，可得 $d = 0.2$。

因此可知若为递增数列：

$$t_i = (0.1, 0.3, \cdots, 1.7, 1.9)$$

若为递减数列：

$$t_i = (1.9, 1.7, \cdots, 0.3, 0.1)$$

带入计算 $T_{串行}$ 和 $T_{并行}$ 的公式，其计算结果是，在 t_i 随机递增的情况下，$T_{串行}$ 和 $T_{并行}$ 的变动情况如表 14-2 和图 14-13 所示。

表 14-2　多数据 t_i 验证计算表

n	t_i	$t_{串行}$	$t_{并行}$
1	0.1	1	1
2	0.3	4	3.1
3	0.5	9	5.4
4	0.7	16	7.9
5	0.9	25	10.6
6	1.1	36	13.5
7	1.3	49	16.6
8	1.5	64	19.9
9	1.7	81	23.4
10	1.9	100	27.1

如图 14-13 所示，$T_{串行}$ 和 $T_{并行}$ 呈现单调递增幂函数性质，因此可以预见在 t_i 递增的

情况下，t_i 越大 $T_{串行}$ 和 $T_{并行}$ 之间的差距就越明显，即传统组织结构的信息串行处理与传递的速率较低(耗时较大)；而直－矩组织结构协同并行的信息处理与传递速率高得多(耗时较少)，企业部门的信息处理与传递耗时不断增加的组织，采用 $T_{并行}$ 组织结构的优势会越来越明显。

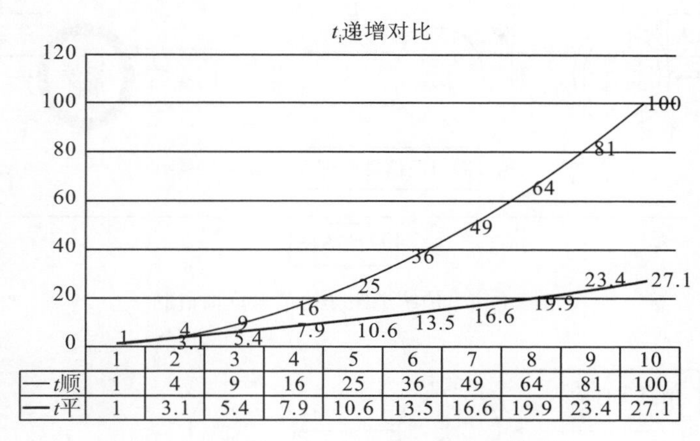

	1	2	3	4	5	6	7	8	9	10
—t顺	1	4	9	16	25	36	49	64	81	100
—t平	1	3.1	5.4	7.9	10.6	13.5	16.6	19.9	23.4	27.1

图 14-13　$T_{串行}$ 和 $T_{并行}$ 的 t_i 随机递增对比

通过多个随机数据输入对传统组织结构信息传递效率和直－矩组织结构信息传递效率进行比较，可以看出，直－矩组织结构对信息传递的效率明显高于传统组织结构的信息传递效率，因此直－矩组织结构可以提高组织协同效率，实现快捷的、高效低耗的管理。

3. 传统结构与直－矩结构信息处理的反馈机制比较

信息处理必须进行效果审核，只有得到了满意的效果审核，才能评价这一信息处理路径是有效的。协同效果审核可以促进企业内部的信息交流，增进各部门的了解，这种反馈和交流对改善组织管理至关重要，必须坚持审核和改善才能实现企业管理系统所追求的战略目标。企业应该要组建专业的信息处理效果审核小组，对整个管理过程、业务流程及信息处理过程进行系统性的评价，才能为信息传递系统实现良性循环提供组织保障。

要评估信息处理效率，首先是要得到信息反馈。通过反馈，我们可以把信息处理系统得到的结果与管理协同目标相比较得出结论。如果信息处理得到结果和管理协同目标相一致，则说明在信息传递过程中实现了协同效益，信息系统与组织结构及业务流程是匹配的。如果没有达成一致或出现较大偏差，则说明没有实现信息协同效应，需要对信息传递机制、协同机会识别、价值评估及资源整合和优化配置重新进行考虑，并通过持续不断的业务流程改造，产生新的信息流通和处理系统而最终实现管理系统的协同效应。

传统组织架构的等级制度和工作流程决定了组织处理和传递信息的方式和路径，也决定了信息的反馈路径，这就是沿单一处理传递路径的反向传递。显然反馈路径较长占用的时间较多而管理效率较低，如图 14-14 所示。

直－矩组织结构由于形成了矩阵似的纵横向关系结构，因此信息通道也形成了纵横交互关系。在信息技术的支持下，信息事件可以解构分解成信息组件再并行(同步)处理，由此决定信息反馈机制和路径，这个反馈路径较短占用的时间较少而管理效率较高，如图 14-15 所示。

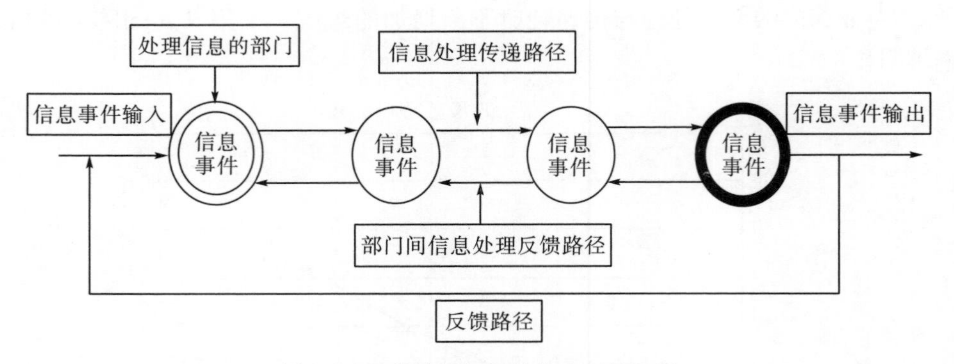

图 14-14　传统组织架构信息反馈机制

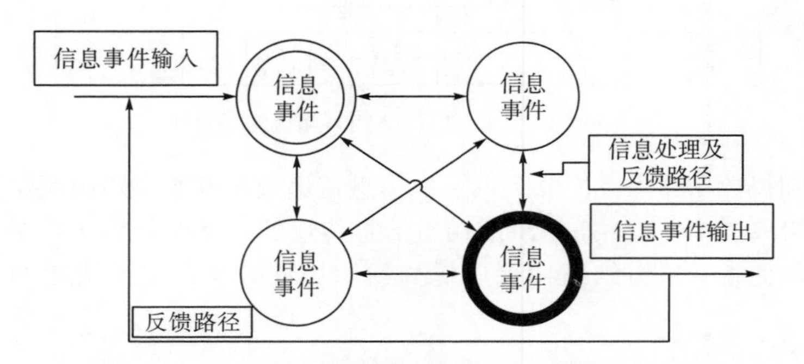

图 14-15　直一矩组织架构信息交互并行处理和反馈机制

如图 14-14 和图 14-15 所示，传统组织结构的信息事件串行处理和反馈的路径远远大于直一矩组织结构的路径。同时在信息时间的处理与传递中，传统组织结构的信息事件串行处理方式只能按顺序进行，而直一矩组织结构的并行处理方式却可以同时进行，这样就节约了大量的处理和反馈时间。

4. 两种模型效率的比较结论

从以上分析可知，管理信息的处理和传递采用串行流动方式，组织管理工作比较简单，但是由于一个信息组件实际处理和传递中，大多数信息组件都存在等待处理和传递时间，因此信息处理和传递周期长，效率低。

从信息流角度来看传统的信息处理和传递模式，各个单元的分割和分工非常明显，必须要等待上级处理完信息后整体移交。最高决策层是信息目的地，是信息深加工和综合利用的总站，而下级特别是最低层往往只是承担信息源的工作，并不具备加工和利用信息的权利。而如果上级没有把加工后的信息传递给下级，下级工作人员就只能被动等待，无法开始工作。而当决策层不能加工出科学合理的管理型信息，不能有效管控中层管理人员时，即使信道再简单，信息也会流通不利。特别在一些传统组织结构中，信道安排简陋而森严，信息传递只能上下垂直，平级之间没有信道连接，部门之间的横向沟通不能实现，信息无法共享，工作人员自发联合主动解决问题的可能性被完全剥夺。在这种情况下，组织有可能出现局部信息阻塞甚至出现整体瘫痪状态。

传统的信息串行处理传递过程还有一个非常大的弱点是它会导致信息资源的重复和浪费。因为缺乏横向信息传递，各个部门往往被分成独立的经营单元，各自建立属于自己的管辖单位，很多时候其业务流程存在严重交叉，但是由于信道阻塞，平级无法进行有效的信息流通，基层工作人员可能会出现重复工作，造成大量人力和物力的浪费，并且如果没有横向部门采集和传递信息，下级可能出现相互竞争来争夺有限资源。

由于传统的信息传递和处理模型要求下级只需要接受上级整体的管理信息移交，而使其管理人员的领导能力不能得到相应的锻炼和发挥，并且对管理信息的综合加工能力也无法拥有全局视角，无法成长为具有跨部门管理能力的行政领导，并且出于对本部门既得利益的保护，他们往往还会隐藏信息，甚至散布虚假信息，对整个组织的生存和发展造成极大的不利。

采用并行移动模型，在信息协同平台支持下各个部门的信息组件处理基本上是协同平行进行的，因此整个信息事件的处理、传递及反馈的时间大大缩短，其管理效率将大大提高。

从信息流角度来看，协同并行移动模型的结果就是要使信息能够在同一层级进行直接和快速的交流，并且得到共享，发挥协同作用。由于社会不断发展，信息技术日新月异，企业不断要求更加先进、更加科学的管理思想和组织方式，传统的信息传递模式已不适用于日益发展壮大的新型组织结构。随着通信方式的发展，计算机技术的推广和普及，信息系统被大量引入管理过程，更加快速、便捷、低成本的协同并行信息交流成为可能。特别要指出的是，随着教育的普及，过去由极少数精英掌控对信息综合加工能力的时代已经一去不返，各层级的工作人员对信息的接受和加工也有了较强的能力。当社会发展到一定程度，越来越多的员工不再只追求生存需要和安全需要，他们不愿意所有的管理信息都被上层垄断，而自己只是被动地接受指挥，这意味着需要分权和授权给下级工作人员，使几项工作同时运行，并行开展成为现实。德鲁克的目标管理理论和麦格雷戈的 Y 理论都承认工作人员拥有对知识型信息加工的能力，并且对管理型信息也有一定的加工和运用能力，他们都强调要让各级工作人员都参与管理和协作，而不只是被动得等待命令，这样更能启迪工作人员的责任感和成就感、调动他们的积极性、增强企业组织的凝聚力，从而提升管理效率。

在传统的信息传递过程中，由于不同工作人员、不同部门和组织对于信息有各自的要求和格式，相同的信息往往在多个部门都被储存、管理、加工，这就引起了许多重复劳动，造成资源浪费。由于无法横向沟通，很多企业甚至建立专门的部门来收集和处理其他部门产生的信息。而当信息在不同部门之间传递时，必然会造成企业的业务延迟及费用增加。

通过直-矩组织结构的构建，在信息化协同并行平台的支持下，企业对业务流程重新定义、再造，可以建立一套标准化的制度体系，用协同并行模型实现信息传递。如企业可以实行统一产品编码和管理这些编码，将所有资源都进行数字化处理，这样可以从一定程度上杜绝企业内部各个部门按照各自需求将管理信息进行加工而造成的信息资源浪费和误读。通过建立标准化，并且将其运用到所有的信息系统中，在协同并行处理过程中也能确保其信息一致性，提高企业运行效率。

必须强调的是，很多时候企业从不同部门的需求出发建立了多样的管理体系，比如很多企业都建立质量管理体系、全面风险管理体系、安全管理体系、绩效考核体系等；另一方面又进行广泛的信息化建设，如管理信息系统(MIS)、事务处理系统(TPS)、智能支撑系统(ES)等，所有的这些管理体系和管理系统都分别属于不同的部门负责，不能进行横向沟通往往导致企业内部各个部门之间产生矛盾和冲突。所以要实现信息传递的协同并行方式，必须在信息孤岛的集成，在信息协同并行技术和组织平台的支撑下，对业务流程进行再造或优化，对工作重新进行分类分组，才能使直一矩组织结构有效运行。

由于信息处理和传递的协同并行处理与传递模型很大程度上依赖于企业信息化管理，因此在保障信息畅通的前提下，必须使业务流程与信息化系统相互适应，互相促进。所以在工作分类时必须对流程进行分析鉴别，找出组织构架和业务流程中与信息系统不匹配的各项弱点，并加以优化和改进，这一过程必须是从管理角度出发，而不是从软件角度出发。就是说，工作分类必须适应组织目标，而不是适应计算机系统，很多企业信息化效果不理想，运用了很多先进的管理信息系统依然不能取得预期目标，就是因为其本末倒置，削足适履。

在信息传递和反馈过程中，必须高度重视管理流程与信息系统的互动性，不能为了分解工作而分解工作，这样才能使信息系统达到高质量、高效率的运用，从而降低运营成本，使企业效率得到最大提高。很多企业从不同部门的需求出发建立了多种管理体系，比如很多企业都建立质量管理体系、全面风险管理体系、安全管理体系、绩效考核体系等；另一方面又进行广泛的信息化建设，如管理信息系统(MIS)、事务处理系统(TPS)、智能支撑系统(ES)等。所有的这些管理体系和管理系统都分别属于不同的部门负责，不能进行横向沟通往往导致企业内部各个部门之间的矛盾和冲突。因此在行业不同、组织规模不同、管理方式不同及工作流程不同的情况下，信息的传递模式也应该得到针对性地修改，才能形成畅通和快速的信息流通渠道。

根据前面例子分析和建模计算可知，传统的组织结构串行信息处理模式的信息流处理时间为100小时，而直一矩结构协同并行处理模式的信息流处理时间仅为55小时，即直一矩组织结构相比传统组织结构将管理信息的处理与传递效率提高了45%。由此可认为由于新的组织结构管理效率的提高，大大地提升了企业的核心竞争能力，构建起企业的竞争优势。同时，由于效率的大幅度提高，可以使消耗减少而降低成本，实现低碳管理和绿色组织的目标。

第 15 章　基于信息技术的流域化水电开发环境工程管理

本章主要研究的内容是，独立水电开发公司在实施江河流域化梯级电站开发建设和公司集团化发展战略实施过程中，怎样有效地保护江河流域的自然生态环境，使巨大的水电建设工程在施工过程中和建成后的发电生产运营管理中，减少对自然生态环境的破坏，修复已破坏的自然生态环境，利用管理熵理论将流域水电开发建设看作一个开放性复杂管理巨系统，研究工程建设系统与生态环境系统的统一协调运动，促使流域水电开发和自然生态环境的和谐可持续发展。

15.1　流域系统环保和绿色水电开发

15.1.1　流域系统绿色水电开发的概念

流域系统绿色水电开发是指，在流域化梯级水电站全生命周期的建设和电力生产运营中，兼顾水电开发、运营和自然生态环境的保护、恢复和建设，实现生态文明和人水和谐的水电开发思想和开发方式。

随着大规模的开发建设，我国水电开发与建设已进入到生态制约的新阶段，显然在我国现代化进程中，一方面，既需要大规模地获得水电能源，支持我国工业化发展及现代化发展；另一方面，我国特色的现代化进程又不能以大规模牺牲自然生态环境作为代价。为了我国实施可持续发展的新型工业化道路，必须摒弃传统的以牺牲环境为代价的水电开发方式，研究和应用现代绿色水电开发和建设的理论与技术来大力发展我国的水电事业。

15.1.2　绿色水电开发的两大内容

发展绿色水电开发和建设，主要含义在两大方面。

1)改变我国的能源结构、降低碳排量

水电是世界上最为成熟、经济、绿色的可再生能源。我国拥有全球近 20％尚未开发的水力资源，是世界上剩余水能开发潜力最大的国家。同时，我国长期处于社会主义初级阶段，电力需求总量潜力巨大，优先开发水电是满足国内能源电力需求最安全、经济的方式，是我国能源战略结构转型的最佳选择。目前，我国已经成为名副其实的水电大国和水电强国。装机容量自2004年以来一直稳居世界第一，2012年年底装机达2.49亿kW，占全国的21.8%，年发电量8556亿kW·h、占全国的17.2%，综合技术水平迈入世界先进行列。

世界各国都在大力调整能源结构，提高能源利用效率，大力发展绿色能源并减少化石能源消耗。我国是煤炭生产和消费大国，给生态环境带来很大压力。而开发绿色水电既不排放有害气体也不排放固体废物，能够改善生态环境、保护河流生态、促进节能减排，并且具有防洪、航运、灌溉、供水、养殖、旅游等方面的巨大综合效益。据估算，我国水电经济可开发量基本开发后（即发电装机4.02亿kW、年发电量1.75万亿kW·h），每年可节约9.5亿吨原煤、减排二氧化碳14.4亿吨、二氧化硫891万吨、氮氧化物842万吨、烟尘486万吨，并减少煤炭开采、运输及储存过程中对环境的影响*。

2)水电站全生命周期的绿色化

流域化梯级电站全生命周期的绿色化建设是指，在全流域梯级电站的立项、设计、开发、建设及建成后的电力生产经营中，均以绿色水电的思想和理论的指导下进行技术创新，使建设和生产的全过程中始终坚持对自然生态环境实施综合规划，处理好建设、生产、生活与环境的和谐友好关系，对建设工区的自然生态环境实施恢复、重建和保护，对电厂和生活区实施花园式建设，最大程度恢复自然生态环境的电力系统。

我国西部水能资源占全国比重超过80%，其中三分之二的资源量和大部分未开发量都集中在西南地区。优先开发西部绿色水电，实行“西电东送”，可使西部资源优势转化为经济优势，促进西部地区经济和社会发展。

流域化梯级电站的开发和建设要始终坚持绿色水电发展的道路，实现流域的统筹协调、有序开发、生态友好、和谐可持续发展。统筹协调就是要统筹流域内水电开发与水资源综合利用、生态保护、移民安置、地区发展；统筹协调好梯级水电站的规划、各项目前期和市场规划。有序开发就是坚持流域梯级滚动综合开发，优化水电结构和区域布局，优先开发跨境河流水电和大型控制性电站；筹措和建立水电开发和建设的前期基金，挖掘水电前期市场；科学制定上网电价和激励税收等政策。生态环境友好就是在流域梯级水电站的全生命周期内高度重视生态环境的恢复、建设和保护，加快形成流域化水电开发的生态环境保护机制和补偿机制，坚持生态环境的规划设计、工程建设的文明施工和高效、高质量的运行调度管理，建设运营生态型流域化梯级水电站。和谐发展一方面就是要创新移民安置管理，探索建立水电移民利益共享机制，真正做到建设一座电站，带动一方经济，改善一片环境，造福一批移民；另一方面就是使流域梯级水电站开发的总体目标、建设工程及在全生命周期内实现同自然生态圈和谐友好和共生，实现可持续发展。

运行了2260年的四川都江堰工程，现在还灌溉1500万亩土地（1亩≈666.67m²），使川西成为天府之国。为什么工程运行两千多年还能这样好？就是它的工程设计、规划和建设模式都符合自然环境的要求，是人工与自然和谐统一的杰出工程结构，到现在形成了青山绿水，白云环绕，环境优美的山川地貌，是联合国认定的世界自然遗产，也是我国重要的5A级旅游风景名胜区。古人的大智慧，使都江堰工程真正实现了人和自然

* 资料来源：根据《北极星电力网新闻中心》网上报道，2013年8月4日。

的和谐共生，工程也实现了可持续发展。

北京青龙峡水库为一座重力拱形大坝，位于北京青龙峡旅游度假村。该度假村位于怀柔城北 20km，万里长城脚下的大水峪水库库区内，距北京市三元桥 70km。原始古貌的万里长城，巍峨的重力拱型大坝，婉转狭长的湖光山色及诸多可供参观游览的现代化水利工程设施，为开发建设水利风景区提供了丰富的旅游资源。青龙峡水库虽然泥沙瘀积超过了 90%，但是造就了大量的耕地，而且形成了一个 200 平方公里的一个人工湿地，这个湿地现在已经是水肥草美，形成了一个很好的塞上江南。

可见水电建设工程的设计、施工、应用及后期的生产经营，只要是敬畏自然，应用同自然和谐的设计施工建设和生产经营思想，并不断维护自然环境的生态需要，就一定能建设我国的绿色水电。

15.1.3　国际上绿色水电的发展

全世界现在注册登记的大坝有 45000 座，分布在 140 多个国家。全世界水电站发电量占全国发电量 90%以上的有 24 个国家，水电站发电量占全国发电量 50%以上的有 55 个国家，水电站发电量占全国发电量 40%以上的有 62 个国家。像挪威、巴西等国家的能源中有 90%来自于水电，这些国家由于实现了绿色水电建设，因此在水电开发与建设中并没有使环境非常恶化，反而使环境得到了更好的维护。

现在世界上对水能的开发程度，欧洲在 72%以上，瑞士达到 100%以上(这是因为抽水蓄能电站建的非常多而形成现象)。亚洲的情况跟中国差不多，中国只开发了全国水能的 20%左右。亚洲平均开发程度约为 23%，南美洲是 25%，中北美洲是 70%。发达国家中美国是 82%以上，日本是 84%，而法国、挪威、瑞士都在 80%以上[146]。由于发达国家都十分重视自然生态环境的保护，因此在水电开发、设计与建设过程中，往往会考虑生态平衡、河流的连续性、边坡生态环境的恢复和建设。因此，水电站的建设都是在绿色水电观念和可持续发展理论的指导下进行，同时发达国家为了鼓励绿色能源的开发和利用，特别制定和给予政策支持，使绿色能源得以较好地发展。

15.1.4　绿色水电的国家扶持政策

1. 国外绿色(含绿色电能产品)采购模式

近年来，政府的绿色采购已经作为一项可持续发展战略被许多国家采用。美国、加拿大、丹麦、日本等国已制定相关法律，要求优先采购经过环境认证的产品或实行强制采购政策，将“绿色产品”作为政府采购的首选产品。一些国际组织如联合国、世界银行等，也组成了专门的绿色采购联合会。如 2002 年的瑞士全国博览会和 2003 年的世界杯滑雪赛，赛场内的用电大户瑞士电信等企业均购买了绿色电力，使绿色电力的社会责任和社会影响得以彰显，而通过媒体传播绿色电力消费亦引领一时风尚。由此，环境和经济的协同作用形成良性反馈。绿色采购已经成为一种世界性趋势。

总体来看，各国推动政府绿色采购的模式可分为以下两种。

第一种模式是由国家层面统一管理，即由上级政府确立方向，指导次一级政府进行自上而下的采购模式。

日本、丹麦等国家是实施该种模式的典型国家。以日本为例，2000 年日本国会颁布《绿色采购法》，这是日本为建立循环型社会颁布的 6 个核心法案之一。《绿色采购法》中明文指出，政府机关可以采用第三方认证体系或绿色产品信息系统作为采购绿色产品的参考准则。该法令同时还强制国家政府机关必须每年制定和实施绿色采购计划、进行实际采购活动、定期报告执行结果。同时，日本政府也制定了绿色采购的基本准则。另外日本政府还与各产业团体联合组成了日本绿色采购网络组织(GPN)，参与该组织的会员团体承诺通过购买环境友好型产品，减少采购活动对环境的不利影响。

第二种模式是以欧盟为典型代表的自下而上模式。

欧盟是特殊政治组织形式，在推行绿色采购的过程中是以各成员国为主导，欧盟则发挥总体指导和协调作用。在绿色采购事务上，欧盟成立了欧洲采购网络组织(EGPN)，由欧盟执行委员会总理事会以委托契约方式委托欧盟环境伙伴(EPE)与地方性环保行动国际委员会(ICLEI)这两个团体来办理。EGPN 成立后的首要任务是拟订相关的采购指导纲要，其主要作用就是推广介绍欧盟各国绿色采购背景资料和相关法规的绿色采购工作。为方便地方政府进行绿色采购，EGPN 成立了城镇绿色采购者团体以便与政府的采购人员进行经验与信息的交流，探讨如何将环境因素纳入政府招标技术规范等问题及评估有益于地方政府绿色采购的政策。为进一步协调各国的行动，欧盟委员会发布了《政府绿色采购手册》，该手册指导欧盟各成员国如何在其采购决策中考虑环境问题。同时，欧盟委员会还建立专门一个采购信息数据库，为采购提供产品信息及采购建议。

虽然“绿色”倾向都出现在世界各国政府的采购中，但各国根据自身国情所采取的方法也有所不同。概括起来，各国的经验主要有三种：①制定鼓励绿色采购的法律法规，营造有利的环境；②在采购过程中综合考虑绿色产品生命周期的总体成本；③创造稳定的绿色产品市场。

2. 我国绿色水电的支持政策

在国外有很多富人愿意对绿色电力付高额的费用。像西方国家的富人愿意多拿 20%的费用来买绿色的电力，认为对符合绿色标识的、标准的水电站上网的电价应该更高、更好。在世界上的主要发达国家都对促进绿色电能科技的研究和发展投入了大量资金，同时也鼓励更多的大学生、更多的研究人员来研究和从事保障水电绿色本性的工作[146]。

各国政府对绿色产品和绿色能源的支持政策对我国发展绿色水电有重要的参考和借鉴作用。根据我国的实际情况，我国绿色水电支持政策应表现为以下现两个方面。

1)制定权威的绿色水电认证制度

国际上绿色水电(又称“低影响水电”)认证较为有代表性的国家主要有瑞士和美国。瑞士政府的做法是通过制定“低影响水电”的标准来实施认证和支持绿色水电的发展，主要是从河流的水文特征、河流系统连续性、泥沙与河流形态、河流的景观与生态环境、河流生物群落等 5 大方面制定认证的基本标准。而美国的“低影响水电”认证则必须满足 8 各方面的条件，①河道水流；②水文特质；③鱼类通道和保护设施；④流域系统的保护；⑤濒危生物的保护；⑥文化资源的保护；⑦公共娱乐功能；⑧未被建议拆除建筑物保护[147]。

图 15-1 和图 15-2 为美国西雅图国家公园梯级水电站中的第三座和第一座水电站。作者于 2014 年 9 月应华盛顿大学邀请访美进行学术交流和考察时拍摄。美国西雅图市国家公园内的第三座水电站，掩映在青山绿水之中，使工程与自然环境融合。电站留出了较大的生态流量，保持了河流的连续性和观赏性，生态环境得到了保护。

图 15-1　美国西雅图市国家公园内的第三座梯级水电站

图 15-2　美国西雅图国家公园内装机容量 78 万 kW 的第一级水电站

该水电站建于 19 世纪 30 年代左右，成立国家公园后，公园管理局与西雅图电力公司全面合作进行环境保护和建设，严格按照美国的“低影响水电”认证制度管理，实现了水电工程建设与自然生态环境的融合，一方面满足了西雅图市 80%以上的电力需求，另一方面实现了国家森林公园自然生态环境的保护。

我国的绿色水电认证标准可以借鉴国际的通行做法，从水电功能、自然生态环境维护、文化资源、公共娱乐、经济性和社会性等方面来考虑制定标准。对于符合标准的水电工程，授予“绿色水电”称号并给予相应的政策鼓励，促进绿色水电的建设、生产和运营的良性发展和带动效应。

2)制定绿色水电的补偿政策

绿色水电工程的补偿政策是指国家采用经济手段对水电工程建设中损坏的自然生态系统进行恢复、重建和保护的政策。

受水电工程不利影响的生态系统包括河流生态系统、森林生态系统、草地生态系统及农田生态系统等，水电工程可能破坏河流生态连续统一体，淹没森林、草地、农田等陆地生态系统，导致各生态系统的部分服务功能丧失。因此抑损补偿的对象是各受损的生态系统，具体是对各生态系统的服务功能进行补偿。

对于绿色水电的补偿政策，应是由国家和水电开发企业共同组成补偿主体，由水电开发者支付补偿费用，政府通过其特殊的职能地位发挥主导作用，保证生态补偿的切实执行。在补偿费用方面，根据现行的法规和文件，水电开发者需支付的具有生态补偿性质的相关费用包括林地补偿费、林木补偿费、森林植被恢复费、草原植被恢复费、土地补偿费、安置补助费、地上附着物和青苗的补偿费、水土保持设施补偿费、水土流失治理费、水资源费、土地复垦费、耕地占用税等；此外，还需投资针对生态系统的保护措施费用。如对陆地生态系统采取的就地、异地恢复或保护措施，及对河流生态系统采取的河流连通性恢复、局部生态环境恢复、鱼类产卵场营造、流量生态调度、生物群落重建等河流生态修复措施。这些补偿费用是水电工程生态补偿资金的主要来源，政府应充分发挥其主导作用，协调补偿资金在财政、林业、环保等各相关部门间的分配，以保证生态补偿的有效实施。

结合目前我国水电工程的生态补偿效果，从生态系统服务功能的角度来看，水电工程对陆地生态系统的补偿效果较显著。以二滩水电站为例，通过库周植物造林等生态补偿工程措施，在雅砻江河谷地区成功造林约 1000 平方公里，形成了以木本植物为主体的防护林生态系统，最大限度地发挥了森林生态系统的服务功能。库区水土流失情况明显改善，植被覆盖率从 49%提高到 70%，建成的二滩库区植被葱郁、山水相映，已成为国家森林公园、攀枝花市风景名胜区，区域生态环境质量明显改善，得到了环保人士及当地居民的充分肯定，也于 2006 年获得了建设项目环境保护的政府最高奖“环境友好工程”的殊荣*，见图 15-3。

(a)

* 资料来源：能源局网站，2013 年 06 月 27 日。

(b)

图 15-3　二滩水电站全景

15.2　流域水电开发工程与环境保护

15.2.1　水电工程建设对生态环境的影响

水利水电工程实施的过程中往往会对建设地区造成一定程度的影响，这些影响往往是消极的，会造成生态系统的破坏，主要包括植被破坏、空气污染、水污染、植被破坏引起的水土流失、土壤污染等，对当地居民的身体健康造成严重影响。这些影响具体包括三方面。①土地破坏。水利水电工程施工产生的大量废弃材料堆放在建设区造成良田的占用，一些材料还会引起土壤污染。由于水利水电工程建设的特点，必然会造成水土一定程度上的流失。②水体破坏。水利水电建设中的开挖工序、灌浆工序产生的废水，不经过处理或处理不当，使不符合标准的废水排入江河，导致江河下游的水遭到破坏，影响下游人民用水安全。③森林植被的破坏。水电站大坝工程建设中为了开辟施工平台，一般都会对河流的边坡进行开挖、爆破和平整，同时会修筑交通等工程设施，以便大坝工程的修建。这样就一定会对河流边坡的森林植被等造成破坏，进而引起大气环境破坏、大量的水土流失等问题。

15.2.2　自然河流的连续化

在水电工程，特别是大型、特大型水库的建设中，如果没有环保意识和环保技术，就容易造成自然河流的非连续化。所谓非连续化是指自然河流的断流对自然界造成重大干扰。

大坝将自然河流拦腰截断形成了河流的非连续性，包括沿水流方向及垂直水流方向的两类非连续。一类是筑坝使沿水流方向的河流非连续化，改变了天然水文情势，流动的河流生态系统变成了相对静止的人工湖，流速、水深、水温及水流边界条件都发生了重大变化，对生物的生存与栖息地产生极大影响，导致生物种类与数量都会发生一定的变化。另一类非连续化是由于河流两岸建设的防洪堤造成侧向水流的非连续性，堤坝妨碍了汛期主流与岔流之间的沟通，阻止了水流的横向扩展。把干流与滩地和洪泛区隔离，使岸边地带和洪泛区的栖息地发生改变。原来可能扩散到滩地和洪泛区的水、泥沙和营养物质，被限制在堤防以内的河道内。该类非连续化最终导致两岸植被面积明显减少，鱼类无法进入滩地产卵和觅食，失去了避难所，鱼类、无脊椎动物等减少导致滩区和洪泛区的生态功能退化[148]。因此水电建设工程，特别是大型、特大型水库，在设计和大坝建设中必须留出较大的生态流量或恢复生态流量，以保证自然河流的连续化和维护水生动植物的生态环境。

15.2.3 施工中的环境影响及治理

在施工中主要造成的环境影响因素是水质、大气质量、施工噪声、弃渣及生活垃圾、施工区水土保持及绿化等。

1)水质保护

施工期主要产生的污水包括机械修理产生的油污、洗车场产生的废水和生活产生的污水等，这些污水流入江河将会产生污染使流域水质下降。在流域梯级电站的施工建设中，必须对污水进行处理，充分保护流域的水质。其保护措施应为以下4点。

(1)污水处理标准按施工区所在河段执行国家标准《地表水环境质量标准基本项目标准限值》(GB3838－2002)，见表15-1。

表15-1 《地表水环境质量标准基本项目标准限值》(GB3838－2002) (单位：mg/L)

编号	项目	分类标准值				
		Ⅰ类	Ⅱ类	Ⅲ类	Ⅳ类	Ⅴ类
1	pH值（无量纲）			6～9		
2	溶解氧≥	饱和率90%(或7.5)	6	5	3	2
3	高锰酸盐指数≤	2	4	6	10	15
4	化学需氧量(COD)≤	15	15	20	30	40
5	五日生化需氧量(BOD5)≤	3	3	4	6	10
6	氨氮(NH_3-N)≤	0.15	0.5	1	1.5	2
7	总磷(以P计)≤	0.02(湖、库0.01)	0.1(湖、库0.025)	0.2(湖、库0.05)	0.3(湖、库0.1)	0.4(湖、库0.2)
8	铜≤	0.01	1	1	1	1
9	锌≤	0.05	1	1	2	2
10	氟化物(以F－计)≤	1	1	1	1.5	1.5
11	砷≤	0.05	0.05	0.05	0.1	0.1
12	汞≤	0.00005	0.00005	0.0001	0.001	0.001
13	镉≤	0.001	0.005	0.005	0.005	0.01

续表

编号	项目	分类标准值				
		Ⅰ类	Ⅱ类	Ⅲ类	Ⅳ类	Ⅴ类
14	铬(六价)≤	0.01	0.05	0.05	0.05	0.1
15	铅≤	0.01	0.01	0.05	0.05	0.1
16	氰化物≤	0.005	0.05	0.2	0.2	0.2
17	挥发酚≤	0.002	0.002	0.005	0.01	0.1
18	石油类≤	0.05	0.05	0.05	0.5	1

注：除 pH 外，其余项目标准值单位均为 mg/L。水质评价标准说明：Ⅰ类主要适用于源头水、国家自然保护区；Ⅱ类主要适用于集中式生活饮用水地表水源地一级保护区、珍稀水生生物栖息地、鱼虾类产卵场、仔稚幼鱼的索饵场等；Ⅲ类主要适用于集中式生活饮用水地表水源地二级保护区、鱼虾类越冬场、洄游通道、水产养殖区等渔业水域及游泳区；Ⅳ类主要适用于一般工业用水区及人体非直接接触的娱乐用水区；Ⅴ类主要适用于农业用水区及一般景观要求水域。

(2)施工产生的废水应用沉淀和过滤的方法处理。工艺流程见图 15-4。

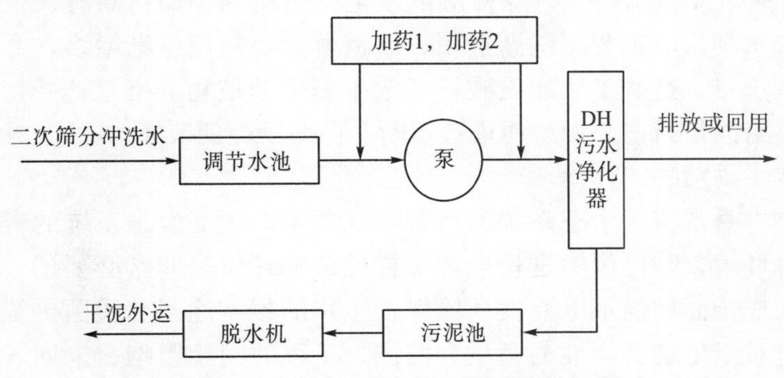

图 15-4　混凝土生产废水处理工程流程

(3)生活污水的处理。生活污水处理的方法是过滤和消毒，工艺流程见图 15-5。

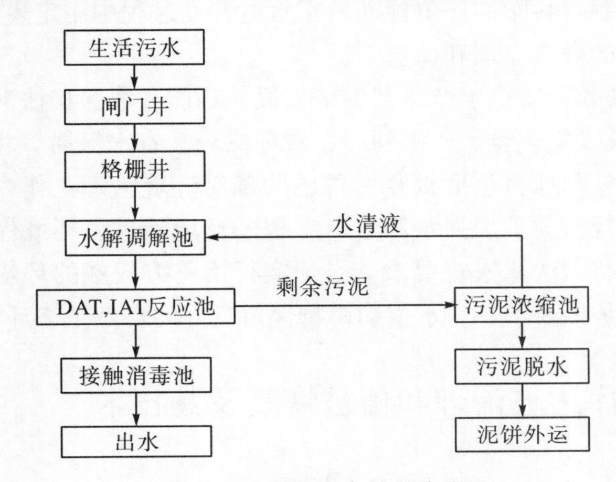

图 15-5　生活污水处理流程

(4)生活应用水源的水质保护和处理，将按照国家颁布的《生活饮用水卫生标准》(GB5749—2006)执行。

2)大气质量保护

由于大型梯级水电站建设工程施工的原因，将会对施工区域的大气产生影响。而产生的大气污染源主要是燃油设备尾气、运输车辆运行的扬尘、施工爆破的粉尘等。大气质量保护的处理主要是采用各种器材或洒水车洒水、加强施工车辆和施工设备的尾气监控，清理施工道路抛洒，改变道路路况等。

3)噪声防治

施工中噪声的产生主要源于施工爆破、施工机械运行和车辆运输所产生的高分贝噪音。对施工现场的噪声防治，主要是控制声源和降低声音，如采用低噪声设备、安装消音设备、禁止高音喇叭鸣笛等。

15.2.4 流域系统水生动植物的保护

根据农业部渔业局的一项统计显示，目前全国需要重点保护的水生野生动植物已达400多种。受各种因素影响，一些珍稀濒危水生野生动物，如白鳍豚、长江鲥鱼等已濒临灭绝。近年来水利水电工程、围湖造田、航道航运等建设逐渐增多，并且都是一些关系国计民生的大项目。这些工程建设破坏了水生野生动植物的栖息地及生存环境，造成大量物种的生存空间被挤占、洄游通道被切断、产卵场遭到破坏。

1)全流域水生动植物的评价

水生动植物本身是流域生态系统的重要组成要素，表征生态系统的资源属性。因此在水利水电工程环境影响评价中进行生物多样性影响评价是非常必要的，也是贯彻坚持以保护生态为前提全面加强水电开发环境保护工作的根本途径。我国传统的水利水电工程环境影响评价对于生物多样性的衡量和监测、工程的间接影响、未列入保护范围的地区生物多样性的保护、非珍稀物种的保护、不同利益团体对生物多样性保护认识水平等方面的问题没有深入考虑，生物多样性影响评价亟待纳入环评中，深入研究生物多样性影响评价技术方法，制定科学的评价标准，在水电开发过程中制定生物多样性保护措施。

2)实施水电工程的环境监理和保护

根据《中华人民共和国安全生产法》《中华人民共和国环境保护法》《中华人民共和国水法》等相关法律法规及省发改委、省水利厅、省环保局、省水保局等相关部门对项目前期工作中的技术评审意见和项目核准批复文件已明确对环境治理工作内容、工作经费和技术措施的实现进行监督。为了加强水利水电工程的环境治理、环境保护和水生动植物的保护进行监督，根据有关法律法规要求，必须实行第三方权威的环境保护监理，以进一步监督环境治理达到环保要求，为水生动植物保留良好的自然生态环境。

15.2.5 大型水库边坡治理和植被恢复及其技术

15.2.5.1 水电工程高坝边坡治理

水电工程边坡是指因建筑物布置需要经开挖形成的人工边坡及对工程安全有重大影

响的近坝自然边坡。由于工程建设的需要，河流边坡开挖或平整成为可供施工、设备、材料运输及物件存放的台地，从而形成人工边坡。人工边坡一般不看作独立的水工建筑物，而是水工建筑物的重要组成部分，其稳定性直接关系到工程安全和生产安全；滑坡体、堆积体、变形体等近坝自然边坡的稳定性影响到工程施工及蓄水运行的安全。水电工程曾发生过边坡开挖和水库蓄水引发的严重滑坡事故，造成生命财产和工程建设的重大损失。实践表明，水电工程从筹建准备开始，碰到的首要工程技术问题就是边坡问题①。

我国曾有几十个水利水电工程在施工中发生过边坡失稳问题，如天生桥二级水电站厂区高边坡、龙羊峡水电站下游虎山坡边坡、安康水电站坝区两岸高边坡、漫湾水电站左岸坝肩高边坡等。为了治理这些边坡不但消耗了大量的资金，还延长了工期，成为我国水利水电工程施工过程中一个比较严峻的问题，有的边坡工程甚至已经成为制约工程进度和成败的关键因素。一批我国正在建设和即将建设的大型骨干水电站，如三峡、龙滩、李家峡、小湾、拉西瓦、锦屏等工程都存在着严重的高边坡稳定问题。其中三峡工程库区中存在着 10 几处近亿立方米的滑坡体，拉西瓦水电站下游左岸存在着高达 700 立方米的巨型潜在不稳定山体，龙滩水电站左岸存在总方量达 1000 万立方米倾倒蠕变体等。这些工程的规模和技术难度都是空前的。因此，加快水利水电边坡工程的科研速度，开发出一套现代化和适应中国国情的边坡工程勘测、设计、施工、监测技术，已经成为水利水电科研攻关的重大课题。

在水电工程的边坡治理中，一般采用两种较成熟的技术。

1)钢筋混凝土抗滑结构技术

钢筋混凝土抗滑结构是指利用钢筋混凝土柱形构件，将其穿过边坡滑坡体，深入稳定的土层或岩石层，用以阻挡滑体下滑动力的技术。一般将其置于滑坡的前缘位置，起到稳定边坡的作用。

混凝土抗滑桩技术我国曾在 20 世纪 50 年代少量工程中试用。从 20 世纪 60 年代开始，该技术得到了推广，并从理论上得到了完善和提高。到 20 世纪 80 年代，高边坡中的抗滑桩应用技术已达到了一定的水准。

在边坡治理工程中钢筋混凝土抗滑桩由于能有效和经济地治理滑坡，尤其是滑动面倾角较缓时其效果很好，因此得到了广泛采用。如天生桥二级水电站于 1986 年 10 月确定厂房下山包坝址后，11 月开始在厂房西坡进行大规模开挖，由于开挖爆破和施工生活用水的影响，诱发了面积约 4 万平方米、厚度 25～40m、总滑动量约 140 万立方米的大型滑坡体。初期滑动速度平均每日 2mm，到次年 2 月底每日位移达到 9mm，如继续开挖而不采取任何处理措施，预计雨季到来时将会发生大规模的滑坡。为此赶在雨季到来之前采取了抗滑桩等边坡治理措施，解决了大规模滑坡的问题②。

2)锚固技术

锚固技术是指将一种受拉杆件的一端固定在边坡或地基的土层或岩层中，另一端与工程建筑物相连接，承受由于岩土压力、地下水压力和风力所施加给建筑物的推力，将

① 资料来源：能源网、中国能源报，2013 年 7 月 17 日。

② 资料来源：建设工程教育网，2010-4-15。

地层的锚固力利用起来以保持建筑物稳定的技术。

预应力锚索锚固加固边坡的技术采用，可以使岩体不被破坏、施工灵活、速度快、干扰小、受力可靠、且为主动受力，这些都是该技术的优点。又因坡面岩体具有很高的抗压强度，所以该技术广泛应用于天生桥二级、漫湾、铜街子、三峡、李家峡等工程的边坡治理中。

以漫湾水电站边坡工程为例，该工程共采用了6000KN级锚索21根、3000KN级锚索859根、1600KN级锚索20根、1000KN级锚索1371根，这些锚索均采用预应力胶结式内锚头锚索，施工采取后张法。预应力锚索由内锚头、外锚头和锚索体三部分构成。内锚头的长度6000KN级为10～13m，3000KN级为8～10m，1000KN级为5～6m，均采用纯水泥浆或砂浆作胶结材料；外锚头的结构为钢筋混凝土，控制其与基岩接触面的压应力在2.0MPa以内*，使边坡得以稳定，使漫湾水电站工程和建筑物的安全得到了保证。

15.2.5.2　水电工程高坝边坡植被恢复技术

水电工程高坝边坡植被恢复涉及的技术主要有三大类，分别为有网法、有格法和制成品法。

(1)有网法是指在边坡植被恢复中采用挂网的基质，防止表层风化岩石脱落，在基质上种植植被的方法。

(2)有格法是指采用钢筋混凝土现场浇筑或预制件形成1m×1m～2m×6m的格子状构造物，以防止浅层岩石风化侵蚀与脱落，在格子内回填土质，再种植植被的方法。

(3)制成品法是指预先在工厂将土壤、肥料和植被种子等以一定的工艺紧密地附着在介质上，然后将制成品覆盖于边坡上的方法。

水电工程高坝边坡植被恢复的技术体系如图15-6[149]所示。

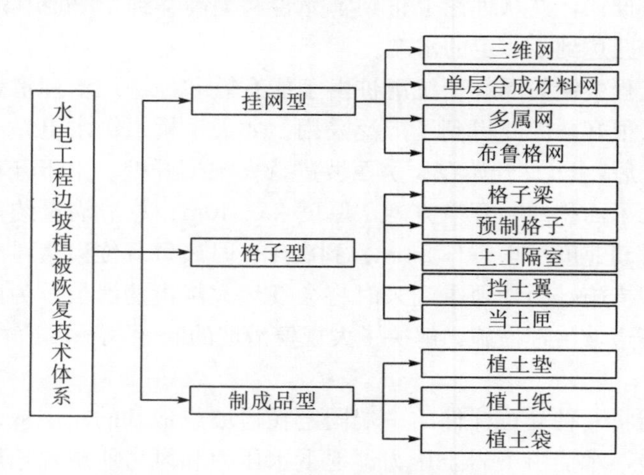

图15-6　水电工程边坡植被恢复技术系统

* 资料来源：建设工程教育网，2010-4-15。

15.3　流域梯级水电站环境管理

15.3.1　流域梯级水电站环境管理体制

有效的流域梯级水电站环境管理需要有正确的制度设计和组织安排，这样才能使环保工作的责权利落到实处，做到环保工作的各个环节都有人负责和有人监督。从集团公司的环境管理体制安排来讲，一般都实施 4 级管理体制，如图 15-7 所示。

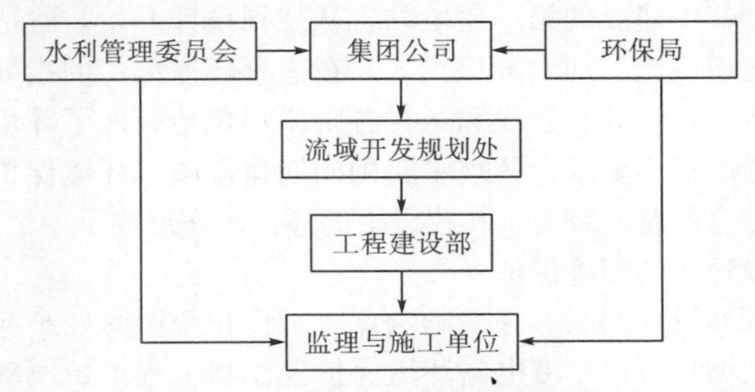

图 15-7　水电建设工程环保管理体制

制度安排有以下 7 点：

(1)集团公司承担流域水电开发环境保护的全部责任，负责管理和协调全流域水电开发和建设的环境保护。

(2)流域开发规划处不仅要负责水电工程规划，而且要根据国家标准制定环保工程规划，并负责监督工程建设部和施工单位的实施。

(3)工程建设部负责完成水电工程和相应的环保工程建设，积极落实环保责任。

(4)监理单位要根据工程要求，认真负责地对水电工程质量和环保工程质量进行监理，并承担其监理责任。施工单位必须严格按照工程要求施工，并严格按照环境管理要求施工，承担起建设施工中环境保护的责任。

在流域化梯级水电站的建设和电力生产的全生命周期中，不仅需要建设中实施环保工程，实现绿色水电，并且在建成和生产运营的全过程中，都必须对流域的自然生态环境进行管理。根据中华人民共和国国家标准(GB/T 24001－2004/ISO 14001：2004)颁布的《环境管理体系、要求及使用指南》* 实施环境管理。

(5)建立水电工程河流环境水质资源保护和使用补偿机制。水电站的建设和生产经营会对河流的水质和环境具有一定影响，因此水电站应从经营收入中提取一定比例的水资源使用和环境补偿费用，用于对环境的修复和保护。

(6)严格执行国家和地方的水资源管理制度、法规，同时建立河流补偿机制。河流的下游地区应从经济发展中提取一定的经费用于补偿对上游环境保护。同时严格执行有偿

* 中华人民共和国国家标准(GB/T 24001－2004/ISO 14001：2004)。

使用和防治污染政策，谁使用河水，谁就付水资源使用费；谁对河流造成污染，谁就必须赔偿，补偿额度以恢复河流水质为基础，并根据对环境影响的程度再加以赔偿，以备环境修复专用。

(7)按国务院规定，实施生态环境损害终生追责制，重点监控流域内所有排污单位污染排放状况、各类资源开发利用活动对生态环境影响情况、建设项目环境影响评价制度、"三同时"(防治污染设施与主体工程同时设计、同时施工、同时投产使用)制度执行情况等，依法严肃查处、整改存在的问题，结果向上一级人民政府报告，并向社会公开*。

15.3.2 二滩水电站建设的环保工作[150]

二滩电站是雅砻江上建成的第一座电站，从规划设计开始，就把环境保护作为电站建设中的重要任务组织实施，加大环保投入。在国家环保部门的指导支持下和世界银行环保特咨团的帮助下，在设计、建设和运行各阶段出色地开展了环境保护工作，达到了当时国内、国际的最高标准要求，体现了我国同期建设项目环境保护的先进水平，受到国内外同行和环保专家的普遍赞誉。在建设中的环保工作形成了一个系统，如下所述。

1)电站立项和设计中的环境保护

二滩水电站立项和设计期间，环境影响评价工作在全国尚处于起步阶段。作为世行贷款、国际招标的大型项目，二滩电站环境保护工作从工程伊始便率先开展了深入的环境影响评价工作。依照世行的要求，先后完成了局地气候、滑坡和泥石流、土壤、陆生植物、陆生动物、水生生物、文物古迹等10项专题工作及Ⅰ、Ⅱ期环境影响报告、《雅砻江二滩水电站环境保护先期实施计划报告》和《四川省雅砻江二滩水电站环境保护设计报告》，并分别通过国家环保局审查与世行Ⅰ、Ⅱ期贷款评估，获得了高度评价。二滩电站环保设计工作的深入、成功开展，有力促进了同时期水电行业环境保护设计水平的提高。

2)建设、运行中的环境保护

二滩水电站为国际招标工程，建设过程中的各项工程活动均依照国际管理高标准、严要求地执行。按照环境保护与主体工程"同时设计、同时建设、同时运行"的原则，在建设中加大环保资金投入，保证资金落实，全面、及时地实施了多项环保措施，取得了显著的环境效益。

(1)弃渣处理。水电工程施工产生的大规模弃渣，是建设期突出的环境问题。为避免施工弃渣下江，在二滩工程中不惜投入大笔资金，对工程所有的弃渣实现了集中清理、运输、堆放和防护。工程各项施工活动总弃渣约1500万立方米，全部堆放至设计指定的三个大型弃渣场，避免了大量弃渣入江造成水土流失和下游泥沙淤积等一系列问题。弃渣堆放完毕后，对渣场进行了全面防护和绿化。

(2)施工污染控制。二滩电站是国际招标工程，对于承包商的污染防治责任在合同中有明确的细则规定，由承包商直接承担污染防治责任，并由环境监理进行全过程监督控制，各项施工污染均得到有效控制。以废水处理为例，砂石骨料生产废水、营地生活污

---

* 《国务院办公厅关于加强环境监管执法的通知》国办发［2014］56号。

水均通过沉淀或废水处理设备处理后集中排放。

(3)血吸虫病防治。二滩库区的盐边县曾是血吸虫病疫区。为防止水库蓄水引发血吸虫病再次流行，公司投入80万元的工作经费，开展了彻底的灭螺、治病工作。防治工作结束至今，疫区无新发病例。

(4)生态恢复。为全面恢复工程区的生态功能，改善区域生态环境质量，工程建成后，对坝肩、边坡、金龙山、库周、电厂生产、生活区等区域进行了全面的生态恢复。

承包商撤离后，对施工基地进行了绿化，绿化面积约60余万平方米，包括各施工工区、生活营地、料场及坝区的部分荒山。看到坝区的绿草茵茵，树影婆娑，丝毫联想不到这里曾是热火朝天的大型工地。

为提高库区植被覆盖率与生态多样性，公司在库周区16个地点成功营造防护示范林240万平方米，解决了库周各县营林的技术难题，有效促进了地方的植树造林工作，自1998年至今，已造营林1000多万平方米。加之水库形成后河谷气候的改变，库区植被已是郁郁葱葱，"青山绿水"成为二滩库区的真实写照。

二滩水电站电站建成后，人工痕迹最明显的部位是坝区。为了使工程从景观上与自然环境进一步相融，电站运行期间对坝肩、枢纽区边坡进行了绿化、美化。来到坝区，可以看到怒放的迎春、倔强的爬山虎、美丽的三角梅正在将原本毫无生气的混凝土边坡装扮得生机盎然。

电站生产区植被覆盖率高达50%，生活区植被覆盖率高达80%。区内绿树成荫、花团锦簇，玫瑰园、芒果园、湿地、湖泊遍布其中，俨然是一处风景优美的生态公园。

(5)鱼类资源恢复。为保护鱼类资源与种群多样性，2002年公司投资140万元，委托渔业部门向库区投放裂腹鱼类、中华倒刺鲃、白甲鱼、大口鲶、花鲢、白鲢、鲤鱼、鲫鱼等各种规格的鱼种420万尾，库区鱼类资源的恢复取得了良好的效果。

(6)环境监测。为随时掌握工程区域环境质量状况及其变化情况，电站建成后，开展了大量的环境监测工作，包括泥沙、水文、气象、水质、水温、陆生生物、水生生物、鱼类监测等。监测工作的开展不仅进一步了解工程区域环境质量，更为工程兴建前后各因子的变化分析和对比积累了宝贵的实测资料。

(7)环保咨询与监理。为保证二滩电站建设期环保措施实施效果，工程特别聘请了世行专家提供环保咨询，同时委托四川大学在全国率先开展了工程的环境监理工作，对工程建设期环保工作进行了全过程咨询、监督和管理，取得显著的成效。

15.3.3　向家坝水电站环保管理体系

向家坝水电站在筹建工程施工中，环境保护与工程建设同步实施，环境保护工作建立了一整套管理体系，不仅有组织机构，而且有措施、有监测、有监督。在金沙江水电开发中，中国三峡总公司建立了由决策层、监督管理层、实施层组成的环境保护管理体系，确立了向国家环保总局、地方环保部门分级、分层次的报送机制，并定期与云南、四川两省地方环保部门进行交流与沟通。

向家坝水电站的环境保护管理体系分三个层次，总公司科技与环境保护部负责环境保护工作的内外总体协调及对各建设工程环境保护工作的监督与指导；金沙江开发公司筹建处负责金沙江水电开发中环境保护工作的协调与管理；向家坝水电站工程建设部负责向家坝施工区各项环保措施的具体实施及生态环境的管理。

为了做好向家坝工程建设过程中的环境保护与水土保持工作，向家坝建设部成立了专业的环境保护管理中心，配备环保、水保专业人员，具体负责对施工区环境保护和水土保持工作实行现场监督管理，并承担专项工程的监理，同时接受国家和地方各级环保、水保、卫生、林业等行政管理部门的监督、检查与指导。

截至 2011 年 12 月，向家坝水电站施工区累计完成环境保护和水土保持措施投资 5.74 亿元(不含鱼类增殖站费用)。自工程筹建以来，向家坝水电站严格按照《向家坝水电站环境影响报告书》和《向家坝水电站水土保持方案报告书》要求，坚持环保设施与各项工程建设同时设计、同时施工、同时投产，环保工程实施、环保监测、环保管理、蓄水环保验收等深入开展，取得良好效果。

施工区环境监测严格依据环评报告书要求的内容及频率开展。2011 年向家坝水电站环境保护全面采用了信息管理系统。围绕 2012 年向家坝水电站蓄水发电目标，通过高度自动化设备，2011 年向家坝工程建设部启动了蓄水环保水保验收工作。在向家坝工程施工中，采用工程措施和生物措施相结合的方式进行水土保持防治。为保护表土资源，解决后期施工区绿化覆土来源，收集储存表土资源约 60 万立方米。到 2011 年年底，施工区已绿化面积 107.5 公顷，网格梁植草护坡面积 16.6 公顷，如图 15-8 所示。喷播植草面积 7.9 公顷。

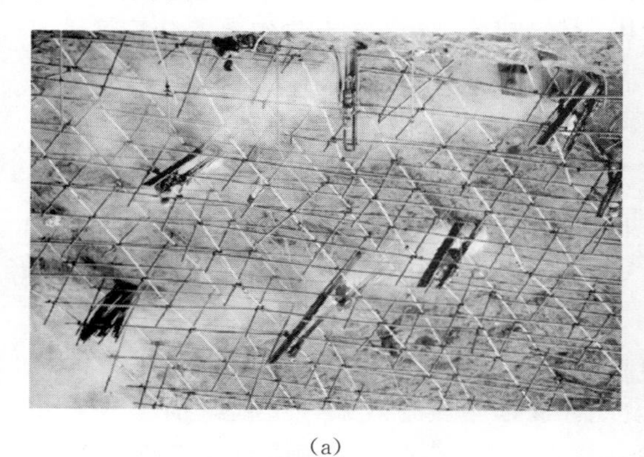
(a)

(b)

图 15-8 向家坝水电站工区边坡支护(a)及绿化(b)

根据工程建设规划，向家坝水电站用于环境保护和水土保持总投资约 14.61 亿元。到 2011 年，向家坝水电站施工区环境保护措施已基本建设完成，全面转向常态化运行阶段。马延坡砂石加工系统废水处理工程、田坝混凝土生产系统废水处理厂分别于 2007 年 10 月和 2010 年 4 月建成投入使用，基本使施工区生产废水得到很好处理，实现了废水零排放。生活污水处理厂于 2007 年 8 月建成投入运行，处理规模为 $5000m^3$/天，处理后满足《城镇污水处理厂物排放标准》一级标准中的 B 标准。施工区道路除尘保洁工作于 2005 年 12 月开始，每年投入大量的人力和物力，使施工区主要交通干道近 30 公里路面始终保持干净、通畅。田坝区声屏障于 2010 年 9 月底陆续扩建完成，有效降低了施工噪声和道路交通噪声对水富县城的影响。金沙江溪洛渡向家坝水电站珍稀特有鱼类增殖放流站于 2008 年 7 月建成，已累计举行 6 次放流活动，放流鱼苗 40 多万尾。

针对向家坝水电站对白鲟(一级)、达氏鲟(一级)、胭脂鱼(二级)等长江上游珍稀、特有鱼类及自然保护区的影响，按照相关法规和国家环境保护总局的要求，中国三峡总公司委托水电水利规划设计总院，组织来自水电、环保、农业和中科院等部门的院士、专家，开展了金沙江一期工程对长江流域的“合江段”、“雷波段”珍稀鱼类国家级自然保护区的影响及替代方案研究，提出了调整自然保护区、加强保护区功能建设、人工增殖放流、开展鱼类保护相关专题监测研究等综合措施。

15.3.4　ISO 14000 环境管理系统

继 ISO 9000 标准之后国际标准化组织(ISO)推出了又一个管理标准：ISO 14000 环境管理系列标准。1972 年，人类环境大会由联合国在瑞典斯德戈尔摩召开。会上一个独立的委员会成立了，即世界环境与发展委员会。重新调查评估发展与环境的关系是该委员会承担的任务。历时若干年，该委员会在考证大量证据后，于 1987 年出版了“我们共同未来”的报告[151]，一个新的概念“持续发展”在这篇报告中首次被引入，敦促工业界建立行之有效的环境管理体系。这份报告一经颁布即得到 50 多个国家领导人的支持，同时在他们的联合呼吁下专题讨论和制定行动纲领的世界性会议得以召开。

从 20 世纪 80 年代起，为了响应持续发展的号召，美国和西欧一些公司，通过减少污染，使公司和产品在公众中的形象得到提升以获得商品经营方面的支持，开始在建立各自的环境管理方式方面做文章，这就是环境管理体系的雏形。1985 年，荷兰率先提出建立企业环境管理体系概念，1988 年试行实施，1990 年进入环境圆桌会议，会上专门对环境审核问题进行了讨论。英国也在质量体系标准(BS5750)基础上，制定 BS7750 环境管理体系。英国的 BS7750 和欧盟的环境审核实施后，欧洲的许多国家纷纷开展环境管理体系认证活动，由第三方证明企业的环境绩效。这些实践活动奠定了 ISO 14000 系列标准产生的基础。1992 年在巴西里约热内卢召开“环境与发展”大会，183 个国家和 70 多个国际组织出席会议，通过了“21 世纪议程”等文件。这次大会的召开，标志着全球可持续发展时代开始了。各国政府领导、科学家和公众意识到要达到可持续发展的目标，就必须从环境管理的强化入手，建立污染预防(清洁生产)的新观念，改变过去工业污染控制的战略。通过企业自我决策、自我控制、自我管理的方式，把环境管理融于企业的全面管理之中。为此 ISO/TC3207 环境管理技术委员会由 ISO 于 1993 年 6 月成立，制定环境管理系列标准的工作正式拉开序幕，对企业和社会团体等所有组织的活动、产品和服务的环境行为进行规划，支持全球环境保护工作。

15.3.5　ISO 14000 环境管理的标准及特点*

ISO 14000 环境管理的标准及特点主要有以下 6 点：

(1)全员参与。ISO 14000 系列标准以引导企业建立环境管理自我约束机制，企业中的员工从最高领导到每个职工都主动、自觉地处理好与改善环境绩效有关的活动，并进

* ISO 14000 环境管理系列标准。

行持续改进为基本思路。

(2)广泛的适用性。ISO 9000 标准的成功经验在许多方面被 ISO 14000 系列标准所借鉴。ISO 14001 标准适用于任何规模和类型的组织，适用于各种地理、文化和社会条件，可用于内审或对外认证、注册，亦可用于管理自我。

(3)灵活性。ISO 14001 标准没有硬性规定，只要求组织对遵守环境法规、坚持污染预防和持续改进做出承诺。该标准只提出建立体系，以便于实现框架、方针和目标的要求，没有规定必须达到的环境绩效，只对组织提出了建立绩效目标和指标的工作任务，既使组织的积极性得以提高，又给予组织相当的空间，使其能从组织的实际出发量力而行。这种灵活性体现出了合理性，使各种类型的组织都有了参与和使用的意愿，并能预见在使用标准后达到改进环境的绩效。

(4)兼容性。在 ISO 14000 系列标准中，有许多说明和规定是针对兼容问题的，如 ISO 14000 标准的引言中表明“本标准与 ISO 9000 系列质量体系标准遵循共同的体系原则，组织可选取一个与 ISO 9000 系列相符的现行管理体系，作为其环境管理体系的基础”。这表明，体系的兼容或一体化是 ISO 14000 系列标准的突出特点，是 TC207 的重大决策，也是正确实施这一标准的关键问题。

(5)全过程预防。“预防为主”是贯穿 ISO 14000 系列标准的主导思想。在环境管理体系框架中，最关键的环节便是制定环境方针，要求组织领导在方针中必须承诺污染预防，还要把该承诺在环境管理体系中具体化和落实，体系中的许多要素都有预防性功能。

(6)持续改进原则。持续改进是 ISO 14000 系列标准的灵魂。ISO 14000 系列标准总的目的是支持环境保护和污染预防，协调它们与社会需求和经济发展的关系。这个总目的的实现是要通过各个组织实施这套标准。对每个组织来说，无论是环境绩效的改善还是污染预防，都不可能通过实施这个标准就能得到完满的解决。一个组织建立自己的环境管理体系，并不能表明其环境绩效如何，这只是表明该组织决心通过实施这套标准，建立起能够不断改进的机制，通过对环境坚持不懈地改进，实现自己的环境方针和承诺，达到最终改善环境绩效的目的。

通过以上对环境的管理，使流域化水电工程开发建设与电力生产运营最大限度地照顾和保护流域的自然生态环境，这样使工程建设和电力生产系统与环境系统形成友好和共生关系，使这个巨系统的管理熵值下降，以便形成开发性的管理耗散结构，系统在自我修复、自组织和协同的基础上实现可持续发展。

15.4 基于信息技术的流域化水电开发环境监测监控系统

15.4.1 基于信息技术的流域化水电开发环境监测监控系统的任务

随着经济的持续高速发展和人口的不断增长，我国对能源、特别是电能需求量日益增加。由于我国高碳排量，使气候不断变暖，主要污染物的排放量呈上升趋势，酸雨、水土流失、水和空气污染、沙化等环境问题也日趋严重，因此大力发展水电等清洁能源是今后电能生产发展的主要趋势。然而水电的大力发展又会带来地形地貌的改变及环境的污染，为了有效地对流域化梯级电站的环境污染进行总量控制和修复及保护，就必须从流域开发建设的总体设计、施工过程管理、环境监督和监理着手，进行科学的系统规划和有效监控。

水电集团流域管理和各级政府环保部门不但要掌握第一手的环境数据，并且在集团企业与政府监管部门之间还要能够迅速地传递并共享各类环保信息，使各种环境问题和治理方法能够做到有的放矢，及时准确，最终为控制污染源、修复和改善环境打下基础。因此，集团管理部门和地方政府环境监管部门必须结合当代最新的计算机技术、通信技术及信息技术对流域进行环境监督和保护，企业和政府协同监督管理，使环境监理工作真正做到信息化、准确化、自动化和全面化。

环境监控信息管理系统应该采用先进的地理信息技术(GIS)、全球定位技术(GPS)、遥感遥测技术(RS)、视频监控技术、计算机技术、自动控制技术、实时通信网络技术，形成信息采集、信息存储、业务管理、数据共享和信息服务为一体的环境监测监控信息管理系统。为了实现数据的高效管理、环境实时监控、环境事故快速应急响应、综合业务智能化管理、为电子政务公开等业务工作提供依据，该系统还必须具有实现快捷安全的网络通信、实时共享监控信息资源、监测数据的采集、统计、分析、查询和报告等主要功能。

此外，环境监测监控信息管理系统还可充分利用排污收费、环境事故预警、环境污染举报、电话录音及办公自动化等网络软件进一步强化集团管理部门和政府的各级环保部门对于流域化梯级电站的建设和运营进行环境监理、监测、综合治理等监察、管理和执法的能力，促进流域化水电开发、建设和生产经营的可持续发展。

15.4.2　基于信息技术的流域化水电开发环境监测监控的系统架构

基于信息技术的流域化水电开发环境监控检测系统架构和系统结构如图 15-9 至图 15-12 所示。

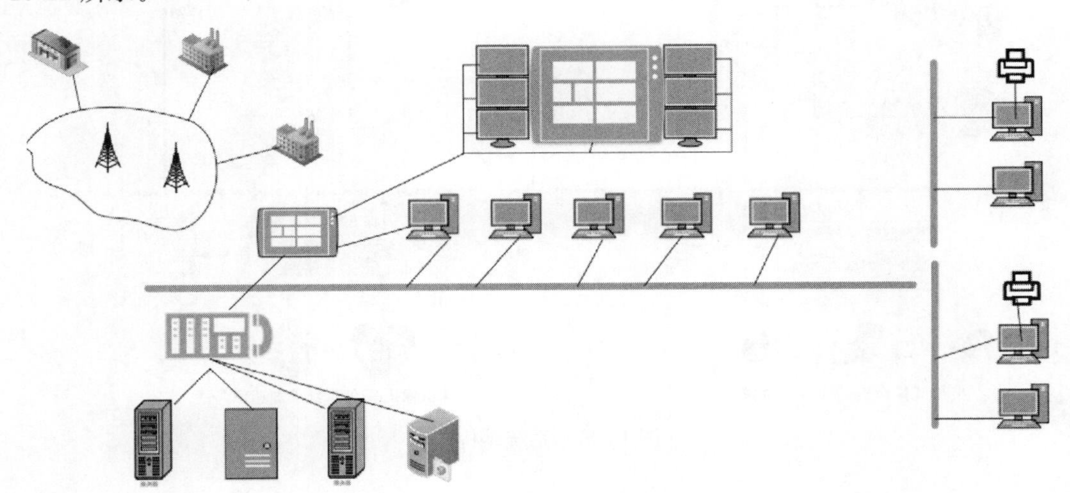

图 15-9　系统架构

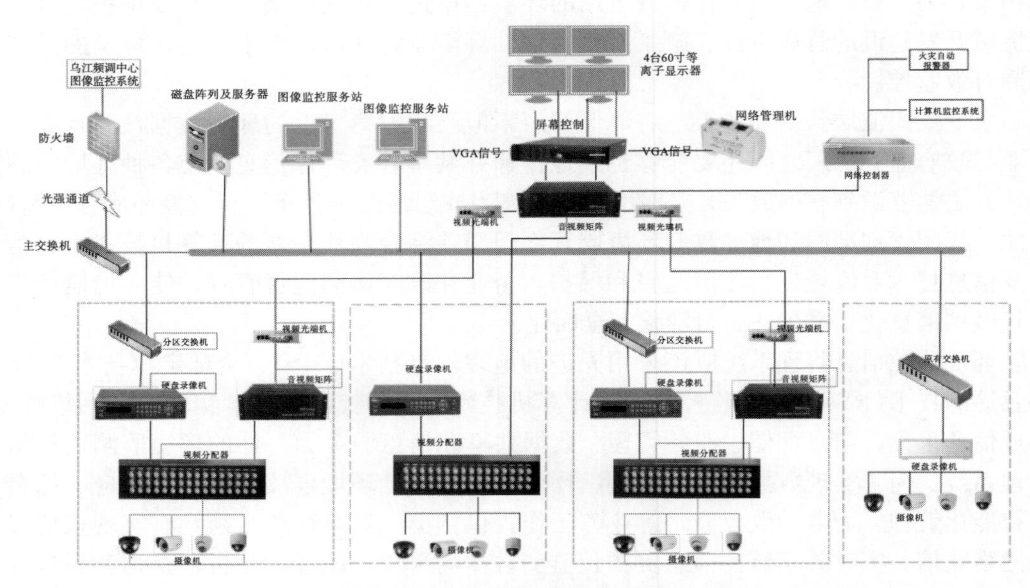

图 15-10 乌江构皮滩水电站图像监控系统整体结构图

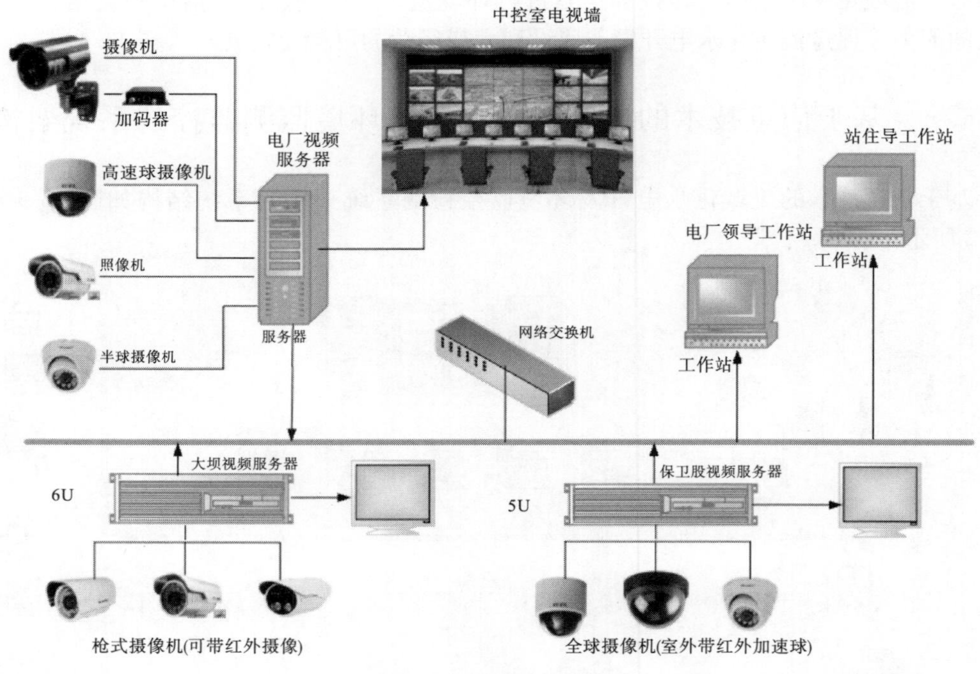

图 15-11 系统结构图

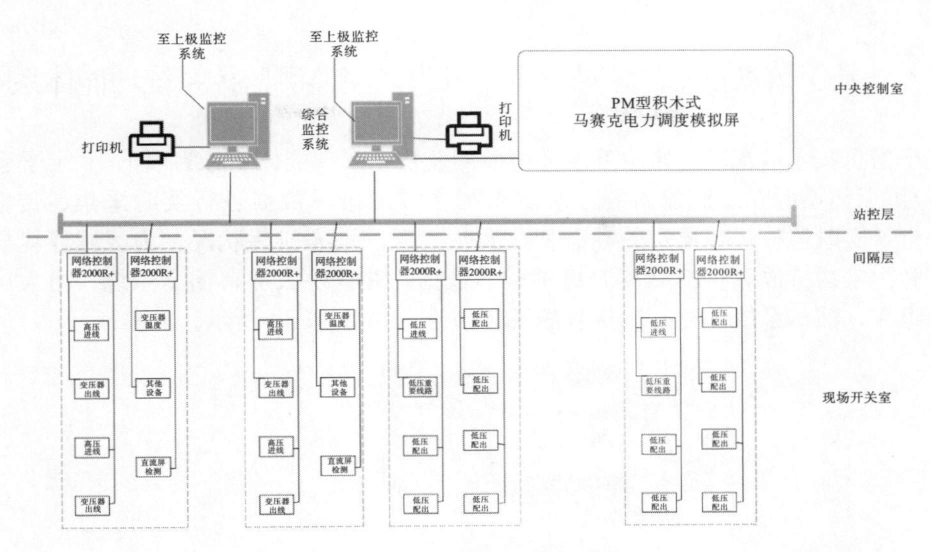

图 15-12　监测监控系统结构

15.4.3　基于信息技术的流域化水电开发环境监测监控系统总体构成

从功能上区分，基于信息技术的环境监测监控管理系统有重点污染源在线监测系统、大气和水环境监测系统、环保热线系统、远距离视频监视系统、环保地理信息系统(GIS)、环保卫星定位系统(GPS)、大屏幕演示系统、视频点播系统、视频会议系统、移动办公系统、应急反应系统、网上环保业务处理系统、环境信息发布系统等子系统组成。从技术实现上区分，系统的各子系统由终端设备、网络传输(通信)设备、管理软件组成。从工作方式上区分，系统由信息采集、信息处理、报表输出系统等组成，具体见图 15-13。

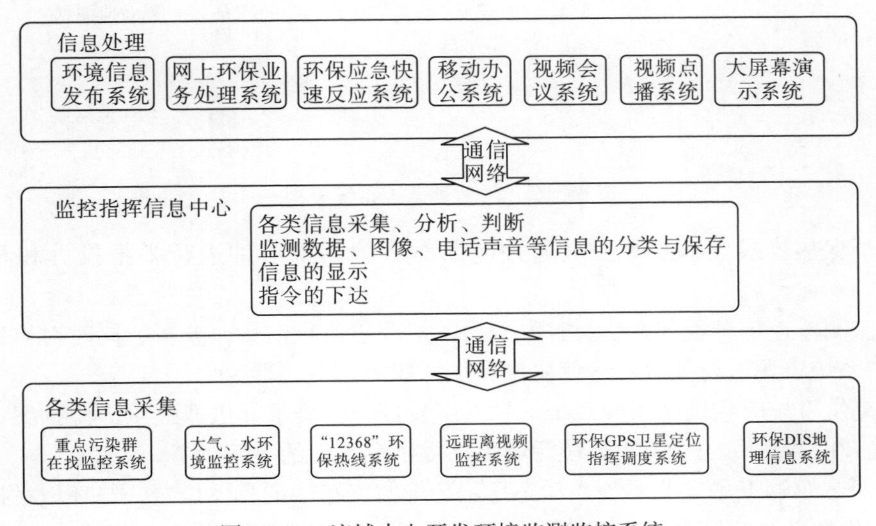

图 15-13　流域水电开发环境监测监控系统

15.4.4 基于信息技术的流域化水电开发环境监测监控系统功能体系

基于信息技术的流域化水电开发环境监测监控系统功能体系分为以下 12 个子系统。

(1)重点污染源在线监控系统。对重点污染源的排污数据进行实时采集、传输、统计、分析，实时监控环境质量的动态变化及污染源的动态排污状况，为区域环境质量监督考核和污染物排放总量控制及时提供科学依据，并提供大屏幕演示系统，由大屏幕和电视墙组成，演示系统和显示所接收的视频信号，如图 15-14 所示。

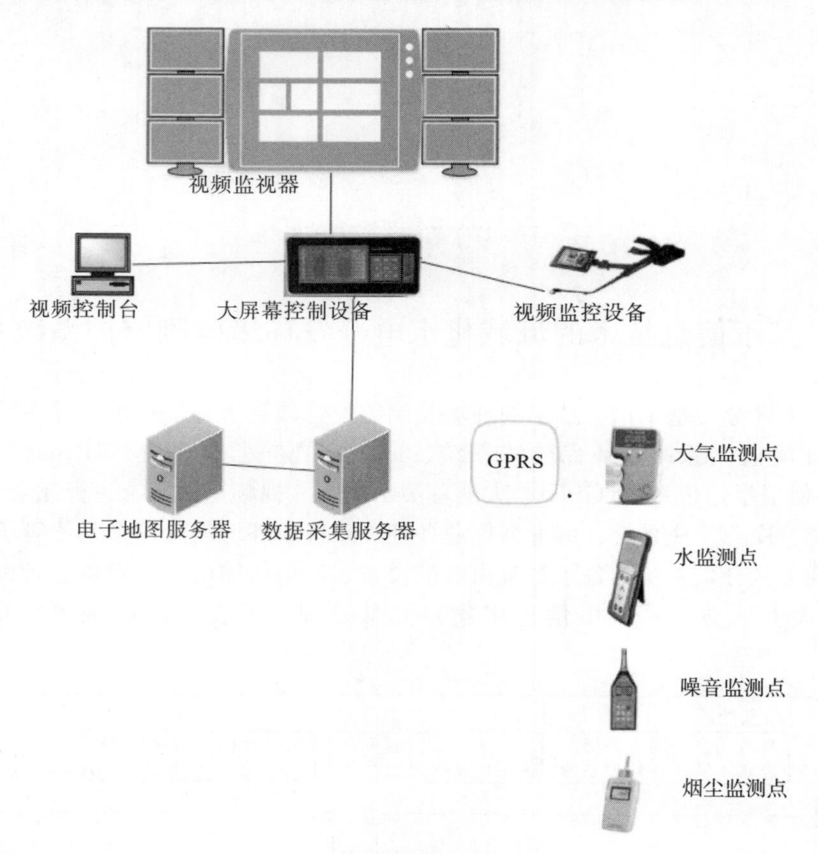

图 15-14 监测监控系统架构

(2)环保热线系统。方便公众通过电话对环境污染事件进行举报投诉和相关信息咨询。

(3)监测监控信息管理系统(指挥中心)。对环境信息汇集、分析、同时对本区域全部环境保护系统资源进行整合、行使协调和指挥职能。

(4)突发事故应急调度指挥系统。针对突发环境污染事件迅速提供应急预案，为管理部门准确及时指挥和处理突发环境污染事件提供全方面的决策参考。

(5)GPS 车辆卫星定位系统。动态显示环境监察车辆的具体位置，与环境举报热线系统和应急指挥系统相结合，实现快速的现场执法、处理、应急指挥。

(6)大气环境和水环境监测系统。对大气环境和重要河流环境数据进行实时采集、传输、统计、分析，实时监控大气环境和水环境质量的动态变化状况。

(7)远距离视频监控系统。通过一体化智能摄像机，对污染治理设施的运行、重点污染源排污情况及应急事故现场进行视频监控和视频指挥。

(8)环境信息发布及网上环保业务处理系统。通过环境信息门户网站，整合环境信息资源、发布环保信息、宣传环保政策、法规；受理排污申报、三同时申报、验收申报、统计申报等环保业务；实现建设政务公开。

(9)移公办公系统。通过短信、语音、电子邮件、传真、视频等方式将信息快速准确送达、通知相关部门和人员，可实现随时随地办公审批，及时掌握工作动态。

(10)视频点播系统。通过网络进行环保新闻和环保录像播放，使公众及时准确的了解环保动态。

(11)视频会议系统。通过网络视频和同声传输，实现异地会议和办公，提高工作效率。

(12)环境 GIS(地理信息)系统。通过在地理位置上表现污染源和环境状况可以全面地反映出污染源和污染物排放的分布情况，进而为环境决策提供依据。

15.5　水质自动监测系统基本介绍

15.5.1　概念

水质在线自动监测系统是一套以在线自动分析仪器为核心，运用现代传感器技术、自动测量技术、自动控制技术、计算机应用技术及相关的专用分析软件和通信网络所组成的一个综合性在线自动监测系统，可统计、处理监测数据；打印输出日、周、月、季、年平均数据及日、周、月、季、年最大值、最小值等各种监测、统计报告及图表(棒状图、曲线图多轨迹图、对比图等)，并可输入中心数据库或上网。收集并可长期存储指定的监测数据及各种运行资料、环境资料以备检索。系统具有监测项目超标及子站状态信号显示、报警功能；自动运行、停电保护、来电自动回复功能；远程故障诊断，便于理性维修和应急故障处理等功能。实施水质自动监测，可以实现水质的实时连续监测和远程监控，达到及时掌握主要流域重点断面水体的水质状况、预警预报重大或流域性水质污染事故、解决跨行政区域的水污染事故纠纷、监督总量控制制度落实情况、排放达标情况等目的。自动监测系统可以分为两大类，地表水质自动在线监测系统和污染源水质自动监测系统。(图 15-15)

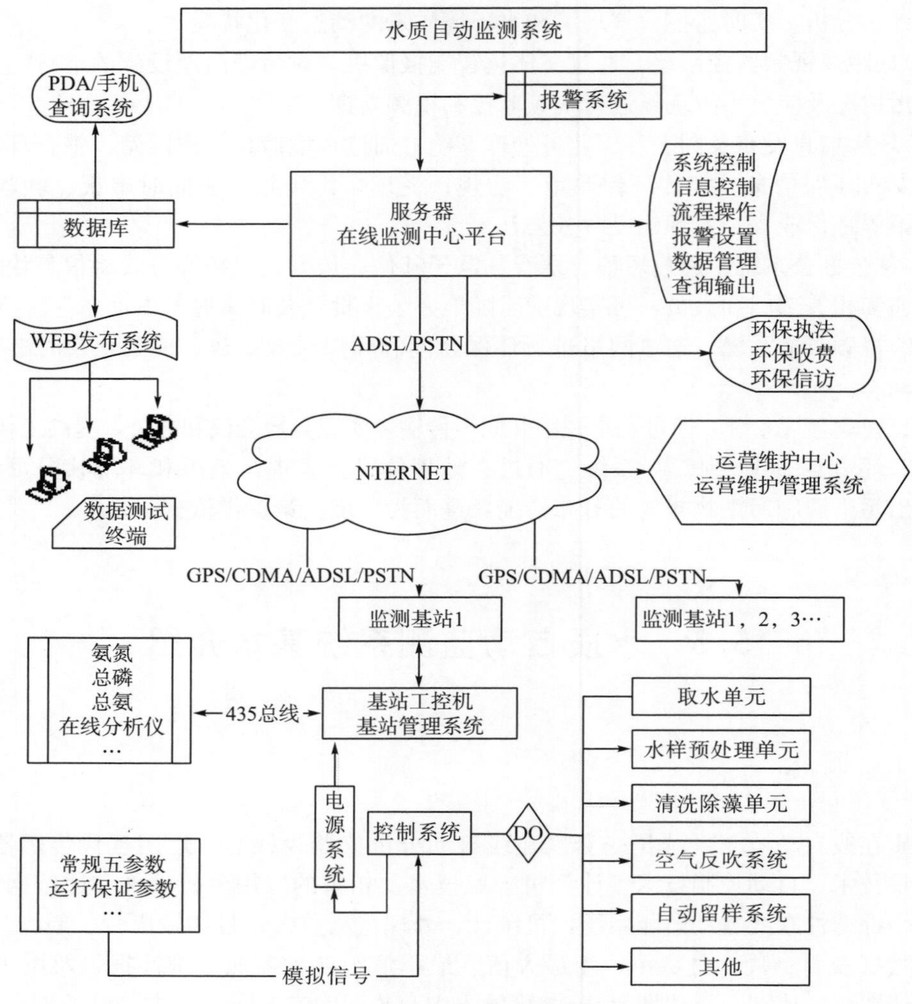

图 15-15　水质自动监测系统

15.5.2　自动监测系统基本功能要求

自动监测系统有 7 个基本功能：①仪器基本参数和监测数据的贮存、断电保护和自动恢复；②时间设置功能、设定监测频次；③自动清洗；④自动校对、手动校对；⑤监测数据的输出；⑥仪器和系统故障的自动报警；⑦环境安全。

15.5.3　常见自动监测系统监测项目方法及性能指标要求

常见自动监测系统监测项目方法及性能指标要求如表 15-2 和表 15-3 所示。

表 15-2　常见自动监测系统监测项目方法

类别	监测项目	监测方法
综合指标	水温	热敏电阻或铂金电阻法
	浊度	表面光散射法
	pH 值	玻璃电极法
	电导率	电导电极法
	化学需氧量	湿化学法或流动池紫外线吸收光度法
	总有机碳	气相色谱法或非色散红外线吸收法
单项污染物浓度	氟离子	氟离子电极法
	氯离子	氯离子电极法
	氰离子	氰离子电极法
	氨氮	氨离子电极法
	铬	湿化学法或自动比色法
	酚	湿化学自动比色法或紫外线吸收光度法

表 15-3　常见自动监测系统监测项目性能指标要求

仪器名称		响应时间/min	零点漂移	量程漂移	重复性误差	实际水样比对
pH 水质在线自动分析仪		0.5min		±0.1pH	±0.1pH	±0.5pH
水温						±0.5℃
总有机碳(TOC)水质在线自动分析仪		参照仪器说明书	±5%	±5%	±5%	按 CODCr 实际水样比对试验相对误差要求考核
化学需氧量(CODCr)水质在线自动监测仪			±5mg/L	±10%	±10%	±10%以接近于实际水样的低浓度质控样替代实际水样进行试验(CODCr<30mg/L) ±30%(30mg/L≤CODCr<60mg/L) ±20%(60mg/L≤CODCr<100mg/L) ±15%(CODCr≥100mg/L)
总磷水质在线自动分析仪		参照仪器说明书	±5%	±10%	±10%	±15%
紫外(UV)吸收水质在线自动监测仪		参照仪器说明书	±2%	±4%	±4%	按 CODCr 实际水样比对试验相对误差要求考核
氨氮水质在线自动分析仪	电极法		±5%	±5%	±5%	±15%
	光度法		±5%	±10%	±10%	±15%

15.6　水质自动系统

15.6.1　地表水水质自动监测系统

地表水水质自动在线监测系统主要由如下 5 部分组成：

(1)采水单元。包括水泵、管路、供电及安装结构部分。

(2)配水单元。包括水样预处理装置、自动清洗装置及辅助部分。配水单元直接向监测仪器供水，具有在线除泥沙和在线过滤，手动和自动管道反冲洗和除藻装置；其水质、水压和水量应满足自动监测仪器的需要。

(3)分析单元。由一系列水质自动分析和测量仪器组成，四川省已建立的自动监测系统主要分析因子包括水温、pH、溶解氧、电导率、浊度、氨氮、高锰酸盐指数、总有机碳、总磷、总氮、硝酸盐、金属离子、叶绿素、藻类、有机物、生物毒性等。此外，分析单元还包括水位计、流量/流速/流向计及自动采样器等组成。

(4)控制单位。包括系统控制机柜和系统控制软件，数据采集、处理与存储及基站各单元的控制和状态的监控，有线通信(ADSL)和无线通信(GSM、GPRS和CDMA)设备。

(5)子站站房及配套设施。包括站房主体和配套设施。

15.6.2 污水在线自动监测系统

适用于工业、企业车间废水或总排口的具有自动采集、自动分析、自动数据传输等功能的实时在线废水自动监测系统。国家总量控制项目为COD(化学需氧量)、石油类、氰化物、砷、汞、六价铬、铅和镉。其他项目根据环境管理的需要和工业、企业生产工艺的不同，可增加氨、氮、总氮和总磷。相关指标有pH、水温、浊度、电导率、污水流量测量等。

第16章　流域水电的智能信息管理系统及联合调度

流域水电开发后便陆续进入电力生产运营阶段。在生产和运营中，如何通过梯级电站及水库高效的联合调度，充分综合利用水能资源，保证最大和稳定的电力生产运营，获取最大经济、社会和环境效益，这是流域化水电开发后生产运营的核心工作和战略性管理工作。要实现全流域梯级电站高效的联合调度，就必须充分利用现代信息技术，特别是最前沿的智能信息技术，如CPS/IOT网络系统、RFID/3S技术等。本章就是从这些方面进行研究和阐述，以便在流域化水电开发后生产经营管理应用。

16.1　基于信息技术的流域化梯级电站联合调度

16.1.1　基于信息技术的联合调度的概念与意义

信息及时条件下的流域梯级水电站联合调度，是指在现代信息、遥测遥感和GPS等技术的支持下，通过建立协调利益和补偿机制，将流域内相互之间具有联系的梯级水电站及相关工程设施进行统一的水情、发电、上网、环境保护等协调调度，使流域内水电生产经营和社会、环境效益最大化的一种管理方法。

河流的水流量决定着水电站的发电量，然而一条较大的江河流域存在枯水期和丰水期，特别是在我国西南地区的河流表现十分明显，这是河流大气水文特质运动的自然规律。这个规律也决定了流域梯级电站发电量的峰谷曲线，较大的峰谷曲线对稳定的电力生产会产生较大的困难，由此也会对电网造成较大的冲击，因此怎样实现削峰填谷，实现稳定发电生产，对于流域梯级水电站电力生产经营具有十分重要的意义。另外，在流域梯级电站的开发和运营中，将会出现一些社会和环保问题，如流域内居民生活用水、工农业生产用水、环境保护用水、生态流量及河流连续性等问题。显然，居民生活用水、工农业生产用水、环境保护用水等，以及对环境修复、治理，保护环境可持续发展等工作，都需要流域管理系统对不同的电站环境进行统一的协调管理，使之对资源综合利用、对环境修复和治理的成本最低、效率最高。

在多个梯级水电站工程同时进行电力生产运营中，怎样实现资源优化配置，节约成本，提高生产负荷，也是水电流域化生产运营中协同管理的重要研究内容。其实，在多项目工程建设中也存在着联合调度管理的问题，也可用联合调度的理论和技术加以处理。

16.1.2　联合调度的内容

1. 多项目水电建设工程施工联合调度

多项目水电建设工程施工联合调度是指在同一河流上，两个或两个以上同时施工建设的水电工程，其施工的统一协同管理系统中，为了优化资源配置，对各工程建设需要的人力、物力、财力等生产资源进行集中控制，并按ABC管理法和协同管理技术进行分配和联合调度，或对多项目工程施工中应急处理进行联合调度的一种管理方法。

多项目水电建设工程施工联合调度可以优先地将资源用到最需要和最先产生效益的工程中，同时由于联合调度可以使工程建设的施工阶段，在不同的工程项目中实现分阶段的计划安排和调度，使人力、物力、财力等建设资源在利用中不产生积压、占用或紧张的情况，这样就可以大大地节约资源和工期。

建设工程多项目调度涉及若干并行项目和一个共享信息资源库及共享电力生产建设的设备材料库。

2. 水电厂发电联合调度[152~154]

二滩公司在雅砻江流域梯级水电站联合调度管理的任务是在信息化监控的条件下，对流域系统各水电站统筹调度的技术体系、管控体制、组织结构及协同机制进行整合，形成流域化联合调度管控模式。在该模式中，实行各级水电站运营和调度的统一规划协同管理，理清各调度对象生产经营目标之间的异同，明确多开发主体之间的利益分配和补偿机制。该模式具体表现为以下10点。

(1)建立雅砻江流域梯级水电站统筹调度管理机构。

(2)建立雅砻江流域梯级水电站统筹调度信息化集控中心。

(3)建立流域梯级水电站统筹调度的管控体制、管理实施办法及协同机制。

(4)建立多开发主体的协同模式和利益分配补偿办法。

(5)健全梯级电站群统筹调度的相关法律和政策。

(6)制定相应的管理细则对不同调度目标和调度方案进行管理。

(7)针对电力市场的不同需求，完善电网调配和竞价机制。

(8)针对流域自然生态的环保要求，制定统筹调度的自然生态环保管理目标。

(9)针对流域统一管理的需要，制定相应的统筹调度管理条例。

(10)对系统管理人员进行培训。

16.1.3　统筹调度的方法

要实现流域梯级水电站统筹调度，充分发挥水电站集群的综合效益，流域信息化集成控制中心是关键。

集中控制可以充分实现梯级水电站集群综合效益的最大化；提高水电企业的自动化水平，提高劳动生产率，实现水电站无人值守(少人值守)，改善员工工作环境；可以从全局的角度安排电力生产和营销、梯级水库调度、水情监测预报。

流域梯级水电站信息化集控中心一般可以分成计划和优化中心、梯级调度控制中心、自动化通信中心、水情中心等几个职能部门。此外，根据具体情况还可以将应急指挥中心、大坝安全监控中心、地震监测中心等安置于集控中心内部。

在电力调度方面，通过信息化集控中心，可以按照电网的负荷、水电站机组的工况、梯级水情信息等，统筹安排各梯级水电站的发电计划和工作；在水库的水资源调度方面，信息化集控中心可以负责制定流域内各梯级水库的短期和中长期的调度计划，制定各水库的年水位控制方案及蓄放水次序等。同时，信息化集控中心在生态、防洪、泥沙、航运等综合利用方面也可起到具体的实施作用。

为了实现上述功能，流域梯级水电站一般采用信息化集控中心来进行控制，信息化集控中心具有梯级自动发电控制系统、计算机控制监测系统、水情预报及监测系统、集控中心通信系统、设备检修诊断系统及水电站运行管理统一信息平台等组件系统，并且随着互联网移动技术、物联网技术及云计算技术等新技术的发展，集控中心技术也在不断发展更新。

16.1.4　基于帕累托曲线的 ABC 管理法

在全流域发电资源联合调度中，必须分析电网约束和环境约束条件，以及各个电站生产运营在全流域中的影响因素、地位和轻重缓急，在补偿机制和综合利用条件下，使资源能够按排序进行优化分配使用，保证全流域发电量最大化和稳定化。发电排序可以使用简单的帕累托曲线分析法来进行分析和决策。所谓帕累托曲线(Pareto curve)是在大量数据中找出主次要因素，分析矛盾的一种图形，是由意大利经济学家帕累托于 1879 年首创的。从图形上讲，其实质是将方形结构图与条形结构图结合起来，是一种条形比较图与累计曲线相结合的图形。图中条形表示各影响因素的绝对量，曲线表示各影响因素占总数的比重和累计比重。管理学根据其中“少数重要，多数不重要”的分布规律，对研究对象的技术或经济特征的重要性进行分类排队，对重点、次要重点和非重点进行分类管理，由此总结出了 ABC 分类管理法。一般来讲，就是将管理对象按照其重要程度进行 ABC 分类，A 类因素指重要性或发生频率为 70％～80％，是主要影响因素；B 类因素指重要性或发生频率为 10％～20％，是次要影响因素；C 类因素指重要性或发生频率为 0～10％，是一般影响因素。对 A 类对象实行重点管理，包括资源分配比例和控制程度等。B 类对象较为重要的管理，资源分配比例和控制程度等相对于 A 类较低。对 C 类实施相对重要的管理，而对于 C 类以下的对象实施一般管理。ABC 管理法简单、形象，计算也方便，有利于管理人员找出管理对象的主次矛盾，有针对性地采取管理对策，其帕累托曲线见图 16-1。

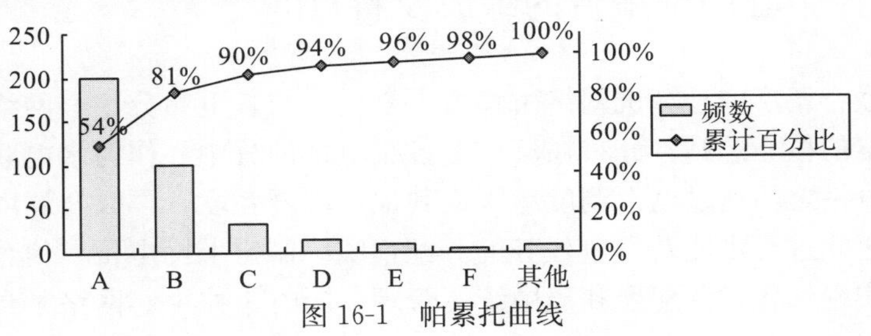

图 16-1　帕累托曲线

从图16-1可以看出，占总数比例最高而数量较小的是A类，其次是B类，再次是C类，最后是一些占总数比重很小而数量较多的对象。因此管理的重点是A类，其次是B类，再次是C类，D、E、F和其他类物资数量多而重要程度低，就做一般管理。

对于流域水电开发建设及建成后电力生产运营的联合调度来讲，不仅对多梯级电站项目建设中的物资设备分配和管理而言，是按其技术经济的重要程度进行A、B、C分类管理和资源的配置，对控制性工程则实施A类管理和资源优先配置，对于较为重要的工程则实施B类管理和资源配置，其他的较为一般性的工程则实施C类管理和资源配置。而且对于工程建设所需设备、物资、资金和人员皆可用帕累特曲线进行分类采取ABC管理法进行管理。

对于流域梯级电站电力生产运营的调度和控制而言，首先，按照ABC分类法对全流域的梯级电站进行分类，分清控制性电站、重点电站和一般电站；其次，设计分配补偿机制和管理制度，协调相关利益者的发电权和利益；再次，根据电网约束和环境约束条件等，实现对水资源和发电量进行统一的联合调度。

16.2 基于信息的梯级电站联合调度网络平台[155]

16.2.1 梯级电站联合调度的自动化系统

流域梯级电站的联合调度自动化系统，是指与梯级电站水库运行相关，对全流域水库水资源的监测、预报、调度和管理系统。它主要应用物联网、RFID、GPS、RS、GIS、DSS(决策支持系统)和自动控制等技术，对流域及电站的水情信息进行自动采集、水务计算、水文预报、洪水监控与调度、发电调度、闸门控制调度、电厂发电、竞价上网等实施系统的智能化管理，它是由一系列的集成软件系统、计算机系统和网络系统所构成，并形成集控中心。

在联合调度自动化系统的运行过程中，集控中心通过网络与流域各个电站的数据库和控制室相连接，形成上下级调度机构的气象、水文、防汛、发电等系统的数据交换系统。

当前，世界各国梯级电站控制的自动化、智能化、集中化、一体化程度不断上升和发展，集控中心基本上可以对流域内梯级电站所有的工作加以管理和控制，可以全面地实现远程管控。目前我国也开始在三峡梯级水电枢纽、大渡河流域、乌江流域、澜沧江流域等梯级电站实施了流域梯级电站联合调度的自动化和远程化管控。

16.2.2 集控中心网络平台的组成及特点

梯级电站联合调度的计算机网络由集控中心网络与各电站分中心网络组成，集控中心作为联合调度的核心总站，分布在流域上各级电站的分中心作为水电联合调度系统的分站。总站与分站之间通过电力调度专网或其他广域网互联，再联合调度集控通过内网中心与各电厂之间进行水能及发电任务的分配，统一制定上网电价，信息发布，在生产经营和管理中实现优化资源配置和集中统一管理。同时集控中心网络平台还会联通外网获得气象、水文、防汛等部门的专业信息，并及时进行调控和对分站通报，实现信息共享。流域梯级电站联合调度系统如图 16-2。

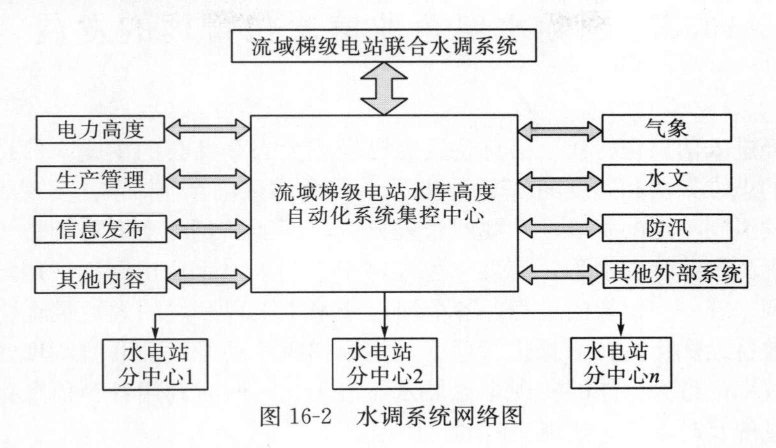

图 16-2　水调系统网络图

16.2.3　水调系统网络拓扑

水情联合调度系统将对流域梯级电站的水情进行监控，并根据流域不同河段的水情、水库容量、发电量、河流生态用水量及农业用水量等需求，进行综合平衡合理调度，以实现水资源的优化配置和高效利用。水情联合调度系统由梯级电站联合调度的计算机网络所组成并实现工作。梯级电站联合调度的计算机网络由局域网与广域网所组成，其拓扑图如图 16-3 所示。

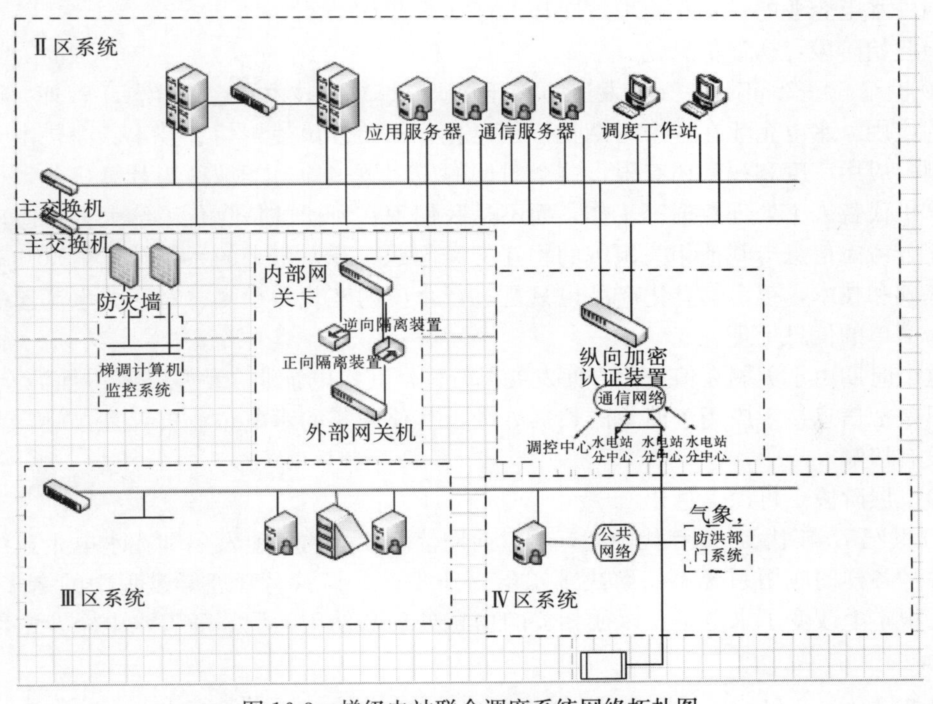

图 16-3　梯级电站联合调度系统网络拓扑图

16.3 国际水电企业信息化管理的发展

社会已经进入信息化时代，信息化发展已经成为当今社会的主题。信息化代表了企业管理深远的思维方法和态度的改变过程[156]，配合信息化管理体系，实现管理层次的提升。当企业发展到一定的阶段，常规的管理显然已不能满足现实发展的需要，需通过信息化管理来提高企业管理水平。信息化管理对于水利水电企业也同样适用，全流域的开发是一个协调、统一、权衡的过程，各个河段或单个工程开发的效益最优化并不能造成整个流域的效益最优化。在信息化管理下，实施梯级滚动开发和联合调度，能够提高水资源的利用效率，最大可能的实现全流域效益最大化，同时利用各种信息化的工具可对流域各种信息的及时反馈，实现实时动态监控。

每个规模型水利水电企业的管理发展，都与社会的最先进管理同步，对于企业的信息化管理来说，规模型水电企业的信息化管理也应与社会先进的信息化管理的发展相同步。欧洲、美国、加拿大、澳大利亚、南非等的规模型水利水电企业，基本实现由传统的流域管理向流域统一管理模式下信息化管理的转变。如美国田纳西河、科罗拉多河等流域，法国罗讷河、奥地利多瑙河(奥境内河段)，欧洲莱茵河流域，加拿大拉格朗德河、哥伦比亚河、雷泽河等流域，澳大利亚墨累－达令河流域，俄罗斯叶尼塞河和安加拉河等流域，非洲尼罗河等流域，这些流域的水电企业都基本实现信息化管理，并高效地对河流进行监控和利用。

国外水电企业的信息化管理发展基本有以下 4 个阶段*。

1)起始阶段：初涉信息化

20 世纪 50～70 年代，一些发达国家开始研究计算机技术在企业经营、管理、设计等部门的应用。水电企业在这个时期初涉信息化，开始尝试使用信息技术。但是由于技术的限制，应用广度和深度还有限，这个时期的应用更多地只能被称为计算机化，也就是用计算机代替人工处理数据等工作，而不是我们现在所说的信息化。绝大多数应用系统没有充分考虑信息与其他相关领域的相互交叉问题，开发出来的系统缺乏信息共享与交流的基础和技术，很多信息化产品也只是进行水位的变化及预测、对开放水流速的控制等较为简单的信息处理。

这个时期由于美国在信息化方面发展得较快，其水电企业在信息技术方面涉及较多，但也只是把信息技术应用于简单的数据处理，其他国家的水电企业仅仅是接触，有的甚至还没有接触。

2)发展阶段：再探信息化

20 世纪 70 年代至 80 年代中期，经过前期信息技术的快速发展和在水电企业中的应用，各种各样的应用系统不仅解决了水电企业生产、经营、管理等过程中的诸多问题，而且从根本上改变了水电企业以往相关的信息处理和使用问题。随着水电企业内部系统

* 资料来源：wenku. baidu. com/link? url=SlrWkUBV-M－MdXFhSXG67ikhsYNsF _ 。

的运行和使用，产生了大量的数据，这些数据中可以提炼出许多对水电企业非常有用的信息，如电子数据处理系统(EDP)、辅助设计系统(CAD)、各种控制系统等产生的大量数据，可用于分析预测，数据、应用系统都变成了一种资源，各个系统之间的信息交换要求空前提高。但是由于技术的局限，该时期只能更高效率、高质量的处理数据和简单的数据共享，无法实现信息的交互，无法实现水电企业的流域统一管理模式。

为了更好地解决各个信息系统之间的信息交流和共享问题，发达地区的企业开始从整体上去规划、设计和集成现有的信息系统，完成信息共享。美国于 20 世纪 70 年代提出了计算机集成制造系统(CIMS)的概念，在这个时期发展壮大并吸收容纳更多的子系统。水电企业也开始在计算机集成制造系统的基础上，整合自己的内部和外部系统，由于技术水平的限制，效果并不理想。

这个时期国外规模型水电企业在信息化管理方面都取得了较大的发展，基本实现初步信息化，但是在信息交互方面仍有不足。

3)高级阶段：提升信息化

自 20 世纪 80 年代中期到现在，发达国家企业信息化在集成应用的基础上，进一步向前发展。这个时期，信息技术本身的变化对于企业信息化来说已经不是特别重要，企业信息化的瓶颈越来越多地集中在企业内部全面融合和外部企业之间的信息交互上。

水电企业信息化已不仅仅是信息技术在企业的应用过程，而是信息技术应用与企业原有的生产运作方式、管理方式和制度等进行全面融合。除了水电企业自身的内部融合，随着互联网技术及信息化产品的普及和渗透，水电企业信息化发生了革命性的变化——水电企业信息化不再限于企业内部，在前端控制流域风险，在中端企业信息交互，在后端供水电企业输电。

企业管理信息系统在 20 世纪 90 年代以前主要是管理信息系统(MIS)、决策支持系统(DSS)和办公自动化系统(OA)。20 世纪 90 年代则趋向战略信息系统(SIS)。在这样的背景下，管理信息系统(MIS)、决策支持系统(DSS)和办公自动化系统(OA)在美国、加拿大、欧洲国家等水电企业已得到较广泛的应用。目前美国所有的水利公司都实现了办公自动化，到 2000 年，美国所有规模型水电企业都已实现信息化，每家规模型水电企业都拥有信息处理中心和信息库，美国的水电企业信息化已进入比较高级的阶段。其他国家也进入信息化管理高速发展的阶段。

4)生态阶段*：完善信息化

从现在开始，信息化管理不再仅仅局限于对水域的监控、产业全系统的信息交互，而是整个生态圈、整个流域的监控。对于库区淹没带来的生态变化、水库淤积、地下水位变化、混浊水层变化、水库富营养化、对河流鱼类水生生物的影响及可能诱发地震等情况实施高效监控，这就需要依托北斗、GPS、GIS、RS、RFID 和物联网技术。

依托我国自主研发的北斗导航系统，结合 3S、RFID 技术，对流域内的一切动态信息实施实时监控，对一切突发情况实现有效预警，对我国具有重大战略意义，尤其对于我国西部地震相对高发的地区。对于当前时代和社会的发展，人们对生态环境的要求越

* 资料来源：中国水力发电工程学会，中国大坝协会，中国水利水电科学研究院，国外主要国家水电发展的经验总结，中国三峡。

来越高，减少对生态的破坏，与生态和谐共处成为时代的主旋律，完善全面信息化管理势在必行。

现在尚未有哪个国家的水电企业已经实现全面的信息化，我国的水电企业应该加强自身的管理建设，实现全面的信息化管理，对有效地实现全流域的开发、生态的保护具有划时代的意义。

16.4 我国水电企业信息化管理的现状

随着信息网络技术的高速发展与广泛运用，人类社会也由工业经济时代步入了网络经济时代。信息发挥着越来越重要的作用，成为管理的基础、决策的依据，对企业来说已经成为一种重要的资源，企业的管理也越来越信息化。企业信息化管理是指在企业管理的各个环节利用现代信息技术，建立信息网络系统，集成和综合企业的信息流、资金流、物流，通过资源的优化配置，加快企业各部门的信息传递效率，从而提高企业管理的效率和水平，进而提高企业经济效益和竞争能力的过程[157]。

我国水电企业的信息化管理起步于20世纪60年代，经过50多年的发展，已经形成了一定的规模并取得了一定的成就。根据水电企业的管理组织结构逐渐形成了一种树状结构的水电企业传统信息管理系统(MIS)。水电企业信息化的目的就是要加快信息技术基础平台的建设，使流程规范、安全、代码统一，依托网络平台、应用平台、数据中心，建设企业管理系统和电力交易的利润结算系统。

但是由于各地水电企业的独立规划和运行，始终没有形成统一的信息化标准规范。其主要问题如下所述。

(1)由于以往管理思维的影响，有些水电企业对实施先进信息化管理系统的重要性认识不足，不适应信息化管理机制的变化。

(2)缺乏对信息化建设的全局规划，许多水电企业的信息化需求不够明确，缺乏对与信息化建设相关的调度自动化、配网自动化、厂站自动化、电力信息系统的统筹考虑。

(3)信息化应用水平不高。企业各职能部门只根据自身的需求独立开发对应于本部门功能单一、开放性较差的专用系统，使得系统多处于单项应用或局部集成应用阶段，有些业务的子系统集成度比较低、信息管理分散、互连性差，数据的准确性、完整性、及时性都存在很大的差距。同时，数据基本上是一种相对的静态，数据分析的功能很少，缺少有效的决策支持。

(4)不能充分利用现有的网络和信息资源。许多单位只注重系统建设而忽视了数据资源管理，未能充分利用并挖掘电力生产中所蕴藏的巨大的信息资源。

(5)对信息化建设的实施资金投入不够，建设成本不能得到有效的控制，不能保证质量。同时相关人才的缺乏影响了信息化建设的进程。

随着经济的发展和水电企业的改革，近几年来信息化管理已经成为水电企业适应市场变化的一个重要战略部署，水电企业进行信息化的节奏也越来越快，信息化的要求也越来越高。2008年，国网新源公司基于EAM理念，建设了一体化、大集中水电生产管理信息系统，满足了上下多级管理体系要求[158]。江南水电公司投入大量资金积极进行网络建设及管理信息系统开发建设，努力达到信息交流三个方面的统一[159]。莲花台水电站通过组建局域网网络构架和数据库软件，开发信息化系统管理平台，实现了信息的共享[160]。张文[161]和孟磊[162]都提出建立水电企业 ERP 系统，将现代管理思想与水电厂实际运营情况相结合。余建明[163]提出利用数据整合技术，将电力生产的实时系统数据导入到传统 MIS 系统中，建立一体化的管理信息系统平台。李东风[164]提出基于 GIS 为平台在建项目的综合管理系统。

随着相关技术的不断发展，水电企业的信息化管理必将推动水电企业的高速发展，全面提高水电企业的综合管理水平和经济效益，增强其核心竞争力，真正实现我国水电产业的优化升级。要进一步加强水电企业的管理制度、设备管理队伍的信息化，优化现有设备结构，最终建立成一个互联互通、信息共享、安全可靠的水电信息网络体系，建成水电市场技术支持系统。企业建立局域网，建立可靠性管理分析系统、机组状态检修监测系统、生产实时数据库管理系统，在客户服务系统支持下，建立 GIS，逐步实现电子商务化。充分利用现代通信和计算机技术提高服务水平，实现管理方式的网络化、决策支持的智能化、经营管理的实时化和运作过程的规范化。一步步实现水电企业信息化管理的三个层次：第一层，水电企业在生产当中广泛运用电子信息技术，实现生产自动化。如生产设计自动化(CAD)、自动化控制、智能仪表的运用等。第二层，水电企业数据的自动化、信息化。用电子信息技术对生产、交易、财务等数据进行处理，这是最基础的、大量的数据信息化过程。第三层，更高层次的辅助管理、辅助决策系统，如 Intranet、Extranet、ERP、OA 等都是用来辅助管理、辅助决策的，这是更高层次的信息化。

16.5　RFID/3S 物联网在我国水电企业管理中的应用

16.5.1　RFID 技术与物联网及其应用

RFID(radio frequency identification)技术又称无线射频识别，是一种通信技术，可通过无线电讯号识别特定目标并读写相关数据，而无须识别系统与特定目标之间建立机械或光学接触[165]。

通常 RFID 系统中分为前端的射频部分和后台的计算机信息管理系统，射频部分由 RFID 标签(tag)和 RFID 读写器(reader)组成，如图 16-4 所示。

图 16-4　RFID 射频部分的组成

在 RFID 标签中安装有 IC 芯片，标签和读写器通过电磁波进行信息传输和交换[166]。因此在 RFID 系统工作中，RFID 标签主要负责存储所要识别物品的身份 ID，而 RFID 读写器作为信息采集的终端，通过射频对 RFID 标签进行识别并与计算机信息系统通信。

在水电领域，RFID 技术可以应用在各级水电站中水利设备的维护和保养、水情水位监控、备用设备仓储管理、该区域内工作人员行走路线及各工作地点停靠情况，从而保证水电站能够稳定、高效地完成生产任务。具体应用见下文。

1)设备维护、保养

水电站内的关键机电设备通常有一个设备保养周期及设备寿命期，在限定的期限内对目标设备进行保养、更换在水电企业的生产过程中是非常重要的环节。

通过对关键设备配置 RFID 标签，并在其射频范围内安装 RFID 读写器，做到对关键设备的实时识别，并通过 RFID 读写器和计算机的通信，实时报告关键设备是处于工作期、保养期或是更换期。代替人工作业，改善人工作业中由于疏忽而造成的设备处于保养期而未保养，改更换却未更换，从整体上降低了水电企业的生产效率。

2)水情水位监控与智能调度

在水电站系统的水情水位监控中，RFID 可以在微观层面对各个监测点进行实时监控，利用 RFID 的读写器与标签技术，实时向集控中心反馈当前监测点的水位信息及利用 RS 技术反馈水质、水情、水位信息。如在水面浮漂上采取防水措施安装 RFID 芯片，同时在固定位置上安装读取和解码系统(天线、阅读器、解码器)，通过光纤传输到集控中心即可监测到水位水情的变化。多个水库安装后，即可实现水情水位信息的自动采集，便于监控。由 RFID 及 RS 技术收集到的微观层面监测信息反馈到集控中心后，利用 GIS 技术及一定的调度算法对宏观层面进行整体调度，从而达到微观层面与宏观层面的监控相结合，实现水电系统统筹发电入网及对整个梯级水电系统的实时监控、及时响应、实时控制。

3)备用设备仓储技术

主要用于在备用设备仓储管理中，利用 RFID 的定位技术，在需要备用设备时能准确地定位出设备所在位置，从而将仓储管理人员从繁杂的备件定位工作中解放，以应对仓储管理中的其他问题，使得整个仓储系统实现智能化、高效运转。

4)工作人员维护路线

在日常工作中，水电站工作人员通常需要巡更巡检各个地点的设备情况，从而对设备进行维护或替换，在繁杂的工作过程中难免会出现漏检或错检。在工作人员身上佩戴 RFID 标签，再在各个工作点设置 RFID 数据自动采集系统(天线、阅读器、解码器等)，从而对工作人员的设备维护路径和顺序进行优化，提升了整个水电系统操作的智能化和稳定性。

RFID 技术在水电中的应用除了上述内容，还涉及与物联网的结合应用。

物联网是新一代信息技术的重要组成部分，也是信息化时代的重要发展阶段，其英文名称是 internet of things(IOT)[167]。顾名思义，物联网就是物物相连的互联网。这有两层意思：其一，物联网的核心和基础仍然是互联网，是在互联网基础上延伸和扩展的网络；其二，其用户端延伸和扩展到了任何物品与物品之间，进行信息交换和通信，也就是物物相息。物联网通过智能感知、识别技术与普适计算等通信感知技术，广泛应用于网络的融合中，也因此被称为继计算机、互联网之后世界信息产业发展的第三次浪潮。物联网是互联网的应用拓展，与其说物联网是网络，不如说物联网是业务和应用。因此，应用创新是物联网发展的核心，以用户体验为核心的创新 2.0 是物联网发展的灵魂[168]。

RFID 便是物联网中每一个“物”的身份识别标志，它可以唯一地、准确的识别“物”的身份，通过对其身份的识别，可以掌握每一个“物”的实时状态及历史数据，达到可追溯、可控制、可预测的目的。这正是水电企业在流域梯级电站内构建物联网所要得到的效果，利用 RFID 及物联网技术，对整个水电系统进行一个宏观的监控，其监控结果经过集控中心处理后再次反到各个水电站点，从而实行调整或维护措施。

16.5.2　3S 技术及其应用

3S 是遥感(remote sensing，RS)技术、地理信息系统(geographical information system，GIS)、全球定位系统(global positioning system，GPS)这三种技术的统称。

1)RS

RS 是在远离被测物体或现象的位置上，使用一定的仪器设备，接受、记录物体现象反射或发射的电磁波信息，经过对信息的传输、加工处理及分析解释，对物体、现象的性质及其变化进行探测和识别的理论与技术[169]。

现代 RS 技术主要由传感器、遥感平台及遥感数据接收处理系统组成。其中，传感器负责收集、记录和传送遥感信息，遥感平台负责为传感器提供工作条件及工作环境，遥感数据接收处理系统负责将采集到的遥感信息转化为对目标任务有用的信息，其工作原理如图 16-5 所示。

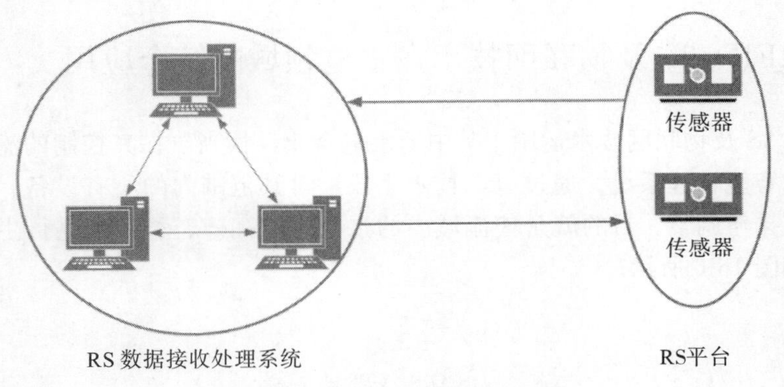

图 16-5　RS 技术工作原理图

在水电企业中，RS 技术通常用来对水位观测、水质监测、水流速度监测及大坝安全监测。

通过在不同的位置设置观测点，在这些点部署遥测技术中的传感器及遥感平台，可以获得观测点的实时水位、水质、水流速度等水文信息。这些信息通过 RS 数据接收处理系统中预定的算法处理后，得出水电站的总体调度规划方案及整体布局方案，以完成整个流域梯级电站联合调度的信息采集、信息传输及信息处理的功能。

2)GIS

GIS 是以计算机技术为依托，以具有空间内涵的地理数据为处理对象，运用系统工程和信息科学的理论方法，集采集、存储、显示、处理、分析和输出地理信息于一体的计算机系统，主要包括数据采集、数据存储、数据处理和分析、数据输出等[170,171]。

GIS 由以下 4 个基本要素构成：

(1)硬件。GIS 的载体是一个由计算机硬件所构成的环境，以完成数据采集、数据输入、数据存储、数据输出的功能。

(2)软件。GIS 软件提供了不同功能的模块用以实现不同的功能，主要为对于采集数据的传输、存储及分析。

(3)数据。GIS 的实质就是一个以地球表面空间位置为参照，描述自然、人文景观及社会的数据，即地理数据。主要表现形式为文字、图形、数字、图像、表格等。

(4)工作人员。GIS 的重要组成部分是工作人员，在形成基本的 GIS 以后，该系统需要长期由工作人员进行维护、管理和更新数据。

在水电企业中，GIS 在流域梯级调度方面的应用主要为与 GPS 结合，制定整个梯级水电站所在流域的地理信息分析系统。

3)GPS

GPS 是以全球 24 颗定位人造卫星为基础，向全球各地全天候地提供三维位置、三维速度等信息的一种无线电导航定位系统[172]。它由三部分构成：①地面控制部分，由主控站、地面天线、监测站及通信辅助系统组成；②空间部分，由 24 颗卫星组成，分布在 6 个轨道平面；③用户装置部分，由 GPS 接收机和卫星天线组成。

GPS 在水电领域的应用主要为与 GIS 结合，通过卫星定位从而辅助 GIS 的搭建与维护，为整个流域梯级电站联合调度提供地理信息获取、更新及维护的支持。

16.5.3 RFID/3S 及物联网技术在水电领域的综合应用

将 RFID/3S 及物联网技术运用于其中的水电企业，相当于在其控制的流域之内构建了一个庞大的智能管理系统。通过以上技术手段，对其范围内的所有设备、人力、资源进行合理的安排与调整，目的就是使流域内的水电站能高效、稳定地进行生产活动，其功能结构图如图 16-6 所示。

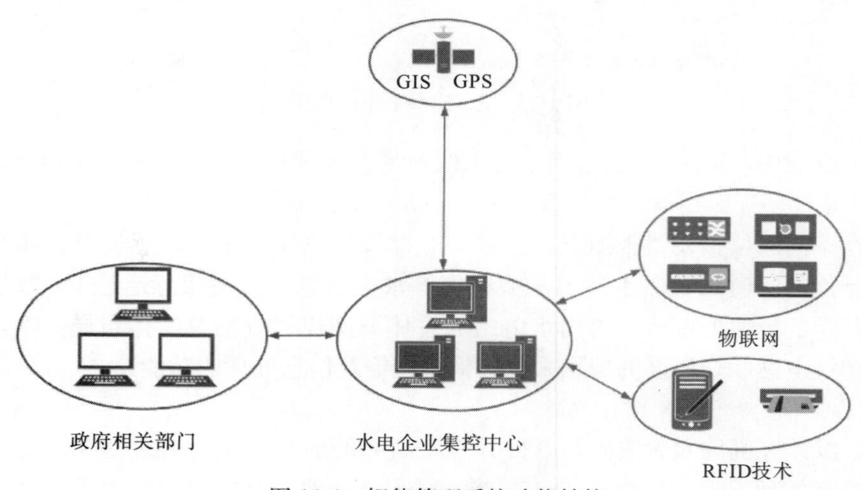

图 16-6 智能管理系统功能结构

16.6 基于 CPS 网络的智能联合调度技术

中国是世界上水能资源总量最多的国家，但是水资源分布不均，利用效率较低。如何高效管理和充分利用水资源，实现水资源在时间和空间上的合理分配和控制，提高水资源利用效率，特别是提高流域化梯级电站的综合利用效率，必须实现梯级电站和水库联合调度，提高发电量和稳定的电力生产。然而要实现充分和稳定的电力生产，并兼顾各电力公司、投资公司、运营公司的经济利益和工业生产用水、农业用水、居民生活用水，是流域梯级电站远程联合调度需要解决的难题。

传统的人工管理调度模式在梯级电站的管理中，不仅低效而且滞后。为此需要融合一种新技术来辅助实现流域化梯级电站的远程联合调度。

科技的创新与进步将信息化技术引入到各行各业。维基百科对信息技术的定义是：信息技术也称信息和通信技术(information and communication technology，ICT)，是主要用于管理和处理信息所采用的各种技术总称，主要是应用计算机科学和通信技术来设计、开发、安装和实施信息系统及应用软件。

为了有效地对流域梯级电站进行管理和实时监控，全面了解与掌握其相应的信息参数与运行能力，实现长期、中期、短期及实时的调度，自动检测水情、水位、水质及流域梯级电站对周围生态环境的影响等，控制反馈、预测预警，并开发出自适应、自辨识的水电信息管理系统，必须引入信息化技术。

信息化技术主要包括计算机技术、通信技术和传感技术三种。

1. 计算机技术①

计算机技术是指运用计算机准确快速的计算能力和逻辑判断能力，对复杂系统进行定量计算和分析，为解决复杂系统问题提供手段和工具。计算机技术包含的范围很广，这里仅介绍数据库技术、数据挖掘技术、云计算及这些技术在流域梯级水电站中的应用。

数据库技术②是计算机技术的重要组成部分，也是数据处理与信息管理系统(MIS)的核心。数据库技术研究如何对数据进行组织，将数据存储在数据库中，高效地获取和处理数据，并利用数据库基本原理与理论来实现对数据库中的数据进行处理、分析和理解的技术。它是应用最为广泛的数据处理技术。

云计算是一种新的服务化计算模式，近几年逐步发展起来并日趋成熟。云计算是一种分布式计算，它通过互联网将海量数据和服务存储在云端，形成一个大的资源池，并对这些资源进行统一管理，用以统一提供服务。客户可按需随时获取计算服务。

数据挖掘[173]是从大量数据中自动地抽取模式、关联、变化、异常和有意义的结构，

---

① 资料来源：http：//baike. baidu. com/link? url=－F6 _ 2XYuXvsePkMLZXAay8IKNiwit1e0Nv90lU－7hPjNZ7mewnZEDnZeTC4tEoJDOT2EzlNelk4Y1PKT6ArYWa。

② 资料来源：http：//baike. baidu. com/link? url=PK0sUAd8wfwMqo5RLN－ _ bXd2ifREsOE _ xjpR00XxAaoCpHHRuRaURjgyhppwez3jRRWcXO2sVcPxIM5qXs－3j _ 。

以寻找其规律，挖掘有趣的模式和知识技术。其数据源包括数据库、数据仓库、Web、其他信息存储库或动态地流入系统的数据。

流域梯级水电站是指处于同一流域、上下游具有水力联系的两个及以上的水电站。一般来说，流域梯级水电站涉及的范围较广。传统的管理模式是将各电站分开来进行独立的管理和调度，这种模式无法实现梯级电站在时间和空间上的统一管理，为此需要将整个流域梯级电站的信息共享，存储在一个平台上，以便进行统一集中的调度和管理。

将数据库技术、云计算技术和数据挖掘技术应用到流域梯级电站中，实现数据集中存储、集中处理、集中分析，可以减少流域梯级电站信息管理系统中的数据存储冗余，实现数据共享，便于高效检索和分析数据，达到统一调度和管理的作用。

2. 通信技术*和传感技术[174]

流域梯级水电站群之间在行政管理、水库调度、电力调度、水文气象、水位监测、水情识别及防洪预警等方面有着密切的联系，而且梯级水电站中一般设有集控中心对梯级水电站进行集中控制、调度和管理，集控中心和梯级水电站群之间有大量的语音、数据和图像需要进行交换和传输。因此需设置相应的梯级调度通信系统或水电站群通信系统作为调度信息交换和传输平台，在外部实现与电网调度部门、水文防汛部门及其他水调系统进行数据交换，在内部实现与可视化监控系统、信息管理系统、气象系统及其他专业系统进行复杂数据交换。另外，在流域梯级水电站信息管理系统中，实现数据的共享也要依靠通信技术。

通信技术是指将信息或数据从一个地点传送到另一个地点所采用的技术。传感技术又称传感器技术，它利用传感器采集数据，并将数据编码，以电信号或其他形式传输、存储、输出等。通信技术与传感技术密不可分，RFID 技术就有运用这两种技术。

RFID 技术[175]是利用无线电信号来进行通信的一种自动识别技术。它是一种无线通信技术，也是一种传感器技术。RFID 技术是自动识别技术的高级形式，与传统的识别技术相比，RFID 具有远距离快速识别、数据存储量大、数据可更新、穿透性好、安全性好等诸多优势。

将通信技术和传感技术应用在流域梯级电站中，能够快速有效地实现信息在内部和外部的传递。利用传感器在最前端采集原始数据，可以实时自动检测水位水情，为洪水预报提供信息。将采集到的数据传输到可视化监控系统，再由监控系统将数据传递到集控中心，集控中心便可整合从各电站接收到的信息，并进行数据分析和远程联合调度管理。由于信息可以自动化传输，因此不仅可以减轻工作人员的负担，而且能够提高安全性、准确性和实效性。在后面一节将以可视化视频监控技术为例介绍信息技术在智能联合调度过程中的具体运用。

3. 其他技术

1)控制论[176]

为了保证流域梯级电站按照事先约定地标准、目的顺利工作，并起到动态适应的效

---

* 资料来源 http：//wiki. mbalib. com/wiki/通信技术。

果，须要引入控制论，能动地运用有关信息并对整个流域梯级电站系统施加控制作用。

控制是管理的 5 大职能之一，控制的目的是为了保证企业计划与实际作业动态适应。控制论就是研究耦合运行系统的控制和调节。

流域梯级水电站集控中心是流域公司的核心技术机构，其作用就是运用控制论对该流域的水电站实施远程集中控制，为发电、供水、防洪、灌溉、生态等提供技术支撑和保障。

控制的主要对象是信息，因此控制论的主要目的之一就是对信息进行高效的管理控制。管理信息系统的高效运行就是基于控制论。当今人类已进入信息时代，信息量从以往的以 GB 计算到以 TB 计算，发展到现在以 PB 来计算。根据摩尔定律指出，信息量正以每年翻一番的势头迅速增长，这对控制论提出了挑战。

2)信息物理融合系统[177]

信息物理融合系统(cyber-physical systems，CPS)最早由美国国家科学基金委提出，CPS 是指计算机、网络和物理环境高度融合和相互协调的多维复杂智能系统，是通过 3C 技术——计算(computation)、通信(communication)和控制(control)的有机融合与深度协同，实现大型工程系统和管理系统的实时感知、动态控制和信息服务的系统。智能管理的核心技术主要表现在 CPS 网络技术、智能管理专家系统和智能调度与控制系统三大方面。CPS 通过将各嵌入式设备、物理组件和海量异构数据高度集成，使信息和物理深度融合，形成新型智能系统。该新型智能系统在信息的获取和处理、通信、远程精准控制等方面能力都有显著提高。CPS 关注资源的合理整合利用与调度优化，这使得它能够实现对大规模复杂系统和广域环境的实时感知与动态监控，并提供相应的网络信息服务，且更为灵活、智能、高效。

在上千平方公里的流域梯级水电站群中，CPS 能依据环境中各节点信息的传递与交互，将各孤立的节点连接起来。通过遥感遥测、RFID 技术等，各节点能够自动检测水位，采集信息，并将采集到的信息编码自动实时传递给远程集控中心。集控中心从各节点获得海量信息，对信息进行解码，并利用数据挖掘技术对信息进行分析，通过控制论技术对各物理实体进行实时高效的调整，以对各节点实行远程智能控制、监控和调度，并将分析结果发送给水文防汛部门、电网调度部门及其他部门。此外，CPS 设备能被布置在一些不易人为监测和管理的环境中，实现监控与预警操作，并能在紧急情况下实现无人监控的应急处理。流域梯级水电站远程联合调度系统的本质就是信息物理融合系统。

基于以上理论和技术，我们能够设计和开发出一套自适应、自辨识的流域梯级水电站智能联合调度系统，如图 16-7 所示。整个流域梯级水电站调度系统由各水电站和远程集控中心组成。

每个水电站有各自的可视化监控系统、气象系统、地震波检测系统和信息接收中心。可视化监控系统将从传感器在最前端采集到的原始数据、航空摄影和卫星通信技术采集的图像和视频、机载红外探测的信息及从气象系统和地震波检测系统收集的数据传递到远程集控中心的信息管理系统。该系统用于存储和处理异构数据。智能化联合调度系统自动从信息管理系统获取到数据信息后，运用数据挖掘技术对数据信息进行分析，通过已设计好的调度算法对各水电站进行实时调度，然后将调度结果输出到各水电站的信息接收中心。信息接收中心根据收到的信息进行自我更新和调整。远程集控中心的信息管理系统还要将从各监控系统收集的信息及调度结果输出到政府相关部门(如防汛部门、电力调度部门等)。

智能化联合调度系统是该系统的核心，它将物理组件和信息高度集成，能够高效组织和分配资源，具有自适应、自辨识过程，高度智能化。它在本质上是信息物理融合系统。

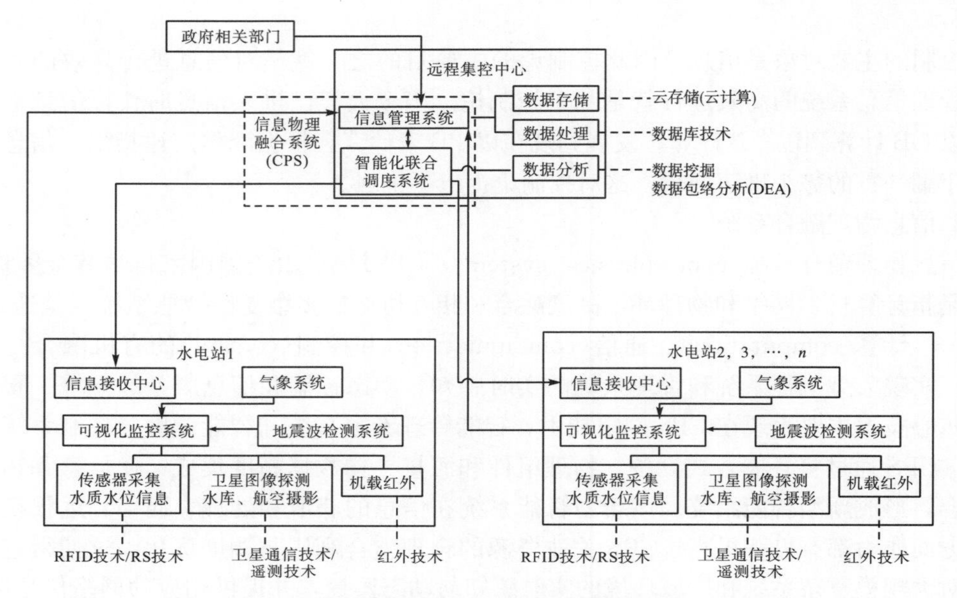

图 16-7 流域梯级电站智能联合调度预测决策调度控制系统

16.7 智能联合调度集控中心信息化管理

16.7.1 流域梯级电站智能联合调度内涵[178]

流域梯级电站智能联合调度是指，流域水电开发公司为了挖掘梯级水电生产的潜力和效益，将同属某一流域水力联系紧密的水电站组成梯级电站群，利用由计算机技术、传感技术和通信技术构成的信息物理融合系统统一组织各梯级电站的生产和管理，对各流域水库的水文与库容特性进行监控、分析，结合发、用电量来调节水库和电站的运行方式。通过梯级电站对水资源的各自利用方式，提高整个梯级电站群的供电能力，实现企业效益最大化[179]。

流域梯级电站智能联合调度具有三层含义：①梯级之间联系紧密，是不可分割的整体，必须实施联合调度；②水库调度和电力调度是一种互动关系，要确保方案最优、效益最大，势必要求水电联合，下达联合调度指令；③利用先进的信息技术对联合调度的过程进行计划、控制、反馈调节，形成梯级电站群的自动化调度能力。

16.7.2　目前流域梯级电站调度存在的问题[180]

由于电站在一条河流域上引水，并且不属于同一业主，装机容量不匹配，开发顺序时有颠倒，导致运行情况极其复杂。再者，由于电站均独立接受省电力公司的直调，按电网下达的负荷曲线运行。目前电站出力受送出瓶颈制约的情况下，不同主体间的电站出于各自利益，必然不能做到密切配合，这样一来势必会带来以下几种后果。

(1)流域水资源未得到充分利用。当汛期到来时，下游梯级电站流域来水增大，此时仅需增加下游电站发电力度就能满足电网需求，但是由于上游水库电站不能及时停机蓄水，而下游电站又不能及时增加出力，造成下游电站出现不必要的弃水，水资源的极大浪费，同时也会影响到上游水库电站的蓄水进度。

(2)流域梯级电站整体竞争力上不去。一方面，由于流域上各梯级电站装机规模均不大，加上各自独立接受电网的直调而很难形成规模，使得在市场上处于不利地位，难有竞争实力；另一方面，因为流域水情具有陡涨陡落的特点，当流域水情发生变化时，流域上各径流式电站势必频繁地调整其出力，造成其出力不稳定，难以向电网提供稳定可靠的电能，进而降低了市场信誉度，进一步削弱了其竞争力。

(3)流域整体调节性能未得到充分发挥。传统的调度方法未能充分利用信息技术，使得调度过程出现调度指令不能及时传达，发电过程不能实时监控。调度部门不能及时掌控流域的水情水位变化，进而造成整体发电效率低下，综合效益不能得到进一步的提升。

鉴于以上问题的存在，实行流域梯级电站智能联合调度迫在眉睫，是解决以上流域梯级电站调度问题的有效方法。

16.7.3　流域梯级电站实行智能联合调度的意义

随着我国电力体制的深化改革，将给传统的梯级水电站调度和运营管理带来一系列挑战[170]。由于水电站的发电量受天然来水多少、水库调节性能、综合利用要求、上下游电站之间水力、电力、经济联系等制约。如何利用先进的信息技术，发挥龙头水库的调节作用，合理分配年际和年内各时段电量，提高流域梯级电站群的发电收入，将是流域梯级电站群调度所面临的首要问题。流域梯级电站群智能联合调度将是应对各种挑战的首选，具有以下重要意义。

(1)充分利用水能，缓解能源供需矛盾。天然来水多少是制约水电站发电量的因素之一，而天然来水又不能事先准确预知，势必造成水电站无益弃水。实行河流域梯级电站群的智能联合调度，通过RFID、RS、红外线等先进的信息技术对流域水库水情水位进行精准预测，龙头水库将充分发挥调蓄作用，将丰水年、丰水期尽可能多的水量拦蓄在水库中，供枯水年、枯水期发电，从而能减少流域无益弃水，提高水能利用和水资源利用效益，且在不增加建设投入情况下，就能增加对社会的电力能源产出，使得水资源利用率得到提高，相应地缓解了电煤供应紧张矛盾，减少电煤消耗，社会经济效益显著。

(2)提高流域梯级电站群的整体调峰、调频能力，为电网安全、稳定提供保障的流域上游的龙头水库电站为季调节电站，主要担负系统的调峰、调频和事故备用任务。电站间水力联系密切，下游电站紧临上一级电站的尾水，上游电站发电水量能在很短时间内到达下游电站，供下游电站发电使用。对流域梯级电站群的联合调度信息化，将能使龙头水库电站在承担电网调峰、调频任务时，带动下游梯级电站群参与电网调峰、调频，提高流域梯级电站群的整体调峰、调频能力，为电网安全稳定提供可靠的保障。

(3)缓解河流域梯级电站群丰枯期水电生产失衡的局面。由于四川水电站多为径流式，基本是按来水发电，从而造成丰期窝电，枯期缺电的问题，而丰期窝电问题尤为突出。实行流域梯级电站群的联合调度，将会使上游龙头水库电站能依据流域来水情况及电网输送能力，合理拦蓄来水，合理分配流域梯级电站群的负荷，最大限度地将流域丰期弃水及窝电水量转化为枯期可靠的电力生产能力，大大缓解流域丰枯期水电生产失衡的局面。

(4)促进区域经济社会协调发展。实行流域梯级电站群的智能联合调度，将会使丰期水量尽可能多的转移至枯期发电，更合理地分配峰平谷时段电量，从调度运行上改善电源结构。能进一步优化电网水电电量的年内分配，不仅减少汛期弃水量，而且明显增加枯期电量，使得年内发电量结构更加合理，缓解了丰枯矛盾。通过水库调节，还可以使流域梯级电站群在高峰时段多发，低谷时段少发，缓解电网峰谷矛盾，促进区域经济社会协调发展。

16.7.4 流域梯级电站智能联合调度的影响因素

一个流域梯级电站群的智能联合调度受多种因素影响，流域不同其影响因素也有所不同，主要因素有以下 7 点。

(1)梯级电站群间的水力关系。由于下游各梯级电站单站发电能力受上游电站出库流量和区间流量制约，在不同时期，两种因素的主导地位不同，丰水期区间流量占主导地位，平枯水期上游电站出库流量占主导地位，同时两种因素也相互影响。

(2)水文气象预报。要实现流域梯级电站群的联合调度，必须掌握准确的水情信息，提高气象预报精度。

(3)电网调度原则。电网采取什么样的调度原则，事关流域梯级电站群能否实现真正意义上的联合调度。电网仍按单站调度，流域梯级电站群将不能根据来水、电力系统负荷变化等因素，对各站负荷进行优化配置，减少流域无益弃水，提高水资源的利用率，流域梯级电站群仅能进行形式上的联合调度；只有电网对流域梯级电站群实行流域节能调度，赋予流域梯级电站群流域内的调度权，才能实现真正意义上的联合调度。因此，电网调度原则是影响联合调度的因素之一。

(4)水电站产权关系。流域梯级电站分属多个不同投资主体，如各主体电站均从各自利益出发，不予以配合，就无法实现流域梯级电站群的联合调度。因此，水电站产权关系是影响流域梯级电站群联合调度的因素之一。

(5)信息技术适用的可行性。水利水电建设地大多涉及多个行政区域，各地自然、社会经济情况有所不同，影响涉及的实物指标对象不尽相同，各地统一应用现代信息技术造价及范围有所差别，运用可行性及适用成效是影响智能联合调度的影响因素之一。

(6)用水制约条件需考虑生活和工农业用水。充分考虑区域人民生活用水、流域经济发展的工业及农业用水，不能因发电而减少其用水量。

(7)充分考虑环保和自然因素。充分考虑环保和自然因素，保留足够的生态流量，避免流域动植物受到截流的影响，也避免因水流减缓而造成河道自净能力的下降。同时还要保证河道的连续性和观赏性，确保不会出现因调水而断流的现象。

16.7.5　流域梯级电站智能联合调度集控中心及其信息化管理

近年来，流域梯级电站远程集控中心(简称集控中心)[181]在全国各地相继建立，为电厂的生产管理模式注入了新的活力，“都市水电”也由梦想变成了现实。从目前集控中心的建设情况来看，虽然各有差异，但目的都是相同的，都是为了追求企业的最大综合效益。从实际运行效果来看，也是比较成功的。集控中心已经成为流域水力发电企业生产调度的主要手段，其布局图如图 16-8 所示，但它的信息化程度还是比较低，下面阐明建设流域梯级电站远程集控中心信息化的必要性及可行性。

图 16-8　流域梯级水电站智能联合调度集控中心布局图

1. 流域梯级电站远程集控中心信息化管理的必要性及可行性

随着信息网络技术的高速发展与广泛运用，人类社会也由工业经济时代步入了网络经济时代。信息发挥着越来越重要的作用，成为管理的基础、决策的依据，对企业来说已经成为一种重要的资源。近几年来，信息化管理已经成为水电企业适应市场变化的一个重要战略部署，水电企业调度进行信息化的节奏也越来越快，信息化的要求也越来越高。

从 20 世纪六、七十年代开始，设计、科研等部门就梯级电站联合调度及优化运行课题进行了大量的理论探索和工程实践，并取得了丰硕的成果。到 20 世纪 80 年代，我国已普遍实行水库及水电站优化调度。其中，梯级水电联合运行和优化调度成为老一辈水电专家孜孜以求的事业，渴望将这些成果用于实践。目前，成熟的计算机监控、远程通信技术、遥感传感等技术使大型电站群通过远距离集中控制实现联合运行成为可能。

由于我国有丰富的水力资源，随着我国水电技术及信息技术的飞跃发展，未来将是我国水电发展的黄金时间，将会有一大批规模大、技术难度高的水电站集中建设应用。集控中心作为流域梯级电站的效益龙头，在运载优化生产、提升管理水平、增加企业效益等方面起到了积极的作用，在同属某一流域设立梯级调度中心，并融合现代信息技术，负责梯级电站的智能联合调度，将是未来流域开发利用的发展趋势。

集控中心作为流域梯级电站高效动作的技术平台，对其进行信息化可以充分发挥流域水能资源综合效益，有利于梯级各电站安全、稳定、可靠运行，能有效提升公司参与电力市场竞争的手段和能力，进而降低生产运行费用。建立流域集控中心并对其进行信息化建设，符合国家建立节约型社会的产业政策。统计资料表明，通过对梯级电站集中控制，优化水库长期调度，可使发电量增加 1.5%～2%。另一方面，实现梯级电站信息化集中远控，可大幅度降低运行管理费用。集控中心信息化，实现电站的无人值班(少人值守)运行方式，将减少电站现场值班人员的配置及配套设施建设，从而降低电站运行管理费用。

2. 流域梯级电站智能联合调度远程集控中心信息化管理构建

图 16-9 为流域梯级电站智能联合调度集控中心信息化管理效果图，从流域调度机构信息化管理、梯级电站智能联合调度信息化管理、远程集控生产模式信息化管理及基于可视化监控技术的信息化智能联合调度构建的 4 个方面对集控中心信息化管理进行阐述。

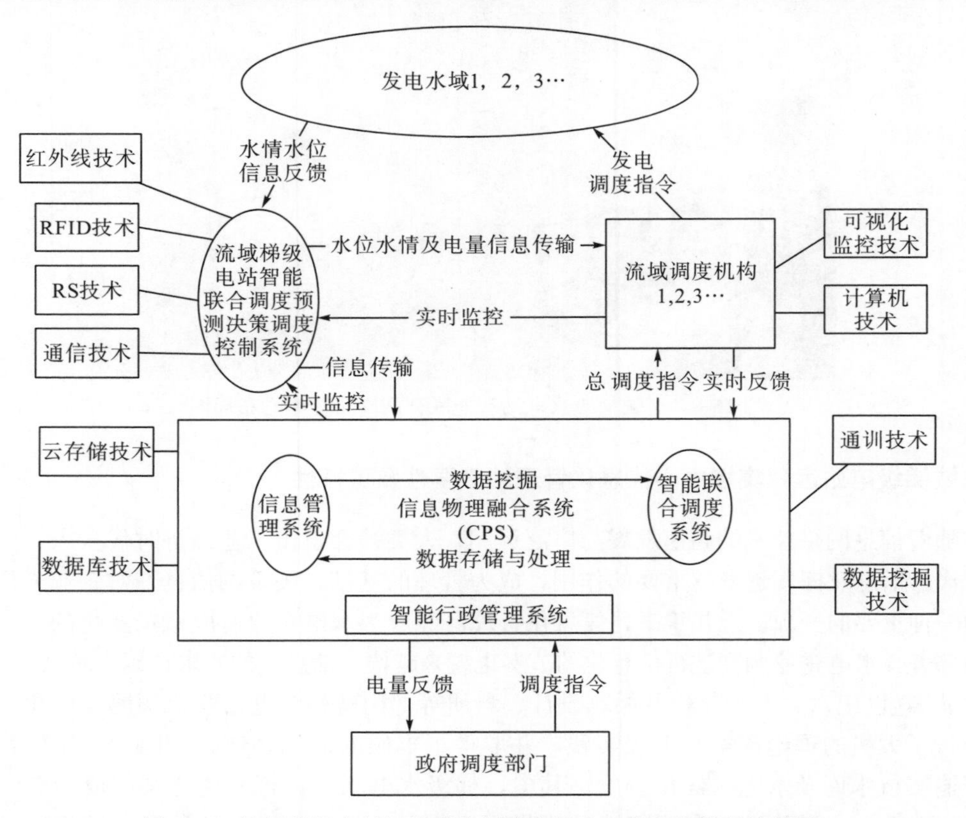

图 16-9 流域梯级电站智能联合调度集控中心信息化管理效果图

1)基于现代网络及信息技术的流域调度机构信息化管理

对梯级电站进行统一调度管理，这就要求梯级电站群设置唯一的流域调度指令，对外要统一接受有关部门的调度指令，对内要负责梯级的防洪、发电等综合运用的统一调度。各梯级电站通过计算机技术、传感技术、数据库技术及通信等技术建立与流域调度机构的调度、通信、可视化监控等的网络连接，直接接受流域调度中心的调度命令，调度执行梯级枢纽监控系统。

梯级调度机构作为企业内一个新兴的职能部门，它的成立也必将改变企业原有的组织结构和电力生产组织管理关系。同时梯级电站实行智能联合调度也可能使企业行政管理迈向信息化，形成智能行政管理系统。

智能行政管理系统是智能联合调度集控中心信息化管理建设的重要组成部分，系统是采用现代网络及信息技术，在整合流域调度部门现有的办公系统平台功能基础上，建设一套符合水利水电部门自身业务特点的综合办公自动化系统。通过使用先进的信息技术，实现部门内行政工作流程化定制与管理，减轻工作人员的工作强度及无效工作，提高工作人员的工作效率，提高行政工作的成效，通过该系统主要起到如下作用。

(1)提高工作效率，不用拿着各种文件、申请、单据在各调度机构跑来跑去，等候审批、签发、盖章，这些都可在网络上进行。

(2)规范单位管理，把一些弹性太大不够规范的工作流程变得井然有序，如公文会签、计划日志等工作流程审批都可在网上进行。

(3)使决策变得迅速科学，高层决策不再是在不了解情况、缺乏数据的环境下主管决策，而是以数据和真相为依据做出科学的决策。

(4)可通过 Same Time 召开网络会议。

(5)提高内部凝聚力，上下级沟通方便，信息反馈畅通，为发挥全员的智慧和积极性提供了舞台。

智能行政管理系统在联合调度集控中心、下属单位之间实现办公信息交互和共享，实现内部办公事务流程化处理，流程实现可视化定制和管理。

2)基于 CPS 的梯级电站智能联合调度信息化管理

在传统电力体制下，机组发电调度由电网公司负责，电网考核企业的主要指标是企业发电设备的安全性、可靠性、稳定性、投运率等。这就使得企业的中心工作主要是围绕发电设备的运行、维修、检修及水工建筑物来开展，形成了以保证电厂设备完好为核心的生产管理体系。在这种体制下，企业的水库调度只能对电网调度及企业生产组织指挥机构起到参谋作用，而不能发挥决策作用，造成水电企业重电、轻机、轻管水[182]的生产管理模式。

梯级电站智能联合调度信息化将对企业原有的生产管理体制进行改革，企业中心工作不仅仅局限于保证设备完好和可靠，而是追求企业的综合效益最大化。流域调度集控中心成为流域开发公司的生产调度控制中心和生产信息中心。整个生产过程为流域调度集控中心首先通过由计算机技术、传感技术、数据库技术、RFID 技术、RS 技术、通信技术等构成的信息物理融合系统对来水量、发电量及发电上网量进行准确的预测，将水位、水情、发电量及用电量传输给智能联合调度系统，在满足防洪需要和保证综合利用要求的前提下，依据调度规程编制调度计划及控制。

在各个电站发电运行过程中集控中心通过信息物理融合系统的监控反馈功能，从各节点获得流域实时水情水位及电站运行信息，并对信息进行解码，利用数据挖掘技术对信息进行分析。通过控制论技术对各物理实体进行实时高效的调整，以对各节点实行远程智能控制，并将分析结果发送给水文防汛部门、电网调度部门及其他部门来做进一步的调度规划。

在实时调度过程中则遵循“水电互动，方案最优”的调度规则，即先根据水情预测系统观测水情水位，初步确定梯级电站发电负荷及机组的运行方式，之后再结合电网负荷需求及电站机组情况，由智能调度决策系统依据当时的防洪、航运等限制条件，确定最优的水库、发电调度方案。为实现水调、电调、网调的无障碍联系，减少沟通环节，提高实时调度的应急响应效率，可实行水库调度和发电调度的同台不值班方式。

3)远程集控生产模式信息化管理[183]

梯级电站的远程集中监控和统一管理是梯级电站智能联合调度的实现途径。只有将各梯级电站的运行状态信息等集中于统一的梯级调度机构，才能为梯级电站的智能联合调度提供信息基础和决策依据。梯级电站智能联合调度在远程集控生产模式下，流域调度机构成为各梯级电站的远程集中控制中心，所有梯级电站调度控制指令均由流域梯级调度机构下达并远程执行，现场仅保留少数值守人员，即采取无人值班或少人值守的运行方式。

在远程集控生产模式下，先进可靠的梯级调度信息物理融合系统是梯级电站联合调度实现的关键，只有建立完善的水库调度、电力监控、通信、水情自动测报系统等现代化程度高的自动化系统，才能保证远程集控的顺利实施。梯级调度系统作为水电企业的生产调度管理系统，需接入电网调度系统，因此必须符合机电网要求的规程、规范，并且还要满足电网对调度自动化系统的安全性、可靠性、稳定性和时效性的要求。此外，梯级调度系统与企业内的生产关系、行政体系也密切相关，必须紧密结合企业生产调度关系，形成梯级自动化调度的能力。

下面将以可视化视频监控技术为例介绍流域梯级电站智能联合调度远程集控中心信息化调度的过程。

4)基于可视化监控技术的智能联合调度构建

目前各流域梯级电站监控主要采用GPRS等无线传输方式对堤围、水渠、水文站的流量、水位、雨量等进行数字信息的检测调度，信号传输存在延迟和不够形象化的问题，对于监控人员来说，专业性要求较强。控制中心希望能够采用可视化方式更加形象、直观的检测到水文水位的变化。可视化监控技术拟采用先进的视频压缩、网络传输技术为监控中心解决在水利水文监测调度过程中的视像化，让水文监测更加容易，实现调度过程智能化。

(1)可视化智能联合调度监控数据网络传输。

本系统采用互联网及移动网络进行定点管理控制和远程移动设备监控，如图16-10所示。

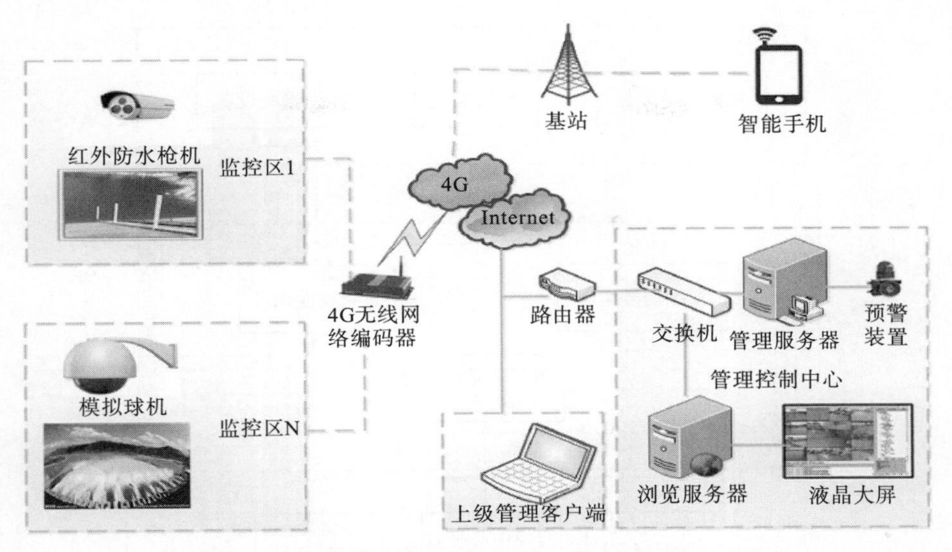

图 16-10　可视化智能联合调度监控数据网络传输过程图

前端信号采集部分是整个系统的第一层次，即数据采集层。包括对水位、流量、雨量及现场视频等信息的采集，也可以根据需要设置声光报警等设备，如水位超过了警戒水位等，系统智能识别，自动采取相应的措施。后端信号接收及处理是系统的第二层，即数据交换层和处理层。包括水位、雨量、流量等传感器把所采集到的信息通过无线网络编码器传送到互联网及移动网络，由网络将数据传送到视频服务器和移动设备终端，视频服务器及移动设备终端把相关信息叠加在相应的视频图像上，实现定点智能监控和远程监控。同时也通过网络把前端信息传送到上级管理部门。

数据采集处理的核心设备是视频转换服务器，采用 H. 264 视频编码算法和 MP3 音频编码算法；采用串行通信口可以连接水文监测传感器，如水位、流量、雨量等传感器；使用 R485 接口实现对前端云台和摄像机的控制；采用报警联动方式驱动警报器，提醒工作人员检测系统智能选择的措施；采用 RJ45 以太网接口及 4G 网络，可以连接到任何以太网络，并实现大型的远程移动视频监控。

(2)可视化智能联合调度控制过程。

可视化智能联合调度控制是将可视化监控技术应用到智能联合调度里的一种调度方法，整合了红外、视频、音频、计算机、网络及人工智能等技术，具体调度过程如图 16-11所示。

可视化系统智能调度过程按照视频数据采集、数据处理转化及智能调度方案的选择，调度方案实施 4 个过程进行。视频数据采集前文已有介绍，在此不再赘述。数据采集后系统自动对数据进行处理转换，一方面转换成可视文件显示在监控中心大屏及移动设备上，方便监控人员随时掌握水文水位变化；另一方面转换成系统可自动识别的预定代码，系统按照预定的算法程序做出相应的报警并自动选择合理的调度预案，进而对水流量、电量进行相应的控制。系统调度预案智能选择程序算法如图 16-12 所示。

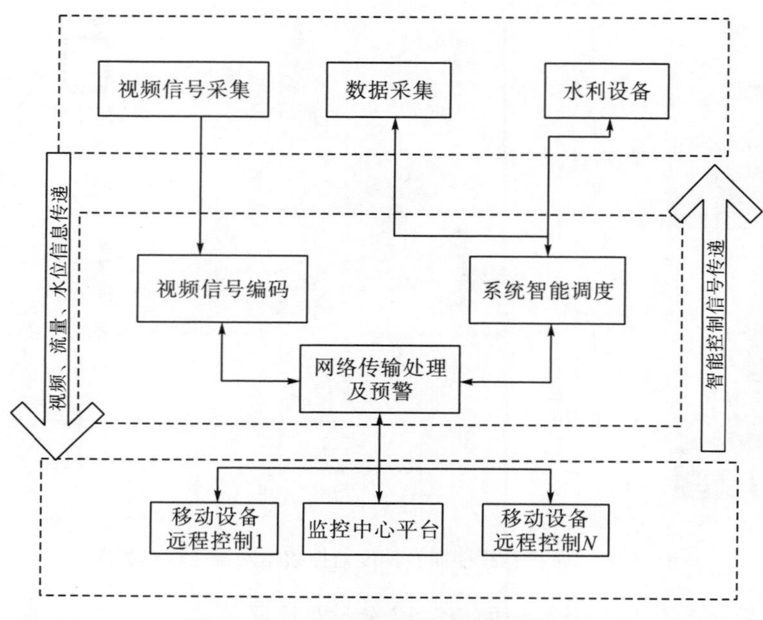

图 16-11　可视化智能联合调度过程图

```
level= get_level();
    if level< lower_boundary                          //如果水位低于下限，则
                                                        采取相应措施
    turn_light_to_yellow;
    planA();
    to_controlCentre();
    to_phone();
    else if lower_boundary< = level< upper_boundary   //如果水位处于正常水平，
                                                        则提示正常
    turn_light_to_green;
    printf(" ALL'S WELL!");
    else                                              //如果水位高于上限，则
                                                        采取相应措施
    turn_light_to_red;
    planB();
    to_controlCentre();
    to_phone();
```

图 16-12　系统调度预案智能选择程序算法

系统自动将水位、流量等信息转码并进行识别，若该水位低于预定下限，指示灯黄灯亮，系统自动采取调度预案 A(预案 A 包括从上游调水或关闭下游闸门)，并将处理后的结果自动发送至集控中心和其他远程移动设备；若该水位高于预定上限，指示红灯亮，系统自动采取预案 B(预案 B 包括打开下游闸门)，并将处理后的结果自动发送至集控中心和其他远程移动设备；若水位处于正常水平(处于预定上限和预定下限之间)，则提示一切正常。该过程将人力解放出来，实现了智能化控制及远程监控，提高了控制效率与质量，促进整体调度水平的提高。

(3)总结。

可视化智能联合调度采用了视频压缩标准 H. 264，可以实现对发电流域形象、直观

的远程监控，最大化利用现有资源。在原有水文监测系统中增加了视频监控、手机远程监控及智能联合调度功能，让水文监控调度方便进行自动化控制，降低了水文监控调度对人员专业化的要求，增强了调度的敏捷性和安全性，确保了调度的及时性。另外，可视化智能联合调度在各个环节均采用工业级设备，确保了系统的稳定性。

第17章　基于管理熵的流域水电开发工程系统综合集成评价

水电流域梯级开发系统的管理熵综合集成评价是通过对该管理系统的管理熵值进行计算，对管理系统进行宏观状态和有序度量化的评价。目的是反映系统管理的有效性，进而反映流域系统各子系统的协调程度、社会经济、环境宏观综合状况及流域发展的可持续发展性。

17.1　基于管理熵理论的水电流域开发系统评价的意义

科学合理的流域水电开发模式和管理体制，是实现流域整体效益最大化的重要保证。虽然不存在各国、各流域通用的开发模式和管理体制，但欧、美、日等水电资源开发程度较高的国家在这方面仍做了很多有益探索，形成了不少共通的经验与做法。譬如在开发理念上，全流域规划与多目标综合开发；在开发方式上，因河制宜，梯级滚动，授权开发；在流域管理上，“多龙治水”与流域统一监管；在基础保障上，注重立法与环保；在利益协调上，促进流域开发效益与流域经济社会发展良性互动。

科学的流域开发模式和合理的流域管理体制，是解决好流域水电开发中复杂的权益分配关系、调动有关各方积极性和加快流域开发步伐、实现流域整体效益最大化的重要保证。探索和创新流域水电开发模式、流域管理体制，对中国这个水力资源大国加快水电开发，尤其是西部地区水电开发和雅砻江流域水电的梯级开发有着重要意义。

从上述内容可以看出，国际上对于加强流域水电开发的管理非常重视，也付诸实践，并产生很好的效果。然而怎样科学地评价流域开发模式和流域管理体制的有效性、科学性在国际上却没有研究和应用。事实上，科学地评价管理系统的有序性及工作的有效性，对于管理系统本身是十分必要的。因为只有通过科学的评价，才可以研究流域水电开发管理系统的状态，分析系统序度和做功的程度以及管理对象的响应程度，从而可以反映出管理系统运行的效率，分析流域水电开发的资源整合和有效综合利用的状况，为改进和完善管理系统，使之发挥更大的效益而提供科学依据。也可以分析判断和预测通过管理系统作用而产生的流域水电开发的工程、经济、环境和社会效益，分析流域水电开发的可持续发展状况。因此做好流域水电开发管理系统的评价工作是十分重要的。

基于管理熵理论的流域水电开发评价方法同传统的水电工程评价方法相比，具有一些本质的特点，使其评价更为科学、更为清晰。具体比较其特点如下。

(1)综合集成性。基于管理熵理论的流域水电开发评价体系通过复杂性科学理论，将流域水电开发系统分散的评价维度(如工程技术、经济性、社会性、环境保护等)综合集成起来，实现了对大型工程评价多维度、多尺度非线性的综合集成评价，用一个宏观的管理熵值完成了对整个建设工程系统状态的综合集成的评价。

(2)宏观状态性。管理熵值不是具体的某个方面的指标，它是一个在传统评价方式上抽象而形成的系统熵值，它表达了一个系统综合的宏观状态，可以从宏观上了解系统结构和运行的有序性及效率，了解系统的可持续发展状态。

(3)指标体系设计科学性。在评价的指标体系设计中，第一，采用定量的指标，便于科学、客观的计算和评价；第二，指标均采用比值的形式，使其无量纲化，避免了由于指标性质的不同和演化方向的不同使指标之间没有可比较性(即不可评价性)；第三，指标采集方便、现成，一部分指标可以从企业获得，另一部分指标可以从国家统计年鉴和地方统计年鉴获得。

(4)评价的数学模型科学、客观、简单易行。

(5)不同规模工程具有可比较性。

可见，应用管理熵评价体系对流域水电开发系统进行综合集成的评价，具有传统评价方法不具有的特点和优势，能够科学客观地评估系统的状态，能够为管理决策提供科学的依据。

17.2　基于管理熵理论的水电流域开发工程系统评价体系

17.2.1　基于管理熵理论的水电流域工程系统评价数学模型

鲁道夫·克劳修斯提出的熵理论是对热力学系统序度的宏观状态描述，他指出了封闭的热力学系统在宏观状态上具有不可逆性。而玻尔兹曼认为，系统的任一宏观状态必然存在着与之相适配的若干微观状态，这些微观状态决定着宏观状态的性质、形态和发展趋势，于是提出了著名的玻尔兹曼熵公式，即 $S=k\ln W$，这样就把系统的宏观和微观的连接桥梁搭建起来，使系统的熵值可以进行计算。普利高津根据熵流理论提出，开放性系统依赖于与环境不断地进行物质、能量和信息交换而赖以生存并得到发展，因而提出了耗散结构理论。水电工程及流域化梯级开发的水电工程管理系统是一个管理系统，也是一个开放性的社会系统，它符合耗散结构的定律，同时也符合玻尔兹曼理论，即流域化梯级开发的水电工程管理系统的管理熵值是一个宏观状态值，它也必然由若干相应(相适配)的微观状态值所构成，并由这些微观状态值的结合决定宏观状态的性质、形态和发展趋势。因此，管理熵值作为反应管理系统状态的宏观态函数，应由与之相适配的若干微观状态值所决定。可以理解为，在工程管理系统中反映宏观状态的指标体系是由反映其微观状态的二级甚至三级指标所构成。故管理熵值的计算就可以转换成应用工程管理系统的指标体系来实现。另一方面，反映工程管理系统宏观状态可以从三个方面分析，首先是工程管理系统主体的运行状况，是指管理组织本身行为产生的管理效率情况；其次是管理系统的客体运行状况，是指管理作用的对象，如流域梯级水电工程运行的效率；最后是工程管理系统运行后环境的响应状况，是指管理主体系统和客体系统运行后对环境的影响。因此，基于管理熵的水电流域开发管理系统的评价就应从这三个方面建构微观状态指标体系来反映系统宏观的管理熵值，即流域化水电开发系统的状态。

$$MS^R = \sum_{i=1}^{n} ms_i^R$$

$$ms_i^R = k^R \sum_{j=1}^{m} l\mathrm{n}W_{ij}^R, \quad j = 1,2,\cdots,n$$

式中，MS^R 为整个水电流域开发管理系统的管理熵值，由于熵值是一个广延量，因而子系统的管理熵值可以加和成为整个系统的管理熵值；ms_i^R 为流域第 i 个管理子系统的熵值，如管理子系统、社会子系统和环境子系统、经济子系统和工程子系统的管理熵值；W_{ij}^R 为流域第 i 个管理子系统的第 j 个二级微观指标值；K^R 为流域系统边际效益($\mathrm{d}f/\mathrm{d}c$)系数。

根据玻尔兹曼熵公式，薛定谔认为，W 是无序度的量度，那么它的倒数 $1/W$ 可以作为有序度的一个直接量度，因为 $1/W$ 的对数正好是 W 的对数的负值，因此玻尔兹曼方程可以写成 $-S = k\ln(1/W)$。取负号的熵，它本身是有序的一个量度。正熵是无序度的量度，其增加意味着事物向着混乱无序的方向发展、是退化的标志；而负熵的增加却意味着事物向着有序的方向发展、是进化的标志。

由此，

$$MS^R = \sum_{i=1}^{n} ms_r^R$$

$$ms_i^R = k^R \sum_{j=1}^{m} \mathrm{ln}W_{ij}^R, \quad i = 1,2,\cdots,n$$

揭示了整个流域水电开发管理系统的无序(混乱)程度。那么该公式的微观指标值的倒数就应该揭示了该管理系统的有序程度，即

$$MS^R = \sum_{i=1}^{n} ms_i^R$$

$$ms_i^R = k^R \sum_{j=1}^{m} \ln \frac{1}{W_{ij}^R}, \quad i = 1,2,\cdots,n$$

因此，表示流域水电开发管理系统有序状况的管理负熵公式可以写成

$$MS^R = \sum_{i=1}^{n} ms_i^R$$

$$ms_i^R = -k^R \sum_{j=1}^{m} \mathrm{ln}W_{ij}^R, \quad i = 1,2,\cdots,n$$

17.2.2　基于管理熵理论的水电流域工程管理系统评价指标体系

管理系统运动的状态应从客观要求、运行响应性和客观效果等方面进行反应，也就是说应该从管理系统运动的主体、作用的客体和作用的环境响应三大方面来客观科学地进行反映。因此在管理熵评价的指标体系中，对水电流域开发工程管理系统综合集成评价指标体系的研究，应从流域系统管理的主体、客体和环境三个维度来加以考察，按照

这三个维度进行 5 个子系统管理熵模型的构建和管理熵值的计算，最后通过 5 个子系统管理熵值加和，便可以得到整个系统的管理熵值。5 个子系统的管理熵值分别是管理子系统 MS_1^R、环境子系统 MS_2^R、社会子系统 MS_3^R、经济子系统 MS_4^R、工程子系统 MS_5^R。与 5 个子系统管理熵值相对应的是若干相关的微观指标值，通过这些微观指标值熵函数的计算，就可得到子系统管理熵值。由此可见能够反映管理熵值的系统微观状态指标体系的设计是非常重要的。

系统微观状态指标设计的原则如下：

(1)微观反映宏观的原则。由于熵是一个态函数，它与系统的运动过程无关而只同系统的状态(结果)相关，是衡量系统序度状态的函数。因此管理熵也是一个与管理系统运动过程无关，而只同管理系统的序度、效率状态(结果)相关的函数。根据玻尔兹曼熵公式，系统熵值(宏观态)是由其相对应的若干状态值(微观)所决定的，因此设计管理熵的微观指标，必须能够反映管理系统宏观状态。这就要求系统微观状态指标在设计中必须满足反映系统的宏观状态的原则。

(2)量纲同一性原则。即所有反应不同维度和不同状态的指标值均是指标末态与初态的比值(即报告期与基期的比值)，将不同的指标抽象为同一量纲的比值，这样使管理熵值可以计算。

(3)客观科学性原则。选择的指标和指标体系必须能够真实地反映系统的运动状态，能够准确地描述系统的有序性和做功的效率性。

(4)与系统相匹配的原则。必须能够区分管理系统与热力学(自然)系统的区别。表达热力学和系统科学中的熵值是通过公式 $\Delta S = S_2 - S_1$(即末态与初态之差)来表示，然而在管理学或社会科学中以绝对值来表达，在计算中可能出现负值而使熵值计算无效(如 log 不能对负值进行计算，否则无意义)，因此管理熵值(或相对增量)的计算则应变通为以相对比值来加以衡量，即 $\Delta S = \dfrac{S_2}{S_1}$(末态与初态之比)，因此管理熵的微观指标计算公式为 $W_{ij}^R = \dfrac{P_{ij}^R}{Q_{ij}^R}$，即相对微观指标值等于该指标的末态与初态之比。

(5)指标数据采集的简便性原则。

微观指标的设计，必须满足方便采集和计算要求，要使复杂的计算简单化，便于实际工作的应用。

通过系统的微观状态综合集成地反映系统的宏观态，这正是玻尔兹曼统计熵公式的本质关系。我们通过 5 个子系统的若干微观状态(一级和二级指标)值统计，计算得到 5 个子系统管理熵值(中观状态)，最后按管理熵广延变量的性质将其加和便得到整个流域水电开发系统的管理熵值(宏观状态)，并由此可判断流域水电建设系统的有序性、有效性和宏观状态。要注意的是，计算出来的管理熵值是一个抽象的态函数，它与系统的状态相关，而与其过程无关。因此，我们选择的指标都是状态指标，即指标与状态相关而与过程不相关。具体指标体系如表 17-1 所示。

表 17-1　基于管理熵评价的水电流域复杂性管理系统评价指标体系

子系统熵值 MS_i^R	一级指标 W_{ij}^R	二级指标 $\frac{P}{Q}$	二级指标数据构成算法
管理子系统 MS_1^R	1. 组织系统效率 W_{11}^R	1.1 组织结构效率状况	组织结构效率状况$=\frac{报告期组织结构工作效率}{基期组织结工作构效率}\times100\%$ (组织结构/流程工作效率$=\frac{工作目标实现数}{计划工作实现目标数}\times100\%$)
		1.2 组织投入产出效率状况	组织投入产出效率状况$=\frac{报告期组织投入产出效率}{基期组织投入产出效率}\times100\%$ (组织结构投入产出效率$=\frac{目标实现后的收入}{为实现目标的全部投入}\times100\%$)
		1.3 管理决策效率状况	管理决策效率状况$=\frac{报告期决策成功率}{基期决策成功率}\times100\%$ (决策成功率$=\frac{决策成功数}{全部决策数}\times100\%$)
		1.4 组织协同并行工作能力状况	组织协同并行工作能力状况$=\frac{报告期管理组织协同率}{基期管理组织协同率}\times100\%$ (管理组织协同率$=\frac{一定时期内组织协同并行处理事件完成数}{同期组织应协同并行处理的全部事件数}\times100\%$)
	2. 人力资源系统效率 W_{12}^R	2.1 人力资源效率状况	人力资源效率状况$=\frac{报告期全员劳动生产率}{基期全员劳动生产率}\times100\%$ (全员劳动生产率$=\frac{工业增加值}{同期全部员工数}\times100\%$ 其中工业增加值=工业总产值－工业中间投入＋本期应交增值税)
		2.2 人力资源流动率状况	人力资源流动率状况$=\frac{报告期员工流动率}{基期员工流动率}\times100\%$ 员工流动率$=\frac{报告期员工流入人数+流出人数}{报告期员工平均人数}\times100\%$； 其中报告期工资册平均人数=(报告期初人数＋报告期末人数)/2
		2.3 人力资源人均效率状况	人力资源人均效率状况$=\frac{报告期人均净资产}{基期人均净资产}\times100\%$ (人均净资产$=\frac{企业净资产总额}{报告期员工平均人数}\times100\%$)
	3. 管理行政系统效率 W_{13}^R	3.1 行政系统权威性状况	行政系统权威性状况$=\frac{报告期管理指令完成率}{基期管理指令完成率}\times100\%$ (管理指令完成率$=\frac{一定时期的管理指令完成数}{该时期管理部门发出的全部指令数}\times100\%$)
		3.2 管理制度的有效性状况	管理制度的有效性状况$=\frac{报告期管理事件办结率}{基期管理事件办结率}\times100\%$ (管理事件办结率$=\frac{规定时间内办结完事件数}{该规定时间内应办结事件总数}\times100\%$)
	4. 管理信息系统效率 W_{14}^R	4.1 信息化投入占总资产比重状况	信息化投入占总资产比重状况$=\frac{报告期管理信息化投入率}{基期管理信息投入率}\times100\%$ (管理系统信息化投入率$=\frac{管理系统信息化设备价值(万元)}{企业全部设备价值(万元)}\times100\%$)
		4.2 信息采集的信息化手段覆盖率状况	信息采集的信息化手段覆盖率状况$=\frac{报告期信息采集信息化手段覆盖率}{基期信息采集信息化手段覆盖率}\times100\%$ (信息采集中信息化手段覆盖率$=\frac{利用信息技术采集的管理信息数}{全部(含手工)采集的管理信息数}\times100\%$)
		4.3 集控中心的应用水平状况	集控中心的应用水平状况$=\frac{报告期集控中心指令实现率}{基期集控中心指令实现率}\times100\%$ (集控中心指令实现率$=\frac{梯级电站执行指令数}{集控中心发出的全部指令数}\times100\%$)

续表

子系统熵值 MS_i^R	一级指标 W_{ij}^R	二级指标 $\frac{P}{Q}$	二级指标数据构成算法
管理子系统 MS_1^R	5.质量管理系统效率 W_{15}^R	5.1 质量安全状况	质量安全状况$=\frac{1-报告期质量事故比率}{1-基期质量事故比率}\times 100\%$ （质量事故比率$=\frac{当年质量事故数}{同期质量事故数}\times 100\%$）
		5.2 质量计划完成状况	质量计划完成状况$=\frac{报告期质量计划完成率}{基期质量计划完成率}\times 100\%$ （质量计划完成率$=\frac{质量计划目标完成数}{计划规定完成数}\times 100\%$）
		5.3 质量管理全员培训状况	质量管理全员培训状况$=\frac{报告期质量管理全员培训率}{基期质量管理全员培训率}\times 100\%$ （质量管理全员培训率$=\frac{参加培训人数}{企业职工总人数}\times 100\%$）
环境子系统 MS_2^R	1.生态状况 W_{21}^R	1.1 生态多样性状况	生态多样性状况$=\frac{报告期生态多样性指数}{基期生态多样性指数}\times 100\%$ （$D=S/\ln A$，A 为单位面积，S 为群落中物种数量）
		1.2 生物数量变化状况	生物数量变化状况$=\frac{报告期生物数量变化率}{基期生物数量变化率}\times 100\%$ （生物数量变化比率$=\frac{现有生物数量}{上年同期生物数量}\times 100\%$）
		1.3 濒危物种状况	濒危物种状况$=\frac{1-报告期濒危物种比例}{1-基期濒危物种比例}\times 100\%$ （濒危物种比例$=\frac{濒危物种数}{物种总数}\times 100\%$）
		1.4 河流湿地面积变化状况	河流湿地面积变化状况$=\frac{报告期湿地面积}{基期湿地面积}\times 100\%$
	2.土地环境 W_{22}^R	2.1 水土流失状况	水土流失状况$=\frac{1-报告期水土流失面积占总面积比例}{1-基期水土流失面积占总面积比例}\times 100\%$ （水土流失面积占总面积比例$=\frac{水土流失面积}{总面积}\times 100\%$）
		2.2 盐碱化土地状况	盐碱化土地状况$=\frac{1-报告期盐碱化土地面积占总面积比例}{1-基期盐碱化土地面积占总面积比例}\times 100\%$ （盐碱化土地面积占总面积比例$=\frac{盐碱化土地面积}{总面积}\times 100\%$）
		2.3 洪涝状况	洪涝状况$=\frac{1-报告期洪涝面积占总面积比例}{1-基期洪涝面积占总面积比例}\times 100\%$ （洪涝面积占总面积比例$=\frac{洪涝面积}{总面积}\times 100\%$）
	3.库区环境 W_{23}^R	3.1 库区污水排放状况	库区污水排放状况$=\frac{报告期污水派放量}{基期污水排放量}\times 100\%$
		3.2 库区污水处理状况	库区污水处理状况$=\frac{报告期库区污水处理率}{基期库区污水处理率}\times 100\%$ （库区污水处理率=全年污水处理量/全年污水产生量×100%）
		3.3 库区水体 BOD 浓度状况	库区水体 BOD 浓度状况$=\frac{1-报告期库区水体 BOD 浓度}{1-基期库区水体 BOD 浓度}\times 100\%$ （库区水体 BOD 浓度=该物质质量除以溶液的质量×100%）

续表

子系统熵值 MS_{i}^{R}	一级指标 W_{ij}^{R}	二级指标 $\frac{P}{Q}$	二级指标数据构成算法
环境子系统 MS_{2}^{R}		3.4 库区水体COD浓度状况	库区水体COD浓度状况$=\frac{\text{报告期库区水体COD浓度}}{\text{基期库区水体COD浓度}}\times100\%$ (百分比浓度=该物质质量除以溶液的质量＊100%)
		3.5 库区水体细菌含量状况	库区水体细菌含量状况$=\frac{\text{报告期库区水体细菌含量}}{\text{基期库区水体细菌含量}}\times100\%$
	4. 河道环境 W_{24}^{R}	4.1 河道污水排放量状况	河道污水排放量状况$=\frac{\text{报告期河道污水排放量}}{\text{基期河道污水排放量}}\times100\%$
		4.2 河道污水处理状况	河道污水处理状况$=\frac{\text{报告期河道污水处理率}}{\text{基期河道污水处理率}}\times100\%$ (河道污水处理率$=\frac{\text{河道污水处理量}}{\text{河道污水排放量}}\times100\%$)
		4.3 河道水体BOD浓度状况	河道水体BOD浓度$=\frac{\text{1－报告期河道水体BOD浓度}}{\text{1－基期河道水体BOD浓度}}\times100\%$ (河道水体BOD浓度=该物质质量除以溶液的质量×100%)
		4.4 河道水体COD浓度状况	河道水体COD浓度$=\frac{\text{1－报告期河道水体COD浓度}}{\text{1－基期河道水体COD浓度}}\times100\%$ (河道水体COD浓度=该物质质量除以溶液的质量×100%)
		4.5 河道水体有害有毒物质含量状况	道水体有害有毒物质含量状况$=\frac{\text{基期河道水体有害有毒物质含量}}{\text{报告期河道水体有害有毒物质含量}}\times100\%$
		4.6 河道水体细菌含量状况	河道水体细菌含量状况$=\frac{\text{基期河道水体细菌含量}}{\text{报告期河道水体细菌含量}}\times100\%$
	5. 气候地质状况 W_{25}^{R}	5.1 库区年平均降水量变化状况	库区年平均降水量变化状况$=\frac{\text{基期河道水体有害有毒物质含量}}{\text{报告期河道水体有害有毒物质含量}}\times100\%$
		5.2 崩岸、滑坡等事故状况	崩岸、滑坡等事故状况$=\frac{\text{基期崩岸、滑坡等事故发生率}}{\text{报告期崩岸、滑坡等事故发生率}}\times100\%$ (崩岸、滑坡等事故发生比率$=\frac{\text{当年崩岸、滑坡等事故数}}{\text{多年平均事故数}}\times100\%$)
社会子系统 MS_{3}^{R}	1. 人口发展 W_{31}^{R}	1.1 城镇人口变化情况	城镇人口变化情况$=\frac{\text{报告期城镇人口比例}}{\text{基期城镇人口比例}}\times100\%$ (城镇人口比例$=\frac{\text{城镇人口}}{\text{总人口}}\times100\%$)
		1.2 劳动人口变化情况	劳动人口变化情况$=\frac{\text{报告期劳动人口比例}}{\text{基期劳动人口比例}}\times100\%$(劳动人口点总人口的比例$=\frac{\text{劳动人口}}{\text{总人口}}\times100\%$)
		1.3 大专文化以上人口变化情况	大专文化以上人口变化情况$=\frac{\text{报告期大专文化以上人口比例}}{\text{基期大专文化以上人口比例}}\times100\%$ (大专文化以上人口占总人口的比例$=\frac{\text{大专文化以上人口}}{\text{总人口}}\times100\%$)

续表

子系统熵值 MS_i^R	一级指标 W_{ij}^R	二级指标 $\frac{P}{Q}$	二级指标数据构成算法
社会子系统 MS_3^R	2. 社会投入 W_{32}^R	2.1 科研教育投入比重变化情况	科研教育投入比重变化情况$=\frac{\text{报告期科研教育投入比重}}{\text{基期科研教育投入比重}}\times 100\%$ （科研教育投入比重$=\frac{\text{科研教育投入}}{\text{总投入}}\times 100\%$）
		2.2 医疗保健投入比重变化情况	医疗保健投入比重变化情况$=\frac{\text{报告期医疗保健投入比重}}{\text{基期科医疗保健投入比重}}\times 100\%$ （医疗保健投入比重$=\frac{\text{医疗保健投入}}{\text{总投入}}\times 100\%$）
		2.3 环保卫生投入比重变化情况	环保卫生投入比重变化情况$=\frac{\text{报告期环保卫生投入比重}}{\text{基期环保卫生投入比重}}\times 100\%$ （环保卫生投入比重$=\frac{\text{环保卫生投入}}{\text{总投入}}\times 100\%$）
		2.4 基础设施建设投入比重变化情况	基础设施建设投入比重变化情况$=\frac{\text{报告期基础设施投入比重}}{\text{基期基础设施投入比重}}\times 100\%$ （基础设施建设投入比重$=\frac{\text{基础设施建设投入}}{\text{总投入}}\times 100\%$）
	3. 社会安全 W_{33}^R	3.1 就业率变化情况	就业率变化情况$=\frac{\text{报告期就业率}}{\text{基期就业率}}\times 100\%$ （就业率$=\frac{\text{就业人口}}{\text{总人口}}\times 100\%$）
		3.2 人均水资源占有率变化情况	人均水资源占有率变化情况$=\frac{\text{报告期人均水资源占有率}}{\text{基期人均水资源占有率}}\times 100\%$ （人均水资源占有率$=\frac{\text{水资源总量}}{\text{总人口}}\times 100\%$）
		3.3 人均土地占有率变化情况	人均土地占有率变化情况$=\frac{\text{报告期人均土地资源占有率}}{\text{基期人均土地资源占有率}}\times 100\%$ （人均土地占有率$=\frac{\text{土地总量}}{\text{总人口}}\times 100\%$）
经济子系统 MS_4^R	1. 工程建设的经济性 W_{41}^R	1.1 内部收益率状况	内部收益率状况$=\frac{\text{报告期内部收益率}}{\text{基期内部收益率}}\times 100\%$ $FNVP=\sum_{i=1}^{n}(CI-CO)_t(1+FIRR)^{-t}=0$ 其中，n 为计算期；i_c 为行业基准收益率或设定的折现率 CI；CO 为分别为现金的流入量和流出量。当 $FIRR\geqslant i_c$ 时，项目可以接受。
		1.2 建设项目成本计划完成状况	建设项目成本计划完成状况$=\frac{\text{报告期完成计划完成率}}{\text{基期完成计划完成率}}\times 100\%$ 成本计划完成率$=\frac{\text{实际成本}}{\text{计划成本}}\times 100\%$
	2. 经济系统响应状况 W_{42}^R	2.1 流域水电开发建设投入状况	流域水电开发建设投入状况$=\frac{\text{报告期流域水电开发建设投入产出率}}{\text{基期流域水电开发建设投入产出率}}\times 100\%$ 流域水电开发投入产出率$=\frac{\text{流域水电开发建设带来的经济效益}}{\text{流域水电开发建设的全部投资}}\times 100\%$
		2.2 流域地区产值状况	（流域地区产值状况$=\frac{\text{报告期流域地区产值}}{\text{基期流域地区产值}}\times 100\%$）
	3. 流域居民收入状况 W_{43}^R	3.1 流域地区居民收入变化	流域地区居民收入改变率$=\frac{\text{报告期居民平均收入(元)}}{\text{基期居民平均收入(元)}}\times 100\%$

续表

子系统熵值 MS_i^R	一级指标 W_{ij}^R	二级指标 $\frac{P}{Q}$	二级指标数据构成算法
工程子系统 MS_5^R	1.工程质量状况 W_{51}^R	1.1 单元工程质量变化情况	单元工程质量变化情况$=\frac{报告期单元工程合格(优良)率}{基期单元工程合格(优良)率}\times 100\%$ (单元工程合格/优良率$=\frac{单元工程合格/优良个数}{单元工程总数}\times 100\%$)
		1.2 分部工程单元变化情况	分部工程质量变化情况$=\frac{报告期分部工程合格/优良率}{基期分部工程合格/优良率}\times 100\%$ (分部工程合格/优良率$=\frac{分部工程合格/优良个数}{分布工程总数}\times 100\%$)
		1.3 单位工程单元变化情况	单位工程质量变化情况$=\frac{报告期单位工程合格/优良率}{基期单位工程合格/优良率}\times 100\%$ (单位工程合格/优良率$=\frac{单位工程合格/优良个数}{单位工程总数}\times 100\%$)
	2.工程成本状况 W_{52}^R	2.1 计划成本降低率变化情况	计划成本降低率变化情况$=\frac{报告期计划成本降低率}{基期计划成本降低率}\times 100\%$ (计划成本降低率$=\frac{计划成本}{同行业标准成本}\times 100\%$)
		2.2 实际成本降低率变化情况	实际成本降低率变化情况$=\frac{报告期实际成本降低率}{基期实际成本降低率}\times 100\%$ (实际成本降低率$=\frac{实际成本}{计划成本}\times 100\%$)
	3.工程进度状况 W_{53}^R	3.1 施工总工期达成率变化情况	施工总工期完成率变化情况$=\frac{报告期施工总工期完成率}{基期施工总工期完成率}\times 100\%$ (施工总工期完成率$=\frac{实际施工完工周期}{计划施工完工周期}\times 100\%$)
		3.2 工程进度计划完成率变化情况	工程进度完成率变化情况$=\frac{报告期工程进度完成率}{基期工程进度完成率}\times 100\%$ (工程进度计划完成率$=\frac{工程进度计划完成数}{全部工程进度计划}\times 100\%$)
	4.工程安全状况 W_{54}^R	4.1 工程安全施工率变化情况	工程安全施工率变化情况$=\frac{报告期工程安全施工率}{基期工程安全施工率}\times 100\%$ (工程安全施工率$=\frac{当年工程安全施工天数}{去年同期工程安全施工天数}\times 100\%$)
		4.3 工程设备安全运行率变化情况	工程设备安全运行率变化情况$=\frac{报告期工程设备安全运行率}{基期工程设备安全运行率}\times 100\%$ (工程设备安全运行率$=\frac{当年工程设备安全运行天数}{去年同期工程设备安全运行天数}\times 100\%$)

指标状态体系与管理熵值的关系如图 17-1 所示(由于篇幅局限，鱼骨图只表现了子系统和一级指标)。

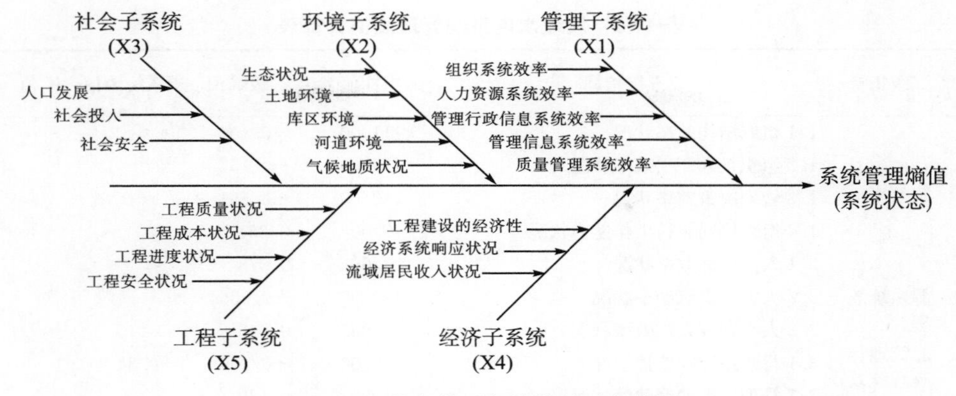

图 17-1　指标体系与熵值关系鱼骨图

17.3　基于管理熵理论的水电流域开发系统评价体系的算例

由于

$$MS^R = \sum_{i=1}^{n} ms_i^R$$

$$ms_i^R = -k^R \sum_{j=1}^{m} \ln W_{ij}^R, \quad i = 1,2,\cdots,n$$

$$W_{\mathrm{ij}}^R = \frac{P_{ij}^R}{Q_{ij}^R}$$

即

$$ms_i^R = -k^R \sum_{j=1}^{m} \ln \frac{P_{ij}^R}{Q_{ij}^R}, \quad i = 1,2,\cdots,n$$

式中，P_{ij}^R表示整个流域微观状态指标的报告期值(末态值)；Q_{ij}^R表示整个流域微观状态指标的基期值(初态值)。

假定某一个流域水电梯级电站体系已完成建设并运行，已产生了各种效益和影响，应用管理熵评价模式对系统进行评价，判断该流域水电开发系统的有序状态，我们采用基于管理熵的流域水电系统评价方法进行模拟评价，并得出状态结论。由于在撰写本书时无法采集到完整的数据，因此，为了完成对流域系统管理熵值的计算以便模拟判断流域水电梯级开发系统的状态，我们采用专家赋值方法，对各个指标进行赋值，然后根据上面管理熵计算公式和指标体系，应用 Excel 表格进行运算，具体见表 17-2。

表 17-2 流域水电系统管理熵值计算表

一级指标	二级指标	三级指标	指标值%	二级熵值	子系统熵值	K 值	系统熵值
管理子系统 X1	1. 组织系统效率	1.1 组织结构效率状况	111.00	−0.104	−0.34	1	−1.05
		1.2 组织投入产出效率状况	117.00	−0.157			
		1.3 管理决策效率状况	142.00	−0.351			
		1.4 组织协同并行工作能力状况	77.00	0.261			
	2. 人力资源系统效率	2.1 人力资源效率状况	93.00	0.073			
		2.2 人力资源流动率状况	140.00	−0.336			
		2.3 人力资源人均效率状况	58.00	0.545			
	3. 管理行政系统效率	3.1 行政系统权威性状况	118.00	−0.166			
		3.2 管理制度的有效性状况	97.00	0.030			
	4. 管理信息系统效率	4.1 信息化投入占总资产比重状况	97.00	0.030			
		4.2 信息采集的信息化手段覆盖率状况	120.00	−0.182			
		4.3 集控中心的应用水平状况	52.00	0.654			
	5. 质量管理系统效率	5.1 质量安全状况	145.00	−0.372			
		5.2 质量计划完成状况	118.00	−0.166			
		5.3 质量管理全员培训状况	111.00	−0.104			
环境子系统 X2	1. 生态状况	1.1 生态多样性状况	131.00	−0.270	−1.01	1	
		1.2 生物数量变化状况	63.00	0.462			
		1.3 濒危物种状况	81.00	0.211			
		1.4 河流湿地面积变化状况	140.00	−0.336			
	2. 土地环境	2.1 水土流失状况	124.00	−0.215			
		2.2 盐碱化土地状况	149.00	−0.399			
		2.3 洪涝状况	144.00	−0.365			
	3. 库区环境	3.1 库区污水排放状况	125.00	−0.223			
		3.2 库区污水处理状况	116.00	−0.148			
		3.3 库区水体 BOD 浓度状况	125.00	−0.223			
		3.4 库区水体 COD 浓度状况	108.00	−0.077			
		3.5 库区水体细菌含量状况	129.00	−0.255			
	4. 河道环境	4.1 河道污水排放量状况	137.00	−0.315			
		4.2 河道污水处理状况	77.00	0.261			
		4.3 河道水体 BOD 浓度状况	72.00	0.329			
		4.4 河道水体 COD 浓度状况	135.00	−0.300			
		4.5 河道水体有害有毒物质含量状况	100.00	0.000			
		4.6 河道水体细菌含量状况	70.00	0.357			
	5. 气候地质状况	5.1 库区年平均降水量变化状况	52.00	0.654			
		5.2 崩岸、滑坡等事故状况	117.00	−0.157			
社会子系统 X3	1. 人口发展	1.1 城镇人口变化情况	103.00	−0.030	−0.25	1	
		1.2 劳动人口变化情况	110.00	−0.095			
		1.3 大专文化以上人口变化情况	130.00	−0.262			
	2. 社会投入	2.1 科研教育投入比重变化情况	82.00	0.198			
		2.2 医疗保健投入比重变化情况	148.00	−0.392			
		2.3 环保卫生投入比重变化情况	63.00	0.462			
		2.4 基础设施建设投入比重变化情况	150.00	−0.405			

续表

一级指标	二级指标	三级指标	指标值%	二级熵值	子系统熵值	K 值	系统熵值
	3. 社会安全	3.1 就业率变化情况	94.00	0.062			
		3.2 人均水资源占有率变化情况	86.00	0.151			
		3.3 人均土地占有率变化情况	94.00	0.062			
经济子系统 X4	1. 工程建设的经济性	1.1 内部收益率状况	148.00	−0.392	−0.535	1	
		1.2 建设项目成本计划完成状况	114.00	−0.131			
	2. 经济系统响应状况	2.1 流域水电开发建设投入状况	132.00	−0.278			
		2.2 流域地区产值状况	59.00	0.528			
	3. 流域居民收入状况	3.1 流域地区居民收入变化	130	−0.262			
工程子系统 X5	1. 工程质量状况	1.1 单元工程质量变化情况	68.00	0.386	1.090	1	
		1.2 分部工程单元变化情况	72.00	0.329			
		1.3 单位工程单元变化情况	56.00	0.580			
	2. 工程成本状况	2.1 计划成本降低率变化情况	55.00	0.598			
		2.2 实际成本降低率变化情况	96.00	0.041			
	3. 工程进度状况	3.1 施工总工期达成率变化情况	91.00	0.094			
		3.2 工程进度计划完成率变化情况	139.00	−0.329			
	4. 工程安全状况	4.1 工程安全施工率变化情况	135.00	−0.300			
		4.3 工程设备安全运行率变化情况	136.00	−0.307			

注：①本例中考虑 5 个子系统，即 $n=5$；②指标值计算方法如下，以组织结构效率状况指标值的计算过程为例，首先计算当前组织结构效率和去年同期组织结构效率，然后用当前组织结构效率除以去年同期组织结构效率，其结果即组织结构效率状况指标值；③K 值为系统边际效益($\mathrm{d}f/\mathrm{d}c$)，在这里 5 个子系统的 K 值为 1；④熵值计算公式和指标体系见本第 2、3 节。

从表 17-2 的计算结果来看，由于各子系统的管理熵值分别是－0.34，－1.01，−0.25，−0.535，−1.090，可看出各子系统的状态是良好的，是具有较高序度的。将 5 个子系统的管理熵值加和起来，得到全流域系统的管理熵值－1.05，证明整个流域系统水电开发的状态是有序和有效的，具有可持续发展的良好状态。

流域水电开发系统的管理熵揭示了流域系统的宏观状态与其相应的若干微观状态的关系，反映了流域水电开发系统的序度和效果，也反映了系统建设与环境的关系，进而可以系统地分析其可持续发展的趋势。

当然，根据管理熵的广延量性质可以对流域梯级电站系统中每一个电站和水库的管理熵进行计算，揭示该水库的宏观状态与微观状态的关系，反映该水库的系统序度和效果状态。其计算公式为

$$MS^r_{电站} = \sum_{i=1}^{n} ms^r_i$$

$$ms^r_i = k^r \sum_{j=1}^{m} \ln W^r_{ij}, \quad i = 1,2,\cdots,n$$

因为

$$W_{ij}^r = \frac{P_{ij}^r}{Q_{ij}^r}$$

所以

$$ms_i^r = k^r \sum_{j=1}^{m} \ln \frac{P_{ij}^r}{Q_{ij}^r}; \quad i = 1,2,\cdots,n$$

$$MS^R = \sum_{r=1}^{z} MS_{电站}^r$$

式中，MS^R 为整个水电流域开发管理系统的管理熵值，由于熵值是一个广延量，因而子系统的管理熵值可以加和成为整个系统的管理熵值；ms_i^r 为流域中第 r 个电站第 i 个管理子系统的熵值，如管理子系统、社会子系统、环境子系统、经济子系统及工程子系统的管理熵值；W_{ij}^r 为流域中第 r 个电站第 i 个各管理子系统的第 j 个二级微观指标值；P_{ij}^r 为整个流域微观状态指标的报告期值(末态值)；Q_{ij}^r 为整个流域微观状态指标的基期值(初态值)；$MS_{电站}^r$ 为水电流域梯级电站中第 r 个电站的管理系统管理熵值；K^r 为第 r 个电站系统的边际效益(df/dc)系数。

可见，流域的管理熵值也就是流域梯级电站中 z 个电站管理熵值的加和。因此，各梯级电站可以分别计算管理熵值，然后由流域管理系统进行加和计算形成整个流域系统的管理熵值。

虽然在此计算的是水电系统的管理熵值，然而由于管理熵理论与评价方法属于管理科学中的基础性研究，揭示的是管理科学的一般基本的开放性复杂巨系统的规律，具有很强的普适性。因此，管理熵理论和评价方法可以应用到其他行业和管理系统，包括社会系统。只是应用于其他行业时，应根据该行业的特点设计微观状态指标体系，计算出具有系统特征的管理熵值，以便于行业或管理系统的预测决策和控制。

参考文献

[1] 李光辉. 电力生产概论. 北京：中国电力出版社，2009.

[2] 刘慧. 西南水能资源富集　大水电和小水电要协调开发[N]. 中国经济时报，2011年5月18日.

[3] Dunning J H，Pearce R D. The World's Largest Industrial Enterprise[M]. London：Palgrave Macmillan，2011.

[4] Johnson G，Scholes K，Whittington R. Exploring Corporate Strategy：Text & Cases[M]. USA：Pearson Education，2008.

[5] Austin J E. The Collaboration Challenge：How Nonprofits and Businesses Succeed Through Strategic Alliances[M]. USA：John Wiley & Sons，2010.

[6] Kaplan R S，Norton D P. Creating the Office of Strategy Management[M]. Division of Research，Harvard Business School，2005.

[7] Porter M E. Competitive Strategies[M]. New York：A Division of Simon & Schuster，1980.

[8] Prahalad C K，Hamel G. The core competence of the corporation[J]. Boston(MA)，1990：235-256.

[9] 赵纯均，王益，胡鞍钢，等. 上市公司信息披露[M]. 北京：清华大学出版社，2004.

[10] Mintzberg H. Covert leadership：notes on managing professionals[J]. Harvard Business Review，1998，76：140-148.

[11] 刘冀生. 企业管理经营战略[M]. 北京：清华大学出版社，1995.

[12] 刘夏清，李林，杨招军. 指数效用下企业的风险投资策略[J]. 中国管理科学，2003，11(2)：66-69.

[13] 史琰斐. 对发电企业适应市场经济的探索[J]. 华北电业，1995，7：8，9.

[14] 张阳，汪群. 大型水电企业应重视战略管理[J]. 中国水利，1999，12(23，24)：41.

[15] 姚一平. 论发电企业虚拟检修公司战略目标的实施[J]. 重庆电力高等专科学校学报，2000，2：51-55.

[16] 朱浩东. 实施CI战略，推动建立电力现代企业制度[J]. 合肥联合大学学报，2002，12(4)：61-64.

[17] 马勤. 企业文化建设是实现企业发展战略的必由之路——广西柳州发电有限责任公司以企业文化建设推动企业发展[J]. 广西电业，2002，5：52，53.

[18] 刘会堂，吕秋发. 坚持与时俱进实现持续发展[J]. 经济与管理，2002，10：22，23.

[19] 赵大同. 独立发电企业营销战略的构想[J]. 中国电力企业管理，2001，(7)：23，24.

[20] 朱浩东. 发电企业战略成本管理研究[J]. 安徽电力职工大学学报，2002，7(3)：12-15.

[21] 施大福. 实施低成本运营战略提高企业竞争力[J]. 安徽电力职工大学学报，2002，7(3)：8-11.

[22] 刘胜利，张毅，丁艳军，等. 电力市场下发电企业的战略成本控制分析[J]. 江苏电机工程，2004，23(5)：12-15.

[23] 刘旭东. 发电企业在竞价上网中的取胜策略[J]. 吉林省经济管理干部学院学报，2003，17(4)：28，29.

[24] 石岿然，王成，李肯立. 基于演化博弈的发电侧电力市场长期均衡模型[J]. 数学的实践与认识，2004，34(9)：1-6.

[25] 李海瑜. 实施企业战略管理做强做大发电企业[J]. 经济师，2004，11：264-264.

[26] 陈陶锴. 火电企业的战略创新[J]. 云南财贸学院学报：社会科学版，2004，19(1)：71，72.

[27] 叶文申，谷长建，王树江. 破解“恋权”情结——发电企业现代企业制度与企业发展战略之我见[J]. 中国电力企业管理，2003，11：32，34.

[28] 孟磊，李雪松. 电力改革对中国水电行业的机遇与挑战[J]. 湖北水力发电，2003，(S1)：18-20.

[29] 王燕. 缺电背景下电力企业的经营风险[J]. 农电管理，2005，1：19-23.

[30] 张娟，刘威. 对电力市场环境下发电企业风险管理的几点思考[J]. 华北电力大学学报：社会科学版，2005(2)：48-51.

[31] 唐婧，丁巧林，刘建新. 发电企业网上竞价在合作与非合作条件下的博弈分析[J]. 华北电力大学学报，2005，

32(3)：16-18.
[32] 曾少军，我国民营独立发电商战略竞争环境分析[J]. 宏观经济研究，2005，(5)：24-26.
[33] 陈晓林. 电力市场中发电企业的竞争策略研究[J]. 管理世界，2001，(3)：88-93.
[34] 曾鸣. 我国建立电力市场几个主要问题的研究与建议(中)[J]. 电力技术经济，2000，01：22-25.
[35] 童明光，张毅，曾晓燕，曾鸣. 大用户直购电模式及其在我国的应用[J]. 电力技术经济，2006，02：17-20.
[36] 李韩房，谭忠富. 电力市场绩效评价指标体系的构建[J]. 中国电力，2008，41(6)：29-32.
[37] 谢洪军. 市场化进程中中国电力产业绩效评价研究[D]. 重庆大学，2007.
[38] 刘夏清，杨泽洲，张璐. 供电企业的改革与发展要坚持“四个”创新[J]. 电力技术经济，2003，3：18-22.
[39] 林伯强. 中国电力工业发展：改革进程与配套改革[J]. 2005，(8)：65-79.
[40] 叶泽，欧阳永熙. 电力工业从垄断到竞争的结构演变[J]. 电力技术经济，2004，(1)：20-23.
[41] 刘严，谭忠富，乞建勋. 发电企业报价策略选择中的风险型决策方法[J]. 华北电力大学学报，2004，31(1)：69-72.
[42] 刘艳，王黎，马光文. 发电企业上网电价风险因子识别[J]. 水力发电，2007，1：4-6.
[43] 欧述俊. 考虑峰谷电价的水库发电调度优化方法探讨[J]. 水力发电，2003，29(1)：8，9.
[44] 陈洪转，刘秋华. 电力市场化条件下电价定价的联动分析[J]. 工业技术经济，2006，4：94，95.
[45] 叶泽. 电力竞争[M]. 北京：中国经济出版社，2004.
[46] 陈晓林. 电力市场中发电企业的竞争策略研究[J]. 管理世界，2001，(3)：88-93.
[47] 吕强，纪玉伟，张敬岷. 独立发电企业的核心竞争力及竞争策略研究[J]. 山东电力技术，2008，(6)：15-18.
[48] 罗信芝. 湖南水电参与市场竞争的态势及对策[J]. 华中电力，2008，(2)：29-31.
[49] 张同建. 国有电力企业核心能力形成微观机理分析[J]. 中国石油大学学报：社会科学版，2008，24(1)：5-8.
[50] 李全业. 发电企业核心竞争力的培育和提升[J]. 经济视角，2007，12：23.
[51] 刘悦春. 国有电力企业如何营造企业核心能力[J]. 电力标准化与技术经济，2006，(3)：28，29.
[52] 王芳楼. 电力市场的营销战略与策略选择[J]. 大众用电，2006，2：9-12.
[53] 胥德武，刘东. 流域水电公司在电力期货交易下的竞争策略[J]. 华东电力，2006，34(10)：1-4.
[54] 黄伟建. 电厂盈利能力因素及电力市场竞争策略[J]. 华东电力，2002，30(8)：16，17.
[55] 王蕊，姜生斌，王丽萍，张验科，乔秋文. 水电参与竞争电量的比例分析方法探讨[J]. 人民黄河，2008，2：9-10.
[56] 林云华，冯兵. 我国电力企业开发CDM项目的意义和竞争优势[J]. 现代商业，2008，(30)：162-164.
[57] 王琛. 论新形势下我国电力企业竞争情报系统的建立[J]. 电力信息化，2008，04：26-30.
[58] 韩冰，张粒子，舒隽. 梯级水电站代理竞价模型及均衡求解[J]. 中国电机工程学报，2008，28(22)：94-99.
[59] 钱士进，郭宇飚. 民营发电企业的竞争环境研究[J]. 经济论坛，2005，(7)：63-65.
[60] 李哲，田磊. 关于电力市场营销战略的探讨[J]. 山东电力技术，2004，(3)：18-20.
[61] 赵洪庆，慕振学. 电力市场营销分析[J]. 中国科技信息，2006，(24B)：120.
[62] 李艳. 论电力企业并购中的人力资源整合管理[J]. 广西电业，2005，(12)：28-30.
[63] 王宏图. 发电企业如何构建学习型组织体系[J]. 中国电力企业管理，2004，12：65，66.
[64] 黄志强. 韶关发电厂发展战略研究[J]. 广西电业，2005，(5)：27-32.
[65] Berle A，Means G，Wang Z. The modern corporation and private property[J]. Review of the Economic Society，Sapporo University，2004，35：119-129.
[66] Jensen A B. The Mississippi River in the Writings of Mark Twain[D]. University of Nebraska(Lincoln campus)，1932.
[67] Cochran P L，Wartick S L. Corporate Governance：A Review of the Literature[M]. Morristown，NJ：Financial Executives Research Foundation，1988.
[68] Blair M M. Ownership and Control：Rethinking Corporate Governance for the Twenty-first Century[M]. USA：Brookings Institution Press，1995.
[69] Shleifer A，Vishny R W. A survey of corporate governance[J]. The Journal of Finance，1997，52(2)：737-783.

[70] 吴敬琏. 论现代企业制度[J]. 财经研究，1994，2：3-13.
[71] 燕玉铎，席海涛. 从公司治理结构看中国国有企业改革[J]. 农业与技术，2003，1：107-113.
[72] 王峻岩. 我国公司治理结构的主要问题和改进意见[J]. 中国公司治理结构[M]. 北京：外文出版社，1999.
[73] 任佩瑜，范集湘，黄璐，等. 中国新型公司治理结构模式及其绩效评价——以中国水电集团为例的研究[J]. 中国工业经济，2005，(7)：96-104.
[74]郑志刚，对公司治理内涵的重新认识[J]. 金融研究，2010，(8)：184-199.
[75] 顾光青，周晓庄. 突破公司治理瓶颈，深化国有经济改革——中国国有企业治理国际学术研讨会观点综述[J]. 社会科学，2004，(8)：121-125.
[76] Demsetz H. The Influence of Public Policy on The nature And Significance of Firms [J]. 1999，(8)：1-20，
[77] 杨瑞龙. 国有企业治理结构创新思路的选择[J]. 现代经济探讨，2000，1：4-9.
[78] 鲁桐. 中国企业跨国经营的思考[J]. 学术研究，2001，(1)：12，13.
[79] 王育宝，李国平，胡芳肖. 论国有企业公司治理机制创新一建立[J]. 福建论坛：社科教育版，2003，(5)：15-17.
[80] Williamson O E. Markets and hierarchies[J]. Challenge，1975，(1)：26-30.
[81] Chandler A D. The Visible Hand：The Managerial Revolution in American business[M]. USA：Harvard University Press，1977.
[82] Williamson O E. The Economic Intstitutions of Capitalism[M]. New York：Free Press，1985.
[83] 郭丹，现代企业集团内部资本市场下的公司治理优化[J]. 经济体制改革，2010，(4)：56-60.
[84] 胡忠良. 企业集团内部资本市场的机制设计研究[J]. 生产力研究，2013，(02)：190-1933.
[85] 池国华，吴晓巍. 管理控制的理论演变及其内部控制的关系[J]. 审计研究，2003，(5)：53-57.
[86] 张智光，达庆利. 过程—路径—层次三维集成管理控制模型[J]. 东南大学学报：自然科学版，2011，40(3)：652-659.
[87] Otley D. Performance management：a framework for management control systems research[J]. Management Accounting Research，1999，10(4)：363-382.
[88] Drucker P F. Managing for Results[M]. Chennai：Allied Publishers，1964.
[89] Burchell S，Clubb C，Hopwood A，et al. The roles of accounting in organizations and society[J]. Accounting，Organizations and Society，1980，5(1)：5-27.
[90] Vail P R，Todd R G，Sangree J B. Seismic stratigraphy and global changes of sea level：part 5. chronostratigraphic significance of seismic reflections：section 2. application of seismic reflection configuration to stratigraphic interpretation[J]. Aapg Special Volumes，1977，165：99-116.
[91] Otley D T. The Contingency Theory of management accounting：achievement and prognosis[J]. Accounting，Organizations and Society，1980，5(4)：413-428.
[92] Shank J K，Govindarajan V. Strategic Cost Analysis[M]. Homewood，Illinois：Irwin，1989.
[93] Bagga S，Adams H P，Rodriguez F D，et al. Coexpression of the maize delta-zein and beta-zein genes results in stable accumulation of delta-zein in endoplasmic reticulum-derived protein bodies formed by beta-zein. [J]. Plant Cell，1997，9(9)：1683-1696.
[94] 北京智道顾问有限责任公司，2013年中国能源行业信息化建设与IT应用趋势研究报告[R]. 2013：1，2.
[95] 比特网. 电力行业管理信息化的四大困惑[EB/OL]. http：//info. chinabyte. com/440/8874440. shtml. 2014-1-25.
[96] 任佩瑜，王苗，任竞斐，等. 从自然系统到管理系统——熵理论发展的阶段和企业管理规律 [J]. 管理世界，2013，12：182，183.
[97] Stamps III A E. Entropy，visual diversity，and preference[J]. The Journal of General Psychology，2002，129(3)：300-320.
[98] 任佩瑜，张莉，宋勇. 基于复杂性科学的管理熵，管理耗散结构理论及其在企业组织与决策中的作用[J]. 管理世界，2001，(6)：142-147.
[99] 冯端、冯步云. 熵[M]. 北京：科学出版社，1992.

[100] 秦允豪．热学[M]．北京：高等教育出版社，1999.
[101] 湛垦华，沈小峰．普利高津与耗散结构理论[M]．西安：陕西科学技术出版社，1998.
[102] 沈小峰，胡岗，姜璐．耗散结构论[M]．上海：上海人民出版社，1987.
[103] 埃尔温·薛定谔．生命是什么[M]．罗来鸥，罗辽复译．长沙：湖南科学技术出版社，2007.
[104] (比)伊·普利高津，(法)伊·斯唐热．从混沌到有序[M]．沈小峰译．上海：上海译文出版社，2005.
[105] 苗东升．系统科学精要[M]．北京：中国人民大学出版社，2010.
[106] 任佩瑜．工业企业管理新论[M]．成都：成都科技大学出版社，1992.
[107] 任佩瑜，林兴国．基于复杂性科学的企业生命周期研究[J]．四川大学学报：哲学社会科学版，2004，(6)：35-39.
[108] 任佩瑜，余伟萍，杨安华．基于管理熵的中国上市公司生命周期与能力策略研究[J]．中国工业经济，2004，(10)：76-82.
[109] 任佩瑜．中国大型工业企业组织再造论[J]．四川大学学报(哲社版)，1997，4.
[110] 钱学森，于景元，戴汝为．一个科学新领域开放的复杂巨系统及其方法论[J]．自然杂志，1990，13(1)：3-10.
[111] 敬永春．中国国有控股企业集团管理控制与评价研究[D]．2019.5.
[112] 周雪松．我国工业领域电力需求侧管理大有可为[N]．中国经济新闻网，2012.12.27.
[113] 任佩瑜．企业再造新论下的中国西部工业发展战略研究[M]．成都：四川人民出版社，2004：4.
[114] 钱纳里．工业化和经济增长的比较研究[M]．上海：上海三联书店，1989：56-105.
[115] 杨永江，赵名璐．从我国经济发展所处的历史阶段看电力需求[J]．国际电力．2005，(9)：15-18.
[116] 戴汝为、沙飞著．复杂性问题研究综述：概念及研究方法[J]．自然杂志，1995，17(2)：73-78.
[117] 郭涛、许启林．梯级水电站的开发与管理研究[M]．成都：四川科学技术出版社，1992.
[118] 隋欣．水利水电工程对区域生态承载力的影响评价．北京：科学出版社，1992.
[119] Aghion，Philippe，Patrick Bolton. An "incomplete contracts" approach to financial contracting[J]. Review of Economic Studies，1992，(59)：473-494.
[120] 白万纲．母子公司管控109问[M]．北京：机械工业出版社，2006.
[121] 敬永春．中国国有控股企业集团管理控制与评价研究[D]．2009.5.
[122] 宁向东．公司治理理论[M]．北京：中国发展出版社，2005.
[123] 建设部关于培育发展工程总承包和工程项目管理企业的指导意见．建市[2003]30号.
[124] 蔡绍宽，钟登华，刘东海．水电工程EPC总承包项目管理理论与实践[M]．北京：中国水利水电出版社，2011：2.
[125] 蔡绍宽，钟登华，刘东海．水电工程EPC总承包项目管理理论与实践[M]．北京：中国水利水电出版社，2011.
[126] 徐存东．水利水电建设项目管理与评估[M]．北京：中国水利水电出版社，2006：168-172.
[127] 任竞斐．基于信息协同并行的组织结构研究[D]．成都：四川大学，2013.
[128] 钱学森，宋健．工程控制论[M]．北京：科学出版社第三版，2011.
[129] 强茂山，王佳宁．项目管理案例[M]．北京：清华大学出版社，2011：203-213.
[130] 郭占恒．着力提高经济增长的质量和效益[N]．杭州日报，2010.2.25.
[131] 郑霞忠，朱忠荣．水利水电工程质量管理与控制[M]．北京：中国电力出版社，2011：16.
[132] 郑霞忠，朱忠荣．水利水电工程质量管理与控制[M]．北京：中国电力出版社，2011：17-19.
[133] 郑霞忠，朱忠荣．水利水电工程质量管理与控制[M]．北京：中国电力出版社，2011：32.
[134] 彭立前，孙忠．水利工程建设项目管理[M]．北京：中国水利水电出版社，2009：133，134.
[135] 郑霞忠，朱忠荣．水利水电工程质量管理与控制[M]．北京：中国电力出版社，2011：5-76.
[136] 郑霞忠，朱忠荣．水利水电工程质量管理与控制[M]．北京：中国电力出版社，2011：6.
[137] 王火利，章润娣．水利水电工程建设项目管理[M]．北京：中国水利水电出版社，2005：270-271.
[138] (美)艾琳 P. Michael Tohis．多项目管理[M]．肖勇波，等译．北京：机械工业出版，2003.
[139] 寿涌毅．资源受限多项目调度的模型与方法[M]．浙江：浙江大学出版社，2010.

[140] 张艳球，肖跃军．建筑企业应用多项目管理模式的研究[N]．建设工程教育网，2010-05-10.
[141] 赫尔曼·哈肯．协同学·大自然构成的秘密[M]．上海：上海译文出版社，2005，5：8.
[142] 张朝勇，王卓甫．项目群协同管理模型的构建及机理分析[J]．科学进步对对策，2008，25(2).
[143] 赫尔曼·哈肯．协同学·大自然构成的秘密[M]．凌复华译．上海：上海译文出版社，2005.
[144] Hernes T. The spatial construction of organization[J]. Amsterdam：John Benjamins 2005，34(4)：381，382.
[145] Buteraf. Adaptingthe pattern of university organization to the needs of the knowledge economy[J]. European Journal of Education，2000，35(4)：403-419.
[146] 贾金生．水电发展具战略意义中国要建绿色水电[N]．http：//it. sohu. com/20070328/n2 49041588 _ 1. shtml[2007. 03. 28].
[147] 禹雪中，廖文根，骆辉煌．我国建立绿色水电认证制度的探讨[J]．水力发电，2007，33(7)：1-4.
[148] 张丽，罗华超，冯亚文．浅析水利工程对河流生态的影响[J]．人民黄河，2010，(12)：10，11.
[149] 郤凤超、彭国涛．边坡植被恢复技术体系及应用[J]．北方园艺，2010，(19)：127-130.
[150] 马德民．二滩水电站环保工作纪实[N]．http：//www. tt65. net/zonghe/luntan/wenxian/10/mydoc013. htm[2008. 7. 30].
[151] 中国环境与发展国际合作委员会．中国环境与发展国际合作委员会环境与发展政策研究报告[M]．北京：中国环境出版社，2014.
[152] 徐刚．流域梯级水电站联合优化调度理论与实践[M]．北京：中国水利水电出版社，2013.
[153] 王雅军．二滩水电站的管理实践[M]．北京：中国水利水电出版社，2011.
[154] 许继军，陈进，陈广才．长江上游大型水电站群联合调度发展战略研究[J]．中国水利，2011，(4)：24-28.
[155] 李晓斌，肖舸．梯级水库调度自动化系统[M]．北京：中国水利水电出版社，2012.
[156] 胡建华．江南水利水电公司信息化建设与发展[J]．人民长江．2008，39(9)：117，118.
[157] 熊翀．我国中小企业信息化管理建设探讨[J]．现代商贸工业，2012，24(1)：245，246.
[158] 张亚东刘，向东，李华，等．大集中水电生产管理信息系统应用管理与成效[J]．水电自动化与大坝监测，2013，6：019.
[159] 胡建华．江南水利水电公司信息化建设与发展[J]．人民长江，2008，39(9)：117，118.
[160] 张海刚，陈金，吴栋．水电工程施工企业信息化系统开发与应用[J]．施工技术(下半月)，2012，41(6)：84-86.
[161] 张文．水电企业信息化管理初探[J]．经济师，2010，(2)：226，227.
[162] 孟磊．浅析水电企业管理信息化[J]．湖北水力发电，2003(z1)：44，45.
[163] 余建明．水电企业生产运行的信息化管理现状和发展思路[J]．产业与科技论坛，2011，11：132.
[164] 李东风．水利水电施工企业信息化建设探讨[J]．电力信息化，2005，2(12)：19-21.
[165] 慈新新．无线射频识别(RFID)系统技术与应用[M]．北京：人民邮电出版社，2007.
[166] 单承赣．射频识别(RFID)原理与应用[M]．北京：电子工业出版社，2008.
[167] 高建良．物联网 RFID 原理与技术[M]．电子工业出版社，2013.
[168] 宁焕生．RFID 重大工程与国家物联网[M]．北京：机械工业出版社，2012.
[169] 常庆瑞．遥感技术导论[M]．北京：科学出版社，2004.
[170] 梅德门特．水利 GIS：水资源地理信息系统[M]．北京：中国水利水电出版社，2013.
[171] 李满春．GIS 设计与实现[M]．北京：科学出版社，2003.
[172] 黄丁发．全球定位系统(GPS)：理论与实践[M]．成都：西南交通大学出版社，2006.
[173] 韩家炜，坎伯，裴健．数据挖掘概念与技术[M]．北京：机械工业出版社，2007.
[174] 周继明．传感技术与应用[M]．长沙：中南大学出版社，2005.
[175] 许艳红．浅析 RFID 技术及其应用[J]．河北北方学院学报：自然科学版，2009，25(2)：51-54.
[176] 郑应平．钱学森与控制论[J]．中国工程科学，2001，(10)：7-12.
[177] 王中杰，谢璐璐．信息物理融合系统研究综述[J]．自动化学报，2011，37(10)：1157-1166.
[178] 羊本勇．地方流域梯级电站联合调度监控系统的实现[J]．四川水力发电，2008，26(5)：84-86.
[179] 徐刚，夏甜．基于改进与优化调度图的梯级电站联合调度[J]．水利水电科技进展，2014，(3)：44-49.

[180] 曾华. 马边河流域梯级电站群联合调度探讨[C]. 四川、贵州、云南三省水电厂(站)机电设备运行技术研讨会论文集，2010.
[181] 胡浩远，丁杰. 对流域梯级电站远程集控中心的几点思考[J]. 电子世界，2012，(20)：49，50.
[182] 马光文，雷定演. 流域梯级水电站联合优化调度的必要性及对节能减排的作用[J]. 中国三峡，2013，(5)：42-46.
[183] 马光文，雷定演. 流域梯级水电站联合优化调度的必要性及对节能减排的作用[J]. 湖北：中国三峡杂志社，2013.